HISTOIRE

DES

SCIENCES NATURELLES

AU MOYEN AGE.

OUVRAGES DE M. POUCHET

QUI SE TROUVENT CHEZ LES MÊMES LIBRAIRES.

Théorie positive de l'ovulation spontanée et de la fécondation dans l'espèce humaine et les mammifères, basée sur l'observation de toute la série animale. *Ouvrage qui a obtenu le grand prix de physiologie à l'Institut de France.* Paris, 1847, 1 vol. in-8° de 500 pages, avec atlas, in-4° de 20 planches gravées et coloriées.   36 fr.

Zoologie classique, ou Histoire naturelle du règne animal, seconde édition considérablement augmentée. Paris, 1841, 2 vol. in-8°, avec atlas de 44 planches gravées.   26 fr.

Recherches sur l'anatomie et la physiologie des mollusques. Paris, 1842, in-4° avec fig.   6 fr.

Recherches sur les organes de la circulation, de la digestion et de la respiration des animaux infusoires. In-4° avec fig.   6 fr.

Imprimerie de Ch. Lahure (ancienne maison Crapelet)
rue de Vaugirard, 9, près de l'Odéon.

HISTOIRE

DES

SCIENCES NATURELLES

AU MOYEN AGE

OU

ALBERT LE GRAND ET SON ÉPOQUE

CONSIDÉRÉS

COMME POINT DE DÉPART DE L'ÉCOLE EXPÉRIMENTALE

PAR

F. A. POUCHET

correspondant de l'Institut, professeur de zoologie
au Muséum d'histoire naturelle de Rouen, chevalier de l'ordre impérial
de la Légion d'honneur, etc.

*Magnus in magia naturali, major in
philosophia, maximus in theologia.*
(TRITH., *Ann. hirs.*)

A PARIS

CHEZ J. B. BAILLIÈRE

LIBRAIRE DE L'ACADÉMIE IMPÉRIALE DE MÉDECINE

19, RUE HAUTEFEUILLE

A LONDRES, CHEZ H. BAILLIÈRE, 219, REGENT-STREET

A NEW-YORK, CHEZ H. BAILLIÈRE, LIBRAIRE, 290, BROADWAY

A MADRID, CHEZ C. BAILLY-BAILLIÈRE, CALLE DEL PRINCIPE, N° 11

1853

A MONSIEUR

JACQUES FAUQUET

MAIRE DE BOLBEC, CHEVALIER DE L'ORDRE IMPÉRIAL DE LA LÉGION D'HONNEUR,
ANCIEN MEMBRE DU CONSEIL GÉNÉRAL DE LA SEINE-INFÉRIEURE , ETC.

Mon cher parent,

En vous priant d'agréer l'hommage de ce livre, je ne fais que m'acquitter d'une dette d'affection et de reconnaissance, puisque j'en ai tracé de longs fragments pendant les agréables moments que je passe chaque année près de vous au château de Roncherolles.

F. POUCHET.

PRÉFACE.

Les écrivains qui se sont occupés de tracer le tableau du mouvement intellectuel du Moyen âge n'ont donné qu'une médiocre attention aux sciences naturelles. G. Cuvier et de Blainville, dont l'immense talent aurait pu jeter tant de lumière sur un semblable sujet, l'ont eux-mêmes traité beaucoup trop brièvement. Ce reproche leur a déjà été adressé.

J'ai entrepris de combler cette lacune en composant cet ouvrage, pour lequel je sollicite l'indulgence du public; et que j'aurais désiré voir exécuté par une plume plus habile que la mienne.

L'investigation du Moyen âge est hérissée de difficultés; aussi, souvent on a mieux aimé le condamner que de se donner la peine d'en embrasser l'étude. Cependant, il est incontestable que les sciences et la philosophie y acquirent le plus magnifique développement. Déjà Leibnitz nous avait laissé entrevoir que cet âge renfermait de grandes richesses, qu'il appartenait à la patience de faire ressortir. Cousin, Jourdain et de Humboldt en font le plus bel éloge.

Ainsi que l'a exprimé Gœrres dans son ouvrage sur les *Anciens livres du peuple*, il ne faut pas étudier le

Moyen âge avec dédain, mais il faut le parcourir avec foi, avec amour; alors « la porte d'airain qui nous en sépare se brise, et, à la lueur de cette lampe qui a pâli dans le cours des siècles, nous revoyons tout ce que ces temps de naïve croyance et de chevalerie ont enfanté. »

Ayant assisté à quelques-unes des leçons de M. de Blainville sur l'histoire des sciences naturelles, celles-ci me parurent d'un si grand intérêt, que je conçus alors le projet d'aborder le même sujet dans mes cours publics. J'en parlai à l'illustre professeur, qui m'y encouragea beaucoup.

Le Moyen âge, dont le génie et la fécondité me semblaient avoir été méconnus, devint d'abord l'objet de mes études. Mais, n'ayant point encore eu l'occasion de réaliser mon projet, c'est avec les notes que je recueillis à cet effet que j'ai rédigé cet ouvrage, qui n'est qu'un fragment d'un Cours sur l'histoire scientifique comparée du Moyen âge et de la Renaissance, que je me propose de faire aussitôt que les circonstances me le permettront.

J'ai pris Albert le Grand comme type, non pas, ainsi que l'a dit trop exclusivement Cuvier, parce que tous les savants du Moyen âge ont appartenu à la corporation des frères mendiants, mais parce que c'est évidemment le plus beau génie de toute l'époque, et celui qui lui imprime son plus indélébile cachet.

Sa vie, ses mœurs ont elles-mêmes une incontestable similitude avec celles de ses contemporains : c'est sous ce double rapport que notre religieux caractérise toute une succession de siècles.

Les diverses opinions que je professe dans ce livre, sur les hommes et sur les choses, n'ont été émises qu'après un mûr examen; j'en accepte la responsabilité entière. Et si, lorsqu'elles s'éloignent des idées généralement reçues, je les ai souvent placées sous l'égide de quelques savants célèbres, c'était afin de prouver que dans cette route nouvelle je ne marchais pas seul et égaré, et que je pouvais aussi m'appuyer sur l'autorité.

Je n'ai point la prétention, dans ce livre, d'exécuter une analyse de tous les écrits scientifiques du Moyen âge, ce serait une entreprise immense, au-dessus des forces d'un seul homme. J'ai voulu seulement rendre justice au génie et aux travaux de cette époque, et tracer à grands traits quels sont ses principaux titres à notre admiration et à notre reconnaissance.

J'ai divisé cet ouvrage en autant de chapitres que la marche des sciences m'a paru, au Moyen âge, offrir de modes distincts. Puis j'ai donné à chacune des divisions le nom d'école; non pas qu'il y eût toujours unité de doctrine dans les époques que celles-ci embrassent, mais parce que les sciences s'y sont réellement présentées avec une direction spé-

ERRATA.

HISTOIRE

DES

SCIENCES NATURELLES

AU MOYEN AGE.

INTRODUCTION.

Le Moyen âge a pour limites deux grandes catastrophes : il commence au ve siècle, au moment où l'empire d'Occident succombe sous l'effort des barbares, et, après une durée d'environ mille ans, il se termine au xve siècle, lorsque, avec la chute de Constantinople, l'empire d'Orient s'écroule !

Une civilisation qui expire, une autre civilisation qui naît, un enfantement laborieux, voici le Moyen âge : c'est une époque d'agitation resserrée entre deux désastres.

Là des idoles qui tombent; ici une croix qui s'élève; un âge où l'esprit flotte au milieu de toutes les incertitudes, mais l'idée de Dieu survivant seule à tant de ruines : tel est l'état de la religion !

Des théories mystiques dans lesquelles l'erreur opprime souvent la raison; une lente élaboration des connaissances humaines au sein d'une atmosphère de ténèbres : telle est la marche des sciences !

Lorsque le Moyen âge commence, de tous côtés l'empire d'Occident est devenu la proie des barbares : la Gaule est envahie par les Francs, l'Espagne par les Visigoths, l'Italie par les Ostrogoths; l'Angleterre passe sous la domination des Saxons et l'Afrique subit le joug des Vandales. Partout ils pullulent en telle abondance pour s'arracher les uns aux autres les lambeaux des provinces romaines, que l'on s'imagina alors que les régions d'où sortaient leurs innombrables phalanges étaient en quelque sorte le laboratoire du genre humain [1], une *fabrique de nations*, comme le disait Jornandès [2].

Ces invasions des barbares furent accompagnées de tant de cruautés que Procope, par un sentiment d'humanité, croit en devoir voiler le lamentable spectacle à la postérité [3]. Là, en effet, ce sont les Vandales, ces premiers envahisseurs de la plus belle province de l'empire, qui, au rapport d'Idace, témoin oculaire, ravagent l'Espagne avec une férocité

---

1. ROBERTSON. Introduction, 9.
2. JORNANDÈS. *De rebus gothicis.* Amstel., 1665. — GAILLARDIN. *Histoire du moyen âge.* Paris, 1846, t. Ier, p. 344.
3. PROCOPE. *De bell. goth.*, lib. III, cap. X.

de cannibales. La peste et la famine les escortent, et celle-ci devint si générale que les vivants furent obligés de se nourrir de cadavres [1]. Plus loin leur glaive décime tellement les plus fertiles régions de l'Afrique que quelques-unes se trouvent transformées en vastes solitudes [2]!

Au moment où plusieurs provinces romaines étaient en proie à la fureur des Vandales, les Huns disséminaient sur les autres leurs hordes innombrables [3]. Ces peuples qui par leur aspect rappelaient les anciens Scythes, et qui n'en étaient que les descendants, provenaient de la Tartarie. Commandés par Attila, qui exaltait sa force en se faisant appeler le *fléau de Dieu*, ils composaient la plus formidable armée de barbares qu'on eût jamais vue. Leur hideux visage inspire tant d'effroi qu'on les regarde comme les impurs rejetons du commerce des démons et des femmes [4]. Durant leur marche l'épouvante les précède, la mort les suit; ces bourreaux de l'humanité traversent toute l'Europe en tenant une hache d'une main et une torche de l'autre, et partout où ils apparaissent ils étouffent la liberté et le génie des nations dans les replis sanglants de leurs étendards [5].

1. Idace. *Chron. ap. Bibl. patr.* Lugd., 1677, vol. VII, p. 1233.

2. Procope. *Hist. arc.*, cap. xvii.

3. Jornandès. *De rebus gothicis.* Amstel., 1665. — De Guignes. *Histoire générale des Huns.* Paris, 1756.

4. Cuvier. *Histoire des sciences naturelles.* Paris, 1841, t. Ier, p. 555.

5. Aétius les arrête dans les plaines de Châlons et en tue trois cent mille. — Jornandès. *De reb. goth.*

Sous l'empire de tant de désastres, une ère de barbarie succédait au charme de la civilisation antique : le fer des avides conquérants avait tout nivelé, et avec les dernières lueurs de l'incendie que leurs hordes sauvages promenèrent à travers toute l'Europe , s'étaient anéantis les derniers et brillants reflets des siècles de Périclès et d'Auguste. Le monde physique et le monde moral semblaient avoir complétement sombré sous l'effort de la même tempête !

Il fallait tout réédifier.

Le faisceau des traditions était brisé et la société, déchue de son rang élevé, recommençait péniblement sa carrière en s'efforçant de reconquérir son ancienne suprématie. Cependant la civilisation ne devait parvenir à sa grandeur actuelle qu'en subissant de nombreuses vicissitudes. Mais durant chacune des phases qu'elle traversait, l'humanité s'enrichissait tour à tour de quelques connaissances nouvelles, laborieuses conquêtes qui restèrent enfin comme autant de trophées séculaires, pour attester son triomphe moral.

Aristote avait immensément agrandi le cercle de la philosophie et des sciences [1] ; et Galien, qui ne fut que le continuateur du génie de Stagire, étendit encore son œuvre dans son admirable *Traité de physiologie,* où le médecin de Pergame s'appuie même

---

1. ARISTOTE. *Histoire des animaux.* Trad. de Camus. Paris, 1782.

déjà sur les causes finales pour expliquer les phénomènes de la vie [1] !

Après ces deux grands hommes, cette puissance
dissolvante, qui entraînait la société entière dans
l'inévitable naufrage de l'empire romain, paraît
frapper de stupeur tout ce qui touche aux plus nobles facultés ; et une humiliante torpeur, pendant
plus de mille ans, semble paralyser le génie des
nations ! On dirait que l'humanité s'est replongée
dans le chaos.

Durant cette longue période, cependant, le christianisme, parvenu à son apogée [2], s'était assis triom-
phant sur les ruines de l'ancien monde, et ses doctrines salutaires semblaient promettre aux nations
une ère de calme et de civilisation. Mais la conflagration générale des peuples, effrayante et rapide
comme l'incendie, s'étendait de proche en proche en
renversant sur son passage les plus florissants empires et les plus antiques institutions. Au ve siècle,
la victoire couronnait enfin les belliqueux efforts des
barbares, et l'Europe entière, ensanglantée et défail-
lante, se courbait sous leur joug de fer [3].

Cependant quelques siècles après, la société répara
ses désordres, et la bienfaisante influence des nou-

1. GALIEN. *De usu partium.*

2. GUIZOT. *Histoire de la civilisation en Europe,* Paris, 1849, p. 275.
— PHILARÈTE CHASLES. *Études sur les premiers temps du christianisme.*
Paris, 1847.

3. GIBBON. *Histoire de la décadence et de la chute de l'empire romain.*
Paris, 1828.

velles idées effaça les lamentables traces de la guerre. L'humanité franchissait alors une époque suprême ; elle s'efforçait de triompher des mœurs des barbares qui l'avaient si longtemps opprimée, et pour y parvenir deux grandes influences civilisatrices la remuaient de fond en comble en étendant successivement leurs salutaires réseaux sur toute l'Europe féodale : c'étaient le pouvoir de l'Église et l'affranchissement des communes [1]. Nous étions au XIIe siècle.

Le Moyen âge, que l'humanité traversait péniblement ainsi, injustement flétri par quelques écrivains, ne fut cependant pas sans apporter son ample contingent au progrès social. Pour les hommes sérieux, cette époque sera toujours considérée comme ayant offert son tribut de gloire, son tribut de science et de philosophie [2] !

Oserait-on compter en effet comme stériles en gloire nationale, les siècles qui virent naître Charlemagne, Philippe Auguste et saint Louis !

Doit-on compter comme stérile en conquêtes utiles l'époque pendant laquelle on inventa les plus grands moteurs de l'intelligence humaine, l'imprimerie, le papier, les télescopes, la gravure, la boussole et la poudre à canon !

---

1. GUIZOT. *Histoire de la civilisation en France.* Paris, 1847.

2. Comp. GAILLARDIN. *Histoire du moyen âge.* 1842. — VILLEMAIN. *Tableau de la littérature au moyen âge.* Paris, 1846. — DESMICHELS. *Précis de l'histoire du moyen âge.* Paris, 1839. — HALLAM. *L'Europe au moyen âge.* Paris, 1828.

Enfin, qui oserait compter comme stériles pour la philosophie et les sciences les siècles où furent créées les universités et les écoles arabes ; les siècles où brillèrent des hommes de la trempe d'Abélard, d'Avicenne, de saint Bernard, de Dante, d'Albert le Grand, de Roger Bacon, de Pétrarque et de Marco Polo !

Ce sont là cependant les audacieux novateurs qui apparaîtront successivement durant ce Moyen âge tant déprécié que quelques auteurs, imitant Saverien et Sprengel, ne craignent pas de dire que l'intelligence s'y était tellement dégradée *qu'on y avait perdu jusqu'à l'habitude de penser et de raisonner* [1].... La faculté de penser perdue à une époque où florissaient Abélard, Dante, Roger Bacon et Albert le Grand ! C'est en vérité du délire !

Pour nous, nous venons avec confiance défendre le Moyen âge des injustes reproches dont il a souvent été l'objet de la part de ceux qui ne l'ont ni étudié ni compris. Loin de nous cependant la prétention de comparer cette époque à la nôtre ; les siècles qu'elle franchit laborieusement ne peuvent aspirer ni à la fécondité ni à la hauteur qu'ont atteintes les sciences modernes. L'état de la société explique ostensiblement les causes de cette infériorité ; l'empire romain énervé et languissant se trouvait frappé de

---

1. Saverien. *Histoire des philosophes modernes.* Paris, 1768, t. V, p. 2.
— Sprengel. *Histoire de la médecine.* Paris, 1815, t. II, p. 309.

stérilité ; les Francs et les peuples de la Germanie, quoique pleins de séve et de force, étaient encore trop jeunes pour enfanter quelque produit élaboré avec maturité.

En examinant, en somme, les efforts du Moyen âge, on voit qu'ils ont été moins considérables dans les sciences expérimentales que dans les sciences philosophiques, parce que les mœurs de l'époque s'opposaient essentiellement à l'essor des premières. Le Moyen âge était dominé par les idées traditionnelles [1] ; la voix de l'expérience devait se taire devant l'inflexible autorité spirituelle à une époque où Boniface VIII pouvait dire à Philippe le Bel : « Le chef de l'Église est au-dessus des rois de toute la distance qui sépare l'esprit de la matière ! » Audacieuse prétention, il est vrai, à laquelle le *fleurdelisé* ripostait amèrement à l'aide de ses hommes d'armes [2] ; mais prétention bien légitime au moment où l'Église, au milieu de la lutte incessante entre l'intelligence et les instincts matériels, représentait l'ascendant du génie sur la force brutale ; où le clergé, seul instruit, vivait au milieu de ces barons tout adonnés à la carrière des armes, et professant le plus absolu dédain pour les connaissances littéraires.

Cependant, malgré tous les obstacles qui entravaient leur marche, les sciences n'en ont pas moins

1. HOEFER. *Histoire de la chimie.* Paris, 1842, p. 303.

2. DANTE. *Purgatorio*, cant. XX. — Comp. GAILLARDIN. *Histoire du moyen âge.* Paris, 1843, t. III, p. 9.

fait de notables progrès durant le Moyen âge ; seulement elles y ont une allure toute différente de celle qu'elles affectent de nos jours. Elles sont vagues, indécises, comme un reflet des mœurs de cette époque ; aussi ne faut-il pas leur demander cette rectitude qu'elles ne devaient revêtir que sous l'empire de notre ère positive. Il est évident que dans ces siècles de transition nous ne pouvons découvrir que le germe des grandes conceptions scientifiques que d'autres temps sauront féconder ; et ce germe y abonde.

En effet, l'âge qui nous occupe a vu éclore les plus larges idées ; c'est à lui que sont dus ces grands moteurs qui désormais imprimeront une si rapide marche aux sciences ; la renaissance de l'observation et l'idée mère de l'expérimentation. C'est quand à la voix de Roger Bacon cet âge se révolte contre l'autorité scolastique que pour la première fois l'humanité marche à pas de géant dans le sentier du progrès [1].

Mais durant l'époque du Moyen âge les sciences se présentent sous divers aspects qui leur donnent l'apparence d'autant d'écoles distinctes. On ne peut pas dire cependant que celles-ci appartiennent à une période très-circonscrite ou à une contrée particulière. Ces écoles traversent souvent un long laps de temps

---

1. R. BACON. *Opus majus, ad Clementem IV, pontificem romanum.* Londres, 1733.

et se trouvent répandues sur une immense étendue de pays ; elles n'offrent donc ni identité de temps, ni identité de lieu : elles ne sont remarquables que par les formes particulières qu'y affectent les doctrines scientifiques. Considérées ainsi, c'est-à-dire sous le rapport de l'aspect particulier, de l'espèce de *facies*, dont elles ont revêtu les connaissances positives qui s'élaborèrent dans leur sein, nous admettrons cinq écoles fondamentales : l'école scandinave, l'école franco-gothique, l'école byzantine, l'école arabe et l'école expérimentale. En traçant successivement l'histoire de ces écoles, nous reconnaîtrons qu'elles sont réellement distinctes par leur cachet spécial.

CHAPITRE PREMIER.

ÉCOLE SCANDINAVE.

Après ce tableau succinct d'une époque que nous allons être obligé de franchir pas à pas, nous commencerons l'histoire des sciences naturelles au Moyen âge en traçant quel en a été l'état chez les peuples du nord de l'Europe. Nous imposerons le nom d'*école scandinave* au faisceau de connaissances qu'ils ont rassemblé, soit parce que celles-ci ont eu pour point de départ l'ancienne Norvége, soit parce que parm ces peuples les sciences revêtent une forme toute particulière : elles s'y présentent vierges de tout contact et, en quelque sorte, à l'état primitif et entièrement incultes ; véritable anomalie dans un temps où toutes les autres nations se traînaient péniblement sur les traces de l'antiquité, dont elles amoindrissaient ordinairement le riche héritage.

Il y eut réciprocité, car si jamais les reflets de la civilisation antique n'arrivèrent jusque sur les grèves brumeuses de la Scandinavie, de son côté, celle-ci resta absolument inconnue aux hommes dont le savoir donna le plus d'éclat à la littérature ancienne : Pline [1], Pomponius Mela [2] et Ptolémée [3] en

1. PLINE. *Histoire naturelle*, trad. par E. Littré. Paris, 1848, t. Ier, l. IV, p. 201.
2. POMPONIUS MELA. *De situ orbis, libri tres.* Ven., 1478.
3. PTOLÉMÉE. *Geographia.* Vienne, 1475.

méconnurent même la disposition géographique, en ne la considérant que comme un archipel de grandes îles voisines de la Germanie [1].

La même obscurité règne à l'égard de son histoire ; les ténèbres cimmériennes en enveloppent toutes les premières phases. Les plus anciens vestiges de la littérature du nord, les sagas écrites sur des écorces de bouleau ou sur des peaux de phoques [2], que la patience de nos érudits parvient à déchiffrer, ne nous apprennent presque rien sur l'origine des peuples de la Scandinavie. On y lit seulement qu'une tribu asiatique, partie des bords du Tanaïs, sous la conduite d'Odin, qui en était le roi et le grand prêtre, arriva parmi eux et leur imposa une religion et des lois où tout respirait une superstitieuse barbarie.

Liée intimement à leur génie national, toute la cosmogonie des belliqueuses peuplades de la Baltique est sombre et sauvage. C'est une production tout exceptionnelle. Au lieu de ces gracieuses images qui abondent dans les théogonies méridionales, là ne se déroule qu'un tableau terrible et menaçant. Cependant lorsque celui-ci se trouve dépouillé de sa forme mythique, on reconnaît qu'il exprime parfois la personnification de quelques-uns de ces grands phénomènes naturels qui ont dû frapper ses auteurs : il semblerait parfois aussi que ces derniers aient témérairement tenté d'en révéler la mystérieuse origine !

---

1. SCHOENING. *Connaissances des anciens sur le nord.* Copenhague (en danois).

2. NOËL. *Pêches du moyen âge.* Paris, 1815, p. 269. — CHAMPOLLION. Manuscrits. Moyen âge, p. 1.

Ce ne fut guère que vers la fin du x⁰ siècle que commencèrent à se dissiper les nuages épais qui enveloppent les anciens Scandinaves. Les doctrines du christianisme se répandirent alors pour la première fois chez eux. Mais les traditions des temps héroïques de leur histoire et leurs goûts sanguinaires, les firent longtemps résister aux pacifiques injonctions des apôtres d'un Dieu qui ne se manifestait que par ses miséricordes. Parmi ces farouches écumeurs de mer, dont les chefs se glorifiaient du titre d'*archipirate*[1], les fables scaldiques l'emportaient sur les touchantes vérités de l'Évangile. Le dieu *Nyord*, cette espèce de Neptune hyperboréen, et *Thorr*, le redoutable souverain des vents, qui enflent leurs voiles ou suscitent les tempêtes, leur paraissent bien autrement puissants que ces martyrs de la foi dont leur parle la religion nouvelle. Pour eux, la belle Freya, dont la grâce l'emporte sur tout son sexe, et les *Walkyries*, qui apparaissent dans les batailles en moissonnant les rangs des guerriers, sont bien autrement dignes des hommages des hommes, que cette série de saintes femmes auxquelles s'adresse la vénération chrétienne !

La vaste étendue d'eaux poissonneuses qui environnent la Norvége dut développer chez ses peuples les instincts maritimes. Aussi les plus anciennes sagas nous les représentent déjà comme des pêcheurs entreprenants qui, montés sur de frêles embarcations, osent attaquer corps à corps les plus redouta-

---

1. *Archipirata*. Titre qui correspondait à celui d'amiral. — Comp. Spelman. *Glossar.* 460, et *Historia Thorfinni Karlsefnii*.

bles habitants des mers, les baleines, les dauphins et les morses. Plus tard, ils deviennent d'audacieux navigateurs, que le burin de l'histoire nous représente couvrant la Manche et l'Océan de leurs bâtiments de guerre, remontant les fleuves, attaquant les villes et brûlant les monastères, partout où leur main sanglante peut atteindre, jusqu'au moment où leur chef Rollon reçoit l'investiture de la Neustrie, et s'efforce de faire fleurir les arts et le commerce dans sa nouvelle patrie.

Cependant, malgré leur entraînement pour les entreprises belliqueuses, les peuples du nord nous ont laissé assez d'écrits attestant leur goût pour les lettres. En suivant leur histoire, on reconnaît qu'au milieu d'eux ce sont les Islandais qui ont constamment marché à la tête du mouvement intellectuel. Toute leur littérature participe de cette supériorité. Les habitants de l'Islande semblent même avoir eu une grande tendance à cultiver certaines sciences et en particulier l'histoire naturelle. Dans quelques-unes de leurs sagas, on trouve déjà des catalogues critiques de tous les animaux et de toutes les plantes de cette île. Ces manuscrits renferment même divers principes généraux d'observation dont les sciences peuvent retirer d'utiles fruits. C'est ainsi que dans le *Miroir du Roi* [1], on recommande aux voyageurs d'étudier les mouvements des corps célestes, la diversité des climats, la configuration des côtes, l'époque des marées, les phases lunaires, les pro-

---

1. EINERSEN. KONGS SKUGG SIO. *Speculum regale.*

ductions du pays, les mœurs et la langue des habitants [1]. Le goût que les Islandais manifestèrent de bonne heure pour l'histoire naturelle et les lettres s'est même continué jusqu'à ce jour. Au xvie siècle, un ecclésiastique de la juridiction d'Isefiord y publiait déjà une description historique des animaux du pays [2], et aujourd'hui, dans toute cette contrée, on s'occupe encore avec distinction de zoologie, de botanique et de minéralogie [3].

Les diverses sagas explorées par la patience et le savoir, offrent assez de stérilité sous le rapport scientifique; ce n'est que de loin en loin qu'on y découvre quelques observations susceptibles de nous enrichir. Influencés par la rigueur de leur climat et par les superstitieuses terreurs de leur religion, les hommes des régions boréales laissent une empreinte de celles-ci dans toutes leurs productions du Moyen âge ; et ce caractère particulier ne s'efface même pas entièrement dans les écrits des premiers compilateurs qui apparaissent dans le nord à l'époque de la renaissance [4].

Les anciennes sagas n'offrent que des récits nébuleux et tout à fait mythiques où l'histoire le dispute aux plus étranges fables. Les préceptes de l'agriculture, traités si longuement dans les écrits primitifs de divers peuples, ne se trouvent men-

1. D'Orbigny. *Dictionnaire universel d'histoire naturelle.* Paris, 1841, t. Ier, p. 74.
2. *Theatrum viventium.* Amsterdam, 1762.
3. De Lapeyronie. *Voyage en Islande.* Paris, 1802, t. III, p. 44.
4. Comp. Alaus Magnus. *Historia de gentibus septentrionalibus.* Rome, 1555.

tionnés ici que fort brièvement; mais, par compensation, les chasses et surtout les pêches y sont décrites avec un soin et une richesse de détails qu'on est tout surpris de rencontrer parmi une semblable nation. Les sagas font également mention d'un assez grand nombre d'animaux et de plantes. Aussi, en examinant les différentes productions de la littérature des Norvégiens, on reconnaît que, durant le Moyen âge, ceux-ci possédèrent des connaissances plus avancées qu'on ne le suppose généralement [1].

On n'a encore traduit qu'un petit nombre de sagas, et parmi elles l'érudition n'a signalé aucun traité scientifique spécial. Peut-être en découvrira-t-on dans les nombreux matériaux qui nous restent à explorer. Il semble qu'on a droit de l'espérer, en voyant les Islandais, dont la civilisation a généralement dépassé celle des autres peuples du nord, mentionner dans leurs manuscrits toutes les productions des divers règnes de la nature qui se rencontrent dans leur île.

L'histoire naturelle revêt dans le nord une physionomie toute particulière, qui semble tenir de l'âpreté du climat et de l'ignorance de ses peuples. Au lieu de ces noms harmonieux et de ces poétiques descriptions qu'on rencontre dans les productions de la science antique, nous ne trouvons là que des dénominations barbares; de grossières et superstitieuses fables y remplacent ces riantes images, dont les nations des contrées du midi semblent avoir trouvé

---

1. Noël. *Histoire des pêches anciennes et modernes.* Paris, 1815, p. 206.

l'inépuisable source dans leurs gracieuses théogonies.

L'extension avec laquelle les peuples du nord se sont adonnés à la pêche et à la chasse, a rendu quelques services à l'histoire naturelle. L'interprétation des sagas est venue aussi éclairer cette science en expliquant quelques obscurités qui régnaient à l'égard de certaines espèces du domaine du règne animal.

Déjà il est question de plusieurs animaux marins, des phoques et des morses dans le célèbre *Périple* d'Other, où celui-ci rend compte des voyages qu'il a entrepris dans la mer Glaciale [1].

Dans les diverses productions de la littérature septentrionale, il est souvent fait mention de ces animaux; mais les Scandinaves ont confondu le morse à cause de sa grande taille avec les baleines; ils le regardaient comme l'un de ces cétacés à corps velu et muni de pieds; de là le nom qu'ils lui donnaient et qui a été traduit par *cetus equinus*. Les sagas nous apprennent que la peau de cette espèce était fort recherchée, soit pour confectionner des câbles avec lesquels on attachait les ancres, soit pour lier fortement, côte à côte, les bâtiments de guerre qui devaient combattre en pleine mer. On s'en servait aussi dans les Orcades pour soulever les plus lourds fardeaux [2].

Dans la Norvége, l'Angleterre et la Russie, les défenses des morses n'étaient pas moins recherchées que

1. Langebek. *Scriptores rerum danicarum medii ævi*, t. II.
2. Boethius. *Descript. Orcad.*, p. 9.

leur cuir. C'était principalement pour l'ornement des armes qu'on les employait chez ces peuples. La poignée de l'épée des rois de Norvége était sculptée en cette matière précieuse [1]. Celle-ci était tellement recherchée alors, que Biarmos, l'un des compagnons d'Other, au retour de sa navigation, offrit quelques défenses de morses au roi Alfred [2]; et l'on sait qu'au xe siècle les Russes en avaient étendu le commerce jusqu'à Constantinople [3].

Plusieurs sagas norvégiennes nous apprennent que les baleines avaient été le sujet d'une attention toute spéciale de la part des peuples septentrionaux, bien avant qu'on possédât sur elles d'aussi amples notions parmi nous. Les Basques passent généralement pour les audacieux pêcheurs qui osèrent les premiers attaquer ces volumineux cétacés. C'est une erreur : on en pratiquait la pêche beaucoup plus anciennement dans les contrées boréales. Other déclare dans sa narration qu'ayant voulu reconnaître l'extrême limite du nord où l'on rencontre des habitants, il ne mit que trois jours à atteindre la station où les pêcheurs de baleines avaient coutume de se rassembler [4].

On est tout étonné, par exemple, de voir que déjà au xiie siècle les Norvégiens et les Islandais aient distingué vingt-trois espèces de baleines, qu'ils désignent par des noms divers. Il est vrai qu'ils imposent improprement cette dénomination à des animaux de

---

1. SCHÖNING, p. 37.
2. NOËL. *Pêches du moyen âge.* Paris, 1815, p. 214.
3. STORCH. *Statistique historique de la Russie*, t. IV, p. 86.
4. LANGEBEK. *Scriptores rerum danicarum medii ævi*, t. II, p. 108.

plusieurs genres plus ou moins éloignés; mais il n'en est pas moins remarquable de reconnaître qu'on peut discerner dans leur description la plupart des cétacés que l'on pêche encore aujourd'hui dans les mers boréales. Ils signalent sous le nom de *nordhval* notre baleine franche, qu'ils rencontraient vers les côtes brumeuses du Groenland. Épouvantés par cette masse flottante, les Scandinaves en exagérèrent les dimensions en les triplant; mais, d'un autre côté, ils reconnaissent parfaitement que ce cétacé est privé de dents. Puis, comme leurs imparfaites observations les empêchent de retrouver dans ses entrailles l'aliment dont il se nourrit, frappés cependant de l'énorme dimension de sa gueule, leur imagination leur suggère que cet animal ne vit que de brouillard [1]. Alors aussi leurs yeux sont si fréquemment impressionnés par le nombre de cétacés qui labourent la surface des vagues, que, dans une saga, ils donnent à la mer le surnom de *terre des baleines* [2].

Cette abondance de notions qu'on rencontre sur la baleine nous vient de l'importance qu'elle avait acquise à cette époque dans le nord, où on la recherchait pour son huile, pour ses fanons, et même pour ses nerfs, dont on fabriquait des cordages d'une grande force, qui étaient employés par les anciens Norvégiens comme ils le sont encore aujourd'hui au Groenland [3].

---

1. Noël. *Pêches du moyen âge.* Paris, 1815, chap. ii, p. 219.
2. Jonæus. *Ortnehnga saga*, p. 282.
3. Fabricius. *Fauna groenlandica*, t. X, p. 8, 11.

Le cachalot macrocéphale a certainement été décrit dans les œuvres primitives des Norvégiens. Ils le confondent avec leurs nombreuses espèces de baleines; mais on reconnaît ce cétacé lorsqu'ils disent que sa tête est si volumineuse qu'on peut y puiser de l'huile avec des seaux, et que ses mâchoires possèdent des dents d'une telle grosseur qu'on en fabrique des manches de couteaux, des dés et des échecs [1].

Le narval est aussi mentionné dans les anciennes sagas et sous le même nom que nous lui donnons encore aujourd'hui [2].

La grande activité qui régnait au Moyen âge dans le nord, à l'égard de la pêche des cétacés, provient des nombreux produits qu'on retirait de la plupart d'entre eux. Leur chair servait fréquemment d'aliment même dans les villes éloignées des rivages de la mer. L'huile qu'on en extrayait était utilisée pour l'éclairage des monastères [3]; et les magiciens, qui avaient en Norvége le monopole de la médecine, l'administraient comme spécifique de quelques maladies [4].

De curieux documents historiques constatent même que, fort anciennement, les fanons des baleines étaient aussi employés à des usages divers et l'objet d'un certain commerce. Au xɪe siècle, dans les contrées maritimes, ils semblaient être devenus

1. Berch. *Samlar*, t. VII, p. 50. — Noël. *Péch. du moy. âge*, p. 219.
2. Einersen. *Miroir royal*, 134.
3. Jacob. *New law dictionary*, verb. *Royal fish*.
4. Noël. *Pêches du moyen âge*. Paris, 1815, p. 221.

un attribut de la féodalité : les seigneurs en ornaient
leurs casques durant les cérémonies d'apparat ou
lorsqu'ils étaient à la guerre[1]. Des chartes du temps
d'Édouard II constatent qu'alors les fanons des baleines capturées dans ses États étaient légués en toute
propriété aux reines d'Angleterre, qui les employaient
à leur parure ou les vendaient pour l'entretien de
leurs vêtements royaux[2].

Pour compléter l'énumération des notions de zoologie que l'on rencontre dans les écrits des peuples
du nord, nous ajouterons que ceux-ci ont parfois
porté assez loin la distinction de certains mammifères qui habitent leurs latitudes.

Dans le *Miroir royal*, ouvrage dont l'auteur, qui a
gardé l'anonyme, paraît être un ministre d'un souverain norvégien de la fin du xiie siècle, on trouve la
description de six espèces de phoques : on y indique
leur patrie, leur taille et leur coloration[3].

Dans plusieurs des sagas où il est question des premiers établissements des Islandais au Vinland, on lit
que les îles voisines de cette terre se faisaient remarquer par la prodigieuse quantité d'oiseaux qui les
habitaient[4]. Dans l'une d'elles, les canards dont on
retire l'édredon avaient tant pullulé qu'il était presque impossible de faire un pas sur le sol sans briser
quelques-uns de leurs œufs. Les recherches des
naturalistes américains constatent aujourd'hui la

---

1. *Guillelm. Brito. Script. rer. francic.*, t. XIII. — Thierry, *Histoire
de la conquête de l'Angleterre.* Paris, 1830, t. Ier, p. 242.
2. Blackstone. *Commentaries on the Laws of England*, t. Ier, p. 223.
3. Miroir Royal. Traduit par Einersen, p. 176.
4. Saga d'Olaf Tryggveson, roi de Norvége.

véracité de ces assertions en nous apprenant que certaines îles inhabitées des Massachusetts sont encore remplies d'eiders et d'autres canards sauvages, ce qui leur a même fait donner le nom d'Iles aux OEufs (Egg-Islands [1]).

Par une heureuse coïncidence quelques passages des écrits des anciens peuples du nord sont venus en aide à la géologie moderne. On a retrouvé dans les chants des bardes scandinaves, des peintures pleines d'exactitude dans lesquelles ils célèbrent les exploits de leurs guerriers lorsqu'ils se livraient à la chasse. Dans certains endroits ils racontent que ceux-ci se plaisaient parfois à poursuivre des phoques qu'ils attaquaient à coups de flèches, sur certains rochers à fleur d'eau que ces mammifères gravissaient alors avec facilité. Or, ces rochers, qui ont été parfaitement décrits par les scaldes, sont encore connus aujourd'hui, mais seulement ils se trouvent tellement exhaussés au-dessus du niveau de la Baltique, qu'aucun des mammifères marins dont nous parlons ne pourrait les gravir. Ce fait a fourni un document important aux géologues pour la démonstration des soulèvements du globe [2].

A ces documents remarquables que la science peut revendiquer comme étant l'expression de faits positifs, nous devons ajouter qu'il existe encore dans les écrits mythiques des Scandinaves certaines notions curieuses qui semblent indiquer que ces peuples possédèrent

1. CHRISTIAN RAFN. *Antiquitates americanæ.* Hafniæ, 1837, p. 7 et 14.
2. HUOT. *Nouveau cours de géologie.* Paris, 1837, t. Ier, p. 152.

quelques obscures traditions sur les anciens bouleversements du globe.

C'est ainsi que dans les strophes de la *Volu-Spa*, en
s'adressant aux divines créatures, la prophétesse s'écrie
avec un accent inspiré : « Faites silence, enfants d'Heim-
dall, je vais vous révéler les secrets de Valfodur, je connais les mystères des premiers temps.... Au commencement il n'y avait ni sable, ni mer, ni vent; en bas pas
de terre ; en haut, pas de ciel ; de verdure nulle part !...
Ymir le géant s'est formé au sein du chaos.... Il est
la matière dont fut composé le monde. Son sang forma
les mers, les lacs et les fleuves; ses os les montagnes ; ses dents les minéraux, les pierres, les rochers ;
son crâne la voûte céleste ; son cerveau les nuages.... »

Ces lyriques inspirations peuvent-elles être regar-
dées comme d'informes tentatives de géogénie ?

Un vieux chant national de la Scandinavie aborde
le même sujet et dépeint avec plus de grandiose et de
précision ces anciens cataclysmes qui ont remanié à
différentes reprises toute la superficie de la terre :
« Qu'elle est magnifique ma patrie, dit le poëte, la
vieille Norvége, entourée par la mer ! Voyez ces
fières forteresses de rochers qui bravent à jamais les
efforts du temps ! Sépulcres des premiers âges, elles
restent seules au milieu des bouleversements du globe,
comme des héros aux cuirasses bleues, aux fronts
couverts de casques d'argent [1] ! »

Mais le géologue F. Klée traite ce sujet avec plus
de hardiesse que nous n'oserions le faire, et il voit

1. Geffroy. *Le nord scandinave. Revue des Deux Mondes*, 1852.

dans plusieurs passages de la mythologie scandinave des récits animés et positifs des grands phénomènes géologiques du globe [1] . En effet, dans certains passages de l'*Edda scandinave* il est question des anciens phénomènes volcaniques de notre planète, dont les dernières traces se manifestèrent après l'apparition de l'homme. On y lit aussi qu'il se joignit « à ces violentes éruptions volcaniques le plus terrible bouleversement de la mer, au sein de laquelle la terre s'est abîmée et d'où elle est ressortie de nouveau. » Cette description est extrêmement remarquable en ce qu'elle contraste avec le récit mosaïque. Au lieu que ce soit l'eau qui inonde la terre, c'est celle-ci qui s'abîme et ensuite se soulève [2] !

F. Klée est même assez audacieux pour ne trouver dans les *Prophéties de la Vala* que de véridiques images de la catastrophe du déluge, venant à l'appui de sa théorie géologique, et qui, selon lui, ne peuvent être que la reproduction des récits des hommes assez heureux pour avoir survécu à ce grand désastre.

Voici quelques fragments de cette description rapsodique de la fin du monde et de son renouvellement [3] : « Je me souviens, dit la sibylle, de neuf mondes et de neuf cieux. Avant que les fils de Bor [4] élevassent les globes, *le soleil luisait du sud. A l'orient était assise la vieille [5], dans la forêt de fer [6]....* Surtur

1. F. Klée. *Le déluge, considérations géologiques et historiques sur les derniers cataclysmes du globe.* Paris, 1847.
2. F. Klée. *Idem*, p. 218. Comp. Snorro. *Edda prosaïque.*
3. *Prophétie de la Vala.* Comp. Klée, *Déluge*, p. 220.
4. C'est-à-dire les Ases, les dieux.
5. La vieille Jette, mère de la déesse de la mort.
6. Les rochers garnis de glace, près d'Udgard, à l'extrémité du monde.

s'élance du sud avec des flammes étincelantes [1]. Les montagnes de pierres craquent; les hommes passent par le chemin de la mort; le ciel se brise.... Le soleil se couvre de ténèbres; la terre s'abîme dans la mer; du ciel disparaissent les étoiles étincelantes; des nuages de fumée enveloppent l'arbre tout nourrissant [2].... Ensuite, la sibylle voit, pour *la seconde fois*, s'élever de la mer la terre couverte de verdure!... » Et à la fin de cette magnifique épopée, la Vala décrit la rencontre des dieux dans les plaines de l'Ida.

Ainsi qu'on le voit, les prophéties de la Vala s'accordent avec la géogénie, en admettant que notre globe a été détruit plusieurs fois par des cataclysmes épouvantables. F. Klée y trouve en outre d'autres assertions qui viennent confirmer sa théorie sur les derniers cataclysmes : ce sont celles où la sibylle dit qu'avant l'ordre de choses actuel, le *soleil se levait au sud* et que la *zone glaciale était à l'est* [3]. Effet qui, d'après le géologue de Copenhague, ne peut être que le résultat d'un changement dans l'axe de rotation du globe, auquel auraient survécu ceux qui en ont transmis la tradition [4].

Placés sous l'influence de l'un des plus rudes climats que puisse habiter l'espèce humaine, disséminés à la surface d'un sol stérile et souvent même totale-

---

1. Selon les mythes, Surtur prend part au combat des Ases, et après leur défaite incendie le monde.

2. Arbre placé au milieu d'Asgard et dont les rameaux s'étendent jusqu'au ciel et abritent le globe entier.

3. La forêt de fer ou les glaces polaires.

4. F. Klée. *Déluge*, p. 224, 225.

ment dénudé de végétation, les peuples hyperboréens n'ont fait que peu d'attention à l'agriculture. Les sagas, si riches en détails sur la pêche et le commerce, ainsi que nous l'avons dit, se taisent presque absolument par rapport à cet art. Quelle difficulté celui-ci ne devait-il pas présenter durant les temps que nous étudions, lorsqu'on sait qu'aujourd'hui même, malgré l'expérience des cultivateurs, le blé ne mûrit pas tous les ans en Suède, et que certaines populations de ce pays sont obligées de le mêler à de l'écorce de bouleau pour subvenir à son insuffisance [1].

Quoique disséminés à la surface d'un sol frappé presque partout de la plus absolue stérilité, les Islandais n'en ont pas moins écrit quelques lignes sur l'agriculture dans leurs anciens manuscrits [2]. Ceux-ci rappellent qu'au xe siècle on ensemençait de céréales certains districts où les feux souterrains et les sources thermales entretenaient la terre à une température assez élevée, et qu'elles y réussissaient très-bien, à la grande joie des habitants [3].

Les habitudes belliqueuses des Scandinaves transformaient leur vie en un perpétuel combat, durant lequel ils aspiraient à l'honneur de mourir sur le champ de bataille. Cette direction vers la guerre dut naturellement leur rendre précieuses les connaissances qui se rapportent à l'art chirurgical. C'est ce que l'on observe en effet dans quelques-unes de leurs sagas, où les plantes propres à guérir les blessures

1. Geffroy. *Le nord scandinave. Revue des Deux-Mondes*, 1852.
2. *Sturlunga-Saga*, cap. xiii, et *Eigil-Saga*.
3. Einersen. *Speculum regale* et Lapeyronie. *Voyage en Islande.* Paris, 1802, t. II, p. 33.

se trouvent citées avec le plus grand soin. Dans un de ces manuscrits, il est même fait mention d'un cas fort remarquable, de l'opération de la pierre, qui fut pratiquée à l'aide d'un couteau dans la région périnéale [1].

Dans d'autres, on découvre çà et là quelques préceptes de médecine. Il en est même question dans les doctrines morales d'Odin; mais, en général, la guérison des maladies internes était plutôt confiée à des sorcières, qui passaient pour se transmettre les Runes ou formules propres à les traiter; coutume qui, ainsi que le révèlent les récits des voyageurs modernes, s'est perpétuée jusqu'à nos jours chez quelques nations du cercle arctique [2].

Les Islandais, restant plongés dans les ténèbres durant une grande partie de l'année, tournèrent naturellement leurs regards vers les astres dont la bienfaisante clarté tempérait l'obscurité des longues nuits; aussi s'occupèrent-ils fort anciennement d'astronomie. Au xiiie siècle, un de leurs savants avait déjà produit sur cette science un traité intitulé *Blanda*. Son auteur y décrit le cours des principaux astres, tels que le soleil et la lune, et y fait en outre un examen des étoiles. Il paraît même qu'il n'était pas le premier qui s'en fût occupé, car dans cette œuvre restée manuscrite, il est diverses fois question d'un ancien astronome islandais, nommé *Stiorn Oddes*, qui avait une grande réputation [3].

---

1. *Rafn Svenn bioernsens saga.*
2. DE LAPEYRONIE. *Voyage en Islande.* Paris, 1802, t. III, p. 79.
3. DE LAPEYRONIE. *Voyage en Islande.* Paris, 1802, t. Iᵉʳ, p. 83.

Dans cette revue de l'état intellectuel des peuples du nord au Moyen âge, il ne nous est pas permis d'oublier l'espèce de phénomène qu'offrait l'Irlande. Cette île présentait alors une sorte d'exception. Sa disposition topographique, et peut-être son dénûment, l'avaient protégée contre les barbares. Restée vierge de toute invasion, ses hommes lettrés avaient pu sans discontinuer s'y livrer à leurs studieux travaux ; aussi eux seuls semblèrent alors les dépositaires des traditions de la littérature et des arts. Et lorsque Charlemagne s'efforçait, au ixe siècle, de rallumer le flambeau des sciences dans l'Occident, ce fut à cette nation qu'il demanda des hommes instruits pour les placer à la tête de ses écoles [1].

La géographie doit aux peuples de la Scandinavie d'assez importantes révélations. C'est à l'un de leurs enfants, le Norvégien Other, que nous devons la première description claire et précise des pays du nord de l'Europe. Ce navigateur, le plus ancien du Moyen âge, et qui pour la première fois semble entreprendre un voyage d'exploration, a suivi le contour de la Laponie, et s'est avancé au delà de la mer Blanche, jusqu'aux côtes habitées par les Samoïèdes [2]. La relation de son voyage, qu'il fit au roi Alfred, au ixe siècle, est insérée dans l'une des productions de ce souverain instruit [3]. C'est un monument précieux pour la géographie ancienne.

1. CUVIER. *Histoire des sciences naturelles.* Paris, t. Ier, p. 363.
2. OTHER. *Peripl. ad calcem Ari frode.* Edit. Busœi.
3. ALFRED. *The Anglo-Saxon version from the historian Orosius by Alfred the great.* Londres, 1773.

Cette entreprise enhardit les navigateurs scandinaves; aussi à compter de cette époque, s'occupèrent-ils avec activité d'explorer les mers polaires et d'en signaler les parages inconnus. Ces marins audacieux s'étaient déjà aventurés fort loin avant le voyage de leur compatriote, car dès la fin du viie siècle, ils avaient découvert l'Islande, île appelée à devenir célèbre par les services qu'elle rendra à l'histoire et à la conquête des autres régions arctiques du globe [1].

Si, pendant les siècles dont nous venons de retracer l'histoire scientifique, les peuples septentrionaux n'ont apporté qu'un bien faible contingent aux progrès de l'esprit humain, il est ici impérieusement de notre devoir de leur restituer l'une des découvertes qui font le plus époque dans les annales de l'humanité, et dont on leur ravit depuis longtemps la gloire : c'est la découverte de l'Amérique, qu'ils firent cinq siècles avant Colomb, et qui a ouvert une si vaste carrière aux sciences naturelles !

Durant ces dernières années, les géographes et les antiquaires ont exercé leur sagacité et leur profonde érudition pour arriver à démontrer l'évidence de ce fait ; et les preuves, accumulées par leurs recherches, l'ont enfin rendu incontestable : telle est l'opinion de Malte-Brun [2] et de C. Rafn [3] ; telle est aussi celle de la plupart des géographes modernes [4].

---

1. MURRAY. *De coloniis scandicis in insulis britannicis*, p. 71.

2. MALTE-BRUN. *Géographie universelle.* Paris, 1842, t. Ier, p. 211.

3. CHRISTIAN RAFN. *Antiquitates americanæ sive scriptores septentrionales rerum ante-columbianarum in America.* Hafniæ, 1837.

4. PINKERTON, WALCKENAER et B. EYRIÈS. *Géographie moderne.* Paris, 1827, p. 333.

On ne peut, en effet, frustrer les **Scandinaves** de l'honneur d'avoir découvert l'Amérique : ce fut au xe siècle qu'ils y abordèrent pour la première fois; et depuis cette époque, ils eurent de fréquents rapports avec cette partie du monde.

L'histoire antécolombienne de l'Amérique se fonde aujourd'hui sur de si nombreux matériaux qu'il n'est plus possible d'en récuser l'existence; la patience des érudits la retrouve à la fois dans les écrits et dans les monuments [1].

On lit dans une saga [2] qu'un nommé Éric le Rouge, fils d'un ancien jarl scandinave, qui résidait en Islande, ayant été exilé de cette île après y avoir commis un crime, s'embarqua au printemps de l'année 986, pour aller chercher un refuge sur quelque terre lointaine. Après plusieurs jours de traversée, le proscrit et ses compagnons abordèrent sur une vaste plage des régions boréales, qu'ils furent étonnés de trouver couverte de la plus riante végétation, ce qui la leur fit nommer Terre verte ou *Green land*. C'était une des régions du Groenland [3].

Les lois de l'Islande ne lui ayant imposé qu'un exil temporaire, après un certain temps Éric revint dans cette île, et il y fit un tableau si flatteur de la nouvelle contrée qu'il avait découverte que plusieurs familles résolurent d'aller s'y fixer [4].

1. KALM. *De itin. prisc. Scandin. in Americam.* Abo, 1755.—TORFÆUS. *Historia Vinlandiæ antiquæ.* Hafniæ, 1705. — THORHALLESEN. *Rapport sur les ruines du Groenland* (en dan.), p. 36-100, etc.

2. *Narrationes de Eiriko Rufo et Grœnlandis. in Antiq. amer.*

3. GAIMARD. *Voyage en Islande et au Groenland,* 1835 et 1836. — RAFN. *Antiquitates americanæ,* etc. Hafniæ, 1837, p. 4.

4. MÉRIMÉE. *Histoire de l'Islande, depuis sa découverte jusqu'à nos*

Quelques années plus tard, Leif, fils d'Éric le Rouge, acheta un vaisseau et s'embarqua pour cette région nouvelle avec trente-cinq hommes. Ces aventuriers partirent en 1000, et abordèrent d'abord à la région la plus méridionale du Groenland, où avaient séjourné leurs devanciers; mais l'ayant trouvée peu avantageuse pour l'habiter, ils se rembarquèrent afin de se diriger vers le midi. Après une courte navigation, ils aperçurent un pays plat et entièrement couvert de bois, ce qui le leur fit désigner sous le nom de *Markland* (terre de bois). Ces audacieux marins remirent de nouveau à la voile, et après avoir tenu la mer pendant quelques jours, leur esquif entra dans une petite rivière qui, à peu de distance de son embouchure, sortait d'un lac. Ce fut là qu'ils descendirent. Ayant ensuite construit plusieurs habitations dans cet endroit, ils résolurent d'en explorer les environs; puis ayant bientôt découvert dans ceux-ci une abondance de vignes sauvages dont on pouvait manger le raisin, Leif appela ce pays le *Vinland* (terre de vin[1]).

D'après les cartes de M. C. Rafn, le Markland correspond au Canada et le Vinland aux États-Unis. En scrutant les données de la navigation des aventuriers scandinaves, et la description du climat et des productions naturelles des lieux où ils abordèrent, on arrive aux mêmes conclusions. La vigne sauvage certainement croissait spontanément sur les terres les

jours. Paris, 1840, p. 72. Dans le voyage en Islande et au Groenland exécuté en 1835 et 1836.

1. Christiani Rafn. *Antiquitates americanæ.* Copenhague, 1837, p. 5.

plus méridionales où parvinrent les navigateurs du nord. Un prince danois, le roi Sveinn Estridson, au xi⁰ siècle, le certifie lui-même à l'évêque Adam de Brême [1]. Aujourd'hui ce végétal vient encore là naturellement en grande abondance [2].

Après avoir passé l'hiver au Vinland, la colonie d'Islandais remit à la voile et retourna au Groenland. Les récits des voyageurs avaient excité la cupidité de leurs amis et de leurs parents; aussi, bientôt après, deux autres fils d'Éric le Rouge, Thorvald Ericson et Thorstein Ericson se dirigèrent-ils vers les contrées nouvellement explorées [3]; mais leur entreprise fut assez malheureuse.

Une saga norvégienne nous révèle qu'en 1006, il s'exécuta un voyage plus fructueux [4]. Un homme puissant, nommé Thorfinn, descendant d'une famille illustre et qui comptait même des rois parmi ses ancêtres, partit de l'Islande avec deux navires chargés d'hommes, et après avoir abordé au Groenland et y avoir fait une courte station il reprit la mer et se dirigea vers le Vinland, où ayant débarqué tout son monde, il créa un établissement. Ce ne fut qu'après plusieurs années de séjour dans celui-ci, et lorsque ces hommes intrépides eurent rempli leurs bâtiments

---

1. *Adami Bremensis relatio de Vinlandia. Bibliotheca Aulica Vinde-debonensi. — Non fabulosa opinione sed certa relatione Danorum.* ADAM DE BRÊME. *Antiquit. americ.*, p. 13.

2. C. RAFN. *Mém. sur la découv. de l'Amériq. au* x⁰ *siècle*, p. 13.

3. CHRISTIANI RAFN. *Antiquitates americanæ sive scriptores septentrionales rerum ante-columbianarum in America.* Copenhague, 1837.

4. SAGA D'OLAF TRYGGVASON, roi de Norvége, 341, 348. *Historia Thorfinni karlsefnii.* Bibl. de l'université de Copenhague, man. n° 544. Comp. *Antiq. amer.* — NOËL. *Pêches du moyen âge*, p. 221, 272.

de riches produits, qu'ils revinrent dans leur patrie [1].

Nos archives historiques concordent avec celles du Nord pour constater le grand fait de la découverte antécolombienne de l'Amérique. La relation du voyage que deux nobles Vénitiens, les frères Zéni, firent au Groenland en 1380[2], et surtout la carte exacte qu'ils donnèrent de cette région[3], et qui a été reproduite dans divers ouvrages de géographie, suffiraient seuls pour le démontrer[4].

Quelques documents viennent, en outre, constater quel était l'état de la religion dans les anciens établissements des Scandinaves en Amérique. On sait que déjà, en 1121, un évêque, nommé Éric, se rendit du Groenland au Vinland dans l'intention de convertir ceux de ses compatriotes qui restaient encore attachés à l'idolâtrie[5].

Les relations de cette région du globe étaient si bien établies avec l'Europe, que dès 1056, une bulle du pape Victor II compte même l'Amérique septentrionale parmi les pays confiés à l'archevêque de Hambourg, alors Adalberg; et tandis que celui-ci occupait le siége épiscopal, des députés du Groenland venaient réclamer de lui des missionnaires, et il leur en envoyait un certain nombre[6].

1. Christiani Rafn. *Antiquitates americanæ.* Copenhague, 1837, p. 7.
2. Ramusio. *Navigazioni e viaggi.* Venezia, 1554, II, f. 222.
3. Zeni. *Carta da Navegar de Nicolo et Antonio Zeni furono in Tramontana lano.* MCCCLXXX. Grav. en bois.
4. Malte-Brun. *Annales des voyages.* Paris, 1810, t. X, p. 50.
5. Snorro. *Hist. reg. sept.,* cap. civ. — Hauk. *Annales de l'Islande par Hauk, descendant d'un des premiers navigateurs du Vinland.* 1300.
6. Rohrbacher. *Hist. univ. de l'Église cath.* Paris, 1849, t. XIV, p. 80.

On pense même que ce fut peut-être aux anciens efforts de ces religieux, que l'on dut les traditions du christianisme, qu'on retrouva dans le nord de l'Amérique, lorsque les voyageurs modernes y abordèrent[1].

D'autres documents s'ajoutent à ceux-ci pour compléter nos connaissances sur la situation primitive de l'Église catholique dans cette région du globe. Des relations authentiques rapportent que les colons norvégiens qui y résidaient, avaient avec eux des évêques, et que jusqu'en 1418, ils payèrent au saint-siége une contribution de deux mille six cents livres pesant de dents de morses, à titre de dîme et denier de Saint-Pierre[2].

Les monuments viennent eux-mêmes offrir leur tribut à l'histoire antécolombienne de l'Amérique. En effet, on a retrouvé récemment dans le nord de cette partie du monde, et en particulier sur les rivages du Groenland, des inscriptions runiques[3], et les ruines de plusieurs églises et de quelques autres constructions, qui y attestent la présence des nations du nord de l'Europe à une époque fort reculée[4].

Durant le xie siècle les relations entre l'Améri-

---

1. Rohrbacher. *Histoire universelle de l'Église catholique.* Paris, 1844, t. XI, p. 484.

2. Malte-Brun. *Annales des voyages*, t. X, p. 65.

3. L'une d'elles, découverte en 1824, porte ces mots : Erling, Sigvalson et Hiorne Aordeson et Endride Addon, ont élevé cet amas de pierres et nettoyé cette place le samedi 25 avril, en l'année 1135 (*Géogr. univ.*, p. 206).

4. Thorhallesen. *Rapport sur les ruines du Groenland* (en dan.), p. 36-100.

Christiani Rafn. *Monumenta europœa in oris Groenlandiœ. Antiq. amer.*, p. 340.

que du nord, les Islandais et les Norvégiens furent très-fréquentes. Les richesses que ces peuples navigateurs pouvaient conquérir dans les pays nouvellement découverts durent nécessairement exciter leur zèle. Les documents abondent pour le prouver, et les sagas sont d'une telle précision à cet égard, et donnent de si amples détails sur les personnes et sur leurs actes, qu'on ne peut en récuser l'autorité [1].

Mais pendant les siècles qui suivirent, les communications entre les deux parties du monde devinrent moins fréquentes et peut-être les ignora-t-on dans l'Europe méridionale.

Cependant il paraîtrait, d'après les assertions de M. C. Rafn, que durant le xiiie siècle on fit encore de nouvelles découvertes dans l'Amérique du nord; mais celles-ci eurent lieu dans ses régions arctiques. On les dut à quelques religieux qui habitaient les colonies du Groenland et qui, après s'être avancés jusqu'au fond de la mer de Baffin, où les pêcheurs du nord avaient une station d'été, entrèrent dans le détroit de Barrow [2]. Ainsi de simples prêtres groenlandais traçaient la route d'une exploration qui devait être six siècles plus tard un beau titre de gloire pour les navigateurs de la Grande-Bretagne, G. Parry et Sir John Ross [3].

---

1. Comp. *Historia Thorfinni Karlsefnii et Snorrii Thorbrandi filii.* *Antiq. amer.*, p. 76.

2. Christiani Rafn. *Antiquitates americanæ.* Copenhague, 1837, p. 20.

3. G. Parry. *A voyage for the discovery of a north-west passage*, etc. Lond., 1821.

J. Ross. *Narrative of a second voyage in search of a north-west passage.* London, 1835.

Tous ces faits furent–ils ignorés par le célèbre navigateur génois? Quelques écrivains le prétendent[1], mais Malte-Brun ne le pense pas, et il croit que, dans un voyage qu'il fit dans les mers du nord, plusieurs de ceux–ci ont dû parvenir à sa connaissance et affermir ses projets[2]. Quoi qu'il en soit, il est certain que lorsque l'heureux Colomb aborda au nouveau monde, il fut surpris de ce qu'il y rencontrait et de la distance à laquelle ses vaisseaux se trouvaient de la mère patrie! Il avait entrepris son voyage d'après les récits de Marco Polo, qui étant parvenu par terre jusqu'aux mers du Japon avait considérablement exagéré la distance qu'il parcourut[3]. Colomb en s'appuyant sur la démonstration de la forme du globe et de l'étendue de sa circonférence, pensait en montant ses frêles caravelles, devoir trouver à une faible distance des côtes de l'Espagne, les régions décrites par le célèbre Vénitien. Cette idée le dominait tellement que lorsqu'il aperçut dans le lointain les premiers rivages américains il se croyait au Japon[4].

1. LACORDAIRE. *Encyclopédie nouvelle.* Paris, 1840, t. Ier, p. 440.
2. MALTE-BRUN. *Histoire de la géographie*, p. 211 ; *Géogr. univ.* Paris, 1842, t. Ier.
3. MARCO POLO. *Marco Polo delle maraviglie del mondo da lui vedute.* Venezia, 1496.
4. CUVIER. *Histoire des sciences naturelles.* Paris, 1841, t. Ier, p. 423.

CHAPITRE II.

ÉCOLE FRANCO-GOTHIQUE.

Dès le début de l'époque qui nous occupe, quelques personnes s'efforcèrent d'épurer les mœurs barbares de l'Europe centrale. Sous ce rapport, Dagobert Ier fut un de nos plus anciens bienfaiteurs. Quoiqu'il n'ait eu aucune influence directe sur les sciences, ce roi, environné d'hommes remarquables par la piété et le savoir, et qui devint l'un des plus sages princes de son époque, peut-il ne pas trouver son nom sous notre plume, lui qui mérita d'être appelé le *Salomon du moyen âge?*

Parmi les conseillers de ce prince, on distinguait particulièrement saint Didier, qui était son trésorier, et saint Éloi, auquel il accordait une très-grande affection [1]. Ce dernier, le plus célèbre orfévre de son époque, transmit son nom à la postérité, en exécutant pour Clotaire II, qui aimait tant la magnificence, deux siéges d'or ornés de pierreries. Sous Dagobert, il devint le monétaire de la couronne [2].

Mais le premier homme du Moyen âge qui s'occupe des sciences naturelles est un prélat espagnol du viie siècle, Isidore, évêque de Séville, dont l'œu-

1. *Gesta Dagoberti*, 40, Chronique du moine de Saint-Denis.
2. *Histoire universelle de l'Église catholique*, t. X, p. 136.

vre ne se compose que d'un seul volume in-folio, écrit sous la domination des Visigoths[1]. Une grande partie de ce travail est consacrée à la théologie et ne renferme que des commentaires sur l'Écriture. La portion qui reste sous le nom de *Etymologicon sive de Originibus*, embrasse toutes les autres études.

On peut considérer cette œuvre comme une véritable encyclopédie renfermant l'exposition de toutes les connaissances divines et humaines du temps où vivait son auteur. Celui-ci y traite à la fois des hautes conceptions de la philosophie et des moindres détails du ménage, des sciences abstraites et des arts manuels. Les titres des divers chapitres de l'œuvre de saint Isidore suffiront pour donner l'idée de la variété des sujets qui s'y trouvent exposés. Le premier livre est consacré à la grammaire et à l'histoire; le second, à la rhétorique et à la dialectique; le troisième embrasse l'arithmétique, la géométrie, l'astronomie et la musique; le quatrième, la médecine; le cinquième, la législation; le sixième, la librairie et les offices ecclésiastiques; le septième traite de Dieu et des anges; le huitième, de l'Église et de ses différentes sectes; le neuvième, des langues; le dixième, des étymologies; le onzième, de l'homme. Dans le douzième, il est question des animaux; dans le treizième et le quatorzième, du globe et de ses diverses régions; dans le quinzième, des édifices; le seizième est consacré aux minéraux; le dix-septième, à l'agriculture; le dix-huitième, à la guerre et aux jeux;

1. Isidore de Séville. *Sancti Isidori hispalensis episcopi opera omnia quæ extant*, col. 1617.

le dix-neuvième, à l'architecture, aux navires et aux vêtements; enfin, le vingtième, aux détails du ménage.

Toute l'anatomie humaine se trouve concentrée dans cinq ou six pages de cet in-folio [1]. La zoologie en occupe une dizaine; la botanique et la minéralogie environ vingt. L'auteur ne consacre que six ou huit lignes à la description de chaque animal, et quelquefois deux seulement; souvent même il se borne à donner l'étymologie du nom des espèces. Le plus grand désordre règne dans la classification, et l'on s'aperçoit que saint Isidore n'a nullement consulté les analogies zoologiques. C'est ainsi qu'il confond parmi les poissons [2], non-seulement les baleines et les dauphins, ce qui était bien pardonnable à son époque, mais encore les crocodiles et les hippopotames [3], les huîtres et les éponges; de manière que l'on trouve en quelque sorte sur la même page, et englobés ensemble, les extrêmes du règne animal.

La partie botanique de l'ouvrage du savant de Séville n'est pas au-dessus de la zoologie. Tout s'y trouve traité avec la plus extrême concision. La minéralogie est meilleure. Quelques auteurs, tout en jugeant assez sévèrement l'ensemble de l'œuvre de l'évêque espagnol, regardent cependant plusieurs de ses chapitres comme offrant un certain intérêt. Tel est, en particulier, celui où l'art du verrier, encore

1. ISIDORE DE SÉVILLE. Oper. cit. *De homine et partibus ejus*, p. 94.
2. ISIDORE DE SÉVILLE. Oper. cit. *De piscibus*, cap. VI, p. 107.
3. ISIDORE DE SÉVILLE. *Ibid.*

dans son enfance, se trouve exposé d'une façon tout à fait curieuse [1].

Cet ouvrage renferme une foule d'assertions assez peu judicieuses, et cependant c'est de lui qu'on se servit presque exclusivement pour l'enseignement dans les écoles jusqu'au xiie siècle. Mais un reproche que l'on doit adresser à Isidore de Séville, c'est de ne s'être nullement occupé de l'observation, et d'avoir entièrement négligé les trésors qu'il aurait pu rencontrer dans les ouvrages d'Arist.. , de Pline et de Galien. Cuvier se borne à le considérer comme un compilateur peu versé dans les sciences [2]; mais nous ne pouvons imiter notre illustre naturaliste, car pour nous l'auteur du Moyen âge n'a même rien compilé, hors quelques étymologies qui souvent sont fort suspectes; aussi, son œuvre ne nous apparaît que comme un stérile monument constatant l'ignorance des temps où il fut écrit.

Il est vrai que saint Isidore cite parfois Pline; mais on reconnaît qu'il n'a guère profité des richesses de son érudition, tant il est au-dessous d'un semblable modèle. D'un autre côté, quoique son œuvre semble être particulièrement consacrée à l'exposition des étymologies, réellement il fabrique celles-ci avec une élasticité sans pareille. Témoin ce qu'il dit du crocodile : *crocodilus a croceo colore dictus, gignitur in Nilo* [3].

Les écrivains qui ont attaqué le Moyen âge avec

1. Bégin. *Sciences naturelles. Moyen âge et renaissance*, p. 111.
2. Cuvier. *Histoire des sciences naturelles.* Paris, 1841, t. Ier, p. 390.
3. Isidore de Séville. *Originum sive etymologiarum libri*, p. 103.

le plus d'aigreur n'en ont pas moins été forcés de reconnaître que durant ce laps de temps l'astronomie ne cessa pas d'être cultivée avec quelque succès [1].

C'est un fait dont nous signalerons la cause en son lieu; mais l'essor que cet âge devait imprimer à la science des cieux fut presque totalement étranger à l'école franco-gothique. Le chapitre qu'Isidore consacre à l'astronomie est absolument insignifiant; l'auteur n'est guidé que par les exigences que lui impose la forme encyclopédique de son ouvrage, et nullement par ce mouvement passionné qui animera l'école arabe et les mathématiciens qui rehausseront l'éclat des dernières années du Moyen âge. Isidore donne la mesure du peu d'importance qu'il accorde à l'astronomie en la confondant dans un chapitre unique, avec la musique et l'arithmétique; assemblage étrange s'il en fut.

Durant les premiers temps de l'époque dont nous esquissons l'histoire, deux grands souverains, Théodoric et Charlemagne, après avoir subjugué de vastes États, semblèrent s'appliquer à y semer le germe d'une civilisation élevée. Les sciences, les arts et les lettres furent appelés par eux pour relever l'éclat de leurs conquêtes; leur cour devint l'asile des hommes les plus marquants de l'époque, et c'était des degrés de leur trône que s'échappaient les premières lueurs régénératrices de ces siècles barbares. Aussi l'on peut dire avec un illustre historien de l'Italie : « que les règnes de Théodoric et de Charlemagne ont

---

1. SAVERIEN. *Hist. des mathématiciens modernes.* Paris, 1765, t. V, p. 3.

été comme deux météores lumineux qui éclairèrent les épaisses ténèbres du Moyen âge : les malheurs des temps voulurent que la lumière qu'ils répandirent fut de courte durée, mais il n'est pas moins vrai que ces deux princes doivent être regardés comme d'immortels bienfaiteurs de l'humanité [1]. »

Théodoric, qui se présente d'abord, appartient au VIe siècle. Depuis un certain nombre d'années, les Goths, renonçant aux conquêtes, s'étaient paisiblement fixés sur les bords du Danube avec l'assentiment du chef de l'empire d'Orient. Élevé à la cour de Zénon, leur jeune roi Théodoric y était devenu l'idole des Byzantins, qui lui prodiguaient toutes sortes d'honneurs, des dignités, des statues [2]. Cependant, las de l'oisiveté, celui-ci sollicita de l'empereur la faveur d'aller à la tête de sa nation reconquérir l'Italie soumise alors à la tyrannie d'Odoacre.

Sa demande ayant été exaucée, à la voix de leur roi, les barbares, se levant en masse, s'avancèrent vers l'Italie, plus nombreux que les étoiles du ciel, ou que les sables de l'Océan [3]. Dans sa marche, cette immense multitude faisait retentir les forêts et les échos des montagnes de ses sauvages acclamations ; les guerriers s'avançaient pesamment chargés de leurs armes ; les femmes portant leurs enfants dans leurs bras ; et, ce que nous ne devons pas omettre dans cette histoire où tout ce qui touche au progrès intellectuel doit nous intéresser, c'est que pour ce grand voyage

---

1. BOTTA. *Histoire des peuples d'Italie*. Paris, 1825, t. Ier, p. 135.
2. GAILLARDIN. *Histoire du moyen âge*. Paris, 1843, t. Ier, p. 77.
3. *Populo sideribus aut arenæ comparando*. ENNODIUS. Panégyrique.

on construisit des chariots d'une nouvelle invention; les uns étaient disposés pour recevoir des familles entières; d'autres portaient sur leurs roues des
moulins et diverses machines nécessaires à cette nuée
d'émigrants, et qui avaient été disposées de manière
à se mettre constamment en mouvement durant la
marche du véhicule [1].

Théodoric, une fois affermi sur le trône de l'Italie,
s'appliqua, par ses vertus et son génie, à consoler
l'humanité des désordres du temps. Cassiodore nous
représente son règne comme le symbole de la justice
elle-même [2], et Grotius le propose aux princes comme
le modèle du plus parfait gouvernement [3].

Une des plus pures gloires de Théodoric fut la
haute protection qu'il ne cessa d'accorder aux sciences
et aux hommes qui les cultivaient. Ses historiens rapportent même qu'il se plaisait à converser avec les savants, et que ses entretiens roulaient souvent sur la
physique et l'histoire naturelle [4].

Ce prince se complaisait aussi à répandre les dignités et les récompenses sur tous les hommes marquants de son époque [5]. Sous lui, Rome vit ses réu-
nions de savants et de philosophes encouragées. Les
patrices Festus et Symmaque, qui contribuèrent à
illustrer les sciences au vi[e] siècle, devinrent tour à
tour l'objet des attentions du grand roi. Quelques

<hr>

1. BOTTA. *Histoire des peuples d'Italie.* Paris, 1825, t. Ier, p. 139.
2. CASSIODORE. *Magni Aurelii Cassiodori opera.* Paris, 1589.
3. GROTIUS. *De Jure belli ac pacis.* Paris, 1625, lib. III.
4. CASSIODORE. *Magni Aurelii Cassiodori opera.* Paris, 1589, lib. I,
p. 17. — SPRENGEL. *Histoire de la médecine.* Paris, 1815, t. II, p. 575.
5. CASSIODORE. *Magni Aurelii Cassiodori opera.* Paris, 1589.

femmes obtinrent la même faveur : telles furent Barbara et Stéphanie ; l'une, qu'on peut considérer comme la plus charmante expression de la grâce et du génie romain ; l'autre, plus grave et plus austère visage, appelée à devenir une des lumières de l'Église chrétienne [1].

L'un des hommes qui contribuèrent surtout à illustrer le règne de Théodoric et le vi[e] siècle, fut Séverinus Manlius Boëce. Né à Rome, vers 470, d'une famille riche et ancienne, ses vertus, ses grands talents l'élevèrent aux premières dignités de l'État ; mais sa probité, sa grandeur d'âme furent pour lui la cause de la plus affreuse persécution.

Après avoir reçu dans sa ville natale une brillante éducation, Boëce se rendit à Athènes pour se perfectionner, sous les habiles maîtres de la Grèce, dans l'étude des sciences, de la philosophie et de l'éloquence. De retour dans sa patrie, son mérite éminent lui fit conférer quelques dignités civiques. Lors de l'entrée solennelle de Théodoric à Rome, où des honneurs suprêmes lui furent décernés par le pape et le peuple, ce fut Boëce que le sénat choisit pour le haranguer. Le succès avec lequel il s'acquitta de cette mission ayant donné au roi une haute opinion de lui, immédiatement celui-ci se l'attacha en le nommant maître du palais et des offices.

Devenu ministre de Théodoric, le savant et digne Boëce s'appliqua à diriger son souverain vers la pratique du bien en lui enseignant à aimer les lettres,

1. Gaillardin. *Histoire du moyen âge.* Paris, 1846, t. Ier, p. 81.

les sciences et les arts, et à encourager ceux qui les cultivaient. Le roi suivait avec confiance ses conseils, et il fut longtemps l'oracle et le favori de la cour et de la nation. Tout s'inclinait devant le mérite et la vertu de ce grand homme ; et lorsqu'il prononça l'éloge de Théodoric dans le sein du sénat, entraînés par l'éclat de sa parole, les sénateurs lui décernèrent une couronne et le proclamèrent le prince de l'éloquence.

Mais cette haute destinée ne suivit pas Boëce jusqu'à sa fin. Théodoric, devenu vieux, et rongé par les soupçons, ne vit alors qu'un conspirateur dans son respectable ministre, et il le congédia.

Quelque temps après, Boëce eut le courage, en plein sénat, d'exposer devant son souverain, l'émouvant tableau des misères publiques et les justes réclamations de la nation : « Nous respectons l'autorité royale, s'écriait-il dans son discours, lui laissant le droit de distribuer ses faveurs où elle veut, comme le soleil ses rayons ; mais nous demandons la liberté, le plus précieux privilége de cet empire.... Nul aujourd'hui ne peut être riche impunément : les pierres même répètent les gémissements du peuple.... » Mais Théodoric, indigné de cet audacieux langage, condamna à mort l'habile homme d'État qui avait tant contribué à l'éclat de son règne, et peu de temps après celui-ci subit son supplice au milieu d'affreuses tortures.

Boëce peut être regardé comme le savant le plus remarquable de son époque. Il s'était formé en étudiant à fond et en traduisant les œuvres d'Aristote, d'Euclide, d'Archimède et de Ptolémée. Ses ouvrages annoncent qu'il avait embrassé toutes les sciences connues de son temps. On a de lui un Traité d'arithmétique[1] et quelques ouvrages de théologie et de philosophie.

Considérés dans leur ensemble, les travaux du ministre de Théodoric semblent être le lien qui rattache les deux extrêmes de la civilisation : ils apparaissent au Moyen âge comme un trait d'union tiré entre l'antiquité et les temps modernes, et leur auteur ne semble avoir appelé à lui toutes les ressources de la littérature païenne que pour façonner la rude enfance du christianisme barbare[2].

Dans les moments de loisir que lui laissaient les affaires publiques, ce grand homme ne dédaignait pas de s'occuper de la construction d'instruments de mathématique ou de mécanique. On dit qu'il avait exécuté des cadrans indiquant tous les mouvements du soleil, et des clepsydres d'une extrême simplicité qui, à l'aide d'une seule boule d'étain remplie d'eau et tournant sur elle-même sans rouages et sans ressorts, traçaient la marche du soleil, de la lune et de divers astres. Les chroniqueurs du temps racontent même que Théodoric ayant envoyé en présent l'un de ces instruments au roi des Bourguignons, ces peuples grossiers s'imaginèrent que quelque divinité infernale se trouvait cachée dans la boule pour lui imprimer ses inexplicables mouvements[3].

Cassiodore, qui fut longtemps principal ministre

1. BOECE. *De Sever. Boetii arithmetica.* Venise, 1488.
2. BOECE. *Opera omnia cum comment. diversorum.* Basileæ, 1570.
3. GERVAISE. *Histoire de Boëce.* Paris, 1715.

de Théodoric, et dont le grand savoir et l'équité concoururent tant aussi à l'illustration de son règne, a laissé également de nombreux écrits. Malgré le fardeau que lui imposait la gestion de l'État, il ne s'en occupait pas moins de projets concernant les sciences et la religion. Après avoir été le conseiller intime de plusieurs souverains, parvenu à un âge fort avancé, il se retira dans un monastère de la Calabre, qu'il avait fait bâtir sur une de ses terres, et où il mourut vers le milieu du vi[e] siècle. Là, Cassiodore comblé d'honneurs et de richesses par les princes qu'il avait servis, établit, parmi les moines placés sous sa direction, une espèce d'université, où l'on exposait l'ensemble des études divines et humaines[1].

Fort de son érudition solide et variée, Cassiodore avait écrit une histoire universelle qui embrassait tous les faits de l'humanité depuis les plus anciens temps jusqu'à son époque. Il avait aussi composé une histoire des Goths, qu'on ne connaît que par l'abrégé qu'en a donné Jornandès[2]. Enfin, il a aussi écrit un Traité des arts libéraux, espèce de recueil consacré à exposer tout ce que l'on savait alors sur l'arithmétique, la géométrie, l'astronomie et la mécanique[3].

Avec la race mérovingienne s'étaient éteintes les dernières traditions de la vie publique léguées à la Gaule par le génie de l'antiquité; et sous cette série de rois énervés qui la terminent, la puissance morale de la nation paraissait s'être exilée avec sa

---

1. ROHRBACHER. *Histoire universelle de l'Église catholique.* Paris, 1849.
2. JORNANDÈS. *De rebus gothicis.* Amstel., 1665.
3. CASSIODORE. *Magni Aurelii Cassiodori opera.* Paris, 1589.

force et sa gloire. Au VIIe siècle, partout l'histoire de l'esprit humain offrait le plus affligeant tableau.

L'Europe centrale, déchirée par ses luttes sanglantes, abandonne tout travail intellectuel pour ne songer qu'à ses périls. Les efforts civilisateurs des apôtres de l'Évangile, se trouvent étouffés au milieu de cette conflagration générale; la religion, menacée de toutes parts par le cimeterre de l'islamisme, semblait sur le point de succomber, lorsqu'au commencement du siècle suivant, Charles Martel anéantit l'armée des Sarrasins dans les champs de l'Aquitaine.

Quelques années après, Charlemagne saisit les rênes de l'État, et son épée sans cesse tendue et menaçante, consolide l'indépendance de son empire, et met un frein aux envahissements des barbares. Ce grand monarque, après avoir fondé sa puissance par le glaive, étend sa renommée en protégeant les lettres et les sciences, et rehausse la majesté de son trône en l'environnant de tout ce que l'Europe possède d'hommes éminents[1]. Aussi, attirés par la haute considération dont il environne le savoir et par l'espoir d'obtenir ses bienfaits, des savants de tous les pays viennent apporter leurs lumières à sa cour : parmi eux, on comptait principalement Alcuin, enlevé à l'Angleterre; Théodulfe, Goth de nation et né en Italie; Leidrade, archevêque de Lyon, dont la patrie

---

1. Alcuin. *Alcuini opera.* 1617, p. 1386. — J. Unoldi Orat. *De societate litteraria a Carolo Magno instituta.* Ienæ, 1752.

originaire était le Norique; Eginhard, qui fut l'historien du ixe siècle, et le secrétaire intime de Charlemagne [1].

Le moine de Saint-Gall, dans sa tremblante adulation pour la puissance carlovingienne, trace un tableau saisissant de la majesté de Charlemagne, qu'il surnomme *le terrible*. Il le représente s'exaltant dans sa force et sa gloire au milieu de tous les rois vaincus par son épée; là fulminant de colère contre ceux qui restent encore indociles à ses ordres, et, ailleurs, tendant une main amie à ceux qui s'inclinent devant son étoile [2]. Ce récit peut être véridique, mais, selon nous, le grand conquérant s'est environné d'une gloire encore plus durable en présidant les assemblées des hommes d'élite de son royaume. Le burin de l'histoire est muet à l'égard de beaucoup de ces infimes souverains que le chef des Francs enchaînait aux marches de son trône, tandis qu'il a religieusement transmis aux siècles futurs les noms des savants qui rehaussèrent l'éclat de sa couronne.

Charlemagne ne se borne pas à réunir près de lui des savants et des hommes de lettres; aussitôt que sa puissance fut affermie, il donna à l'instruction publique sa première organisation en fondant des écoles dans toute l'étendue de son vaste empire. Il les établit dans les seuls lieux où elles pouvaient l'être, dans les monastères et les cathédrales; les chanoines et les

---

1. Comp. Guizot. *Histoire de la civilisation en France*. Paris, 1847, t. II, p. 203. — Gaillardin. *Histoire du moyen âge*. Paris, 1845, t. I, p. 346. — Desmichels. *Hist. génér. du moyen âge*, t. II.
2. Walafride Stradon ou Strabus. Moine de Saint-Gall.

moines instruits en devinrent les professeurs et tout couvent d'une notable richesse fut contraint d'entretenir une de ces écoles dans son enceinte. Dans les écoles carlovingiennes, déjà on distingue deux sortes d'études et de grades d'instruction. Le premier de ces grades, nommé *trivium*, embrassait la grammaire, la rhétorique et la dialectique; et le second, qui était appelé *quadrivium* comprenait en plus l'arithmétique, la géométrie et l'astronomie. Mais dans ces temps où les notions élémentaires de l'éducation manquaient, peu d'élèves osaient aspirer au premier de ces grades, et quant au quadrivium on le considérait comme le *summum* de la science humaine et l'on n'allait presque jamais jusqu'à oser l'affronter.

Les efforts de Charlemagne pour propager les connaissances utiles, ne s'arrêtèrent pas là. Il encouragea aussi l'étude de la langue grecque[1]. Dans ses capitulaires il ordonne d'ajouter des cours de médecine à ceux que l'on professait déjà dans les écoles épiscopales et cette science y fut enseignée dès lors sous le nom de *physique*[2].

Une ambassade que Haroun al-Raschid envoya vers notre grand prince, eut un immense retentissement à une époque où les relations internationales étaient si rares, surtout entre des peuples tant éloignés. Les sujets du calife déposèrent aux pieds de Charlemagne divers présents parmi lesquels se trouvaient

---

1. LEBOEUF. *État des sciences depuis Charlemagne jusqu'au roi Robert*, p. 14. — MICHAUD. *Histoire des Croisades*. Paris, t. IV, p. 314.

2. *Capitulaires de Thionville*, p. 805. — EGINHARD. *Vita et gesta Caroli Magni*. Cologne, 1521, cap. II, p. 110. — SPRENGEL. *Histoire de la médecine*. Paris, 1815, t. II, p. 349.

les clefs du saint sépulcre, une horloge à roues, et un éléphant.

Il a souvent été mention de ces deux derniers objets dans les livres de science. L'horloge, qui était en airain damasquiné d'or, marquait les heures sur un cadran, et indiquait, à ce que l'on raconte, une infinité de choses. Mais elle était loin d'avoir la perfection qu'on lui prête généralement. Selon Bailly, ce n'était même qu'une sorte de clepsydre qui marquait les heures en laissant à chacune de celles-ci, tomber une balle d'airain sur un timbre. Cette pièce mécanique offrait douze portes, donnant passage à autant de cavaliers dont l'apparition indiquait le nombre d'heures écoulées [1]. Cet instrument qui passa à la cour de Charlemagne pour une merveille [2] n'a peut-être pas même l'honneur d'être le premier de ce genre qu'ait vu l'Europe. On lit dans quelques ouvrages que Scipion Nasica, au retour de ses campagnes, rapporta à Rome une clepsydre indiquant les heures [3]. L'on sait aussi que Boëce et Cassiodore possédèrent de semblables instruments au vi[e] siècle; celui de Charlemagne n'était donc qu'un perfectionnement d'une invention déjà fort ancienne.

Ce n'est réellement que vers le milieu du ixe siècle que les sciences firent l'acquisition des premières horloges à roues. Jusqu'à cette époque, les seules qui fussent connues n'étaient que des clepsydres venues

1. BAILLY. *Histoire de l'astronomie moderne.* Paris, 1779, t. I, p. 219.
2. ÉGINHARD. *Vita et gesta Caroli Magni.* Cologne, 1521.
3. DURUY. *Histoire des Romains.* Paris, 1844, t. II, p. 33. — Comp. SABLIER. *Recherches sur les horloges des anciens.* Mém. de l'Acad. des inscr.

de l'Orient. Mais un archidiacre de Vérone, nommé Pacificus, qui mourut en 846, substitua des poids à l'action de l'eau, et devint surtout célèbre en inventant l'échappement à palette et le balancier destinés à empêcher l'accélération de la chute du moteur de l'instrument [1]. Dès lors l'horloge avait acquis toutes les garanties de l'exactitude pour la mesure du temps, et cependant il faudra traverser six siècles avant de la voir employée dans les observations astronomiques !

L'éléphant offert au prince franc par le calife de Bagdad, débarqua à Pise en 801, d'où on l'envoya à Aix-la-Chapelle. Cet animal tout à fait inconnu alors en Europe y excita une admiration générale. Tous les chroniqueurs du temps en font mention [2] et on le célébra même dans plusieurs pièces de vers. Deux autres éléphants, à une grande distance de là, virent encore l'Europe au Moyen âge ; l'un y fut amené en 1229 par Frédéric II à son retour de la terre sainte [3] ; et l'autre avait été également enlevé à la Syrie par saint Louis, qui en fit bientôt présent à l'Angleterre où les peuples accouraient en foule sur son passage [4].

L'éléphant d'Haroun al-Raschid a joué un grand rôle dans les hypothèses de la géologie lorsque cette science était encore au berceau ; les deux autres ayant été beaucoup moins connus, il n'en est pas question. Lorsque anciennement on découvrait quelques osse-

---

1. VEIDLER. *Encyclopédic de Diderot*, horlog., p. 381.

2. ÉGINHARD. *Vita et gesta Caroli Magni.* Cologne, 1521. — DICUIL. *De mensura orbis terræ.*

3. ARMANDI. *Histoire militaire des éléphants.* Paris, 1843, p. 529.

4. POLYDOR-VERG. *Angl. hist.*, p. 311.

ments fossiles de mastodonte ou d'éléphant dans les terrains diluviens de la France, les savants professaient généralement qu'ils ne pouvaient être que des vestiges de l'individu offert à l'empereur des Francs, ou des éléphants qui se trouvaient dans l'armée d'Annibal. Mais la science moderne a fait justice de cette ridicule assertion.

Un autre ambassadeur qui venait de Kaïrouan fit hommage au souverain Franc de quelques produits de l'Afrique parmi lesquels se trouvait un ours de Numidie[1]; assertion qui n'est pas sans avoir quelque intérêt scientifique aujourd'hui où, après de longues dénégations, plusieurs naturalistes en reviennent à l'hypothèse qu'il existe des ours dans l'Afrique septentrionale[2].

L'homme dont Charlemagne s'aida davantage pour créer ses institutions fut Alcuin, né dans le Yorkshire en 735. Issu de parents nobles et riches, rien n'avait été négligé pour lui donner une brillante éducation. Dès sa plus tendre enfance il fut placé dans l'école cathédrale d'York où il eut pour maître l'archevêque Egbert, frère du roi des Northumbriens, qui l'initia de bonne heure aux langues latine, grecque et hébraïque. La haute opinion qu'il avait donnée de lui à ce respectable prélat, détermina celui-ci à le désigner comme son successeur et à lui léguer sa bibliothèque. Bientôt après Alcuin fut placé à la tête de l'école d'York, à laquelle il imprima une nouvelle impulsion en étendant sa célébrité déjà considérable.

---

1. GAILLARDIN. *Histoire du moyen âge.* Paris, 1843, t. I, p. 347
2. F. CUVIER. *Hist. des mamm.* — POIRET. *Voy. en Barbarie.*

On y envoyait des élèves non-seulement de toutes les parties de la Grande-Bretagne, mais encore de la Gaule et de la Germanie.

En 780, Alcuin étant chargé par le roi d'Angleterre de se rendre à Rome pour demander le pallium au pape Adrien, passa à Parme en revenant d'accomplir sa mission et y rencontra Charlemagne ; ce prince, ayant eu là l'occasion d'apprécier le profond savoir du professeur, conçut le projet de le fixer en France en lui faisant les plus brillantes offres. Celles-ci ne furent cependant acceptées par Alcuin qu'à la condition qu'il en obtiendrait la permission de son souverain et de son évêque. Il l'obtint en 782, et depuis cette époque on le voit constamment auprès de Charlemagne qu'il ne quitta plus, et dont il devient l'ami, le confident et en quelque sorte le premier ministre intellectuel. Depuis lors aussi, Alcuin ne cesse de s'occuper de trois choses, avec la plus louable ardeur : de restaurer les écoles et d'y ranimer le zèle languissant des études ; de professer lui-même, et de faire reproduire le plus grand nombre de manuscrits possible.

Durant tout son séjour à la cour de Charlemagne, qui se prolongea de 782 à 796, Alcuin dirigea une sorte d'école intérieure, appelée *école du palais*, qui suivait ce prince partout où il allait, en guerre comme en paix. Son auditoire se composait des personnes les plus considérables de la maison de l'empereur et avant tout de Charlemagne lui-même. Venaient ensuite ses trois fils ; puis Gisla, sa sœur et Gisla sa fille ; Angilbert et Éginhard, gendres et ministres du grand prince, Adalhard petit-fils de Charles Martel, et plusieurs archevêques [1].

Ce fut dans le sein de cette petite réunion, qui peut être considérée comme étant en quelque sorte l'antique modèle de nos académies modernes, que l'empereur puisa son goût pour les sciences et en particulier celui qu'il manifesta pour l'astronomie [2].

Cependant les entretiens littéraires et scientifiques de cette jeune compagnie savante n'atteignirent pas, il est vrai, une haute portée [3]; mais ils contribuèrent à répandre le goût des études en même temps qu'ils faisaient naître d'affectueux rapports entre ceux qui y participaient. Afin de jouir d'une plus grande liberté dans le cours de leurs discussions familières, chacun de ses membres désirant effacer l'inégalité des positions, empruntait même un nom à l'antiquité littéraire. Charlemagne se faisait appeler David, Alcuin Flaccus, Adalhard Augustin, Angilbert Homère, etc.

Alcuin, plus particulièrement versé dans la littérature, s'était aussi occupé de sciences et surtout d'astronomie. Parmi les lettres assez nombreuses qui nous sont restées de lui, on en connaît six, adressées à Charlemagne, qui ont rapport à celle-ci : elles traitent du cours du soleil, des phases de l'année, du cycle lunaire et des constellations.

Quoique comblé d'honneurs et de considération,

---

1. J. Unoldi Orat., *De societate litteraria a Carolo Magno instituta.* Ienæ, 1752. — Guizot. *Hist. de la civilis.*, t. I, p. 182.

2. Conring. *Antiq. acad. dissert.* — Bailly. *Histoire de l'astronomie moderne.* Paris, 1779, t. I, p. 676.

3. Guizot. *Histoire de la civilisation en France.* Paris, 1847, t. II, p. 183.

le néant des choses humaines n'en apparaissait pas moins à Alcuin à mesure que sa vieillesse avançait; aussi, en 796, il abandonna la cour et se retira dans l'abbaye de Saint-Martin de Tours, l'une des plus riches de la Gaule, qui lui avait été donnée par l'empereur.

Dans cette magnifique retraite, son zèle pour l'enseignement ne se ralentit pas, et les sciences et la littérature fleurirent à Tours pendant qu'il y résidait. On l'apprend dans une lettre curieuse qu'il écrit à Charlemagne, véritable spécimen du style ampoulé de son époque, et que l'on retrouve dans plusieurs de ses conceptions : « Moi, votre Flaccus, dit-il, selon votre exhortation, je m'applique à servir aux uns, sous le toit de Saint-Martin, le miel des saintes Écritures; j'essaye d'enivrer les autres du vieux vin des anciennes études; je nourris ceux-ci des fruits de la science grammaticale; je tente de faire briller aux yeux de ceux-là l'ordre des astres.... [1]. »

Charlemagne n'avait laissé partir Alcuin qu'à regret, aussi essaya-t-il plusieurs fois de le faire revenir à sa cour; mais ce fut en vain. Lorsqu'en 800 Karl partit pour aller relever l'empire d'Occident, il fit une dernière tentative : « C'est une honte, écrivait-il à son vieil ami, de préférer les toits enfumés de Tours aux palais dorés des Romains.... » Mais Alcuin fut inflexible [2]! Quatre ans après, s'étant affaibli successivement il rendit son âme à Dieu avec le calme d'un saint.

1. ALCUIN. Epist. 38.
2. *Lettres d'Alcuin*, t. 1, p. 138, n° 98.

Parmi les hommes dont le savoir contribua le plus à illustrer les temps qui vinrent après Charlemagne, au x⁰ siècle, on doit citer le pape Sylvestre II, plus connu dans les sciences sous le simple nom de Gerbert. Celui-ci naquit en Auvergne. Issu d'une famille obscure, et recueilli par les bénédictins d'Aurillac, dont il embrassa l'ordre, son ardeur pour l'étude lui fit assez jeune abandonner son couvent et la France, pour aller se ranger parmi les disciples de l'école arabe de Cordoue. De retour dans sa patrie, son mérite éminent engagea Hugues Capet à le nommer précepteur de son fils Robert ; et lorsque ce prince devint roi, par reconnaissance il éleva Gerbert à l'épiscopat de Reims. Mais le chef de la chrétienté ayant refusé de sanctionner cet acte, le royal précepteur, que ses vastes connaissances en mathématiques avaient fait accuser de magie, fut obligé de s'expatrier [1].

En butte à toutes les vicissitudes, il arriva enfin à la cour de l'empereur d'Allemagne, et y devint le professeur du jeune Othon III. Dans la suite, son disciple lui exprima sa gratitude en l'installant dans l'archevêché de Ravenne, qu'il ne quitta que pour aller s'asseoir sur le siége de saint Pierre, où sa haute renommée l'avait fait appeler.

Sylvestre II, qui mérite à juste titre d'être placé parmi les hommes illustres, se distingua principalement par son immense érudition. Ce fut un des premiers propagateurs des écrits des Arabes en France,

____

1. Montferrier. *Dict. des sciences mathémat.* Paris, 1836, t. II, p. 60.

en Allemagne et en Italie; et c'était le mouvement qu'il imprimait à l'Europe centrale qui devait bientôt faire éclore cette ardeur d'études qui signala le XIIIe siècle. C'est particulièrement sous ce rapport qu'il a droit au rang que nous lui donnons dans cet écrit, car il s'est beaucoup moins livré aux sciences naturelles qu'aux sciences mathématiques, qui lui doivent quelques ouvrages [1].

On lui prête plusieurs travaux d'astronomie et de mécanique. Ditmar, évêque de Mersebourg, qu'on peut considérer comme le plus judicieux historien de l'époque de cet homme célèbre, dit qu'il était extrêmement versé dans la première de ces sciences. On rapporte qu'étant à Magdebourg avec l'empereur Othon III, il y exécuta une horloge dont il régla le mouvement sur l'étoile polaire, en la considérant à travers un tube [2]. Quelques-uns de ses contemporains parlent aussi, avec admiration, d'une sorte d'orgue hydraulique, que Gerbert mettait en mouvement à l'aide de la vapeur d'eau bouillante. Mais il ne faut pas, tout en louant les ingénieuses inventions de ce prélat, admettre, comme on l'a trop légèrement fait, qu'il ait découvert les horloges à rouages, les télescopes et la vapeur! On lui attribue généralement l'importation en France des chiffres empruntés aux Arabes [3].

---

1. GERBERT. Ses écrits sont imprimés dans Duchesne, *Script. histor. franc.*, t. II. — *Sententia de dissonantia arithmetica et geometrica*. Man. de la bibl. roy., n° 7377. — *Geometria*. Man. Bibl. roy., n° 7185.

2. DITMAR. *Chronique*. Francfort, 1580.

3. MONTFERRIER. *Dict. des sciences mathématiques*. Paris, 1836, t. II, p. 60. — CUVIER. *Hist. des sciences naturelles*. Paris, 1841. t. I, p. 396.

Les biographes ignorent l'époque précise de la naissance de Sylvestre II. On sait seulement que sa mort arriva en 1003, et que le Moyen âge, sous le prestige qui environnait ce grand homme, broda sur celle-ci une mystérieuse histoire, qui semble n'être qu'une réminiscence des fictions orientales [1].

Durant la période qu'embrasse l'école franco-gothique, quoique la plupart des sciences fussent tombées dans le plus profond oubli, quelques-unes échappèrent cependant au naufrage général. Telle fut la géométrie, qui continuait d'être indispensable pour régler la subdivision des terres ; telle fut aussi l'astronomie, que l'on cultivait dans les monastères, non pas pour étudier les magnifiques lois qui régissent les corps célestes, mais seulement afin de supputer exactement le retour des fêtes de la religion.

Bède le Vénérable, qui s'était attiré ce surnom par son savoir et sa vie respectable, n'eut peut-être pas d'autre mobile. C'était un homme fort instruit, originaire du comté de Durham, et qu'on regardait à la cour d'Angleterre comme une encyclopédie vivante ; là on disait de lui, que s'il était né dans un coin du monde, son génie n'en avait pas moins embrassé tout l'univers. C'est surtout comme historien qu'il a acquis quelque célébrité [2]. Il connaissait un peu d'astronomie ; aussi s'occupa-t-il de

1. Comp. VINCENT DE BEAUVAIS. *Miroir historial*. Paris, 1631. fol. 116. — VILLEMAIN. *Tableau de la littérature au moyen âge*. Paris, 1846, t. I, p. 123.

2. BÈDE. *Historia ecclesiastica gentis Anglorum*. Circa 1473.

la fixation de la fête de Pâques [1]. Sa mort arriva en 735 [2].

La science du géographe n'a que fort peu à puiser dans les écrits de l'époque franco-gothique. Cependant, on peut citer l'ouvrage d'un évêque arménien, Moyse de Chorène, composé au ve siècle, et dans lequel on trouve quelques notions sur certaines régions de l'Asie [3]; puis celui de Jornandès, écrit un siècle plus tard, et qui contient de curieux détails sur la géographie du Nord [4].

Dès le vi[e] siècle, le génie du commerce avait fait entreprendre quelques voyages lointains. Un moine égyptien, nommé Cosmas, qui fut d'abord marchand à Alexandrie, explora l'Éthiopie et l'Inde; ses fréquentes excursions dans cette dernière région lui avaient même fait donner le surnom d'*Indopleustes*. Le seul ouvrage qu'il ait laissé est une Topographie, dans laquelle il s'occupe beaucoup de détails sur l'histoire naturelle, et où il émet son singulier système de cosmographie, consistant à considérer la terre comme une vaste surface plane entourée d'une haute muraille, qui soutient le firmament [5].

Le zèle qui portait les regards des chrétiens vers la terre sainte, commença au viie siècle à donner lieu à quelques descriptions de Jérusalem et de ses environs; les pèlerins qui s'y rendaient écrivaient parfois

1. Bede. *Opera Bedæ*. Coloniæ, 1610.

2. Piccioli. *Almagest*, t. I, p. 31.

3. Moyse de Chorène ou Korenatzy. *Historia armena, acced. ejusd. epist. geograph. edid. Whistonii*. Lond., 1736.

4. Jornandès. *De rebus gothicis*. Amst., 1665.

5. Cosmas. *Topographie du monde chrétien*. — Comp. Montfaucon.

l'itinéraire qu'ils avaient suivi lorsqu'ils étaient de retour dans leur patrie. Au VIIIe siècle, un Goth, dont on ignore le nom, et qui n'est connu que sous celui du *géographe de Ravenne*, a produit un ouvrage général embrassant la description de toutes les régions du globe que l'on connaissait à son époque [1].

Enfin, Adam de Brême mérite aussi d'être cité parmi les géographes de l'école franco-gothique. Il nous a laissé une description assez détaillée des contrées du Nord, qui est même devenue l'objet des commentaires de quelques érudits [2].

Déjà aussi, vers cette époque reculée du Moyen âge, on exécuta quelques cartes géographiques, mais en petit nombre. Charlemagne en possédait trois, qui étaient formées d'autant de tables d'argent. Sur l'une d'elles, on avait représenté la terre dans son entier; sur les deux autres, on voyait Rome et Constantinople [3]. On sait que la première, qui était la plus grande, fut brisée par les ordres de Lothaire, qui en fit distribuer les fragments à ses soldats [4].

Quelques autres cartes géographiques produites par le Moyen âge, se retrouvent parfois aujourd'hui confondues sous la poussière qui recouvre encore tant de manuscrits. Toutes présentent des défauts inhérents à l'époque à laquelle elles furent exécutées.

---

1. *Anonymi Ravennæ de geographia, lib. V, ex man.* Paris, 1688.
2. Murray. *Descriptio terrarum septentrionalium sæculis* IX, X *et* XI *ex idæa Adami Bremensis aliorumque script. germanicorum istius ævi.* Gotting, t. I.
3. Eginhard. *Vita et gesta Caroli Magni.* Cologne, 1521, p. 1.
4. Duchesne. *Scriptor. rer. gallicar,* t. III.

Manquant d'observations astronomiques pour fixer la circonscription des contrées, les auteurs y ont suppléé en s'abandonnant à tout le vague de leur imagination. Les uns se bornèrent à suivre les idées de Ptolémée; d'autres ajoutèrent à leur travail les terres nouvelles dont ils supposaient l'existence, et souvent firent dessiner sur certaines régions de leurs planisphères des productions étranges en fait d'animaux ou de monstres, qu'ils prétendaient qu'on y observait[1].

Les Romains avaient légué à la postérité d'importants écrits pratiques sur l'agriculture; tels étaient principalement ceux de Columelle, de Varron et de Caton. Les œuvres du premier révèlent les plus excellents préceptes de culture[2], et celles du second sont une précieuse mine d'érudition[3]. Le mérite de ces ouvrages a passé inaperçu pour le Moyen âge. Que pouvait faire à ses mobiles populations l'étude, d'un art qui n'a d'attrait que pour ceux qui vivent attachés au sol de la patrie et qui y concentrent entièrement leurs affections? A cette époque barbare où tout était passager, le fer pour combattre, et des bras pour brandir une hache ou une framée, voilà tout ce qu'il leur fallait pour attaquer ou se défendre; les paisibles travaux agricoles étaient dédaignés.

Cependant quelques dispositions relatives à l'agri-.

1. Comp. Hommaire de Hell. *Les steppes de la mer Caspienne.* Paris 1844, atlas. — Malte-Brun. *Géographie universelle.* Paris, t. I, p. 219.
2. Columelle. *De re rustica.*
3. Varron. *Traité d'agriculture. Rei rusticæ scriptores.* Venise, 1470.

culture et au soin des vergers et des jardins se rencontrent dans les capitulaires de Charlemagne [1]. Et dès le IXe siècle, il parut même un petit traité sur l'horticulture, écrit en vers, qui ne sont parfois pas sans élégance, et dans lequel on rencontre un certain nombre de bons préceptes. Il est dû à la plume du célèbre chroniqueur de Saint-Gall, le bénédictin W. Strabon [2].

Karl était à peine descendu dans la tombe, que ses débiles successeurs ne songèrent plus qu'à se disputer les lambeaux de son vaste empire. Tout ce qui avait fait la gloire et la force de son règne s'anéantit dans leurs impuissantes mains. Les lettres et les sciences, que ce prince avait tant encouragées, furent de nouveau oubliées ; les clercs désertèrent les écoles, et l'Europe s'achemina vers son ancienne barbarie. Au Xe siècle, nommé avec raison le *siècle de fer*, il ne restait plus parmi les Francs aucune trace des premiers efforts civilisateurs du grand monarque. Tout était à recommencer. La noblesse elle-même partageait l'ignorance du peuple : vivant isolés derrière les créneaux de leurs manoirs, les barons ne s'occupaient qu'à dominer les serfs nombreux qui s'agitaient à leurs pieds [3]. Pendant le Xe et le XIe siècle, les études étaient même tombées dans une telle décadence et l'ignorance était devenue si générale, que Cuvier pré-

---

1. *Capitulaires de Thionville.*

2. WALAFRIDE STRABON OU STRABUS. *Hortulus.*

3. LAMY. *Coup d'œil sur la marche de la physique, depuis son origine jusqu'à nos jours.* Lille, 1847, p. 33.

tend qu'il n'y avait pas alors dans tout l'Occident, un seul moine qui fût capable d'écrire d'une manière supportable le récit des événements [1].

Mais l'illustre naturaliste nous paraît avoir jugé trop sévèrement ces temps malheureux; car si l'humanité traversait alors une désastreuse époque, de temps à autre on voyait poindre à l'horizon quelque gerbe de lumière : Adam de Brême, Gerbert et quelques autres sont là pour l'attester; et selon Gibbon le XIe siècle peut être lui-même considéré comme l'aurore du rétablissement des sciences [2]. Ce fut même durant ce siècle que l'Europe fit la conquête de la boussole, dont les Chinois se servaient déjà depuis deux mille ans, mais qui resta encore longtemps sans application parmi nous [3].

Pendant les premiers siècles du Moyen âge, dans la Gaule, l'Espagne et l'Italie la langue latine continua même d'être employée par la généralité des populations. Et comme la religion et la loi s'exprimaient en cet idiome, ce ne fut qu'assez tard qu'il disparut totalement. Au VIIe siècle, la langue *romane*, formée de la corruption de la basse latinité, servit de transition au français [4]. Mais l'usage du latin se continua cependant parmi les personnes d'un rang élevé; les femmes elles-mêmes étaient adonnées à

---

1. **Cuvier.** *Histoire des sciences naturelles.* Paris, 1841, t. I, p. 363.

2. **Gibbon.** *Histoire de la décadence et de la chute de l'Empire romain,* Paris, 1812, t. X, p. 523.

3. **Lamy.** *Coup d'œil sur la marche de la physique, depuis son origine jusqu'à nos jours.* Lille, 1847, p. 34.

4. **Villemain.** *Tableau de la littérature du moyen âge.* Paris, 1849, t. I, p. 9.

l'étude de cette langue, et certaines châtelaines et quelques nonnes la parlèrent avec une remarquable pureté jusqu'au xiie siècle; contraste curieux avec la rudesse des mœurs féodales du temps.

Les beaux esprits du siècle de Louis XIV citaient comme le phénomène littéraire le plus étonnant de l'époque, Mme de Sévigné lisant saint Augustin dans sa propre langue. Durant le Moyen âge, tant déprécié par les mêmes gens, on rencontrait un assez grand nombre de phénomènes semblables. Au xe siècle, ce temps d'ignorance et de barbarie, une simple religieuse d'un couvent de Hanovre, la sœur Hrosvita, avait pu apprendre le grec, le latin, et la philosophie d'Aristote; et, ce qui est encore plus extraordinaire, composer un grand nombre de poésies latines, parmi lesquelles le panégyrique de la famille impériale de Saxe est considéré comme la plus capitale [1]. Outre ces poésies, Hrosvita composait encore plusieurs drames en prose où règne une pureté, une délicatesse de style qu'on admire encore aujourd'hui [2]. Ces drames, écrits en latin, étaient joués par des religieuses et écoutés et compris par d'autres religieuses [3]! Deux siècles plus tard, l'abbesse du Paraclet donnait naissance à quelques productions littéraires dans la même langue, et dont l'élégance se rapproche parfois du style de Sénèque [4].

---

1. Hrosvita. *Panégyrique ou histoire des Othons.*
2. Comp. Magnin. *Traduction du théâtre de Hrosvita.* — Philarète-Chasle. *Études sur le moyen âge.* Paris, 1847.
3. Hrosvita. *Hroswithæ opera. Wittembergæ,* 1707. — Cellier. *Revue des Deux-Mondes,* 1839. *Université catholique,* t. VI, p. 419.
4. Cousin. Ouvrages inédits d'Abélard. Paris, 1838.

A une autre époque, la vicomtesse de Béziers, assistée de quatre-vingts dames du pays, dans ses cours d'amour, rendait, à ce que dit Villemain, ses jugements, *arresta amorum*, en un latin presque aussi beau que celui de saint Thomas [1].

Après l'avortement des tentatives de Charlemagne et de Théodoric pour faire fleurir les sciences en Occident, la majeure partie de l'Europe se trouva plongée jusqu'au xiie siècle dans la plus déplorable barbarie. Cependant durant celui-ci, et surtout pendant le xiiie, il se manifesta un grand mouvement intellectuel, véritable et majestueux crépuscule de la renaissance des lettres, mais qui malheureusement devait s'obscurcir encore à l'époque des troubles qui agitèrent l'Europe le siècle suivant.

Les sciences ne peuvent oublier qu'elles doivent au xiie siècle l'un de leurs plus puissants protecteurs, Frédéric II, empereur d'Allemagne, qui non-seulement les prend sous son égide, mais en outre les cultive lui-même avec une haute distinction. Partageant sa vie entre la guerre et l'étude; parlant presque toutes les langues de l'Europe et de l'Orient; poëte, philosophe et naturaliste [2], Frédéric aspire à régner sur son époque par le génie et la puissance. Entraîné par la pente de l'abîme, il semble même vouloir dominer les lois divines et humaines en se substituant à Dieu et à son Église. De là ses longs débats avec la cour de Rome, et cette excom-

1. Villemain. *Tableau de la littérature du moyen âge.* Paris, 1846, t. I, p. 13.

2. Villemain. *Tableau de la littérature du moyen âge.* Paris. — Cuvier. *Histoire des sciences naturelles.* Paris, 1841, t. I, p. 407.

munication que Grégoire IV, quoique centenaire
alors, eut encore l'énergie de fulminer contre lui [1].

Frédéric II se fit surtout remarquer par la manière
libérale dont il seconda les sciences naturelles. Porté
vers celles-ci par ses goûts, il tira de l'Afrique
divers animaux inconnus jusqu'alors en Europe,
entre autres une girafe [2]. Par ses ordres, Aristote fut
traduit en latin et enseigné dans son royaume.

Frédéric peut aussi être considéré comme ayant
donné la première impulsion à l'anatomie moderne,
en autorisant la dissection des cadavres humains
dans les écoles de médecine. Il est vrai que celles-ci
n'y étaient autorisées que tous les cinq ans; mais
c'était beaucoup, à une époque où tant d'idées superstitieuses entravaient les recherches des anatomistes,
de permettre qu'à cet intervalle de temps on pût
examiner publiquement le corps d'un homme; aussi
l'ordonnance de l'empereur d'Allemagne peut-elle
être considérée comme ouvrant l'ère de la renaissance de l'anatomie [3].

Doué d'un penchant prononcé pour l'histoire naturelle, Frédéric II a produit sur celle-ci quelques
travaux assez remarquables pour l'époque à laquelle
il vécut; aussi Sprengel considère-t-il ce souverain
comme ayant eu une influence notable sur les destinées de cette science [4]; d'autres écrivains l'ont même

---

1. ROHRBACHER. *Histoire universelle de l'Église catholique.* Paris, 1849,
t. XVIII, p. 301.

2. ALBERT LE GRAND. *De animalibus.* — GERVAIS. *Dict. univ. d'hist.
natur.* Paris, 1845, t. VI, p. 219.

3. CUVIER. *Histoire des sciences naturelles.* Paris, t. I, p. 408.

4. SPRENGEL. *Histoire de la médecine.* Paris, 1815, t. II, p. 391.

décoré du titre de *naturaliste* [1]. La lecture d'Aristote et les longs voyages qu'il exécuta, n'avaient pas peu contribué sans doute à développer les goûts de ce grand prince pour l'étude de la nature. Ce fut l'ornithologie qu'il parut affectionner de préférence, aussi s'appliqua-t-il à écrire un traité de fauconnerie excessivement précieux pour le temps. L'auteur y révèle déjà, et pour la première fois au Moyen âge, un véritable talent d'observation. Ce livre contient de curieux et nouveaux détails sur l'anatomie des oiseaux, ainsi que sur leurs mœurs et leur histoire. Schneider a démontré les services que l'érudition doit à ce monarque [2].

L'art de la fauconnerie avait pris naissance dans les vastes plaines de l'Orient, mais jusqu'alors il s'était peu propagé en Europe. Frédéric en développa toutes les particularités, et ajouta un grand intérêt à son livre en y décrivant pour la première fois, et avec exactitude, non-seulement les oiseaux employés à la chasse au vol, mais encore un certain nombre d'autres espèces de la même classe. Il donne entre autres une remarquable description du pélican. En parlant de l'ostéologie des oiseaux, il en signale une particularité dont on lui doit la découverte, c'est la mobilité de leur mandibule supérieure sur le crâne [3].

Le fils de Frédéric II, Mainfroy, roi de Sicile,

1. VILLEMAIN. *Tableau de la littérature du moyen âge.* Paris, 1846, t. I, p. 291.

2. SCHNEIDER. *Reliqua librorum Frederici II imperatoris, de arte venandi cum avibus.* Ed. J. C. Schneider. Leips. 1788.

3 FRÉDÉRIC. *De arte venandi cum avibus*, p. 2.

s'occupa également de la fauconnerie, et ajouta même quelques annotations à l'œuvre de son père [1].

Les mœurs de l'époque expliquent assez comment un souverain illustre comme Frédéric II n'a pas craint de faire déroger sa plume impériale en lui laissant tracer une œuvre de cynégétique. Durant son siècle, ainsi que pendant ceux qui le suivirent, la chasse devint une des plus importantes occupations, et nous la voyons en honneur dans toutes les classes élevées de la société.

Les anciens rois francs s'étaient parfois adonnés à la chasse avec un véritable emportement. Charlemagne, escorté des princes de sa cour et de ses filles, exécutait de grandes chasses qui ressemblaient à de véritables boucheries. Celles-ci ne doivent point nous arrêter. Mais, à compter du xiie siècle, la vénerie et la fauconnerie, en devenant la passion dominante de l'ère de la féodalité, deviennent en même temps plus savantes. Parvenues à l'état de science pratique, elles donnent naissance à quelques traités de cynégétique qui rentrent dans notre cadre et méritent de prendre rang parmi les ouvrages scientifiques, à cause des détails qu'ils contiennent sur l'histoire de certains animaux, et parce que les naturalistes les plus marquants leur ont eux-mêmes fait quelques emprunts [2]. Ils sont parfois aussi ornés de miniatures exécutées avec la plus rare perfection, et dans lesquelles il

1. *Reliqua librorum Frederici II imperatoris, de arte venandi cum avibus; cum Manfredi regis additionibus : ex membranaceis vetustis.* Augustæ Vindelicorum, 1596.

2. Cuvier. *Ossements fossiles.* Paris, 1823, t. IV, p. 59. — Buffon, *Histoire naturelle,* 1787, t. V, p. 185.

existe des figures d'animaux d'un fini et d'une exactitude de beaucoup supérieurs à celles des ouvrages de la renaissance. Assurément, par exemple, Gaston Phœbus a fait représenter quelques espèces avec une fidélité que dépassent peu les iconographes de nos jours ; et quelques-unes de ses figures, telles que celles du renne, de la genette, de l'ours, etc. [1], sont bien supérieures à celles de Gesner ou d'Aldrovande [2].

Au Moyen âge on se livre à la chasse avec une frénésie qui ne trouve sa raison que dans le désœuvrement et les mœurs demi-sauvages du temps. Dans tous ces donjons dont les créneaux hérissaient le sol de la vieille France, elle remplissait les loisirs de la journée, et près du foyer c'était le sujet de toutes les causeries du soir. Nos barons et nos châtelaines ne franchissaient jamais le pont-levis de leur manoir sans avoir un faucon ou un hobereau au poing. Harold est représenté ainsi sur la célèbre tapisserie de Bayeux [3]. Rien n'entravait ces habitudes féodales, ni le tumulte des camps, ni le solennel instant de la prière : seigneurs et châtelaines entraient tous dans les églises avec leurs oiseaux de chasse, et ceux-ci y avaient même une place attitrée près du missel [4]. En se mettant en campagne, beaucoup de hauts personnages emportaient leurs faucons, et ils ne les quittaient qu'au moment des combats en les

---

1. GASTON PHOEBUS. *Miroir de Phœbus, des déduiz de la chasse*, etc.

2. GESNER. *Icones animalium quadrupedum.* Tiguri, 1553. — ALDROVANDE. *Opera omnia.* Bononiæ, 1599.

3. HALLAM. *L'Europe au moyen âge.* Paris, 1828, t. IV, p. 145. — BECKMANN. *Hist. of inventions*, t. I, p. 319.—MURATORI. *Dissert.* 23, t. I, p. 306.

4. BLASE. Moyen âge. *Fauconnerie.*

confiant à leurs écuyers. Les chevaliers qui prirent la croix en avaient eux-mêmes un grand nombre dans l'armée [1].

Les monuments funéraires dus à l'enfance de notre sculpture nationale rappellent eux-mêmes emblématiquement ces jouissances de la vie féodale. Aux pieds des statues couchées et bardées de fer de quelques seigneurs du xiie siècle ou près de ceux de leur noble dame, on trouve parfois l'effigie d'un chien ou d'un faucon favori [2].

Les ecclésiastiques et les moines faisaient aussi de la chasse l'un de leurs délassements les plus chers : cet exercice avait pris une telle extension parmi les derniers qu'Abélard en était lui-même révolté. « Je voudrais que vous vissiez ma maison, s'écriait-il entraîné par une sainte indignation, vous ne la prendriez point pour une abbaye ; les portes ne sont ornées que de pieds de biches, d'ours, de sangliers et de hideuses dépouilles de hiboux [3]. » Cette frénésie s'était tellement emparée du clergé d'alors que les conciles crurent qu'il était de leur devoir d'intervenir, mais leurs défenses réitérées ne produisirent presque aucun effet [4]. Les hauts dignitaires de l'Église enfreignaient eux-mêmes les recommandations.

L'archevêque d'York, en 1321, marchait escorté de deux cents personnes, entretenues à la charge des

---

1. MICHAUD. *Histoire des croisades.* Paris, 1848, t. I, p. 125. — ALBERT D'AIX. *Bibliothèque des croisades*, t. I.

2. *Vie privée des Français*, t. I, p. 320.

3. ABÉLARD. *Lettres.* — HUGO. *Histoire de France.* Paris, 1839, t. III, p. 129.

4. HALLAM. *L'Europe au moyen âge.* Paris, 1828, t. IV, p. 145.

abbayes qui se trouvaient sur son passage, et allait de paroisse en paroisse en chassant avec une meute de chiens [1]. Alexandre III, s'efforçant de réprimer cette coutume par une lettre adressée aux ecclésiastiques du comté de Berks, les dispense de toute fourniture de chiens de chasse et d'oiseaux de proie durant la tournée de l'archidiacre [2].

Le Moyen âge s'engoua d'autant plus fortement de la chasse à l'oiseau, que c'était alors un amusement nouveau qui, presque inconnu à l'antiquité, s'était récemment introduit en Europe, vers l'époque des premières croisades. On déployait, en s'y livrant, une pompe inouïe [3]. Chaque grand seigneur possédait un nombreux personnel de fauconniers et de varlets exercés à soigner les oiseaux de chasse; aussi l'un des plus beaux présents que l'on pût faire alors à une noble dame et même à un roi, c'était un savant fauconnier ou un faucon armé et bien dressé [4]. On lit dans les mémoires du temps et dans les plus célèbres traités de fauconnerie que jusqu'à la suppression des monastères, et pendant plus de onze cents ans, l'abbaye de Saint-Hubert des Ardennes envoyait annuellement aux rois de France, en reconnaissance de leur protection, six oiseaux dressés et six chiens courants [5]; et que la terre de Maintenon devait tous

---

1. WHITAKER. *Hist. of Craven*, p. 340.

2. RYMER. *Fœdera, conventiones, etc., inter reges Anglix.* Lond., 1704. t. I, p. 61.

3. ENCYCLOPÉDIE DE DIDEROT, art. *Fauconnier,* t. VI, p. 432. — SCHLEGEL. *Traité de la fauconnerie.* Leyde, 1844.

4. BLASE. *De la fauconnerie.* Paris, 1851, p. 16. Moyen âge et renaissance.

5. E. BLAZE. *De la fauconnerie.* Paris, 1851, p. 16. Dans le moyen âge et la renaissance.

les ans à l'église de Chartres, le jour de l'Assomp-
tion, un épervier armé et prenant proie [1].

Cette rapide esquisse de mœurs nous fait supposer
que durant l'époque où la chasse fut en tel honneur
il ne manqua pas de gens qui écrivirent sur la cynégétique. En effet, à compter du xiiie siècle, de temps
à autre, on voit surgir quelques ouvrages soit sur la
vénerie, soit sur la fauconnerie, et leurs manuscrits
précieux forment encore l'ornement de nos bibliothèques.

Les traités de fauconnerie ont précédé ceux de vénerie, car nous avons vu que Frédéric II en avait
déjà écrit un, tandis que le premier livre de chasse
consacré aux bêtes fauves ne vit le jour que vers la
fin du xiiie siècle : c'est même un simple poëme qui
ne traite que de la chasse du cerf [2]. Vient ensuite le
Livre du roy Modus, manuscrit curieux, écrit dans
les premières années du xive siècle par une main inconnue. Celui-ci est à la fois un traité de vénerie, de
fauconnerie et d'oisellerie. L'auteur y expose tous les
procédés employés de son temps pour attaquer les diverses espèces de gibier. Ce manuscrit est orné de
curieuses miniatures qui représentent les principales
chasses, et l'on y rencontre quelques naïfs récits sur
les mœurs des animaux, que les zoologistes ne doivent pas dédaigner [3].

Mais l'ouvrage de vénerie qui acquit anciennement
la plus haute renommée, et qui peut-être encore n'a

1. DE MORAIS. *Véritable fauconnier*, an 1683.
2. *Dict. de la chace dou cerf.* Bibl. roy., mss., n° 7615.
3. *Le livre du roy Modus et de la royne Racio.* Chambéri, 1486.

jamais été surpassé, est celui de Gaston Phœbus, comte de Foix. Ce véritable prince des chasseurs était un grand seigneur du xive siècle, d'une origine royale, qui aima la chasse avec une frénésie sans pareille, et parcourait l'Europe, suivi d'une meute de seize cents chiens, pour se livrer çà et là à quelque grande partie de vénerie. Il avoue lui-même, en commençant son livre, que sa vie a été partagée entre trois passions : la guerre, l'amour et la chasse. Cet homme remarquable mourut en 1391, à l'âge de soixante-douze ans, et en quelque sorte au milieu de ses plaisirs; il venait de descendre de cheval au retour d'une partie de chasse, lorsqu'il expira subitement, tandis qu'on lui versait de l'eau sur les mains pour se préparer au souper.

Le livre de Gaston date du milieu du xive siècle [1]. Le manuscrit de la Bibliothèque royale est enjolivé de miniatures précieuses représentant diverses particularités de la chasse. L'une d'elles atteste d'une façon curieuse l'importance que l'illustre comte accordait à sa science favorite, car il s'y est fait représenter dans un costume vraiment royal, et assis sur un trône au moment où, environné de chiens et de chasseurs, une sorte de sceptre à la main, il émet dans ce splendide appareil ses préceptes de cynégétique. Les naturalistes ont parfois puisé d'intéressantes notions dans cette œuvre pour éclairer la zoologie : elle a servi en particulier pour débrouiller

---

1. GASTON PHOEBUS. *Miroir de Phœbus, des déduiz de la chasse des bestes sauvaiges et des oyseaux de proye.* Paris, 1507.

l'histoire du renne [1]. En explorant ce traité, on y trouve çà et là quelques curieux détails sur les mœurs des animaux, car Gaston ne s'est pas borné à la simple description des procédés employés à l'attaque de ceux-ci ; la tête de chacun de ses chapitres, ainsi conçue, l'indique suffisamment : *Cy se devise du Rangier et de toute sa nature*, etc., etc.

Quelques travaux moins importants que les précédents se trouvent encore dans les bibliothèques. Les plus renommés sont ceux de Guillaume Tardif[2] et de Jehan de Franchière, qui ont eu plusieurs éditions [3].

Les ouvrages de vénerie ne sont pas les seuls que nous ayons à citer durant cette époque.

Un religieux, nommé Alain de l'Isle, qui fut à la fois poëte et alchimiste, et mourut à l'abbaye de Cîteaux pendant les premières années du xiiie siècle, est l'auteur d'un poëme, qui est une sorte de revue des sciences de son époque, où il développe quelques points de l'histoire naturelle [4]. Dans une autre de ses productions, il est essentiellement question de plusieurs sections du règne animal [5].

Ce qui précède nous prouve que durant la première moitié du Moyen âge la zoologie cynégétique fut cultivée avec une haute distinction, parce que pour cette époque c'était réellement une science pratique. Mal-

1. **Cuvier.** *Ossements fossiles.* Paris, 1823, t. IV, p. 59. — **Buffon.** *Histoire naturelle.* 1787, t. V, p. 186.

2. **Guillaume Tardif.** *Le liure de Falconnerie et des Chiens de chasse.* Paris, 1492.

3. **Jehan de Franchière.** *Liure de Falconnerie compilé par frère Jehan de Franchières*, ms. du xve siècle, bibl. Huzard.

4. **Alain de l'Isle.** *Anti-Claudianus.* Bâle, 1536.

5. **Alain de l'Isle.** *De naturis quorumdam animalium.* **Ms.**

heureusement il n'en fut pas ainsi à l'égard de la zoologie pure; celle-ci s'amoindrit et se dégrada pour se mettre au niveau de l'ignorance des temps. Les belles traditions qu'on aurait pu exhumer de la science antique semblent s'être presque entièrement perdues au milieu de cette fiévreuse agitation qui ébranle l'Europe; et l'esprit national s'est lui-même tellement énervé qu'il ne paraît plus susceptible de s'élever à leur niveau. Aussi les magnifiques conceptions d'Aristote[1] et de Pline[2] se trouvent-elles alors remplacées par d'étranges recueils appelés *bestiaires*, ou par des livres sur les monstres, dans lesquels le ridicule le dispute souvent à l'absurde. Il ne faut cependant pas que, pour attaquer le Moyen âge, une fausse philosophie aille se prévaloir de ce mélange bizarre de sagesse et de superstition, d'érudition et d'ignorance qu'on rencontre dans ses œuvres; leurs défauts appartiennent à leur époque, les conquêtes qu'on doit à leurs auteurs forment le patrimoine de tous les âges[3].

Dans l'étude des sciences, nous oublions trop souvent qu'une foule d'assertions, qui ne sont pour notre siècle éclairé que de révoltantes absurdités, passaient au Moyen âge, et même durant la renaissance, pour d'incontestables vérités. Les onocentaures, les dragontopodes, les satyres, les tritons et les sirènes étaient représentés dans les ouvrages des Aldro-

---

1. ARISTOTE. *Histoire des animaux.*
2. PLINE. *Histoire du monde.*
3. JOURDAIN. *Recherches sur les traductions d'Aristote.* Paris, 1843, p. 213.

vande [1], des Scott [2], des Kirker [3], des Scaliger, des
Paré et des Licétus, comme autant d'êtres dont il
n'était pas permis de suspecter la réalité; et ils les
figurent avec une telle richesse de détails, qu'il semblerait que l'artiste les ait surpris lui-même au milieu
de leurs solitudes. Le savant chirurgien de Henri IV va
jusqu'à prétendre qu'on rencontre encore des sirènes
dans le Nil [4], et l'illustre Scaliger ne mettait nullement en doute que de son temps on eût pêché des
tritons sur les côtes de l'Égypte et de l'Eubée [5]. Licétus professe même que ces légions d'êtres étranges
que nous venons de citer ne doivent pas être rangées
dans le domaine des monstruosités, parce qu'elles ne
sont, dit-il, que le produit d'une génération normale [6]. En présence de ces faits, que répondront ceux
qui n'ont que d'amères épithètes pour le Moyen âge,
et tant d'expressions laudatives pour la renaissance ?

On lit dans les anciennes traditions chaldéennes,
qu'il fut un temps où il n'y avait que de l'eau et des
ténèbres à la surface de la terre, et qu'il y pullulait
alors une foule d'êtres monstrueux : des hommes munis de deux ailes, quelques-uns avec quatre; d'autres à deux visages, ou ayant un corps et deux têtes [7].

---

1. ALDROVANDE. *Monstrorum historia.* Bononiæ, 1642.
2. SCOTT. *Physica curiosa, sive mirabilia naturæ et artis.* 1662, t. I,
p. 396-400.
3. KIRKER. *Artis magnet.,* cap. II, sect. VI.
4. A. PARÉ. *Des monstres et prodiges*, l. XXIV, p. 787.
5. SCALIGER. *Commentaires sur l'histoire des animaux d'Aristote*, l. II,
p. 232, édit. Maussac.
6. F. LICETUS. *De monstris.* Amstelodami, 1665.
7. BÉROSE. *Histoire de Chaldée.* Comp. RAOUL ROCHETTE. *Cours d'archéologie*, 1835.

Il semble, lorsqu'on parcourt les bestiaires du Moyen âge[1], qu'on ait encore sous les yeux un fragment de Bérose ou d'Agatharchide[2], tant y abondent aussi toutes ces créations de l'imagination en délire.

En recherchant la source incertaine de cette surabondance de traditions tératologiques répandues dans tous les livres de l'époque qui nous occupe, on reconnaît que celles-ci dérivent d'une origine assez complexe. Les mythes poétiques et les productions des arts y ont eu sans doute la plus ample part[3]. Acceptés ou commentés par l'ignorance et la superstition des temps, il en est résulté une suite de fables ou de contes fantastiques qu'on a considérés comme l'expression d'autant de vérités.

Les Égyptiens et les Persans, pour donner un caractère de force et de majesté à leurs souverains, les ont souvent représentés dans des proportions gigantesques, comparativement aux autres hommes qui les environnaient[4]. On peut citer comme spécimen de ce genre un bas-relief peint de la Nubie, offrant Ramsès II, de taille colossale, lançant du haut de son char une nuée de flèches contre une multitude d'ennemis trois fois moins hauts que lui[5]? En a-t-il fallu plus pour faire croire à la fable des Pygmées répétée

1. *De monstris et belluis.* Physiologus ou bestiaire de saint Ambroise.
2. AGATHARCHIDES. *Periplus Rubri maris.* Dans les *Geographiæ veteris scriptores græci minores.*
3. CUVIER. *Discours sur les révolutions du globe.* — BERGER DE XIVREY. *Traditions tératologiques.* Paris, 1833.
4. *Expédition d'Égypte*, p. 148. — CHAMPOLLION. *Égypte ancienne.* Paris, 1839, pl. 16. — CHARDIN. *Voyage en Perse.*
5. Une empreinte de ce bas-relief existe au British Museum.

durant tant de siècles, et que Buffon lui-même n'a pas osé renverser radicalement[1]?

Ailleurs, l'art grec, en représentant le minotaure avec un corps d'homme surmonté d'une tête de bœuf, a pu faire prendre une fiction de la statuaire antique pour l'expression d'un fait tératologique[2]. D'autres fois les vestiges fossiles de quelques êtres antédiluviens ont donné lieu aux plus étranges fables : n'a-t-on pas fréquemment vu des ossements d'éléphants ou de mastodontes être pris pour les restes d'anciennes races de géants, qui avaient habité la terre[3]?

Le Moyen âge a pu puiser aussi quelques-unes de ses traditions de tératologie dans les écrits des anciens où elles abondent[4], ou même dans les livres fondamentaux de nos croyances. Isaïe, Jérémie et Ézéchiel, en proférant leurs terribles prédictions, n'ont-ils pas voulu frapper l'imagination des peuples, lorsqu'ils y faisaient apparaître tant d'êtres fantastiques; et plus tard, la crédulité n'a-t-elle pas dû se complaire à réaliser toutes ces merveilles traditionnelles?

Les fables helléniques et les récits mythiques de la Judée et de l'Égypte s'étaient transmis d'une civilisation à une autre, en se métamorphosant diversement

---

1. BUFFON. *Histoire naturelle*. Hist. de l'homme.

2. Comp. MULLER. *Manuel d'archéologie*, pl. XXII, fig. 18. — Médailles de Cnossus en Crète. — CREUZER. *Religions de l'antiquité*, v. X, t. XIV, p. 47.

3. CUVIER. *Recherches sur les ossements fossiles*, t. I, p. 101. — KIRKER. *Mundussubterraneus.* Amstelodami, 1678, p. 59. BLAINVILLE.—*Ostéographie*, n° 16, p. 1.

4. CTÉSIAS. *Description des Indes.* — AGATHARCHIDES. *Periplus Rubri maris.* Dans les *Geographiæ veteris scriptores græci minores* d'Hudson.— NÉARQUE. *Voyage de Néarque des bouches de l'Indus jusqu'à l'Euphrate*, Paris, an VIII.

pour s'approprier au génie de chacune des époques qu'ils traversaient ; et les moindres vestiges qu'en purent recueillir les crédules populations du Moyen âge furent acceptés par elles comme autant de vérités mystérieuses. Tout en subit l'influence héréditaire : les croyances et la littérature, les sciences et les monuments des arts.

En effet, les livres consacrés à la description des phénomènes naturels n'offrent que des récits nébuleux enveloppés de superstitions et de symboles. L'art encore au berceau révèle les mêmes tendances. Le ciseau des imagiers du xe au xiiie siècle ne produit guère que des œuvres fantastiques pour l'ornementation de nos cathédrales gothiques. L'histoire de la peinture offre le même caractère : les premières fresques du Campo Santo semblent n'être qu'un reflet de la sombre couleur du xive siècle, transmis à la postérité par le génie du Giotto.

L'analyse de quelques-uns des écrits dont nous parlons, nous permettra mieux d'en saisir l'esprit, qu'on ne pourrait le faire dans une appréciation générale. Nous citerons d'abord un curieux manuscrit de zoologie dont on doit la connaissance à M. Berger de Xivrey. Par son genre d'écriture, cette œuvre semble remonter au moins au xe siècle ; elle ne porte aucun titre, et appartient aujourd'hui à M. le marquis de Rosambo. Ce manuscrit, dont le style sent la décadence et contient quelques termes de basse latinité, n'est au fond qu'une compilation des auteurs anciens, uniquement consacrée à la description des monstres et des bêtes féroces, ce qui a engagé M. Berger de Xivrey à l'intituler : *De monstris et belluis liber* [1].

Le manuscrit du xe siècle se divise en deux parties distinctes. Dans l'une, qui est consacrée aux monstres, et semble le premier jet des œuvres tératologiques d'Aldrovande [2] et de Licétus [3], l'auteur décrit brièvement les diverses races monstrueuses ou extraordinaires qu'on rencontre dans plusieurs régions du globe : c'est dans cette division que se trouvent les onocentaures, les cyclopes, les astomes, les pygmées, les acéphales, les harpies et les gorgones [4]. Dans l'autre, qui est plus digne de notre attention sérieuse, nous trouverons un petit abrégé de zoologie où l'auteur mentionne un assez bon nombre d'animaux connus [5].

La première partie ou celle qui est consacrée à la tératologie se compose de petits paragraphes dont chacun contient l'histoire de quelque étrange anomalie organique. Il semble que l'auteur ait emprunté le fond de son sujet à un chapitre de saint Augustin, et que son œuvre ne soit qu'une extension de celle du savant évêque d'Hippone [6].

Au nombre des notions curieuses contenues dans la partie consacrée aux monstres, on peut citer ce qui concerne les sirènes. Les écrits et les monuments des anciens nous représentent tous celles-ci comme ayant

---

1. BERGER DE XIVREY. *Traditions tératologiques.* Paris, 1836, p. 1.
2. ALDROVANDE. *Monstrorum historia.* Bononiæ, 1642.
3. LICÉTUS. *De monstris.* Amsterd., 1665.
4. *Pars prior. De monstris.* Tradit. térat.
5. *Pars altera. De belluis.* Tradit. térat.
6. SAINT AUGUSTIN. *De civitate Dei*, lib. XVI, cap. VIII.

un corps d'oiseau surmonté d'une tête de femme[1]. C'est la forme que leur assignent Ovide[2] et Hygin[3]; à seize siècles de distance c'est encore celle que leur donne Bochart[4]. Elles ont été représentées ainsi par la statuaire antique. Winckelmann a décrit une urne funéraire de la villa Albani, sur laquelle on voit Ulysse attaché au mât de son vaisseau pour résister aux séductions de ces monstres charmants. Le héros est environné de trois sirènes dont une joue de la lyre, l'autre de la flûte et la troisième chante; toutes trois ont des pieds d'oiseaux[5], et semblent entièrement conformes à la description de Servius[6]. Le manuscrit du Moyen âge nous représente au contraire ces divinités marines comme ayant le corps terminé en poisson et recouvert d'écailles[7], de manière que c'est dans un livre du Xe siècle que l'on rencontre les premiers vestiges de la tradition tératologique qui sera substituée à la version primitive par la renaissance et l'âge moderne[8].

La section du manuscrit du Xe siècle, qui concerne les bêtes féroces[9], ne nous paraît composée que d'extraits excessivement abrégés d'Hérodote, de Diodore

1. DE SALVERTE. *Des sciences occultes*, t. I, p. 344.
2. OVIDE. *Métamorphoses*, l. V., v. 552 :
    Pluma pedesque avium, cum virginis ora.
3. HYGIN. *Poeticon astronomicon.* Bâle, 1535.
4. *Superiora sunt virginum, inferiora passerum vel struthionum, non piscium ut vulgus putat.* BOCHART. *Hierozoïcon*, cap. VIII, p. 830.
5. WINCKELMANN. *Histoire de l'art chez les anciens.* Paris, 1803.
6. *Sirenes secundum fabulam parte virgines fuerunt, parte volucres. Harum una voce, altera tibiis, alia lyra canebat.* SERVIUS. *Ad Æneid.*, lib. V, v. 864.
7. *Squamosas tamen piscium caudas habent. De monstris*, cap. VIII.
8. PARÉ. Chap. XXXIV. *Des monstres*, p. 787.
9. *Pars prior. De monstris.* Tradit. tératologiques, p. 25.

de Sicile, de Pline et d'Isidore de Séville. L'auteur a aussi emprunté quelques fictions aux poëtes : on y reconnaît la trace d'Hésiode et surtout de Virgile, mais il ne paraît avoir mis dans son œuvre aucune observation qui lui soit propre. C'est un amas assez incohérent d'histoires d'animaux réels tels que le tigre, l'hippopotame, la panthère avec lesquels on trouve confondue l'histoire de Cerbère, et celle des Chimères et de différents fleuves, tels que le Nil, le Gange et l'Euphrate.

Les recueils de zoologie de l'époque franco-gothique ou les *Bestiaires* présentent un aspect particulier. La science y revêt une forme toute mystique à l'aide de laquelle l'histoire des animaux se transforme souvent en une sorte de légende dont le sens n'est pas toujours intelligible à l'esprit le plus ardu. Mais l'obscurité de ces énigmes scientifiques, ainsi que le dit Visconti, ne doit pas humilier ceux qu'elles arrêtent. Leur interprétation est toute nouvelle; tandis que l'antiquité païenne, observée depuis tant de siècles par d'infatigables scrutateurs, est encore loin d'être expliquée[1]!

Le *Physiologus* ou *Bestiaire*, que l'on attribue vulgairement à saint Ambroise, est l'un des plus remarquables ouvrages de ce genre et l'un de ceux que l'on peut prendre pour type. Les éditeurs des œuvres de ce saint personnage se sont contentés de citer ce travail dans leur préface[2]. Mais MM. Cahier et Martin

---

1. VISCONTI. *Esposizione.... d'un antico musaico.* — Comp. Mme FÉLICIE D'AYSAC, article sur les bestiaires dans la *Revue de l'architecture*, t. VII, p. 66.

2. SAINT AMBROISE. *Ambros. opp. præfat.*, fol. iij.

l'ont reproduit en entier d'après un manuscrit du
xe siècle appartenant à la bibliothèque de Bruxelles[1].

Ce recueil est rempli de légendes sur les animaux,
parmi lesquelles il en est d'assez curieuses. Nous
citerons seulement celles du castor et de la bernache,
elles suffiront pour donner une idée de l'esprit du
livre.

Les médecins de l'antiquité, Hippocrate, Galien,
Celse, Arétée employaient dans le traitement de quelques maladies les poches sécrétoires que l'on rencontre sur le castor ; et une tradition de leur époque,
répétée par Pline[2], Élien[3], Juvénal[4] et d'autres,
représente cet animal comme doué de tant d'intelligence qu'il se prive lui-même de ces organes, afin de
vivre dans une sécurité plus parfaite. L'auteur du
Bestiaire renchérit sur cette histoire en racontant que
lorsque ce rongeur est poursuivi par le chasseur, il le
regarde avec effroi, et finit par amputer ses poches
sécrétoires qu'il lui lance au visage, *et projicit eos ante
faciem venatoris*[5]. Il prétend en outre que si d'autres
chasseurs viennent ensuite à poursuivre le castor,
celui-ci possède tant de perspicacité qu'il se lève sur
son séant pour leur faire voir qu'il est dépourvu de
ce qu'ils convoitent. Ces divers actes, d'après le
Physiologus, ne seraient qu'une espèce d'apologue. Le
castor c'est l'homme qui, s'il veut vivre en Dieu, doit

---

1. Ch. Cahier et Art. Martin. Mélanges d'archéologie ; *Physiologus* ou
Bestiaire. Paris, 1850.

2. Pline. *Histoire naturelle*, l. VIII, chap. xlvii.

3. Élien. *De natura animalium*, lib. XVII, cap. vi, 34.

4. Juvénal. *Sat.*, XII.

5. « Li veneres les rechoit et ne le sient plus. »

retrancher lui-même ses péchés, et les jeter au visage du chasseur.... Le chasseur c'est le diable qui toujours le chasse, et ne l'abandonne que lorsqu'il s'aperçoit enfin qu'il est exempt de vices[1].

Les bernaches ont été l'objet d'une fable bien autrement populaire et qui était encore, il y a peu d'années, considérée comme un fait positif dans toutes les campagnes. D'après les assertions de Vincent de Beauvais[2], et même de Sébastien Munster[3] et d'Aldrovande[4], qui ont été jusqu'à faire représenter ce sujet, on racontait que sur l'une des plages du nord, il existait un arbre dont les fruits produisaient de jeunes oiseaux aquatiques qui, s'ils tombaient heureusement dans la mer, y prenaient leur essor, et, au contraire, expiraient s'ils venaient à choir sur le rivage. Selon l'auteur du *Bestiaire*, il n'y a là qu'une parabole signifiant que nul homme n'est régénéré s'il ne se trouve lavé par les eaux du baptême, et que ceux qui n'ont point le bonheur d'en être immergés doivent être considérés comme totalement perdus[5].

La médecine elle-même n'échappa pas aux funestes influences qui sévissaient contre les sciences; malgré son utilité pratique, au Moyen âge elle s'oublia aussi de plus en plus; et au lieu de ces hommes célèbres qui l'exercèrent autrefois, et qu'on vit en même temps

1. *Physiologus* ou *Bestiaire*. Mél. d'archéol., 1851.
2. Vincent de Beauvais. *Bibliotheca mundi seu speculum naturale*. Duaci, 1624.
3. Sébastien Munster. *Cosmographie universelle*. Paris, 1575, l. II, p. 100.
4. Aldrovande. *Conchæ anatiferæ ex arboribus dependentes*, p. 543.
5. *Physiologus* ou *Bestiaire*, mélanges d'archéologie. 1851, p. 217.

honorer l'art et les lettres jusqu'au vi° siècle, elle devint pour longtemps le partage d'inhabiles dépositaires.

Durant les premiers siècles du Moyen âge, chez les nations chrétiennes de l'Europe occidentale, la médecine est totalement confiée aux moines, qui l'exercent comme une œuvre de piété et de charité ; mais, retenus alors par leur éloignement pour toutes les sciences profanes, ils ne lui font faire aucun progrès, et dans leur main cet art ne se compose que de quelques recettes empiriques [1]. Les rois de France eux-mêmes, dans ces anciens temps, demandèrent souvent leurs archiatres aux ordres religieux : le médecin de Philippe Auguste était un moine, nommé Rigord, qui appartenait à la congrégation des dominicains. Les médecins de Louis le Gros, de Louis VIII, de saint Louis, de Philippe le Hardi, de Jean II, de Charles V, de Charles VI et de Charles VII, furent presque constamment des chanoines, et parfois même des évêques [2].

Au xii° siècle, les religieuses rivalisent elles-mêmes de zèle avec les moines en prodiguant des soins aux malades. A cette époque, Abélard va jusqu'à engager celles du Paraclet à se livrer à la chirurgie [3]. La renommée de quelques-unes de ces pieuses femmes a franchi les murs de leurs cloîtres pour parvenir jusqu'à nous. L'une des plus célèbres fut

1. *Histoire littéraire de la France,* par les religieux bénédictins de la congrégation de Saint-Maur. Paris, 1735, t. VIII, p. 165.

2. *Art.* ARCHIATRES. *Dictionnaire des sciences médicales.* Paris, 1812, t. II, p. 278.

3. ABÉLARD. *Epist.* Paris, 1606, p. 155.

sainte Hildegarde, abbesse du couvent du mont Rupert sur les bords du Rhin, connue par certains miracles qui lui valurent l'honneur du canonicat. Cette
religieuse a droit à nos hommages, parce qu'elle est
l'auteur d'une espèce de traité d'histoire naturelle
médicale [1]. Ce livre est seulement curieux par son
ancienneté, car il a été écrit sous l'empire d'idées tellement superstitieuses qu'il est impossible de lui faire
prendre rang parmi les ouvrages sérieux. Son auteur
croit aux maléfices, aux possessions du démon, et
conseille la fougère comme le plus efficace des remèdes contre toutes les diableries.... L'abbesse du mont
Rupert, qui paraît cependant avoir consacré une
partie de ses veilles à l'étude des animaux, confond
les phoques avec les baleines, et conseille comme un
étonnant spécifique de toutes les maladies, les peaux
des premiers que l'on transformait fréquemment alors
en vêtements [2]... ; le reste est à la même hauteur.

De temps à autre aussi les villes étaient fréquentées
par des mires ou des espèces de charlatans, suivis de
matrones qui saignaient et accouchaient les femmes
enceintes, tandis qu'ils s'occupaient à débiter leurs
remèdes dans les rues ou sur les places publiques.
Dans les campagnes, la médecine était pratiquée sinon d'une façon beaucoup plus éclairée, au moins
avec une louable abnégation, par les châtelaines qui
s'y préparaient en étudiant empiriquement les vertus
des plantes.

1. SAINTE HILDEGARDE. *Hildegardis physica sacra*. ed. Argent. 1544.
2. .... *Homo de cute ceti* (pro *phoca*) *cingulum faciat et se ad nudam
cutem cum eo cingat, et omnes infirmitates ab eo fugabit*. Physica sacra,
p. 89.

Généralement jusqu'à la création des universités, où les études médicales furent régularisées, on accorda peu de confiance aux médecins dans l'Europe centrale. Une loi de Théodoric, qui fut en vigueur jusqu'au xiie siècle, démontre même qu'on les traitait avec une méfiance offensante ou une redoutable rigueur. « Aucun médecin, est-il dit dans le code de ce prince, ne doit saigner une femme ou une fille noble sans qu'un parent ou un domestique soit présent à l'opération, et dans le cas de contravention à la loi, il payera une amende de dix sous [1]. Lorsque le médecin est appelé pour traiter un malade, il faut qu'il fournisse une caution. Si un médecin vient à blesser un gentilhomme, il payera une amende de cent sous, et si le gentilhomme meurt des suites de l'opération, il sera livré aux parents du mort qui pourront le traiter comme bon leur semble; mais s'il n'a estropié qu'un serf ou causé sa mort, il sera tenu d'en restituer un autre au seigneur.... Lorsqu'un médecin se charge d'un élève, celui-ci doit lui donner douze sous pour son apprentissage [2]. »

L'Italie a été le berceau de l'enseignement médical en Europe. Vers le milieu du Moyen âge, les bénédictins y fondèrent dans le royaume de Naples les écoles du Mont-Cassin et de Salerne, les plus anciennes qui soient connues [3].

---

1. *Quia difficillimum non est ut in tali occasione ludibrium interdum adhærescat.*

2. Lindenbrog. *Cod. Legg. antiq. Wisig.*, t. I, p. 204. — Sprengel. *Histoire de la médecine.* Paris, 1815, t. II, p. 549.

3. Sprengel. *Ibidem*, t. II, p. 554.

L'école du Monte Cassino avait son siége dans le couvent fondé au vi^e siècle par saint Benoît, sur l'une des pentes de l'Apennin, dans le site appelé *Terra di Lavoro*. Déjà au ixe siècle, cette école avait acquis un certain renom. Berthier, abbé de cette congrégation, y faisait alors des cours de médecine, et y composait des ouvrages sur cette science. Depuis lors, les moines de tous les pays se rendirent au Mont-Cassin pour y étudier, et les malades vinrent y chercher leur guérison [1]. Au xie siècle, la célébrité de cette institution était telle que Henri II, roi de Bavière, s'y rendit pour se faire traiter de la pierre. Les chroniques racontent même qu'il guérit de cette affection par l'intervention du fondateur de l'établissement. Saint Benoît lui apparut pendant un sommeil profond, pratiqua l'opération, lui mit le calcul dans la main, et cicatrisa immédiatement la plaie [2].

Il est assez difficile de débrouiller quelle a été l'origine de l'école de Salerne, car si quelques auteurs pensent qu'elle a dû sa fondation à des bénédictins [3], d'autres croient qu'elle fut instituée par l'association d'un Maure, d'un Juif et d'un Latin : cependant Cuvier prétend qu'il ne faut pas prendre cette tradition à la lettre, et qu'elle indique simplement la triple influence sous laquelle l'école reçut la vie [4]. Enfin, il est des savants qui font honneur de sa création à Charlemagne [5]; mais il est certain que cette institution exis-

---

1. SPRENGEL. *Histoire de la médecine.* Paris, 1815, t. II, p. 554.
2. *Histoire littéraire de la France*, vol. VI, p. 123.
3. SPRENGEL. *Ibidem*, t. II, p. 554.
4. CUVIER. *Histoire des sciences naturelles.* Paris, 1841, t. I, p. 397.
5. PULTENEY. *Esquisses hist. et biog. des progrès de la botanique*, p. 23.

tait avant ce grand prince, et qu'il n'a pu que l'encourager ou l'étendre.

L'école de Salerne, qui fut beaucoup plus célèbre que la précédente, avait déjà acquis une haute renommée au VIIIe siècle ; mais ce ne fut qu'au XIe que les moines de cette corporation commencèrent à abandonner les méthodes superstitieuses qu'ils avaient d'abord employées, pour leur substituer une médication basée sur les connaissances scientifiques de leur époque, qu'ils extrayaient pour la première fois des traductions arabes [1].

S'il existe quelques indécisions à l'égard de la fondation de l'école de Salerne, on sait au moins exactement que ce fut au XIIIe siècle qu'elle acquit son plus haut degré de splendeur par la protection et les encouragements que Frédéric II lui accorda. Les ordonnances de ce souverain y organisèrent l'enseignement et la collation des grades, puis elles défendirent que l'on exerçât la médecine dans le royaume de Naples sans avoir été examiné par le collége de cette école. Le simple titre de *magister* était donné à ceux qui satisfaisaient aux examens de médecine. On nommait *magister artium et physices* les candidats qui répondaient en outre sur la physique d'Aristote ; enfin, le titre de *docteur* représentait celui de professeur [2]. Cuvier voit là l'origine des universités [3]. Frédéric II ne se borna point à ce qui concernait la médecine ; il réglementa aussi l'exercice de la chirurgie, en dé-

---

1. SPRENGEL, *Histoire de la médecine.* Paris, 1815, t. II, p. 337.
2. SPRENGEL. *Ibidem*, t. II, p. 363.
3. CUVIER. *Histoire des sciences naturelles.* Paris, t. I, p. 397.

crétant que l'on ne pourrait exercer cet art dans toute l'étendue de ses États qu'après avoir subi un examen sur l'anatomie. Tout candidat qui n'y avait point satisfait ne pouvait aspirer à pratiquer la moindre opération chirurgicale, ni même à traiter une plaie ou un ulcère [1].

Après avoir longtemps brillé, l'école de Salerne perdit peu à peu son éclat, et au xive siècle on la voit déjà en pleine dégénérescence. Puis, malgré les efforts que fit alors la reine Jeanne, bientôt elle s'éclipsa totalement : la réputation des écoles de Bologne et de Paris lui porta le dernier coup.

Tout se réunissait pour accroître la célébrité de l'école de Salerne et augmenter le nombre des malades qui allaient y implorer leur guérison. La salubrité de l'air qu'on y respirait, le voisinage de la mer, cette chaîne de montagnes qui en couronnait les abords, et l'abondance d'arbrisseaux balsamiques et de plantes médicinales qui croissaient dans ses environs, semblaient en faire le séjour de la santé. Mais, nous sommes forcés de l'avouer, les doctrines émanées de l'école de Salerne ne sont guère en rapport avec sa haute réputation. Aucun praticien ne se forma dans son sein, et elle dut surtout la renommée de sa littérature médicale à un ouvrage connu sous le nom de *Maximes de l'école de Salerne* [2]. Cependant, nous devons dire que cette production est tout à fait nulle sous le rapport de la pathologie, lors même qu'elle n'est pas absurde, et qu'elle ne se compose que de

1. SPRENGEL. *Histoire de la médecine.* Paris, 1815, t. II, p. 366.
2. *Regimen Sanitatis.*

préceptes hygiéniques souvent reproduits sous une étrange forme. Quelques-uns ont acquis une assez grande célébrité [1]; d'autres déterminent fort audacieusement les propriétés médicales de certaines plantes, telle est entre autres la sauge, à laquelle l'auteur accorde une puissante faculté pour prolonger la vie [2].

Les maximes de l'école de Salerne furent mises en vers *léonins* par Jean de Milan, à la fois poëte et médecin. Son œuvre, qui eut un immense succès alors, fut dédiée à Robert le Diable qui, en revenant de la Palestine, s'était arrêté à Salerne pour s'y faire guérir d'une plaie au bras que les chirurgiens des croisés avaient mal soignée.

L'homme dont le mérite a le plus influé sur la célébrité de l'école de Salerne est Constantin l'Africain, qui dut ce surnom à ce qu'il était originaire de Carthage. Ce savant, qu'on peut citer comme une des illustrations du xie siècle, après avoir sacrifié près de quarante ans de sa vie à s'instruire dans les écoles de l'Orient ou à voyager, revint se fixer dans sa ville natale. Mais ses compatriotes, méconnaissant un mérite qu'ils n'attribuaient qu'à la magie, le persécutèrent avec acharnement. Craignant enfin d'être livré au dernier supplice, Constantin s'échappa furtivement et vint se réfugier à Salerne où le duc Robert l'accueillit avec distinction. Plus tard, ce prince l'attacha à sa personne en qualité de secrétaire; mais

1. *Si tibi deficiant medici, medici tibi fiant*
   Hæc tria : mens hilaris, requies moderata, diæta.
2. *Cur moriatur homo cui salvia crescit in horto?*

Constantin renonça peu de temps après à cette dignité et vint humblement prendre l'habit monacal au Mont-Cassin. Ce fut même dans ce cloître qu'il écrivit ses ouvrages, et il y resta jusqu'à sa mort, arrivée en 1087.

On a très-diversement jugé Constantin l'Africain. Quelques personnes l'ont comparé à Hippocrate ; d'autres n'en ont parlé qu'avec dédain. Ces deux opinions sont également exagérées. Cet homme a droit à nos respects et par son mérite et par l'impulsion qu'il a imprimée à son époque. On lui sait gré d'avoir traduit les écrits les plus estimés des médecins de l'antiquité, et d'avoir par ce moyen inauguré leurs doctrines parmi les modernes. Les littérateurs lui reprochent de n'avoir employé qu'un style barbare et incorrect. Il eût été difficile qu'il en fût autrement à son époque. Mais cela doit peu nous occuper si ses travaux ont servi les sciences [1].

L'école de Montpellier, qui après celle de Salerne obtint le plus de réputation dans toute la chrétienté, ne fut créée qu'après elle et sur son modèle. Celle-ci commença par être en quelque sorte mixte, moitié française et moitié espagnole. Les médecins juifs, qui étaient alors nombreux, y apportèrent les préceptes arabes qu'ils avaient puisés pendant leur séjour parmi les Maures de Grenade ou de Cordoue.

Il paraît que, durant les siècles dont nous nous

1. Constantin. *Constantini Africani, post Hippocratum et Galenum quorum, Græcæ linguæ doctus, sedulus fuit lector, medicorum nulli prorsus, multis doctissimis testibus, posthabendi, opera conquisita.* Bâle, 1539.

occupons, il y avait une grande tendance à versifier sur ce qui concerne la médecine. Un archiatre de Philippe Auguste, Gabriel Naudé, produisit une sorte d'histoire naturelle et de matière médicale bizarre, dans laquelle il consacre six mille vers à décrire les principales substances pharmaceutiques connues de son temps [1].

En terminant cette esquisse historique de l'école franco-gothique, jetons un coup d'œil sur l'état des livres, ces véritables instruments de toutes les sciences comme de toute civilisation.

La merveilleuse invention de l'imprimerie, qui était appelée à remuer de fond en comble la société, n'ayant eu lieu qu'à la fin du Moyen âge, il en résulte que durant celui-ci, toutes les connaissances scientifiques et littéraires se trouvèrent entièrement confiées à l'instabilité des manuscrits. Aussi les guerres internationales, l'infidélité des copistes et l'incurie des dépositaires ont-ils plus d'une fois menacé d'une totale destruction le précieux et fragile dépôt appelé à nous révéler l'histoire des temps passés.

Les premiers manuscrits du Moyen âge furent exécutés sur du papyrus [2]; mais il n'en reste que de rares exemplaires dans les bibliothèques, le parchemin lui ayant été substitué de bonne heure et bientôt après le papier de coton. Ce fut au VIIIe siècle que ces deux nouveaux ingrédients commencèrent, presque en même

1. BEGIN. *Science naturelle au moyen âge.*
2. GOURY. *Recherches historico-monumentales.* Paris, 1833, p. 360. Jusqu'au VIIe siècle dans les Gaules.

temps, à remplacer l'antique produit de la plante égyptienne[1], et au xie siècle, ils lui étaient totalement substitués[2].

L'antiquité employait déjà le parchemin à la confection des livres : la bibliothèque de Cicéron en possédait plusieurs en cette matière [3], mais aucun ne nous est parvenu. Les manuscrits en parchemin conservés dans les bibliothèques, ne remontent pas au delà du ive ou du ve siècle de l'ère chrétienne[4]; et encore y sont-ils infiniment rares, car ce ne fut que beaucoup plus tard que celui-ci servit communément à leur exécution[5].

Quelques érudits attribuent aux Chinois l'invention du papier de coton[6]. Ce qui semble plus certain, c'est que ce furent les Arabes de l'Espagne qui le firent connaître les premiers aux nations de l'Europe, et donnèrent à sa fabrication une perfection dont ils eurent longtemps le secret[7]. Les auteurs du Moyen âge désignaient alors le papier sous le nom de *charta gossypina* ou *cotonia*. Le plus ancien écrit sur papier de coton conservé dans nos bibliothèques, est une lettre de Joinville à Louis le Hutin[8].

---

1. CHAMPOLLION-FIGEAC. *Manuscrits*, p. 2. Le moyen âge et la renaissance.

2. GAETANO MARINI. *I papiri diplomatici*. Rome, 1805. — Comp. GUILANDINI. *Papyrus seu commentarius in tria C. Plinii majoris de Papyro capita*. Amberg., 1613.

3. PLINE. *Histoire naturelle*, l. VII, chap. xxi.

4. Le *Virgile* du Vatican et le *Térence* de Florence.

5. PEIGNOT. *Essai sur l'histoire du parchemin et du vélin*. Paris, 1812.

6. PEIGNOT. *Parchemin et papier*, moy. et renaiss., fol. 5.

7. JANSEN. *Recherches sur l'origine du papier*. Paris, 1808.

8. CHAMPOLLION-FIGEAC. *Manuscrits*, p. 2. Moyen âge et renaissance. Paris, 1850.

Le précieux legs des connaissances antiques ne parvint au Moyen âge qu'après avoir subi une succession de vicissitudes, hélas! trop malheureusement capables d'en altérer la pureté : la philosophie et les sciences de la Grèce et de Rome ne nous arrivèrent en quelque sorte que de la quatrième main. Les papyrus des savants anciens furent d'abord traduits en syriaque par les nestoriens. Durant leur prospérité, les califes les firent ensuite transcrire en arabe pour l'usage de leurs écoles. Mais lorsqu'au Moyen âge le génie de l'étude se réveilla dans l'Europe centrale, comme les traditions des idiomes de la Grèce s'y étaient presque totalement perdues[1], ce fut sur les versions arabes que les hommes lettrés exécutèrent ces traductions en langue latine, qui devaient un jour former le noyau primitif de nos bibliothèques. C'est ainsi que les compilations d'Avicenne et de ses compatriotes rapportèrent parmi nous les trésors de la philosophie et de la science antiques! D'après cet exposé, on peut concevoir combien d'incorrections et d'interpolations ont dû se produire dans cette œuvre de régénération. Et cependant, tandis que ce long travail s'élaborait, la main du temps respectait encore les textes originaux d'Aristote, de Théophraste et de Galien, qui gisaient ignorés dans les poudreuses collections des abbayes[2].

Les manuscrits grecs et latins concernant les sciences

1. Il en restait encore quelques vestiges. Dans une église de Limoges, au x⁰ siècle on chantait annuellement en grec la messe de la Pentecôte. Mss. de la bibl. roy., n° 4458. — JOURDAIN. Op. cit., p. 4.
2. CUVIER. *Histoire des sciences naturelles.* Paris, t. I, p. 380.

profanes , sont dus, pour le plus grand nombre, à la main des moines et des clercs. Cette tendance à seconder la répartition de tout ce qui touche à l'intelligence, devint même une loi pour les plus anciennes congrégations religieuses. Les règles de celles-ci recommandent, comme une œuvre très-agréable à Dieu, aux moines qui savent écrire, de copier les manuscrits, et à ceux qui ne le savent pas, d'apprendre à les relier [1].

Durant notre époque de barbarie, ce fut d'abord dans les églises que l'on concentra les manuscrits, et celles-ci devinrent ainsi nos premières archives intellectuelles et le berceau de toutes nos croyances. Mais, plus tard, lorsque les communautés religieuses se furent formées, les bibliothèques passèrent des sacristies dans les couvents. Totalement confiées alors à la sauvegarde des cénobites, ceux-ci les conservèrent longtemps dans leur sein comme un dépôt sacré; mais dans la suite, plusieurs causes d'anéantissement réagirent sur ce précieux legs.

Ailleurs que dans les églises et les abbayes, on ne rencontrait aucune collection de livres. Jusqu'au XIIe et au XIIIe siècle, dans les châteaux eux-mêmes, toute la bibliothèque ne se composait ordinairement que d'un seul ouvrage; c'était un roman de chevalerie que l'on conservait comme un objet précieux dans un coffret cadenassé, espèce de sanctuaire d'où on ne l'extrayait que pour le lire et le relire lors des longues veillées de l'hiver [2].

<hr>

1. Champollion-Figeac. *Manuscrits, moyen âge.* Paris, 1850, p. 4.
2. Villemain. *Littérature du moyen âge.* Paris, 1848, t. 1, p. 20.

7

Durant les guerres des deux derniers siècles qui précédèrent l'avénement de Charlemagne, les manuscrits subirent les plus funestes atteintes. Les barbares en avaient brûlé un assez grand nombre ; d'autres étaient devenus méconnaissables par l'inexpérience ou l'infidélité des copistes ; le mal était si grand, que, dans plusieurs endroits, ces précieuses archives de toutes nos connaissances sacrées et profanes menaçaient de s'anéantir complétement. Alcuin développa le plus grand zèle pour remédier à ce désordre. Ce fut là le soin de toute sa vie. Il employait à ce travail un assez grand nombre de moines, et y encourageait ses propres élèves. De son côté, Charlemagne secondait cette œuvre de toute sa puissance. Les capitulaires de ce prince contiennent une ordonnance curieuse à ce sujet, où l'on reconnaît et l'étendue du mal et l'efficacité du remède qu'il y apportait lui-même par ses exhortations et son exemple. En voici le préambule : « Charles, avec l'aide de Dieu, roi des Francs et des Lombards, et patrice des Romains, aux lecteurs religieux soumis à notre domination.... Ayant à cœur que l'état de nos églises s'améliore de plus en plus, et voulant relever par un soin assidu *la culture des lettres qui a presque entièrement péri par l'inertie de nos ancêtres,* nous excitons par notre exemple même à l'étude des arts libéraux, tous ceux que nous y pouvons attirer ; aussi avons-nous déjà, avec le secours de Dieu, exactement corrigé les livres de l'ancienne et de la nouvelle alliance corrompus par l'ignorance des copistes [1].... »

1. BALUZE. *Capitularia regum francorum.* Paris, 1780, t. I, p. 203.

En jetant un regard général sur l'époque, nous reconnaissons cependant qu'on ne doit pas admettre que l'influence des barbares ait été aussi funeste aux sciences et aux lettres qu'on le suppose vulgairement.

Les nations qui morcelèrent successivement l'empire romain ne paraissaient entraînées par aucun fanatisme religieux ; elles n'aspiraient qu'à s'établir dans un climat plus prospère que le leur. Aussi, en présence du christianisme qui dominait alors dans tous les pays qu'ils envahissaient, les conquérants embrassèrent la religion des vaincus [1], et les temples chrétiens se remplirent de Huns, de Suèves et de Vandales [2]. Ainsi s'explique pourquoi ce premier contact des barbares avec l'ancienne civilisation fut moins fatal à ses institutions qu'on ne le croit généralement. Les principaux dépôts de manuscrits se trouvant alors sous la protection du clergé et placés dans les églises, ils furent respectés. Comme la langue latine n'avait point cessé d'être celle de tous les gens d'une condition élevée et en particulier du clergé catholique, les traditions se conservèrent.

Dans l'Orient, au contraire, les guerres eurent une désastreuse influence sur les bibliothèques.

Si les croisades ont ouvert un nouveau champ aux idées, d'un autre côté ces grandes invasions n'ont pas été sans apporter quelques perturbations dans le libre cours de l'esprit humain. La prise de Constanti-

---

1. SOCRATE. *Histoire ecclésiastique.* — THÉODORET, l. IV. — JORNANDÈS. *De rebus gothicis.* — SALVIEN. *De gubernat. Dei*, l. VII.

2. OROSE. *Historiarum adversus Paganos libri* VII. — GIBBON. *Décadence de l'empire romain.* Paris, 1838, t. I p. 887.

nople par l'armée des croisés fut fatale aux études en ce que, guidée par un zèle inconsidéré, la soldatesque latine anéantit un grand nombre de bibliothèques où se trouvaient de précieux vestiges des connaissances antiques [1]. Ailleurs on eut encore de plus grands désastres à regretter [2].

D'un autre côté, les livres confiés aux cloîtres, et qu'on y recueillit d'abord comme un dépôt sacré, éprouvèrent ensuite une destinée contraire. « On aurait tort de croire, dit Cuvier, qu'ils y furent conservés jusqu'à la renaissance des lettres et des sciences. Après quelques siècles, ajoute le grand naturaliste, les moines étant devenus riches, d'autres goûts remplacèrent celui de l'étude, et ils négligèrent tellement de conserver les divers manuscrits dont ils étaient possesseurs, qu'à la fin du Moyen âge il n'en existait presque plus. Si la découverte de l'imprimerie avait été faite seulement deux siècles plus tard, il est probable que presque tous les ouvrages anciens auraient été détruits [3]. »

Mais une autre cause contribua bien plus que la négligence des moines à l'anéantissement d'un grand nombre de manuscrits, ce fut la coutume qui s'introduisit à une époque où le parchemin était rare et fort cher, d'en faire disparaître l'écriture pour l'employer à la confection d'ouvrages qu'on regardait

---

1. Ramusius. *De bello Constantinopolitano.* Venise, 1635. — Gibbon. *Histoire de la décadence de l'empire romain.* Paris, 1838, t. I, p. 727. — Michaud. *Histoire des croisades.* Paris, 1849, t. II, p. 339.

2. Comp. *Bibliothèque des croisades,* t. I, s. 3. — Michaud. *Ibidem,* t. I, p. 305.

3. Cuvier. *Histoire des sciences naturelles.* Paris, 1841, t. I, p. 362.

comme plus utiles, tels que des missels et des psautiers. On obtenait ce résultat soit en grattant les anciens caractères, soit en les enlevant à l'aide de l'ébullition ou de la chaux. Beaucoup d'ouvrages précieux furent ainsi complétement détruits[1] par cette coutume que quelques indices révèlent s'être introduite dès le viie siècle [2], mais qui devint surtout désastreuse durant le xie, le xiie et le xiiie [3].

L'œil d'un paléographe distingue facilement les manuscrits grattés ou *palimpsestes;* et, armé de patience, on peut parfois en ressusciter le texte primitif par des procédés chimiques. C'est ainsi qu'on a pu restituer le traité de la République, de Cicéron, qui, étrange destinée! se trouvait entièrement recouvert par les travaux du concile de Calcédoine[4]. Ces manuscrits anéantis sont si abondants qu'on a déjà composé plusieurs volumes à l'aide de ceux revivifiés dans les seules bibliothèques de Rome et de Milan.

Cependant si l'on est forcé d'avouer que de bien regrettables pertes ont été à déplorer durant la période de temps dont nous nous occupons, on ne peut se refuser de reconnaître aussi que c'est au zèle que l'on déploya alors que nous devons le précieux héritage d'une foule de livres. Si l'on a signalé la négligence qu'apportèrent quelques communautés à la garde des manuscrits, hâtons-nous de dire qu'en somme ce fut dans le sein de ces corpora-

1. Cuvier. *Histoire des sciences naturelles.* Paris, 1841, t. I, p. 418.
2. Muratori. *Antiq. ital.,* t. III, p. 834.
3. Peignot. *Essai sur l'histoire du parchemin et du vélin.* Paris, 1812.
4. Champollion. *Manuscrits du moyen âge,* f. 3.

tions religieuses que se conserva et se reproduisit tout ce qui nous restait des monuments de la littérature ancienne[1] : les cellules des moines s'étaient transformées en autant de laboratoires où se copiaient d'une manière incessante tous ces admirables et nombreux manuscrits qui font encore aujourd'hui la richesse de nos bibliothèques. Dans certains couvents les nonnes s'en occupaient elles-mêmes du matin au soir [2].

Cette reproduction des manuscrits formait une des occupations fondamentales du Moyen âge, et ceux qui s'y livraient étaient en quelque sorte organisés en une espèce d'armée où chaque homme avait sa fonction. Aux uns était départie la mission d'écrire les feuilles ; à d'autres celle de les enrichir de miniatures variées ou de les relier. On désignait les copistes sous les noms de *scriba*, de *scriptor* ou de *notarius* ; et les endroits dans lesquels ils travaillaient portaient la dénomination de *scriptorium*. Les personnages les plus marquants de l'époque s'occupaient eux-mêmes ou d'encourager les travailleurs, ou de leur donner l'exemple. Alcuin exhortait alors avec véhémence tous ses contemporains à s'occuper de cette salutaire besogne. « C'est une œuvre très-méritoire, leur disait-il, utile au salut bien plus que le travail des champs qui ne profite qu'au ventre, tandis que le travail du copiste profite à l'âme. »

Les manuscrits ayant été confiés à la sauvegarde de la religion, les plus illustres personnages ne dé-

1. Mabillon. *Études monastiques*, t. I. — Gibbon. *Histoire de la décadence et de la chute de l'empire romain*. Paris, 1838, t. I, p. 879.
2. Cuvier. *Histoire des sciences naturelles*. Paris, 1841, t. I, p. 401.

daignèrent parfois pas de condescendre jusqu'à les reviser. Saint Jérôme et saint Augustin l'avaient fait autrefois. Charlemagne les imita. On cite un texte d'Origène corrigé de sa propre main, et l'on croit même que c'est à sa scrupuleuse exactitude que l'on doit l'introduction du point et de la virgule dans les manuscrits [1]. On rapporte aussi que, excitées par l'exemple de leur illustre père, les filles de l'empereur travaillèrent elles-mêmes à copier des ouvrages [2].

En terminant cette esquisse rapide de l'influence des ordres religieux sur les bibliothèques, il convient de la compléter en examinant quelle a été l'action de ceux-ci relativement à la marche générale de l'esprit humain, durant la période de temps dont nous nous occupons.

L'influence des ordres religieux sur le progrès des sciences au Moyen âge a été diversement appréciée. Quelques savants les ont enveloppés tous dans le même anathème [3]; d'autres, au contraire, ont rendu une ample justice à leurs efforts et à leurs remarquables travaux [4]. Pour nous, nous n'hésitons pas à dire qu'au milieu de cette mouvante barbarie du Moyen âge, dans l'Europe centrale, les cloîtres deviennent

1. CHAMPOLLION-FIGEAC. *Manuscrits du moyen âge,* p. IV.

2. BLAINVILLE. *Histoire des sciences de l'organisation.* Paris, 1845, t. II.

3. SPRENGEL. *Histoire de la médecine.* — PULTENEY. *Esquisses historiques et biographiques de la botanique en Angleterre.* Paris, 1809, t. I, p. 23. — LIBRI. *Histoire des sciences mathématiques.* Disc. prélim.

4. GIBBON. *Décadence et chute de l'empire romain.* Paris, 1848, t. I, p. 879. — CUVIER ET VALENCIENNES. *Histoire des poissons.* — DORBIGNY. *Dictionnaire universel d'histoire naturelle,* t. I, p. 75. — CHATEAUBRIAND. *Génie du christianisme.* — RIAN. *Bienfaits de la religion chrétienne.* — JOURDAIN. *Recherches sur les traductions d'Aristote.* Paris, 1840, p. 17.

les dépositaires de toutes nos connaissances et comme autant de foyers d'où s'irradie la lumière : là toute la science humaine est alors l'apanage du clergé [1].

Les hommes les plus éminents n'ont pas toujours su se défendre à ce sujet de l'influence de l'école philosophique du siècle dernier. En peignant la chute de l'empire romain et l'ère nouvelle qui lui succède, M. Libri ne craint pas d'écrire ces lignes : « Le christianisme apparaît, s'avance au milieu des tortures, et finit par escalader le trône : au despotisme et à la corruption des empereurs succèdent le despotisme et la corruption des moines. Le labarum qui a remplacé l'aigle romaine ne sait plus avancer [2]. » Nous nous contenterons de combattre cette assertion, en répétant avec un illustre historien qu'à cette désastreuse époque « les sciences n'eurent pas d'autre retraite que le sanctuaire de cette Église qu'elles profanent aujourd'hui avec tant d'ingratitude [3], » et d'ajouter avec Gibbon que la postérité doit avouer avec reconnaissance que c'est aux apôtres de cette religion que nous devons la conservation des richesses littéraires de la Grèce et de Rome [4].

Le plus superficiel examen de l'histoire scientifique du Moyen âge décèle l'influence puissante et salutaire que les ordres religieux ont eue alors sur le progrès de

---

1. LAMY. *Coup d'œil sur la marche de la physique depuis son origine jusqu'à nos jours.* Lille, 1847, p. 33.

2. LIBRI. *Histoire des sciences mathématiques en Italie.* Disc. prél., p. 186.

3. CHATEAUBRIAND. *Génie du christianisme.* Paris, 1830, t. I, p. 288.

4. GIBBON. *Histoire de la chute et de la décadence de l'empire romain.* Paris, 1848, t. I, p. 878.

l'esprit humain ; un examen attentif et scrupuleux y joint la démonstration. Le triple faisceau de la théologie, de la science et de la philosophie a presque constamment été resserré dans les mains du clergé. Et durant certaines phases du Moyen âge, à de rares exceptions près, tous les hommes qui illustrent l'époque sortent de ses rangs ! On doit convenir, il est vrai, que, dominés par l'ascendant des idées et parfois même par les puérilités superstitieuses de ces siècles barbares, leurs facultés d'élite semblent par moments s'égarer au milieu des plus étranges obscurités. Mais, quoique environnés de tant de ressources qui manquaient alors, combien peu d'hommes parmi nous s'élèvent au niveau de quelques-unes de ces intelligences suprêmes que le Moyen âge nous offre de place en place. Trouverions-nous beaucoup d'hommes aujourd'hui à opposer aux Abélard, aux saint Thomas, aux Vincent de Beauvais, aux Albert le Grand ou aux Roger Bacon ? tous célèbres dans la philosophie, la théologie et les sciences !

A cette époque, la religion semblait chercher à s'appuyer sur les sciences pour y puiser de nouvelles forces de persuasion. Dans le silence des cloîtres, les moines s'en occupent de toutes parts. Les uns produisent des chroniques historiques ou des traductions ; d'autres s'adonnent à des expériences ou copient des manuscrits. Et, comme nous l'avons vu, les religieuses elles-mêmes ne restent point indifférentes à ce mouvement général [1].

---

1. SAINTE HILDEGARDE. *Physica sacra.* — Sœur HROSVITA. *Comédies.*

Les ordres monastiques déversaient à la fois l'instruction sur toutes les classes de la société. C'étaient eux qui dirigeaient les écoles épiscopales et cénobiales annexées aux couvents ou aux églises. Les écoles de femmes elles-mêmes ne manquèrent pas : le Paraclet ne fut point le seul établissement où la religion et l'étude s'appliquèrent à prodiguer leurs consolations aux affections trompées [1].

C'est au XIIIe siècle, si fécond en grands événements, qu'il faut rapporter l'institution des ordres mendiants, appelés à avoir sur les sciences une si remarquable influence. Les dépositaires des hautes dignités de l'Église s'émurent en reconnaissant que les anciens ordres monastiques, devenus riches, s'étaient relâchés de l'austérité de leur règle et que dans le sein des cloîtres la sévérité des études avait disparu. Ce fut pour remédier à cet état de choses et empêcher que les corporations religieuses, jusqu'alors placées à la tête de l'enseignement, ne perdissent cette prérogative, que l'on fonda les nouveaux ordres en leur imposant un strict vœu de pauvreté. Bientôt tous les hommes guidés par une foi sincère et animés du goût des sciences s'empressèrent de s'y vouer. Les agriculteurs et les artisans abandonnent leurs travaux obscurs et pénibles pour embrasser la vie monastique, plus tranquille et plus honorée [2]; et l'effervescence qui y entraînait les populations devint

---

1. CHARPENTIER. *Essai sur l'histoire littéraire du moyen âge.* **Paris, 1833.**

2. HOLSTENIUS. Préf. du *Codex regularum.* — THOMASSIN. *Discipline de l'Église,* t. I, p. 1282. — GIBBON. *Décad. de l'emp. rom.* Paris, 1838, t. I, p. 877.

telle alors que la France et l'Europe craignirent un
moment de manquer de solitudes : les mères cachaient leurs enfants et les femmes leurs maris pour
les dérober au prosélytisme des cloîtres [1]. Ces ordres
religieux en se propageant en Europe contribuèrent
à répandre les sciences, soit à cause de l'espèce
d'unité d'intention qui les dirigeait, soit à cause des
fréquentes communications qu'ils avaient ensemble
à l'aide des frères voyageurs. Tels furent surtout
l'ordre des franciscains ou cordeliers, fondé par
François d'Assise en 1208, et celui des dominicains
ou frères prêcheurs, institué par saint Dominique
en 1216. Leur influence fut si manifeste que, à de
rares exceptions près, tous les écrivains qui illus-
trèrent le Moyen âge appartinrent aux ordres mendiants [2].

Les hommes qui ont traité les ordres religieux avec
un injuste dédain semblent s'être arrêtés à un point de
leur histoire. Si l'indolence des moines des premiers
siècles du Moyen âge a pu fournir quelque aliment à
leur critique, peut-on oublier qu'en créant les corporations que nous venons de citer, l'Église semble
leur abandonner le dépôt sacré des intérêts de la civilisation ! Dans leur sein, les uns consacrent leurs veilles
aux collections de livres qui leur ont été confiées, les
autres s'acheminent courageusement vers des contrées lointaines pour y propager l'Évangile ou y recueillir des produits utiles ; les dangers des voyages,
les persécutions, rien ne les arrête ; soutenus par la

1. MICHAUD. *Histoire des croisades.* Paris, 1819, t. IV, p. 256.
2. CUVIER. *Histoire des sciences naturelles.* Paris, 1841, t. I, p. 430.

foi, guidés par la Providence, ils s'avancent en scellant de leur sang chacune de leurs conquêtes ou de leurs étapes. En suivant la marche de ces humbles missionnaires, on les voit sillonner toute la surface du globe, et planter çà et là les premiers jalons de la route que suivront, plusieurs siècles après, les voyageurs modernes.

Les premières collections d'histoire naturelle, selon M. Bégin, prirent elles-mêmes naissance dans les abbayes riches où l'on associait les travaux manuels à la culture des lettres et des sciences. Certains religieux y soignaient de leurs mains les plantes médicinales employées au soulagement des malades; d'autres s'occupaient d'y réunir des collections de fossiles, de minéraux ou de coquillages, et en général de tout ce qui était employé alors dans la médecine et la peinture ou dans les arts de la vitrerie et de la céramique. Après les croisades, cette tendance à collectionner s'accrut encore[1].

Il ne faut pas oublier que ces religieux, attaqués parfois avec tant de rigueur, devinrent au xiiie siècle les plus puissants promoteurs de cette renaissance générale des sciences et des lettres qui se manifesta alors. Ce furent des dominicains et des franciscains qui commencèrent à rendre un éclatant hommage aux travaux d'Aristote et à les présenter à l'admiration des écoles[2].

Selon nous, les ordres religieux, à peu près uniques

1. BÉGIN. *Sciences naturelles au moyen âge*, p. 111.
2. ALBERT LE GRAND, SAINT THOMAS D'AQUIN, etc.

dépositaires de toutes les connaissances humaines[1] pendant cette longue succession de siècles presque stériles, ont réalisé, par leurs efforts isolés, tout ce que l'on pouvait attendre d'eux. Possédaient-ils dans leurs cellules solitaires, et nos moyens d'observation et nos instruments de précision? y possédaient-ils et nos bibliothèques et nos rapides procédés de communication? Étaient-ils donc si indifférents à la précieuse mission qui leur était confiée, ces moines qui, tels que les chartreux de Paris, au xie siècle, suppliaient le comte de Nevers de reprendre la vaisselle d'argent qu'il leur offrait et de la remplacer par du parchemin, pour leur permettre de confectionner quelques livres[2]?

Lorsque nos efforts tendent à faire ressortir l'influence qu'eut le clergé sur le développement de nos connaissances, personne sans doute ne nous accusera de partialité. A ces esprits sceptiques, ne se plaisant qu'à se bercer dans le doute, nous répondrons que quelques grains d'ivraie souillent parfois la plus riche moisson, et que quelques erreurs vinrent parfois aussi ternir le resplendissant tableau de la religion travaillant de toutes parts à la régénération sociale. Saint Bernard lui-même les déplore! « Qui me donnera, s'écriait-il, de voir avant de mourir l'Église de Dieu comme elle était dans ses premiers jours[3]! » Lorsque, dans ses magnifiques écrits, Cha-

---

1. CUVIER ET VALENCIENNES. *Histoire naturelle des poissons.* Paris, 1812, p. 42.—D'ORBIGNY. *Sciences naturelles au moyen âge ; Dictionnaire universel.* Paris, p. 75.

2. PEIGNOT. *Parchemin*, p. 11. Moyen âge et renaissance. Paris, 1850.

3. SAINT BERNARD. *Sermons.* Paris, 1642.

teaubriand glorifiait le christianisme[1], il n'ignorait pas non plus les faiblesses de son immortelle histoire[2]; mais ont-elles un seul instant fait hésiter sa plume ?

Après avoir tracé avec probité le tableau des faits, en historien fidèle nous devons ajouter que toutes les sectes ont pris une égale part à ce grand mouvement intellectuel : dans son infinie sagesse, Dieu, le Seigneur des sciences, comme l'appelle l'Écriture[3], les épancha avec une égale abondance sur le front de chacun de ses enfants. Au Moyen âge, l'islamisme et la chrétienté s'enflamment du même zèle pour leur avancement ; et après la grande réforme de Luther, elles furent toujours cultivées avec un égal éclat dans le camp de Genève et dans celui de Rome. Si la science catholique peut se glorifier de compter dans ses rangs les Copernic, les Galilée, les Buffon, les Vésale, les Tournefort, les Jussieu, les Laplace ; c'est dans le sein de la religion réformée que nous voyons naître les Kepler, les Gesner, les Bernouilli, les Boerhaave, les Albinus, les Musschenbroek, les Harvey, les Newton, les Leibnitz, les Euler, les Linné, les Davy et les Cuvier !

1. CHATEAUBRIAND. *Génie du christianisme.*
2. Comp. CHATEAUBRIAND. *Analyse raisonnée de l'histoire de France.* Paris, 1832, t. III.
3. *Rois,* l. I.

CHAPITRE III.

ÉCOLE BYZANTINE.

Les troubles incessants qui bouleversèrent l'Europe au moment où l'empire romain disparaissait, engagèrent les savants à chercher un asile sur les rivages du Bosphore, où ils formèrent le noyau de l'école dont nous allons nous occuper. Mais là, ni eux ni leurs successeurs n'imprimèrent une marche rapide aux connaissances humaines; car, hors une seule science qui semble ressusciter dans les murs de Byzance, tout y est frappé de stérilité. Les traditions anciennes ont disparu; les Grecs nouveaux s'efforcent en vain de lutter contre la puissance énervante qui les domine et les paralyse, ils ne sont plus que les infimes héritiers d'un grand nom.

Cependant, si l'on en excepte son heure suprême, Constantinople eut moins à souffrir des efforts de la barbarie que l'Europe occidentale. Les trésors de la civilisation antique s'étaient conservés dans son sein, non pas dans toute leur intégrité, car sous les successeurs de Constantin les sciences et les lettres y avaient subi de siècle en siècle une manifeste décroissance, mais il lui en restait encore de nombreux et vivants vestiges; aussi, lorsque ses murs s'écroulèrent sous les efforts de Mahomet II, les savants grecs dans leur exil purent-ils emporter un grand nombre de livres dont ils dotèrent les lieux qui leur donnèrent asile, en y répandant le goût des travaux littéraires et de la philosophie.

Un temps peu considérable s'était à peine écoulé depuis que les sciences exilées de l'Occident étaient venues chercher un refuge dans les murs de Byzance, que déjà elles s'y trouvaient persécutées. Théodose II, orthodoxe sévère, commença à les tourmenter en bannissant de l'empire la secte des chrétiens nestoriens, parmi laquelle se trouvaient un grand nombre de gens instruits. Ceux-ci, en s'exilant, allèrent répandre leurs lumières dans l'Orient.

Justinien, quelques années plus tard, leur porta un coup non moins terrible en fermant les écoles d'Athènes et d'Alexandrie, et en dispersant ainsi les derniers interprètes de la philosophie d'Aristote et de Platon : les armes des barbares avaient été moins funestes à ces institutions que ne le furent les décrets d'un empereur chrétien[1] !

Léon l'Isaurien, au viiie siècle, porta aux sciences une tout aussi désastreuse atteinte. Non content d'anéantir les images et les statues des temples chrétiens, il étend ses vengeances jusque sur les savants et les livres : les mêmes bûchers dévorent à la fois les bibliothèques et les hommes de lettres[2]. Sur son ordre exécrable, les moines préposés à la conservation

---

1. Gibbon. *Histoire de la décadence et de la chute de l'empire romain.* Paris, 1839, t. II, p. 59. — Sprengel. *Histoire de la médecine.* Paris, 1815, t. II, p. 192.

2. Walch. *Histoire des hérésies, des schismes,* etc. Leips., 1785. — Théophanes. *Chronographia,* an x de Léon l'Isaurien. — Gaillardin. *Histoire du moyen âge.* Paris, 1843, t. I, p. 277.

des livres de Sainte-Sophie périssent dans les flammes avec leur trésor composé de trente-trois mille volumes [1]. Les iconoclastes continuèrent longtemps leur œuvre de destruction, et vers la fin du siècle où celle-ci s'était manifestée pour la première fois, elle éprouva même une sorte de recrudescence. A la voix de Constantin Copronyme, des églises et des abbayes célèbres deviennent des casernes de soldats : les unes s'écroulent, d'autres s'encombrent de fumier ! Les moines ont le triste privilége d'une persécution encore plus raffinée que précédemment : on les noie, on leur crève les yeux, on les déchire à coups de fouet [2]. Alors l'empire d'Orient, ce fragment dégénéré du trône des Césars, est sous le joug du despotisme asiatique et de la licence la plus effrénée. On néglige les travaux intellectuels, et les disputes religieuses deviennent pour les habitants de Byzance les affaires dominantes de l'époque [3].

Cependant, après quelques années de persécution et de torpeur, le génie des lettres se réveilla dans les murs de Byzance, riche encore des débris de la science antique. Aux persécutions de Léon l'Isaurien succédèrent les encouragements d'un prince éclairé, Constantin Porphyrogénète, qui se plut à entourer son trône d'hommes instruits et à reconstituer les

<hr>

1. *Constantini Manassis compendium chronicon.*

2. GAILLARDIN. *Histoire du moyen âge.* Paris, 1843, t. I, p. 333. — MAIM-BOURG. *Histoire des iconoclastes.* — SPANHEIM. *Historia imaginum restituta.*

3. GIBBON. *Histoire de la décadence et de la chute de l'empire romain.* Paris, 1839, t. II, chap. XLIX. - PHILARÈTE CHASLES. *Études sur le moyen âge.* Paris, 1847.

bibliothèques anéanties par le fanatisme des iconoclastes. Cet empereur, né dans la pourpre et dont le surnom tient à cette circonstance rare alors, doit même avoir son rang parmi les hommes illustres de son temps. Doué d'un profond savoir, ce prince malheureux semble particulièrement s'être appliqué aux connaissances qui peuvent avoir une certaine utilité pour l'homme. Les sciences trouvent elles-mêmes quelque chose à glaner dans une de ses productions : on y rencontre plusieurs renseignements intéressants sur les provinces placées sous sa domination [1].

Malgré sa faiblesse et ses désastres, les lettres et les sciences ne périrent pas tout à fait autour du trône vacillant de l'empire d'Orient, et, jusqu'au xve siècle, Byzance continue d'être un foyer d'où se propagent de temps à autre quelques connaissances utiles. Cependant on reconnaît que l'esprit romain s'était évidemment énervé sur les rivages du Bosphore; aussi les savants byzantins se transforment-ils en simples compilateurs : n'ajoutant presque rien aux connaissances que l'antiquité leur a transmises, ils se contentent souvent de résumer les écrits de leurs prédécesseurs en ne les enrichissant nullement de leur propre fonds [2].

Cependant deux médecins célèbres, Alexandre de Tralles et Paul d'Égine, sont venus ajouter un cer-

---

1. Constantin Porphyrogénète. *De administratione imperii.* Lugd. Bat., 1717.

2. Cuvier. *Histoire des sciences naturelles*, Paris, 1841, t. I, p. 369. — Hoefer. *Histoire de la chimie*, t. I, p. 293.

tain lustre à cette école. Alexandre de Tralles, né
dans la ville de Lydie qui porte son nom, était contemporain de Justinien. On n'est pas bien fixé sur
l'époque de sa naissance et sur celle de sa mort; ce
que l'on sait seulement, c'est qu'après divers voyages dans les Gaules, il finit par s'établir à Rome.
Médecin habile et dont les doctrines se rapprochent
de celles de Galien, on lui doit quelques traités remarquables par la clarté de leurs descriptions et l'élégance de leur style. Il pose dans ceux-ci d'excellents
préceptes pratiques; seulement on peut lui reprocher
de s'être trop laissé entraîner par la mode de son
époque en préconisant de nombreuses recettes de polypharmacie[1].

On ne connaît guère plus la vie de Paul d'Égine,
dont le nom rappelle l'île dans laquelle il est né. Ce
savant, qui est considéré comme terminant la nomenclature des médecins grecs, vécut durant le
VIIe siècle. On sait seulement qu'il étudia à Alexandrie, et qu'après y avoir acquis de grandes connaissances, il voyagea en Grèce et dans divers pays soumis à la domination arabe. Paul d'Égine a surtout
été célèbre comme chirurgien; et ses œuvres, qui
annoncent un homme érudit ayant puisé aux meilleures sources, renferment d'excellents préceptes pratiques[2]; aussi, loin d'être un compilateur servile,
tout en rendant hommage aux œuvres d'Hippocrate
et de Galien, dans lesquelles il a glané, il n'en ré-

---

1. ALEXANDRE DE TRALLES. *De arte medicina libri duodecim.* Paris, 1548.
Tractatus de pestilentia. Strasbourg, 1591.
2. PAUL D'ÉGINE. *Pauli Æginetæ opera.* Bâle, 1532.

fute pas moins leurs doctrines lorsqu'elles lui semblent erronées. Sa chirurgie a été traduite en français par un médecin de Lyon[1].

On suppose que ce fut dans l'empire d'Orient que prit naissance cette espèce de médecine talismanique qui consistait dans le culte ou l'emploi des gemmes ou *abraxas*, espèces de pierres sur lesquelles on trouve figurés d'étranges assemblages d'objets, et qui le plus souvent se composent de symboles empruntés à la fois aux religions de l'Égypte et de la Perse, et à celles des juifs et des chrétiens[2]. Si l'on en juge par le nombre considérable de ces amulettes qui ont été retrouvées et dont les ouvrages des antiquaires ont reproduit les dessins, ce culte devait être fort répandu[3].

Dès les premières années de son existence, l'empire d'Orient nous présente quelques hommes qui s'adonnent aux sciences naturelles.

Déjà on doit à Aétius d'Amide, qui après avoir exercé la médecine devint évêque d'Antioche et mourut à Constantinople, un livre d'histoire naturelle écrit dans un but théologique et dans lequel l'auteur suit l'ordre de la création[4]. Cette production du ve siècle de notre ère est fort peu considérable et a même échappé à l'attention de quelques biographes[5].

---

1. Tolet. *Chirurgie de Paul d'Égine.* Lyon, 1539.

2. Sprengel. *Histoire de la médecine,* trad. par A. J. L. Jourdan. Paris, 1815, t. II, p. 147. — O. Muller. *Archéologie.* Paris, 1811, t. I, p. 305.

3. Comp. Montfaucon. *L'Antiquité expliquée.* Paris, 1719, t. II, p. 209. — Creuzer. *Religions de l'antiquité,* fig. 261, 348, etc. — Aringhi. *Roma subterranea,* t. II, fig. 387, 348, etc.

4. Cuvier. *Histoire des sciences naturelles.* Paris, 1841, t. I, p. 364.

5. *Biographie médicale.* Paris, 1820, t. I, p. 59, art. Aétius.

Au nombre des plus anciens auteurs byzantins figure aussi Cyrille, qui vivait durant le ve siècle à Alexandrie, dont il devint le patriarche. Il a laissé un grand nombre d'écrits, dont quelques-uns sont dirigés contre la secte des nestoriens, qu'il contribua à faire expulser de la ville où il résidait; parmi les autres, qui consistent en homélies ou en commentaires sur l'Écriture[1], on trouve un petit traité sur les plantes et les animaux[2].

Dans l'ordre chronologique se présente le diacre Georges Pisides, garde des chartes de Constantinople, qui appartient au viie siècle. Mais c'est à peine si nous devons le mentionner parmi les hommes sérieux qui ont contribué à illustrer l'école de Byzance, car ce ne fut qu'un poëte; et le peu de vers qu'il nous a légués renferment presque autant d'erreurs que de vérités. Son œuvre est une sorte de poëme ïambique sur la création, où se trouvent décrits quelques animaux réels à côté d'êtres tout à fait fabuleux[3]. On ne peut cependant passer sous silence que Pisides y fait mention du ver à soie, nouvellement introduit alors en Grèce. Mais c'est pour n'en parler qu'avec mépris, et déverser le blâme sur ceux qui ne dédaignent pas de se vêtir avec les tissus façonnés par un si vil artisan.

Au xie siècle apparut pour la première fois dans l'école qui nous occupe, un homme d'un savoir incontestable; c'était Photius, patriarche de Constanti-

---

1. SAINT CYRILLE. *OEuvres*. Paris, 1638.
2. CUVIER. *Histoire des sciences naturelles*. Paris, 1841, t. I, p. 367.
3. PISIDES. *Hexameron*. Paris, 1584, grec-latin.

nople, célèbre pour avoir consommé le schisme des deux Églises chrétiennes. Ce savant, doué d'une vaste et consciencieuse érudition, a produit une œuvre renfermant les plus précieux documents sur la littérature ancienne. C'est dans cet ouvrage, intitulé *Bibliothèque*, qu'il a déposé le fruit de ses recherches. Afin de mieux attester la véracité de celles-ci, l'auteur commence chacune de ses analyses par ces mots : « J'ai lu dans tel livre.... » Les naturalistes lui doivent des extraits de Ctésias, d'Agatharchides et de quelques autres savants, qui eussent été totalement perdus sans lui[1]; et dans ceux-ci on rencontre parfois, sinon de bien exacts renseignements, au moins quelques curieux documents sur l'histoire naturelle.

Manuel Phylée d'Éphèse, contemporain du XIIIe siècle, termine la courte série des naturalistes de l'école byzantine. Il mérite à peine ce nom, car s'il n'appartenait à une nation si stérile en travaux scientifiques il passerait totalement inaperçu. On lui doit, il est vrai, un livre intitulé *De la nature des animaux*. Mais ce n'est qu'un abrégé de l'ouvrage d'Élien mis en vers, et dans lequel une simple stance renferme l'histoire de chaque espèce. Il ne s'y trouve aucun aperçu nouveau[2]!

Au nombre des sciences dont les Byzantins s'occupèrent avec le plus d'entraînement, il faut ranger la chimie. Celle-ci avait pris naissance en Égypte,

---

1. PHOTIUS. *Myriobiblon sive bibliotheca librorum quos legit et censuit Photius patriarcha Constantinop.* Ausbourg, 1601.
2. MAN. PHYLÉE. *De animalium proprietate.* Venise, 1533.

où elle était cultivée sous la dénomination d'*art sacré;* plus tard l'avide curiosité du Moyen âge s'en empara, et sous le nom d'Alchimie elle y devint l'objet d'un frénétique enthousiasme. L'alchimie n'est autre chose que la chimie du Moyen âge, comme l'Art sacré était celle des anciens [1]. C'est donc à tort que Cuvier prétend que Byzance en fut le berceau : elle ne fit que renaître au milieu de ses murs [2].

Afin de mieux apprécier les transformations éprouvées par cette science antique qui va jouer un si grand rôle parmi les connaissances du Moyen âge, il convient de jeter ici un coup d'œil rétrospectif sur sa nébuleuse origine, et d'en suivre les développements et les vacillations au milieu de l'époque dont nous esquissons l'histoire scientifique.

Dans l'entraînement de leur zèle, les premiers historiens de la chimie s'efforcèrent de l'ennoblir en lui donnant une origine qui remonte aux premiers jours de la création. Tel fut Borrichius qui la reporte aux temps antédiluviens et en place le berceau dans les ateliers de Tubalcaïn, le fondeur et le forgeron de l'Écriture, *malleator et faber in cuncta genera æris et ferri* [3].

Mais les alchimistes attribuent presque tous l'invention de leur science à Hermès Trismégiste, ou trois fois grand, qui passe pour avoir régné sur les anciens Égyptiens, et que ceux-ci révéraient comme

---

1. Hoefer. *Histoire de la chimie.* Paris, t. I, p. 301.
2. Cuvier. *Histoire des sciences naturelles.* Paris, 1841, t. I, p. 373.
3. Borrichius. *De ortu et progressu chemiæ; Hermetis, Ægyptiorum et chemicorum sapientia vindicata.*

l'inventeur de tous les arts utiles, en le plaçant au rang de leurs principales divinités [1]. Ils l'invoquaient sous le nom de *Thôth* ou d'Hermès ibicéphale, parce que l'ibis lui était particulièrement consacré [2], d'où était provenue la coutume de le représenter dans les sculptures monumentales avec un corps humain surmonté de la tête de l'oiseau sacré [3]. Plus tard ce dieu fut l'objet de la vénération des Grecs sous le nom de Mercure Trismégiste.

Hermès devint l'oracle des alchimistes du Moyen âge, et ceux-ci s'efforcèrent d'exalter le nombre et le mérite de ses œuvres. Quelques adeptes lui en supposèrent même une abondance réellement fabuleuse. Selon le prêtre égyptien Manéthon, ce divin maître n'aurait pas écrit sur les sciences moins de trente-six mille cinq cent vingt-cinq volumes, qui en embrassaient l'universalité [4].

La *table smaragdine*, que l'on supposait avoir été tracée sur une immense lame d'émeraude avec la pointe d'un diamant, est considérée par les adeptes comme étant l'œuvre la plus capitale du dieu, qui, à ce qu'ils prétendent, l'avait primitivement cachée dans les profondeurs de la grande pyramide de Gizeh [5].

Les critiques ont nié avec raison l'authenticité de

1. Diodore de Sicile. *Bibliothèque historique*. Paris, 1846, p. 17.

2. Champollion-Figeac. *Egypte ancienne*. Paris, 1839, p. 263, 442.

3. Jablonski. *Pantheon Ægyptiorum*. Francfort, 1750. — Creuzer. *Religions de l'antiquité*. — Horapollon. *Horapollinis Niloi hieroglyphica*. Amstelodami, 1835. — Savigny. *Histoire naturelle et mythologique de l'ibis*. Paris, 1805, p. 157.

4. Manethon. *De mysteriis Ægypt.* — Conring. *De hermetica Ægyptiorum vetere et paracelsiorum nova medicina*, 1648.

5. Hermès. *Divinus Pymander Hermetis Trismegisti*. Colon., 1630.

cet écrit, qu'on prétendait consacré à la révélation du secret du grand œuvre [1]. Malgré la célébrité dont a joui cette production, leur assertion n'en paraît pas moins fondée, car aucun des auteurs qui se sont occupés de l'histoire de l'Égypte ne dit un seul mot de la table d'Émeraude [2]. Celle-ci semble n'avoir été composée qu'assez tard, au viie siècle environ, et n'être même qu'une production des premiers temps du christianisme [3]; mais, nonobstant, elle n'en est pas moins regardée par les alchimistes comme le plus ancien livre de philosophie hermétique [4].

Ce que les alchimistes nous ont légué comme l'œuvre d'Hermès n'est qu'un écrit tellement inintelligible que le père Kircher, qui s'est rendu célèbre par l'incroyable assurance avec laquelle il expliquait les hiéroglyphes égyptiens, avouait lui-même n'en pouvoir déchiffrer les phrases mystiques. Cependant il croit pouvoir affirmer qu'il concernait la théorie de la pierre philosophale, *certissimum est* [5].

Après avoir lu cette étrange production, qui se trouve imprimée dans la Bibliothèque des philosophes chimiques, j'avoue que je suis moins avancé que le savant jésuite, car je n'y ai absolument rien compris, malgré les commentaires d'Ortholain [6].

1. PAW. *Recherches philosophiques sur les Égyptiens.* Paris, an iii, t. I, p. 406.

2. DIODORE DE SICILE. *Bibliothèque historique.* — HÉRODOTE. *Histoire.* — CHAMPOLLION. *Égypte ancienne.* Paris, 1839.

3. CUVIER. *Histoire des sciences naturelles.* Paris, 1841, t. I, p. 371.

4. GILBERT. *Dictionnaire de chimie et de physique.* Paris, 1845, t. I, p. 124.

5. KIRCHER. *OEdipus ægyptiacus.* 1652, t. II.

6. ORTHOLAIN. Explication de la table d'Émeraude. *Bibl. des philos. chymiques.* Paris, 1672, p. 2.

J'ignore d'où a pu provenir sa grande renommée parmi les adeptes ; le sens en est indéchiffrable et son étendue ne dépasse guère celle d'une page d'impression [1] !

On prête encore à Hermès diverses autres productions alchimiques, qui ont été insérées dans quelques recueils consacrés à la science du grand œuvre [2].

L'auteur anonyme de l'Histoire de la philosophie hermétique range parmi les disciples de cette science le philosophe Démocrite, qui l'avait apprise, dit-on, des prêtres égyptiens, et on lui attribue même un petit traité sur l'*art sacré*. Ce qu'il y a seulement de certain c'est que cette œuvre est très-ancienne, car elle a été annotée par les écrivains grecs [3].

L'art sacré était entièrement relégué dans les temples de l'Égypte, et les prêtres et les initiés de Memphis et de Thèbes en possédaient seuls les secrets. Leurs laboratoires, dérobés aux regards du vulgaire, se trouvaient placés dans les plus obscurs réduits de ces monuments ; et toutes les opérations que l'on y pratiquait semblaient environnées de mystères et de symboles. Les adeptes n'étaient reçus qu'après avoir prononcé d'inviolables serments. Ils s'engageaient, en prenant les plus formidables dieux à témoin, de garder un éternel silence ; et partout, sur les colonnades des temples comme dans les places publiques, des

---

1. HERMÈS TRISMÉGISTE. La table d'Émeraude de Hermès Trismégiste, père des philosophes. *Bibliothèque des philosophes chymiques*. Paris, 1672, t. I, p. 1.

2. HERMÈS TRISMÉGISTE. Les sept chapitres d'Hermès Trismégiste. *Bibl. des phil. chymiq.*, t. II.

3. *Histoire de la philosophie hermétique.* Paris, 1742, t. I, p. 27

statues d'Harpocrate, un doigt sur la bouche, leur rappelaient leur terrible vœu ; terrible dans toute l'acception du mot, car l'initié qui l'enfreignait était inévitablement voué à la mort [1].

Hoefer, auquel on doit d'intéressantes et nouvelles recherches sur ce sujet, prétend même pouvoir établir que c'était de la feuille du pêcher qu'on se servait pour le supplice des réfractaires, c'est-à-dire du poison le plus subtil possible, de l'acide prussique que celle-ci contient !

M. Duteil a contribué à éclairer la question en prétendant qu'on lit cette phrase sur un papyrus du Louvre : « Ne prononcez pas le nom de Iao, sous la peine du pêcher. » Ce qui indique ce supplice [2]; et l'on sait en outre que quelques auteurs anciens rapportent que la feuille de cet arbre était consacrée au dieu du silence [3].

Les travaux des adeptes tendaient à découvrir la *pierre philosophale!* Mais cette dénomination ne s'appliquait pas à une entité matérielle : pour tous, ce n'était qu'un agent possédant la faculté de transformer les plus vils métaux en or et en argent. Pour les uns ce principe émanait des puissances surnaturelles et n'opérait que sous les plus mystiques influences, tandis que pour les autres ce n'était qu'un simple corps doué d'une propriété fondamentale.

Avides d'agrandir leurs jouissances et de les pro-

1. HOEFER. *Histoire de la chimie.* Paris, 1842, t. I, p. 226.
2. DUTEIL. *Dictionnaire des hiéroglyphes.*
3. PLUTARQUE. *Traité d'Isis et d'Osiris.*

longer par tous les moyens, les adeptes de l'art sacré essayaient de joindre aux richesses matérielles le don qui seul permet d'en jouir, la santé : tel était ce qui les dirigeait vers une autre découverte, la *panacée* ou l'*élixir philosophal universel*, véritable pierre philosophale liquide, destinée à guérir toutes les infirmités et à prolonger indéfiniment l'existence [1].

Le délire des fauteurs de l'art sacré ne se borna pas à la recherche de ces chimères scientifiques. Les sacrifices imposés par leur avide curiosité, leurs travaux énervants, en dissipant le bonheur dont ils auraient pu jouir ici-bas, leur donnèrent l'idée de planer vers d'autres régions, et, en franchissant leur sphère terrestre, d'aspirer par anticipation à une vie toute spirituelle. La religion des uns s'efforçait de rencontrer celle-ci dans le sein de Dieu, mais la perversité des autres prétendait la trouver dans le commerce impur des démons : c'était là, comme le dit Hoefer, une espèce de *pierre philosophale spirituelle*, dans laquelle l'adepte cherchait à s'identifier avec l'*âme du monde* [2].

Ainsi se résumait tout l'art sacré. On y pouvait distinguer trois sortes de recherches : la pierre philosophale, la panacée universelle et l'âme du monde [3]. La science des prêtres égyptiens ne consistait donc pas uniquement en quelques opérations métallurgiques ; c'était une science universelle, entourée de toutes les pratiques du mysticisme, mais dont le

1. HOEFER. *Histoire de la chimie.* Paris, 1842, t. I, p. 333.
2. HOEFER. *Ibidem*, t. I, p. 234.
3. HOEFER. *Ibidem*, t. I, p. 234.

point de départ s'était cependant fondé sur l'observation. Le panthéisme mystique qui régnait sur les bords du Nil se révélait dans les diverses conceptions de cet art. Habitués à répartir des parcelles de la divinité dans tout et partout, les opérations de l'art hermétique ne devenaient pour les Égyptiens qu'une expression symbolique de la religion.

Les nombres jouaient surtout un grand rôle dans la science égyptienne, ainsi qu'ils le faisaient dans les doctrines de Pythagore. La triple influence de la matière, de la vie et de l'intelligence s'exprimait symboliquement par le triangle équilatéral, dont le pouvoir magique était formidable, car son action était capable de bouleverser les quatre éléments. D'autres symboles exprimaient la lumière et les ténèbres ; telles étaient les Isis blanches ou noires que l'on voit représentées sur les monuments et les papyrus [1]. Les animaux eux-mêmes avaient une grande importance dans les mystères scientifiques des bords du Nil, et ils y indiquaient emblématiquement diverses substances déterminées. Le lion jaune désignait les sulfures jaunes ; le lion rouge, le cinabre ; le lion vert, les sels de fer et de cuivre ; l'aigle noir, les sulfures noirs. Et lorsqu'en mettant en contact ces divers corps il en résultait des combinaisons nouvelles, ou qu'en suivant certaines opérations ils transformaient eux-mêmes leur coloration, une allégorie l'exprimait. C'était ainsi que, lorsque par la voie de la sublimation on transformait du sulfure

---

1. HOEFER. *Histoire de la chimie*. Paris, 1842, t. I, p.

noir de mercure en sulfure rouge ou cinabre, les adeptes disaient que *l'aigle noir se transformait en lion rouge*.

Le feu avait dans l'art sacré la plus haute importance. Il était le séjour habituel de la salamandre, reptile redouté que les adeptes de la cabale révéraient comme le roi des animaux, et qu'ils représentent souvent dans leurs œuvres avec le chef couronné et le corps environné de flammes.

Les plantes n'avaient pas un rôle moins remarquable. Toutes celles qui possédaient des fleurs ou des sucs jaunes représentaient alors l'emblème de l'or ou du soleil : dans les écrits sur l'art sacré, la chélidoine, dont les sucs propres sont d'un beau jaune orangé, était synonyme de la teinture d'or; il en était de même de la rhubarbe, etc. [1]

Les prêtres de l'Égypte furent longtemps les seuls dépositaires de la pratique de l'art sacré; mais Dioclétien s'étant imaginé que les fréquentes insurrections qui éclataient dans ce pays n'étaient soldées qu'avec l'or que l'on fabriquait dans les temples, conçut le projet, pour les anéantir, de renverser la caste des prêtres et de détruire ses livres. Paul Orose [2] et le lexicographe Suidas, qui racontent ces faits d'une façon circonstanciée, disent que ces derniers furent brûlés. Et en voulant interpréter un épisode des temps héroïques, Suidas prétend même que la célèbre *toison d'or* n'était qu'un de ces livres où se

---

1. HOEFER. *Histoire de la chimie.* Paris, 1842, t. I, p. 252.
2. PAUL OROSE. *Historiarum adversus paganos lib. VII,* cap. XVI.

trouvaient en détail les procédés pour fabriquer le métal précieux [1].

Mais nonobstant tout ce que nous venons de rapporter, il est certain aussi que les Égyptiens ne se bornèrent pas aux errements de la science d'Hermès; leurs monuments, et les vivants débris de leur antique civilisation, découverts dans le silence des hypogées de Thèbes ou de Philœ, viennent attester qu'ils poussèrent même fort loin la chimie pratique [2]. Les couleurs vives et variées qui enluminent leurs bas-reliefs hiéroglyphiques, les émaux de nuances diverses qui abondent dans leurs tombeaux, et jusqu'à l'outremer dont on y retrouve des parcelles, tout se réunit pour démontrer l'évidence de cette assertion, et pour prouver que les anciens Égyptiens ont connu la plupart de nos applications de chimie industrielle [3].

L'art de la distillation a souvent passé pour avoir été inventé à une époque plus rapprochée de la nôtre qu'il ne le fut en effet. Il paraît certain qu'il était en usage parmi les adeptes de l'art sacré, puisque dans les ouvrages de l'un des philosophes égyptiens qui ont le plus écrit sur cette matière [4], de Zosime de Panopolis, qui vivait au IIIe siècle, et en particulier dans son traité *des Fourneaux* et dans son livre *sur*

---

1. SUIDAS. *In verbo Chemeia.* — CUVIER. *Histoire des sciences naturelles.* Paris, 1841, t. I, p. 371.

2. PAW. *Recherches philosophiques sur les Égyptiens.* Paris, an III, t. I, sect. v, état de la chimie.

3. DUMAS. *Philosophie chimique.* Paris, 1836. — CUVIER. *Histoire des sciences naturelles.* Paris, 1841, t. I, p. 58.

4. *Histoire de la philosophie hermétique.* Paris, 1742.

l'Eau divine, on voit des figures de divers vases distillatoires tout à fait analogues à ceux de notre époque, tels que des alambics et des ballons [1].

D'après ce qui précède, on voit que l'origine de la chimie se perd véritablement dans la nuit des temps, et que c'est avec raison qu'on regarde l'Égypte comme en ayant été l'antique berceau [2]. Elle y fut cultivée avec la plus grande ardeur et de là se répandit en Grèce [3]. Dans la suite, les Grecs l'enseignèrent aux Arabes, et ce furent ces derniers qui l'introduisirent enfin dans l'ouest de l'Europe [4]. Ce fut vers le xe siècle, selon Thomson, que son apparition eut lieu parmi nous, et cette science, qui y porta d'abord le nom d'alchimie, fleurit principalement du xie au xve siècle [5]. Mais, d'après M. Dumas, cette introduction n'aurait eu lieu qu'au xiiie siècle, par l'intermédiaire des croisés, qui avaient reçu des Arabes les premiers éléments de leurs connaissances [6]. Quoi qu'il en soit, ce siècle devint la plus brillante époque de la science hermétique, soit par le nombre d'hommes d'un grand renom qui s'y livrèrent, soit par l'étendue des travaux qu'il vit éclore [7].

Cependant au milieu de cet incessant progrès de l'esprit humain, l'art sacré de l'antique Égypte nous

1. Comp. HOEFER. *Hist. de la chimie,* vol. I, p. 261.
2. WATSON. *Reflexions on ancient and modern learning,* p. 121 et suiv.
3. GILBERT. *Dictionnaire de physique et de chimie.* Paris, 1835, t. I, p. 124.
4. THOMSON. *Système de chimie.* Paris, 1828, t. I, p. 5.
5. THOMSON. *Ibidem.*
6. DUMAS. *Philosophie chimique.* Paris, 1836, p. 15.
7. GILBERT. *Dictionnaire de physique et de chimie.* Paris, 1845, t. I, p. 126.

présente une inexplicable anomalie. Il s'efface momentanément durant le mouvement scientifique qui anime l'école d'Alexandrie, et on ne le voit reparaître qu'au milieu du monde chrétien, près du trône des empereurs de Byzance! Là il revêt une forme nouvelle, vivant reflet des préoccupations et des mœurs de l'époque : dans les mains des moines du bas-empire, la science pratique des prêtres de Memphis et de Thèbes se transforme en alchimie. Mais Cuvier prétend avec raison que les travaux de l'école byzantine n'ont rien ajouté à la masse des connaissances pratiques qui nous furent léguées par l'antiquité ; seulement cette école eut le mérite d'ouvrir à l'esprit humain une nouvelle voie en posant les premières bases de la chimie théorique[1]; car quoique les Égyptiens et les Phéniciens fussent très-versés dans les connaissances usuelles de cette science, ils n'avaient réuni celle-ci en aucun corps de doctrine [2].

Ce fut vers le viie siècle que les savants byzantins commencèrent à s'adonner à l'alchimie, et à produire quelques livres sur un art qui attirait l'attention générale. L'Égypte était alors considérée comme le berceau de toutes les sciences ; l'étrangeté de ses gigantesques monuments et les bizarres et inexplicables hiéroglyphes qui les recouvrent, frappaient d'étonnement les autres nations, en leur persuadant qu'ils ne pouvaient être que l'expression la plus élevée du génie humain. Aussi, pour inspirer plus de confiance

---

1. CUVIER. *Histoire des sciences naturelles*. Paris, 1841, t. Ier, p. 370.
2. DUMAS. *Philosophie chimique*. Paris, 1836, p. 6, 7.

en leurs écrits, les auteurs de Constantinople commencèrent-ils généralement par attribuer leurs élucubrations à la plume du divin Hermès. L'avide curiosité de l'époque avait même transformé Byzance en une officine de contrefaçon d'ouvrages d'alchimie, où l'on produisait incessamment une foule d'écrits pseudonymes destinés à la satisfaire. Mais tout, le style, l'écriture, le papier, se réunit pour indiquer que ces œuvres apocryphes sont dues à la plume des moines des viiie, ixe et xe siècles. Ces écrits fort nombreux, et dont une petite partie seulement a vu le jour, existent encore en manuscrits dans les principales bibliothèques de Paris, de Vienne et de Munich [1].

Mais nonobstant cette activité de propagande, les Byzantins se sont plutôt rendus remarquables par l'abondance des écrits qu'ils ont produits sur l'art hermétique, que par le nombre d'alchimistes de renom que l'on compta parmi eux. Leurs ouvrages ont donné à la philosophie hermétique une extraordinaire impulsion en la popularisant, et c'est ainsi qu'ils ont été les promoteurs de l'espèce de frénésie dont elle devint l'objet au Moyen âge et qui se manifesta pratiquement dans toute l'Europe occidentale.

Cependant Constantin Psellus, qui vivait au xie siècle, doit prendre rang parmi les savants qui ont donné quelque lustre à l'école byzantine. Originaire de Constantinople, il était à la fois mathématicien, philosophe, orateur et alchimiste. Son mérite émi-

1. CUVIER. *Histoire des sciences naturelles.* Paris, 1841, t. Ier, p. 371.

nent lui fit confier l'éducation de l'empereur Michel
Ducas; mais bientôt dégoûté des intrigues de la cour,
il se retira dans un couvent où il mourut dans un
âge fort avancé. Psellus a longtemps joui d'une grande
autorité parmi les Grecs, et ses écrits n'ont pas peu
contribué à répandre au milieu d'eux le goût de l'alchimie. Il a laissé plusieurs livres sur les sciences
exactes et la philosophie, et en outre un *Traité sur
l'art de faire de l'or* [1].

Deux découvertes, extraordinaires par les résultats
qu'elles ont eus successivement sur la politique et
dans l'art de la guerre, appartiennent cependant aux
Byzantins; ce sont : le feu grégeois et la poudre à
canon.

Les Byzantins ont sans doute trouvé, en s'exerçant
aux sciences chimiques, cet extraordinaire *feu grégeois*, dont il est si souvent question dans l'histoire;
terrible agent de destruction s'il en fut, et que Constantinople considéra comme son *palladium*, après
que ses terribles ravages eurent deux fois forcé les
Arabes à lever le siége de cette cité.

Le feu grégeois n'était qu'un liquide enflammé,
dont l'eau elle-même ne pouvait éteindre l'incendie.
On le versait sur les assaillants du haut des remparts
des villes assiégées, tantôt simplement à l'aide de
grandes chaudières, et tantôt à l'aide de traits couverts d'étoupes en combustion. Dans les batailles
navales, on le lançait sur la flotte ennemie avec de

---

1. PSELLUS. Ce traité se trouve à la fin du livre *De veritate et antiquitate artis chimiæ*. Paris, 1561.

longs tubes de cuivre placés à l'avant des galères et
sortant de la bouche des espèces de monstres qui s'y
trouvaient sculptés, de manière que ceux-ci semblaient vomir des torrents de flamme liquide [1]. Rien
n'égalait l'effroi qu'inspirait ce redoutable combustible aux guerriers de toutes les nations. Nos chevaliers eux-mêmes, habitués à mépriser la lance des
Sarrasins, n'en parlaient qu'avec terreur; le langage
du brave Joinville l'atteste visiblement : « Il arrivait,
dit-il, en fendant l'air comme un dragon ailé à longue
queue et de la grosseur d'un tonneau ; broyant
comme la foudre, il avait la vitesse de l'éclair et sa
funeste lumière dissipait les ténèbres de la nuit [2]. »

D'après Gibbon, la découverte du feu grégeois
remonterait à l'époque des premiers siéges de Constantinople, et le secret en aurait été importé dans
cette ville par un nommé Callinicus, natif d'Hélio-
polis en Syrie [3]. Suivant Hoefer, cette composition
chimique aurait été inventée vers la fin du VIIe ou au
commencement du VIIIe siècle, et il paraît qu'on s'en
est servi jusqu'au milieu du XIVe [4].

Constantin Porphyrogénète donne à cette découverte une origine miraculeuse et prétend qu'elle fut
communiquée par un ange à Constantin le Grand.
Les Grecs en cachaient soigneusement la composition,
et il était défendu sous les peines les plus sévères, soit

---

1. GIBBON. *Histoire de la décadence et de la chute de l'empire romain.*
Paris, 1828, t. X, p. 359.

2. JOINVILLE. *Histoire de Saint-Louis.* Paris, 1688, p. 44.

3. GIBBON. *Histoire de la décadence et de la chute de l'empire romain.*
Paris, 1828, t. X, p. 357. — Comp. *Gesta Dei per Francos.*

4. HOEFER. *Histoire de la chimie.* Paris, 1842, t. Ier, p. 283.

d'en dévoiler le secret, soit d'en faire usage pour une autre cause que la défense de Constantinople : « Le grand empereur jura sur l'autel que celui qui oserait apprendre ce secret à une nation étrangère perdrait le nom de chrétien; que le traître, qu'il soit roi, patriarche ou plébéien, serait maudit à jamais : que Dieu l'écrase de la foudre au moment où il franchira le seuil du temple [1]. » Cette solennelle défense n'a pas permis au secret du feu grégeois de parvenir jusqu'à nous; il semble s'être enseveli sous les ruines de Byzance. Cependant quelques récits tendent à prouver que ce terrible *feu liquide*, comme le nommaient les Grecs, était principalement composé de naphte et de bitume. Et l'on peut voir dans l'histoire de Jérusalem, qu'anciennement on nommait même le naphte *oleum incendiarium* [2].

D'après Hoefer, la découverte de la poudre à canon, sur laquelle on a tant disserté, remonterait au VIIIe siècle, et la première description que l'on en connaît se rencontrerait dans l'ouvrage de Marcus Græcus, intitulé *Art d'exterminer les ennemis par le feu* [3]. Il pense que cet auteur, presque inconnu, a dû vivre vers cette époque. Son livre, dont il existe deux exemplaires manuscrits à la Bibliothèque royale, est en langue latine; mais les nombreux hellénismes qu'on y rencontre font supposer qu'il n'est

---

1. Constantin Porphyrogénète. *De administratione imperii*. Lugd. bat., 1617.

2. *Gesta Dei per Francos*, p. 1167. — Gibbon. *Histoire de la décadence et de la chute de l'empire romain*. Paris, 1828, t. X, p. 357.

3. Marcus Græcus. *Liber ignium ad comburandos hostes, auctore Marco Græco. Manuscrits,* 7156-7158, Bibl. roy.

qu'une version d'un ouvrage écrit primitivement en grec.

Dans ce livre, en s'occupant des moyens de faire la guerre à distance, l'auteur conseille de se servir d'une composition qui n'est autre que la poudre. Il ordonne, à cet effet, de pulvériser une livre de soufre, deux livres de charbon et six livres de salpêtre; ensuite on y voit la manière de confectionner des fusées et des pétards à l'aide de cette composition [1].

M. Fournier, qui a fait une étude approfondie de cet auteur, qu'il prétend qu'on doit nommer Marchus le Grec, le considère comme moins ancien, et croit qu'il a dû vivre vers la dernière moitié du XIIIe siècle. Mais il admet que l'invention de la poudre lui est fort antérieure, et, avec M. Langlès, il croit que celle-ci remonte au moins à six siècles avant l'époque qu'il assigne à Marcus Græcus [2]. Cependant ce n'est que vers le milieu du XIVe siècle que, pour la première fois, il est question de l'emploi de la poudre à la guerre. La bataille de Crécy, en 1346, est peut-être la première dans laquelle on se servit de canons [3].

Mais l'empire d'Occident ne fut pas seulement célèbre par ses terribles inventions, on lui doit aussi d'utiles conquêtes : ce fut par lui que l'Europe reçut les vers à soie et l'arbre qui les nourrit. Dans l'antiquité et le Moyen âge, les étoffes de soie étaient telle-

1. HOEFER. *Histoire de la chimie*. Paris, 1841, t. Ier, p. 284.

2. FOURNIER. *Biographie universelle*. Paris, 1820. t. XXVI, p. 623.

3. LINGARD. *Histoire de l'Angleterre*, t. IV. — GAILLARDIN. *Histoire du moyen âge*. Paris, 1843, t. III, p. 226.

ment précieuses que les personnes les plus considérables s'en permettaient seules l'usage. Un décret de
Tibère en défendit même l'emploi aux hommes, et
l'empereur Aurélien les interdisait à son épouse en
lui disant : « Que les dieux me préservent d'employer
de ces étoffes qui s'achètent au poids de l'or[1]! »

Dans l'Europe occidentale, au Moyen âge, les vêtements de soie ne servirent d'abord aux princes que
dans les jours de cérémonie. A l'époque de Charlemagne, ils étaient regardés comme tellement précieux
que les filles de ce souverain ne se permettaient d'en
porter que dans les occasions solennelles.

Ce fut sous le règne de Justinien, vers le milieu
du vi^e siècle, que deux religieux apportèrent à Byzance des œufs de vers à soie ainsi que des semences
de l'arbre qui nourrit ces insectes. Ces religieux revenaient de la région de la Sérique qui avoisine le nord
de l'Inde[2]. Les chroniqueurs disent qu'ils ne ravi-
rent cet insecte précieux à son pays natal et les grai-
nes du mûrier, qu'en les dérobant à l'aide du bâton
creux avec lequel ils accomplissaient leurs voyages[3].
Justinien, fâché de voir que l'emploi de la soie, qui
s'était répandu sous son règne, exportât de fortes
sommes de son royaume, récompensa dignement
ces deux religieux. Ceux-ci enseignèrent aux Grecs

1. LOISELEUR DESLONGCHAMPS. *Dictionnaire des sciences naturelles.* Paris, 1824, t. XXXIII, p. 351.

2. Comp. LATREILLE. *Cours d'entomologie.* Paris, 1831, p. 114.

3. THÉOPHANES. *Byzant. apud Phot.*, cod. 84, p. 38.—GIBBON. *Histoire
de la décadence et de la chute de l'empire romain.* Paris, 1839, t. II,
p. 40.

l'art de faire éclore les œufs, de nourrir l'insecte qui en provient et d'en récolter la soie.

Peu de temps après l'introduction de cet insecte dans l'empire d'Occident, on s'occupa de le propager dans le Péloponèse; et, cinq cents ans plus tard, cette région prit le nom de Morée pour rappeler, dit-on, les nombreuses plantations de mûriers qu'on y avait faites afin de subvenir à la nourriture des vers à soie. De la Grèce l'industrie de la soie passa en Sicile et en Calabre, par les soins de Roger. Ce prince s'étant emparé, en 1130, des principales villes du Péloponèse, envoya à Palerme des colonies d'ouvriers habiles dans l'art de récolter et d'apprêter la soie [1], et ce fut de ce dernier pays que des gentilshommes du Dauphiné, qui avaient suivi Charles VIII lors de sa conquête du royaume de Naples, rapportèrent cette industrie en France.

Quoique l'agriculture fût généralement peu encouragée dans l'empire grec, elle y eut cependant un interprète au xe siècle ; ce fut Cassianus Bassus qui, sur l'ordre de Constantin Porphyrogénète, composa un traité d'économie rurale assez étendu. Mais celui-ci n'est réellement qu'une compilation d'une trentaine d'auteurs qui ont précédé son apparition, et l'on n'y trouve aucune vue nouvelle appartenant au savant de Byzance. Cependant, ce traité a l'avantage de contenir quelques extraits curieux de divers écrivains de l'antiquité assez rares ou tout à fait perdus. C'est ainsi

1. Loiseleur Deslongchamps. *Dictionnaire des sciences naturelles.* Paris, 1824, t. XXXIII, p. 353.

qu'on peut y lire plusieurs fragments de Juba, que
ce roi de Mauritanie a écrits sur des sujets d'histoire naturelle [1], et entre autres sur l'éducation des
animaux, sur l'art de gouverner les arbres verts des
forêts, sur les vignes et les vins, les oliviers et les
huiles.

1. CUVIER. *Histoire des sciences naturelles.* Paris, 1836, t. Iᵉʳ, p. 369.

CHAPITRE IV.

ÉCOLE ARABE.

Vers le commencement du viie siècle, les fastes de l'histoire nous présentent un des plus grands événements de l'humanité : Mahomet ayant conquis l'Arabie, y fonde une religion nouvelle, l'islamisme, qui s'étend de proche en proche avec une effrayante rapidité. Après la mort du prophète, arrivée à Médine en 632, ses successeurs, qui prirent le titre de califes, continuent avec la même ferveur à propager ses doctrines et portent bientôt leurs armes victorieuses en Perse, en Syrie, en Égypte et jusque sous les murs de Constantinople.

D'un autre côté, les Arabes envahissent successivement toutes les provinces de la péninsule espagnole, et en 713 ils achèvent la conquête de ce beau pays. Peu d'années après, leurs fanatiques légions se répandent dans la France méridionale et s'avancent jusque dans les plaines du Poitou, où Charles Martel en arrête enfin la marche victorieuse et les défait complétement.

Le goût des études scientifiques se perdit successivement pendant la tourmente dont la Grèce et Rome devinrent le théâtre, et l'ère de barbarie qui s'était appesantie sur l'Europe, y étouffa rapidement des lumières qui n'avaient acquis tout leur éclat qu'à l'aide d'une succession de siècles. Mais au moment

où la civilisation semblait sur le point d'expirer, le
génie des sciences ouvrit ses ailes et s'échappant de
nos régions, retourna vers son berceau. Les Arabes
devenus puissants s'appliquèrent à recueillir toutes
les connaissances qui avaient fait la gloire de l'antiquité, et les sciences furent cultivées par eux avec un
enthousiasme extraordinaire, malheureusement peu
propre à les faire progresser. Aussi reconnaîtrons-
nous que le caractère fondamental de l'école moresque réside principalement dans la transmission des
travaux des anciens, auxquels les savants de l'Orient
ajoutent de nombreux commentaires ; c'est pour exprimer ce fait que l'on a parfois appelé celle-ci *école
gréco-arabe*. Nous préférons la nommer simplement
école arabe, parce que les hommes qui l'ont illustrée
n'ont pas seulement développé les connaissances grec-
ques, mais encore celles de plusieurs autres nations ;
ainsi dans les œuvres qui vont nous occuper, l'école
d'Alexandrie figure tout aussi bien que celle d'Athènes ;
Galien n'y a pas une moindre place qu'Aristote [1].

Plusieurs causes contribuèrent à répandre en Orient
le goût des lettres et des sciences. La dispersion des
nestoriens fut une des principales. Le schisme de
l'évêque Nestorius ayant été condamné au concile
d'Éphèse en 431, Théodose le Jeune força ses sectateurs à abandonner l'empire. Ceux-ci se réfugièrent
alors en Perse, le seul lieu où ils pouvaient être à
l'abri de toute persécution. Une fois établis dans ce
pays, les nestoriens, qui étaient généralement in-

____

1. De Blainville. *Histoire des sciences de l'organisation*. Paris, 1845,
t. II, p. 65.

struits, s'appliquèrent à y répandre le goût de la littérature grecque et latine, en travaillant ardemment à perfectionner l'esprit oriental à l'aide de deux moyens : les écoles et la propagation des livres. Ils récompensèrent la Perse de la protection honorable qu'elle leur accordait, en fondant au milieu d'elle divers établissements scientifiques qui eurent la plus heureuse influence et que les Arabes trouvèrent encore florissants lorsqu'ils firent la conquête de ce pays.

Parmi eux se distinguèrent principalement leurs écoles de philosophie et de médecine [1]. « Ces dernières furent surtout remarquables, dit Cuvier, en ce qu'elles ont servi de modèle à toutes celles qui existent aujourd'hui en Europe. Jusqu'à la fondation de ces écoles la profession de médecin avait été complétement libre, et tout homme se croyant capable de l'exercer pouvait le faire sans que le gouvernement s'y opposât. Dans les écoles publiques établies par les nestoriens, les élèves subissaient, après avoir suivi les cours, des examens qui étaient obligatoires, et ces écoles avaient seules le droit de délivrer un certificat sans lequel personne ne pouvait pratiquer la médecine [2]. »

Les nestoriens doivent aussi être regardés comme les fondateurs de l'art pharmaceutique, et c'est là un grand fait scientifique. Depuis la plus haute antiquité toutes les branches de la médecine étaient exercées par le même individu : celui-ci était à la fois médecin, chirurgien et pharmacien, tels furent eux-mêmes Hippocrate et Galien. Les nestoriens isolèrent avec

1. Mirbel. *Éléments de physiologie végétale.* Paris, 1815, p. 513.
2. Cuvier. *Histoire des sciences naturelles.* Paris, 1841, p. 379.

beaucoup de raison la pharmacie et en firent une science à part, en composant une espèce de code ou de règle pour la confection des médicaments ; de manière que, comme le dit Cuvier, c'est en quelque sorte à eux que nous devons aussi les premiers germes de notre police médicale [1]. Le Moyen âge et les siècles qui le suivirent acceptèrent leur réforme.

L'influence salutaire des nestoriens se répandit surtout à l'aide des nombreuses traductions qu'ils firent des auteurs anciens les plus estimés, qui se trouvaient alors tout à fait inconnus dans leur patrie d'adoption. Ils les transcrivirent dès l'origine en syriaque, parce que cette langue était fort accessible aux peuples parmi lesquels ils vivaient dispersés. Puis plus tard, lorsque les califes secondèrent l'essor des lettres et des sciences dans leurs États, ils s'appliquèrent à faire traduire en arabe ces mêmes versions syriaques, afin d'en propager encore plus la lecture : Aristote, Theophraste, Galien, Dioscoride et tant d'autres subirent cette destinée.

La secte des nestoriens fut appelée non-seulement à fournir à la science arabe les connaissances fondamentales sur lesquelles elle devait s'appuyer, mais celle-ci lui dut encore quelques-uns de ses plus éminents personnages [2].

Un siècle après le grand événement du schisme de Nestorius, en 529, une nouvelle cause contribua au progrès de la science arabe, ce fut la persécution

1. **Cuvier.** *Histoire des sciences naturelles.* Paris, 1841, p. 380 et 408.
2. Mésué l'Ancien et Sérapion le Vieux étaient issus de familles syriennes nestoriennes.

exercée contre les savants par Justinien. Celui-ci ayant fermé les écoles d'Athènes et d'Alexandrie et soumis à d'insupportables rigueurs ceux qui conservaient encore les anciennes traditions du paganisme, on vit une légion de philosophes s'expatrier et demander un asile à la cour des princes de la Perse [1].

Les califes de la dynastie des Ommiades, avaient été trop occupés du soin de leurs conquêtes pour songer à encourager le développement des connaissances humaines [2]; aussi ce ne fut guère que vers le VIIIe siècle, et sous les Abbassides que les Arabes commencèrent à cultiver avec succès la médecine, la géométrie et la chimie; et depuis cette époque jusqu'à la destruction du royaume de Grenade en 1492, ils marchèrent souvent à la tête des sciences. On compta parmi eux des astronomes, des naturalistes, des médecins et des alchimistes célèbres. Il leur manqua seulement des physiciens [3].

La civilisation arabe, dont la supériorité sera bientôt reconnue par l'Europe barbare elle-même, ne jaillit point d'une source isolée et circonscrite; son vaste théâtre s'étend comme un immense réseau des rivages du Tigre à ceux du Guadalquivir en embrassant tout le contour méridional de la Méditerranée. La Babylonie, la péninsule ibérique, et surtout Bagdad et Cordoue où le prestige des arts le dispute à l'éclat d'une haute civilisation, deviennent le sé-

---

1. CUVIER. *Histoire des sciences naturelles*. Paris, 1843, tome Ier, p. 370.
2. CUVIER. *Ibidem*, t. Ier, p. 378.
3. LAMY. *Coup d'œil sur la marche de la physique depuis son origine jusqu'à nos jours*. Lille, 1847, p. 31.

jour favori des sciences et des lettres, et semblent
régner par le génie au milieu de ce vivifiant mouvement intellectuel dont l'Orient a été le point de
départ.

Bagdad, ancien séjour des califes, et qui dut à
ceux-ci toute sa splendeur, en fut le premier asile;
aussi dans la poésie orientale la nomme-t-on la *cité
de la paix*, par allusion aux mœurs épurées de ses
habitants et à leur amour pour la philosophie et les
lettres. Il n'a fallu qu'un petit nombre d'années pour
que les califes élevassent ce théâtre de tant de fictions : environnés d'une cour brillante, où les hommes
instruits comptaient au premier rang, ils n'eurent
qu'à parler pour réaliser les plus merveilleuses conceptions de l'époque. Aussi aucune ville n'égalait
alors la magnificence de cette nouvelle Babylone. Çà
et là s'étaient élevés des palais, dont les somptueuses
façades se multipliaient à l'envi en se mirant dans
les calmes eaux du Tigre. Les richesses qu'ils conte-
naient répondaient au faste de leur extérieur. On
peut s'en faire une idée en apprenant que l'un d'eux
était orné de trente-huit mille pièces de tapisserie,
parmi lesquelles douze mille cinq cents étaient de
soie brochée d'or; il y existait, en outre, vingt-deux
mille tapis de pied et cent lions [1]. Ceux qui ont écrit
sur l'histoire des califes disent aussi qu'on voyait
dans un de leurs palais un magnifique chef-d'œuvre
de mécanique et d'orfévrerie, pour l'exécution du-

_____

1. GIBBON. *Histoire de la décadence et de la chute de l'empire romain.*
Paris, 1828, t. X, p. 380.

quel on avait dû mettre à contribution les arts et les sciences. C'était un arbre d'or et d'argent, qui portait dix-huit grosses branches, sur les rameaux desquelles se jouaient des oiseaux de toute espèce, exécutés, ainsi que les feuilles, avec ces métaux précieux. De temps à autre, cet arbre se balançait comme ceux de nos bois, et alors on entendait dans son feuillage le ramage des divers oiseaux qui l'animaient [1].

Dans la suite, lorsque l'Espagne se trouva conquise par les Arabes, elle devint à son tour le principal foyer de la civilisation et des sciences. Ceux-ci s'appliquèrent à faire oublier leurs victoires par les bienfaits qu'ils répandaient sur les contrées soumises à leur domination. A cette époque de barbarie, où aucune production de l'art ne s'élevait dans l'Europe féodale et où nos barons ne savaient que s'abriter derrière leurs donjons et leurs créneaux, déjà le génie de l'islamisme couvrait les Espagnes de nombreux monuments, dans lesquels la richesse le disputait à l'élégance de la construction. Grenade, Tolède et Cordoue s'ornaient de palais somptueux, enrichis de marbres et d'or ; et à côté d'eux s'élevaient des écoles ouvertes à toutes les nations. C'était en présence de cette prospérité jusqu'alors inconnue ; c'était en goûtant les bienfaits du gouvernement le plus pacifique qu'ils eussent jamais eu que les vaincus se félicitaient de leur défaite. En parlant des

---

1. ABOULFÉDA. *Annal. muslem.*, p. 136. — HERBELOT. *Bibliothèque orientale*, p. 166. — HARRIS. *Philological inquiries*, p. 363. — GIBBON. *Histoire de la décadence et de la chute de l'empire romain*. Paris, 1828, t. X, p. 380.

Arabes, les Espagnols disaient souvent alors : « Ils
« nous ont pris notre terre, mais ils l'ont couverte
« d'or [1]. »

C'est au viiie siècle que commence à poindre dans
la péninsule ibérique, ce grand mouvement intellectuel qui devait bientôt la placer à la tête des autres
nations. L'impulsion une fois donnée, elle se continua, et devint telle, qu'au xe siècle l'Espagne possédait incontestablement le sceptre de la civilisation;
l'Europe entière en recevait alors toutes ses lumières [2].

Les écoles de Cordoue, qui florissaient alors,
avaient acquis une réputation colossale, s'étendant
jusqu'aux régions les plus éloignées de l'Europe et
de l'Asie; on y accourait de toute part pour s'y instruire ou s'y faire traiter. Des savants du Caire, de
Bagdad et de la Perse venaient y puiser des connaissances dont ils enrichissaient ensuite leur patrie; et
des princes de toute la chrétienté s'y rendaient eux-
mêmes pour consulter ses médecins [3].

La célébrité des écoles moresques de Cordoue
était devenue pour celle-ci une source de richesses.
Trois cent mille habitants animaient alors ses places
publiques, et la magnificence des monuments de
cette ville rappelait à chaque pas à l'étranger la mé-
tropole des sciences et des arts. Parmi ceux-ci, sa
grande mosquée, construite par Abdérame en 770,

---

1. SPRENGEL. *Histoire de la médecine.* Paris, 1815, t. II, p. 255. —
VILLEMAIN. *Littérature du moyen âge.* Paris, 1846, t. Ier, p. 120.
2. VILLEMAIN. *Ibidem.* — CUVIER. *Histoire des sciences naturelles.* Paris,
1841, t. Ier, p. 387-388.
3. CUVIER. *Ibidem*, t. Ier, p. 387.

attirait tous les regards. Cet immense édifice, de plus de six cents pieds de longueur, soutenu sur une véritable forêt de colonnes de marbre, de granit et de porphyre, formait dix-neuf nefs terminées par autant de portes de bronze [1]. Lorsque les Arabes d'Espagne étaient à l'apogée de leur prospérité, quatre mille sept cents lampes, disséminées parmi les huit cents colonnes de la somptueuse mosquée, guidaient les pas des fidèles dans les obscurs détours du monument; cent vingt mille livres d'huile étaient annuellement employées à l'entretien de celles-ci; douze cent livres d'ambre et de bois d'aloès s'y consumaient aussi dans le même espace de temps pour embaumer l'air [2].

Au VIIIe siècle, les sciences semblaient s'avancer parallèlement en Occident et en Orient. Presqu'au même moment où les écoles carlovingiennes étaient créées en France, Al-Mansor ouvrait une florissante université à Bagdad, qui allait devenir le foyer de tant de lumières. L'ardeur pour la culture de tout ce qui touche aux facultés élevées était devenue telle dans cette ville, que Cuvier dit qu'à cette époque on y comptait déjà plus de six mille savants [3].

L'école arabe orientale dut sa première impulsion aux califes de Bagdad, dont plusieurs, tels qu'Al-Mansor, Haroun-al-Raschid et Al-Mamon, cultivèrent les lettres ou les sciences avec distinction. Son aurore se manifesta dès les premières années du IXe siècle,

1. MALTE-BRUN. *Géographie universelle.* Paris, 1841, t. IV, p. 280.
2. GAILLARDIN. *Histoire du moyen âge.* Paris, 1843, t. Ier, p. 329.
3 CUVIER. *Histoire des sciences naturelles.* Paris, 1841, p. 381.

et c'est durant celui-ci qu'elle acquit, suivant Bailly, son plus haut degré de splendeur [1]. Après le dernier des princes que nous venons de citer, et surtout après le xe siècle, elle va en s'affaiblissant successivement.

Nonobstant la grande réputation d'Haroun-al-Raschid en Asie, ce calife influa cependant beaucoup moins sur le progrès des sciences que ne le fit son fils et son successeur Al-Mamon, parce que le premier s'était borné à les protéger de toute sa puissance, tandis que son enfant les cultiva lui-même avec passion.

Ce calife régnait à Bagdad en 814; il était animé d'une telle ardeur pour la propagation des connaissances humaines, qu'on le vit déclarer la guerre à l'empereur de Constantinople pour le contraindre à lui céder des savants et des livres [2]; et après avoir obtenu quelques avantages sur Michel III, il ne lui accorda la paix qu'à condition que celui-ci lui permettrait de faire recueillir en Grèce tous les écrits des philosophes, afin de les faire traduire [3]. Ce prince éclairé, qui avait reçu des leçons d'astronomie de Kessai, professeur persan, s'occupa surtout de la recherche des livres hébreux, syriaques et grecs, qu'il fit reproduire en arabe [4]. Il chargea plusieurs érudits de ses États de traduire les ouvrages d'Aristote, d'Euclide et d'Hippocrate, pour favoriser à la fois l'étude des connaissances les plus utiles aux hommes : la phi-

1. BAILLY. *Histoire de l'astronomie moderne.* Paris, 1779, t. Ier, p. 220.
2. CUVIER. *Histoire des sciences naturelles.* Paris, 1841, t. Ier, p. 381.
3. ABOULFARAGE, *Specimen historiæ Arabum.* Oxford, 1650, p. 160.
4. DELAMBRE. *Histoire de l'astronomie du moyen âge.* Paris, 1819, p. 2.

losophie, les mathématiques et la médecine. Ce fut aussi ce souverain qui fit transcrire en arabe l'Almageste de Ptolémée, dont il avait fait sans doute recueillir le texte à Alexandrie [1].

Le calife Al-Mamon, pour favoriser l'étude de l'astronomie, avait même fait élever à Bagdad un observatoire dont plusieurs historiens font mention. Mais l'entreprise scientifique la plus remarquable de son règne, fut la mesure d'un degré du méridien. Cette opération, pour laquelle il avait fourni les instruments dispendieux aux astronomes, fut exécutée dans les plaines unies et sans nuages du Sennaar [2] ; mais elle n'obtint pas une plus grande précision que celle qui avait été faite anciennement [3].

Si la science arabe était parvenue à son apogée dans l'Orient au ixe siècle, ce ne fut qu'un peu plus tard qu'elle l'atteignit en Europe. Là c'est seulement au xe qu'on la voit prendre un grand essor parmi les Mores, et presque tous les travaux importants de leur école sont mêmes postérieurs à cette époque [4]. Tandis que les croisades arment toute l'Europe occidentale pour la défense des intérêts de l'Église, les Arabes de la Syrie, de la Perse, de l'Égypte et de l'Espagne, poursuivent leurs studieuses investigations : les barons de la chrétienté s'illustrent par

---

1. BAILLY. *Histoire de l'astronomie moderne.* Paris, 1775, t. Ier, p. 222.

2. ABOULFÉDA. *Annales muslemici.* Hafniæ, 1789, p. 210. — PAUCTON. *Métrologie,* p. 101. — Comp. GIBBON. *Histoire de la décadence et de la chute de l'empire romain.* Paris, 1828, t. X, p. 392.

3. BAILLY. *Histoire de l'astronomie moderne.* Paris, 1775, t. Ier, p. 223.

4. Tels que ceux d'Avenzoar, d'Averroès, et d'Albucasis, exécutés dans les écoles d'Espagne.

leur épée; les sectateurs de l'islamisme tiennent dans leurs mains le pacifique sceptre des sciences et des arts.

On peut apprécier l'immense développement qu'avaient acquis les sciences et la littérature chez les Arabes, en compulsant les richesses entassées dans leurs bibliothèques publiques [1]. Quelques écrivains sérieux attestent entre autres que la bibliothèque des Ommiades d'Espagne ne comptait pas moins de six cent mille volumes [2]. Le goût des livres s'était tellement répandu parmi les conquérants de la péninsule, qu'au xiie siècle ceux-ci avaient fondé soixante-dix bibliothèques dans la seule région dont ils étaient possesseurs. Durant les guerres qui renversèrent la domination moresque, une grande partie de ces richesses littéraires fut anéantie, mais les immenses vestiges qu'on a rassemblés aujourd'hui dans le palais de l'Escurial, et dont le laborieux Casiri nous a donné le catalogue [3], suffisent pour attester la véracité des historiens.

Dans l'Orient, on rencontrait aussi quelques riches bibliothèques. L'une d'elles, celle des Fatimites, au Caire, contenait environ cent mille manuscrits, fort bien reliés et en belle écriture, qu'on prêtait, sans hésitation, aux étudiants de la ville. Parmi ces livres, six mille cinq cents volumes étaient relatifs

---

1. Comp. Assemani. *Bibliotheca orientalis clementino-vaticana.* Rome, 1719. — Casiri. *Bibliotheca arabico-hispana escurialensis*, 1760. — Herbelot. *Bibliothèque orientale.* Maestricht, 1776.

2. Léon l'Africain. *De arab. medicis et philosophis.* — Gibbon. *Histoire de la décadence et de la chute de l'empire romain*, t. X, p. 388.

3. Casiri. *Bibliotheca arabico-hispana escurialensis.* 1760.

à la médecine et à l'astronomie, ce qui indique que ces sciences avaient une assez large part dans cette collection [1].

La bibliothèque de Tripoli était tout aussi remarquable; mais ce vaste dépôt des connaissances des Arabes, des Persans et des Grecs, qui ne se composait pas de moins de cent mille volumes, fut dévoré par les flammes lors de la prise de cette ville par l'armée des croisés. Cent copistes y étaient constamment occupés à transcrire les manuscrits, et le zèle qui présidait au développement de cette institution était tel que le cadi de la cité entretenait sans cesse des agents qui voyageaient dans les régions lointaines pour y acheter les livres rares. D'après les versions du temps, les compagnons de Beaudoin, nous le redisons avec peine, procédèrent à cette destruction avec le même fanatisme que les soldats d'Omar brûlant la bibliothèque d'Alexandrie [2].

Cette tendance des Arabes vers les études sérieuses, répandait le goût des livres chez les particuliers, aussi quelques-uns de ceux-ci possédaient-ils des bibliothèques considérables. On cite même un médecin qui refusa de se rendre aux propositions honorables du sultan de Boukhara, parce que le transport de ses livres eût exigé quatre cents chameaux [3].

---

1. LÉON L'AFRICAIN. *De arab. medicis et philosophis.* — GIBBON. *Histoire de la décadence et de la chute de l'empire romain.* Paris, t. X, p. 388 et 389.

2. MICHAUD. *Histoire des croisades.* Paris, 1849, t. Ier, p. 305. — *Bibliothèque des croisades,* t. Ier, § 3.

3. LÉON L'AFRICAIN. *De arab. medicis et philosophis.* — GIBBON. *Histoire de la décadence et de la chute de l'empire romain.* Paris, t. X, p. 388.

Cette richesse extraordinaire de livres que nous venons de signaler chez les Arabes, présente un phénomène fort remarquable. La partie littéraire des bibliothèques de cette nation ne se compose absolument que de ses poétiques conceptions. Il semble que par un sentiment d'orgueil celle-ci ait dédaigné toutes les littératures étrangères, jusqu'au point, ainsi que le prétend Gibbon, de ne traduire aucun des historiens ou des poëtes de l'antiquité[1]; tandis qu'on y rencontre une abondance de versions des ouvrages scientifiques légués à la postérité par le génie de la Grèce et de Rome, sur la physique, les mathématiques, la médecine et l'astronomie ; tels que ceux d'Aristote, d'Euclide, d'Hippocrate, de Galien et de Ptolémée.

Mais quelles qu'aient été l'étonnante fécondité de l'école arabe et son heureuse influence sur la civilisation, elle ne fit réellement pas faire aux sciences un progrès proportionné aux immenses travaux auxquels elle donna naissance. C'est aussi ce que pensent Cuvier[2], de Blainville[3] et Hoefer[4]. Le mysticisme qui subjuguait alors tous les esprits les éloignait de la contemplation du monde matériel. Cependant on doit dire que l'histoire naturelle, la médecine, l'astronomie et la chimie, doivent aux Arabes quelques découvertes importantes. Les Arabes s'adonnèrent particulièrement à l'art de

---

1. GIBBON. *Histoire de la décadence et de la chute de l'empire romain.* Paris, 1839, t. II, p. 514. — Aboulfarage cite cependant une version syriaque d'Homère. *Dynast.*, p. 26.

2. CUVIER. *Histoire des sciences naturelles.* Paris, 1841, t. Ier, p. 431.

3. DE BLAINVILLE. *Histoire des sciences de l'organisation.* Paris, 1845, t. II, p. 43.

4. HOEFER. *Histoire de la chimie.* Paris, 1842, t. Ier, p. 308.

guérir, aussi leurs livres scientifiques ont-ils plutôt trait à la médecine et à la pharmacie qu'à toute autre science; cependant ils ont aussi écrit quelques volumineux ouvrages sur l'histoire naturelle et l'astronomie. On trouve également parmi leurs productions quelques traités d'alchimie, science qu'ils désignent dans leurs livres sous les noms de *science de la clef, science de la balance* et de *science de la pierre philosophale*. Mais il faut dire en terminant cette courte appréciation qu'on doit attendre pour juger les productions arabes que l'on connaisse plus à fond une mine dont on n'a encore exploré que la surface.

Après avoir brillé durant cinq cents ans, l'école arabe s'éclipsa presque totalement au XIIIe siècle[1].

Dans l'Orient sa destinée suivit la fortune des califes. La domination de ceux-ci n'eut qu'une durée éphémère, n'ayant subjugué les nations que par la puissance des armes, lorsqu'ils eurent conquis des États ils changèrent de mœurs. Les voluptés du sérail énervèrent bientôt ces farouches conquérants. Entièrement dégénérés de leurs aïeux, deux cents ans s'étaient à peine écoulés, lorsque le dernier de ces califes, autrefois entourés de toutes les magnificences orientales, alors déposé par la milice turque, mendiait honteusement sa vie sous les portiques des mosquées de Bagdad[2].

Mais après l'anéantissement de l'empire des califes en Orient, l'école arabe continua de briller en Espagne; et dans ce beau pays, qui en fut même le plus

---

1. Cuvier. *Histoire des sciences naturelles.* Paris, 1845, t. Ier, p. 389.
2. Cuvier. *Ibidem*, t. Ier, p. 377.

splendide théâtre, elle ne disparut qu'au moment où les bannières de la chretienté remplacèrent partout le croissant de l'islamisme. Depuis l'instant où Ferdinand V, en renversant le dernier rempart des Mores de Grenade, les refoula au dehors des provinces espagnoles, ceux-ci perdirent successivement le goût des lettres et des sciences; et ces mêmes Arabes qui avaient donné l'essor à la civilisation européenne, tombèrent alors dans la plus profonde ignorance, ne donnant plus que de rares indices des hautes facultés dont ils avaient précédemment fait preuve ! Cependant au xve siècle on vit encore apparaître quelques musulmans remarquables : tels furent El Schebi [1] et El Sojuti [2], qui se sont occupés d'élaborer des suppléments pour les ouvrages d'El Demiri et d'y ajouter quelques notes sur l'utilité des animaux.

L'état florissant des sciences au milieu du despotisme de l'Orient, a quelque chose qui étonne, car s'il est avéré que les califes ont encouragé celles-ci avec magnificence, il ne l'est pas moins que leur gouvernement ne dominait la situation que par la violence [3]. Le supplice était le prix de la moindre pensée libérale. Divers savants devinrent eux-mêmes victimes de ces tendances. Saïd-ben-Naufel expira sous le fouet pour avoir reproché à l'émir qu'il traitait, un écart de régime. Un autre médecin, Isaac-ben-Amran, ayant déplu à son prince fut condamné à être crucifié et à devenir la pâture des oiseaux de proie. D'autres

---

1. EL SCHEBI. *Supplément à l'histoire naturelle d'El Demiri.*
2. EL SOJUTI. *Codex animalium.*
3. HALLAM. *L'Europe au moyen âge.* Trad. de l'angl. 1828, t. III, p. 265.

obstacles que l'oppression de la pensée semblaient aussi de nature à s'opposer aux progrès des sciences parmi les sectateurs de l'islamisme, telle est la défense que leur fait le Koran de représenter l'homme et les animaux. Ainsi l'histoire naturelle se trouvait privée de son plus puissant moyen d'induction, des figures ; mais l'intelligence de la nation triompha des obstacles.

Au premier rang des connaissances humaines qui florirent chez les Arabes, on doit placer la médecine. Cette science leur dut d'incontestables progrès et les hommes dont le génie contribua le plus à illustrer leur école furent presque tous des médecins. Quelques écrivains, et en particulier Gibbon, n'hésitent pas à proclamer que plusieurs de ceux-ci, tels qu'Avicenne, Rhazès et Mésué se sont même élevés à la hauteur des Grecs [1]. Cette large part qu'obtiennent les sciences médicales dans l'appréciation des travaux des Arabes, n'étonne pas, quand on réfléchit au grand nombre de docteurs qui pullulaient dans leurs villes ; la seule Bagdad en possédait huit cent soixante autorisés, et riches de l'exercice de leur profession [2].

Le prince de la science arabe est assurément Abou-Ali-Abdallah Avicenne, né aux environs de Chiraz, en 980, dans une bourgade dont son père était gouverneur [3]. Ses études, entreprises et achevées dans un âge fort tendre, furent une suite de succès ; il les commença à Boukhara, qui était alors l'Athènes de

1. GIBBON. *Histoire de la décadence et de la chute de l'empire romain.* Paris, 1828, t. X, p. 394.
2. GIBBON. *Ibidem.*
3. FREIND. *Histoire de la médecine.* — REQUIN. *Encyclopédie nouvelle.* Paris, 1840, t. II, p. 504.

l'Orient. La philosophie, la médecine et l'histoire naturelle attirèrent tour à tour son attention, et furent cultivées par lui d'une manière transcendante. Aussi le voit-on choisir pour arriver là les plus excellents maîtres. En philosophie, il étudie avec Alfarabi; il suit Euclide pour la géométrie, Ptolémée pour l'astronomie, et ce sont les œuvres d'Aristote qui lui servent à se perfectionner dans la zoologie.

La vie d'Avicenne n'est qu'une suite de vicissitudes, et l'on s'étonne, lorsqu'on en suit le cours, que cet homme, dont l'existence ne fut même pas d'une longue durée, ait pu trouver le temps de tant écrire et d'arriver à un aussi haut degré d'instruction.

Quelques succès qu'il obtint dans sa pratique médicale le firent combler d'honneurs et de dignités. Il devint bientôt le premier médecin de l'empereur Madj-Eddaulah; et celui-ci, quelque temps après l'avoir attaché à sa personne, reconnut ses services et l'éminence de son mérite en lui décernant le titre de vizir. Avicenne, enivré des faveurs des grands et possesseur d'un magnifique palais à Ispahan, mena alors la vie la plus licencieuse, et perdit le goût des études sévères. L'adversité le frappa au milieu de sa brillante carrière. Soupçonné d'avoir trahi son souverain, il fut contraint de fuir et de se cacher au milieu du désert; puis, ayant été découvert, il subit une dure et longue captivité dans une citadelle.

Après plusieurs années de détention, Avicenne fut enfin rendu à la liberté; son mérite le fit même appeler près du successeur de Madj-Eddaulah. Ce fut tandis qu'il accompagnait ce souverain dans l'un de ses voyages, que la mort le frappa. Il succomba à Hamadan, en 1036, à l'âge de cinquante-six ans.

Adonné aux déréglements de toute espèce, il paraît que ceux-ci ont peut-être contribué à abréger l'existence de ce grand homme. Lorsqu'il succomba, sa constitution était depuis longtemps altérée ; et l'on prétend que sa fin se trouva hâtée par l'un de ses esclaves, qui, dans l'espoir de s'emparer de ses richesses, ajouta une forte dose d'opium aux médicaments dont il faisait usage pour calmer des attaques d'épilepsie [1]. Il advint de là qu'à Ispahan, en jugeant Avicenne, on disait vulgairement que sa philosophie n'avait pu lui apprendre à vivre dignement, et que ses connaissances médicales avaient été impuissantes pour lui conserver la santé.

Avicenne mérite d'être considéré sous trois rapports : il a également droit à nos respects et à nos hommages comme philosophe, comme médecin et comme naturaliste.

Les œuvres de ce grand homme forment une sorte de vaste encyclopédie où se trouvent coercées toutes les connaissances de son temps, et elles ont été fréquemment et diversement réimprimées. La philosophie y est traitée d'une manière large. Grand admirateur d'Aristote, dont il adopte presque toutes les opinions, tantôt en les commentant longuement, tantôt en les abrégeant [2], ce fut Avicenne qui, par

1. Jourdain. *Biographie universelle.* Paris, 1811, t. III, p. 117.
2. Avicenne. *In metaphysicam,* lib. X. — *De anima,* lib. V.

ses écrits, décida de la fortune du philosophe de Stagire parmi les Arabes [1].

Mais nous n'avons ici à nous occuper que des travaux scientifiques du savant musulman. Celui d'entre eux qui a eu le plus de célébrité porte le nom de *Canon* ou règle. Ce traité, qu'on a traduit dans presque toutes les langues, avait une prodigieuse réputation; presque partout, au Moyen âge, c'était le seul guide des étudiants et des professeurs : les uns et les autres acceptaient ses préceptes comme autant d'arrêts [2]! durant six cents ans il a joui dans nos écoles d'une domination incontestée, qui valut à son auteur le surnom de *prince des médecins* [3].

Ce grand ouvrage se divise en cinq livres. Le premier est consacré aux principes généraux de la médecine; le second aux médicaments simples; le troisième aux maladies des diverses régions du corps; le quatrième aux maladies générales, et le cinquième enfin aux médicaments composés. On rencontre dans ce recueil d'utiles documents; malheureusement ils s'y trouvent perdus dans une surabondance d'opinions systématiques, d'hypothèses et de subtilités interminables. Pour le traitement des maladies, l'auteur emploie des médicaments tellement composés que le meilleur esprit ne pourrait en discerner l'action multiple.

---

1. JOURDAIN. *Recherches critiques sur l'âge et l'origine des traductions latines d'Aristote.* Paris, 1843, p. 85.

2. AVICENNE. *Libri quinque canonis medicinæ, quibus additi sunt libri logicæ, phys., metaph.* Rome, 1593.

3. SPRENGEL. *Histoire de la médecine.* Paris, 1815, t. II, p. 209. — JOURDAIN. *Biographie universelle.* Paris, 1811, t. III, p. 118.

Avicenne, qui paraît s'être beaucoup occupé des sciences accessoires de la médecine, et en particulier de l'histoire naturelle et de la chimie [1], a produit sur ces sciences quelques travaux sur lesquels nous reviendrons plus loin en traitant de l'état de celles-ci chez les Arabes.

Mohammed–ben–Zakaria, né en Perse, et qui fut médecin du principal hôpital de Bagdad, est aussi considéré comme l'une des lumières de l'école arabe, dont on l'a parfois surnommé le *Galien*. Ce praticien, vulgairement désigné parmi nous sous le nom de Rhazès, florissait au commencement du xe siècle [2]; sa célébrité comme professeur devint telle qu'on accourait de toutes les contrées du globe pour assister à ses leçons [3]. Il ne s'était appliqué dans sa jeunesse qu'à cultiver la philosophie, les beaux-arts, et surtout la musique, et ce ne fut qu'à trente ans qu'on le vit changer de direction pour s'adonner aux sciences. Il n'en composa pas moins sur celles–ci de nombreux traités, et d'après quelques compilateurs arabes, ses œuvres forment même deux cent vingt-six volumes [4].

On reconnaît, en examinant les productions de Rhazès, dont quelques-unes ont vu le jour séparément, qu'il a beaucoup emprunté à Hippocrate, et surtout à Galien et à Paul d'Égine. Ce fut sans

1. AVICENNE. *De conglutinatione lapidum.* Bibl. chimiq. de Manget, t. Ier.
2. SPRENGEL. *Histoire de la médecine.* Paris, 1851, t. IX, p. 285.
3. SPRENGEL. *Ibidem.*
4. *Biographie médicale.* Paris, 1825, t. VII, p. II.

doute à ces sources d'une si respectable autorité que ses ouvrages durent le grand crédit dont ils jouirent dans toutes les écoles du Moyen âge, où, avec ceux d'Avicenne, ils composèrent le principal bagage des étudiants jusqu'au xvie siècle [1].

Les œuvres de ce savant médecin démontrent qu'il était praticien consommé, ce qui lui valut le surnom vulgaire d'*Observateur*. Rhazès paraît aussi avoir décrit le premier quelques rameaux du système nerveux de la tête et du cou.

On prétend que devenu crédule en avançant en âge, il écrivit alors un livre sur la médecine talismanique, mais que son œuvre lui devint funeste. Le calife Al-Mansor l'ayant forcé à répéter une des expériences qu'il y indiquait, il ne put réussir; et celui-ci, dit-on, le frappa alors brutalement à la tête, ce qui occasionna une cécité complète qu'éprouva ce grand homme quelques années avant sa mort.

Dans l'école orientale, l'auréole qui environna le nom de Rhazès ne tient pas seulement à ses connaissances médicales; l'éclat en est encore rehaussé par la réputation qu'il s'est acquise en cultivant la chimie avec la plus grande distinction. Ses découvertes, ses écrits sur ce sujet [2] ont une telle importance que nous serons forcés d'y revenir en détail, lorsque nous examinerons l'état de cette science au sein de l'islamisme.

---

1. Rʜᴀᴢᴇ̀s. *Ad Almanzorem libri decem.* Venise, 1520.

2. Rʜᴀᴢᴇ̀s. *Liber perfecti magisterii Rhasei.* Manusc. de la Bibl. roy., n° 6514. — *Liber Rhasis de aluminibus et salibus, quæ in hac arte sunt necessaria.* Manusc. *Ibidem.* — *Liber Raxis qui dicitur lumen luminum magnum.* Manusc. *Ibidem.*

L'un des médecins qui, après Avicenne et Rhazès, honorèrent le plus l'école arabe, fut Avenzoar, qui naquit à Peñaflor, près de Séville, et dont le vrai nom, que nous avons si bizarrement abrégé, était Abou-Merwan-ben-Abdel-Malek-ben-Zoar. Il vécut durant la fin du xiie siècle, et la première moitié du xiiie. Sa famille cultivait depuis longtemps avec éclat l'art de guérir, aussi ce fut de son père qu'il en reçut les premiers éléments. La noblesse de son caractère, et ses succès dans l'art médical, aplanirent toutes les difficultés de sa carrière. Le prince du Maroc l'attacha à sa personne, le combla de richesses et d'honneurs, et le garda auprès de lui jusqu'à sa mort. Avenzoar termina sa longue carrière à l'âge de quatre-vingt-douze ans, en 1262. Sa plus grande gloire est de ne pas s'être borné au rôle de compilateur des auteurs grecs ou latins, comme le firent tant de ses rivaux, et d'avoir ramené la médecine dans la voie de l'observation [1].

Avenzoar s'occupa beaucoup aussi de pharmacie ; il confesse lui-même dans ses œuvres qu'il s'était adonné avec ardeur à la pratique de cet art. Il prenait un plaisir extraordinaire à étudier la confection des sirops et des électuaires : « j'étais extrêmement curieux, dit-il, de connaître par ma propre expérience la composition de toute espèce de médicament [2]. »

1. AVENZOAR. *De rectificatione et facilitatione medicationis et regiminis.* Venise, 1490.

2. ABOU-OSIABAH. *Histoire des médecins.* — REQUIN. *Encyclopédie nouvelle.* Paris, 1840, t. II, p. 299.

Mohammed Averrhoès est encore l'une des célébrités de l'école arabe; né à Cordoue; durant le xiie siècle, et issu d'une famille hautement placée, il brilla comme philosophe et comme médecin. Son père était à la fois grand prêtre et grand juge du royaume, et ce fut lui qui se chargea de diriger la première éducation du jeune Averrhoès; mais dans la suite celui-ci fut confié aux plus habiles maîtres. Pour la médecine il devint le disciple d'Avenzoar [1]. Ses rapides succès dans le droit et les sciences, joints à la loyauté de son caractère, le firent élever aux mêmes dignités que l'auteur de ses jours.

Il y avait quelque temps qu'il exerçait la suprême magistrature à Cordoue, lorque l'émir Al-Mansor l'appela pour lui confier de semblables fonctions à Maroc, en étendant ses attributions à toute la Mauritanie. Mais après avoir organisé l'administration de la justice dans les vastes États de son souverain, quoique placé dans les plus hautes régions du pouvoir, il ne sut pas se garantir de l'arbitraire et du fanatisme. Il provoqua lui-même quelques persécutions, et osa professer certaines vues philosophiques contraires aux préceptes du Koran.

Al-Mansor, instruit de ces faits par quelques détracteurs, dans son indignation, ordonna la confiscation des biens d'Averrhoès, et le dépouilla de tous ses honneurs, en lui assignant désormais pour refuge un faubourg de Cordoue abandonné à la population juive. Là, le grand homme, en butte à l'in-

---

1. REQUIN. *Encyclopédie nouvelle*. Paris, 1840, t. II, p. 300.

sulte, ne pouvait même se rendre en sécurité aux mosquées à l'heure de la prière : il était accablé d'injures et parfois assailli de pierres.

Averrhoès essaya de se soustraire à ces persécutions en se réfugiant à Fez; mais il y fut bientôt découvert et emprisonné. Peu de temps après, Al-Mansor, revenu à de meilleurs sentiments, se contenta d'exiger du philosophe une humiliante rétractation faite à la porte d'une mosquée de cette ville.

Quelques années s'étaient à peine écoulées depuis cet événement, lorsque Averrhoès revint à Cordoue; et le peuple de cette ville, dont il avait eu à subir tant d'outrages, las des exactions du gouvernement d'alors, redemanda lui-même la réintégration de l'ancien grand juge. Al-Mansor y consentit, et Averrhoès revint à Maroc avec toutes ses dignités et y termina ses jours en 1206.

Ce grand homme a acquis beaucoup moins de célébrité comme médecin que comme philosophe [1]. C'était un fanatique admirateur des doctrines du génie de Stagire, qu'il commenta avec la plus grande subtilité; aussi, durant tout le Moyen âge, l'appela-t-on, dans les écoles, *l'âme d'Aristote*, ou simplement le *commentateur* [2]. Comme médecin, il fut plutôt un théoricien qu'un homme de pratique. Cependant, sur la prière du prince de Maroc, il écrivit un traité de médecine, intitulé *Colliget*, dans lequel il fait l'histoire de la thériaque et de quelques

<hr>

1. SPRENGEL. *Histoire de la médecine.* Paris, 1815, t. II, p. 337.
2. AVERRHOÈS. *Commentaires sur Aristote.* Venise, 1495.

plantes médicinales [1]. Averrhoès est aussi l'auteur d'un grand nombre d'autres ouvrages ; mais les originaux en sont rares ; on en trouve cependant encore quelques-uns dans les bibliothèques de Paris et de Turin.

Averrhoès paraît s'être occupé d'astronomie, car on prétend qu'on lui doit un abrégé de l'Almageste de Ptolémée [2].

Albucasis, qui fut aussi une des lumières de l'école arabe d'Espagne, appartient au XIIe siècle, et naquit aux environs de Cordoue. Il devint célèbre dans toute la Péninsule comme médecin, et surtout comme chirurgien. On lui doit quelques découvertes, et ses œuvres ont le mérite, pour l'époque à laquelle elles ont paru, d'avoir donné, pour la première fois, les figures et les descriptions de beaucoup d'instruments de chirurgie [3]. Les écrits de ce chirurgien ont eu la plus grande autorité jusqu'au XVIe siècle, et souvent on les cite encore aujourd'hui avec éloge [4]. Ils ont tous été réunis sous le titre de *Méthode pratique* [5].

Parmi les célébrités de l'école arabe, on ne peut omettre de citer Mésué l'ancien, dont le vrai nom était Johanna-ben-Masouiah [6]. Il vivait au IXe siècle, et prit naissance dans un bourg des environs de Ninive. Issu de parents appartenant à la secte des

1. AVERRHOÈS. *Liber de medicina, qui dicitur Colliget.* Venise, 1514.

2. WEIDLER. *Historia astronomiæ.* Leips., 1741, p. 216. — BAILLY. *Histoire de l'astronomie.* Paris, 1786, t. Ier, p. 241.

3. ALBUCASIS. *De chirurgia, arabice et latine.* Oxford, 1778.

4. JOURDAN. *Biographie médicale.* Paris, 1820, t. Ier, p. 122.

5. ALBUCASIS. *Méthode pratique.* Venise, 1500.

6. HERBELOT. *Bibliothèque orientale.* Maestricht, 1776, p. 570.

chrétiens nestoriens, il conçut, dès sa jeunesse, l'idée d'embrasser l'état ecclésiastique, et arriva à Bagdad pour y compléter ses études. Mais le séjour de cette grande ville renversa ses projets et lui fit adopter la médecine.

Après avoir obtenu de grands succès soit dans l'enseignement, soit dans la pratique de cet art, auquel il se livra de bonne heure, sa renommée lui fit conquérir la faveur d'Haroun-al-Raschid et de son successeur Al-Mamon, dont il devint le médecin, et à la cour desquels il vécut.

Les sciences et la littérature doivent d'importants services à Mésué. Lettré habile et versé à la fois dans 'es langues syriaque et grecque, les califes le chargèrent de diriger les nombreux traducteurs entretenus par leur munificence pour reproduire en arabe les livres écrits dans ces deux langues, et dont ils voulaient enrichir leurs bibliothèques. Mésué est en outre l'auteur de divers ouvrages de médecine fort estimés en Orient, et qui, pendant une succession de siècles, jouirent de la plus haute réputation dans nos écoles [1].

Mésué s'était beaucoup occupé des médicaments et de leur préparation; aussi parmi les écrits de ce savant, on distingue surtout sa *Pharmacopée*, qui a longtemps été le guide de toutes les officines de pharmacie de l'Europe [2].

En terminant cette énumération des célébrités mé-

---

1. MÉSUÉ. *Opera omnia ex duplici translatione, altera antiqua, altera nova J. Sylvii.* Venise, 1562.

2. MÉSUÉ. *Pharmacopée.* Venise, 1471.

dicales de l'école arabe, on ne peut oublier de citer encore Mésué dit le Jeune, qui était originaire de Bagdad et appartenait à la secte des nestoriens. Son mérite le fit élever à la dignité de médecin du calife Fatime, qui se trouvait à la tête du califat du Caire, ville où résida principalement le savant dont nous parlons. Mésué mourut au commencement du xi⁰ siècle, et laissa un traité de médecine qui eut une grande réputation jusqu'à la renaissance des lettres.

Après avoir étudié en particulier les travaux des médecins arabes, lorsqu'on examine en général quelle a été l'influence de ceux-ci sur l'art de guérir, on ne peut se refuser de reconnaître qu'ils ont manifestement contribué à son progrès, et que, relativement à cet art, ils méritent la suprématie sur les Grecs. On les voit accorder moins de confiance aux forces de la nature pour la guérison des maladies et attaquer ces dernières à l'aide d'une thérapeutique plus vigoureuse. Pour la pratique de la médecine, ils appellent pour la première fois à leur secours la chimie et la botanique[1], et tirent de celles-ci d'efficaces auxiliaires.

Si l'on est forcé de convenir que, pour la plupart du temps, les médecins mahométans ne furent que les copistes de l'antiquité, il faut cependant admettre aussi que souvent ils ont enrichi ses abondantes sources d'utiles commentaires, et qu'on leur doit quelques découvertes importantes[2]. La petite vérole et plusieurs autres maladies totalement inconnues

---

1. Castel. *Biographie médicale*. Paris, 1820, t. Iᵉʳ, p. 436.
2. Comp. Amoureux. *Essai historique sur la médecine des Arabes.* Montp., 1805.

aux médecins de la Grèce et de Rome ont été décrites pour la première fois par eux [1]; c'est dans les ouvrages d'Avenzoar que nous découvrons les premières notions que l'on connaisse sur l'insecte qui produit la gale, et sur le traitement rationnel qu'on peut opposer à cette affection [2].

On doit aussi aux Arabes une heureuse innovation médicale, c'est d'avoir introduit dans la pratique l'usage des purgatifs doux, tels que le séné, la rhubarbe, la manne et les tamarins, qu'ils substituèrent heureusement à l'hellébore et aux violents drastiques employés par les médecins grecs et romains. L'art chirurgical leur est également redevable de quelques procédés importants, dont plusieurs concernent même les plus délicates opérations.

Cette ardeur qui entraînait les Arabes vers l'étude des sciences, devait nécessairement les conduire à l'histoire naturelle, l'une de celles qui excitent au plus haut degré la curiosité humaine. Ils la cultivèrent avec ardeur; mais cependant leurs œuvres sur ce sujet ont eu bien moins de retentissement, loin s'en faut, que leurs traités de médecine, parce que ceux-ci étaient devenus indispensables aux nombreux étudiants qui fréquentaient les écoles; tandis que les ouvrages des naturalistes n'étaient pour eux qu'un objet de curiosité, simplement destiné aux rares dis-

---

1. Abron, médecin d'Alexandrie au VIIe siècle. — Husson. *Dict. des sciences médicales*. Paris, 1821, t. LVII, p. 36.

2. Comp. Raspail. *Mémoire sur l'histoire naturelle de l'insecte de la gale. Bull. gén. de thérap.*, t. VII. — Renucci. *Découverte de l'insecte qui produit la gale*. Thèse, Paris, 1825.

ciples qui se plaisent à s'initier aux merveilles de la création.

Kazwyny [1], que ses vastes connaissances ont fait surnommer le *Pline des Orientaux*, doit occuper le premier rang dans l'histoire des naturalistes de l'école mauresque à cause de l'universalité de ses connaissances. Sa vocation pour l'étude semblait être un patrimoine de famille. Il descendait d'Anas-ben-Malek, célèbre compilateur de l'Orient, et s'appelait Zacaria-ben-Mohammed-ben-Mahmud. Le nom sous lequel on le désignait communément provenait du lieu de sa naissance, Kaswyn ou Casbin, en Perse. La biographie de cet écrivain est peu connue; on sait seulement qu'il s'expatria de bonne heure, et que ce fut loin de son pays et de sa famille qu'il se livra à l'étude des sciences dans lesquelles il devait acquérir une si haute réputation. On dit aussi que cet homme remarquable s'occupa de jurisprudence et qu'on l'éleva à la dignité de cadi. Ce savant doit prendre place parmi les illustrations du XIIIe siècle, et l'on prétend que sa mort arriva l'an 1283 de notre ère.

Kazwyny a écrit à la fois sur la géographie [2], l'histoire naturelle et l'astronomie. Le plus remarquable de ses ouvrages, le *Traité des merveilles des créatures*, auquel il doit sa réputation européenne, embrasse un fort vaste champ [3]. Il se divise en deux sections. Dans la première, entraîné par le goût dominant des Orien-

---

1. Herbelot le nomme Al-Cazuini. *Biblioth. orient.*, articles *Agiab* et *Cazuin.*

2. KAZWYNY. *Description de l'univers et de ses habitants.*

3. KAZWYNY. *Agiaib almakhloukat.* Les merveilles des créatures. — Comp. HERBELOT. *Bibliothèque orientale.* Maestricht, 1776, p. 64.

taux, l'auteur ne s'occupe que d'astronomie; mais là souvent il se borne à transcrire des fragments de l'œuvre d'Alfragan [1], son célèbre compatriote. La seconde partie de cet ouvrage et la plus capitale, est entièrement consacrée à la description des trois règnes de la nature, ou à ce que son auteur appelle les êtres inférieurs. On y trouve d'intéressantes notions sur les animaux, les plantes et les minéraux. Dans un de ses chapitres il est aussi question des météores et des autres phénomènes atmosphériques; l'auteur y traite même des pluies d'aérolithes, ainsi que des pluies de grenouilles, objet de tant de controverses dans la science moderne [2].

Le *Traité des merveilles des créatures* a fourni de nombreux articles à S. Bochart pour son important ouvrage sur les animaux de la Bible [3] et divers auteurs modernes [4] en ont publié des extraits qui indiquent jusqu'à quel point il a obtenu l'estime générale des savants.

D'autres naturalistes de l'Orient, moins audacieux que Kazwyny, au lieu d'embrasser l'ensemble de la création, se sont bornés à tracer l'histoire de l'un de ses règnes. Parmi eux on trouve des hommes dont le nom mérite d'être placé à côté de ceux des zoologistes

1. ALFRAGAN. *Muhamedis Alfragani arabis chronologica et astronomica elementa.* Francfort, 1590.

2. Comp. *Comptes rendus de l'Académie des sciences.* Année 1834.

3. BOCHART. *Hierozoicon, sive de animalibus sacræ Scripturæ.* Leipsiæ, 1793.

4. W. OUSELEY. *Oriental collections.* London, 1800. — DE SACY. *Chrestomathie arabe ou extraits de divers écrivains arabes, avec une traduction française.* Paris, 1827.—JAEHN. *Chrestomathie arabe.* Vindob., 1800.

ou des botanistes célèbres ; d'autres ont cultivé la minéralogie.

Au nombre des premiers, l'homme qui a joui d'une
plus haute renommée dans l'école mauresque est sans
contredit le zoologiste El-Demiri de Cahira. Ce savant,
dont le nom propre était Kemaleddin-Abulbaca-Mo-
hammed-ben-Issa, a écrit un grand dictionnaire d'histoire naturelle très-répandu en Orient et dans lequel
on trouve la description de plus de neuf cents animaux. Non-seulement il y traite des caractères de
ceux-ci, de leurs propriétés, et parfois de la manière de
les élever, mais il y ajoute encore de curieuses notions
sur les diverses opinions ou les proverbes auxquels
ils ont donné naissance parmi les musulmans.

El-Demiri, qui était à la fois naturaliste et juris-
consulte, fut l'un des derniers représentants de la
science arabe. Il doit être compté parmi les célébrités
du xive siècle à la fin duquel il appartient. On pense
que sa mort arriva en 1405 [1].

L'*Histoire des animaux* d'El-Demiri, car tel est le
titre de son ouvrage [2], a été fort appréciée par ses compatriotes eux-mêmes, ainsi que peuvent le faire supposer les commentaires dont elle fut l'objet de la part
de deux Arabes, El-Schebi [3] et El-Sojuti [4]. Cet ouvrage
a été traduit en plusieurs idiomes asiatiques. La bibliothèque de l'Arsenal à Paris en possède un magni-

---

1. JOURDAIN. *Biographie universelle*, art. *Domairy*, t. II. — HERBELOT.
Bibl. or. 808 de l'hégire.
2. EL-DEMIRI. *Kemal hiat al haivan.* — HERBELOT. *Bibl. or.*, p. 266.
3. EL-SCHEBI. *Supplément à l'histoire des animaux d'El-Demiri.*
4. EL-SOJUTI. *Codex animalium.*

fique exemplaire en langue persane, enrichi de peintures. On peut se faire une idée de l'importance de ce livre en compulsant S. Bochart, qui lui a emprunté d'amples matériaux pour la rédaction de son chef-d'œuvre d'érudition [1], ou en parcourant les extraits qui en ont été insérés dans divers recueils récemment publiés [2].

Abdalla-Tif qui appartient au commencement du XIIIe siècle, mérite aussi d'être placé au nombre des principaux zoologistes arabes. C'était un médecin de Bagdad qui rendit quelques services à l'histoire naturelle, en décrivant, avec une exactitude que n'atteignirent pas ses devanciers, les animaux et les plantes de l'Égypte [3]. On rencontre dans son ouvrage une description de l'hippopotame qui surpasse celles que nous ont laissées les anciens. A l'égard de cet animal le savant musulman est d'une clarté qu'on ne rencontre ni dans Hérodote qui est cependant assez exact lorsqu'il s'agit des productions du Nil dont il avait parcouru les rivages [4], ni dans Aristote [5], ni dans Pline [6] qui l'ont malheureusement copié en grande partie.

Enfin le docte Abdalla-Tif a eu la gloire de rectifier

---

1. Bochart. *Hierozoicon, sive de animalibus sacræ Scripturæ*. Leipsiæ, 1793.

2. Dans Assemani. *Bibliotheca orientalis clementino-vaticana*. Rome, 1719. — Tychsen. *Éléments de la langue arabe.* — Hezel. *Chrestomathie arabe.*

3. Abdalla-Tif. *Relations de l'Égypte*, traduct. de M. de Sacy. Paris, 1810.

4. Hérodote. *Histoire d'Hérodote*. Paris, 1842, livre II, chap. LXXI.

5. Aristote. *Histoire des animaux*. Paris, 1783, livre II, chap. I, VII.

6. Pline. *Histoire naturelle*. Paris, 1850, livre VIII, chap. XXXIX.

quelques erreurs de Galien, concernant l'ostéologie humaine; ce qu'il fit après avoir eu l'occasion d'observer un squelette qu'un éboulement avait rejeté de son sépulcre [1].

Aux deux zoologistes dont nous venons de parler, on peut encore ajouter Ibn-el-Doreihim de Mossoul, auteur d'un traité intitulé *de l'Utilité des animaux*, consacré à l'histoire des mammifères, des oiseaux, des poissons et des insectes. Puis Ibn-Wahchijd auquel on doit quelques écrits sur la zoologie générale et dans lesquels l'auteur s'occupe aussi un peu de magie. On est encore redevable à l'école arabe d'une histoire des animaux, écrite par El-Dchâdidh, savant d'une haute instruction; et d'une zoologie générale, dont Ibn-Abul-Achath est l'auteur [2].

Le génie arabe imprimait un nouvel essor à toutes les sciences, et toutes progressèrent en même temps sous l'heureuse influence des écoles de Cordoue et de Bagdad. Une seule, l'anatomie humaine, frappée de réprobation par la loi du Prophète, resta dans la plus complète stagnation. Le Koran enseigne aux vrais croyants qu'après leur mort ils seront jugés dans leur tombeau par deux anges Nakhir et Monker, au tribunal desquels ils devront paraître debout [3]. De là la défense sévère de Mahomet; car pour que le cadavre puisse subir son jugement, il faut qu'il soit intact : dilacérer ses organes est un sacrilége !

1. Cuvier. *Histoire des sciences naturelles*. Paris, 1841, p. 388.

2. D'Orbigny. *Dictionnaire universel d'histoire naturelle*. Paris, 1841, p. 65, 66.

3. Koran, p. 655. — Sprengel. *Histoire de la médecine*. Paris, 1815, t. II, p. 263.

Craignant d'enfreindre ces rigoureuses défenses de
la loi, les Arabes se sont bornés pour l'anatomie de
l'homme à copier les écrits des auteurs grecs et latins,
et surtout ceux de Galien. Quelques-uns, cependant,
étudièrent l'ostéologie dans les cimetières, mais seulement sur des pièces que le hasard mettait à découvert; d'autres, en se bornant à la dissection des
animaux, n'ayant plus à craindre les foudres de
l'islamisme, avancèrent l'anatomie comparée ou étudièrent la physiologie, et purent écrire quelques
traités sur ces sciences.

Parmi ceux qui ont suivi cette dernière direction,
on peut citer en première ligne Mésué l'Ancien, qui a
produit un traité d'anatomie comparée[1]. El Kindi,
l'un des plus féconds écrivains de sa nation et qu'on
dit avoir écrit plus de deux cents ouvrages sur les
sciences médicales, a donné le jour à un traité de physiologie humaine et générale. Enfin un autre auteur
d'une fécondité non moins prodigieuse, le docte et pieux
Ben Corrah[2], originaire de la Mésopotamie, nous a
légué un ouvrage sur l'anatomie des oiseaux et l'astronomie. El-Madchriti de Madrid a écrit sur un sujet de
physiologie, la génération des animaux[3].

En scrutant l'ensemble des ouvrages des Arabes
sur la botanique, on reconnaît qu'ils ont puisé
presque tout ce qu'ils contiennent dans les écrits de
Théophraste et de Dioscoride. Le premier de ces deux
savants ne leur a offert que peu d'éléments; c'est de

---

1. Mesué l'Ancien. *Opera omnia.* Venise, 1562.
2. Herbelot. *Bibliothèque orientale.* Maestr., 1776, p. 250.
3. D'Orbigny. *Dictionnaire d'histoire naturelle.* Paris, 1811, t. Ier, p. 66.

Dioscoride presque seul qu'ils font dériver tout ce qu'ils savent, et c'est lui qu'ils commentent et qu'ils amplifient de toutes les manières dans leurs volumineux recueils. Cependant l'école mauresque n'a pas été sans rendre quelques services à la science des végétaux. Quoique les hommes qui ont le plus contribué à l'illustrer aient presque uniquement considéré les plantes sous le rapport médical, et parfois aussi sous celui de l'agriculture, il est évident qu'on leur doit la description de quelques espèces de la Perse, de l'Inde et de la Chine, qui étaient absolument ignorées des naturalistes de l'antiquité [1].

La botanique, dans la période qui nous occupe, a dû ses principaux travaux à Avicenne, à Averrhoès, à Sérapion et à Mésué l'Ancien. Cependant nous manquons encore des éléments nécessaires pour apprécier exactement toute l'influence que les Arabes ont pu exercer sur cette science, puisque les œuvres du savant qui passe pour avoir été le plus profond de leur école à l'égard des végétaux, Ben-Beithar, sont encore restées manuscrites dans les bibliothèques de Paris et de l'Escurial [2].

Ce naturaliste, né en Afrique, et qui, après de longs voyages en Asie, mourut au Caire en 1248 comblé de faveurs par Saladin, s'était acquis une telle réputation dans la connaissance des plantes, que, d'après Herbelot, on ne le désignait que sous

---

1. MIRBEL. *Naissance et progrès de la botanique. Élém. de physiologie.* Paris, 1815, p. 515.

2. PULTENEY. *Esquisses historiques et biographiques des progrès de la botanique en Angleterre.* Paris, 1809, t. Ier, p. 21.

la dénomination d'*Aschab*, nom qui signifie *botaniste* ou *herboriste* [1]. Beithar écrivit une *Histoire générale des plantes rangées alphabétiquement*, dans laquelle il s'écarte de la route généralement suivie par ses compatriotes, et traite avec détails de certaines espèces dont Dioscoride et Pline avaient omis de parler [2]. Ce naturaliste ne s'est pas borné à ce sujet, et dans d'autres ouvrages il s'occupe des propriétés médicales des animaux et des plantes [3].

L'illustre Avicenne peut être aussi compté parmi les hommes qui contribuèrent à l'avancement de la botanique en Orient. Il paraît s'être surtout appliqué à l'étude des végétaux de quelques régions de l'Asie, principalement de la Bactriane et de la Sogdiane, si fertiles en plantes médicales. Selon Cuvier, la férule qui produit l'*asa fœtida* [4], commune dans ces contrées, nous fut d'abord signalée par lui, et on lui dut l'introduction, dans la matière médicale, de la précieuse substance qu'elle produit [5]. Dioscoride, il est vrai, en avait peut-être parlé avant lui, mais fort confusément [6].

Avicenne paraît aussi avoir employé pour l'enseignement, des moyens qui, après être restés lontemps dans l'oubli, sont devenus aujourd'hui d'un usage

---

1. Herbelot. *Bibliothèque orientale*. Maestr., 1776, p. 124 et 183.
2. Beithar. *Histoire générale des simples ou des plantes*.
3. Beithar. *De l'usage des simples pour la guérison des maladies de chaque partie du corps.* — Beithar. *Sur l'utilité qu'on retire des animaux et des arbres pour la médecine.*
4. *Andjoudan d'Avicenne. Ferula asa fœtida.* Lam. Encyc.
5. Cuvier. *Histoire des sciences naturelles*. Paris, 1841, t. Ier, p. 387.
6. Dioscoride. *Descriptiones plantarum*, livre III, p. 78. — Koempfer. *Historia asæ fœtidæ.* Amen. exot. fasc. 3.

fort répandu pour les démonstrations; ce sont des dessins coloriés, représentant des plantes, et dont on rapporte qu'il se servait pour l'instruction de ses élèves [1].

Cependant Avicenne, qui régna si majestueusement sur toutes les sciences médicales de l'Orient, n'en a pas été le plus savant botaniste. Suivant Haller, ce serait Averrhoès qui mériterait ce titre [2]; mais nous avons vu qu'il était réellement dû à Ben–Beithar.

Sérapion, qui était originaire de la Syrie et vivait au xe siècle, mérite aussi d'avoir une place honorable parmi les botanistes de l'école mauresque, parce que ses œuvres sont en grande partie consacrées à la description des végétaux. Ce savant que l'on désigne parfois sous le surnom de *Damascenus*, parce qu'il était né à Damas, fut en même temps médecin et naturaliste. Il est l'auteur d'un traité de matière médicale qui a longtemps joui d'une haute faveur dans l'enseignement. Cet ouvrage remarquable par l'érudition, contient l'exposé de tout ce que les Grecs et les Arabes ont écrit avant lui sur l'histoire naturelle et les vertus médicinales des nombreux produits qui sont employés dans l'art de guérir [3].

Nous sommes heureux de pouvoir compter Alfarabi parmi les Arabes qui contribuèrent au développement des sciences naturelles. Ses écrits sont particulièrement consacrés à la métaphysique [4]; mais ce

1. Pulteney. *Esquisses historiques des progrès de la botanique en Angleterre.* Paris, 1809, t. Ier, p. 21.
2. Haller. *Bibliotheca botanica.*
3. Sérapion. *De simplici medicina.* Venise, 1497.
4. Alfarabi. *Liber de intellectu et intellecto.* Bib. roy., man. n° 6443.

philosophe célèbre, surnommé par les musulmans le *phénix du* x^e *siècle*, avait cultivé presque toutes les connaissances humaines, ainsi que le démontre un traité considérable qu'il a écrit sur leur ensemble, ou espèce d'encyclopédie encore manuscrite dans la bibliothèque de l'Escurial [1]. Ce grand homme fut le précepteur d'Avicenne, qui lui attribuait une partie de son savoir; son nom était Abou-Nassar-Mohammed-Tarkhani, et celui d'Alfarabi, sous lequel on le désignait ordinairement, provenait de la ville de Farab, où il était né. On dit qu'après un séjour d'un certain temps à la cour du sultan de la Syrie, il en partit en 950, et qu'il fut alors assassiné par des voleurs [2].

Nous sommes autorisé à citer ce philosophe dans cette série de botanistes, parce qu'Alfarabi est l'auteur d'un court ouvrage où la botanique occupe une certaine place. Cette production encore manuscrite a été explorée par M. Hoefer [3]; elle est fort remarquable à cause des notions qu'on y rencontre sur certains points de la physiologie végétale, en particulier sur la respiration, que son auteur semble indiquer avoir pour siége les feuilles et l'écorce [4].

Dans cette énumération, on doit aussi comprendre El-Biruni, qui, plutôt alchimiste que médecin, n'en écrivit pas moins un ouvrage sur les propriétés des

1. CASIRI. *Bibliotheca arabico-hispana escurialensis*, t. Ier.
2. HERBELOT. *Bibliothèque orientale.* Maestricht, 1776, p. 314. — BOUILLET. *Dictionnaire universel d'histoire.* Paris, 1849, p. 43.
3. HOEFER. *Histoire de la chimie.* Paris, 1842, t. Ier, p. 326.
4. Manuscrit de la Bibliothèque royale, n° 7156, fol. 82, commençant par cette simple indication : *Incipit liber Alpharabi.*

minéraux et des végétaux ; Ibn Dchezla, auteur d'un traité alphabétique de toutes les plantes officinales ; et enfin Ibn Matran, médecin du sultan Salah-ed-Din, qui a produit une espèce de botanique médicale.

En lisant les œuvres des Arabes, on s'aperçoit de plus en plus que les grands phénomènes qui se sont manifestés anciennement à la surface du globe n'ont pas été sans attirer leur attention. Aussi trouve-t-on déjà dans plusieurs de leurs productions quelques notions sur la géologie, science encore toute jeune aujourd'hui dans nos écoles.

Avicenne, sous ce rapport comme sous tant d'autres, surpasse ses compatriotes. Dans un de ses ouvrages, il donne une sorte de théorie des soulèvements du globe, qu'il présente comme une cause efficiente et *essentielle* de la formation des montagnes [1]. « Les montagnes, y est-il dit, peuvent provenir de deux causes : ou elles sont l'effet du soulèvement de la croûte terrestre, comme il arrive dans un violent tremblement de terre [2], ou elles sont l'effet de l'eau qui, en se frayant une route nouvelle, a creusé des vallées en même temps qu'elle a produit des montagnes ; car il y a des terrains mous et des terrains durs. L'eau et le vent charrient les uns et laissent les autres intacts. »

Voici donc en peu de mots, au Moyen âge, l'exposition des théories des soulèvements, des alluvions,

---

1. AVICENNE. *De congelatione et conglutinatione lapidum*, dans l'*Ars aurifera*. Bâle, 1610, t. Ier.

2. *Ut ex vehementi motu terræ elevatur terra, et fit mons.* — AVIC. *De congl. lapid.*, chap. *de l'Origine des montagnes.*

et des vallées d'érosion! Mais le génie du savant arabe ne se borne pas là; dans un autre endroit, il entre plus dans le fond de la question en assurant « que sur beaucoup de roches, on voit des empreintes d'animaux aquatiques et d'autres, qui viennent démontrer que celles-ci sont dues au dépôt des eaux. Peut-être, ajoute-t-il, proviennent-ils de l'ancien limon de la mer qui inonda autrefois tout le globe [1]. »

Ainsi ces animaux fossiles, qui donnèrent lieu à tant et tant de disputes, et dont on méconnut si longtemps l'origine, Avicenne, il y a huit cents ans, en pénétrait déjà l'essence! et il faudra franchir cinq siècles après ce grand homme pour voir enfin le célèbre potier de terre, B. Palissy, trancher la question nettement, et restituer aux vestiges des animaux antédiluviens leur véritable origine [2].

Dans l'œuvre d'Avicenne, il est aussi question des aérolithes, phénomène qui embarrasse encore les modernes. « Il est tombé, dit-il, près de Lurgea, une masse de fer du poids de cent marcs, dont une partie fut envoyée au roi Torate, qui en voulut faire fabriquer des épées ; mais le fer étant trop cassant, il ne put servir à cet usage [3]. »

Un des plus célèbres écrivains persans, Ferdoucy, la *merveille poétique de l'Asie*, comme l'appelaient ses contemporains [4], a tracé quelques lignes sur l'ori-

---

1. AVICENNE. *De congelatione et conglutinatione lapidum*, inséré dans l'*Ars aurifera*. Bâle, 1610.

2. BERNARD PALISSY. *Traité des pierres*. Paris, 1580.

3. AVICENNE. *De congelatione et conglutinatione lapidum*, inséré dans l'*Ars aurifera*. Bâle, 1610, et la *Bibl. de Manget*, t. Ier.

4. LANGLÈS. *Biographie universelle*. Paris, 1815, t. XIV, p. 346.

gine du globe, qui sembleraient indiquer que déjà
sa féconde imagination lui avait révélé l'existence de
ses soulèvements. Cet auteur, qui florissait à la fin
du xe siècle, dans son ouvrage sur l'histoire de la
Perse depuis son origine, dit textuellement qu'à certaine époque *les montagnes s'élevaient, et que les eaux
en découlaient* [1].

D'un autre côté, le naturaliste Kazwyny vient en
quelque sorte ajouter l'ascendant de son autorité aux
opinions d'Avicenne et de Ferdoucy, en professant
dans son livre des Merveilles de la nature, que les
tremblements de terre, les sources et les mines sont produits par l'action des vapeurs qui s'agitent au milieu du globe, comme dans un immense laboratoire.
Il y a des philosophes, y est-il dit, qui appliquent
le nom de vapeur à deux sortes de combinaisons
élémentaires : ce sont ces deux sortes de vapeurs qui
forment au-dessus de la terre les nuées, la pluie, la
neige, et dans l'intérieur du globe les tremblements
de terre, les sources et les mines.

Kazwyny, non-seulement soutient cette idée si
avancée pour son temps, mais il y ajoute quelques
autres notions géologiques. Ce savant parle du dé-
placement des mers de manière à faire croire que
déjà il connaissait quelques-uns des phénomènes qui
ont fait varier l'aspect des continents à diverses époques antéhistoriques. Il se sert à cet effet d'une parabole, et voici ce qu'on lit dans son œuvre :

____

1. FERDOUCY (ABOUL-CACEM-MANSOUR). *Le Châh-Nâméh.* Suite de poëmes
héroïques sur l'ancienne histoire de la Perse, traduite en français par
M. Jules Mohl, 1839.

« Je passai un jour, dit Khidhz, par une ville fort
ancienne. « Savez-vous quand a été fondée cette ville?
« demandai-je à un de ses habitants.— Oh ! me répon—
« dit-il, nous ignorons depuis quand elle existe, et nos
« ancêtres étaient dans la même ignorance que nous. »

« Cinq cents ans après, en passant dans le même
lieu, je n'aperçus plus une seule trace de cette ville,
et je demandai à un paysan qui ramassait de l'herbe
sur son ancien emplacement, depuis quand elle avait
été détruite. « Quelle question me faites-vous donc là?
« me dit-il. Cette terre n'a jamais été autre qu'elle
« est en ce moment. »

« Lorsque j'y revins cinq cents ans après, je trou-
vai une mer à sa place, et j'aperçus sur ses bords
une compagnie de pêcheurs auxquels je demandai
depuis quand cette terre était couverte par la mer.
« Un homme comme vous, me répondirent-ils, de-
« vrait-il faire une pareille question? Cet endroit a
« toujours été ce qu'il est[1]. »

Mais en terminant cette esquisse des idées des
Orientaux à l'égard des mutations de la surface du
globe, hâtons-nous d'exprimer avec franchise que
la gloire de l'homme de génie auquel nous devons
l'histoire des soulèvements des montagnes n'en reste
pas moins intacte. Les Arabes n'ont réellement eu
sur ce sujet que des idées tout à fait confuses, dé-
nuées de toute révélation positive; tandis que dans
ses savants travaux, M. Élie de Beaumont réunit des

---

1. Kazwyny. *Agiaib Almakhlourat*, c'est-à-dire les merveilles des
créatures. — Herbelot. *Bibliothèque orientale*, p. 64. — J. N. Huot.
Géologie. Paris, 1839, t. II, p. 669.

masses d'observations pour arriver à la démonstration des faits; la science du calcul n'a pas plus d'évidence [1].

La chimie, n'étant entravée par aucun préjugé, et offrant souvent un chimérique espoir à ceux qui la cultivaient, acquit une assez grande extension dans les mains des Arabes, et ceux-ci lui firent même faire de remarquables progrès [2]. Ils fournirent aussi à l'alchimie un grand nombre d'adeptes. Habitués à employer des médicaments extrêmement composés, les Arabes ont dû naturellement se livrer à leur préparation; aussi leurs principaux travaux chimiques ont-ils presque tous pour but l'art pharmaceutique [3].

Selon Cuvier, ce furent les Arabes qui s'occupèrent les premiers de trouver une panacée universelle dans la précieuse substance propre à transmuter les métaux, ou la pierre philosophale [4]. Cette conception reposait sur la haute idée qu'ils se faisaient de cet agent, en supposant que la puissance susceptible de débarrasser le métal le plus pur de tout ce qui le souille, doit avoir la même propriété à l'égard des agents morbifiques qui altèrent les organes de l'homme [5].

1. Élie de Beaumont. *Systèmes de montagnes. Dict. univ. d'hist. nat.*, t. XII, p. 167.

2. Watson. *Elements of chemistry*, t. Ier, p. 17. — Cuvier. *Histoire des sciences naturelles.* Paris, 1841, t. Ier, p. 382.

3. Sprengel. *Histoire de la médecine.* Paris, 1815, t. II, p. 263.

4. M. Hoefer professe une autre opinion. Ainsi que nous l'avons vu en faisant l'histoire de l'art sacré, il attribue aux alchimistes égyptiens les premières tentatives à cet égard.

5. Cuvier. *Histoire des sciences naturelles.* Paris, 1841, t. Ier, p. 373, 374.

Par droit d'ancienneté, ainsi que par l'importance de ses travaux, Geber mériterait d'être placé en tête des savants orientaux, et l'on doit évidemment le regarder comme le fondateur de l'école des chimistes arabes [1].

L'histoire de ce grand homme présente beaucoup d'obscurité; les biographes sont encore indécis et sur le lieu et sur l'époque précise de sa naissance. On suppose qu'il florissait vers la fin du VIIIe siècle et que sa patrie était la Mésopotamie [2]. La ferveur de quelques adeptes de l'art hermétique en fait un roi de l'Inde, et ce titre lui est même décerné en tête de plusieurs de ses ouvrages [3]. Son vrai nom était Abou—Moussa—Giaber—Ben—Haiian—al—Sofi [4].

Ce qu'il y a de certain c'est que Geber cultiva à la fois l'alchimie et la philosophie et qu'il fut l'une des plus anciennes et des plus vénérables colonnes de l'école arabe, car tous ceux qui par la suite ont illustré celle-ci, le revendiquent et le citent comme leur chef [5]. L'enthousiasme de ses compatriotes gagna les autres nations, et il devint l'oracle des alchimistes du Moyen âge, qui souvent se bornèrent à copier quelques lambeaux de ses œuvres [6]. R. Bacon lui-même le révérait à un tel point qu'il n'en parlait

1. Dumas. *Philosophie chimique*. Paris, 1836, p. 13.
2. Aboulféda. *Annales muslemici*. Hafniæ, 1789.—Borrichius. *De ortu et progressu chimiæ*.
3. *Testamentum Geberi regis Indiæ*. Bibl. de Mang.
4. Herbelot. *Bibliothèque orientale*. Maestricht, 1776, p. 360.
5. *Histoire de la philosophie hermétique*. Paris, 1742, t. Ier, p. 73.
6. Hoefer. *Histoire de la chimie*. Paris, 1842, t. Ier, p. 323.

qu'en lui imposant le surnom de Maître des Maîtres, *magister magistrorum* [1].

La prodigieuse fécondité de ses travaux semble justifier la magnificence d'un tel titre, car on n'évalue pas à moins de cinq cents volumes les écrits de Geber sur la science hermétique, ce qui ferait croire que plusieurs auteurs du même nom ont pu être confondus avec lui [2]. Ce savant a résumé toutes les connaissances de son époque ; et ses productions forment une sorte d'encyclopédie scientifique, comprenant certaines œuvres de l'antiquité qui sans lui ne fussent probablement pas parvenues jusqu'à nous [3]. Les bibliothèques du Vatican, de Leyde et de Paris possèdent un assez grand nombre de manuscrits arabes ou latins, extraits des travaux de ce laborieux musulman [4].

Selon Hoefer, les théories alchimiques de Geber n'ont rien d'absurde [5], car elles se réduisent à proclamer que les métaux se composent de deux ou trois éléments d'une nature particulière, et que celui qui parvient à les isoler a le pouvoir d'engendrer ou de transformer les substances métalliques à volonté. Et ce qui prouve que le chimiste arabe n'allait pas plus loin, c'est que dans son livre de la *Somme de perfection du magister*, il proclame qu'il nous est aussi impossible de transmuter les métaux les uns dans les

1. FERDINAND DENIS. *Moyen âge.* Paris, 1815.

2. *Histoire de la philosophie hermétique.* Paris, 1742, t. Ier, p. 73. — HERBELOT. *Bibliothèque orientale.* Maestricht, 1770, p. 360.

3. HOEFER. *Histoire de la chimie.* Paris, 1842, t. Ier, p. 295.

4. GEBER. *Summa collectionis complementi secretorum naturæ.* Bibl. roy., manuscr. n° 6679. — *Libri de rebus ad astronomiam pertinentibus.* Bibl. roy., manuscr. n° 7406. — *Testamentum.* Bibl. roy., manuscr. n° 7173.

5. HOEFER. *Ibidem,* t. Ier, p. 311.

autres, qu'il nous est impossible de changer un bœuf en une chèvre[1]. Quelques préceptes disséminés dans l'un des traités les plus pratiques de cet auteur, confirment ces assertions. On y lit : « Prétendre extraire un corps de celui qui ne le contient pas, c'est folie. Mais comme tous les métaux sont formés de mercure ou de soufre plus ou moins purs, on peut ajouter à ceux-ci ce qui est en défaut ou leur ôter ce qui est en excès[2]. »

Il est vrai que dans un de ses autres ouvrages le chimiste arabe ne se soutient pas à cette hauteur. On lit dans le *Testament* qu'on peut extraire de divers animaux tels que les mammifères, les oiseaux et les poissons, un sel fixe qui jouit des plus extraordinaires propriétés ; et que celui qu'on obtient par l'incinération des taupes, a la vertu de congeler le mercure, et de transmuter le cuivre en or et le fer en argent[3].

Mais si les œuvres de ce savant ne contiennent rien de sérieux sur l'art transmutatoire, en revanche elles révèlent à l'histoire des sciences que la chimie était fort en honneur de son temps[4]. On ne peut oublier cependant que l'alchimie de Geber, dont quelques hommes compétents ne révoquent nullement l'authenticité[5], renferme plusieurs découvertes impor-

---

1. Geber. *Summa perfectionis magisterii.*

2. Geber. *De investigatione magisterii.* — Dumas. *Philosophie chimique.* Paris, 1836, p. 14.

3. « Sal totius talpæ combustæ congelat mercurium, et venerem convertit in solem, et martem in lunam. » *Testam. Geb. reg. Ind.*

4. Gilbert. *Dictionn. de phys. et de chim.* Paris, 1845 t. Ier, p. 124.

5. Geber. *Alchimia Geberi.* Berne, 1545. — Manget. *Bibliothèque chimique,* p. 562.

tantes, telles que l'acide nitrique, cet agent indispensable dans nos laboratoires, l'eau régale, la pierre infernale et le sublimé corrosif [1]. Plusieurs savants attribuent aussi à cet Arabe la découverte de l'acide sulfurique et la connaissance de l'augmentation du poids des métaux durant l'opération de la calcination [2].

Dans l'histoire de la chimie arabe nous retrouvons encore les mêmes hommes qui ont tant contribué à l'illustration médicale de cette nation, parce que cette science accessoire, comme la botanique, devient à leur époque l'apanage des médecins. Rhazès fut l'un de ceux qui s'en occupèrent le plus, ainsi que l'attestent plusieurs manuscrits extraits de ses œuvres et qu'on rencontre encore aujourd'hui à la Bibliothèque royale [3].

On doit même à Rhazès l'une des découvertes capitales de la chimie, celle de l'eau-de-vie. Dans quelques endroits de ses œuvres, certains écrivains prétendent qu'il désigne cette boisson comme une sorte de vin que l'on peut extraire du miel, du sucre et du riz [4]. Mais l'auteur arabe ne paraît pas avoir traité cette question aussi clairement dans tous ses écrits. Dans le chapitre intitulé *De la préparation de l'eau-*

---

1. Cuvier. *Histoire des sciences naturelles.* Paris, 1841, t. Ier, p. 384. — Hoefer. *Histoire de la chimie.* Paris, 1842, t. Ier, p. 321.

2. Gilbert. *Dictionnaire de physique et de chimie.* Paris, 1845, t. Ier, p. 125. — D'Orbigny. *Dictionnaire universel d'histoire naturelle.* Paris, 1841, t. Ier, p. 64.

3. Rhazès. *Liber Raxis qui dicitur lumen luminum magnum,* manuscr. n° 6514. — *Liber perfecti magisterii Rhasei. Ibidem.* — *Liber Rasis de aluminibus et salibus, quæ in hac arte sunt necessaria. Ibidem.*

4. *Biographie médicale.* Paris, 1825, t. VII, p. 3.

de-vie par un procédé très-simple, que l'on rencontre dans un de ses ouvrages spécialement consacré à la science dont nous parlons, Rhazès dit simplement : « Prends de quelque chose d'occulte la quantité que tu voudras et broie-le de manière à en faire une espèce de pâte, et laisse-le ensuite fermenter pendant nuit et jour ; enfin mets le tout dans un vase distillatoire et distille [1]. »

Ce quelque chose d'occulte, mentionné dans ce passage, comme le dit Hoefer, n'était très-probablement que des grains de blé dont l'auteur voilait le nom en se conformant aux mystérieuses traditions de l'alchimie. Le même savant prétend aussi que dans son emphatique livre de *la grande Lumière des Lumières*, Rhazès décrit pour la première fois l'extraction de l'acide sulfurique [2].

Dans cette exposition des travaux des Arabes sur la chimie, on doit voir réapparaître aussi le nom d'Albucasis, soit parce que ce médecin s'occupa beaucoup de cette science en s'adonnant à la préparation des médicaments, soit parce que l'on rencontre dans ses œuvres les plus amples détails sur divers appareils distillatoires, souvent d'une extrême complication, que l'on employait de son temps. Le soin avec lequel Albucasis parle de leur forme et de leurs usages l'a généralement fait considérer comme l'inventeur de la distillation [3].

---

1. Rhazès. *Liber perfecti magisterii Rhasei.* Bibl. roy., man. n° 6514. — *Præparatio aquæ vitæ simpliciter.*
2. Hoefer. *Histoire de la chimie.* Paris, 1842, t. Ier, p. 324.
3. Hoefer. *Ibidem*, t. Ier, p. 310.

On avait aussi prétendu que les premières notions qu'on possédât sur cet art se rencontraient dans les ouvrages de Rhazès, qui va jusqu'à comparer le coryza à une véritable distillation humorale à l'alambic, en prétendant que l'estomac représente la cucurbite et la tête le chapiteau. Mais quels que soient les efforts que l'on ait pu faire pour attribuer l'invention de cette opération aux Arabes en se fondant sur leurs écrits ou sur l'étymologie du mot alambic [1], il est certain qu'ils n'ont fait que perfectionner la distillation, et que celle-ci, ainsi que nous l'avons vu, avait été décrite dès le ive siècle par Zosime le Panopolitain [2].

L'illustre Avicenne mérite encore une place dans ce paragraphe à cause de son *Traité des pierres*, œuvre presque entièrement consacrée à la chimie, ce qui porta de bonne heure plusieurs adeptes de la science d'Hermès à le traduire en latin [3]. Ce livre, qui nous a déjà présenté quelques curieux passages sur l'origine des montagnes, contient une classification très-simple des minéraux et parle des eaux susceptibles d'incruster les corps à l'aide des substances calcaires qu'elles contiennent.

Quelques savants [4] attribuent aussi à Avicenne plusieurs ouvrages sur le grand œuvre, qui se trouvent insérés pour la plupart dans le *Théâtre chimique* et la

---

1. FRANQUEVILLE. *Encyclopédie nouvelle.* Paris, 1840, t. Ier, p. 203.
2. ZOSIME. *Livre de Zosime sur les fourneaux et les instruments de chimie, ou de l'appareil à trois ballons-récipients.* Manuscr. n° 2249.
3. AVICENNE. *De conglutinatione lapidum. Bibl. chim. de Manget,* t. Ier.
4. JOURDAIN et CHAUSSIER. *Biographie universelle.* Paris, 1811, t. III, p. 119.

Bibliothèque de Manget [1]. Mais ceux-ci passent généralement pour apocryphes [2], et Hoefer prétend même qu'ils sont dus à la plume de Raymond Lulle [3].

L'alchimiste Artéfius a droit à une mention spéciale parmi les nombreux adeptes de l'art hermétique que nous fournit l'islamisme. On ne sait rien de positif sur le lieu de sa naissance, et l'on suppose seulement qu'il vivait vers 1130 [4]. Ce savant, qui jouissait d'une grande autorité au milieu des adeptes du Moyen âge, a produit plusieurs écrits; l'un d'eux est intitulé : *Le Livre secret de l'art occulte et de la pierre philosophale* [5], et un autre porte le titre de *Clef de la sagesse* [6].

Nous passerons immédiatement sur toutes les étrangetés renfermées dans l'œuvre de l'alchimiste arabe pour ne nous attacher qu'à deux choses remarquables qui s'y rencontrent. On lit, dans *la Clef de la sagesse*, ce paragraphe infiniment curieux pour l'époque à laquelle ce livre a été conçu : « Les minéraux proviennent des éléments primitifs; les plantes proviennent des minéraux, et les animaux proviennent des plantes. Et comme chaque corps se résout en un autre corps d'un ordre immédiatement inférieur, les

---

1. *De tinctura metallorum.* Francfort, 1530. Inséré dans les *Scripta rariora de alchimia*, t. III. — *Porta elementorum.* Bâle, 1572. — *Tractatulus de alchimia. Bibl. chimique de Manget*, t. Ier, et dans l'*Ars aurifera*, t. II.

2. Castel. *Biographie médicale.* Paris, 1820, t. Ier, p. 437.

3. Hoefer. *Histoire de la chimie.* Paris, 1842, vol. Ier, p. 327.

4. Barbier. *Dictionnaire historique.* Paris, 1826, t. Ier, p. 125.

5. Artéfius. *Artephii antiquissimi philosophi de arte occulta, atque lapide philosophorum liber secretus.* Paris, 1612. Traduit en français par P. Arnauld. Paris, 1682.

6. Artéfius. *Clavis majoris sapientiæ. Théâtre chimique*, t. IV.

animaux deviennent des végétaux, et les végétaux des
minéraux. » Ces lignes, écrites sous une vague inspi-
ration, n'en sont pas moins l'expression d'une grande
et lumineuse vérité. Mais c'était à la science moderne
seulement qu'il appartenait de la démontrer. Dans
ses éloquentes leçons, M. Dumas a traité ce sujet
avec une haute supériorité de talent. Il fait voir que
c'est ainsi que s'accomplit, en effet, le cercle mystérieux de la vie à la surface du globe[1]. Les plantes et
les animaux dérivent essentiellement des corps inorganisés, et leur sont restitués après leur mort; et
c'est le règne végétal qui, comme une espèce de laboratoire intermédiaire, prépare les premières substances organiques qui serviront à entretenir la vie
des animaux[2].

Le second fait important signalé par Artéfius est la
préparation du savon, qu'il expose avec une simplicité qu'on n'est pas habitué à trouver dans les
œuvres des alchimistes. « Si l'on prend de l'eau
filtrée sur des cendres, dit-il, et qu'on fasse bouillir
la liqueur avec de l'huile ou quelque substance semblable, on obtient du savon[3]. »

Pour compléter cette énumération des chimistes
qui ont contribué à la renommée de l'école arabe, on
peut encore citer Calid, que quelques adeptes décorent

---

1. Dumas. *Essai de statique chimique des êtres organisés.* Paris,
1842, p. 6.

2. Le premier paragraphe de l'auteur arabe est donc parfaitement
exact. Si le second ne l'est pas autant, au moins peut-on dire que, finalement, le règne inorganique reçoit tous les éléments de l'organisation.

3. Artéfius. *Clavis majoris sapientiæ. Théâtre chimique,* t. IV.

du titre de roi d'Égypte, et auquel on doit le *Livre des secrets d'alchimie* et celui *des trois paroles* [1]; Zadith, qui est l'auteur d'un écrit intitulé *Table chimique* [2]. Enfin, vient Alphidius, qu'on croit avoir vécu entre le xe et le xie siècle [3]; il a produit un ouvrage consacré à l'alchimie, quoique celui-ci porte un titre qui ferait supposer qu'il a rapport à la météorologie [4].

Quelques historiens de la chimie ajoutent encore à cette liste les noms d'Albucasis [5], d'Avenzoar, de Sérapion et de Mésué [6]. Mais ces divers hommes, comme nous l'avons vu, appartiennent presque exclusivement à l'art médical.

Dans l'ordre de leur importance, on voit enfin apparaître, dans cette série de chimistes arabes, Bubacar, auteur du *Livre des secrets* [7], et Alchild Bechil, que M. Hoefer considère comme ayant peut-être connu le phosphore. Le dernier parle d'une escarboucle artificielle qu'il avait produite en distillant de l'urine avec de l'argile, de la chaux et des matières charbonneuses [8]. « Il ne serait pas impossible, dit l'historien de la chimie, que Bechil ait obtenu du

1. CALID. *Liber secretorum alchemiæ regis Calid*, etc. *Théâtre chim.*, t. VI.—*Liber trium verborum Calid regis acutissimi. Théâtre chim.*, t. VI.

2. ZADITH. *Tabula chimica, ex arabico sermone latina facta. Théâtre chimique*, t. V.

3. HOEFER. *Histoire de la chimie.* Paris, 1842, t. Ier, p. 330.

4. ALPHIDIUS. *Liber meteorum Alphidii philosophi.* Bibl. roy., manusc. n° 6514.

5. HOEFER. *Ibidem*, t. Ier, p. 340.

6. GMELIN. *Histoire de la chimie (Geschichte der chem.)*, t. Ier.

7. BUBACAR. *Liber secretorum Bubacaris, Mahometi filii.*

8. BECHIL. *Ordinatio achild Bechil saraceni philosophi.* Manuscr. Bibl. roy. n° 7156.

phosphore par ce procédé, qui est à peu près celui que Brandt employa lui-même au xviie siècle lorsqu'il découvrit ce corps doué de si merveilleuses propriétés [1]. »

La physique ne fut pas sans être cultivée parmi les Arabes. Au xie siècle, l'un de ceux-ci, Alhazen, produisit même un traité d'optique en sept livres, qui est peut-être le seul qu'on ait conservé sur cette matière. Dans cet ouvrage, dont on a récemment retrouvé la version manuscrite [2], l'auteur développe les lois de la réfraction de la lumière avec une étendue et une précision qu'on ne trouve dans aucun des travaux de ses prédécesseurs. Il démontre que c'est à la réfraction de l'atmosphère que nous devons d'apercevoir les astres placés sous l'horizon avant leur lever ou après leur coucher, et que c'est en se décomposant dans les nuages que la lumière engendre les couleurs brillantes du matin ou du crépuscule [3].

Selon Delambre, quelques passages des écrits des Arabes pourraient faire supposer que ceux-ci ont réellement connu le moyen de mesurer les intervalles de temps par les vibrations du pendule [4]. Enfin, pour ne rien omettre de ce qui concerne la physique arabe, généralement si stérile, il faut encore rappeler qu'un homme de cette nation paraît s'être occupé de mé-

---

1. Brandt découvrait le phosphore en 1669, en cherchant la pierre philosophale par la distillation de l'urine humaine. THÉNARD. *Traité de chimie*. Paris, 1813, t. Ier, p. 159.

2. *Mémoires de l'Académie des inscriptions*, 1822, t. VI.

3. ALHAZEN. *Optica thesaur.*, liv. VII, p. 52.

4. DELAMBRE. *Histoire de l'astronomie au moyen âge*. Paris, 1819, p. 9.

téorologie, c'est Salmana, qui vécut vers le xe siècle, et auquel on doit un traité sur la grêle [1].

On pense généralement que ce fut la sérénité du ciel de la Chaldée qui porta ses anciens habitants à cultiver l'astronomie; les Arabes ont peut-être subi la même influence, car cette science est l'une de celles qu'ils étudièrent avec le plus d'entraînement, et qui leur doit les plus importants travaux. En examinant la longue série d'ouvrages arabes cités par Hottinger [2] et Herbelot [3], on trouve même qu'ils ont été d'une extraordinaire fécondité sous le rapport de l'astronomie. On y mentionne plusieurs traités généraux sur cette science [4] et un grand nombre de tables astronomiques [5]. Cependant, suivant Delambre, nous ne possédons que d'imparfaits documents à l'égard de tout ce que ce peuple a produit sur ce sujet, beaucoup de ses écrits étant encore absolument inconnus [6]. D'après Weidler, la seule bibliothèque mertonienne d'Oxford conserve plus de quatre cents manuscrits arabes remplis d'observations astronomiques [7].

Cependant les Arabes ne puisèrent pas dans leurs propres études les diverses connaissances astronomiques qu'ils cultivèrent avec un si grand zèle, et qu'on

1. SALMANA. *Traité de la grêle sphérique.* Manuscr. grec de la Bib[l]. royale, n° 2249.

2. HOTTINGER. *Promptuarium, sive bibliotheca orientalis.* Heidelbergæ. 1658.

3. HERBELOT. *Bibliothèque orientale.* Maestricht. 1776.

4. ABU-SCHEL. *De l'explication du planisphère.* — IBN-SCHIATIR. *Préceptes généraux d'astronomie.*

5. EB-ALI. *Tables astronomiques,* etc.

6. DELAMBRE. *Histoire de l'astronomie au moyen âge.* Paris, 1819, p. 8.

7. WEIDLER. *Hist. astronomix.* Wittemberg, 1741.

les vit ensuite répandre avec tant de profusion ; leurs premiers savants firent de nombreux emprunts à la science grecque et leurs successeurs propagèrent ensuite celle-ci en Perse, en Tartarie et en Europe [1]. Dès le viiie siècle, dit Delambre, les Arabes avaient déjà introduit leur astronomie en Espagne, et plusieurs savants de cette nation se distinguèrent depuis lors dans cette science par leurs écrits et leurs observations [2].

L'une des plus brillantes célébrités de l'école mauresque est sans contredit Mohammed-ben-Giaber, prince arabe, vulgairement connu dans la science sous le nom d'Albategnius, qui provient de la ville de Batan en Mésopotamie, où il est né [3]. Il florissait vers le milieu du ixe siècle. Halley et Bailly en ont fait le plus grand cas : le premier le considérait comme un observateur d'un haut mérite [4], et l'autre n'hésite pas à le présenter comme le plus grand astronome qui ait apparu depuis Ptolémée. Albategnius s'est surtout appliqué à réformer les travaux d'Hipparque et de Ptolémée en y introduisant plus de précision. La science lui est en outre redevable de la découverte du mouvement de l'apogée du soleil [5]. Mais ce savant, à la mémoire duquel Delalande a aussi rendu un brillant hommage

---

1. Delambre. *Histoire de l'astronomie du moyen âge.* Paris, 1819, p. 46.

2. Delambre. *Histoire de l'astronomie du moyen âge.* Paris, 1819, p. 175.

3. Herbelot. *Bibliothèque orientale.* Maestricht, 1770, p. 177.

4. Halley. « Auctor pro suo sæculo admirandi acuminis, in administrandis observationibus exercitatissimus. » *Trans. philos.*, 1693.

5. Bailly. *Histoire de l'astronomie moderne.* Paris, 1775, t. Ier, p. 228, 592.

en le rangeant au nombre des vingt plus célèbres astronomes qui aient jamais existé[1], a surtout acquis une grande célébrité en rectifiant la position des étoiles[2].

Mohammed-ben-Giaber passe pour être le fils du fameux alchimiste Geber; mais on connaît encore un autre Arabe de ce nom, c'est Giaber l'Espagnol, astronome auquel on doit une traduction de l'Almageste[3]. Ce dernier était extrêmement ingénieux dans la confection des instruments de précision. Regiomontanus rapporte qu'il alla même jusqu'à exécuter une machine qui, à elle seule, réunissait tous les instruments de Ptolémée, et à laquelle l'astronome allemand imposa le nom de *machina collectitia*[4].

Ebn Jounis mérite également d'être cité parmi les plus habiles astronomes de l'école arabe. Il vivait au commencement du xie siècle. On lui doit beaucoup d'observations. Ses ouvrages ont longtemps excité la curiosité des savants. Cependant ils étaient naguère imparfaitement connus; mais un exemplaire manuscrit des mieux conservés, qui existait dans la bibliothèque de Leyde, fut confié par l'ambassadeur de Hollande à la classe des sciences mathématiques de l'Institut, et M. Caussin en fit un extrait. Son titre

---

1. DELALANDE. *Abrégé d'astronomie*. Paris, 1775, p. xxiij.

2. ALBATEGNIUS. *Mahometis Albatenii de scientia stellarum liber ex bibliotheca Vaticana transcriptus*. Bononiæ, 1645.

3. GIABER. *Comment. in Almag.*

4. REGIOMONTANUS. *De Torqueto, præf.* — Comp. BAILLY. *Histoire de l'astronomie moderne*. Paris, 1775, t. Ier, p. 548, 602.

pompeux pourrait donner l'idée des usages du temps [1].

Vient encore Thébith ben Chorath, dont on sait peu de chose [2]. Cet auteur, que Delambre nomme le *Ronsard de l'astronomie*, a peut-être plus contribué à embrouiller cette science qu'à l'avancer [3]. Puis Alfragan, qui vécut sous le calife Al-Mamon et auquel on doit des éléments d'astronomie qui ne sont que des extraits de l'Almageste [4]; et Alpétragius, qui régla la place que Mercure et Vénus occupent à l'égard du soleil [5].

Depuis longtemps les souverains de la Perse tenaient l'astronomie en grande considération, aussi ce pays a-t-il été le berceau de plusieurs découvertes dont cette science s'est enrichie. Il y a peu d'années encore, la munificence de ses princes pour les astronomes était telle que des voyageurs estimaient que l'empereur ne leur donnait pas moins de quatre millions de francs annuellement. Leur chef, selon Chardin, avait seul cent mille francs d'appointements. Mais ces prétendus savants s'occupaient moins de l'observation des astres que des supputations de l'as-

1. Ebn Jounis. *Le livre de la grande table Halkémite, observée par le sheikh, l'iman, le docte, le savant Aboulhassan Ali ebn Abderahman, ebn Ahmed, ebn Jounis, ebn Abdalaala, ebn Mousa, ebn Maïsara, ebn Afes, ebn Hiyan.* Trad. de M. Caussin.

2. Thébith. *Thebith ben Chorath de Motu octavæ spheræ.* Manusc. Bib. royale, n° 7185.

3. Delambre. *Histoire de l'astronomie au moyen âge.* Paris, 1819, p. 73.

4. Alfragan. *Muhamedis Alfragani arabis chronologica et astronomica elementa.* Francf., 1590. — Riccioli. *Almagestum novum.* t. Ier, p. 494.

5. Alpétragius. *Alpetragii Arabi planetarum Theorice, physicis rationibus probata,* etc.

trologie judiciaire. L'infatigable explorateur rapporte même qu'il y en avait constamment plusieurs d'attachés à la personne de l'empereur, qui les consultait dans toutes les occasions. On les reconnaissait à de petits astrolabes, fort enjolivés, qu'ils portaient à leur ceinture dans un élégant étui [1].

Cependant l'astronomie, vers la fin du xie siècle, éprouva en Perse un notable perfectionnement. Depuis plus de quatre mille ans la durée de l'année n'avait point été corrigée, lorsque Melicshah rassembla les astronomes dans son palais et leur prescrivit de s'en occuper. Ce fut alors que l'un d'eux Omar Cheyam détermina que la durée de l'année solaire était de trois cent soixante-cinq jours, cinq heures, quarante-huit minutes, quarante-huit secondes, telle que nous l'observons aujourd'hui [2].

La Tartarie elle-même a fourni son contingent à la science des cieux. Le prince Ulugh-Beigh, petit-fils de Tamerlan, qui régnait à Samarcande, après s'être environné dans sa capitale d'hommes d'un haut savoir et s'y être procuré de grands instruments, s'occupa beaucoup d'astronomie [3]. Il eut la gloire de dresser le second catalogue d'étoiles fixes qui ait été fait [4].

L'école mauresque a aussi fourni d'amples maté-

---

1. CHARDIN. *Voyages de Chardin*, t. V, p. 80.

2. HYDE. *De relat. veter. Pers.*, p. 209.

3. BAILLY. *Histoire de l'astronomie moderne.* Paris, 1775, t. Ier, p. 259. — HERBELOT. *Bibliothèque orientale.* Maestricht, 1776, p. 335.

4. ULUGH-BEIGH. *Tabulæ longitudinis ac latitudinis stellarum fixarum, ex observatione Ulugh-Beighi, Tamerlani magni nepotis.* Oxonii, 1665.

riaux à la géographie. Du x° au xiv° siècle, on voit surgir dans son sein quelques hommes qui contribuent aux progrès de cette science par leurs écrits et par leurs voyages. Dès le début de leurs conquêtes, les califes ordonnèrent à leurs généraux de faire exécuter des observatoires dans les pays qu'ils soumettraient à leurs armes, et d'en faire faire une description exacte. Ce fut là le premier pas de la géographie en Orient [1]. Les Arabes étendirent aussi leurs connaissances sur ce sujet en entreprenant de grands voyages, et, suivant Malte-Brun, quelques-uns parvinrent jusqu'en Chine, où, de 704 à 715, un de leurs califes envoya même des ambassadeurs [2].

Les premiers ouvrages des géographes de l'Orient se firent souvent remarquer par la singularité ou la pompe de leurs titres. Tel est entre autres celui de Massoudi, qui habitait l'Égypte, où il mourut en 957, et dont l'œuvre, intitulée *Prairies d'or et mines de pierres précieuses*, est consacrée à la description des principales régions du globe [3].

Le shérif Al-Edrisi, qui résidait en Sicile, y écrivit, vers le milieu du xii° siècle, ses *Récréations géographiques*, dans le but d'expliquer un grand globe terrestre en argent, pesant huit cents marcs, qui avait été construit par l'ordre de Roger Ier, souverain de cette île [4].

<hr>

1. **Sprengel**. *Histoire des découvertes*, p. 181.
2. **Malte-Brun**. *Géographie universelle*. Paris, 1842, t. Ier, p. 190.
3. Comp. *Notices et extraits des manuscrits de la Bibliothèque du roi*.
4. **Hudson**. *Geogr. minor.*, t. II, p. 80. — **Casiri**. *Bibliotheca arabico-hispana escurialensis*, II, 10.

Au XIIIe siècle, nous voyons concourir au progrès de la géographie deux hommes, Kazwyny et Abdalla Tif, dont les noms se sont présentés sous notre plume lorsque nous nous occupions de l'histoire naturelle. Le premier est l'auteur d'une description de l'univers, livre exécuté sur un vaste plan et qui n'est qu'un grand traité de géographie[1]. Le second a écrit un voyage en Égypte, rempli de remarques curieuses et exactes sur les productions de ce pays[2].

Le XIVe siècle a été plus fécond que les précédents en géographes. Ce fut pendant son cours que l'on vit fleurir Ibn-al-Ouardi, qui résidait à Alep. Sous le titre de *Perle des merveilles*, cet auteur a écrit un véritable traité de géographie physique, dans lequel on peut puiser beaucoup de renseignements sur l'Asie et l'Afrique, et sur l'histoire naturelle des animaux, des plantes et des minéraux que l'on rencontre dans quelques-unes de leurs régions ; mais il est fort laconique à l'égard de ce qui concerne tous les pays insoumis à la loi du prophète, qu'il semble par cela même regarder comme indignes de l'attention des vrais croyants[3].

C'est aussi à ce siècle qu'appartient Aboul-Feda, prince syrien, qui sut allier à la gloire des armes la

---

1. KAZWYNY. *Athar al-bilâd wa akhbâr al-ibad.* C'est-à-dire : Description de l'univers et histoire de ses habitants.—REINAUD. *Biogr. univers.,* t. XXII, p. 267.

2. ABDALLA TIF. *Relation de l'Égypte.* Traduction de M. de Sacy, Paris, 1810.

3. Comp. GUIGNES. *Notices et extraits*, 11, 19. — MALTE-BRUN. *Géogr. univ.*

gloire de la philosophie, et qu'on peut considérer comme le type du génie arabe. Ses heureuses guerres et sa grande piété le firent surnommer le *roi victorieux*, la *colonne de la religion*. Cet homme célèbre, qui mourut en 1331, à l'âge de soixante ans, a produit un grand nombre d'écrits sur l'histoire, les sciences et la philosophie, et s'est attiré la vénération des musulmans par son profond savoir.

Les seuls ouvrages d'Aboul-Feda qui aient été publiés en Europe sont une *Histoire du genre humain*, embrassant tous les faits qui se sont accomplis depuis la création du monde jusqu'à l'époque à laquelle vivait l'auteur, et une Géographie. Ce dernier écrit est intitulé : *Livre de la vraie situation des pays*. L'auteur qui, dès sa plus tendre jeunesse, s'était trouvé sur le théâtre des guerres de l'Orient et avait exécuté de fréquents voyages en commandant les armées, a inséré dans son travail de fort bonnes notions sur les régions qu'il a visitées, surtout la Syrie et l'Égypte. Aboul-Feda commence son livre en exposant l'ensemble du système géographique des Orientaux. Ensuite, il traite de la description topographique et statistique des contrées et des villes, et des données mathématiques sur leur circonscription ou leur situation, en fixant même la longitude et la latitude des principaux lieux. Mais, ainsi que ses coreligionnaires, Aboul-Feda s'attache surtout aux pays soumis à l'islamisme, l'Europe chrétienne l'occupe peu et se trouve fort négligée. Cette géographie universelle n'a pas encore vu le jour en entier ; on n'en a édité que quelques fragments [1].

Le voyageur le plus célèbre qu'ait produit l'Orient paraît être Ibn-Batouta, qui vivait au XIVe siècle. Quoique l'Europe savante ait ignoré son nom jusqu'à ces derniers temps, il n'en a pas moins de droits à son admiration. Ce fut en 1325 qu'il abandonna Tanger, lieu de sa naissance, pour se livrer à ses excursions. Il parcourut successivement l'Égypte, la Syrie, l'Arabie, la Tartarie, la Perse, l'Inde et la Chine. Et de retour en Afrique, dans un voyage particulier, Ibn-Batouta traversa l'Atlas et parvint jusqu'à Tomboctou [2], cette cité mystérieuse tant cherchée par les modernes, et que devait seulement retrouver au XIXe siècle l'intrépide Caillié [3].

Ibn-Haukal mérite aussi notre attention et comme écrivain et comme voyageur. Sa plume élégante nous a laissé de pittoresques et intéressantes descriptions de tous les pays soumis à l'islamisme, mais ce savant a traité avec trop de partialité ce qui touche aux autres contrées : il est encore plus absolu qu'Ibn-al-Ouardi et Aboul-Feda. Son attachement à la loi de Mahomet lui fait dédaigner absolument de s'occuper de l'Europe chrétienne, et il a l'audace de dire : « Il n'y a rien à louer ni à citer parmi ses nations [4]!... »

Le célèbre écrivain Makrizi doit être mentionné en

---

1. ABOUL-FEDA. *Abulfedæ tabula Syriæ.* Leipsig, 1766. *Abulfedæ Ægyptus.* Gott., 1776. — Comp. BUSHING. *Magasin de Géographie*, t. IV.

2. MALTE-BRUN. *Géographie universelle.* Paris, 1842, t. Ier, p. 186.

3. CAILLIÉ. *Journal d'un voyage à Tomboctou.* Paris, 1830.

4. IBN-HAUKAL. Manuscrits arabes de la Bibl. de Leyde. — Comp. SYLVESTRE DE SACY. *Magasin encyclopédique* et *Journal des savants*, 1823.

terminant cette revue des géographes arabes. Né en
1350 à Baalbec, dans un faubourg appelé Makriz, il
dut à cette particularité le nom sous lequel on le désigne vulgairement, car il s'appelait Taky-eddin-
Abou-Achmed-Mohammed. Ce savant, doué d'une
vaste érudition et qu'on pourrait appeler le Varron
de l'Égypte musulmane, mourut au Caire en 1442.
Ses ouvrages sont assez nombreux et se rattachent
généralement à l'histoire [1]. L'un d'eux cependant, la
description de l'Égypte [2], nous prescrit de placer
Makrizi parmi les hommes qui se sont occupés de
sciences. Cet ouvrage, dont les manuscrits ne sont
pas rares dans les bibliothèques de l'Europe, est une
inépuisable mine de documents relatifs à tout ce qui
concerne cet État. On y trouve d'amples détails sur
sa topographie, sur ses monuments, sur la religion de ses peuples, sur leurs mœurs et leur commerce.

Si, en terminant cet exposé des travaux de l'école
arabe, nous examinons quelle a été son action sur
l'agriculture, nous reconnaissons immédiatement que
cette science pratique ne fut point oubliée au milieu
de cette grande impulsion que l'islamisme donnait à
l'ensemble des connaissances humaines. Le code agricole que les dominateurs de l'Espagne livrèrent à
cette nation passe pour un modèle de perfection, et
plusieurs savants, parmi lesquels on peut citer Abou

---

1. Comp. DE SACY. *Chrestomathie arabe* ou *Extraits de divers écrivains arabes avec une traduction française.* Paris, 1827. — *Biogr. univ.,*
t. XXVI, p. 313.

2. MAKRIZI. *Description historique et topographique de l'Égypte.*

Hanifa, ont écrit des pages remarquables sur la théorie de l'agriculture et de l'hippiatrique. Ibn-el-Awwam de Séville, naturaliste qui vivait au xiie siècle, écrivit aussi sur le premier sujet [1].

1. D'Orbigny. *Dictionnaire universel d'histoire naturelle.* Paris, 1841, p. 66, 67.

CHAPITRE V.

ÉCOLE EXPÉRIMENTALE.

Dans les sciences naturelles, l'époque de l'observation est nécessairement la première de toutes, parce que, ainsi que l'a exprimé Carus, les lois de l'intelligence humaine veulent qu'avant de nous replier sur nous-mêmes, nous arrêtions d'abord notre attention sur les objets dont nous sommes entourés[1].

Aristote fut peut-être le plus profond observateur qu'on puisse citer ; mais, après ce grand homme, la méthode rationnelle s'affaiblit peu à peu, et finit par se perdre totalement. Alors, pendant une série de siècles, les sciences, déviant de la seule voie où elles puissent progresser, restèrent presque stériles dans les mains de gens dont tout le labeur ne consista plus qu'en recherches d'érudition : **Pline** fut le chef de cette autre école.

Ces deux savants célèbres résument la science de leur temps, et caractérisent deux de ses phases distinctes. L'époque grecque, que nous nommons l'époque de l'observation, a pour type le premier et son admirable *Traité des animaux*[2]; l'époque romaine, ou l'époque de l'érudition, nous offre le second et sa vaste compilation sur l'histoire naturelle[3].

1. Carus. *Anatomie comparée.* Paris, 1835, t. Ier, p. 1.
2. Aristote. Περὶ ζώων ἱστορίας. Paris, 1783.
3. Pline. *Historia naturalis.* Romæ, 1473.

Mais à ces deux périodes inaugurées par l'antiquité, le moyen âge en a joint une troisième : c'est celle de l'*expérimentation*. Cet agent, jusqu'alors négligé et duquel devait découler tout l'éclat de nos connaissances actuelles, ce sont deux hommes du XIIIe siècle, Albert le Grand et Roger Bacon, qui en conçoivent toute la puissance et la fécondité; et c'est à eux qu'il faut restituer la gloire de l'avoir indiqué les premiers. Aussi Albert le Grand et Roger Bacon sont-ils devenus, dans l'ordre scientifique, les deux plus grandes illustrations du moyen âge, comme Abélard et saint Bernard le furent dans l'ordre philosophique [1].

Ces deux savants, dont l'histoire va occuper notre plume, apparaissent au milieu d'une époque transitoire où le désordre semble parvenu à son apogée; mais, au fort de la tourmente, la société touchait à un moment suprême, car de ce chaos d'éléments en fermentation, après de nombreux avortements, devait enfin surgir la brillante époque de la renaissance.

Afin de mieux nous pénétrer des efforts et des luttes qu'ont eu à subir les hommes d'élite qui furent alors les promoteurs de cette régénération sociale, il convient de jeter un regard en arrière et de tracer un tableau succinct des mœurs d'alors. Cette étude rétrospective nous initiera aux obstacles qui entravèrent souvent notre génie national, et nous permettra de mieux juger la portée du grand mouvement scientifique dont il nous reste à parler; mouvement sérieux

1. COUSIN. *Collection et documents inédits sur l'Histoire de France.*— Ouvrages inédits d'Abélard. Paris, 1836.

et profond, frayant la route que notre siècle admire et parcourt.

Partout alors, dans l'ordre moral, dans l'ordre intellectuel, et dans l'ordre politique, on voyait se manifester une sourde et vivace agitation.

La société franchissait péniblement l'une de ces époques où un fatal relâchement semble paralyser l'essor de l'esprit humain. Les plus belles facultés restaient incultes, et tout, en France, portait l'empreinte de la barbarie des temps. L'ignorance et l'isolement rendaient presque inaccessibles aux masses les bienfaits de la civilisation naissante. La médecine rationnelle luttait corps à corps avec l'empirisme et la superstition ; la cabale et l'alchimie opprimaient le berceau des sciences, et chaque rayon lumineux qui s'échappait furtivement du sanctuaire du savoir ne parvenait au peuple qu'après avoir dissipé d'épaisses ténèbres : c'était cependant de cet incessant combat entre la lumière et la nuit que devait surgir la civilisation moderne.

La littérature et les mœurs avaient subi les plus déplorables atteintes[1].

La langue française n'existait pour ainsi dire point encore ; aucune grammaire n'en fixait les lois, et les personnes de condition ne parlaient qu'une sorte de latin barbare[2]. Notre littérature, aujourd'hui si féconde en chefs-d'œuvre, commençait seulement à

---

1. VELLY. *Histoire de France.* Paris, 1790. — HENRY. *Hist. of England,* t. II, cap. VII. — HALLAM. *L'Europe au moyen âge.* Paris, 1828, t. IV, p. 141.

2. SÉGUR. *Histoire de France.* Paris, 1827, t. V, p. 265. — VELLY. *Ibid.,* Paris, 1770, t. III, p. 98.

poindre : quelques *tensons*, quelques *romans* en formaient l'unique trésor[1]; nos barons ne savaient que porter leur armure et combattre, et les troubadours se bornaient à chanter des refrains d'amour et de guerre ! Cependant, ce fut alors que R. Wace et Joinville donnèrent naissance aux deux premiers ouvrages sérieux qui furent écrits dans notre langue vulgaire[2].

Mais si les masses croupissaient dans la plus abjecte condition intellectuelle, il faut avouer que dans d'autres classes il existait parfois une haute instruction et de fortes tendances à embrasser les plus sérieuses études. Les femmes elles-mêmes ne dédaignaient pas d'en affronter les difficultés, puisque Abélard recommandait aux religieuses du Paraclet d'étudier non-seulement le latin, mais encore le grec et l'hébreu. Il excite même leur émulation en leur rappelant que leur abbesse Héloïse connaît ces trois langues[3].

La dégradation des mœurs ne le cédait en rien à celle de la littérature. La société d'alors, formée d'éléments divers, vestiges des peuplades barbares et gallo-romaines avait hérité des vices de ces deux sources. L'immoralité soulevait partout son hideux visage, et l'édifice social, énervé et défaillant, semblait menacé d'une imminente dissolution. La prostitution trouvait

---

1. Villemain. *Tableau de la littérature au moyen âge.* Paris, 1846, t. Ier, p. 262.

2. Robert Wace. *Roman de Rou et des ducs de Normandie.* Manusc. du XIIIe siècle, B. R. — Joinville. *Histoire de saint Louis.* 1305.

3. Abélard. *De studio litterarum*, p. 180. « Magisterium habetur in ma-« tre.... quæ non solum latinæ, verum etiam tam hebraicæ quam græcæ « non expers litteraturæ, sola hoc tempore illam trium linguarum adepta « peritiam videtur. »

des adeptes parmi les classes les plus élevées, à cette époque où de puissants seigneurs ne rougissaient pas de patroner les sentines de la débauche[1].

Paris, lui-même, n'était alors qu'un cloaque de souillure et de malpropreté, où le désordre matériel le disputait au scandale des mœurs. Ses rues étroites, tortueuses et obscures, étaient remplies d'une boue infecte, d'où s'élevaient des exhalaisons d'une telle puanteur, que la résidence de nos rois en était devenue presque inhabitable[2]. Une innombrable quantité de porcs, d'oies et de pigeons, se vautraient dans les immondices répandues sur la voie publique, et y entravaient la circulation[3].

Sous Philippe Auguste l'hygiène de la capitale éprouvait cependant un salutaire perfectionnement. Le pavage, qui venait d'être inventé, commençait à être employé, mais il ne marchait qu'avec lenteur. D'un autre côté, les successeurs de ce prince, secondés par les prévôts de Paris, faisaient tous leurs efforts pour débarrasser les rues de ces troupeaux permanents d'animaux domestiques qui y entretenaient le désordre et la malpropreté[4].

1. CHATEAUBRIAND. *Analyse raisonnée de l'histoire de France*. Paris, 1832, t. III, p. 191 et 192.

2. RIGORD. *Vita Philipp. Aug.* ins. dans les *Historiæ Francorum scriptores*. Francfort, 1596.

3. RIGORD. *Vita Philipp. Aug.* Dit qu'au moyen âge il n'y avait pas de bourgeois de Paris qui n'engraissât chez lui deux ou trois cochons. Comp. chap. *Nourriture*, p. 8. *Moyen âge et renaissance*. Paris, 1852.

4. Une ordonnance de Charles V, datée de 1368, défend de nourrir des pigeons dans Paris. Des ordonnances de 1348 et de 1350 enjoignent au bourreau de tuer les cochons qu'il rencontrera dans les rues; puis de prendre pour lui la tête et d'envoyer le corps à l'Hôtel-Dieu. DE LA MARRE. *Traité de police*, t. 1er, p. 539.

Pendant la nuit, les habitants de Paris circulaient dans d'épaisses ténèbres, et les prostituées pullulaient tellement dans les rues, que saint Louis intervint pour en diminuer le nombre et mettre un frein au luxe effronté qu'elles affichaient[1]. La corruption suintait par tous les pores de la société, et ceux même qui étaient appelés à donner au peuple de salutaires maximes le surpassaient encore dans leurs débordements. Le cardinal de Vitry, dont j'atténue le tableau, s'exprime ainsi en peignant cette capitale : « Certaines gens se chargeaient de corrompre les étrangers qui y arrivaient. Une simple fornication n'était point regardée par les Parisiens comme une faute. Les filles publiques répandues dans les rues et les places y arrêtaient indistinctement les passants, en insultant grossièrement tous ceux qui refusaient de les suivre. Les vices les plus honteux et les plus abominables, ajoute-t-il, sont tellement en vigueur dans cette ville, que celui qui ne fait qu'entretenir plusieurs concubines y passe pour un homme de mœurs exemplaires. Dans les maisons, on trouve au rez-de-chaussée une école, et à l'étage supérieur un lieu de prostitution ; de sorte qu'en haut des filles éhontées se disputent leur proie, tandis qu'en bas les clercs et les étudiants se débattent bruyamment sur des questions de sciences et de théologie[2] ! »

L'ordre politique de notre patrie n'offrait pas alors une moindre agitation que les profondeurs de l'ordre

---

1. ANQUETIL. *Histoire de France.* Paris, 1832, t. II, p. 339.
2. VITRY. *Histoire occidentale.* — Comp. SÉGUR. *Histoire de France.* Paris, 1827, t. V, p. 78.

moral. Au xie siècle les communes s'insurgent contre l'ancienne domination de la féodalité ; c'est une véritable guerre entre la bourgeoisie et les seigneurs, entre la cité et le château. Ce grand fait historique généralement favorisé par la royauté, s'achève au xiie siècle, et a pour résultat l'affranchissement des communes [1].

Ce profond ébranlement d'une société agitée et impatiente imposait à l'époque un indélébile cachet. L'aspect de nos cités en reflétait la triste et vivante image : tout y portait l'indice de la guerre civile. Chaque maison paraissait construite pour servir à la fois d'habitation et de citadelle à la famille. Le premier étage, très-élevé, par mesure de sûreté, était la résidence du bourgeois et de sa femme. Une tour flanquait ordinairement l'angle du logis comme moyen de défense ; enfin, au-dessus du second étage, où probablement restaient les enfants, il existait une plate-forme servant d'observatoire [2]. La bourgeoisie d'alors, qu'on nous représente souvent comme adonnée au calme de l'insouciance, menait, au contraire, une existence rude et sévère, presque aussi orageuse que celle des seigneurs et des barons qu'elle combattait : ses membres ne déposaient que rarement la cotte de mailles et la hallebarde [3].

Ce fut cependant au milieu d'une telle confusion sociale que commencèrent à poindre les premières lueurs

1. Guizot. *Histoire de la civilisation en Europe.* Paris, 1849, p. 183.
2. Guizot. *Ibidem,* p. 193.
3. Guizot. *Ibidem,* p. 207.

14

de la renaissance des lettres et des sciences[1]. Quelques siècles s'étaient à peine écoulés depuis que l'empire romain avait disparu au sein de la plus formidable tempête. Aux anciens possesseurs du sol des Césars s'étaient mêlées des populations nouvelles, cherchant enfin le repos, après avoir roulé leurs flots tumultueux d'une extrémité de la terre à l'autre. La lueur des incendies avait éclairé la marche des envahisseurs ; un océan de sang indiquait leurs traces ; mais la religion éplorée restait seule debout, le front calme, au milieu de ce cataclysme de la barbarie. La croix, souvent ébranlée, mais se relevant toujours triomphante comme un symbole de paix, affermissait son empire, car jamais Dieu n'avait suscité une plus belle armée de génies pour défendre les bannières du christianisme !

Si, depuis quelques siècles, les mâles accents de saint Ambroise, de saint Jérôme et de saint Basile, avaient cessé de retentir au milieu des fidèles, au cœur du Moyen âge, saint Bernard, saint Bonaventure et saint Thomas d'Aquin leur succédaient ; et c'était parmi ces gigantesques champions de la foi que l'on comptait Albert le Grand, remarquable par la piété et le savoir, et qui mérite le premier rang dans l'histoire scientifique et philosophique du XIIIe siècle[2].

Albert le Grand, surnommé aussi *Albertus teutonicus, aut frater Albertus de Colonia,* naquit en 1205 à Lavingen, en Souabe[3]. Il descendait de la famille des

---

1. JOURDAIN place au XIe siècle la renaissance de la philosophie. *Recherches sur les traductions d'Aristote.* Paris, 1843, p. 1.

2. JOURDAIN. *Recherches sur l'âge et l'origine des traductions latines d'Aristote.* Paris, 1843, p. 300.

3. Quelques biographes placent sa naissance en 1193.

Bollstadt, qui alors était puissante et célèbre. Le surnom de *Magnus* lui fut imposé par son siècle, et, ce qui est plus honorable encore, du consentement unanime des écoles [1]. Il lui fut décerné en raison de ses vastes connaissances en philosophie, en théologie, en mécanique, en chimie, en physique et en histoire naturelle ; nos contemporains eux-mêmes ont ratifié cette ovation [2].

Également supérieur par l'intelligence et la piété, on peut dire que le Moyen âge n'offre rien qui le surpasse[3]. C'est à lui qu'appartient la gloire d'avoir tracé le plus vaste tableau des connaissances humaines d'alors[4] ; car, pour la première fois, il parvient à clore le cercle de celles-ci en les envisageant au point de vue chrétien, en embrassant la nature, l'homme et Dieu[5]. D'après cela, on voit que cette belle définition qu'en donne Trithème, résume tout ce grand homme : *magnus in magia naturali, major in philosophia, maximus in theologia*[6]. Oui, illustre dans la magie naturelle, comme on appelait alors les sciences qui initient l'homme aux mystérieuses opérations de la nature, et non moins illustre encore dans la philosophie et la théologie.

1. PAUL JOVE. *In Elogiis viror. doctiss.*, lib. II. — NAUDÉ. *Apologie pour les grands hommes soupçonnés de magie.* Paris, 1663, p. 372.

2. JOURDAIN. *Recherches sur l'âge et l'origine des traductions latines d'Aristote.* Paris, 1843, p. 31.

3. VELLY. *Histoire de France.* Paris, 1770, t. IV, p. 424.

4. DE GERANDO. *Histoire comparée des systèmes de philosophie.* Paris, 1823, t. IV, p. 507.

5. DE BLAINVILLE. *Histoire des sciences de l'organisation.* Paris, 1845, t. Ier, p. 80.

6. TRITHÈME. *Annales Hirsaugienses.* Typis Sancti-Galli, 1690; et *Chronicon magnum Belgicum,* 1480.

Savant profond, immense et immortelle figure qui seule suffirait pour glorifier toute une époque ! Aucun homme n'a peut-être jamais joui d'une plus vaste intelligence qu'Albert, car, comme l'ont dit Hoefer et de Blainville, il semble avoir atteint le dernier terme de la science humaine[1]. Emporté par l'enthousiasme, l'un de ses élèves, Ulric Engelbert, le peignait ainsi : *Vir in omni scientia adeo divinus, ut nostri temporis stupor et miraculum congrue vocari possit*[2]. Blount[3], Quenstedt[4] et Trithème[5], qui n'avaient point les mêmes raisons pour se laisser entraîner, en parlent avec non moins d'éloge. Dans la suite, d'autres, pour exprimer par une seule épithète toute l'admiration qu'il leur inspirait, le surnommèrent l'*Aristote du Moyen âge*. Jamais qualification ne fut mieux appropriée, car, sous tous les rapports, le philosophe chrétien se rapproche des allures du génie de Stagire, dont

---

1. F. HOEFER. *Histoire de la chimie.* Paris, 1842, t. Ier, p. 359. — DE BLAINVILLE. *Histoire des sciences de l'organisation.* Paris, 1845, t. II, p. 84.

2. ULRIC ENGELBERT. *De summo bono*, t. III, cap. IX.

3. POPE BLOUNT. *Censura celebriorum authorum.* Genevæ, 1694, p. 416. « Vir eruditionis admirandæ, quem divinarum rerum pauca, humanarum fortasse nulla latuerunt, sublimibus ingenii ac memoriæ viribus usque ad miraculum præstans, in divinis studiis longe eruditissimus, et philosophorum omnium, quos vel ante, vel post eum universa Germania protulit, princeps : ob scientiarum ejus multitudinem, magnitudinemque, magni cognomen, quod nulli unquam eruditorum contigit, ante mortem adeptus. »

4. « Albertus post Aristotelem et Theophrastum in philosophia, et in ea maxima, quæ rerum naturam scrutatur, et interpretatur, non habuisse creditur parem. »—QUENSTEDT. *De script. illustr.* (*in* Pope Blount, 417).

5. « Non surrexit post eum vir similis ei, qui in omnibus literis, scientiis et rebus tam doctus, eruditus et expertus fuerit. » TRITHÈME. *De scriptoribus ecclesiasticis.* Paris, 1497.

il est le plus éloquent interprète[1] et la plus resplendissante image[2].

Les hommes les plus éminents de notre époque n'ont pas rendu un moins solennel hommage au génie d'Albert. Les uns ont loué en lui le théologien et le philosophe[3]; les autres le savant et l'admirable encyclopédiste[4], comme on l'a parfois appelé[5].

La plume d'Albert nous a laissé plus d'écrits qu'aucun philosophe n'en a jamais composé; et les connaissances variées dont ceux-ci sont le réceptacle, attestent qu'il est aussi le plus fécond polygraphe qui soit connu[6].

L'œuvre de ce grand homme constitue vingt et un volumes in-folio. Lorsque l'on considère cet ouvrage

1. GUILLON. *Histoire générale de la philosophie.* Paris, 1835, t. II, p. 37.

2. DE GERANDO. *Histoire des systèmes de philosophie.* Paris, 1823, t. IV, p. 478. Les critiques eux-mêmes n'ont pu méconnaître cette analogie; aussi appelaient-ils notre célèbre écrivain *le singe d'Aristote.* Langii *Chronicon citicense ad an.* 1258.

3. VELLY. *Histoire de France.* Paris, 1770.—DE GERANDO. *Histoire comparée des systèmes de philosophie.* Paris, 1823, t. IV.— JOURDAIN. *Recherches critiques sur l'âge et l'origine des traductions latines d'Aristote.* Paris, 1843, p. 31 et 300.

4. DUMAS. *Philosophie chimique.* Paris, 1836, p. 19. — CUVIER. *Histoire des sciences naturelles.* Paris, 1841, t. Ier, p. 412.—HOEFER. *Histoire de la chimie.* Paris, 1842, t. II, p. 358. — DE BLAINVILLE. *Histoire des sciences de l'organisation.* Paris, t. II. — E. MEYER. *Documents pour servir à l'histoire de la botanique dans le* xiiie *siècle* (en allemand). *In Linnæa ein Journal für Botanik.* Xe vol. 1835.—CHOULANT. *Albertus magnus* représenté d'une manière historique et bibliographique (en allemand), dans le *Janus.* Breslau, 1845, p. 129. — D'ORBIGNY. *Dictionnaire universel d'histoire naturelle.* Paris, 1841, p. 79.

5. HAUREAU. *Sciences philosophiques,* p. 7. *Moyen âge et renaissance,* 1852.

6. DUFIX. *Histoire des controverses et des matières religieuses au* xiiie *siècle.* Paris, 1698, p. 246. — STAPFER. *Biographie universelle de Michaud.* — HOEFER. *Histoire de la chimie.* Paris, 1842, t. Ier, p. 359. — JOURDAN. *Biographie médicale.* Paris, 1820, t. Ier, p. 93.

immense dans son ensemble, et encore plus immense dans ses détails, on est frappé de stupeur en supputant scrupuleusement le temps qu'il a fallu consacrer à sa rédaction, et on demeure convaincu que, pour l'exécuter, la vie d'un seul homme n'a pu suffire, quelque longue, quelque laborieuse qu'on puisse la supposer. En effet, le travail d'Albert est réellement trop volumineux pour qu'un seul individu ait pu l'enfanter ; et il est probable que, comme l'avance Cuvier [1], pour écrire cette prodigieuse compilation et ses vastes commentaires, le provincial des dominicains appela à son aide de nombreux religieux de sa corporation, ainsi que cela se pratiquait en ce temps, où l'on voyait parfois le chef d'un monastère employer sous ses ordres plusieurs centaines de jeunes moines pour la confection de certains ouvrages.

Cette œuvre dont l'étendue nous étonne, est tout entière consacrée à la glorification de l'Éternel. Son auteur débute en exposant nettement sa direction générale. « Mon but, dit-il, est d'abord de louer Dieu tout-puissant, qui est la source de la sagesse, le créateur et le gouverneur de la nature [2]. »

Dieu se révèle à l'homme par sa parole et par ses œuvres. La création est le véritable domaine des sciences, aussi ces dernières sont-elles devenues le plus puissant levier qu'on puisse employer pour arriver à la démonstration des idées métaphysiques. Albert l'a senti le premier, et le premier il s'est em-

---

1. CUVIER. *Histoire des sciences naturelles.* Paris, 1841, t. Ier, p. 401.
2. « Ad laudem primo Dei omnipotentis, qui fons est sapientiæ et naturæ sator, et institutor et rector, etc. » ALBERT MAGN.

paré de l'étude de la nature pour étayer la science de Dieu ou la théologie : c'est ainsi qu'il a complété le cercle de nos connaissances : et c'est ainsi que, pour la première fois, un savant, embrassant l'universalité des sciences humaines et des sciences sacrées, s'élève jusqu'au sublime en traçant les *rapports de l'homme et de Dieu*[1] !

Le génie d'Albert semble un indestructible chaînon jeté à travers les siècles par la main de la Providence pour lier intimement les époques extrêmes de la civilisation, l'antiquité et l'âge moderne. Il apparaît au moment où les derniers reflets de la littérature ancienne s'éteignent sous le cimeterre des Tartares. Les Mogols, sous la conduite d'un Gengis-Khan, s'avancent par centaines de mille jusqu'aux rivages de l'Euxin : tout est ravagé par ce déluge des hommes du nord[2], et la cour policée des califes de Bagdad disparaît dans la tourmente avec ses trésors intellectuels. Les écoles de l'Espagne elles-mêmes ne jettent plus que de mourantes lueurs depuis que les Maures se trouvent repoussés de toutes parts. Albert apparaît alors et vient réchauffer dans son sein les traditions de la science du passé !

Mais quelle que soit la hauteur à laquelle s'est élevé Albert, il paraît que cette intelligence d'élite, qui devait à la fois recéler les trésors de la science et de la religion, fut assez lente à briller de tout son éclat. Les chroniques rapportent même que pendant sa première jeunesse son esprit paraissait tout à fait obtus,

---

1. DE BLAINVILLE. *Histoire des sciences de l'organisation.* Paris, 1845, t. II, p. 83, 84, 94.
2. HALLAM. *L'Europe au moyen âge.* Paris, 1828, t. III, p. 28.

et qu'il ne dut son développement qu'à l'intervention d'un miracle [1].

Voici la légende curieuse citée à ce sujet par Bayle [2] et quelques autres auteurs [3]. On racontait que les facultés du descendant des Bollstadt étaient tellement rebelles, qu'il fut sur le point d'abandonner le cloître, désespérant de pouvoir s'initier aux simples connaissances qu'exigeait la vie monastique; mais que la Vierge touchée de sa ferveur, de sa piété, lui apparut une nuit, environnée de toute sa gloire, et vint à son secours. Alors elle lui intima de dire en quoi il aimait mieux exceller, ou dans la philosophie, ou dans la théologie... Albert choisit sans hésitation la philosophie.

La Vierge répandit aussitôt sur lui le don du génie, en lui promettant qu'il deviendrait une des plus puissantes lumières de la science; mais intérieurement blessée de son choix, elle ajouta qu'en punition de ce qu'il avait préféré les connaissances profanes à la science divine, il retomberait avant sa mort dans sa première stupidité.

La prédiction s'accomplit rigoureusement. Albert étonna ses maîtres par ses immenses progrès, et l'univers par l'éclat de son nom; mais la légende ajoute que trois ans avant sa mort, lorsque le professeur se trouvait dans sa chaire et environné de ses nombreux

1. NAUDÉ. *Apologie pour les grands hommes soupçonnés de magie.* Paris, 1669, p. 378. — MORERY. *Grand dictionnaire historique.* Paris, 1704, t. Ier, p. 117.

2. BAYLE. *Dictionnaire historique et critique.* t. Ier, p. 359.

3. Étrange chronique qui remonte à l'époque d'Albert même, puisque le dominicain Bartholomeo da Lucca, qui fut confesseur de saint Thomas d'Aquin, en fait mention.

disciples, cette vaste et lumineuse intelligence s'éclipsa
tout à coup, comme si une puissance surnaturelle la
dominait instantanément : la parole expira sur les
lèvres du maître qui tomba comme frappé de la foudre.
Mais revenu bientôt à lui, il comprit alors que la fatale prédiction s'accomplissait[1] !

Ce fut cette destinée, dont l'explication est si facile, qui donna naissance aux vieilles chroniques du
temps, dans lesquelles on raconte que, par des voies mi-
raculeuses, Albert avait d'abord été métamorphosé
d'âne en philosophe, puis ensuite de philosophe en âne[2].

L'immense fortune dont jouissait la famille d'Albert lui permit d'étudier tour à tour dans les plus
célèbres écoles de l'Allemagne, de l'Italie et de la
France; pèlerinage indispensable pour celui qui voulait réunir un vaste réseau de connaissances, à une
époque où les hommes profonds étaient si rares, et où
chaque savant embrassait dans ses œuvres l'universalité des sciences. On pense que ce fut dans l'université de Pavie qu'il s'occupa sérieusement de philosophie, de mathématiques et de médecine. Ce fut même
dans celle-ci qu'il se lia avec Jordan, supérieur
général de l'ordre des frères prêcheurs, qui employa
tout son ascendant pour l'incorporer dans sa congrégation[3]. Édifié par son exemple, entraîné par ses discours, il se voua à la vie monastique afin de pouvoir
plus facilement suivre la carrière des sciences, car à

1. Bartholomeo da Lucca. *Historia ecclesiastica.* Lib. II, cap. xvii.
2. Bayle. *Dictionnaire critique et historique*, t. Ier, p. 359. — Velly. *Histoire de France.* Paris, 1770, t. III, p. 425.
3. Stapfer. *Biographie universelle.* Paris, 1818. — De Blainville. *Histoire des sciences de l'organisation.* Paris, 1845, t. II, p. 6.

cette époque de conflagration générale, ce n'était qu'à l'abri de l'inviolable asile d'un cloître, et sous la tutélaire protection de quelque ordre puissant que l'on pouvait trouver cette sécurité et ce calme indispensables à l'étude. Notre grand homme suivit en cela l'entraînement de son époque, pour la vie monastique[1].

Les écrivains qui, tels que le père Echard[2], Leclerc[3] et Bayle[4], ont tracé la vie d'Albert avec la plus scrupuleuse exactitude, pensent que ce fut en 1222 ou 1223 que ce grand homme prit l'habit de dominicain. Il le fit en Italie, où après avoir demeuré un an dans un couvent, il alla étudier à Padoue ou à Bologne. Lorsqu'il eut achevé ses études ses chefs l'envoyèrent à Cologne.

La haute intelligence d'Albert ne pouvait échapper à ses supérieurs, aussi celui-ci fut-il bientôt destiné à l'enseignement. Paris et Cologne devinrent successivement le théâtre de ses succès. Ses premiers essais eurent lieu dans cette dernière ville, où il paraît qu'il professa d'abord des cours sur les sciences naturelles et les sciences sacrées, branches transcendantes de l'enseignement, qui, comme le dit un savant de l'ordre le plus élevé, ne devraient point être séparées[5].

Jamais jusqu'alors la théologie et les sciences n'avaient eu un si éloquent interprète ; aussi lui ordonna-t-on successivement d'ouvrir des conférences à Fribourg, à Ratisbonne et à Strasbourg, où ses dif-

1. MICHAUD. *Histoire des croisades.* Paris, 1832, t. IV, p. 256.
2. ECHARD. *Scriptores ordinis prædicatorum recensiti.* 1719.
3. LECLERC. *Bibliothèque universelle et historique.* 1686.
4. BAYLE. *Dictionnaire historique et critique.* Paris, 1820, t. Ier, p. 364.
5. DE BLAINVILLE. *Histoire des sciences de l'organisation.* Paris, 1845, t. Ier, p. 6.

férentes missions furent une suite de triomphes. Après cela il revint se fixer à Cologne en 1240[1].

La vie du saint homme s'écoulait en pèlerinages continuels, pendant lesquels son aménité et son savoir le faisaient rechercher de toutes parts. Ses voyages ne restaient pas stériles pour son esprit, et dans chaque pays qu'il visitait, Albert puisait d'amples matériaux d'érudition en y mettant en lumière quelques manuscrits ignorés. Il les copiait lui-même ou les faisait transcrire par les religieux qui l'accompagnaient. Puis, lorsque sa mission était accomplie, l'illustre dominicain reprenait son voyage, marchant toujours à pied à travers les plus mauvais chemins, et tendant humblement la main à toutes les âmes charitables, car ainsi l'exigeait la sévérité de sa règle[2].

Lors des premiers siècles du christianisme, quelques Pères de l'Église, abandonnant par moments les abstractions de la métaphysique sacrée, se livrèrent aux sciences profanes, espérant les employer, comme un invincible glaive, pour combattre les ennemis de la foi. Après le dédain dont celles-ci avaient été environnées par les nouveaux prosélytes du christianisme[3], c'était cet hommage rendu aux magnificences de l'œuvre du Créateur que Tertullien appelait le cri d'une âme naturellement chrétienne[4]. Quelques-uns pous-

---

1. BAYLE. *Dictionnaire historique et critique.* Paris, 1820, t. Ier, p. 364.

2. HAUREAU. *Sciences philosophiques.* Paris, 1852, p. 7. *Moyen âge et renaissance.*

3. Longtemps encore après cette époque les orthodoxes sévères considérèrent l'étude de la nature comme un indice certain d'incrédulité. GIBBON. *Histoire de la décadence.* Paris, 1839, t. II, p. 40.

4. VILLEMAIN. *Tableau de l'éloquence chrétienne au IVe siècle.* Paris, 1847, p. 403.

sèrent même leurs recherches assez avant; saint Basile, dans ses homélies sur la création[1], et l'évêque Némésius, dans son traité de la nature de l'homme[2], nous révèlent un profond savoir en histoire naturelle et en physiologie. Saint Augustin, plus hardi qu'eux, proclame que les connaissances humaines sont comme autant de degrés qui élèvent l'âme vers Dieu; et c'est à leur intarissable source qu'il puise sa fécondité et son ascendant[3].

C'est en suivant la même route, c'est en s'appuyant sur leurs méditations scientifiques, que nos plus illustres penseurs, tels que Bacon[4], Descartes[5], Newton[6], Leibnitz[7] et Malebranche[8], ont porté si haut le sceptre de la philosophie moderne. Et c'est en dédaignant cette voie, que tant d'écrivains de nos jours n'ont été que d'impuissants et stériles ergoteurs.

1. SAINT BASILE. *Hexaeméron ou Homélies sur les six jours de la création*. Paris, 1827.

Ce traité qui semble être l'œuvre d'un naturaliste exercé, contient de brillants paragraphes sur la zoologie, sur la botanique et sur les phénomènes géologiques du globe.

2. NÉMÉSIUS. *De natura hominis*. Anvers, 1565. Les critiques de Harvey ont prétendu que l'on trouvait dans l'œuvre de l'évêque d'Émèse le germe de la découverte de la circulation.

3. Les connaissances scientifiques de saint Augustin percent surtout dans son traité du libre arbitre et dans celui de l'âme. Il y emploie parfois des définitions mathématiques et même des figures de géométrie. *Sanct. August. oper.*, t. Ier. On trouve aussi quelques paragraphes concernant les sciences dans la *Cité de Dieu*, lib. XVI, cap. VIII.

4. BACON. *Novum organum sive indicia vera de interpretatione naturæ*. Londini, 1620.

5. DESCARTES. *Méditations métaphysiques*. Paris, 1845.

6. NEWTON. *Philosophiæ naturalis principia mathematica*. Londres, 1687.

7. LEIBNITZ. *Protogæa ou théorie de la formation de la terre*. 1760. — *Essais de théodicée*. Amsterdam, 1716.

8. MALEBRANCHE. *Entretiens sur la métaphysique et la religion*. 1687.

Dès le début de sa carrière, Albert n'hésite pas ; il se consacre à l'imitation de ces grands modèles dont les sublimes clartés guidèrent les premiers pas du christianisme. La ferveur religieuse s'alliant en lui avec l'enthousiasme des sciences ; il ne fait que s'abandonner au penchant de son cœur, en s'élevant à la fois vers l'Éternel par la prière, par la méditation et par l'amour de ses œuvres.

C'était en se repliant ainsi vers Dieu, la patrie de l'âme, comme l'appelle saint Augustin[1], que le dominicain de Cologne puisait l'ascendant de sa mission providentielle, et son ardeur impatiente embrassait en même temps les secrets infinis de la création[2]. Il acquérait de la sorte cette diversité de connaissances qui en fit une des merveilles de son siècle.

Tout avait subi l'analyse de ses facultés. Vivifié par l'abondance de ses études, son génie, aux allures flexibles et variées, étonne et confond tous ceux qui le contemplent. Il s'élève ou s'abaisse à son gré : tantôt, planant audacieusement dans les cieux, du sein de l'immensité, il semble défier les plus vastes intelligences de l'atteindre dans son vol : tantôt, dédaignant les plaines éthérées où naguère il errait, il redescend humblement vers la terre, en s'adressant aux plus faibles esprits. Albert est un être privilégié, une créature d'élite, pouvant à la fois embrasser les incommensurables conceptions de la métaphysique et les moindres observations des sens ! Il règne aussi

---

1. *Sanct. August. oper.*, t. Ier. p. 401.
2. « Il est certain, dit Bayle, qu'Albert le Grand a été le plus curieux de tous les hommes. » *Dict. hist. et crit.*, t. Ier, p. 358.

bien sur les inaccessibles sphères de la pensée que sur les moindres atomes de la matière.

Le contact de son siècle ne souilla nullement cette belle âme qui vivait en quelque sorte détachée du monde, et n'apparaissait au milieu d'une génération dégradée et corrompue, que pour y raviver les plus pures traditions de l'aurore du christianisme. Cette fervente vertu devint même l'objet de la vénération publique, et, du vivant d'Albert, de tous côtés, elle lui attirait des éloges : les Anglais le nommaient le *maillet des vices*, le *réformateur des moines*[1].

Mais nous voici parvenus à une époque où il va falloir confondre l'histoire de notre grand homme avec celle d'un autre personnage non moins célèbre, saint Thomas d'Aquin, qui lui est intimement liée ; parce que tous deux partagent les mêmes études et les mêmes travaux ; parce que tous deux sont animés du même zèle et des mêmes sentiments ; parce que tous deux enfin, unis par la plus sainte affection, arrivent en même temps et d'un pas égal sur le seuil de l'immortalité !

Saint Thomas appartenait à l'une des plus illustres familles de son époque : il était fils de Landulfe, comte d'Aquin et seigneur de Lorette ; et, par son père, cet homme illustre se trouvait à la fois parent de saint Louis et des derniers empereurs d'Allemagne[2].

1. Mathieu Paris. *Historia major Angliæ*, de 1066 à 1259. — Naudé. *Apologie pour les grands hommes soupçonnés de magie.* Paris, 1669, p. 372.
2. Le P. Touron. *Vie de saint Thomas d'Aquin.* Paris, 1737. *Vita sancti Thomæ Aquinatis, ordinis fratrum prædicatorum, ex plurimis auctoribus recenter collecta,* qui se trouve en tête de l'édition de Venise de 1593.

Il naquit en 1226, et dès l'âge de cinq ans on confia son éducation aux religieux du mont Cassin. Ayant fait chez eux de rapides progrès, l'abbé de cette communauté conseilla aux parents du jeune Thomas de l'envoyer perfectionner ses études dans une université. Après quelques hésitations, son père le fit entrer à celle de Naples, à laquelle Frédéric II avait récemment donné une certaine impulsion.

Une vingtaine d'années s'étaient à peine écoulées depuis que saint Dominique était descendu dans la tombe, que déjà ses disciples faisaient l'ornement de l'Église par leurs talents et l'éminente sainteté de leur vie. Le fils du comte d'Aquin, séduit par leur exemple, résolut de s'éloigner d'un monde pour les pompes duquel il n'éprouvait que du dégoût, et de prendre l'habit religieux. Il n'était âgé que de dix-sept ans, lorsqu'en 1243, il entra dans l'ordre des dominicains, à Naples. En apprenant cette nouvelle, sa famille désolée tenta tous les moyens pour le ramener vers la société. Mais ni les supplications, ni les larmes de sa mère ne purent le fléchir, et les sévères paroles de son père et de ses frères le trouvèrent inébranlable.

Voulant enfin se soustraire aux instances de sa famille, Thomas avait résolu de se réfugier à Paris ; mais lorsque après avoir fait un court séjour à Rome, il se dirigeait vers la France, ses deux frères, qui servaient en Toscane, dans l'armée de Frédéric II, firent garder les routes avec vigilance, et parvinrent à l'enlever aux environs d'Aquapendente.

Aussitôt après ils l'acheminèrent vers le château de

ses parents, où tous ceux-ci tentèrent encore de le ramener à eux. Les supplications ayant échoué de nouveau, sa famille résolut d'obtenir par la violence ce que l'affection n'avait pu emporter. Mais en vain fit-on enfermer saint Thomas dans un donjon de la montagne Saint-Jean[1]; en vain ses frères, dans leur indignation, lacérèrent-ils ses vêtements : tout fut inutile, le néophyte resta inébranlable dans sa résolution. Mais au bout d'une année, la captivité du jeune religieux ayant été connue à la cour de Rome et à celle de l'empereur, le pape Innocent IV et Frédéric II sollicitèrent son élargissement. Sa famille s'étant relâchée de sa rigueur, on le fit enlever du château par quelques dominicains arrivés de Naples à cet effet, et depuis ce moment il put librement se livrer à sa vocation.

Saint Thomas fut d'abord l'élève d'Albert, avant d'en devenir l'ami[2]. Attiré par la renommé de celui-ci, en 1244, il arrive à Cologne pour se ranger parmi ses disciples, et bientôt il s'établit entre eux une intimité qui ne cessa qu'avec la vie.

L'année suivante[3], la renommée de l'illustre professeur l'ayant fait appeler à Paris, pour ouvrir des cours au collége Saint-Jacques, son élève l'y suivit immédiatement.

Là, cette sainte affection que s'étaient vouée les deux religieux resserra encore ses liens avec plus de force. Le jeune commensal possédait cependant des

1. DE VORAGINE. *Legenda aurea.* Strasbourg, 1471. *Légende de saint Thomas.*
2. DE VORAGINE. *Ibidem.*
3. BOLL, p. 662. — FLEURY. *Histoire ecclésiastique*, t. XIII, p. 224.

dehors peu capables de faire éclore les doux penchants du cœur; mais la perspicacité du maître avait su rapidement découvrir tous les trésors que dérobait l'âpreté de son enveloppe, et il s'efforçait généreusement de les mettre en évidence.

En effet, cet abîme d'érudition, que Dante lui-même place déjà à la tête des philosophes du temps, lorsqu'il les présente à l'immortel poëte [1], saint Thomas, au milieu de cette jeunesse turbulente et loquace de l'Université de Paris, menait une vie taciturne et presque sauvage, que ses camarades prenaient pour des indices de stupidité; aussi, en faisant allusion à son allure agreste, à son calme silencieux et au lieu de sa naissance, ceux-ci le désignaient-ils souvent sous le nom de *bœuf muet*, ou sous celui de *grand bœuf de Sicile* (*bos magnus Siciliæ*). Mais Albert, prévoyant déjà les hautes destinées de son jeune élève, avec un accent prophétique, assurait à ses condisciples *que les doctes mugissements de ce bœuf retentiraient un jour par tout le monde*, et il avait raison [2].

Plus tard la reconnaissance et l'admiration du disciple récompensèrent l'affection du professeur. Dans ses écrits saint Thomas invoque souvent l'autorité d'Albert, auquel il prodigue les expressions les plus laudatives; subjugué par l'enthousiasme, il va même jusqu'à lui donner l'épithète de divin maître [3].

1. DANTE. *La Divina commedia di Dante Alighieri. Paradiso*, ca
v. 96. Avignone, 1816.
2. STAPFER. *Biographie universelle*. Paris, 1811 t. I, p. 420.
3. « Sequere ergo divum Albertum Magnum, magistrum meum. » Tractus datus fratri Rainaldo, in arte alchemiæ. *Theat. chim.*, p. 272.

Dans un autre endroit son admiration s'exhale ainsi : « Si vous aviez, dit-il, sans cesse devant les yeux les règles tracées par Albert, vous n'auriez pas besoin de chercher les grands ni les rois, car les grands et les rois viendraient au contraire vous chercher[1]. »

Bientôt saint Thomas devint l'émule de son illustre maître, en lui disputant la palme de la fécondité ; mais dans son œuvre immense, le dominicain d'Aquino suit une route absolument différente : moins passionné pour les sciences physiques, il paraît plus se complaire au milieu des difficultés de la psychologie. Thomas s'occupe également des sciences, mais celles-ci ne sont considérées par lui que comme les accessoires de la pensée [2]. Le monde intellectuel animé de ses mystérieuses incertitudes, le dédale de la métaphysique, voilà son domaine ! Saint Thomas enfin s'efforce d'asseoir les bases de la science humaine sur les facultés psychologiques, tandis qu'Albert veut qu'elles s'appuient sur la philosophie naturelle[3].

Albert et saint Thomas ne restèrent dans la capitale du royaume de France que jusqu'en 1248, époque à laquelle le chapitre général de l'ordre des dominicains rappela le premier dans le sein de sa congrégation des bords du Rhin, où l'on ne voulait pas être plus longtemps privé de ses lumières[4].

---

1. « Credas pro certo, quod si dictas regulas mihi a D. Alberto tradi-« tas ante oculos habueris, non oportebit te reges et magnates, sed reges « et magnates, etc.» *Theat. chim.*, p. 273. — Hoefer. *Histoire de la chimie*, t. I, p. 383.

2. Saint Thomas. *Divi Thomæ Aquinatis doctoris angelici opera omnia.* Venetiis, 1593.

3. Haureau. *Sciences philosophiques du moyen âge.* Paris, 1850, p. 9.

4. Fleury. *Histoire ecclésiastique.* Paris, 1737, t. XII, p. 221.

De retour à Cologne, Albert déploie dans l'enseignement son zèle accoutumé et y brille d'un nouvel éclat ; puis peu de temps après, saint Thomas, grandi par les études et la méditation, est renvoyé à Paris pour y remplacer son maître et son ami.

Les biographes[1] et les peintres[2] nous ont mis à même de pénétrer les détails de la vie intime de notre savant religieux. Ils le représentent en extase ou se livrant à l'étude dans une cellule, qu'éclairent à peine quelques rayons de lumière diversement colorés, franchissant d'étroites verrières, imparfaits essais des rustiques imagiers du temps. Çà et là l'œil démêle, à travers le jour indécis qui règne dans cette pièce, quelques instruments de physique et d'astronomie[3], exécutés avec cette surcharge d'ornements dont on les décorait alors[4]. Ailleurs s'offrent pêle-mêle des matras de forme bizarre, et quelques-uns de ces fourneaux étrangement compliqués, dont les princes de la

1. JAMMY. *Vitæ B. Alberti magni ex gravissimis authoribus excerpta epitome.* Lyon, 1651. — PIERRE DE PRUSSE. *Vita Alberti magni auctore Petro de Prussia.* Souvent réimprimé. — POPE BLOUNT. *Censura celebriorum authorum.* Londres, 1690.—TRITHÈME. *De scriptoribus ecclesiasticis.* Bâle, 1494. — *Ristretto della prodigiosa vita del B. Alberto magno, descritta da Rinaldo Tacera,* nom sous lequel s'est caché le dominicain Raphaël Badi. Florence, 1670.—NAUDÉ. *Apologie pour les grands hommes soupçonnés de magie.* Paris, 1769.

2. On trouve le portrait d'Albert dans JAMMY. *Vita B. Alb. magn.;* dans BOISSARD, *Biblioth. chalcogr.,* t. I, III, IV, et dans FREHER. *Theatrum virorum eruditione clarorum.* Nuremberg, 1688.

3. Albert s'occupa beaucoup d'astronomie, car Pic de La Mirandole rapporte qu'il fut le premier à recevoir les écrits grecs et arabes que l'on dut aux soins d'Alphonse, roi d'Espagne. *Disputat. in astrologiam.* Lib. XII. — JOURDAIN, *op. cit.,* p. 219.

4. Les premiers essais des graveurs des siècles suivants, et en particulier les productions d'Albert Durer, peuvent nous donner une idée de ces instruments.

métallurgie nous ont légué la description[1], et dans lesquels les *souffleurs* s'efforçaient de violenter les métaux en travaillant au grand œuvre.

Au milieu de ce réduit, où se trouvait coercé en désordre dans l'ombre et le silence, tout ce qui peut éclairer l'avide curiosité de l'homme, s'élevait une table encombrée de manuscrits et de minéraux[2]. Devant celle-ci, dans une stalle grossièrement sculptée, durant le jour et souvent même pendant toute la nuit, à la clarté d'une lampe, siégeait un frêle religieux absorbé par la méditation. Ce religieux c'était Albert le Grand; c'était l'ancien évêque de Ratisbonne, ayant déposé la pourpre épiscopale pour se revêtir de la bure d'un frère prêcheur; c'était un auguste prélat dédaignant les lambris dorés d'un palais pour sa studieuse cellule de dominicain; mais, c'était aussi le génie, pénétré du sentiment de sa puissance, et plus jaloux de l'immortalité que des honneurs de la terre.

Mais cette incontestable supériorité, acquise au milieu d'un siècle où la plus absurde crédulité dominait les esprits, Albert l'a payée chèrement par ses effets sur l'opinion vulgaire. Son nom, étrange destinée! dans le sein des masses, ne réveille encore que des idées de cabale et de magie. Il semble même aux plus superstitieux qu'il suffit de le prononcer au milieu de la solitude et de la nuit, pour évoquer les sylphes et les gnomes qui animent les plaines éthé-

---

1. Comp. AGRICOLA. *De re metallica*. Bâle, 1546.

2. Albert s'était composé une bibliothèque aussi nombreuse que cela était possible alors. JOURDAIN, *op. cit.*, p. 304, 324.

rées et les antres mystérieux du globe[1]. Le charme à
peine employé, l'œil inquiet, la poitrine haletante, ils
s'attendent à voir apparaître quelques danses de ces
divinités de l'air, dont les festons ondoyants et légers
effleurent la surface d'un lac enchanté; ou bien ils
s'imaginent qu'ils ont évoqué les rondes infernales
des hôtes du sabbat. Et cependant, hélas! cet Albert
redouté dans nos campagnes, ce symbole des sortiléges et des maléfices[2] dont, sous le chaume, on
ne prononce jamais le nom sans effroi, il vivait
sous l'autorité du plus saint des rois, et c'était au
centre de sa capitale, sous son égide, qu'il ouvrait
ses doctes et savantes leçons; c'était l'ami de cœur
de saint Thomas et le prince de l'éloquence sacrée;
c'était, enfin, le soutien de l'Église et le bras droit
d'Alexandre IV[3]!

C'était à de salutaires et abondantes sources que
Albert puisait la supériorité de son esprit et de sa foi :
sa vie se passait en studieuses recherches et en fer-
ventes prières; véritable vie de saint et de savant[4].
Tantôt, cette lumineuse intelligence se prosternait
humblement devant la majesté des autels, et tantôt
brisant audacieusement les entraves de la pensée,

---

1. Comp. Naudé. *Apologie pour les grands hommes soupçonnés de magie.* — Mayer. *Symboles de la table d'or des douze nations.* — Colin de
Plancy. *Dictionnaire infernal.* Paris, 1850, p. 16.

2. « Non surrexit post eum vir similis ei qui in omnibus literis,
scientiis et rebus, tam doctus, eruditus, et expertus fuerit. Quod autem
de necromantia accusatur, injuriam patitur vir Deo dilectus. » Trithème.
De scriptoribus ecclesiasticis, p. 195.

3. Bayle. *Dictionnaire historique et critique.* Paris, 1820, t. I, p. 358.
— Stapfer. *Biographie universelle.* Paris, 1811, t. I, p. 420.

4. Mézerai. *Abrégé chronologique de l'histoire de France.* Amsterdam,
1740, t. V, p. 423.

elle s'élançait vers les cieux. Telle est la destinée de l'homme dont l'intelligence subjugue l'organisme; sa vie n'est souvent qu'une lutte incessante, où semblable à ces flots tumultueux se révoltant contre leur ceinture de rochers, l'esprit cherche aussi à s'élancer au delà de ses infranchissables limites !

C'est ce tableau animé qu'a peint avec de si vives couleurs la philosophie germanique; véritable combat corps à corps, à forces égales, entre l'essence immatérielle et la matière elle-même[1]. Moment suprême, durant lequel les témérités de la pensée sondent les plus impénétrables mystères, et tantôt revivifient les anciennes créations avec la poussière des cataclysmes[2], tantôt déchirent les voiles de l'avenir à l'aide des abstractions de l'intellect.

Telles étaient aussi les tendances du novateur de Cologne : fortifié par ses travaux et ses voyages, il semblait apte à tout embrasser. Émerveillé des magnificences de la création, il s'efforçait parfois d'en soulever le mystérieux voile. Tour à tour, cet Océan, berceau de l'univers, ces immenses glaciers, semblables à de gigantesques palais de cristal, et ces montagnes couronnées d'un éternel diadème de neige, devenaient l'objet de ses méditations. Durant le calme des nuits, il essayait de pénétrer la silencieuse marche des globes lumineux qui peuplent harmonieusement le ciel. Ainsi son esprit, tantôt s'attachait à la terre,

1. BREMSER. *Traité zoologique et physiologique des vers intestinaux de l'homme.* Paris, 1837, p. 73.
2. BURNET. *Telluris theoria sacra.* Londres, 1789. — CUVIER. *Ossements ossiles.* — F. KLÉE. *Déluge.* Paris, 1847.

et tantôt s'égarait dans le sein de l'immensité ! Mais bien différent de ces hommes d'élite dont quelques poëtes nous peignent le moral inquiet et agité[1], Albert ne se révolte pas contre les bornes de l'intelligence humaine; il n'attaque pas témérairement les mystérieux décrets de la Providence; on le voit au contraire s'incliner devant l'éblouissant éclat du Créateur, et toutes les ressources de son vaste esprit s'épuisent à glorifier la sublime majesté de son œuvre.

Ainsi se consumait la vie du pieux Albert. Pendant ses entraînantes méditations, les heures fuyaient d'une aile rapide ; aussi, que de fois, à travers les gothiques embrasures de sa cellule, le solitaire n'aperçut-il pas la ceinture de l'horizon s'éclairant aux premiers rayons du jour. Alors, s'agenouillant humblement, les yeux tournés vers le ciel, une hymne éloquente à la gloire de Dieu s'échappait de son cœur[2]. Souvent, durant l'exaltation du cénobite, la nature elle-même consacrait le temple ! Les vapeurs matinales, en baignant les cimes du lointain, semblaient un océan de pourpre et d'or, du sein duquel s'élançait le soleil, en donnant à ce tableau le majestueux aspect d'un tabernacle resplendissant de lumière !

Le théâtre sur lequel Albert répandait ses doctrines s'agrandissait chaque jour ; bientôt ce fut Paris qui le devint, vers la fin de 1245[3]. A cette époque, l'Uni-

---

1. GOETHE. *Faust*, acte I, scène I. — BYRON. *Manfred*, acte I, scène I.— SCHILLER. *Les Brigands*, acte I, scène II.

2. « .... Ducem quærebat in prælucente aurora, beatissimam scilicet virginem, eamque enixe orabat, etc. » JAMMY. *Vit. B. Alberti magni.* Lyon, 1651.

3. LECLERC. *Bibliothèque universelle et historique.*

versité de Paris avait acquis une telle renommée, qu'on venait y étudier de toutes les parties de l'Europe[1]. Les nombreux monastères répandus à la surface de celle-ci y envoyaient des écoliers qui étaient reçus dans les communautés de la capitale. Albert vint encore ajouter à l'illustration de cette université qui, comme le dit Mézerai dans son vieux langage, « avait *offusqué* toutes les autres, et avait recueilli dans son sein tous les arts et toutes les sciences, pour les distribuer au reste de la chrétienté[2]. La haute réputation du dominicain de Cologne y attira bientôt plusieurs milliers d'élèves ; mais aucun cloître ne pouvant suffire pour contenir une telle affluence d'auditeurs, le savant maître fut obligé de s'installer dans une place publique et d'y faire ses leçons en plein air. Environ un siècle avant, Abélard s'était déjà trouvé dans la même nécessité, et l'on vit alors ses disciples le suivre dans les plaines de la Champagne. Albert n'alla pas si loin ; il choisit une place de Paris, voisine du couvent qu'il habitait, et ce fut elle qui, en mémoire de sa primitive destination, reçut le nom de place *Maubert,* nom qu'elle porte encore aujourd'hui, et qui n'est qu'une contraction de celui de *Maître Albert,* dénomination sous laquelle on désignait alors le chef d'école[3].

1. JOURDAIN. *Recherches critiques sur l'âge et l'origine des traductions latines d'Aristote.* Paris, 1843. — VILLEMAIN. *Tableau de la littérature du moyen âge.* Paris, 1846, t. I, p. 295.

2. MÉZERAI. *Abrégé chronologique de l'histoire de France.* Amsterdam, 1740, t. V, p. 107.

3. MORERI. *Dictionnaire historique,* t. I, p. 117. — CUVIER. *Histoire des sciences naturelles.* Paris, t. I, p. 412. — CHEVALIER. *Essai sur l'histoire littéraire du moyen âge.* Paris, 1833, t. I, p. 170.

Là, pendant plusieurs années, celui-ci tient
le timon de l'enseignement d'une main ferme et
expérimentée. A son début, il assied solidement
sa chaire sur les débris de la science antique, tandis que par l'autorité de sa parole, il indique une
route inexplorée : on dirait qu'un monde épuisé s'é-
croule sous ses pieds, tandis qu'une civilisation
nouvelle, avec tous ses éléments de vie et de fécondité, se révèle par ses lèvres ! Il devient ainsi
le lien vivant du passé et de l'avenir. Les jeunes
clercs qui encombraient les bancs de l'Université,
éblouis par le vaste savoir d'Albert, ainsi que par
le charme de son langage, idolâtraient leur professeur. Ils ne voulaient même plus souffrir d'autres
maîtres que ce frêle et débile religieux, amaigri
par les veilles studieuses, et dont ils attendaient le
dernier mot de la science humaine ! Tel était son
ascendant sur ses disciples, que ceux-ci prétendaient que pour lui les cieux et la terre n'avaient plus
d'impénétrables secrets ; et on disait vulgairement
alors *que sa science était auprès de celle de ses rivaux,
ce que la lumière du soleil est auprès de la pâle clarté
d'une lampe sépulcrale* [1].

La renommée du professeur illustre attirait fréquemment autour de sa chaire quelques-uns des
hommes les plus remarquables de l'époque. Parmi la
foule qui en encombrait les abords, l'œil s'arrêtait
sur le visage large et épanoui, mais cependant grave

1. H. HAURÉAU. *Sciences philosophiques.* Paris, 1850, p. 80. *Le moyen
âge et la renaissance.*

et méditatif, d'un auditeur dont l'ample tournure, la tunique grise et les sandales annonçaient un moine cordelier; celui-ci, la bouche béante et l'oreille attentive, semblait ne vouloir laisser échapper aucune des paroles du maître : c'était Roger Bacon[1], dont la supériorité devait être flagellée par de si longues persécutions, et qui déjà peut-être méditait les bases de son Grand œuvre[2].

Près de là aussi, mais encore plus sévère et plus attentif, siégeait un moine dominicain dont l'aspect avait quelque chose d'âpre et de rude ; le sourire ne déridait jamais l'austérité de son front, et sa bouche immobile et muette au milieu de cette tumultueuse jeunesse, ne s'ouvrait qu'à de rares intervalles. Ce religieux, dont la supériorité intellectuelle devait racheter quelques imperfections physiques, c'était saint Thomas d'Aquin[3].

Au nombre des élèves de notre grand homme, on ne peut omettre de citer aussi deux individus dont le nom se trouve étroitement lié au sien, ce sont Thomas de Cantipré et Albert de Saxe, auteurs de plusieurs productions qui ont parfois été attribuées à l'illustre dominicain.

A ces divers personnages on pourrait probablement encore, d'après Mézerai, en ajouter une foule d'autres, car l'Université de Paris attirait ou produisait tout ce qu'il y avait d'hommes doctes

---

1. DESMICHELS. *Précis sur l'histoire du moyen âge.* Paris, 1843, p. 256.
2. R. BACON. *Opus majus.*
3. LECLERC. *Bibliothèque universelle et historique.* 1686-93.
Bayle pense au contraire que saint Thomas suppléa Albert pendant son absence de Cologne.

dans le royaume[1] ; aussi, selon lui, a-t-on dû compter parmi les disciples d'Albert, Vincent de Beauvais le savant encyclopédiste du xiiiᵉ siècle ; l'alchimiste Arnaud de Villeneuve ; l'astronome Jean de Sacrobosco[2] ; Michel Scot qui cultiva avec distinction l'astronomie et les mathématiques ; l'irréfragable de Hales, Bonaventure, et Duns Scot, tous trois appartenant aux frères mineurs. A ces hommes marquants on peut ajouter encore Robert de Sorbonne ; Guillaume de Saint-Amour ; et Étienne III, évêque de Paris, et Guillaume archevêque de Tyr et chancelier de saint Louis[3].

Quelques biographes prétendent aussi que Dante visita Paris durant le règne de saint Louis, et assista parfois aux leçons d'Albert[4] ; mais c'est une erreur, car le *grand justicier* du xiiiᵉ siècle, ainsi que le nomme Villemain, n'était pas encore né à l'époque à laquelle elles eurent lieu[5].

Pendant trois ans qu'il se continua dans la capitale, l'enseignement de *maître Albert* fut une suite de succès. Ses doctrines s'étaient tellement identifiées alors avec les besoins de l'école, qu'elles devinrent, pour ainsi dire, l'unique pâture des clercs studieux qui y affluaient : aussi, ceux-ci l'appelè-

1. Mézeray. *Abrégé chronologique de l'histoire de France.* Amsterdam, 1740, t. V, p. 419.
2. Weidler. *Hist. astron.*, 277. — Bailly. *Histoire de l'astronomie moderne.* Paris, 1777, t. I, 298.
3. Mézerai. *Ibidem.*
4. Papyre Masson. *Élog.*, t. II. — Naudé. *Additions à l'histoire de Louis XI*, p. 175. D'après Boccace. *Genealog.*, cap. vi.
5. Bayle. *Dictionnaire historique et critique.* Paris, 1820, t. V, p. 380.

rent-ils longtemps le *nourricier des escoliers*, métaphore par laquelle ils rappelaient que c'était de son sein que découlait la nourriture intellectuelle de leurs jeunes années[1].

La haute réputation qu'Albert avait acquise dans l'enseignement, lui valut bientôt la dignité de **Provincial** des dominicains de l'Allemagne, à laquelle on l'éleva en 1254[2]. Ce fut alors qu'il se fixa à Cologne, résidence qui lui offrait plus de ressources que toute autre pour ses savantes études, et pour la propagation de ses idées. Il commença l'accomplissement de sa mission en visitant à pied les diverses provinces soumises à sa juridiction, tant ses mœurs avaient de simplicité[3]. En vain de grands avantages ou d'immenses honneurs lui furent-ils offerts ailleurs; ni les faveurs des papes, ni l'accueil des rois, ne purent le ravir pour longtemps à sa chère cellule des bords du Rhin, où il paraît avoir accompli ses principaux travaux.

Quelque temps après son installation dans sa ville de prédilection, Albert fut, il est vrai, ravi à ses études. Sa haute renommée avait fait concevoir au pape le projet de le fixer dans la capitale du monde chrétien. A cet effet, Alexandre IV lui conféra la charge de maître du sacré Palais, et l'appela près de lui. Il se rendit alors à Rome pour recevoir l'investiture de son

1. Mathieu Paris. *Chroniques.* — Naudé. *Apologie pour les grands hommes soupçonnés de magie.* Paris, 1769, p. 372.
2. Stapfer. *Biographie universelle.* Paris, 1811, t. I, p. 420. — Bayle. *Dictionnaire critique et historique.* Paris, 1820, t. I, p. 364. — Leclerc (*Bibliothèque universelle et historique*, 1686-93) dit en 1251.
3. Bayle. *Ibidem.*, t. II, p. 364.

nouvel emploi, et durant son séjour dans cette ville, son ardeur pour l'enseignement le fit y ouvrir des conférences théologiques. Mais s'étant bientôt lassé de l'importante charge qui lui avait été confiée, il quitta l'Italie avec joie, et revint fidèlement retrouver sa tranquille retraite à Cologne.

On dit encore qu'il se rendit de nouveau à Rome en 1255, en compagnie de saint Thomas, pour y soutenir la cause des différents ordres mendiants attaqués alors par l'Université de Paris[1].

Depuis environ douze ans, Albert, dans toute la plénitude de son talent, se livrait à l'enseignement à Cologne, où sa brillante réputation jetait sur l'ordre une immense considération, lorsque tout à coup, en 1260[2], une bulle du pape le nomma évêque de Ratisbonne. La cour de Rome avait pensé que sa haute vertu et son profond savoir pouvaient seuls remédier à u desordre temporel et spirituel qui régnait au sein du diocèse qu'on lui confiait.

Mais cette nouvelle jeta la consternation dans tout l'ordre des frères prêcheurs, qui se voyait ainsi enlever celui qui en était devenu la principale illustration. Son général, Humbert de Romans, écrivit immédiatement à Albert, afin de le retenir, une lettre infiniment curieuse, mais fort peu orthodoxe : « On dit que vous êtes destiné à un évêché ? » lit-on dans cette étrange missive ; « qui pourrait croire qu'à la fin de votre vie, vous voulussiez mettre cette tache à votre gloire et à

1. *Historia Universitatis Parisiensis*, 1255. — *Histoire de la philosophie hermétique.* Paris, 1742, t. I, p. 121.
2. BAYLE. *Dictionnaire historique et critique.* Paris, t. II, p. 364.

celle de l'ordre que vous avez tellement augmentée ? Ne soyez pas touché, je vous en conjure, des conseils ou des prières de nos seigneurs de la cour de Rome ; ces sortes d'affaires se tournent bientôt en raillerie et en dérision ! » Mais à mesure que l'épître du général tire à sa fin, les injonctions deviennent de plus en plus pathétiques ou impérieuses, et, en la terminant, il va jusqu'à s'écrier : « Puissé-je apprendre que mon cher fils est dans le cercueil, plutôt que sur la chaire épiscopale ! Je vous en conjure donc à genoux, par l'humilité de la sainte Vierge et de son Fils, de ne pas quitter votre état ! »

Mais Albert fut inflexible à tant de satire et d'amour, à tant de fiel et d'affection : il accepta[1].

Bientôt après on le vit s'asseoir sur le siége épisco-pal de Ratisbonne. A peine y était-il installé, que déjà il avait conquis tous les cœurs par son inépui-sable charité, et surtout par la simplicité de ses mœurs, qui contrastait avec le faste qu'affectait le haut clergé du temps. Les prélats de l'Allemagne et de quelques autres États vivaient alors avec beaucoup d'ostentation. Constamment environnés d'un imposant appareil de guerre[2], ils employaient fréquemment la voie des armes pour faire prévaloir les droits de leurs évêchés[3]. Souvent même ils ne marchaient qu'escortés d'un nombreux personnel d'hommes d'armes bardés de fer, et leur résidence ressemblait plutôt à un camp

1. FLEURY. *Histoire ecclésiastique*, t. XII, p. 263.
2. ÉGIDE DE VITERBE, général de l'ordre des Augustins. — DE FELICE. *Histoire des protestants de France*. Paris, 1850, p. 10.
3. MICHAUD. *Histoire des croisades*. Paris, 1848, t. I, p. 58.

qu'au paisible séjour du pasteur d'une religion de paix[1]. Au lieu de cet entourage, Albert se confie à la sauvegarde de ses vertus, à l'affection de son troupeau.

Cependant les honneurs de l'épiscopat n'eurent que fort peu de charmes pour notre savant religieux. Après trois ans d'exercice dans cette nouvelle fonction, il sollicita du pape Urbain IV la permission d'abdiquer sa prélature, et l'ayant bientôt obtenue, il revint immédiatement dans sa chère ville de Cologne, où il avait conquis tant de gloire et goûté de si pures jouissances au milieu de ses études ; et c'est avec bonheur qu'il échange un titre magnifique contre sa laborieuse mission de frère prêcheur[2].

La propagation de la foi semblait une impérieuse nécessité pour la nature de notre dominicain ; aussi, immédiatement après s'être réinstallé dans son ancien cloître, il y reprit ses leçons de théologie[3] ; mais celles-ci ne devaient avoir qu'une courte durée, à cause de la grande fermentation qui se manifestait alors dans le sein de toute la chrétienté.

En effet, pendant que ces diverses permutations s'opéraient dans la vie du religieux de Cologne, l'Europe commençait à s'émouvoir d'une extrémité à l'autre au récit de ce qui se passait dans la terre sainte. L'archevêque de Tyr et le grand maître des templiers étaient venus en Occident pour y répéter

1. Deslandes. *Histoire critique de la philosophie.* Amsterdam, 1756, t. III, p. 312.

2. Fleury. *Histoire ecclésiastique*, t. XII, p. 499.

3. Bayle. *Dictionnaire historique et critique.* Paris, 1820, t. I, p. 364.

les gémissements des fidèles de la Syrie. Les princes chrétiens brûlaient de venger leurs derniers désastres, et saint Louis allait pour la seconde fois prendre la croix et planter sa royale bannière sur la terre des infidèles[1].

Il était dans la destinée d'Albert de prendre part aux grands événements qui se préparaient dans le sein de la chrétienté. Sa haute renommée, cette puissante éloquence avec laquelle il savait émouvoir et dominer les masses, le firent choisir par le pape Clément IV pour être l'un des instigateurs de la guerre sainte. Celui-ci lui intima l'ordre d'aller prêcher la croisade dans toute l'Allemagne et la Bohême[2]. Abandonnant alors ses études scientifiques pour embrasser les intérêts de la religion, le savant, avec cette simplicité qui le caractérisait, se mit en route dans le modeste appareil d'un frère prêcheur, et accomplit ainsi son importante mission[3].

Enfin, après tant de courses et tant de travaux énervants, de retour à Cologne, où il espérait retrouver ses tranquilles études et un salutaire repos, il éprouve une cruelle déception en y rencontrant de nouveaux ordres qui l'arrachent encore à ses occupations favorites. En 1274, un bref du pape Grégoire X lui enjoignait de se rendre au concile de Lyon, où sa confiance l'appelait pour y faire prévaloir par son éloquence

---

1. Michaud. *Histoire des croisades.* Paris, 1849, t. III, p. 256.
2. Bayle. *Dictionnaire historique et critique.* Paris, 1820, t. I, p. 364.
Échard ne parle nullement de cette mission. *Scriptores ordinis prædicatorum recensiti.* 1719.
3. Stapfer. *Biographie universelle*, t. I, art. Albert.

et son autorité, les droits de Rodolphe, roi des Romains[1].

Après s'être agenouillé devant le bref du chef de la chrétienté et en avoir brisé les enveloppes, l'âme aimante d'Albert éprouva un éclair de bonheur en pensant que dans le sein de cette religieuse réunion, il allait retrouver son ancien disciple et son ami. Mais, dans ses immuables décrets, Dieu en avait arrêté autrement. Saint Thomas, en se rendant au congrès, tombe malade et meurt dans une pauvre abbaye des environs de Terracine. Les chroniqueurs du temps racontent qu'un phénomène imposant se manifesta dans les cieux au moment où se brisa cette robuste colonne de la foi, comme pour en avertir le dominicain de Cologne ! On lit dans la *Légende dorée*, que durant les trois jours qui précédèrent la mort du saint, une étoile environnée d'une effrayante chevelure, apparut au-dessus du monastère qu'habitait Albert; puis qu'au moment où, entouré de ses religieux, celui-ci prenait son repas du soir, l'astre pâlit et disparut tout à coup. Alors l'illustre évêque, sous l'impression d'une terreur profonde, versa d'abondantes larmes en s'écriant avec un accent prophétique : Le frère Thomas d'Aquin, mon fils en Jésus-Christ, lui qui fut la lumière de l'Église, est en ce moment rappelé dans le sein de l'Éternel[2] !

---

1. BAYLE. *Dictionnaire historique et critique.* Paris, 1820, t. I, p. 364.
— DE BLAINVILLE. *Histoire des sciences de l'organisation.* Paris, 1845, t. II, p. 7.
2. J. DE VORAGINE. *Legenda aurea.* Strasbourg, 1471. *Ab hac luce hodie migravit.*

C'était à sa sainte mission de professeur qu'Albert revenait toujours avec plaisir, lorsque les charges dont il était accablé le lui permettaient ; aussi, immédiatement après la session du concile de Lyon, revint-il de nouveau reprendre ses leçons publiques à Cologne ; et ce fut même sur ce véritable champ de bataille que sa vie commença à s'éteindre. Il se trouvait environné de ses disciples, lorsque, pendant une démonstration, sa mémoire s'obscurcit subitement et la parole expira sur ses lèvres. Le religieux se souvint alors de la révélation de la Vierge : ce signe devait être le présage de sa mort prochaine. Aussi, plein d'une pieuse résignation, on le vit immédiatement se recueillir quelques instants et dire un éternel adieu à ses élèves ! A compter de ce moment, il ne vécut plus que pour se préparer saintement à quitter le monde. Depuis lors, Albert, se dérobant à sa cellule solitaire, s'acheminait chaque jour vers le lieu préparé pour sa sépulture. Là, ce front naguère radieux, mais actuellement terne et sombre, déjà empreint des stigmates du néant, se prosterne dans la poussière ; et cette voix, qui fut l'un des foudres de l'Église, alors presque éteinte, récite péniblement l'office des morts au milieu du silence des tombeaux !

Ce fut après avoir, lui-même, assisté en quelque sorte à sa longue agonie, qu'Albert mourut saintement le 15 novembre 1289[1]. Alors, un silence sépulcral se répandit au sein des écoles ; toutes les intelligences

---

1. JAMMY, *Vitæ B. Alberti magni ex gravissimis authoribus excerpta epitome*, prétend que la mort de ce grand homme eut lieu neuf années plus tôt, en 1280.

qui président aux plus nobles facultés s'enveloppèrent d'un linceul : la religion perdait l'un de ses plus fermes soutiens; la philosophie et les sciences leur plus éloquent et leur plus savant interprète!

Les funérailles du grand homme se firent avec une magnificence en rapport avec sa haute renommée. L'archevêque Sifrid et les chanoines de la cathédrale et des collégiales y assistaient, ainsi qu'une foule de gens nobles et d'hommes du peuple[1].

Afin de satisfaire deux villes qui pouvaient à la fois revendiquer cet écrivain célèbre, on partagea sa dépouille mortelle en deux portions. Son corps fut enterré à Cologne, au milieu du chœur de l'église du couvent des Jacobins; et ses entrailles furent enlevées et portées à Ratisbonne, qui avait réclamé sa part des restes de son ancien évêque.

La vie d'Albert avait eu trop de retentissement pour ne pas exciter la verve de ses admirateurs; aussi, après sa mort, quelques-uns d'entre eux essayèrent-ils, dans leurs poétiques stances, de lui rendre un hommage mérité[2]. Tel fut, en particulier, J. Vitale, qui écrivit pour lui une épitaphe où règne une emphase que l'immense célébrité du savant rendait tout à fait inutile[3].

<hr>

1. P. JAMMY. *Ibidem.* Lyon, 1651. — FLEURY. *Histoire ecclésiastique.* Paris, 1737, t. XII, p. 500.

2. BLOUNT. *Censura celebriorum authorum.* Genevæ, 1694, p. 418.

3. *Epitaphium Alberti magni auctore Jano Vitale Panormitano.*

> Natura has violas, ratio hic tibi lilia passim
>   Ad tumulum spargunt Teutone magne tuum.
> Purpureis quarum tribulos avellis ab hortis,
>   Et pulchris violis lilia mixta seris ;
> Aviaque abstrusæ pandis penetralia causæ :
>   Vere igitur magni nomine dignus eras.
>
>   Phil. l'ABBÉ. *In thes. epithaph.*

La crédulité des chroniqueurs qui s'est tant exercée sur la vie d'Albert, l'a poursuivi jusque dans le cercueil. Plusieurs de ceux-ci rapportent que trois cents ans après sa mort, sur l'ordre de Charles-Quint, sa tombe fut ouverte[1], et que lorsqu'on eut extrait le corps qu'elle contenait, toute l'assistance fut frappée de la merveilleuse conservation qu'il offrait. Immédiatement après, on le replaça dans son monument; mais les amis du merveilleux ne virent dans ce phénomène que la mystérieuse main de Dieu; et ils prétendirent qu'elle n'était intervenue là que pour confondre par un miracle ceux qui avaient douté de la sainteté d'Albert, ou qui l'avaient injurieusement taxé de magie[2]. Un jésuite, nommé Radérus, fit même quelques vers latins sur cette miraculeuse conservation[3].

Certains auteurs en peignant notre savant célèbre ont avancé qu'il avait une stature au-dessous de la médiocre. Bullard[4] va même jusqu'à dire qu'il était tellement petit, qu'à son arrivée à Rome, lorsqu'il eut dévotement baisé les pieds du pape, Sa Sainteté lui ordonna

1. THEVET. *Histoire des hommes illustres*, t. II, p. 87. — BAYLE. *Dictionnaire historique et critique.* Paris, 1820, t. I, p. 363. — MORERY, *Grand dictionnaire historique*, Paris, 1707, t. I, p. 117, par erreur dit deux cents ans.

2. Testimonium quod ejus sanctitati Deus perhibuit, patratis in ejus gratiam miris plerisque operibus, et ipsius Alberti corpore ad hancusque diem a labe et putrefactione exempto. » Theophil. Raynaudi Hophloth. sect. II, serm. 1, p. 149.

3. BULLARD. *Académie des sciences*, t. II, p. 142, cite ces vers qui finissent ainsi :

> Illius (Aristotelis) doctas mirentur sæcula chartas,
> Miror ego salvas post tria sæcla manus.

4. BULLARD. *Académie des sciences*, t. II, p. 148 et suiv.

de se relever, le croyant encore à genoux, quoiqu'il se fût déjà remis debout[1]. Mais ces assertions ne paraissent avoir aucun fondement, comme on l'a reconnu lors de l'exhumation du saint homme ; moment où les proportions de son corps n'ont pas paru moindres que celles que possède ordinairement notre espèce[2].

Maintenant que nous connaissons la vie d'Albert le Grand, et les circonstances dans lesquelles il a produit ses importants travaux, nous allons nous occuper de ceux-ci. Ils se présentent sous deux formes distinctes, qui n'ont pas peu contribué aux jugements si opposés qu'on a portés sur cet homme illustre. Les uns tout à fait apocryphes et absolument indignes de sa plume, sont malheureusement ceux qui ont le plus souvent guidé l'appréciation du vulgaire ; les autres moins connus, portent l'empreinte de son génie.

Nous commencerons par les premiers, qui ont tant contribué à faire considérer notre philosophe chrétien comme un des suppôts de la magie.

Au Moyen âge, l'existence de la sorcellerie était mise hors de doute par toutes les populations, et la terreur qu'elle inspirait dominait despotiquement les esprits. Les uns se croyaient asservis à sa puissance occulte, et les autres s'imaginaient en être les adeptes ; rêves du délire que n'interrompirent ni les bûchers ardents, ni les sanglantes exécutions ! Insensés explorateurs d'un monde surnaturel, que d'implacables juges décimèrent sans pouvoir les convaincre[3] ! Cet

---

1. BAYLE. *Dictionnaire historique et critique*, Paris 1820, t. I, p. 364.

2. Pierre de Prusse, qui assista à son exhumation, a même mesuré ses os. LECLERC et BAYLE.

3. Ce qu'il y a eu de victimes réelles pour tant de crimes imaginaires

état anormal des esprits produisait alors un étrange phénomène, c'était une manifeste persévérance à accuser de magie tous les hommes instruits, sans même en excepter ceux dont les bienfaisantes mains s'efforçaient de répandre des torrents de lumière sur le vacillant berceau de la régénération sociale. En vain leur noble et puissante voix en appelait-elle à la raison, à la justice de l'époque. En vain aussi, s'efforçaient-ils par leurs écrits de s'élever contre les superstitions de la cabale[1]; parmi le peuple, leur inexplicable et mystérieuse supériorité suffisait pour qu'on les accusât d'avoir suivi des voies surnaturelles!

D'après cela n'est-il pas évident qu'*Albertus magnus*, par l'immensité de ses connaissances, devait marcher à la tête de ceux que l'opinion publique désignait comme les fauteurs de la sorcellerie! Ce fut, en effet, ce qui eut lieu; et de siècle en siècle, l'ignorance ou l'aveugle crédulité ternirent la mémoire de l'évêque de Ratisbonne par les plus insultantes accusations! Son esprit ayant dépassé les sphères vulgaires, les masses insensées lui firent subir le châtiment qu'elles imposaient à toute supériorité!

Deux livres que l'on attribue à ce savant, donnèrent principalement lieu à cette absurde calomnie. L'un est intitulé *De mirabilibus mundi*[2], et l'autre *Miroir d'astrologie*. Mais François Pic[3], Martin del Rio[4], Ger-

---

ne peut se dénombrer aujourd'hui. F. Denis. *Sciences occultes du moyen âge*, p. 32. — Comp. Conrad Horst. *Bibliothèque magique.*

1. Roger Bacon. *De nullitate magiæ.* Paris, 1542.
2. *De mirabilibus mundi.* Argentorat. 1492.
3. F. Pic. *De Prænot.* Lib. VII, cap. VII.
4. Martin del Rio. *Disquisit. mag.* Lib. I, cap. III.

son[1], Agrippa[2] et Naudé[3] ont prouvé que ces ouvrages n'émanaient point d'Albert. Selon Pic et Naudé, l'auteur du dernier serait même connu, et n'est autre que Roger Bacon.

C'est dans le traité pseudonyme *De mirabilibus mundi*, qu'il est peut être question, pour la première fois dans l'Europe occidentale, de la composition de la poudre à canon. Le procédé indiqué par l'auteur est semblable à celui que nous avons dit que l'on rencontre dans le livre de Marcus Græcus[4]. Dans l'ouvrage attribué à Albert, on décrit aussi divers procédés pour employer ce redoutable agent[5]. Pour produire simplement du bruit, y lit-on, on remplit de cette poudre un tuyau de papier court et épais ; mais pour confectionner une fusée, à laquelle l'écrivain a donné le nom de feu volant, *ignis volans*, il faut que le tuyau soit au contraire long et grêle et totalement plein. Mais c'est trop nous entretenir de ce traité qui, certainement, d'après Fabricius[6], Jourdan[7], E. Meyer[8] et Hoefer[9], ne peut être attribué à notre savant.

---

1. GERSON. *De libris astrolog. non tolerandis.* Prop. III.

2. AGRIPPA. *In epistolis.*

3. NAUDÉ. *Apologie pour les grands hommes soupçonnés de magie.* 1669, p. 381.

4. MARCUS GRÆCUS. *Liber ignium ad comburandos hostes.* Mss. Bibl. royale 7158. — *École byzantine*, p. 133.

5. Dans le traité *De mirabilibus mundi* on dit que l'on confectionnait la poudre avec une livre de soufre, deux livres de charbon et six livres de salpêtre, en les réduisant en poudre fine dans un mortier de marbre.

6. FABRICIUS. *Bibliotheca latina mediæ et infimæ ætatis.*

7. JOURDAN. *Biographie médicale.* Paris, 1820, t. I, p. 93.

8. E. MEYER. *Linnæa ein Journal für die Botanik von Schlechtendal,* 1835, t. X.

9. HOEFER. *Histoire de la chimie.* Paris, 1842, t. I, p. 367.

Il en est de même de ceux intitulés : *De la pierre philosophale*[1], *La philosophie des pauvres*[2], et *Traité des secrets*[3].

C'est en se fondant sur le traité apocryphe *De mirabilibus mundi*, que certains écrivains ont attribué inconsidérément à Albert le Grand la découverte de la poudre à canon[4]. Quelques érudits, à l'exemple de Mathieu de Luna[5], ont même poussé la prétention jusqu'à attribuer aussi au dominicain de Cologne l'invention du canon, de l'arquebuse et du pistolet. Mais les divers auteurs qui ont écrit sur les *bâtons à feu*, et entre autres Polydore[6], Pancirole[7], et Flurence Rivault[8], ne partagent nullement cette opinion. On prétend généralement que ces armes furent inventées du temps de notre grand homme, par un moine allemand nommé Berthold Schuuartz, qui habitait Cologne, ou par un chimiste de cette ville[9]. Bayle embrasse cette manière de voir[10]. Quoi qu'il en soit, ce ne fut que plus tard que l'on commença, en Europe, à en faire les premiers essais pour la guerre.

De plus infimes productions, imprimées parfois en encre rouge, afin de leur donner un cachet plus ca—

1. *De philosophorum lapide. Theât. chim.*, t. IV.

2. *Philosophia pauperum. Alb. mag. opera omnia*, vol. XXI.

3. *Secretorum tractatus. Theât. chim.*, t. III.

4. Morery, *Dictionnaire historique*, Paris, 1704, t. I, p. 117, mentionne ce fait ; mais il le réfute avec raison.

5. Mathieu de Luna. *De rerum inventoribus*, cap. xii, 10.

6. Polydore. *De inventoribus rerum.* Amsterdam, 1671, lib. VIII.

7. Pancirole. *De rebus inventis et perditis.* 1599.

8. F. Rivault. *Éléments d'artillerie.* Paris, 1605.

9. Naudé. *Apologie pour les grands hommes soupçonnés de magie.* Paris, 1669, p. 375.

10. Bayle. *Dictionnaire historique et critique.* Paris, 1820, t. I, p. 363.

balistique, et que l'on débite dans les campagnes, contribuent encore de nos jours à transformer notre digne prélat en un vil sorcier. Tel est principalement un petit livre intitulé *Secrets admirables du grand Albert*[1], véritable rapsodie, bourrée d'absurdes recettes destinées à satisfaire la cupidité en délire ; et qui, ainsi que l'ont fait remarquer Cuvier et quelques autres écrivains, n'est pas même un extrait des immenses in-folios du grand homme[2].

En supputant certains écrits que l'absurdité attribue à notre savant évêque, quelques obscurs commentateurs ont été jusqu'à prétendre qu'il avait exercé la profession de sage-femme[3]. Plusieurs poussent même la puérilité jusqu'à le blâmer vivement de s'être, par ce fait, écarté de la pureté inhérente au sacerdoce[4].

Les fauteurs de cette opinion se fondaient sur le livre *De natura rerum*, où l'art des accouchements est traité avec détail, et dont on a prétendu qu'il était l'auteur. Mais un dominicain, Pierre de Prusse, a réfuté cette erreur dans sa *Vie d'Albert le Grand*[5], et prouvé que cet écrit était simplement dû à un disciple de celui-ci, nommé Thomas de Cantopré, qui appartenait au même ordre. Ce fait n'est nullement extraordinaire, puisque la médecine était alors spécialement exercée par les corporations monastiques. Celles-ci, seules let-

---

1. *Les admirables secrets d'Albert le Grand.* Lyon, 1793.

2. CUVIER. *Histoire des sciences naturelles.* Paris, 1841, t. I, p. 410. — COLLIN DE PLANCY. *Dictionnaire infernal.* Paris, 1850, p. 16. — STAPFER. *Biographie universelle.*

3. BAYLE. *Dictionnaire historique et critique*, t. I, p. 358.

4. THEOPHIL. RAYNAUDI *Hophloth.*, sect. II, serm. 3, cap. x, p. 361.

5. PETRUS DE PRUSSIA *In Alberti magni vita*, cap. XVIII.

trées, pouvaient seules aussi répandre les préceptes d'un art utile. Longtemps après on retrouve ce même sujet, traité avec toute la gravité qu'il comporte, dans les œuvres de plusieurs autres religieux[1].

Le singulier livre *Des secrets des femmes*[2], traduit en diverses langues[3], qu'on avait également attribué à Albert[4], n'a pas peu contribué à accréditer aussi l'étrange supposition dont nous venons de parler ; mais il a été à ce sujet victorieusement défendu par Naudé[5] et Bayle[6]. L'examen des catalogues de Simler[7] et de de Thou[8] démontre même que ce livre n'est que l'œuvre de Henri de Saxe[9], autre disciple du grand homme. Sprengel partage également cette opinion[10].

On a aussi reproché à Albert le Grand d'avoir soulevé le voile de certains sujets, que sa plume aurait pu s'abstenir de traiter[11]. Les plus délicates questions peuvent être soumises à l'examen d'un esprit chaste. Cette direction d'idées, vivant symbole de la pureté de son âme, se retrouve aussi dans les œuvres de plusieurs casuistes de son époque, qui, en signalant

---

1. Comp. Scott. *Physica curiosa, sive mirabilia naturæ et artis.* 1662.

2. *Alberti magni de secretis mulierum libellus.* Argentorati, 1601.

3. *Les secrets des femmes et hômes côposez par le grand Albert et nouuellement translatez en françois.* Torino, 1540.

4. Velly. *Histoire de France.* Paris, 1770, p. 425.

5. Naudé. *Apologie pour les grands hommes soupçonnés de magie*, p. 524.

6. Bayle. *Dictionnaire historique et critique*, t. I, p. 364.

7. Simler. *Epithome bibliothecæ Gesneri*, p. 332.

8. De Thou. *Catalog. Biblioth. Thuan.* XI° part., p. 156.

9. *Henrici de Saxonia, Alberti magni discipuli, liber de secretis mulierum, impressus auguste anno D.* 1498.

10. Kurt Sprengel. *Histoire de la médecine.* Paris, 1815, t. II, p. 389.

11. Dans un chapitre intitulé : *Quod scire naturalia etiam impudica utile sit et necessarium.*

quelques désordres de mœurs, n'ont certainement aspiré qu'à corriger les travers de leur siècle. Pierre de Prusse a défendu notre grand homme contre ces accusations en démontrant le but utile qu'il avait pu se proposer[1].

On a prétendu aussi qu'Albert s'était adonné à l'alchimie et qu'il avait découvert la pierre philosophale. On disait même que c'était avec l'or qu'il fabriquait, qu'on le vit acquitter en moins de trois ans toutes les dettes de son évêché de Ratisbonne[2]. Selon une tradition que l'on trouve dans l'œuvre de Mayer[3], cet important secret lui aurait été révélé d'une façon toute particulière. Cet auteur prétend même que c'est à saint Dominique qu'on doit la découverte du grand œuvre, mais que ceux auxquels il confia ses procédés les communiquèrent à Albert, qui acquit ainsi, sans labeur, la plus utile des connaissances.

Les fauteurs de cette étrange opinion se fondent sur divers ouvrages d'alchimie qu'on attribue au studieux dominicain[4]. Mais les plus doctes biographes d'Albert ont réfuté cette erreur et prouvé qu'il ne pouvait être l'auteur de ces écrits qui ne ressemblent nullement à ses autres travaux par l'obscurité et le mysticisme

---

1. PIERRE DE PRUSSE. Ch. XVIII. *Quod scire naturalia etiam impudica sit et necessarium.*

2. « Il acquitta par le moyen d'icelle, en moins de trois ans, toutes les dettes de son évêché de Ratisbonne. » NAUDÉ. *Apologie pour les grands hommes soupçonnés de magie.* Paris, 1669, p. 375.

3. MAYER. *Symboles de la table d'or des douze nations.* Lib. VI. — DE GERANDO. *Histoire comparée des systèmes de philosophie.* Paris, 1823, t. IV, p. 505.

4. *De philosophorum lapide. Théâtre chimique*, t. IV. *De alchymia.*

qu'on y remarque[1]. MM. Jourdan et Hoefer regardent eux-mêmes ces productions comme apocryphes[2].

Thomson, qui considère l'époque d'Albert comme l'une des plus florissantes de l'alchimie parmi les temps modernes, inscrit ce grand homme à la tête de la liste des adeptes les plus éminents de son siècle. Le savant Anglais va jusqu'à dire que l'ouvrage le plus remarquable du dominicain de Cologne est son traité *De alchymia*, qui, ajoute-t-il, offre un tableau très-distinct de l'état de la chimie dans le XIIIᵉ siècle[3]. Ceci est une grave erreur d'un homme d'une célébrité incontestée. Thomson ne connaissait assurément point l'œuvre d'Albert, sans cela il eût reconnu que le traité dont il parle serait l'une des moindres conceptions de ce grand œuvre, s'il n'était pas tout à fait apocryphe.

La science hermétique étant le goût dominant du XIIIᵉ siècle, est-il étonnant que ceux qui ont traité ce sujet, afin d'en augmenter l'intérêt, aient rangé Albert parmi les adeptes de l'alchimie? On s'autorisait aussi pour cela de l'un des chapitres de son œuvre, où, par une erreur bien pardonnable à son époque, il donne à entendre qu'on peut transformer l'argent en or[4].

---

1. NAUDÉ. *Apologie pour les grands hommes soupçonnés de magie.* Paris, 1669, p. 520.

2. JOURDAN. *Biographie médicale*. Paris, 1820, t. I, p. 94. — HOEFER. *Histoire de la chimie.* Paris, 1842, t. I, p. 360.

3. THOMSON. *Système de chimie.* Paris, 1818, t. I, p. 7.

4. Ex argento facilius fit aurum quam ex alio metallo, non enim mutare oportet in ipso nisi colorem et pondus et hæc de facili fiunt. *Albertus magnus. De mineralibus*, lib. III. — Comp. LENGLET DUFRESNOY. *Histoire de la philosophie hermétique*, p. 127.

Le goût qu'Albert le Grand avait pour les expériences occultes susceptibles de frapper l'imagination de ses contemporains, et qu'il appelait lui-même ses *opérations magiques*[1], explique aussi les fables absurdes que, de siècle en siècle, l'on a reproduites sur son compte, et l'accusation de sortilége qui plane encore sur sa tête, au sein de nos campagnes ; véritable flétrissure pour un aussi beau génie, pour le vénérable évêque, pour le précurseur et le maître de saint Thomas d'Aquin ! Cette réputation de magicien, Albert la dut surtout à deux choses : à une tête parlante, que les chroniques racontent qu'il possédait, et à plusieurs miracles qu'on lui prête.

Divers auteurs du temps rapportent qu'à l'aide du secours des sciences cabalistiques, il avait construit une statue d'homme en bronze, qui était douée de la faculté de parler, et lui révélait les plus mystérieux secrets de la nature : c'était elle que l'on appelait son *Androïde*. On ajoutait même que saint Thomas[2], prenant celle-ci pour un agent du démon, dans un mouvement de colère, la brisa dans le cabinet de son maître[3]. Sur quoi on fait tranquillement dire au pieux stoïcien : *Frère Thomas est un homme étrange, il détruit en une minute un ouvrage qui m'a coûté trente ans de travail*[4] !

L'idée qu'on peut construire des têtes parlantes

<hr>

1. **Naudé.** *Apologie pour les grands hommes soupçonnés de magie.* 1669. — **Albertus Magnus,** op. t. III. *De animalibus.* Lugd., 1651, p. 23.
2. **Naudé.** *Ibidem.*
3. **Jourdan.** *Biographie médicale.* Paris, 1820, t. I, p. 93.—**De Gerando.** *Histoire comparée des systèmes comparés de philosophie.* Paris, 1823.
4. **Velly.** *Histoire de France.* Paris, 1770, t. III, p. 424.

n'est pas neuve ; elle était vulgairement répandue à l'époque à laquelle florissaient la cabale et la science des souffleurs. Yepes[1] et Naudé[2] assurent que Henri de Villaines, Virgile, le pape Sylvestre et Roger Bacon en avaient de pareilles[3]. Certains légendaires prétendent même qu'Albert, plus habile que ses prédécesseurs, avait fondu un homme entier, dont toutes les régions possédaient de mystérieuses propriétés, parce qu'on s'était appliqué à les façonner sous l'influence des anneaux et des cachets planétaires[4].

Les écrivains des âges de superstition se sont livrés aux plus étranges digressions à l'égard de cette Androïde : dans son vieux style, Naudé disait qu'elle avait donné lieu à *une milliace de fables et impertinences*[5]. Quelques-uns ont supposé qu'elle était pétrie de chairs et d'ossements humains ; d'autres ont simplement prétendu que c'était le diable qui animait cette tête et y faisait retentir sa voix.

Ce fait méritait de moins longs commentaires. Si jamais Albert a possédé quelque tête parlante, ce qui est fort incertain[6], il n'est pas besoin de dire que sa voix tenait à l'un de ces mystérieux subterfuges dont il se plaisait à s'environner ; à moins que l'on n'admette, avec Bayle et Naudé, qu'elle était réellement un chef-d'œuvre de mécanique, semblable à ces admira-

1. Yepes. Apud *Emmanuel de Moura*, sect. ii, cap. xv.
2. Naudé. *Apologie pour les grands hommes soupçonnés de magie.* Paris, 1669, p. 382.
3. Bayle. *Dictionnaire historique et critique.* Paris, 1820, t. I, p. 362.
4. Naudé. *Ibidem*, p. 529.
5. Naudé. *Ibidem*, p. 378.
6. Velly. *Histoire de France.* Paris, 1770, t. III, p. 425.

bles machines dont parle Cassiodore[1], et qui s'animaient sous les ingénieuses mains de Boëce, ce Vau-
canson du VIe siècle[2]! Qu'y aurait-il d'extraordinaire?
Ne savons-nous pas que l'on fait actuellement des
automates qui jettent certains cris, qui prononcent
même certains mots? Et Albert paraît avoir travaillé
tant d'années à perfectionner son œuvre, qu'il serait
possible qu'il eût donné naissance à quelque merveilleux instrument d'acoustique[3]!

Au Moyen âge, on racontait aussi, dans les chaumières des campagnes, qu'Albert avait opéré un
miracle d'une bien autre importance. On disait, qu'à
la sollicitation de Frédéric Barberousse, par le moyen
de la palingénésie, il avait évoqué le spectre de
l'impératrice Marie; et que celle-ci était apparue au
milieu de la nuit à son époux, pompeusement parée
et avec des traits d'une telle ressemblance, qu'il
n'avait pu la méconnaître[4]. Inconcevable conte,
qui ne repose sur rien, puisque Albert n'était pas
encore né à l'époque de la mort de l'empereur
d'Allemagne.

Mais ce fut à Cologne que se passa l'un des événements de la vie de notre illustre évêque qui ont le

1. CASSIODORE. Lib. I, *Variarum Epist.* XLV. Metalla mugiunt, Diomedis
in ære grues buccinant, æneus anguis insibilat, aves simulatæ fritinniunt,
et quæ propriam vocem nesciunt ab ære dulcedinem probantur emittere
cantilenæ.

2. *Mathematicus solertissimus, mechanicus artificiosissimus.* POPE
BLOUNT. *Censura celebriorum authorum.* Genevæ, 1694, p. 317.

3. « Je croirais facilement, dit Bayle, que, comme il savait les mathématiques, il avait fait une tête dont les ressorts pouvaient former quelques voix articulées. » *Dict. histor.*, p. 359.

4. FERDINAND DENIS. *Le moyen âge et la renaissance. Sciences occultes*,
p. 6.

plus influé sur cette réputation de sorcier qu'il possédait, même de son vivant. Les chroniqueurs racontent[1] que Guillaume, comte de Hollande et roi des
Romains, en traversant cette ville, s'arrêta dans le
couvent de cet homme illustre, et que là il se passa
une suite de prodiges. C'était le jour des Rois ; l'hiver
avait complétement dévasté la nature, et un manteau
de neige et de glace recouvrait toute la terre. Cependant, au grand étonnement du prince et de sa suite,
Albert les reçoit dans un jardin de son cloître, ombragé d'arbres couverts de fleurs, de feuilles, et même
de fruits, comme au milieu de l'été[2]. Ce fut sous ces
bosquets embaumés, où retentissait le gazouillement
des oiseaux, que l'on dressa la table et qu'il leur offrit
un suave banquet. On ajoutait que cette végétation
factice disparut comme par enchantement lorsque la
compagnie se retira !...

Selon de Humboldt, toute la prétendue magie du
dominicain de Cologne ne consista, dans cette circonstance, que dans l'art qu'il avait déployé à construire une serre chaude dans son cloître, ce qui était
alors absolument inconnu[3]. En fallait-il davantage,
durant ces siècles superstitieux, pour que ce banquet
donnât lieu aux plus extraordinaires récits[4], et fût
considéré comme l'œuvre du démon ? Mais faisons

---

1. Theophilus Raynaudi. *Hophloth.*, sect. ii, serm. 1, p. 149.

2. *Horridum hyemem in florigeram fructiferamque æstatem vertit.*
Trithème, *In chron. Spanh.*, 1254, p. 331. — *Historia Universitatis Pariensis*, t. III, p. 213.

3. Humboldt. *Cosmos.* Traduction de Sabine, t. II, p. 22.

4. Joannis de Beka. *Chronica.* — Jourdain. *Recherches sur les traductions d'Aristote*, p. 301.

trêve à cette apologie au moins inutile aujour-
d'hui, car la cendre d'Albert en 1622 a reçu la sanc-
tification de l'Église. L'homme illustre est béatifié
par Grégoire XV, et son âme repose dans le sein de
Dieu !

Après nous être livrés à l'examen des productions apocryphes qui ont tant contribué à ternir
la renommée de notre grand homme, examinons
ses œuvres authentiques, ses véritables titres de
gloire.

L'œuvre d'Albert le Grand est immense[1]. Les auteurs, tels que Dupin[2] et autres, qui ont écrit à une
époque assez rapprochée de la publication de cet important travail, ne doutent nullement que tout ce qu'il
renferme ne provienne du labeur du savant évêque.
Le vingtième tome contient seulement quelques livres que certains érudits considèrent comme apocryphes[3].

Ce ne fut qu'environ quatre siècles après la mort
d'Albert, que ses œuvres complètes virent le jour;
époque à laquelle le dominicain, P. Jammy, s'occupa
de recueillir les volumineux écrits de l'homme qui
avait tant illustré son ordre, et de les publier. L'édition qu'il en donna parut à Lyon en 1651. C'est la
meilleure que l'on puisse consulter, parce qu'elle est

---

1. *Beati Alberti Magni, Ratisbonensis episcopi, ordinis prædicatorum
opera.* Lugduni, 1651, *edit. stud. et labore* P. Jammy. Cette édition assez
rare aujourd'hui, existe à la bibliothèque du Jardin des Plantes de
Paris.
2. Dupin. *Histoire des controverses et des matières ecclésiastiques
du xiii° siècle.* Paris, 1698, p. 245.
3. Dupin. *Ibidem.*

17

exempte des interpolations qu'on rencontre dans les autres[1].

Pour atteindre son but, Jammy a pu profiter de plusieurs travaux d'Albert, publiés séparément avant qu'il s'occupât de réunir l'ensemble de ses écrits[2]. Il a dû aussi se procurer soit les manuscrits d'Albert lui-même, qui se trouvaient dispersés çà et là, parce que le frère prêcheur, avec une entière abnégation, les abandonnait aux cloîtres dans lesquels il les avait composés[3]; soit enfin les diverses leçons de ce grand maître, recueillies par ses nombreux et remarquables disciples.

Cette œuvre est un véritable monument consacré à exposer toutes les connaissances théologiques, philosophiques et scientifiques de l'époque. Mais nous ne nous occuperons particulièrement que de ce qui concerne les sciences naturelles.

La partie philosophique et scientifique de l'ouvrage d'Albert le Grand n'est au fond qu'un immense et savant commentaire des travaux d'Aristote et d'Avicenne, qu'il a enrichi de toutes les connaissances renfermées dans les auteurs postérieurs à ces deux grands hommes. L'illustre religieux a considérablement emprunté à l'école arabe[4], car c'est surtout à l'aide des écrits de

---

1. Montfaucon cite en outre plusieurs manuscrits d'Albert qui, jusqu'à lui, semblent avoir été inconnus de ceux qui se sont occupés de ce grand homme. *Bibliotheca manuscriptorum nova.*

2. ALBERTUS MAGNUS. *Opus de animalibus.* Rome, 1478. Mantoue, 1479. — *Mineralium libri quinque.* Padoue, 1476.

3. JAMMY. *Vitæ B. Alberti Magni, ex gravissimis authoribus excerpta epitome.* Lyon, 1651. — E. MEYER. *Second document sur les écrits botaniques d'Albert le Grand.* Linnæa, 1837.

4. REGNAULT. *L'origine ancienne de la physique nouvelle.* Paris, 1734, t. I, p. 140.

celle-ci qu'il s'est initié à la philosophie stagirienne. Avant tout il ressemble à Aristote[1], dont il embrasse les doctrines ; mais à l'égard de la forme il tient surtout d'Avicenne, dont il emprunte même parfois les propres phrases[2]. Cependant le savant de Cologne ne se borne pas exclusivement à ses lumineux commentaires ; ayant aussi beaucoup observé, il remplit enfin les lacunes de ses prédécesseurs, et, pour la première fois, complète le cadre de la philosophie[3]!

Dans sa vaste conception, Albert déborde même de toutes parts Aristote qui lui sert si souvent de modèle. Érudit immense il fait concorder toutes les ressources de l'intelligence pour arriver à produire d'incontestables lois. La théologie marchait incertaine, isolée ; il la développe en la faisant reposer sur de plus solides et de plus inattaquables fondements ; il appelle à sa démonstration les sciences philosophiques et les sciences naturelles ! Enfin, en suivant les traces de saint Basile, pour la première fois, il envisage la science sous le point de vue chrétien ; *il embrasse Dieu et ses œuvres en prenant l'homme comme base et comme mesure de celles-ci*[4].

Tel est en raccourci le vaste plan d'Albert. En basant l'enseignement des sciences divines sur la philosophie et les sciences naturelles, il constitue une science

1. DE BLAINVILLE. *Histoire des sciences de l'organisation*. Paris, 1845, t. II, p. 71.

2. DE GERANDO. *Histoire comparée des systèmes de philosophie*. Paris, 1823, t. IV, p. 489.

3. TIEDEMANN. *Histoire de la philosophie spéculative*. En allemand, vol. V, p. 369-447. — DE BLAINVILLE. *Ibidem*, t. II, p. 8.

4. SAINT BASILE. *Hexaëméron ou Homélies sur les six jours de la création*. Paris, 1827.

positive, et complète ainsi le cercle des connaissances humaines, car il renferme dans celui-ci : Dieu, la création, et l'homme lien d'union de l'esprit et de la matière[1].

Nous n'exagérons nullement en plaçant Albert si haut. Jourdain, après de sérieuses études sur l'histoire philosophique du XIIIᵉ siècle, considère lui-même ce savant comme devant y occuper la première place. Albert fut pour l'Occident ce qu'Avicenne avait été pour l'Orient; et peut-être que notre religieux dominicain dut au philosophe persan l'idée de ses vastes travaux. L'un et l'autre, entraînés par le même penchant, s'appliquent à commenter et à étendre la philosophie aristotélique, et ils en décident la fortune dans leur patrie[2].

Pour élaborer une œuvre semblable, l'auteur a dû vaincre de grandes difficultés. Albert vivait à une époque exceptionnelle. La scolastique opprimait les sciences par son inextricable logique. Les deux Bacon n'avaient point encore arboré la bannière de l'insurrection contre l'autorité[3]; et ce n'était que quelques siècles plus tard que Galilée devait enseigner l'art de conduire les expériences, et que le génie de Newton, atteignant le dernier terme de la puissance humaine, nous dévoilait celui d'en déduire toutes les consé-

1. DE BLAINVILLE. *Histoire des sciences de l'organisation*. Paris, 1845, t. II, p. 76.

2. JOURDAIN. *Recherches critiques sur l'âge et l'origine des traductions latines d'Aristote*. Paris, 1843, p. 209.

3. R. BACON. *Opus majus ad Clementem IV*. Londres, 1733. — F. BACON, *Novum organum*. Londres, 1620.

quences rationnelles : *nec fas est propius mortali attin-gere divos* [1].

Cependant, avant ces hommes illustres, déjà Albert avait agrandi le champ des sciences naturelles en traçant des lois appelées à jeter sur elles le plus vif éclat. L'observation avait pris naissance dans les habiles mains d'Aristote[2], et Pline s'était servi d'un autre moyen en compilant tous les faits historiques connus de son temps[3]. Mais lorsqu'on le considérait seulement sous ces deux faces, le tableau de la créa-tion n'était embrassé qu'incomplétement. L'Aristote chrétien en conçut l'immense lacune, et indiqua aux générations futures une voie féconde et inexplorée, *la recherche des causes,* qui, plus digne encore d'exercer les hautes facultés de l'homme, est appelée à complé-ter l'étude philosophique de l'histoire naturelle ; di-rection entièrement savante, puisqu'elle comprend la science dans ses rapports les plus élevés, mais qui, hélas! ne devait guère être pratiquée que de notre temps.

Ces entraves furent appréciées par tous les hommes qui ont pénétré profondément le génie du Moyen âge, aussi se sont-ils montrés d'une indulgence qui gran-dissait en raison des obstacles. Tous ont jugé notre savant, souvent avec admiration, toujours avec bien-veillance.

L'abbé Fleury presque seul a été sévère. Il prétend

1. HALLEY. *Vers consacrés à la gloire de Newton.*
2. ARISTOTE. Περὶ ζώων ἱστορίας. Paris, 1783.
3. PLINE. *Historia naturalis.* Romæ, 1473.

qu'il *ne voit rien de grand dans les œuvres d'Albert, si ce n'est la grosseur et le nombre des volumes*[1].

Mais ce laborieux historien a la candeur d'avouer qu'il n'a pas daigné lire l'œuvre qu'il juge cependant avec une telle défaveur[2]. Le peu qu'il en cite prouve même qu'il n'a nullement connu ce qui donne une si incontestable illustration à Albert, la partie de son travail concernant les sciences naturelles. Nous verrons aussi quelques savants, tels que Haller[3] et Sprengel[4], parler de notre grand homme avec non moins de sévérité; mais nous reconnaîtrons aussi qu'ils n'avaient aucunement compulsé ses travaux. Et quand même ils les auraient connus, les éloges d'un homme tel que Jourdain, qui honore Albert du surnom de *second Aristote*[5], et ceux de E. Meyer[6], de Humboldt[7], et de tant d'autres, ne suffiraient-ils pas pour étouffer la voix d'une critique injuste ou passionnée, et qui, avant de se produire, ne s'est même pas donné la peine de s'éclairer !

L'abbé Fleury[8] et quelques autres critiques ont reproché au dominicain de Cologne les moments qu'il a dû sacrifier à étudier la philosophie, la physique, la chimie, l'astronomie et l'histoire naturelle; et ils se sont

---

1. FLEURY. *Discours sur l'histoire ecclésiastique.* Paris, 1763, p. 223.
2. FLEURY. *Histoire ecclésiastique.* Nismes, 1779, t. XII, p. 500.
3. HALLER. *Bibliotheca botanica.* T. I, p. 222. — *Biblioth. med. pract.* T. I, p. 433.
4. C. SPRENGEL. *Historia rei herbariæ.* 1807, t. I, p. 280.
5. JOURDAIN. *Recherches sur les traductions d'Aristote.*
6. E. MEYER. Ein Beitrag zur Geschichte der Botanik im dreizechnten Jahrhundert. *Document pour l'histoire de la botanique dans le* XIIIᵉ *siècle.* Linnæa, 1835 et 1836.
7. HUMBOLDT. Écrit adressé à M. Meyer.
8. FLEURY. *Discours sur l'histoire ecclésiastique.* Paris, 1763, p. 203.

demandé si ce n'était pas là un véritable larcin fait aux
dépens du temps qu'un ecclésiastique doit à l'étude de
l'Écriture et de l'histoire de l'Église ; aux dépens du
temps qu'il doit à la prière et à son saint ministère !
On ne peut partager cette opinion, qui semble vouloir
anéantir l'amour de la créature pour l'œuvre de son
créateur ; car rien n'est plus propre à glorifier Dieu
que la contemplation des merveilles échappées de ses
mains ! Dans l'étude de celles-ci, le philosophe chrétien rencontre les plus invincibles armes pour terrasser l'incrédulité. Bossuet abandonnait la cour brillante de Louis XIV, et s'enfermait dans l'amphithéâtre
de Duverney [1] pour s'y initier à l'anatomie du corps
humain ; c'était ainsi qu'il préludait à son traité *de la
Connaissance de Dieu* [2]. De Saussure [3] et Chateaubriand [4]
tracèrent en quelque sorte les plus belles pages de
leurs œuvres en présence des plus imposants phénomènes de la nature. D'autres enfin, n'osant peut-être
affronter d'aussi vastes sujets, glorifiaient l'Éternel en
s'attachant à l'histoire des plus minimes êtres du
globe ! Tels furent Swammerdam [5] et Lesser [6] ; tel fut
aussi le docte Ellis, qui, après tant d'années consacrées à l'achèvement de ses travaux, dominé enfin par
l'admiration que lui inspirent les merveilles qui se sont
révélées à ses regards, se découvre le front, et dans

1. Duverney, grand anatomiste et chirurgien du xviiie siècle.
2. Bossuet. *De la connaissance de Dieu et de l'homme*, qui renferme
un véritable petit traité d'anatomie.
3. De Saussure. *Voyage dans les Alpes*. Neufchâtel, 1793.
4. Chateaubriand. *Génie du christianisme*.
5. Swammerdam. *Biblia naturæ, sive historia insectorum*. Leyde, 1737.
6. Lesser. *Théologie des insectes*. Paris, 1745.

son enthousiasme, termine ses recherches en adressant une hymne éloquente à la louange de Dieu [1].

Le premier volume d'Albert est uniquement consacré à la logique [2] ; il se compose principalement de longs et interminables commentaires sur Aristote. Ceux-ci sont même tellement prolixes, qu'ils surpassent de beaucoup l'étendue de l'œuvre philosophique qu'ils sont appelés à élucider [3]. L'esprit s'étonne parfois que l'on ait pu discourir si abondamment sur de telles choses, et il reste confondu à l'aspect de la merveilleuse et intarissable imagination de l'écrivain.

Dans le troisième volume l'auteur embrasse tout ce qui touche aux plus nobles prérogatives de l'intelligence ; il y étudie la psychologie et la métaphysique. Trois livres sont consacrés à l'étude de la première de ces sciences [4], et treize à la seconde [5]. Dans la partie psychologique, le philosophe chrétien procède à l'instar d'Aristote et des savants arabes ; et, lorsqu'il s'occupe des facultés de l'âme, il suit même pas à pas ces derniers, et surtout Avicenne et Algazel, en admettant qu'il existe dans le cerveau autant de cellules particulières que l'on compte de facultés distinctes [6]. En métaphysique ce sont toujours les mêmes modèles qui lui servent et dont il esquisse tous les traits.

Le quatrième tome renferme les préceptes de la

1. ELLIS. *Essai sur l'histoire naturelle des corallines.* La Haye, 1756.
2. ALBERTUS MAGNUS. T. I, *Logica.*
3. FLEURY. *Discours sur l'histoire ecclésiastique.* Paris, 1763, p. 203.
4. ALBERTUS MAGNUS. *De anima,* t. III, lib. III, cap. XV.
5. ALBERTUS MAGNUS. *Metaphysicorum,* t. III, lib. XIII.
6. DE GERANDO. *Histoire comparée des systèmes de philosophie.*

philosophie pratique et de la morale. Dix de ses livres contiennent toutes les règles de la première, ou l'éthique ; et huit autres livres présentent l'ensemble de la politique[1].

Ce qui doit seulement nous préoccuper dans cet immense ouvrage, ce sont les écrits d'Albert le Grand sur l'histoire naturelle. Ce savant a produit d'importants travaux sur toutes les branches de celle-ci : la zoologie, la botanique et la minéralogie ont été successivement l'objet de ses recherches. Nous allons analyser ce que lui doivent ces trois sciences.

Le *Traité des animaux* d'Albert le Grand[2] est assurément la plus capitale de ses productions, et lui seul suffirait pour l'immortaliser.

La gloire scientifique de notre époque n'a rien à envier aux siècles passés. Et lorsqu'une avide curiosité reporte notre esprit vers ceux-ci, c'est moins pour suivre les pas chancelants des sciences, que dans le but, purement historique, d'apprécier la marche progressive de l'esprit humain.

L'*Histoire des animaux* d'Albert, est une des conceptions qui semblent le plus propre à cet effet, « soit, comme le dit Jourdain, qu'on la regarde comme une simple compilation d'Aristote et des écrivains subséquents, ou comme le dépôt des connaissances du siècle où il vivait ; soit que l'on veuille y voir l'ou-

---

1. ALBERTUS MAGNUS. T. IV. *Ethicorum* lib. X. *Politicorum* lib. VIII.
2. ALBERT LE GRAND. *Beati Alberti Magni, Ratisbonensis episcopi, ordinis prædicatorum, De animalibus lib. XXVI, recogniti per R. A. P. F. Jammy. Operum tomus sextus.* Lugduni, 1651. — *Opus de animalibus.* Romæ, 1478, édition considérée comme la plus ancienne.

vrage d'un homme voué à l'étude de la nature, et qui savait en pénétrer les mystères, on conviendra que sous l'un ou l'autre de ces rapports, elle est un monument précieux qui, en présentant l'état des opinions et des connaissances du Moyen âge, remplit une longue lacune et lie l'ancienne histoire de la science à celle des temps modernes[1]. »

Avant de nous livrer à l'appréciation détaillée du *Traité des animaux* d'Albert, il convient de rechercher quelles ont été les sources auxquelles ce savant a emprunté ses matériaux. Un des hommes les plus érudits de l'Allemagne, M. Buhle, s'est occupé de ce sujet dans une remarquable dissertation[2]; depuis lors Jourdain l'a traité avec un profond savoir[3]; et, comme nous le verrons plus loin, Meyer[4] et Choulant[5] ont complété cette tâche en jetant quelque jour sur diverses autres productions de l'évêque de Ratisbonne, touchant les sciences naturelles.

La première et la principale source à laquelle Albert a puisé largement, est évidemment l'*Histoire des animaux* d'Aristote. Mais le célèbre dominicain n'eut point à sa disposition de manuscrit grec; il employa seu-

1. JOURDAIN. *Recherches critiques sur l'âge et l'origine des traductions latines d'Aristote.* Paris, 1843, p. 325.

2. BUHLE. *De fontibus unde Albertus Magnus libris suis XXVI de animalibus materiem hauserit commentatio.* Ap. *Comment. Soc. Reg. Gottingensis,* t. XXII, p. 94.

3. JOURDAIN. *Ibidem,* p. 324.

4. MEYER. Ein Beitrag zur Geschichte der Botanik im dreizehnten Jahrhundert, ou *Document pour l'histoire de la botanique dans le* xiiiᵉ *siècle,* in Linnæa, 1835 et 1836, t. X, p. 661.

5. CHOULANT. *Albertus Magnus in seiner Bedentung für die Naturwissenschaften historisch und bibliographish dargestelt* ou Albert le Grand considéré au point de vue historique et bibliographique quant à sa valeur dans les sciences naturelles. Janus, 1846.

lement la traduction latine de Michel Scott, exécutée sur les versions arabes [1]. Au commencement de son œuvre, Albert nous apprend qu'il n'a emprunté que dix-neuf livres au philosophe grec, et qu'il en a ajouté sept autres de son propre fonds, ce qui porte à vingt-six le nombre de livres dont se compose son traité [2].

Cet aveu du religieux de Cologne suffirait pour nous éclairer, si chaque page de son livre ne nous avait pas convaincu. On reconnaît en effet que toute la première partie du traité *De animalibus* n'est qu'une reproduction d'Aristote, enrichie de commentaires et de développements empruntés aux versions arabes-latines, ou qui sont le fruit de ses propres travaux. Le reste ne peut lui être contesté, non-seulement parce qu'il porte un cachet original, mais surtout parce que Albert le réclame comme lui appartenant, et il a trop de loyauté pour n'être pas cru sur parole [3].

Il résulte de cette révélation que, sous le rapport de l'abondance des faits, le traité du savant du Moyen âge l'emporte sur celui du Stagirite ; il lui est peut-être supérieur aussi par l'art avec lequel le philosophe chrétien développe ses idées. Écrivant à une époque où l'intelligence se servait à profusion de toutes les subtilités de la logique, cet avantage ne doit pas nous

---

1. Michel Scott vivait aussi au xiiie siècle. Il était Écossais et avait étudié les mathématiques, la médecine et la chimie. On le considère généralement comme un homme fort instruit.

2. JOURDAIN. *Recherches sur l'âge et l'origine des traductions latines d'Aristote.* Paris, 1843, p. 327.

3. L'helléniste Schneider s'était élevé contre cette opinion, mais il a été réfuté par de Blainville, dans sa biographie d'Albert.

étonner : c'est une conséquence des tendances de son siècle. Mais dans cette appréciation, déjà notre illustre maître nous a précédé. Sous le rapport de la méthode ou de l'art d'exposer clairement et nettement ses idées, dit-il, Albert le Grand a peut-être été plus loin qu'Aristote : il y a chez lui des subtilités, mais elles sont éclaircies par des exemples et des définitions[1].

Le *Traité des animaux*, conçu sur un plan nouveau alors, contient véritablement le germe d'une foule de lois scientifiques, que notre époque n'a fait que développer et démontrer : c'est un tableau exact et complet de l'état de la zoologie au xiii° siècle.

Cet écrit, sérieusement remarquable, selon l'expression de Choulant[2], constitue en entier le sixième volume de l'œuvre. Les vingt et un premiers livres sont uniquement consacrés à l'anatomie et à la physiologie comparées de l'homme et des animaux, considérées sous le point de vue général ou particulier.

Dès le début, l'auteur simplifie ingénieusement son sujet en prenant notre espèce comme point de départ et comme terme de comparaison de tout ce qui concerne le règne animal. En cela, Albert a été mieux inspiré qu'Aristote, car on lui doit la gloire d'avoir tracé l'une des routes les plus philosophiques que l'on puisse suivre dans l'étude de l'ensemble du monde organisé ; ce sont ces principes, éclos au xiii° siècle,

---

1. DE BLAINVILLE. *Histoire des sciences de l'organisation.* Paris, 1845, t. II, p. 82. Nous verrons plus loin qu'Ernest Meyer a parlé dans les mêmes termes des travaux botaniques d'Albert.

2. CHOULANT. *Albertus Magnus, etc.* Janus, 1846, p. 139.

qui se trouvent encore généralement en vigueur dans nos écoles du xıx[e] [1].

Mais l'Aristote du Moyen âge ne prend pas l'homme au hasard, sans en avoir sondé profondément la valeur. Il en a préliminairement scruté toute la perfection organique; et si, en apparence, quelques animaux semblent posséder des appareils où règne un plus grand développement, il en règle à l'instant la puissance physiologique réelle. Par exemple, s'il se présente dans la série zoologique quelques espèces dont les sens offrent une perfection de perception qui ne se rencontre pas chez nous, immédiatement il en déduit toutes les conséquences ! Il accepte que l'étendue, la vivacité de la sensation n'en constituent pas la puissance, et que l'homme seul, par l'éducabilité de ses sens, *disciplina*, sait déduire toutes les conséquences de la sensation par l'observation, *in contemplandis* [2].

Entraînés par l'apparence de la tête et par l'importance des organes qu'elle renferme, la plupart des anatomistes ont commencé leurs traités d'ostéologie en décrivant le crâne [3]; direction vicieuse qui ne fut

1. Cuvier. *Anatomie comparée.* Paris, 1846. — De Blainville. *De l'organisation des animaux.* Paris, 1822. Nous devons dire aussi que quelques anatomistes illustres ont suivi la progression ascendante. R. Owen. *Lectures on the comparative anatomy and physiology.* London, 1847. — Carus. *Traité élémentaire d'anatomie comparée.* Paris, 1835. Meckel. *Traité général d'anatomie comparée.* Paris, 1836.

2. De Blainville. *Histoire des sciences de l'organisation.* Paris, 1845, t. II, p. 90.

3. T. Bartholin. *Anatomia bartholiniana.* Lugduni, 1684. — Boyer. *Traité complet d'anatomie.* Paris, 1815. — Bichat. *Traité d'anatomie descriptive.* Paris, 1819, t. I. — Albinus. *De sceleto humano.* Leyde, 1762. — Monro. *Traité d'ostéologie.* Paris, 1759.

généralement réformée que par nos modernes zootomistes. Cependant, dès le xiiie siècle, notre savant dominicain avait tracé la marche philosophique que notre époque elle-même ne devait adopter qu'après beaucoup d'oscillations. En effet, il commence l'histoire du système osseux en décrivant la colonne vertébrale, qui en constitue rationnellement la base dans tout le premier embranchement de la série animale ; et c'est cette même méthode que suivent actuellement la plupart des anatomistes [1].

La ceinture du bassin donne aussi à Albert l'occasion de démontrer qu'il marche constamment dans une voie progressive. Considérée comme une région particulière du système osseux par la généralité des anatomistes, lui, il n'y voit qu'une dépendance des membres postérieurs et des os essentiellement liés au mécanisme de ceux-ci.

La démonstration de la structure vertébrale de la tête des animaux occupant le sommet de la série zoologique, sera à jamais comptée comme l'une des plus brillantes conceptions du génie des naturalistes du xixe siècle. Souvent déroutés par la multiplicité des transformations que subissent les vertèbres pour entrer dans la conformation du crâne et de la face ; souvent aussi ils ont erré avant d'en découvrir les véritables lois. Mais de tous leurs travaux, il

---

1. MECKEL. *Manuel d'anatomie générale et descriptive.* Paris, 1825. — H. CLOQUET. *Traité d'anatomie descriptive.* Paris, 1836. — CARUS. *Traité élémentaire d'anatomie comparée.* Paris, 1825, t. I, p. 250. — CRUVEILHIER. *Anatomie descriptive.* Paris, 1846. — DE BLAINVILLE. *Ostéographie ou description iconographique du squelette.* Paris, 1839, t. I, p. 7.

résulte incontestablement que le système osseux de la tête représente une série de vertèbres munies de leurs appendices.

Eh bien ! cette théorie développée avec une si ingénieuse sagacité dans la *Céphalogénésie* de J. Spix[1], puis ensuite dans les œuvres de L. Ulrich[2], de L. Oken[3], de Meckel[4], de Carus[5], de Grant[6], ainsi que dans les travaux de de Blainville[7] et de Geoffroy-Saint-Hilaire[8] ; cette théorie, idée avancée s'il en fut jamais, et qui semblait un véritable défi jeté à la science moderne, l'Aristote du Moyen âge paraît déjà en avoir entrevu les bases, car dans sa myologie il indique que la tête possède aussi des appendices analogues aux membres du tronc.

Ainsi donc on peut dire, sans exagération, qu'Albert a en quelque sorte entrevu, mais bien confusément, il est vrai, l'organisation vertébrale du crâne[9] : problème qui ensuite sommeilla cinq cents ans et qu'on vit surgir alors, comme une révélation nou-

1. Spix. *Cephalogenesis, seu capitis ossei structura, formatio et significatio per omnes animalium classes.* Munich, 1815.

2. Ulrich. *Annotationes quædam de sensu ac significatione ossium capitis.* Berlin. 1816.

3. Oken. *Isis*, 1820, p. 552. *Esquisse d'un système d'anatomie, de physiologie et d'histoire naturelle.* Paris, 1821, p. 41.

4. Meckel. *Beitraege zur vergleichenden Anatomie.* Leipzik, 1808, t. II, p. 74.

5. Carus. *Traité d'anatomie comparée.* Paris, 1835, t. III.

6. Grant. *Outlines of comparative anatomy.* London, 1835, p. 56.

7. De Blainville. *Bulletin de la société philomatique.* Paris, 1816, p. 105. — *Ostéographie.* Paris. 1839, t. I, p. 7-21.

8. Geoffroy-Saint-Hilaire. *Composition de la tête osseuse de l'homme et des animaux. Ann. des sciences natur.*, t. III, p. 73.

9. Albert s'était même servi de l'expression de *membres de la tête.* Les anatomistes modernes disent *membres céphaliques.* Carus. *Anatomie comparée*, etc.

velle, lorsque Goëthe [1] et Oken [2] furent frappés de son évidence en considérant des têtes d'animaux désarticulées et gisant sur le sol ; problème qui a longtemps été l'objet des plus vives controverses, mais qui semble enfin être arrivé au plus haut point de certitude par les récents travaux de R. Owen, tant cet illustre anatomiste a jeté de clarté sur la question, tant il l'a environnée de preuves irréfragables [3].

Si en abandonnant les faits particuliers on analyse en général la partie anatomique du *Traité des animaux*, on voit que dans celle-ci Albert le Grand a débordé son modèle. L'ostéologie, la myologie, le système nerveux et l'appareil vasculaire offrent plus d'extension dans cet ouvrage qu'ils n'en ont dans celui du Stagirite. On reconnaît, il est vrai, qu'il a imité les Arabes en empruntant beaucoup à Galien pour toutes ces choses ; mais cependant certains développements, et l'ordre qui préside à l'exposition, lui appartiennent en entier.

La physiologie tient une place importante dans l'œuvre d'Albert. Il est vrai que les premiers livres qu'il y consacre semblent calqués sur Aristote, mais les derniers paraissent être le fruit de ses propres méditations, aussi se trouvent-ils remplis de vues neuves et originales. Il embrasse d'abord la physiologie sous

1. GOETHE. *Zur naturwissenschaft*, t. I, p. 220. — *Essais d'anatomie comparée*, 1820.

2. Oken eut la première révélation de ce fait lorsqu'en se promenant dans la forêt du Hartz il trébucha sur une tête de cerf qui, en se désarticulant, lui apparut comme une série de vertèbres.

3. R. OWEN. *On archetype and homologies of the vertebrate skeleton.* London, 1848.

le point de vue général et ensuite il la divise en chapitres distincts, dans lesquels chaque fonction est l'objet d'une dissertation particulière [1]. Parfois dans ceux-ci, au rapport de savants dont l'autorité ne peut être récusée, le naturaliste du Moyen âge traite son sujet avec beaucoup plus de clarté que le philosophe grec [2].

La physiologie d'Albert le Grand contient quelques paragraphes qui, s'ils n'offrent rien qu'on puisse ranger parmi les connaissances positives, sont au moins curieux sous le rapport historique. Tels sont ceux qui concernent la phrénologie et la physiognomonie.

On attribue généralement à Gall et à Spurzheim [3] l'idée de juger des penchants et des affections par l'inspection de l'extérieur de la tête ; cependant, comme l'ont déjà avancé Porta [4], Broussais [5] et de Blainville [6], c'est encore à notre grand homme qu'il faut faire honneur de cette conception. « Il est le premier, dit de Blainville, qui ait pensé à déterminer les facultés de l'âme d'après les organes extérieurs du crâne. Aristote avait déjà donné un traité de physionomie, et Théophraste y avait ajouté ses

---

1. Comp. les chap. : « De causis vitæ et mortis. — De nutrimento. — De respiratione et inspiratione. — De motibus animalium. — De sensu et sensato. — De intellectu et intelligibili, etc. »

2. DE BLAINVILLE. *Histoire des sciences de l'organisation*. Paris, 1845, t. II, p. 74.

3. GALL. *Anatomie et physiologie du système nerveux en général et du cerveau en particulier*. Paris, 1810. — SPURZHEIM. *Observations sur la phrénologie*. Paris, 1818.

4. PORTA. *De humana physiognomonia*. Rouen, 1650.

5. BROUSSAIS. *Cours de phrénologie*. Paris, 1836, p. 98.

6. DE BLAINVILLE. *Ibidem*, t. II, p. 79.

caractères ; mais Albert le Grand, dans le siècle duquel cette science était en grande vogue, contient en germe la théorie de Gall et de son disciple Spurzheim. »

En effet, dans l'un de ses chapitres on trouve déjà un exposé assez complet de crâniologie, dans lequel il assigne la situation de nos principales facultés. Il est donc évident que Gall et Spurzheim n'ont fait que transformer ou exagérer ce système; mais qui, du philosophe chrétien ou des deux matérialistes allemands, s'est le plus rapproché de la vérité, c'est ce que l'avenir nous dira !

Les bases de la phrénologie une fois posées par Albert le Grand, s'élargirent bientôt après à l'aide des études de saint Thomas d'Aquin et de saint Bonaventure[1]. Ce dernier expose même, de fond en comble, une idée fort ingénieuse que Gall s'est attribuée, et dont ses sectateurs, trop empressés, lui ont fait honneur, à savoir : la possibilité de changer la tendance des facultés intellectuelles et morales, en imprimant une direction spéciale aux idées, afin d'opérer une réaction sur l'organisme et d'en corriger les vices primitifs. Cette opinion était tellement acceptée par l'évêque toscan, qu'il raconte un fait pratique tendant à la confirmer.

Dans le livre où Albert énumère les divers signes extérieurs du corps qui servent à déceler les inclinations de l'âme, il s'occupe longuement de la physio-

---

1. SAINT BONAVENTURE. *Compendium de la vérité théologique*, livre II, chap. LVII, LVIII, LIX. *Opera omnia*. Romæ, typis vatic. 1588, t. VII.

gnomonie. Dans cette partie, qui paraît n'être qu'un extrait de quelque fragment d'Aristote qu'il aurait eu à sa disposition, le dominicain de Cologne cite plusieurs auteurs assez peu connus. Il mentionne souvent Palémon, dont les ouvrages ont échappé aux ravages du temps[1], et un certain Philémon, qui était contemporain d'Hippocrate.

Ce dernier, beaucoup moins connu de nous, semble s'être acquis une certaine célébrité par sa science, si l'on en juge d'après les épithètes laudatives qu'on lui prodigue[2]. Cependant quelques auteurs supposent que peut-être le nom de Philémon n'est qu'une altération de celui de Palémon, personnage dont on ne peut contester la réalité[3].

Quoi qu'il en soit, Albert le Grand rapporte un remarquable trait qu'il lui prête. Il dit, d'après Aristote, qu'un élève d'Hippocrate ayant offert le portrait de son maître à l'appréciation de Philémon, celui-ci, après l'avoir observé avec attention, n'hésita pas à soutenir que l'image qu'il avait sous les yeux était celle d'un homme doué des plus perverses inclinations et livré à la luxure et à la mauvaise foi. Les disciples du grand médecin, indignés d'un tel jugement, en référèrent à leur maître; mais Hippocrate eut la candeur d'avouer que Philémon n'avait dit que la vérité, et que c'était son amour pour l'étude et la philo-

1. J. Franz, *Scriptores physiognomiæ veteres*, Altenburg, 1780, a compris le traité de Palémon dans cette collection.
2. « Summus doctor, magister physionomiæ, de numero antiquorum « philosophorum. » *Traité des secrets*. Manuscr. Bibl. royale, n° 6298.
3. Jourdain. *Recherches sur l'âge et l'origine des traductions d'Aristote*. Paris, 1843, p. 346.

sophie qui lui avait appris à vaincre les penchants déplorables de son cœur.

Ce fait, que rapporte aussi saint Bonaventure[1], ne semble-t-il pas être quelque citation empruntée aux phrénologistes allemands de nos jours? Et ajouté à ce qui précède, n'autorise-t-il pas à dire avec M. de Blainville que la crânioscopie et la physiognomonie, dont le matérialisme moderne a fait tant de bruit, ont été connues et exposées dans leurs généralités les plus vraies par les hommes les plus doctes du XIIIe siècle[2]?

Le vingtième livre est consacré à réunir tous les détails relatifs aux éléments fondamentaux de l'organisme, et aux propriétés intimes qui les dominent pour les élever à la puissance normale[3]. C'est là, par conséquent, où l'auteur développe la théorie de la cause formatrice, du *nisus formativus*, dont les mystérieux ressorts sont peut-être destinés à rester éternellement voilés aux physiologistes.

Mais avant d'embrasser l'étude des animaux, Albert donne à notre espèce le rang qui lui est assigné au milieu de la création; il la sépare irrévocablement des premiers par un incommensurable espace; et de cette manière, l'homme, cette créature d'élite qui seule conçoit les ineffables mystères de la foi, devient, pour le philosophe chrétien, le seul lien entre le monde et Dieu[4].

---

1. Saint Bonaventure. *Compendium de la vérité théologique*, livre II. Cette anecdote est aussi insérée dans le *Traité des secrets*. Manuscrit de la Bibliothèque royale, n° 6298.

2. De Blainville. *Histoire de la science de l'organisation*. Paris, 1845, t. II, p. 68.

3. De natura corporum animalium et de principiis materialibus eorum.

4. De proprietatibus autem hominis præcipua est quam dicit Hermes

Ainsi donc, sur ce point, le dominicain du XIIIe siècle surpasse certains zoologistes de notre époque, qui se sont efforcés de saper les plus nobles prérogatives de l'homme pour le niveler sur le patron du singe [1]. En cette circonstance il se montre même plus judicieux que Linnée, qui, dans son *Systema naturæ*, confond notre espèce non-seulement dans le même ordre que l'orang, mais encore dans le même genre, en se contentant de nous imposer la consolante dénomination d'*homo sapiens*, tandis que le disgracieux quadrumane est appelé *homo sylvestris* [2]; étonnante aberration d'un grand génie, qui désormais ne devra plus trouver d'imitateurs.

Dans son œuvre, Albert a donc réalisé un immense progrès. Là, pour la première fois, l'homme se trouve réellement apprécié à sa juste valeur sous le double point de vue de l'organisation et de la psychologie. L'auteur le pose comme le chef-d'œuvre de la création, comme le dominateur de la série animale. Il entrevoit la distance infranchissable qui le sépare des animaux, qu'il ne considère que comme des créatures purement matérielles, tandis que l'homme seul réunit en lui les deux essences opposées : la matière et l'esprit.

Après avoir restitué à l'homme son rang suprême

ad Esculapium scribens, quod solus homo nexus est Dei et mundi : eo quod intellectum divinum in se habet, etc., per hunc aliquando ita supra mundum elevatur. ALBERTUS MAG., cap. v, p. 577. *De naturalibus proprietatibus hominis et divinis.*

1. BORY SAINT-VINCENT. *L'homme. Essai zoologique sur le genre humain.* Paris 1836. — *Dictionnaire classique d'histoire naturelle.* Paris 1827, t. XII, p. 265.

2. LINNÉE. *Systema naturæ.* Hal. 1760, t. I, p. 24.

et l'avoir élevé au point culminant de la création, le religieux naturaliste s'en sert comme de terme de comparaison pour suivre pas à pas la dégradation des êtres organisés. De l'espèce humaine il passe à toutes les autres formes qu'offre la série zoologique à mesure que les appareils vitaux se simplifient et s'effacent. En suivant cette voie et en assistant à la disparition successive des éléments complexes de la vie, le dominicain de Cologne descend graduellement du mammifère jusqu'à l'éponge, qui pour lui, comme pour les naturalistes modernes, représente le dernier terme de l'animalité !

Ce chapitre important de l'œuvre d'Albert[1] contient donc le germe de l'une des plus remarquables conceptions de la zoologie : là, pour la première fois, se trouvent posées les bases de la série animale ! idée vraiment gigantesque pour une époque où l'observation présentait tant d'insurmontables difficultés, et qui devait traverser bien des siècles avant d'être définitivement acceptée par les naturalistes les plus éminents.

Sous le rapport de la *classification* notre savant a fait faire un grand progrès à la partie pratique de la science. Il commence par proclamer la stabilité des espèces qui entrent dans le domaine de la création. C'est sur ce point que reposent toutes les bases de la méthode; en effet, si l'espèce varie il faut immédiatement anéantir une des plus fécondes conceptions

---

1. BEAT. ALB. MAGN., lib. XXI. De gradibus perfectorum, et imperfectorum animalium.

de la science, la zooclassie ; car le naturaliste qui récuse l'entité spécifique en brise d'un seul coup tous les linéaments !

Mais Albert va encore plus loin en classification. Pour la première fois il définit l'espèce et nous démontre le mécanisme par lequel on en constitue des genres. Buffon, comme le dit M. de Blainville, s'est inspiré sur ce savant lorsqu'il a traité cette question [1].

Dans son XXIIe livre, intitulé : *De la nature des animaux en particulier* [2], on trouve l'histoire de toutes les principales espèces connues alors ; et celles-ci, pour la première fois, y sont disposées par ordre alphabétique : l'évêque de Ratisbonne devenant en quelque sorte l'inventeur de nos dictionnaires modernes.

Dans cette histoire particulière des animaux on remarque une précision inconnue jusqu'alors dans les sciences naturelles : chaque espèce est nettement décrite, c'est donc un grand progrès [3].

Les animaux domestiques, à cause de leur utilité, deviennent pour l'auteur l'objet d'une attention particulière, et à l'imitation de quelques agriculteurs anciens il mentionne leurs maladies et le traitement qu'on peut leur opposer. En cela, il paraît surtout s'être inspiré de Columelle [4].

---

1. DE BLAINVILLE. *Histoire des sciences de l'organisation.* Paris, 1845, t. II, p. 86.

2. ALBERTUS MAGNUS. De naturis sigillatim animalium.

3. Selon de Blainville, il a déterminé une chauve-souris, trois insectivores, vingt-trois carnassiers, quinze rongeurs, un gravigrade, six pachydermes, dix-sept ruminants, deux cétacés, puis quarante-sept autres mammifères qu'il est difficile de préciser.

4. COLUMELLE. *Rei rusticæ scriptores.* Venetiis, 1472.

Les animaux des régions boréales avaient généralement échappé à Aristote, à Pline et aux autres naturalistes de l'antiquité, à cause du peu de relations qui existaient de leur temps entre l'Europe méridionale et les pays situés vers le cercle polaire. Mais dans sa résidence de prédilection et dans ses voyages, Albert, plus heureux, put se trouver en contact avec quelques habitants de ces contrées et en obtenir de précieux renseignements pour les sciences. Cologne, ville ancienne et célèbre, également distante du septentrion et du midi, arrosée par un grand fleuve qui en rendait l'accès facile, était alors une sorte d'entrepôt européen central, où les produits des points extrêmes de notre partie du monde venaient activement s'échanger[1]. Là se rendaient, pour les besoins de leur commerce, les peuplades demi-sauvages de la Germanie. Les Fennes, dont les traîneaux rapides transportaient au loin les produits, y envoyaient eux-mêmes les trophées de leurs chasses et de leurs pêches[2]. Quelques paragraphes de l'œuvre d'Albert le démontrent évidemment.

Ce fut sans doute en se mêlant aux étrangers qui affluaient dans cette ville commerciale et en conversant avec eux, que le savant dominicain obtint de curieux détails sur un assez grand nombre d'animaux tout à fait inconnus, ou sur lesquels on ne possédait, avant lui, que des notions erronées. On peut dire que c'est réellement à lui que nous dûmes,

---

1. NOEL. *Pêches du moyen âge.* Paris, 1815.
2. ALBERTUS MAGNUS. *Histoire du morse.*

pour la première fois, d'être initiés à la faune hyperboréenne. A la mort d'Albert une grande lacune se produisit de nouveau dans cette partie de la science jusqu'au moment où, cinq siècles après, Linnée[1], Fabricius[2] et Steller[3] vinrent compléter, par leurs grands travaux, les imparfaits essais du naturaliste du Moyen âge.

Les chapitres importants qu'Albert consacre à l'histoire des cétacés constatent combien ses relations avec les habitants du nord ont dû lui rendre de services pour la rédaction de son œuvre[4]. Ces animaux, par leur taille parfois gigantesque, et surtout à cause de leur abondance sur les plages de l'Europe et des produits qu'on en extrayait, attirèrent l'attention de tous les auteurs du Moyen âge[5]. A cette époque leur viande ornait fréquemment les tables les plus somptueuses. La chair des baleines figurait alors sur celle de nos monastères[6], et quelques églises percevaient même une sorte de dîme sur ces cétacés[7].

Soit que cette dénomination s'appliquât exclusivement à la baleine, soit qu'elle comprît l'ensemble des gros cétacés, comme le pensent quelques auteurs, il

1. Linnée. *Fauna succica.* Stockholm, 1761.
2. O. Fabricius. *Fauna groenlandiæ.* Lipsiæ, 1780.
3. Steller. *Description du Kamtschatka.* Francfort, 1774.
4. Albertus Magnus, t. VI. *De natura natalium. De cetu,* p. 650.
5. La pêche de ces animaux était même si considérable alors, que les hommes qui s'y livraient étaient désignés par un nom particulier dans l'idiome du nord et formaient des compagnies appelées *societas walmannorum,* de *wal* baleine et de *mann* homme.
6. Noel. *Pêches du moyen âge.* Paris, 1815. — D'Achery. *Chron. sancti Trudonis.* 509.
7. Cartular. Sancti-Bertini et Gallia christiana, XI, Instrum. Charta fundationis abbatiæ Sanctæ Trinitatis Gardomensis.

n'en est pas moins certain que, frappé de l'importance de la première espèce, Albert a décrit la pêche de celle-ci avec une précision que l'on ne rencontre dans aucun des auteurs qui l'ont devancé. Noël, qui a exploré les sagas norvégiennes, reconnaît même dans son œuvre la révélation de certaines particularités dont il n'est pas fait mention dans ces manuscrits [1].

Le savant du Moyen âge décrit les deux procédés principaux qui étaient usités de son temps pour capturer les baleines. L'un de ceux-ci se fait même remarquer parce qu'il est absolument analogue à celui que l'on emploie encore aujourd'hui. Albert dit qu'on attaquait ces animaux avec de petites barques montées par trois hommes, dont deux étaient chargés de diriger l'esquif, tandis que le troisième restait debout et lançait sur les cétacés un harpon dont l'extrémité ressemblait au fer d'une flèche, et auquel était attachée une corde [2]. Le second procédé, décrit par Albert, consistait à lancer de loin un harpon à l'aide d'une forte baliste. Ce fait est excessivement curieux, car il démontre, selon Schneider, que ce n'est qu'une imitation de ce moyen, et non une invention, qu'ont eue les Anglais, en 1772, lorsqu'ils entreprirent de tuer les baleines en leur lançant le harpon, à l'instar d'un boulet, à l'aide d'un canon [3].

1. NOEL. *Pêches du moyen âge.* Paris, 1815.
2. ALBERTUS MAGNUS. *Opus de animalibus. De natura natalium. De œtu,* p. 650.
3. ANDERSON. *Hist. and chronol. deduct. of the origin of commerce,* t. II, p. 333. — SCHNEIDER. *Petri Artedi synonymia piscium,* p. 163. — LACÉPÈDE. *Histoire naturelle des cétacés.* Paris, 1832, p. 120.

Albert parle aussi du narval, remarquable cétacé désigné parfois sous le nom de licorne de mer, *uni-cornu marinum*[1]; mais il se trompe à son égard en prétendant que ses mouvements sont lents, car les voyageurs qui, tels que Scoresby, ont pu observer cet animal, rapportent qu'il nage avec une incroyable vitesse[2]; et c'est cette rapide locomotion qui explique seule comment il enfonce parfois si profondément ses défenses dans la coque des navires.

Le naturaliste de Cologne a également parlé du cachalot et de ses produits. Selon G. et F. Cuvier, il indique évidemment la cétine ou le blanc de baleine dans son paragraphe intitulé *cetus*, en décrivant l'huile qui sortit en abondance de la tête de deux animaux marins échoués de son temps sur les plages de la Hollande[3]. Il a aussi connu l'ambre gris que produit ce mammifère; seulement il se méprend sur la nature de cette substance, à l'égard de laquelle on a émis tant d'étranges opinions[4], et que Swediaur a, l'un des premiers, démontré n'être que des déjections endurcies provenant du cachalot[5].

Dans tout le paragraphe concernant les cétacés on a seulement à regretter que le naturaliste du Moyen âge confonde ces mammifères avec les poissons, mais

1. Worm. *Museum wormianum, seu historia rerum rariorum, etc.* Amst. 1655.

2. Scoresby. *An account of the arctic regions.* Edimbourg, 1820.

3. G. Cuvier. *Ossements fossiles.* — F. Cuvier. *De l'histoire naturelle des cétacés.* Paris, 1836, p. 264.

4. Comp. Just. Klobius. *Historia ambræ.* Wittemberg. 1667. —H. Clo-quet. *Faune des médecins.* Paris, 1822, t. I, p. 329, art. Ambre.

5. Swediaur. *Recherches sur l'ambre gris.* (*Trans. phil.*, vol. LXXIII. Traduit dans le *Journal de physique*, 1784.)

c'est une erreur bien pardonnable à une époque où le scalpel n'était point encore employé à l'examen des organes. Du reste cette anomalie se reproduisit long-temps encore après lui dans les œuvres de quelques zoologistes tels que Gesner[1] et Rondelet[2], eux dont le chef décoré du bonnet doctoral devrait nous rendre plus sévère que nous ne pouvons l'être à l'égard du cénobite de Cologne.

En suivant l'œuvre de l'Aristote du Moyen âge, on y trouve de place en place de curieuses notions à l'égard de quelques animaux, et celles-ci jettent parfois un nouveau jour sur la zoologie moderne. On y rencontre en particulier d'intéressants détails sur certaines espèces de la Slavonie, de la Hongrie, de l'Allemagne et de la Prusse.

Dans son histoire des castors, Albert révèle aux naturalistes quelques faits curieux. Ceux de ces animaux qui habitent actuellement l'ancien continent n'y édifient jamais aucun de ces extraordinaires villages que leur espèce construit encore chaque jour dans l'Amérique septentrionale. Il semble qu'en Asie et en Europe l'intelligence de ces rongeurs soit dégénérée; là, au lieu de vivre par petites républiques, ils restent ordinairement isolés, et pour toute demeure on les voit simplement creuser de longs boyaux souterrains dans lesquels ils se réfugient pour jouir du repos ou pour hiverner[3].

---

1. GESNER. *Qui est de piscium et aqualium animantium natura.* 1717.
2. RONDELET. *Libri de piscibus.* Lyon, 1554.
3. BUFFON. *Histoire naturelle générale et particulière.* Deux-Ponts, t. III, p. 54. — CUVIER. *Règne animal.* Paris, 1829, t. I, p. 214.

Cependant, en scrutant l'œuvre du savant évêque, on reconnaît qu'il décrit avec une telle précision les cabanes des républiques de castors, qu'il faut évidemment qu'il ait eu sur ces constructions des notions fort exactes [1].

Cette question peut se résoudre de deux manières, et quelle que soit l'hypothèse que l'on adopte, celle-ci offre un aliment à la curiosité :

Ou bien les castors du temps d'Albert bâtissaient des cabanes sur les bords des fleuves de l'Europe, et alors les siècles auraient modifié leurs facultés psychologiques, puisque jamais ils n'en érigent aujourd'hui; ou bien, à l'époque où vivait le naturaliste de Cologne, il avait obtenu des documents sur ces rongeurs de la part des peuples du nord qui fréquentaient déjà l'Amérique : dernière hypothèse qui nous semble la plus probable, puisque cette partie du monde avait été découverte plusieurs siècles avant Albert le Grand [2].

Ainsi que nous l'avons vu, plusieurs écrivains de l'antiquité [3] et du Moyen âge [4], avaient raconté que le castor poursuivi par les chasseurs se mutilait en leur abandonnant, comme une sorte de rançon, ses poches sécrétoires remplies d'une substance précieuse. Al-

---

1. BEAT. ALB. MAGN., t. VI, lib. XXVI, p. 584. Casas construit in ripis aquarum ante antra in quibus habitat. Quas etiam bicameratas vel tricameratas cum solariis facit, ut crescente aqua ascendat vel descendat.

2. Voy. l'*Histoire de l'école scandinave*, p. 29.

3. PLINE. *Histoire naturelle*, lib. VIII, cap. xxx. — ÆLIAN. *De natura animalium*, VI, 34, lib. XVII, cap. vi, 34. — JUVÉNAL. *Satires*, XII, cap. i.

4. ISIDORE DE SÉVILLE. *Sancti Isidori hispalensis episcopi opera omnia.* Colon. 1617, p. 104.

bert a contribué, l'un des premiers, après Dioscoride[1], à réfuter cette absurde fable[2], acceptée comme un fait par l'antiquité savante, mais que déjà quelques Pères de l'Église ne présentaient plus au xe siècle que comme l'expression d'une parabole de zoologie mystique[3].

On doit aussi à Albert quelques intéressantes notions sur les ours. Ce fut lui qui, le premier, considéra l'ours blanc comme une espèce distincte de l'ours brun[4]. Les auteurs anciens avaient, il est vrai, mentionné des ours blancs, Aristote lui-même en parle, mais ils ne regardaient ceux-ci que comme des variétés de l'espèce à pelage foncé[5]. Les historiens racontent qu'on en vit un parmi les animaux rares qui ornaient la pompe de Ptolémée[6]; Pausanias en mentionne en Mysie[7]. Mais ces diverses assertions n'ont rien de précis et celle de ce dernier est même tout à fait erronée, la contrée du globe qu'il cite ne nourrissant aucun de ces animaux.

Le frère prêcheur de Cologne, éclairé sans doute par ses relations avec les habitants des régions du

1. Dioscoride. *Commentaires de Mathiole*, cap. xxii, p. 213.

2. Dicitur autem castor a castrando, non quod seipsum castret, ut dicit Isidorus, sed quia ob castrationem maxime quæritur. Falsum enim est quod agitatus a venatore castret seipsum dentibus et projiciat castoreum. Albertus Magnus. *De animalibus*, p. 584.

3. Saint Ambroise. *Physiologus ou Bestiaire.* Cahier et Martin. *Mélanges d'archéologie.* Paris, 1850.

4. Albertus Magnus. *De animalibus.* — Cuvier. *Ossements fossiles.*

5. Aristote. *Traité des animaux*, livre V, chap. vi. — Camus. *Notes sur l'histoire des animaux d'Aristote.* Paris, 1783, p. 600.

6. Athénée. — *Banquet des savants.* Paris, 1789, t. II, p. 277. — Cuvier. *Ossements fossiles.* — Boitard. *Dictionnaire universel d'histoire naturelle.* Paris, 1847, t. IX, p. 254.

7. Pausanias. *Voyage en Grèce.*

nord, produisit le premier quelques notions précises sur l'espèce albine, en la considérant comme tout à fait distincte de l'autre par son aspect et par ses mœurs. Dans son article sur les ours, il semble frappé de leur marche plantigrade et de la facilité qu'ils ont de se tenir debout en imitant l'attitude de l'homme; mais il s'empresse de dire que cette allure n'est chez eux que fort passagère [1]. Dans cet article on voit aussi qu'Albert ne se fonde pas seulement sur la couleur de l'ours blanc pour l'isoler de ses congénères, mais qu'il s'autorise encore de ses habitudes, qu'il décrit rigoureusement, en nous apprenant que celui-ci a une existence tout à fait maritime et qu'il chasse et poursuit sa proie sous les eaux à l'instar des mammifères aquatiques [2].

Cependant, quoique cette distinction fût réellement irrécusable, longtemps encore après Albert on en méconnut l'évidence, et, chose inconcevable! les plus célèbres naturalistes du siècle dernier confondirent eux-mêmes ces deux espèces. Dans les premières éditions de son *Systema naturæ*, Linnée, quoique résidant en Suède, les réunit d'abord en une seule; et ce ne fut qu'à la dixième édition de son livre qu'il parut soupçonner qu'elles étaient distinctes [3]. Buffon tombe dans une semblable erreur. Il confond l'histoire de ces deux plantigrades et il semble

----

1. Aliquando erigitur sicut homo, sed non diu. *De animalibus*, art. *Ursus*, p. 608.

2. Sed aquaticus est albus, et venatur sub aqua sicut luter et castor *De animalibus*, art. *Ursus*, p. 608.

3. Linnée. *Systema naturæ*. Magdeb. 1760, t. I, p. 47.

encore indécis de savoir si l'ours blanc n'est pas une simple variété albine de l'ours brun[1]. Ce ne fut que dans ses suppléments, après que Commerson lui en eut envoyé une figure, qu'il se décida enfin pour la vérité. Dans la suite, Pallas dota la science des caractères zoologiques de l'ours blanc, et en l'inscrivant irrévocablement au rang d'espèce, il démontra l'exactitude des aperçus d'Albert le Grand[2].

On doit à Albert d'avoir enrichi l'histoire naturelle du morse de certains détails peu connus avant lui, et il a en outre contribué à en retrancher quelques erreurs. Chez les peuples du nord de l'Europe la peau de cet animal était précieuse pour la navigation; on la coupait en lanières dont on confectionnait des câbles d'une extrême force pour la marine. Il est souvent parlé de ceux-ci dans les sagas scandinaves, parce que l'on s'en servait au Moyen âge, soit pour ancrer, soit pour lier étroitement ensemble les frêles bâtiments sur lesquels on combattait alors. Ils avaient une telle renommée que le commerce s'en était étendu jusque sur les marchés de Cologne[3] et l'on y attachait tant de prix qu'à cette époque on en faisait parfois hommage aux souverains eux-mêmes[4].

Mais nonobstant l'importance qu'avaient acquise les produits du morse à l'époque d'Albert, on n'avait encore que de fort étranges notions sur cet animal. Quoique les Fennes le chassassent non-seulement pour

1. BUFFON. *Histoire naturelle.*
2. PALLAS. *Miscellanea zoologica.* La Haye, 1766. *Spicilegia zoologica.* Berlin, 1767-1773.
3 ALBERTUS MAGNUS. *De animalibus.*
4. NOEL. *Pêches du moyen âge, d'après les sagas du nord.*

la confection de leurs câbles, mais encore pour en extraire de l'huile et des défenses, ces hommes à demi sauvages ne l'avaient que fort grossièrement observé. On voit en effet, dans le périple d'Other[1] que ses compatriotes prenaient le morse pour une baleine velue et munie de pieds, ce qui le leur avait fait nommer *cetus equinus*[2].

En parlant des animaux du nord dont nous devons la connaissance à Albert, nous ne pouvons omettre de rappeler qu'il a décrit le premier divers mammifères dont les fourrures étaient d'un commerce important. Parmi eux se trouve la zibeline[3], sur laquelle on n'eut longtemps après lui que de fort inexacts documents ; car quoique ses chasses eussent été décrites par les voyageurs depuis bien des années[4], ce ne fut que de nos jours que Gmelin observa cet animal à l'état vivant chez un gouverneur de Tobolsk[5].

Le vingt-troisième livre contient l'histoire des Oiseaux. L'auteur décrit d'abord sommairement ceux-ci d'une manière générale, puis il entre dans l'examen des différentes espèces qui lui sont connues. C'est dans ce livre qu'il traite des divers oiseaux employés dans la fauconnerie. Là il scrute leur régime, leur éducation et même leurs maladies[6]. A l'égard de

<hr>

1. OTHER. *Peripl. ad calcem Ari frode.* Edit. Busœi.
2. NOEL. *Pêches du moyen âge.* Paris, 1815.
3. JOURDAN. *Biographie médicale.* Paris, 1820, t. I, p. 93.
4. P. AVRIL. *Voyage en divers États d'Europe et d'Asie.* Paris, 1692, p. 167.
5. J. G. GMELIN. *Voyage en Sibérie,* etc.
6. ALBERTUS MAGNUS. *De curis infirmitatum falconum secundum falconarium Frederici imperatoris,* p. 631.

ces animaux, quelques documents, il est vrai, lui ont été fournis par ses devanciers [1]; mais presque tout ce qu'il dit en outre semble une véritable innovation pour son époque; aussi, tous ceux qui depuis Albert ont écrit sur l'art du fauconnier ont-ils amplement, jusqu'à Schneider lui-même [2], puisé dans son œuvre qui a été éditée séparément [3].

Mais nous devons convenir que dans les pages de ce livre qui traitent de la division des falconides, l'auteur est moins heureux que nous ne nous y fussions attendu. En effet il confond avec ceux-ci des oiseaux fort différents. Il divise les faucons en trois catégories : les nobles, les couards, et les espèces mixtes qui sont engendrées par l'union adultérine des premiers et des seconds. La section des nobles renferme, il est vrai, un grand nombre d'espèces qui lui appartiennent, mais celle des couards n'est qu'un amas incohérent d'oiseaux faisant partie de groupes plus ou moins éloignés. Il y confond ensemble des hiboux, des pies-grièches, etc., et cependant il faut arriver à des traités bien plus modernes pour trouver la noble science de la fauconnerie épurée de ce qu'elle contient d'erroné dans l'œuvre du naturaliste du XIIIᵉ siècle [4].

Durant tout le Moyen âge la procréation de certains

1. Frédéric II. *De arte venandi cum avibus.*
2. De Blainville. *Histoire des sciences de l'organisation.* Paris, 1845, t. II, p. 81. — Schneider, comme nous l'avons vu, a édité l'œuvre de Frédéric II sur la fauconnerie. *Reliqua Frederici II*, etc.
3. Alb. Magn. *De falconibus, asturibus et accipitribus.* Augsbourg, 1596.
4. A. de Thou. *In hieracosophii libro.* — De Sainte-Marthe. *Hieracosophion, sive de re accipitraria libri tres.* — Latham. *Latham's Falconry.* London, 1633.

oiseaux devint l'objet des plus absurdes fables, et celles-ci possédèrent une telle popularité dans l'ornithologie que les plus savants hommes du temps n'osèrent ni les attaquer, ni les combattre. Albert le Grand presque seul, en cette circonstance, donna des preuves d'un haut discernement. La reproduction des bernaches a principalement joui de ce triste privilége. Nous avons déjà vu que celles-ci passèrent autrefois pour être engendrées par certains arbres; et le fait semblait tellement positif que ces oiseaux ne furent longtemps connus que sous le nom d'*anser arboreus* [1]. L'amour du merveilleux répandit cette incroyable histoire; et, déjà inscrite dans les bestiaires du xᵉ siècle [2], elle se propagea pendant six cents ans, et s'insinua jusque dans les ouvrages des naturalistes de la renaissance sans qu'on pût la renverser [3].

En vain Albert le Grand s'élève énergiquement contre cette absurdité et flagelle ses imprudents partisans [4]; il est encore là sur le chemin de la vérité, et cependant sa raison ne peut triompher de cette crédulité qui entrave partout l'essor de l'esprit humain. Plusieurs centaines d'années après lui, au xviᵉ siècle, nous voyons encore les oracles de la science accepter la même fable. L'érudit Sébastien Munster, dans sa *Cosmographie* va jusqu'à décrire l'arbre qui produit les bernaches, et prétend qu'on le rencontre le

---

1. Sébastien Munster. *Cosmographie universelle.* Paris, 1575, t. I, p. 100.
2. Saint Ambroise. *Physiologus* ou *Bestiaire.* Mélang. d'archéol. de Cahier et Martin. Paris, 1851, p. 217.
3. Olaus Magnus. *De gentibus septentrionalibus.* Rome, 1555.
4. Albertus Magn. *De barbatibus.* Op. t. VI, p. 613.

long des grèves de l'Écosse et des Orcades[1]. D'autres tracent simplement les caractères de son fruit[2]. Aldrovande, qui était considéré comme le prince de l'ornithologie, dans son histoire des oiseaux, n'est pas moins explicite. Afin que personne ne puisse contester l'authenticité du récit, il y a fait figurer, à l'aide d'une grande gravure en bois, l'arbre miraculeux qui porte les bernaches. Il est chargé de fruits nombreux; les uns sont encore intacts, les autres s'entr'ouvent et laissent s'échapper de petits oiseaux, dont plusieurs déjà tombés dans l'eau, en suivant leur instinct naturel, nagent à sa surface[3]. Longtemps avant ce savant naturaliste, Vincent de Beauvais avait cru offrir un argument irrésistible en faveur de cet étrange phénomène en prétendant avoir vu l'oiseau[4]! assertion qui lui fait oublier qu'on ne récuse pas l'existence de l'animal mais seulement son mode de procréation.

Lorsqu'il parle de la salamandre, le religieux de Cologne nous donne encore une nouvelle preuve de sagesse, en faisant une tentative hardie pour se soustraire à l'autorité des anciens. D'après de véritables contes rapportés par Pline et acceptés sans contrôle, on s'est longtemps figuré que ce reptile était incombustible, faculté que l'on prêtait à l'humeur qui suinte de ses flancs lorsqu'il est irrité[5].

Albert a entrepris quelques expériences pour arriver

1. S. Munster. *Cosmographie universelle*. Paris, 1575, t. I, p. 100.
2. Oderic. *Voyage en Tartarie....* « Poma violacea et rotunda ad instar « cucurbita a quibus maturis exiit avis. »
3. Aldrovande. *Ornithologia*. Bononiæ, 1559.
4. Vincent de Beauvais. *Speculum naturale*, XVI, XL, p. 1181.
5. Pline. *Histoire naturelle*.

à réfuter cette fable; et n'ayant sans doute pas pu se procurer de salamandre, il s'est exercé sur des araignées. Éclairé suffisamment par ses recherches, il s'est ensuite appliqué à réfuter les assertions de ceux qui prétendaient que ce reptile vit dans le feu. Il combat en particulier le philosophe Iorach, qui professait cette opinion, en se servant même de ses propres arguments [1]. C'est encore là un grand pas pour le xiiie siècle.

Dans son chapitre sur les chéiroptères [2], Albert le Grand donne une moindre preuve du tact qui le dirige habituellement. Là il confond les chauves-souris parmi les oiseaux, erreur bien pardonnable sans doute puisqu'elle se reproduisit jusque dans les œuvres des naturalistes de la renaissance [3]. Mais d'un autre côté, Albert a signalé avec intelligence quelques particularités anatomiques qu'offrent ces chéiroptères; telle que l'existence de leur double conque auditive formée par l'oreillon [4], dont le rôle physiologique devait être ingénieusement dévoilé de nos jours par notre illustre Geoffroy Saint-Hilaire [5].

Albert consacre son vingt-quatrième livre à l'his-

---

1. Et dicit Iorach, quod si mediocris est ignis, extinguit eam : hoc autem non est quod vita ejus sit in igne. *De anim., lib. XXV.*

2. *De animalibus*, cap. *De vespertilione.* Vespertilio dicta est, quasi vespere alis nutans, eo quod vespere volat.

3. Belon. *Histoire de la nature des oiseaux.* Paris, 1555, p. 148. — Aldrovande, *Ornithologia*, Bononiæ, 1599, commence seul à suivre la voie du progrès, car il intitule le chapitre où il traite des chauves-souris, *De avibus mediæ naturæ, hoc est partim quadrupedis, partim avis naturam referentibus.*

4. Cum quatuor auribus.

5. Geoffroy Saint-Hilaire. *Cours sur l'Histoire naturelle des mammifères.* Paris, 1829.

toire de toutes les créatures qui animent les eaux. C'est là une conception malheureuse, aussi se trouve-t-il forcé d'y entasser les animaux les plus disparates. Mais si les rapports organiques de ceux-ci ont échappé au dominicain de Cologne, on doit avouer que durant plusieurs siècles les naturalistes de profession eux-mêmes n'ont pas été plus heureux que lui. En effet, si l'on peut reprocher à Albert d'avoir confondu les cétacés, les crocodiles, les mollusques et les éponges avec les poissons, la même faute se retrouve généralement dans les œuvres de Gesner [1], de Rondelet [2], d'Aldrovande [3] et de la plupart des naturalistes qui sont venus immédiatement après eux. Le premier montre même sous ce rapport moins de discernement que notre auteur, car non-seulement dans son livre *De aquatilibus*, il place comme lui les poulpes et les autres mollusques ; mais il entremêle aussi parmi les poissons divers mammifères normaux tels que le castor [4] et le rat d'eau [5], ainsi que des annélides et des insectes [6], que la raison d'Albert en avait su séparer.

Le traité des Poissons d'Albert se fait remarquer par quelques descriptions de ces animaux qui surpassent celles que nous devons aux anciens. Telle est en particulier l'histoire de l'espadon. Cet auteur en parle comme d'un animal tenant à la fois de la forme

1. GESNER. *Historiæ animalium.* Francofurti, 1603. *De aquatilibus*, p. 118.
2. RONDELET. *Libri de piscibus marinis.* Lugduni; 1554.
3. ALDROVANDE. *De piscibus et de cetis.* Bononiæ, 1613.
4. GESNER. *Historiæ animalium.* Francofurti, 1603. *De aquatilibus*, p. 186.
5. GESNER. Ibidem, *Mus aquaticus*, p. 589.
6. GESNER. Ibidem, *De insect. aquatil.*, p. 461.

du dauphin et de l'esturgeon, mais dont la peau est
lisse et la queue mince et bilobée ; il fait même observer
que sa mâchoire se prolonge comme un glaive droit
et terminé en pointe.

Parmi les poissons Albert parle d'une espèce appelée
albirez ou *albarom*, dont la peau était tellement dure et
inattaquable par le fer que les soldats en fabriquaient
des casques à l'épreuve des armes les plus tranchantes.
Noël suppose que ce poisson, dont le nom semble
arabe, et qui est également cité par Vincent de Beauvais, était quelque squale de la mer Rouge[1].

L'histoire des Poissons contient encore une curieuse
assertion. En parlant du hareng, Albert rapporte que de
son temps on salait déjà celui-ci pour le conserver ; fait
qui nous prouve que ce procédé remonte plus loin que
le xive siècle auquel on en reporte parfois l'invention.

Le reproche que nous avons fait à saint Isidore
s'applique parfois aussi à Albert. Quelques-unes
de ses étymologies sont fautives ou puériles ; cela
est manifeste dans son histoire des poissons, pour laquelle il semble surtout s'être appuyé sur Pline, mais
dont il n'avait probablement, selon G. Cuvier et Valenciennes, qu'une copie incorrecte[2]. Il tombe dans une
étrange méprise en parlant du monstre marin auquel
Andromède fut exposée, en prenant l'épithète *exposita*
qui se rapporte à cette dernière pour le nom de l'animal redoutable qui devait la dévorer.

Le vingt-cinquième livre du traité des Animaux

1. Noel. *Histoire générale des pêches.* Paris, 1815, t. I, p. 244.
2. Cuvier et Valenciennes. *Histoire naturelle des poissons.* Paris, 1818,
t. I, p. 42.

contient l'histoire des serpents[1] et de quelques autres reptiles tels que les tortues, que le savant évêque en a rapprochés.

Le vingt-sixième et dernier expose tout ce qui concerne les petits animaux, qu'en suivant les errements d'Aristote[2], l'auteur croit être privés de sang[3]. Dans ce livre il s'occupe des insectes, des arachnides et de quelques annélides. Relativement à tous ces invertébrés, malgré l'erreur fondamentale que comporte le titre du chapitre qui les renferme, il y a, dans l'œuvre d'Albert, l'indice d'un remarquable progrès; il isole parfaitement les insectes, ce que n'ont même pas fait les naturalistes qui lui ont succédé; et déjà même il donne aux annélides le nom d'*animalium annulosorum* que, plusieurs siècles après lui, on devait en quelque sorte consacrer dans la science moderne[4].

L'histoire des monstres occupant généralement une certaine place dans les écrits de l'antiquité savante[5], Albert ne pouvait la passer sous silence; aussi, dans son traité des animaux, plusieurs paragraphes lui sont-ils consacrés. Divers auteurs de la renaissance, tels que F. Licétus et Aldrovande[6], ont même puisé dans ceux-ci quelques notions. Cependant, nous sommes forcé d'avouer que cette partie des travaux

1. Tractatus V. *De serpentibus naturæ.*
2. Aristote. *Histoire des animaux.*
3. Tractatus VI. *De parvis animalibus sanguinem non habentibus.*
4. Lib. XVIII, p. 495.
5. Aristote. *De generatione animalium, lib. IV.* — Pomponius Mela. *Cosmographia, de situ orbis libri tres.* Venise, 1478. — Pline. *Histoire naturelle.*
6. Fortunius Licétus. *De monstris.* Amstelodami, p. 15, 47, 156, 174, 190. — Aldrovande. *Monstrorum historia.* Bononiæ, 1642.

du dominicain de Cologne, empreinte des idées superstitieuses de son époque, est l'une des moins recommandables de son œuvre.

Telle est l'analyse succincte de l'important traité
des animaux d'Albert le Grand. Si, après en avoir signalé les principaux traits, nous nous occupons des
travaux botaniques de cet homme célèbre, nous reconnaissons encore dans ceux-ci le cachet de son génie.

La botanique d'Albert forme un ouvrage important.
Ce traité, intitulé *De vegetabilibus et plantis*, est
contenu dans le cinquième volume de l'édition de
Jammy[1]; ceux qui portent un titre différent sont généralement apocryphes.

On le trouve aussi dans l'édition de Zimara, publiée
à Padoue, en 1519[2]. Celle-ci est imprimée en caractères gothiques et remplie d'abréviations qui la rendent difficile à lire. C'est la plus ancienne édition qui
soit connue, et l'on ignore si ce professeur de philosophie l'a copiée dans un manuscrit, ou s'il avait un
texte imprimé; ce qui serait possible, puisqu'il existait des impressions du traité des Animaux antérieures
à cette époque.

Les travaux botaniques d'Albert ont été l'objet des
plus étranges jugements; mais les savantes recherches

---

1. *Beati Alberti Magni, Ratisbonensis episcopi, ordinis prædicatorum,
parva naturalia.* Lugduni, 1651. Tomus quintus. *De vegetabilibus et
plantis, lib. VII.*

2. *Tabula tractatuum parvorum naturalium Alberti Magni, episcopi
Ratisbonensis, de ordine prædicatorum.* Pad., 1519. Cette édition qui
n'embrasse que les écrits physiques et métaphysiques d'Albert, est encore plus rare que celle de Jammy. Nous l'avons vue à la Bibliothèque
royale.

bibliographiques de Choulant[1] et d'E. Meyer[2], expliquent clairement la diversité qu'on remarque dans
ceux-ci. En effet, l'appréciation de l'œuvre du savant
dominicain a présenté un phénomène littéraire à nul
autre pareil. Certains critiques l'ont jugé avec la plus
grande défaveur sans même l'avoir lu ; d'autres,
après n'avoir scruté que des productions indignes
de son auteur ; le plus petit nombre, en ayant réellement sous les yeux les écrits du grand homme ;
écrits vraiment remarquables, d'après les naturalistes allemands, et cependant tombés, depuis longtemps, dans le plus complet oubli, nonobstant les
nombreux emprunts que leur fit Crescentia[3].

Les travaux botaniques d'Albert ont été jugés par
Haller avec une implacable sévérité[4] ; il ne les considère
que comme l'œuvre d'un compilateur ignorant et superstitieux ; jugement qui a été accepté et reproduit
par quelques autres critiques et presque dans les
mêmes termes !...

Sprengel, dans son Histoire de la Botanique, traite
notre savant avec un dédain que nous eussions été
loin d'attendre de la part d'un homme dont le mérite
et l'érudition sont incontestables. Les écrivains des

---

1. CHOULANT. Albert le Grand, considéré sous le rapport historique
et bibliographique dans sa valeur sur les connaissances de la nature
(en allemand), inséré dans le *Janus*. Breslau, 1845.

2. ERNEST MEYER. *Ein Beitrag zur geschichte der Botanik ein dreizehnten Jahrhundert*, ou document pour l'histoire de la botanique dans
le XIIIe siècle. *In Linnæa ein Journal für die Botanik Von Schlechtendal*,
vol. X, 1835 et 1836, p. 641.

3. CRESCENTIA. *Ruralium commodorum lib. XII*, 1471.

4. HALLER. *Bibliotheca botanica*, t. I, p. 224. — *Biblioth. med. pract.*,
t. I, p. 433.

siècles qui viennent de s'écouler et nos plus célèbres contemporains eux-mêmes, n'ont parlé d'Albert qu'avec la plus grande admiration, tandis que le botaniste allemand ne craint pas de le traiter d'homme inepte (*homo ineptus*[1]). A l'exemple de Gesner[2], il lui reproche de ne s'être occupé que de l'inutile synonymie des plantes et de leurs vertus talismaniques.

Un seul mot suffira pour justifier Albert de ces inculpations. Nous n'avons pas la prétention de présenter l'œuvre de l'Aristote du xiii° siècle comme exempte d'une foule d'erreurs inhérentes à son époque; mais celles-ci s'affaiblissent certainement par le contact des idées progressives qui les dominent à chaque ligne.

Les reproches de Haller et de Sprengel s'anéantissent en présence de la moindre critique. Il suffit de dire que ces savants n'ont pas même connu l'œuvre réelle, considérable pour son temps, à laquelle *Albertus Magnus* a donné naissance, et qu'ils n'ont jugé celui-ci que sur des productions que tous les érudits considèrent comme apocryphes et indignes de sa plume; enfin, qu'ils n'ont pas jugé notre célèbre écrivain d'après son traité *De vegetabilibus et plantis*, mais seulement d'après les travaux de l'un de ses élèves[3].

Heureusement que de nombreux panégyristes nous aideront pour effacer la rigueur de l'arrêt porté par les naturalistes que nous venons de citer.

1. Sprengel. *Historia rei herbariæ.* Amsterdam, 1807, t. I, 280.
2. Gesner. *Præf. ad Trag.*
3. D'après le traité intitulé *Liber de virtutibus herbarum, lapidum et animalium*, Bologne, 1478, que l'on considère comme étant l'œuvre d'Albert de Saxe. *Biogr. méd.*, t. I, p. 99.

L'érudit Schneider avoue même que l'œuvre d'Albert lui a été d'un grand secours pour l'interprétation de Palladius, et qu'il lui a fait de fréquents emprunts[1]; et, dans son édition de Théophraste, il s'élève vigoureusement contre ses détracteurs[2].

Enfin, nous pouvons ajouter que l'illustre de Humboldt s'est inscrit parmi les admirateurs de notre savant, et, qu'en lui décernant le titre de *grand homme* et de *magnifique figure du Moyen âge*, il a à jamais anéanti les imprudentes paroles de Sprengel[3].

D'un autre côté, dans son écrit remarquable par la critique profonde et judicieuse qui y règne, **E.** Meyer a prouvé manifestement que Haller et Sprengel, qui jugèrent notre Albert avec une si implacable sévérité, n'avaient même pas daigné ouvrir son œuvre véritable. Il le démontre avec une inflexible logique. Le profond érudit n'a pu suivre leurs citations dans aucune édition, et il confesse qu'en lisant l'ouvrage de l'illustre dominicain, encore sous l'impression du jugement de ces deux savants, il ne pouvait en croire ses sens ; car, au lieu de cette ignorance, de cette superstition, qui lui étaient signalées, il n'y trouvait que de *vastes connaissances, une méthode rigoureuse et un jugement éprouvé.* Il reconnaît en lui le don de l'observation qui enfante le naturaliste, et il avoue que, par ce don précieux, le religieux de Cologne s'en-

---

1. Schneider. *Scriptores rei rusticæ veteri latini.* Leipsick, 1794, t. IV.
2. *OEuvres complètes de Théophraste*, publiées à Leipsick en 1818-1821.
3. Comp. le second document d'E. Meyer, sur les écrits botaniques d'Albert le Grand. *Linnæa*, vol. XI, p. 647.

chaîne au philosophe de Stagire, qui semble avoir été son maître[1]!

Le livre *De virtutibus herbarum* qui a servi de base aux critiques acerbes de Haller[2] et de Sprengel[3] n'est pas même d'Albert[4]. Il n'existe nullement, dans l'édition la plus scrupuleuse de ses œuvres, celle de Jammy. On y rencontre seulement un chapitre intitulé *De vegetabilibus et plantis*, qui se trouve dans le cinquième volume; et celui-ci, qui le croirait? paraît avoir été absolument ignoré de nos deux savants. E. Meyer, qui a relevé cette erreur avec indignation[5], accuse même Sprengel d'incurie pour avoir méconnu l'opinion de Fabricius qui avait déjà signalé le livre apocryphe en circulation sous le nom d'Albert[6].

D'après E. Meyer, qui a fait une si profonde étude bibliographique des travaux de notre grand homme, ses œuvres apocryphes sur la botanique se distinguent facilement des écrits qui lui sont essentiellement propres. Les ouvrages du véritable Albert se font remarquer par la profonde logique qui y règne, et qui va même parfois jusqu'au pédantisme; au contraire, l'auteur du livre des vertus magiques des plantes, ou le faux Albert, n'est aucunement logicien[7].

1. E. Meyer. Document pour l'histoire de la botanique dans le xiiie siècle. *In Linnæa*, 1835, vol. X, p. 611.

2. Haller. *Bibliotheca botanica*. Zurich, 1771, t. I, p. 222.

3. Sprengel. *Histoire de la botanique*, t. I, p. 222. *Geschichte der Botanik*.

4. Choulant. *Janus*, p. 137.—Jourdan. *Biogr. méd.*, t. I, p. 90.

5. E. Meyer. Document pour l'histoire de la botanique dans le xiiie siècle. 1835, t. X.

6. Fabricius. *Bibliotheca latina mediæ et infimæ ætatis*. Patavii, 1754.

7. E. Meyer. Document pour l'histoire de la botanique dans le xiiie siècle, p. 650.

En appréciant l'effort tenté par Albert le Grand
sur le progrès de la science des végétaux, nous
sommes heureux de nous rencontrer avec E. Meyer
qui s'exprime à son égard dans les termes suivants :
« Dans l'histoire de la science, dit-il, nous ne trouvons
« pas un seul botaniste qu'on puisse lui comparer,
« à l'exception de Théophraste qu'il ne connaissait
« pas ; après lui, aucun homme qui ait saisi plus
« vivement la nature des plantes et l'ait plus profon-
« dément pénétrée, jusqu'à Conrad Gesner et Césal-
« pin. La plus belle couronne est vraiment due à
« celui qui dominant entièrement la science de son
« époque, la fit avancer hardiment, et qui, pendant
« trois siècles, ne fut pas une seule fois égalé, je ne
« dis pas dépassé. Si l'obscurité des temps dans les-
« quels il vivait a troublé parfois son regard, nous de-
« vons mesurer la force de son esprit d'après tous les
« obstacles qui s'offraient à lui et être pénétrés d'ad-
« miration[1]! »

Le traité de botanique d'Albert semble volumineux,
surtout quand on considère l'époque à laquelle il a
vu le jour ; il forme cent soixante pages in-folio.
L'anatomie et la physiologie végétales en occupent à
peu près quatre-vingts, et le reste est consacré à la
description des espèces. Ce traité, curieux exposé des
conquêtes scientifiques du XIIIᵉ siècle à l'égard des
végétaux, forme l'une des parties les plus remarquables de l'œuvre du savant de Cologne ; il nous
démontre que celui-ci s'était occupé des questions les

<hr>

1. E. MEYER. Second document, sur les écrits botaniques d'Albert le
Grand (en allemand). *Linnæa*, 1837, t. XI, p. 545.

plus ardues de l'anatomie et de la physiologie des plantes, et qu'il n'a pas craint d'en aborder la solution. Le même génie qui a présidé à la rédaction du traité des Animaux se reconnaît dans celle du livre sur les Plantes.

Dans la partie consacrée à l'anatomie végétale, Albert ne se contente pas de décrire les appareils les plus apparents des végétaux ; sa profonde sagacité y expose, avec une égale lucidité, la structure des plus infimes organes, agents souvent presque invisibles chargés d'accomplir les incompréhensibles opérations de la vie.

Habitué à d'incessants efforts pour pénétrer ou divulguer les plus secrètes pensées de la nature, notre savant devait évidemment porter ses regards vers les sexes des plantes, admirables et mystérieux organes, source de cette intarissable fécondité qui vivifie le globe, mais aussi sujet d'acerbes disputes qui divisèrent longtemps les écoles ! Dans un chapitre consacré à cet objet, Albert énumère les connaissances contenues dans les œuvres des anciens[1]. Théophraste et Pline avaient pressenti instinctivement les voies par lesquelles la nature arrive à ses fins. Tout leur dit que les végétaux ont des sexes, et Pline trace la fécondation des palmiers avec une vérité et une richesse de détails qui ne laissent rien à désirer[2]; mais, ni l'un ni l'autre ne parvint à connaître les frêles organes génitaux des fleurs. Tous deux sont également persuadés qu'il

---

1. ALBERTUS MAGNUS. T. V, chap. VII, p. 347. *De sexu plantarum secundum dicta antiquorum.*
2. PLINE. *Histoire naturelle*, livre XIII, 7.

existe des plantes mâles et des plantes femelles ; mais tous deux aussi se trompent lorsqu'ils les désignent par leur dénomination sexuelle [1]. Dépositaire des connaissances antiques, l'œuvre du savant de Cologne devient ainsi le trait d'union entre les vagues impressions des érudits de la Grèce ou de Rome et les faits positifs dont Camerarius devait le premier enrichir la science [2], et que le génie de Linné était appelé à compléter et à démontrer irrévocablement [3].

Parmi cette multitude d'organes qui concourent à la formation du végétal, la graine est l'un des plus complexes et des plus difficiles à anatomiser : véritable plante microscopique, dont l'existence latente n'attend que son stimulus pour se manifester, on n'en pénètre la structure qu'avec le secours des instruments grossissants. Cependant Albert, à une époque où nos moyens d'investigation manquaient absolument, parvint à reconnaître la partie la plus essentielle de cet organe, et qui en est souvent la moins apparente, l'embryon [4]. Dans son œuvre, il expose avec exactitude sa situation et ses formes. Nonobstant cela, l'on en attribue généralement la découverte à Leeuwenhoek [5] et à Malpighi [6], qui n'eurent que le mérite de décrire plus finement cette importante partie

---

1. Souvent Théophraste et Pline donnent le nom de plantes mâles aux individus femelles et ainsi le contraire.

2. CAMERARIUS. *Epistola de sexu plantarum.* Tubingue, 1694, où se trouvent les premières notions positives sur les sexes des plantes.

3. LINNÉ. *Sponsalia plantarum.* Upsal, 1746.

4. DE BLAINVILLE. *Histoire des sciences de l'organisation.* Paris, 1845, t. II, p. 89.

5. LEEUWENHOEK. *Arcana naturæ detecta.* Delpt. 1695.

6. MALPIGHI. *Anatome plantarum.* Lud. bot. 1687.

d'après les traditions de l'Académie des Lyncées, en appliquant le microscope à la connaissance de l'anatomie des plantes.

La physiologie végétale, quoique tout à fait dans l'enfance au Moyen âge, occupe cependant une notable place dans l'œuvre d'Albert le Grand. Tout ce que l'on connaissait alors sur cette science s'y trouve coercé; et l'on ne sait ce qui doit le plus étonner ou du savoir dont l'auteur fait preuve, ou de l'audace avec laquelle il traite les plus délicates questions. Là, en effet, on le voit même tenter d'élucider, au XIIIe siècle, des phénomènes dont les botanistes de nos jours n'abordent qu'avec crainte l'explication.

Nous ne dirons pas que le naturaliste du Moyen âge discute toutes ces questions avec cette lucidité, cette précision que pouvait seulement atteindre la science de notre époque; quelle que soit l'aptitude qu'on puisse lui supposer, il ne devait lui être permis que d'en sonder superficiellement la nature; mais sa tentative seule constitue déjà un grand fait scientifique.

La question des propriétés vitales des végétaux, qui est encore aujourd'hui l'objet de tant de controverses, a été traitée par notre laborieux moine avec une certaine extension dans plusieurs endroits de son livre[1]. C'était, si jamais il en fut, un sujet plein de périls; car, tandis que certains physiologistes élèvent l'organisme végétal à la hauteur de l'animalité, en le décorant de quelques obscurs indices de sensibilité et de

1. *De positionibus eorum qui negant vitam esse in plantis.*—ALBERTUS MAGNUS, t. V, cap. IV. — *In quo arguuntur qui plantas animam sensibilem habere dicebant.* ALB. MAGN., cap. III.

contractilité [1], d'autres, au contraire, réduisent les plantes à une espèce d'automatisme, en les plaçant absolument sous l'empire des lois physiques de la matière [2].

Dans un autre chapitre, l'évêque de Ratisbonne se livre à d'assez longues digressions sur le sommeil des plantes [3], et là encore ce génie novateur semble montrer du doigt un vaste champ d'observations à ceux qui lui succéderont. Déjà, Albert disserte, au XIIIᵉ siècle, sur l'engourdissement nocturne des végétaux, et il faut arriver au XVIIIᵉ pour que l'immortel Linnée parvienne à le démontrer [4], et au XIXᵉ pour que d'habiles expérimentateurs en dévoilent les causes probables [5].

Après avoir exposé l'anatomie et la physiologie des plantes, Albert embrasse l'histoire des espèces en particulier [6]. Dans celle-ci il consacre un chapitre aux arbres [7], et il traite dans un autre des végétaux herba-

1. CÉSALPIN. *De plantis.* Florentiæ, 1583.—ADANSON. *Familles des plantes.* Paris, 1763, t. I, p. 32, etc. — BICHAT. *Anatomie générale.* Paris, 1818, p. 5. — TIEDEMANN. *Traité de physiologie générale et comparée.* Paris, 1831, p. 783. — TRÉVIRANUS. *Biologie.* Gotting. 1802, t. V, p. 234. — DUTROCHET. *Recherches anatomiques et physiologiques sur la structure intime des animaux et des végétaux et sur leur mobilité.* Paris, 1824. — MULLER. *Manuel de physiologie.* Paris, 1851, t. I, p. 36. — CARRADORI. *Memoria della Società italiana,* t. XII, p. 30. — HUMBOLDT, *Aphorismen,* p. 57.

2. LAMARCK. *Philosophie zoologique.* Paris, 1809, t. I, p. 93. *Histoire naturelle des animaux sans vertèbres.* 2ᵉ édition, Paris, 1835, t. I, Introd., p. 85.

3. ALBERTUS MAGN. T. V, cap. XI. *An plantis conveniat somnus vel non.*

4. LINNÉE. *Diss. de somno plantarum.* Upsal, 1755.

5. DUTROCHET. *Ibidem.* — TIEDEMANN. *Ibidem,* t. II, p. 654. — LINDSAY. Manuscrit de la Société royale de Londres.

6. ALBERT. *De speciebus quarumdam plantarum.* Lib. VI, p. 420.

7. ALBERT. *De arboribus.* Tractatus I.

cés, qu'il range dans l'ordre alphabétique[1]. En général, on remarque que, dans l'indication des propriétés qu'il accorde aux plantes, il est extrêmement sobre; et l'on n'y trouve nullement cette surabondance de puérilités qu'offrent beaucoup d'auteurs de la renaissance.

Ceux qui se sont occupés de débrouiller les espèces citées par les botanistes de l'antiquité et du Moyen âge, savent seuls combien il est difficile de les reconnaître, à cause de l'absence ou de l'imperfection des descriptions qu'on rencontre dans leurs écrits. Albert peut être considéré comme ayant été le premier naturaliste qui nous ait légué un certain nombre de bonnes descriptions de plantes; et il règne même dans celles qu'on lui doit de si rigoureux détails carpologiques, que, selon Meyer, c'est à faire honte aux floristes modernes[2]. Ce savant ajoute à ce sujet, que, dans les recherches sur la botanique ancienne, on devra désormais consulter l'œuvre du laborieux cénobite, où l'on découvre d'utiles documents pour l'appréciation des espèces et de leur synonymie; alors on ne pourra plus dire que l'ouvrage d'Albert a vieilli, car, selon l'expression de E. Meyer, il atteste que le vrai mérite est le patrimoine inaliénable de tous les temps[3].

En résumant les écrits d'Albert sur la botanique, on reconnaît qu'il a posé la science sur ses véritables bases; on y trouve une distinction rationnelle entre les

---

1. ALBERT. *De herbis specialiter secundum ordinem alphabeti*. Tract. xv.
2. E. MEYER. Second document sur les écrits d'Albert le Grand. *Linnæa*, 1837, vol. XI, p. 545.
3. E. MEYER. *Ibidem*, p. 731.

animaux et les plantes. Au xiiie siècle, il soutient absolument la même thèse que celle que nous développons encore aujourd'hui dans nos amphithéâtres, à savoir : que les premiers sont caractérisés par le luxe des appareils sensitifs et locomoteurs; les secondes, par leur absence, par l'immobilité et l'insensibilité.

L'anatomie végétale lui doit d'avoir fait connaître les principales formes de la fleur, qui, quatre siècles plus tard, servirent à Tournefort pour les bases de sa méthode naturelle.

En physiologie, il devint sinon le précurseur de notre époque, au moins l'explorateur audacieux d'un certain nombre de phénomènes que nous devions apprécier rigoureusement.

Enfin, par rapport à la botanique descriptive, nous lui devons l'exposition de la caractéristique claire et précise d'un certain nombre d'espèces.

Cette ardeur dévorante qui entraînait Albert vers l'étude de l'histoire naturelle ne lui permit pas d'en négliger une seule partie. La minéralogie devint à son tour l'objet de ses méditations, et il écrivit sur celle-ci un traité intitulé *De mineralibus et rebus metallicis*[1], que plusieurs critiques judicieux considérèrent comme l'une de ses plus remarquables productions[2]. Dans cet ouvrage, il se montre supérieur à son époque

---

1. ALBERTUS MAGNUS. *Mineralium libri quinque*. Padoue, 1476. Tel est le titre de la première édition de ce traité, qui se trouve compris dans le deuxième volume de l'édition de Jammy et y est intitulé : *De mineralibus lib. V.*

2. CHOULANT. *Albert le Grand*, etc. Janus, 1846.

par la manière dont il décrit les métaux, les pierres et les sels, et par la sagacité avec laquelle il en expose les propriétés chimiques[1].

Connaissant à fond les travaux de toute l'école arabe, le savant dominicain les analyse et les discute dans son œuvre avec son habileté accoutumée. Il commence par accepter les théories de Geber et des autres chimistes de sa nation, en ce qui concerne l'essence et la génération des minéraux; puis il agrandit le cadre de leurs travaux, en y joignant ses propres observations.

Sa profession de frère prêcheur lui ayant imposé de longs voyages, Albert en sut profiter pour visiter un certain nombre de mines et d'exploitations métallurgiques; et c'est aux connaissances que lui procurèrent ses excursions, qu'on doit évidemment les vues sages et les descriptions exactes qui abondent dans son ouvrage et le rendent tout à fait original[2]. L'incontestable sagacité que l'auteur déploie est telle, lorsqu'il s'agit de la démonstration de certains phénomènes inhérents aux divers corps inanimés du globe, qu'elle excite l'admiration de quelques savants de notre époque. Il en est même qui ont été jusqu'à dire qu'Albert avait traité la lithologie de manière à confondre les orgueilleux penseurs du xviiie siècle[3].

La nature des études de M. Dumas l'ayant conduit à explorer le *Traité de minéralogie* d'Albert, il a lui-même rendu hommage au talent que son auteur y dé-

---

1. DUMAS. *Philosophie chimique.* Paris, 1836, p. 20.
2. DE BLAINVILLE. *Histoire des sciences de l'organisation.* Paris, 1845, t. II, p. 74.
3. BÉGIN. *Sciences naturelles du moyen âge.* Paris, 1851, p. 5.

ploie. C'est là un jugement dont personne ne contestera la valeur. « Ce qui caractérise le traité *De rebus metallicis,* dit notre illustre chimiste, c'est l'exposition savante, précise et souvent élégante des opinions des anciens ou de celles des Arabes ; c'est leur discussion raisonnée, où se décèle l'écrivain exercé en même temps que l'observateur attentif[1]. »

La supériorité que l'on signale dans le *Traité de minéralogie* d'Albert est une conséquence du goût dominant de son époque. L'entraînement avec lequel on s'appliquait alors à l'alchimie faisait attacher un grand prix à la connaissance des corps bruts de la surface du globe. Ses longues courses, ses observations personnelles avaient donné une assez grande autorité sur cette matière au dominicain de Cologne ; mais, pour la traiter à fond, on voit qu'il a consulté les nombreux écrits sur les pierres et les minéraux que nous devons aux auteurs anciens, et souvent il invoque leur expérience[2].

C'est dans le *Traité des minéraux* du savant du XIIIe siècle qu'on trouve peut-être pour la première fois, l'emploi d'une expression qui depuis lors a fait fortune dans la science chimique : c'est le mot *affinité*[3]. « Le soufre, y est-il dit, noircit l'argent et brûle les métaux par l'affinité qu'il a pour ces corps[4]. » On voit par cette courte citation que déjà Albert le Grand don-

---

1. Dumas. *Philosophie chimique.* Paris, 1836, p. 22.
2. Dans cette partie de son ouvrage, Albert cite Hermès, Ptolémée, Ben-Corrah, Avicenne, Évax, Dioscoride, Aaron, Josèphe et Aristote.
3. Hoefer. *Histoire de la chimie.* Paris, 1842, t. I, p. 363.
4. *Propter affinitatem naturæ metalla adurit.* — Alb. Magn. *De rebus metallicis lib. V.*

nait à ce mot la même signification que nous lui imposons aujourd'hui.

Dans l'un des chapitres du *Traité des minéraux,* on découvre un tableau des propriétés générales des corps inertes, qui n'est pas sans mérite pour l'époque à laquelle il a été écrit. Il est dû aux propres observations d'Albert, et renferme de bonnes notions sur le gisement des métaux, ainsi que sur leur coloration, leur ductilité, leur saveur, leur odeur, etc. On regrette seulement, en lisant cet exposé de la minéralogie du Moyen âge, que son auteur n'ait pas pu le compléter sous le rapport de la cristallographie et de la composition chimique, dont on ne s'occupait pas de son temps.

Le savant ne se borne pas à ces généralités, il trace aussi l'histoire d'un certain nombre d'espèces, en les décrivant successivement et parfois avec assez d'exactitude. Il mentionne sept des principaux métaux, et donne une attention toute particulière au livre consacré à la connaissance des pierres précieuses. On voit qu'il décrit un assez grand nombre de celles-ci ; mais il est vrai qu'il confond avec elles divers corps qui sont loin de pouvoir en être rapprochés. Dans le livre *De mineralibus,* il est encore question de beaucoup d'autres espèces dont on y signale les principaux traits, et quelquefois même avec un tact qui étonne ; c'est ainsi, par exemple, que la marcassite[1] y est déjà considérée comme un composé du soufre

---

1. Nom ancien d'une espèce de fer sulfuré, qu'on emploie encore aujourd'hui pour confectionner certains bijoux.

quoique ses propriétés physiques soient si différentes de celles de ce corps.

Les nombreux vestiges d'animaux fossilisés que l'on rencontre dans le sein de la terre, ont de tout temps attiré l'attention du vulgaire. Les plus téméraires esprits avouèrent eux-mêmes leur ignorance en ne les considérant que comme de simples concrétions minérales, ayant pris fortuitement l'apparence de certains corps vivants ; et, par les noms de pierres figurées ou de jeux de la nature qu'on leur imposa, on prétendit en peindre l'inexplicable origine[1].

Ces traditions anciennes s'étaient tellement invétérées dans la science qu'il a fallu, depuis la renaissance jusqu'à nos jours, de nombreux efforts pour les en extirper. L'histoire de la paléontologie nous apprend qu'elles n'ont même disparu que lentement et successivement[2]. Cependant, le naturaliste du Moyen âge avait déjà signalé la véritable essence des fossiles ; et, dans l'un de ses livres, il fait l'histoire des différentes pierres qui représentent des effigies d'animaux, et met le sceau à son interprétation en professant qu'on doit les considérer comme n'étant que de véritables animaux pétrifiés[3]. Mais, dans cette circonstance, Albert n'est lui-même que l'interprète des

---

1. *Lusus naturæ.*

2. Comp. B. Palissy. *Traité des pierres.* Paris, 1580.—Agricola. *De natura fossilium.* Wittemberg, 1612. — Gesner. *De omni rerum fossilium genere.* Tig., 1565.—Langius. *Tractatus de origine lapidum figuratorum.* Lucerne, 1709.—Knorr. *Lapides diluvii testes.* Norimb. VI, 1749.— Bourguet. *Traité des pétrifications.* Paris, 1742. — Pictet *Traité de paléontologie,* 2ᵉ édition, Paris, 1853.

3. *De lapidibus,* cap. VIII.

opinions d'Avicenne[1] qui, comme nous l'avons vu, a déjà soutenu cette thèse, et la loyauté du religieux lui en fait honneur.

Le second volume de l'œuvre éditée par Jammy est presque entièrement consacré à la physique. Notre savant avait longtemps étudié cette science[2], aussi la traite-il avec beaucoup plus d'extension que ne le font les scoliastes de son époque[3]. Ses recherches purent être favorisées, soit par les ouvrages qui commençaient alors à se répandre en Europe, soit par ses connaissances en mathématiques. Dès le XIIe siècle, les Anglais avaient rapporté quelques traités arabes sur la géométrie et la physique, et déjà au XIIIe les ouvrages d'Euclide commentés par Campano, étaient connus de Roger Bacon[4]. L'algèbre, que les Arabes conduisaient jusqu'aux équations quadratiques, pénétrait en Italie[5]; aussi, Albert le Grand et Roger Bacon, malgré l'imperfection de leurs moyens d'investigation, purent-ils déployer quelques connaissances dans les mathématiques mixtes[6].

Dans sa physique, Albert le Grand semble suivre pas à pas le Stagirite et les Arabes. Là, il embrasse successivement l'étude des forces terrestres et celle du mécanisme des cieux; ailleurs, il expose les lois qui pré-

1. AVICENNE. *De congelatione et conglutinatione lapidum*, ins. dans l'*Ars aurifera*. Voy. École arabe, p. 178.

2. FLEURY. *Histoire ecclésiastique*. Nismes, 1779, t. XII, p. 500.

3. SPRENGEL. *Histoire de la médecine*. Paris, 1815, t. II, p. 388.

4. CAMPANO. *Euclidis elementa*. Bâle, 1546. — TIRABOSCHI. *Istoria della letteratura italiana*, t. IV, p. 150. — WOOD. *History of Oxford*, t. I, p. 332.

5. HALLAM. *L'Europe au moyen âge*. Paris, 1828, t. IV, p. 356.

6. HALLAM. *Ibidem*, p. 357.

sident à la génération des êtres vivants et les phénomènes qui résultent de leur corruption[1].

La physique du globe a été traitée par Albert avec une supériorité qui lui a attiré des éloges de la part des personnes les plus compétentes. De Humboldt en parle ainsi dans un de ses écrits : « Je me suis beaucoup occupé, à Paris, de ce grand homme, lorsque je travaillais à mon histoire d'une vue générale du monde ; et dernièrement, ajoute-t-il, dans l'examen critique de la géographie du xve siècle, j'ai montré comment son ouvrage *De natura locorum* renferme le germe d'une excellente description physique de la terre ; comment Albert le Grand connaissait ingénieusement l'influence qu'exerce sur les climats non-seulement la latitude, mais encore la disposition des surfaces pour modifier le rayonnement de la chaleur[2]. »

L'œuvre d'Albert contient un chapitre sur les aérolithes ou pierres tombées du ciel, qui est fort curieux pour l'époque à laquelle il a été écrit. Avicenne avait traité déjà ce sujet, mais avec moins de précision[3]. Le savant de Cologne commence par admettre ce phénomène comme un fait irrécusable, puis

---

1. ALBERTUS MAGNUS, t. II. *Physicorum lib. VIII.* — *De cœlo et mundo lib. IV.* — *De generatione et corruptione lib. II.* — *De meteoris lib. IV.* — Ce volume est complété par le Traité *De mineralibus lib. V.*

2. Écrit cité par E. Meyer dans son second document sur Albert le Grand. *Linnæa*, t. XI, p. 647. En terminant ce paragraphe, de Humboldt met le sceau à ce panégyrique en ajoutant : « Cette magnifique figure du moyen âge a été tracée d'une manière fondamentale et tout à fait digne d'éloge par Jourdain, etc. »

3. AVICENNE. *De congelatione et conglutinatione lapidum.* Inséré dans l'*Ars aurifera.* Bâle, 1610.

ensuite il en recherche l'origine. Déjà on retrouve sous sa plume l'exposition de diverses théories que les modernes ont parfois reproduites. Ainsi, on le voit successivement examiner si on peut attribuer l'origine des aérolithes à des pierres volcaniques, qui seraient lancées à de prodigieuses hauteurs par les cratères en activité à la surface du globe; ou bien s'ils ne seraient pas engendrés fortuitement dans les régions élevées de l'atmosphère; ou enfin si l'on ne pourrait pas admettre que ces pierres se trouvent lancées de la lune jusque dans notre atmosphère.

En traitant de quelques autres points de la physique du globe, et en particulier de la question des eaux thermales, le dominicain du XIIIe siècle s'élève au niveau de la science moderne, en expliquant rationnellement l'origine de celles-ci. Il prétend qu'elles ne sont que le résultat de courants aqueux souterrains, qui, échauffés par l'action de la chaleur centrale du globe, viennent enfin s'épancher à la superficie du sol[1]; théorie laborieusement élaborée ensuite par les savants de la renaissance[2] avant d'être définitivement consacrée par les travaux des géologues modernes[3].

Dans l'un de ses chapitres, Albert le Grand produit quelques documents curieux sur l'aimant. Les propriétés de l'aiguille magnétique lui sont connues, et il prétend même que du temps d'Aristote on possédait

---

1. ALBERTUS MAGNUS. T. II. *Meteorum tract.*, p. 59. *Aquæ…. elevantur a calore sub terra concluso ad ostia fontium.* — REGNAULT. *Origine ancienne de la physique nouvelle.* Paris, 1734, t. I, p. 231.

2. KIRCHER. *Mundus subterraneus.* Amsterdam, 1678.

3. CORDIER.

un certain instrument propre à guider les navigateurs ; celui-ci ne pouvait être que notre boussole
marine.

Le Moyen âge réclame, il est vrai, la découverte de
la propriété qui anime l'aiguille aimantée[1]; mais ses
prétentions à cet égard ne doivent peut-être pas rester
exclusives ; dans cette circonstance, notre savant
donne une nouvelle preuve du profond discernement
qui est le véritable cachet de toutes ses conceptions.

En effet, de laborieux investigateurs font remonter
très-loin l'usage de la boussole. Les uns prétendent
que les Phéniciens s'en servaient déjà durant leurs
audacieuses navigations[2]; d'autres, en se fondant
sur quelques passages de l'*Odyssée*, assurent que les
rapides vaisseaux des Phéaciens étaient aussi guidés
par cet instrument[3].

Il est vrai que ces assertions ne peuvent être ad-
mises que comme de simples conjectures ; mais on
s'accorde plus généralement à considérer les Chinois
comme s'étant servis de la boussole à une époque très-
reculée. Ceux-ci en font remonter l'usage au règne
d'Hoang-Ti, célèbre sous tant de rapports, c'est-à-dire
à deux mille six cents ans avant l'ère chrétienne[4].

1. Isidore de Séville, *Originum sive etymologiarum lib. XVI*, cap. iv
parle aussi de l'aimant et dit qu'il a été découvert dans l'Inde, d'où lui
vient le nom de *lapis indicus*.

2. Eusèbe Salverte. *Des sciences occultes*. Paris, 1743, p. 457.

3. William Cooke. *An Enquiry into the Patriarchal and Druidical
religion*, etc. London, 1754, p. 22. Il se fonde sur ce que Alcinoüs dit
Ulysse que les navires phéaciens sont animés et conduits par une *intelligence*; qu'ils n'ont pas besoin de pilote, et qu'ils voguent sur les flots
malgré l'obscurité de la nuit, sans risque de se perdre. *Odyss.*, lib. VIII.

4. J. Klaproth. Lettre sur l'origine de la boussole. *Bulletin de l*

seulement, comme les Chinois n'avaient pas alors de marine, ces instruments n'étaient que des *boussoles terrestres*, fort utiles dans ces temps anciens, où aucune route n'était encore frayée. Plusieurs traditions écrites confirment que des députés de Youë-Tchâng, étant venus à la cour de l'empereur pour y déposer leurs hommages, Tchéou-Koung leur fit présent de plusieurs *chars magnétiques*, afin de faciliter leur retour dans leur pays [1].

Si ce qui précède est de nature à confirmer l'hypothèse d'Albert le Grand, et si l'on ne peut récuser l'existence de ces chars magnétiques, dont on attribue l'invention à Hoang-Ti lui-même, il faut aussi convenir que le Moyen âge a eu le mérite d'avoir en quelque sorte réinventé la boussole, et de l'avoir adaptée à la marine [2]. Cardan, qui vivait vers l'époque où l'on employa d'abord cet instrument, qu'il nomme *boeste nautique* ou *pixis*, n'admet pas l'ancienneté de cette invention, qu'il attribue à un Napolitain appelé Flavio de Gioia, contemporain du xiiie siècle [3]. Il semblerait

Société de géographie, 11e série, t. II, p. 221. — Abel Rémusat, *Mémoire sur les relations politiques des rois de France avec les empereurs du Mogol*, *Journal asiatique*, t. I, cite une tradition suivant laquelle un héros chinois, longtemps avant notre ère, se serait servi d'une boussole pour se guider au milieu des ténèbres.

1. Comp. Klaproth. *Ibidem.* — G. Pauthier. *Chine.* Paris, 1837, p. 87. Voici la traduction du texte chinois : « Des personnes de Youë-Tchâng vinrent à la cour apporter des tributs. Les envoyés qui étaient venus trois ans auparavant s'étaient trompés de route en retournant dans leur pays. Tchéou-Koung leur fit présent de cinq chars d'une espèce légère, construits pour *indiquer le sud.* Ils montèrent sur ces chars et se dirigèrent au sud. L'année suivante ils arrivèrent dans leur royaume. »

2. Eusèbe Salverte, *Des sciences occultes*, Paris, 1843, p. 460, prétend que les Finnois ont aussi connu fort anciennement la boussole.

3. Cardan. *De subtilitate.* Trad. Rouen, 1642, p. 185.

cependant qu'en Europe on la connût antérieurement à celui-ci, car il en est déjà question dans les vers d'un vieux poëte français du xiie siècle, de Guyot de Provins, qui parle expressément de son usage pour la navigation [1].

Devenu encyclopédiste pour se conformer aux traditions de l'école, Albert se livre, ainsi que nous l'avons dit, à l'examen du mécanisme des cieux ; et dans quelques chapitres passe en revue les mystérieuses opérations de la génération et de la corruption des divers êtres animés du globe [2]. Mais ces productions, qui n'ont pas été du reste l'objet de notre examen, ne nous semblent pas avoir été citées par d'autres comme ajoutant quelque renom à leur auteur.

La théologie devait naturellement occuper une ample place dans les écrits de l'évêque de Ratisbonne ; et en effet quatorze volumes de son œuvre lui sont consacrés. Il en commence l'étude par de profonds commentaires sur l'Ancien et le Nouveau Testament, et il se sert des moyens qu'il a préconisés comme une nouvelle force dans l'enseignement, pour former le chaînon qui lie les sciences divines et humaines, Dieu et l'homme [3].

En terminant cette analyse du plus important mo-

---

1. Le Monnier. *Encyclopédie.* Paris, 1751, t. II, p. 375.

2. Albertus Magnus. T. II. *De cœlo et mundo lib. IV. — De generatione et corruptione lib. II.*

3. Tom. VII. *Commentarii in Psalmos.* — Tom. VIII. *Commentarii in Threnos Jeremiæ, in Baruch, in Danielem, in duodecim prophetas minores.* — Tom. IX. *Commentarii in Matthæum, in Marcum.* — Tom. X. *Commentarii in Lucam.* — Tom. XI. *Commentarii in Joannem, in Apocalypsim.* — Tom. XII. *Sermones de tempore, de sanctis, de Eucharistia,* etc. — Tom. XIII. *Commentarii in D. Dionysium.* — Tom. XIV.

nument scientifique du Moyen âge, nous éprouvons le besoin de nous résumer en quelques mots.

Ce grand ouvrage, admiré par tant d'hommes instruits, semble le fruit des laborieuses recherches d'un savant aussi judicieux que profond. Nous avons vu que si l'on y avait annexé certaines productions indignes d'Albert le Grand, aujourd'hui la critique en a fait justice.

Si parfois même on rencontre quelques erreurs dans les détails de cette immense conception, ne doit-on pas en absoudre immédiatement aussi l'érudit dont elle émane? C'est ainsi qu'on lui reproche[1] d'avoir placé Byzance en Italie[2]. Nous le demandons, est-il possible d'admettre qu'une erreur semblable provienne de l'illustre frère prêcheur qui avait tant sillonné l'Europe pendant ses pieux voyages?

Mais, en résumant les travaux de notre grand homme, nous voyons qu'il a réellement donné une impulsion vitale, non-seulement à son siècle, mais même à toute son époque!

La plus belle gloire d'Albert le Grand est, sans contredit, d'avoir complété et terminé le cercle des connaissances humaines, en comblant son hiatus par la démonstration scientifique des rapports de l'homme et de Dieu!

Commentarii in primum librum Sententiarum. — Tom. XV. *Commentarii in secundum et tertium librum Sententiarum.* — Tom. XVI. *Commentarii in quartum librum Sententiarum.* — Tom. XVII. *Prima pars summæ theologiæ.* — Tom. XVIII. *Secunda pars summæ theologiæ.* — Tom XIX. *Summa de creaturis.* — Tom. XX. *Super missas, de lauibus Mariæ, Biblia Mariana.*

1. ALBERTUS MAGNUS. *De cœlo et mundo*, t. XI.
2. FLEURY. *Histoire ecclésiastique.* Nismes, 1779, t. XII, p. 500.

Ce grand principe une fois posé, cette vaste intelligence s'est en quelque sorte concentrée sur la terre. Pour la première fois, les corps naturels reçoivent une description précise; et, pour la première fois aussi, ils se trouvent rangés d'après leurs analogies et d'après leur degré d'organisation.

Posées de cette manière, les sciences naturelles apparaissent avec leur caractère fondamental : l'utilité physique et l'utilité théologique!

Enfin, pour la première fois l'ordre alphabétique est employé pour distribuer les êtres, et Albert devient de cette manière l'inventeur des dictionnaires scientifiques.

Par lui, nous arrivons ainsi à l'apogée des connaissances encyclopédiques, et il n'y aura plus qu'à les étendre en groupant autour d'elles les matériaux inédits que les conquêtes du génie humain leur apporteront avec la succession des siècles.

Unis par la plus étroite amitié, par leurs devoirs et par la nature de leurs travaux, Albert et saint Thomas s'avancent parallèlement dans toutes les voies; aussi leur histoire doit-elle se lier intimement. Tous les deux se firent remarquer par la même fécondité, et jamais frères prêcheurs n'accomplirent plus magnifiquement qu'eux la mission qui leur était confiée. Légataires de la succession des apôtres, on leur avait dit : *Allez et enseignez toutes les nations*[1] : ils l'ont fait.

Saint Thomas doit aussi être compté au nombre des

1. *Euntes docete omnes gentes.* S. Matth., cap. xxviii, v. 19.

encyclopédistes, mais il n'embrasse pas le cadre des connaissances humaines aussi complétement que l'Aristote du Moyen âge. Relativement aux sciences, il ne s'occupe guère que de la physique et de la météorologie ; les animaux et les plantes ont été entièrement négligés par lui, aussi l'on peut dire que l'histoire naturelle manque presque absolument dans son ouvrage.

Comme philosophe et comme savant, saint Thomas, à l'exemple d'Albert, n'est qu'un commentateur d'Aristote, mais tous deux procèdent différemment. Le dernier fond le texte du Stagirite dans son œuvre, et le complète par une foule de développements. Saint Thomas, au contraire, isole la version du philosophe grec, et met en regard ses volumineux commentaires destinés à l'élucider ; et ceux-ci ne roulent pas seulement sur l'interprétation des maximes du savant de l'antiquité, ils s'occupent aussi de la *lettre* du texte. Il est évident que pour cela le docteur du Moyen âge a dû avoir quelques manuscrits grecs à sa disposition[1]. La ferveur dont il était animé pour la propagation de la philosophie aristotélique, l'engagea même à en faire faire différentes versions ; et, secondé par Urbain IV, il contribua beaucoup à enrichir l'Occident de traductions qui furent assurément exécutées sur des textes grecs[2].

Les œuvres de saint Thomas se composent de dix-sept volumes in-folio[3]. Mais dans cette laborieuse con-

---

1. JOURDAIN. *Recherches critiques sur l'âge et l'origine des traductions latines d'Aristote.* Paris, 1843, p. 393.

2. JOURDAIN. *Ibidem*, p. 214.

3. SAINT THOMAS. *Divi Thomæ Aquinatis, doctoris angelici, opera omnia.* Veneliis, 1594.

ception, deux tomes seulement concernent les sciences et ont dû fixer nos regards. Trois sont consacrés à la philosophie, et les douze volumes qui restent se trouvent totalement occupés par la théologie.

La physique de saint Thomas d'Aquin tient une grande partie du second volume [1]. Le reste est rempli par le traité du ciel et du monde [2] et par celui de la génération et de la corruption [3]. Sa physique n'est que l'exposition des travaux d'Aristote qu'il accompagne de prolixes commentaires. Dans tous ceux-ci il ne semble s'occuper que des abstractions de la science, et rarement de sa partie pratique et expérimentale. Le commentateur s'étend extrêmement sur la théorie des forces qui sollicitent les corps et sur les lois qui régissent leurs mouvements, et il accompagne ses démonstrations d'un assez grand nombre de figures pour les rendre plus accessibles à l'intelligence des lecteurs.

Les mêmes remarques peuvent s'appliquer au traité du ciel et de la terre, qui n'est ni un ouvrage d'astronomie, ni une cosmographie, mais seulement un volumineux recueil de théories abstraites sur le mécanisme des cieux et la structure du globe.

Peut-être que d'autres, plus exercés que nous ne le sommes en physique, découvriront à cet œuvre des qualités qui, pour nous, ont passé inaperçues. Au lieu d'y rencontrer cette simplicité de démonstration

---

1. SAINT THOMAS. T. II. *In octo libros physicorum Aristotelis expositio.*
2. T. II. *In libros quatuor de cœlo et mundo Aristotelis expositio.*
3. T. II. *In libros duos de generatione et corruptione Aristotelis expositio.*

et cette utilité pratique que nous avons parfois admirées dans les œuvres d'Archimède et d'Euclide, nous avons regretté de voir le savant du Moyen âge, emporté par son imagination, ne s'occuper que de la métaphysique de la science.

Il est évident que pour les sciences profanes, saint Thomas est inférieur à Albert le Grand. Son panégyriste semble lui-même tacitement en convenir lorsqu'il dit : « que ce qui lui manquait de ce côté, il le retrouvait au-dedans de lui par la souveraineté de la plus sublime raison qui fut jamais[1]. » Aussi, lorsqu'il arrive à la théologie, on le voit prendre une éclatante revanche sur son maître et son ami : « Prince, moine, disciple, saint Thomas d'Aquin pouvait monter sur le trône de la science divine; il y monta en effet, et depuis six siècles qu'il y est assis, la Providence ne lui a point encore envoyé de successeur ni de rival[2] ! »

La météorologie de saint Thomas d'Aquin occupe en grande partie son troisième volume[3]. Elle forme réellement un ouvrage considérable dans lequel il traite de presque tous les phénomènes atmosphériques. La foudre, la pluie, la grêle, la neige, la rosée, y ont leurs chapitres séparés. Mais dans cet ouvrage, qui n'est qu'un commentaire d'Aristote, l'auteur s'occupe aussi de divers sujets qui se trouvent en dehors de cette science, tels que les comètes, les étoiles filantes, les sources des fontaines, etc.

1. R. P. D. LACORDAIRE. *Discours pour la translation du chef de saint Thomas d'Aquin.* Paris, 1852, p. 27-36.

2. R. P. D. LACORDAIRE. *Ibidem.*

3. SAINT THOMAS. T. III. *In quatuor libros meteororum Aristotelis expositio.*

Les sciences n'ayant été embrassées qu'accessoirement par saint Thomas, celui-ci appartient presque exclusivement à l'histoire de l'Église et de la philosophie, c'est là son véritable domaine. Cependant certains adeptes, pour ennoblir et sanctifier leur art, se sont efforcés d'inscrire l'illustre dominicain dans leurs rangs, en prétendant qu'il était l'auteur de quelques traités d'alchimie. Mais les immenses travaux de saint Thomas, sa mort assez prématurée et la délicatesse de sa constitution, n'ont guère dû lui permettre de se livrer à cette fausse science, l'un des entraînements de son siècle [1].

Cependant les recueils d'ouvrages sur l'art hermétique, tels que le Théâtre chimique, et la Bibliothèque de Manget, contiennent plusieurs traités d'alchimie qui lui sont attribués [2]. De judicieux critiques n'hésitent pas à admettre que la plupart de ces livres sont absolument apocryphes, et qu'il n'y en a probablement qu'un petit nombre qui soient réellement dus à la plume du docte personnage [3].

Plusieurs érudits regardent comme étant réellement l'une de ses productions le *Traité de la nature des minéraux* [4]. Ce livre renferme quelques passages curieux sur la fabrication des pierres précieuses artificielles. L'auteur prétend qu'on peut imiter les pierreries de

---

1. HOEFER. Place saint Thomas au nombre des chimistes du XIIIe siècle. *Hist. de la chim.*, t. I, p. 381.

2. SAINT THOMAS. *De esse et essentia mineralium.* Venet., 1488, et *Theat. chim.*, t. V. — *Secreta alchimiæ magnalia de lapide philosophico.* Col., 1559, et *Theat. chim.*, t. III. — *Liber Lilii benedicti. Theat chim.*

3. HOEFER. *Histoire de la chimie.* Paris, 1842, t. I, p. 381.

4. SAINT THOMAS. *De esse et essentia mineralium.* Venet., 1488. *Theat. chim.*, t. V.

manière à tromper le vulgaire. On y trouve des procédés pour confectionner le saphir, l'émeraude, le rubis et la topaze[1]. Ce sont là les opérations chimiques qui président à la peinture sur verre, et l'on peut concevoir qu'à une époque où celle-ci avait une si grande importance pour la décoration des temples chrétiens, le docte religieux se soit occupé d'une science qui pouvait y contribuer. Mais combien n'y a-t-il pas de distance entre ce fait et les recherches de ces hommes qui ne demandaient à leurs creusets que de coupables richesses !

On lui prête aussi un traité des *Secrets de l'alchimie*, dans lequel il décrit avec beaucoup d'intelligence les divers alliages connus de son temps[2]. Dans un autre ouvrage de ce genre il semble entrevoir le grand rôle physiologique de l'air dans les phénomènes vitaux[3].

Les fauteurs de l'art hermétique prétendent encore que dans un de ses ouvrages on lit que le but des alchimistes est de transformer les métaux imparfaits en métaux parfaits, ce qu'il regarde comme possible[4]. Mais, pour bien apprécier la portée de cette assertion, il faudrait que la pensée de l'auteur fût développée, alors seulement on s'apercevrait qu'elle ne manque peut-être pas d'une certaine justesse.

---

1. Poteris quemlibet cristallum diversimodo colorare. *Theat. chim.*, t. V, p. 904.

2. Saint Thomas. *Secreta alchimiæ magnalia de lapide philosophico.* Col., 1579.

3. Saint Thomas. *Liber Lilii benedicti. Theat. chim.*, t. IV, p. 1092.

4. Lenglet Dufresnoy. *Histoire de la philosophie hermétique.* Paris, 1742, t. I, p. 135.

En terminant cette courte appréciation des travaux de saint Thomas d'Aquin, nous devons dire que si nous avons rencontré diverses productions alchimiques qu'on lui attribue, imprimées séparément ou insérées dans quelques collections d'écrits sur l'art hermétique, nous ne les avons nullement trouvées dans l'édition générale et assez ancienne de ses œuvres que nous avons eue à notre disposition [1].

Au même moment où les deux grands hommes dont nous venons d'esquisser l'histoire excitaient l'admiration des écoles, on vit apparaître sur la scène de l'enseignement un autre personnage non moins digne de notre attention. Lui, dédaignant les vaines discussions de la scolastique, il embrasse uniquement l'étude des sciences connues de son temps, et parvient à inscrire son nom sur les tables de l'immortalité, en ouvrant à l'intelligence des voies inexplorées. Cet homme, qui étonna son siècle par l'étendue et la variété de ses connaissances, c'est Roger Bacon, à la fois physicien, chimiste, astronome, mathématicien et antiquaire [2].

R. Bacon naquit en 1214 d'une famille ancienne et considérée, à Ilchester dans le comté de Somerset [3]. Il fit ses premières études à l'université d'Oxford, sous le professorat d'Edmond Rich, qui devint évêque de Cantorbéry; et plus tard, devoré du besoin de s'in-

---

1. *Opera omnia.* Veneliis, 1694.
2. Jourdan. *Biographie médicale.* Paris, 1820, t. I, p. 474.
3. Comp. Bayle. *Dictionnaire historique et critique.* Paris, 1820, t. III, p. 15. — J. Delécluze. *Notice sur Bacon.* — P. Leroux. *Encyclopédie nouvelle.* Paris, 1840, t II, p. 339.

struire, il quitta son pays et se rendit à l'université de Paris, alors la plus célèbre de l'Europe, afin de s'y perfectionner dans l'étude des sciences. Suivant quelques biographes, ce fut même lors de son séjour dans cette capitale qu'il embrassa la vie monastique. D'autres croient qu'il n'entra dans les ordres qu'à son retour en Angleterre, et que ce fut vers 1240 qu'il prit l'habit des religieux de Saint-François, et se fixa à Oxford [1].

Dès les premiers pas de Bacon dans la carrière scientifique, on s'aperçoit qu'il s'environne de toutes les ressources de l'intelligence, et que ce génie novateur appelé à reculer les bornes du savoir humain, commence par s'appliquer à en embrasser les diverses branches et à les réunir en faisceau [2]. Il débute en proclamant la nécessité d'allier l'étude des sciences à celle des lettres ; et lui-même il se livre au latin, au grec, à l'hébreu et à l'arabe, afin de pouvoir scruter le texte des auteurs étrangers.

Les hommes compétents n'hésitent pas à regarder R. Bacon comme un mathématicien habile ; et ceux de ses biographes qui l'ont traité avec le plus de sévérité, lui accordent eux-mêmes ce titre. Il a surtout rendu un important service à la philosophie naturelle en démontrant quels secours elle pouvait trouver dans les mathématiques [3], qu'il considérait comme la clef de toutes les sciences parce qu'elles disposent l'esprit à

---

1. Suard. *Biographie universelle.* Paris, 1811, t. III, p. 186.

2. Philosophiam totam penetravit et circuivit, ut nullum locum jam non excussum reliquerit. Leland.

3. Montferrier. *Dict. des sciences mathémat.*, Paris, 1835, t. I, p. 187.

les comprendre toutes[1]. Il les regardait même comme utiles dans la pratique des actes ordinaires de la vie[2]. Et il fut aussi remarquable par la séduisante habileté avec laquelle il les présentait[3].

R. Bacon se fit également admirer par son érudition profonde. Il connaissait en détail les écrits des auteurs grecs et latins, et souvent il les cite dans ses œuvres. Aristote, Euclide et Ptolémée lui fournissent de nombreux passages. Les philosophes et les savants arabes n'étaient pas moins bien connus de lui[4]. Avicenne était principalement devenu l'objet de son admiration, et il l'appelle dans plusieurs endroits : *Dux et princeps philosophiæ post Aristotelem.*

Une fois parvenu à l'âge où l'homme, dans la plénitude des forces et du talent, sent le besoin de développer ses idées, Bacon proclama que l'autorité de l'expérience était *la seule* qui dût prévaloir. Idée courageuse, s'il en fut, à une époque où les clercs de nos écoles auraient cru blasphémer s'ils s'étaient élevés contre les préceptes d'Aristote, et où ils avaient poussé les subtilités de la logique jusqu'aux limites de l'incompréhensible !

Joignant l'exemple aux préceptes, Bacon ne négligea rien pour arriver à tracer des voies nouvelles. Livres, voyages, veilles, instruments et expériences,

---

1. R. Bacon. *Opus majus ad Clementem IV pont. rom.* Londres, 1733, p. 61.

2. *Opus majus*, cap. I. *In quo ostenditur potestas mathematicæ in scientiis, et rebus, et occupationibus hujus mundi.*

3. Montferrier. *Dict. des sciences mathématiques.* Paris, 1835, t. I, p. 187.

4. Dans l'*Opus majus* il cite Alfragan, Azarchel, Alpetrage, Albateguius, Albumazar, Algazel, etc.

tout y fut employé; et l'on a supputé que, pour atteindre ce but, il n'avait pas dépensé moins de deux mille livres sterling ou environ cinquante mille francs de notre monnaie, dans l'espace d'une dizaine d'années; somme énorme pour son époque, et qui aurait dépassé tout son patrimoine, si de généreux protecteurs n'étaient venus à son secours[1]. Selon les plus exacts biographes, l'Angleterre, et non Paris, aurait été le théâtre où ce physicien exécuta ses nombreuses et remarquables expériences[2].

Les sciences ne paraissent avoir attiré Bacon que lorsqu'il était déjà parvenu à un certain âge; quelques écrits de sa main, encore conservés en Angleterre, fixent toutes les incertitudes à cet égard. On y lit « qu'après avoir longtemps travaillé à l'étude des livres et des langues, sentant enfin quelle était l'indigence de son savoir, il voulut désormais, négligeant Aristote, pénétrer plus intimement dans les secrets de la nature en cherchant à se faire une idée de toutes choses par sa propre expérience[3]. »

Cet esprit d'observation, que Bacon s'efforçait d'insinuer parmi les écoles du Moyen âge où il était totalement inconnu, le conduisit lui-même à de brillantes découvertes dans diverses branches des sciences, et surtout en physique, en chimie et en astronomie. Ses succès furent tels, que du consentement unanime des étudiants, on ne le désigna plus sur leurs bancs que par le surnom de *docteur admirable*. Personne ne mé-

---

1. *Opus Tertium ad Clem. IV, Ap. Jebbi Præf.*
2. JOURDAN. *Biographie médicale.* Paris, 1820, t. I, p. 474.
3. P. LEROUX. *Encyclopédie nouvelle.* Art. *Bacon*, p. 340.

ritait mieux ce nom, car ce savant avait embrassé l'universalité des sciences et des lettres. Il excellait dans les mathématiques, la mécanique et la philosophie; et il composait des ouvrages en grec, en latin et en hébreu [1].

L'incontestable talent de Bacon qui aurait dû le protéger, ne servit au contraire qu'à lui susciter de nombreux ennemis. Ses expériences physiques, et ses idées sur l'astronomie et l'alchimie le firent accuser de magie et de commerce avec les esprits infernaux, par ses crédules et fanatiques contemporains : tant, ainsi qu'il le dit lui-même, la vérité déplaît aux esprits ignorants.

Ces absurdes inculpations servirent de prétexte aux premières persécutions que devait éprouver ce grand homme. Innocent IV commença par lui ordonner de suspendre les cours qu'il professait à l'université d'Oxford, en lui exprimant qu'il regardait ses opinions comme étant de nature à compromettre le salut des fidèles. Puis ensuite on l'emprisonna.

Mais peu de temps après lorsque Clément IV monta sur le trône pontifical, Bacon qu'il protégeait, fut rendu à la liberté.

Lorsqu'il n'était encore que cardinal, Clément IV, qui aimait les lettres et les sciences, avait exprimé à R. Bacon le désir de posséder ses écrits. Mais le savant anglais n'avait pas cru devoir alors accéder à cette demande dans la crainte d'encourir la réprobation de ses supérieurs, car ceux-ci lui avaient défendu, sous peine de châtiment, de communiquer ses ou-

1. LENGLET DUFRESNOY. *Histoire de la philosophie hermétique.* Paris, 1742, t. I, p. 110.

vrages à qui que ce fût[1]. Cependant après l'avénement de Clément IV, il crut pouvoir enfreindre cette défense par respect pour le chef de la chrétienté, et il chargea l'un de ses disciples, nommé Jean de Paris, de lui remettre à Rome son grand ouvrage et divers instruments de mathématiques qu'il avait confectionnés.

Pendant toute la vie de Clément IV, qui couvrait Bacon de son égide et encourageait ses recherches, personne n'osa s'attaquer sérieusement à lui, et il n'eut à subir que quelques tracasseries suscitées par l'envie ou l'absurdité. Mais après la mort de son protecteur la scène changea subitement, et les cordeliers dénoncèrent de nouveau R. Bacon, comme magicien et astrologue, au général des franciscains Jérôme d'Esculo, qui était alors à Paris en qualité de légat du pape Nicolas III.

A cette menaçante accusation, R. Bacon répond par son traité *De la nullité de la magie*[2], et il montre à son siècle que ses expériences physiques ne sont considérées par le vulgaire comme l'œuvre du diable, que parce qu'elles dépassent les bornes de son intelligence[3]. Mais tous ses efforts furent inutiles, la science succomba sous les coups du fanatisme et de l'ignorance, et R. Bacon y perdit la liberté.

Le savant cordelier subit un châtiment terrible pour

---

1. Sub præcepto et pœna amissionis libri, et jejunio in pane et aqua pluribus diebus.

2. ROGER BACON. *Epistola de secretis operibus artis et naturæ, ac nullitate magiæ*. Hambourg 1598. — Cette lettre a aussi été imprimée dans le *Théâtre Chimique*, t. V. — La *Bibliotheca chimica* de Manget, t. I, — et l'*Ars aurifera*, t. II.

3. ROGER BACON. *Opus majus*. Londres, 1730, p. 249.

avoir devancé son siècle. La sentence qui le frappait fut confirmée par la cour de Rome, sous l'influence du chef des franciscains. Bientôt après, on emprisonna R. Bacon pour la seconde fois, et ses importants ouvrages, flétris comme renfermant « *des nouveautés suspectes et dangereuses,* » furent enchaînés et cloués dans les plus hauts rayons de la bibliothèque des cordeliers d'Oxford où le temps et les animaux travaillèrent à leur anéantissement[1].

Le fatal jugement qui ternit le caractère du respectable religieux, lui survécut longtemps et prit rang parmi les traditions populaires. En Angleterre, R. Bacon eut le même sort que le docteur Faust en Allemagne : on l'introduisit parfois dans les anciennes comédies comme la personnification de la magie[2]. Vraiment il faut rougir pour l'humanité quand on voit que telle fut la destinée d'un homme qui, en traitant des causes de l'ignorance des peuples, proteste qu'il n'y a qu'une seule science parfaite, et que cette science réside dans l'Écriture sainte, principe de toute vérité[3].

Cette populaire imputation de sorcellerie qui plane sur Bacon, dut surtout son origine aux vues avancées qui abondent dans son traité *De l'admirable puissance de l'art et de la nature*[4]. Son ardente ima-

---

1. J. TWINE, *De rebus albionicis,* lib. XI, p. 130, prétend même que les vers les dévorèrent complétement, mais on voit par les recherches de Jebb que cette assertion n'est pas exacte.

2. MAIERUS. *Symbol. aureæ mensæ,* lib. X. — P. LEROUX. *Encyclopédie nouvelle.* Paris, 1840, t. II, p. 339. — NAUDÉ. *Apologie pour les grands hommes accusés de magie.* Amsterdam, 1712, p. 352.

3. R. BACON. *Opus majus,* p. 19.

4. BACON. *Epistola de secretis operibus artis et naturæ, ac de nullitate*

gination, en exagérant les ressources de l'intelligence humaine, semble déjà y révéler les plus extraordinaires découvertes de notre époque. Pour le scrutateur impartial de l'œuvre de ce grand homme, cette trop audacieuse investigation entrave même la confiance, et fait parfois craindre que les fruits réels de l'observation de l'auteur, ne soient aussi que les conceptions de son aventureux esprit.

Quelques biographes rapportent que R. Bacon, entraîné par son activité, cultiva aussi les arts mécaniques avec une incontestable supériorité. On dit qu'à l'imitation d'Architas, qui passait pour avoir construit un pigeon qui pouvait se soutenir en l'air à l'aide d'un mécanisme ingénieux[1], il inventa des machines avec lesquelles on pouvait voler[2].

Quelques vieilles chroniques anglaises racontent même qu'avec l'aide de l'un des religieux de son ordre, Thomas Bungey, après sept ans de labeur, il forgea une tête d'airain, véritable chef-d'œuvre d'acoustique, qui pouvait articuler certains sons. Les deux adeptes espéraient, dit-on, obtenir d'elle la révélation d'un moyen capable d'enceindre la Grande-Bretagne d'un mur inexpugnable. On lit même dans quelques-unes de ces annales de notre honteuse crédulité qu'elle leur donna enfin une réponse, « laquelle toutefois ils ne purent bien entendre, parce que, ne la croyant pas

---

magiæ. Hambourg, 1598. Traduit en français par GIRARD DE TORNUS, sous le titre de *l'Admirable puissance de l'art et de la nature.* Lyon, 1557.

1. AULU-GELLE. *Noctium atticarum*, lib. X, cap. XII.

2. LENGLET DUFRESNOY. *Histoire de la philosophie hermétique.* Paris, 1742, t. I, p. 114.

recevoir sitôt, ils s'étaient occupés à autre chose qu'à prêter l'oreille à cet oracle[1]. » A-t-on besoin, avec Seldénus et Naudé, de prendre la peine de réfuter une semblable fable[2]? ou avec **J. B.** Porta et quelques autres auteurs, d'indiquer sur quels principes naturels pouvait reposer la construction de cet androïde[3]?

Au milieu des incertitudes qu'offre la biographie du physicien anglais, ce qui paraît certain, c'est que, lorsqu'on l'emprisonna, il était parvenu à l'âge de soixante ans et que sa captivité fut aussi longue que pénible. En vain Bacon en appela–t–il au saint-siége contre la détention arbitraire qu'il subissait; au lieu de la voir s'adoucir, on en resserra encore les liens à l'époque à laquelle Jérôme d'Esculo fut élu pape sous le nom de Nicolas IV. On rapporte que le prisonnier fut soumis pendant un certain temps au plus strict isolement, et il raconte lui-même que parfois on le laissa manquer d'une nourriture suffisante[4].

Enfin, après dix ans de détention[5], sur l'intervention de quelques personnages puissants de l'Angleterre, l'illustre savant, affaibli par ses longues souffrances et ses infirmités, fut rendu à la liberté. Mais

---

1. MAIERUS. *Symbol. aurex mensæ*, lib. X, p. 453. — NAUDÉ. *Apologie des grands hommes accusés de magie.* Amsterdam, 1712, p. 353. — BAYLE. *Dictionnaire historique et critique.* Paris, 1820, t. III, p. 16.

2. SELDÉNUS. *De diis Syris Syntagma*, t. I, p. 38. — NAUDÉ. *Ibidem*, p. 356.

3. J. B. PORTA. *De magia naturali.* Naples, 1599. — PANCIROLLE. *Rerum memorabilium, jam olim deperditarum et recens inventarum*, lib. II. Ambergæ, 1599. Tit. x.

4 SUARD. *Biographie universelle.* Paris, 1811, t. III, p. 179. — JOURDAN. *Biographie médicale.* Paris, 1820, t. I, p. 475.

5. SUARD. *Ibidem*, t. III, p. 179.

alors ce vaste génie s'était éteint, et Bacon ne donna plus naissance à aucune production. De retour dans sa patrie, il se fixa près d'Oxford et y mourut en 1292, à l'âge de soixante-dix-huit ans. Au moment suprême, ce savant, dont le renom devait être impérissable, se souvenant encore de ses persécutions, laissa tomber ces mots de ses lèvres pâles et défaillantes : « Je me repens de m'être donné tant de peine dans l'intérêt de la science[1] ! »

Tous les savants s'accordent à regarder R. Bacon comme ayant joué un grand rôle dans l'histoire des sciences. C'est évidemment à lui qu'il faut reporter l'honneur d'avoir le premier émis les préceptes scientifiques généraux qui, plus clairement élucidés, ont fait, trois siècles plus tard, la gloire de son homonyme. En effet, déjà notre savant rend le plus immense service aux sciences physiques en les ramenant vers l'observation depuis si longtemps abandonnée par les érudits et les scoliastes. Il pose en principe que l'unique moyen d'arriver à des résultats positifs est désormais de se baser absolument sur les observations et les expériences, en les soumettant subsidiairement à l'épreuve du raisonnement[2]. N'est-ce pas là le germe de toutes les doctrines que l'on prête à l'illustre auteur du *Novum organum*[3], et qui ont tant contribué à sa haute réputation ?

Le génie de R. Bacon, ainsi que nous l'avons vu, ayant embrassé l'étude de presque toutes les sciences,

<hr>

1. HOEFER. *Histoire de la chimie.* Paris, 1842, t. I, p. 372.
2. ROGER BACON *Opus majus.*
3. FRANÇOIS BACON. *Novum organum.*

il en est résulté que ce grand homme s'est exercé à écrire sur les sujets les plus variés. Le nombre de ses ouvrages est considérable, comme on peut le voir par le catalogue qu'en a donné S. Jebb[1]. Il en a produit sur les mathématiques, la physique, la chimie, l'astronomie, la médecine, la géographie, la philosophie et la théologie. Mais beaucoup de ces traités ne sont réellement que de peu d'importance, et parfois de simples chapitres que l'on a détachés de ses principales conceptions; d'autres sont absolument apocryphes. Pendant longtemps on en conserva un grand nombre dans les bibliothèques de la Grande-Bretagne; mais on voit avec regret que beaucoup s'y étaient déjà perdus il y a un siècle[2]. Dans sa bibliothèque chimique, P. Borel lui attribue au moins vingt-huit traités[3]. D'autres en citent plus du double.

Parmi ceux-ci le grand œuvre ou l'*Opus majus* est le principal et le plus authentique[4]. Après lui vient l'*Épître sur les œuvres secrètes de l'art et de la nature et la nullité de la magie*[5]. On ne peut omettre aussi de citer le *Miroir des secrets*, qui n'est qu'un abrégé d'alchimie que l'auteur a destiné à ceux qui manquent de moyens pour se procurer de plus volumineux traités[6]. Vient enfin le *Miroir d'alchimie*, attribué par

<hr>

1 S. Jebb. *Opus majus.* Londini, 1733. *Præfatio,* p. 14.

2. S. Jebb. *Ibidem.*

3. P. Borel. *Bibliotheca chimica seu catalogus librorum philosophorum hermeticorum.* Paris, 1654.

4. R. Bacon. *Opus majus ad Clementem IV pont. rom.* Londres, 1733.

5. R. Bacon. *De secretis operibus artis et naturæ et nullitate magiæ.* Hambourg, 1618.

6. R. Bacon. *Speculum secretorum.*

beaucoup de personnes au savant d'Oxford, mais dont l'authenticité paraît douteuse à quelques érudits[1]; opinion qui me semble fondée, car j'ai rencontré un exemplaire de cet ouvrage sous le nom de Jean de Mehun, avec le millésime de 1613[2].

Le Grand Ouvrage de Bacon, ou l'*Opus majus*, a été publié à Londres en 1733, d'après un manuscrit trouvé à Dublin[3]. On pense qu'il se composait primitivement d'autant de traités particuliers qu'il offre de chapitres principaux, et que ce ne fut qu'au moment où l'auteur en fit hommage à Clément IV qu'il rassembla le tout en un seul corps d'ouvrage.

La première partie de l'*Opus majus* traite des causes générales de l'ignorance humaine et des moyens d'y remédier. L'auteur attribue spécialement celle-ci à l'influence de l'*autorité*, qui dominait toutes les écoles, et il réunit tous ses efforts pour l'en extirper.

L'entreprise de Bacon est réellement gigantesque. C'est au XIIIe siècle, lorsque l'autorité des anciens est acceptée par la scolastique avec la même confiance que si c'était un article de foi, qu'il a le courage d'écrire que l'esprit humain doit secouer son joug et se livrer au libre examen des faits. Enfin, c'est l'in-

---

1. *Speculum alchimiæ.* Nuremberg, 1614, inséré aussi dans les *Scripta rariora de alchemia.*

2. JEAN DE MEHUN. Le *Miroir d'alquimie de Iean de Mehun, philosophe très-excellent.* Paris, 1613. Si mon opinion n'est pas fondée, l'ouvrage de Jean de Mehun n'est alors qu'une simple traduction du traité de Bacon, comme je m'en suis assuré en confrontant les deux ouvrages.

3. R. BACON. *Fratris Rogeri Bacon, ordinis minorum, Opus majus ad Clementem quartum, pontificem Romanorum.* Londini, 1733, édité par Samuel Jebb.

dépendance de la pensée qu'il a l'audace de proclamer au milieu d'une école dont toute l'âme, toute la vie repose sur le respect pour les traditions. C'est là un des faits les plus marquants du Moyen âge, c'est aussi une des plus grandes réformes de la philosophie moderne.

Bacon s'efforce de saper l'autorité en faisant une censure véhémente des abus et des erreurs qui en découlent. Ce sont principalement les anciens qu'il attaque, et il met hors de cause les lois de l'Église, car c'est à Clément IV que son œuvre s'adresse. Dans le développement de cette thèse, le savant anglais fait preuve d'un esprit solide et lumineux. Les dangers de l'autorité et les avantages qu'il y aurait de s'y soustraire, s'y trouvent démontrés avec la même verve et la même sagacité : tous les arguments sont plausibles. L'auteur censure cette immobilité que nous impose le respect pour l'antiquité, en démontrant, avec raison, que les modernes sont appelés eux-mêmes à perfectionner les découvertes des anciens. Les premiers écrivains de Rome l'ont senti également Ne voit-on pas Sénèque dire : « Qu'un temps viendra où ce qui est aujourd'hui caché, sera révélé au grand jour par l'effet même de la succession des générations et par le travail de l'humanité..., que rien dans les inventions humaines n'est fini et achevé. »

L'un des plus importants chapitres de l'*Opus majus* est celui de l'optique[1], que l'on a parfois édité sépa-

---

1. Dans l'édition de S. Jebb ce chapitre est intitulé : *De scientia perspectiva*.

rément sous la dénomination de *Traité de perspective*[1]. Bacon y a concentré tout ce que l'on connaissait de son temps sur cette partie de la physique. Après avoir médité les auteurs qui, tels qu'Euclide, Ptolémée et Alhazen ont écrit sur cette science, il émet qu'il se propose d'exécuter un traité plus complet que ceux qui sont connus, et il le fait réellement en inscrivant dans son œuvre non-seulement l'analyse des ouvrages anciens, mais encore un certain nombre de faits nouveaux. Cet écrit renferme des idées justes sur un grand nombre de phénomènes du domaine de l'optique, et en particulier sur les réfractions astronomiques et sur l'apparence extraordinaire du soleil et de la lune à l'horizon[2].

Avant d'entrer dans l'étude des relations du fluide impondérable avec l'organe de la vision, le physicien d'Oxford décrit l'œil et la sensation dont il est le siége; ensuite on le voit s'occuper avec maturité des lois de la réfraction et de la réflexion. Il professe des idées fort saines sur l'anatomie et la physiologie de l'appareil oculaire; à l'exemple des médecins arabes, il regarde le nerf optique comme la seule partie essentielle à la fonction, toutes les autres étant uniquement appelées à perfectionner celle-ci sous le rapport dioptrique.

Au nombre des assertions les plus curieuses contenues dans le chapitre de l'optique, on doit ranger celles qui prouvent incontestablement que Bacon a

---

1. R. BACON. *Perspectiva*. Francfort, 1614.
2. MONTFERRIER. *Dictionnaire des sciences mathématiques*. Paris, 1838, t. I, p. 187.

connu les verres grossissants. Voici ce qu'on y lit sur ce sujet. « Si un homme regarde des lettres ou d'autres menus objets à travers un cristal, un verre, ou tout autre objet placé au-dessus de ces lettres, et que cet objectif ait la forme d'une portion de sphère dont la convexité soit tournée vers l'œil, l'œil étant dans l'air, cet homme verra beaucoup mieux les lettres et elles lui paraîtront plus grandes[1]. »

Mais le paragraphe de l'optique qui a donné lieu à plus de commentaires et de vives controverses, est celui qui concerne les propriétés des télescopes et la manière de construire ces instruments. Voici comment s'exprime Bacon : « Il est facile, en effet, de conclure des règles établies plus haut, que les plus grandes choses peuvent paraître petites, et réciproquement ; et que des objets très-éloignés peuvent paraître très-rapprochés, et réciproquement ; car nous pouvons tailler des verres de telle sorte et les disposer de telle manière à l'égard de notre vue et des objets extérieurs, que les rayons soient brisés et réfractés dans la direction que nous voudrons, de manière que nous verrons un objet proche ou éloigné, sous tel angle que nous voudrons ; et ainsi à la plus incroyable distance, nous *lirions les lettres les plus menues, nous compterions les grains de sable et de poussière*, à cause de la grandeur de l'angle sous lequel nous les verrions, car la distance ne fait rien directement par elle-même, mais seulement par

_____

1. Si homo aspiciat literas et alias res minutas per medium crystalli, vel vitri, vel alterius perspicui suppositi literis et si portio minor spheræ, cujus convexitas sit versus oculum, et oculus sit in aere, longe melius videbit literas, et apparebunt ei majores.

la grandeur de l'angle. Et ainsi, un enfant pourrait nous paraître un géant, un seul homme nous paraître une montagne. Nous pourrions même multiplier cette figure autant de fois que nous pourrions considérer un homme sous un angle assez grand, pour qu'il nous paraisse grand comme une montagne; et de même pour la distance. De façon qu'une petite armée nous paraîtrait très-grande, que placée très-loin elle paraîtrait très-proche, et réciproquement. De cette manière aussi nous ferions descendre le soleil, la lune et les étoiles, en rapprochant leur figure de la terre [1]. »

Ce passage quoique déparé par certaines assertions dépourvues d'exactitude, semble cependant indiquer que le grand homme avait, sinon construit un télescope, au moins qu'*a priori* il en avait compris toute la théorie ou au moins celle de la longue-vue. Il paraîtrait, d'après ce paragraphe, qu'il n'a jamais expérimenté avec l'instrument dont il se plaît à décrire, et même à trop exagérer les merveilleux effets. Mais peut-être eut-il cet avantage après avoir produit son Grand OEuvre, car dans l'un de ses derniers travaux, l'*Opus tertium*, il mentionne incontestablement divers instruments d'optique en usage pour les observations astronomiques.

---

1. Nam de facili patet, per canones supradictos, quod maxima possunt apparere minima et e contra; et longe distantia videbuntur propinquissime, et e converso. Nam possumus sic figurare perspicua, et taliter ea ordinare respectu nostri visus et rerum, quod frangentur radii et flectentur quorsumcunque voluerimus, et ut, sub quocumque angulo voluerimus, videbimus rem prope vel longe. Et sic ex incredibili distantia legeremus literas minutissimas et pulveres ac arenas numeraremus, etc. —R. Bacon. *Opus majus,* p. 357.

Quelques savants vont beaucoup plus loin, et attribuent, sans restriction, à R. Bacon, l'invention du télescope et des lunettes astronomiques[1]. Selon eux, ces instruments se trouvent indiqués dans son OEuvre avec une telle précision, qu'il semblerait qu'il en ait fait lui-même un fréquent emploi[2].

L'opinion que c'est à R. Bacon que doit revenir l'honneur de la découverte du télescope a surtout été soutenue par Wood, historien de l'université d'Oxford[3], et par S. Jebb, éditeur de l'OEuvre du célèbre physicien; d'autres ont suivi leur exemple[4]. Cuvier, lui-même, considère comme certain que c'est du télescope de réflexion que parle Bacon, et qu'il s'est servi de cet instrument pour ses observations astronomiques[5] : Ce fut, dit-il, l'application qu'il en fit à l'observation du ciel, qui le conduisit à reconnaître l'inexactitude du calendrier, ce qui seul suffirait, selon l'illustre naturaliste, pour démontrer combien le génie de Bacon l'avait élevé au-dessus de son siècle. Malgré les assertions de ces savants, le fait de la découverte du télescope n'est pas encore éclairci, et Bailly, quoique pensant que celle-ci ne doit pas être attribuée à Bacon, avoue lui-même

---

1. LENGLET DUFRESNOY. *Histoire de la philosophie hermétique.* **Paris,** 1742, t. I, p . 110.—GILBERT *Dictionnaire de physique et de chimie.* Paris, 1845, t. I, p. 125. —P. LEROUX. *Encyclopédie nouvelle.* Paris, 1840, t. II, p. 539.

2. R. BACON. *Opus majus,* p. 357.

3. WOOD. *Histoire de l'université d'Oxford,* ann. 1276, livre I.

4. E. BÉGIN. *Moyen âge et renaissance,* art. *Alchimie,* p. 4.

5. CUVIER. *Histoire des sciences naturelles.* Paris, 1841, t. I, p. 416. — Cuvier va même jusqu'à dire que Bacon a décrit d'une manière tout à fait neuve le microscope simple.

qu'on ne peut nier qu'il n'y ait quelques présomptions en sa faveur [1].

Les recherches historiques semblent indiquer qu'on s'est servi fort anciennement d'instruments analogues à des lunettes pour l'observation des astres. M. de Caylus va même plus loin, en prétendant que les anciens connurent le télescope [2]. On pense généralement qu'Hipparque et Ptolémée ont dû employer quelque instrument pour exécuter leurs observations sur les étoiles, mais on ignore quelle en était la nature [3]. Le P. Mabillon rapporte qu'il a trouvé dans nos manuscrits du XIIIᵉ siècle, une figure qui représente Ptolémée regardant les astres à l'aide d'un long tube [4]. Ce manuscrit, travail d'un moine appelé Conrad, et que l'on suppose avoir été copié sur un original plus ancien, avait fait présumer à quelques personnes que les télescopes étaient connus à une époque fort reculée. On sait aussi que, depuis un temps immémorial, les Chinois se servent d'une sorte de tube pour explorer les cieux dans leurs observations astronomiques [5]; et qu'au Xᵉ siècle Gerbert fit usage d'un semblable appareil à Magdebourg pour observer l'étoile polaire

1. BAILLY. *Histoire de l'astronomie moderne.* Paris, 1795, t. I, p. 364.
2. CAYLUS. *Histoire de l'astronomie ancienne*, p. 82.
3. BAILLY. *Ibidem*, t. I, p. 555.
4. MABILLON. *Voyage d'Allemagne.*
5. BAILLY. *Éclaircissements*, livre IV, sect. IX. *Hist. de l'astr. mod.*, t. I, p. 304.—GROSIER. *De la Chine. Astronomie chinoise*, chap. XIII, t. VI, p. 152. —On lit dans le deuxième chapitre du *Chou-King* cette remarquable assertion : « Au premier jour de la première lune du printemps (2255 ans avant J. C.), *Chun* fut installé héritier de l'empire dans la salle des ancêtres. En examinant l'instrument de pierres précieuses qui représentait les astres et *le tube mobile* qui servait à les observer, il mit en ordre ce qui regarde les sept planètes. » —PAUTHIER. *Chine*. Paris, 1837, p. 38.

et régler l'horloge qu'il avait fait construire dans cette ville [1].

Mais, d'après Bailly, on a cru faussement que ces tubes optiques étaient munis de verre : selon lui ils ne se composaient que d'un cylindre destiné à rendre la vue des objets plus nette [2]. Un passage de Geminus [3], dans lequel cet instrument est nommé *dioptra* [4], paraît décisif à l'astronome français. Il en conclut que les anciens se servaient simplement de longs tubes de ce nom pour observer les étoiles.

Quoi qu'il en soit, divers passages des œuvres de Bacon sembleraient révéler qu'il connaissait des instruments qui produisaient les mêmes effets que nos télescopes, ou qu'il en avait deviné l'admirable puissance. On lit dans ses écrits que César, étant sur les grèves de la Gaule, aperçut, à l'aide d'un miroir, les rivages, les ports et les châteaux de la Grande-Bretagne [5]. Dans un autre endroit, il prétend aussi qu'à l'aide de verres convexes on peut rapprocher de son œil le soleil et la lune [6] et les faire en quelque sorte descendre des cieux. Il semblerait même que le physicien anglais se servait fréquemment d'une espèce de tube optique, car Wood rapporte que l'emploi que celui-ci faisait de cet instrument lui attira la réputa-

---

1. *Histoire littéraire de la France*, t. VI.

2. Bailly. *Histoire de l'astronomie moderne*. Paris, 1775, t. I, p. 557. — Grosier pense aussi que les tubes optiques des Chinois n'étaient nullement des télescopes, t. VI, p. 152.

3. Geminus. *Per dioptra omnes stellæ spectatæ. Uranologion*, cap. x, p. 42.

4. Mot dérivé du grec et qui signifie *voir à travers*.

5. R. Bacon. *De l'admirable puissance de l'art et de la nature*, p. 33.

6. Bacon. *Opus majus*, p. 357.

tion de magicien dans la contrée d'Oxford[1]; et ce qui fait croire que ce tube ne devait pas être un simple cylindre creux, c'est que, dans son œuvre, R. Bacon émet que sa construction exige des connaissances d'optique[2].

Cependant, quoique assez moderne, l'invention du télescope est encore environnée de quelque obscurité; les savants qui ont écrit à une époque rapprochée d'elle n'ont pu eux-mêmes lever tous les doutes. Descartes en faisait honneur à un Hollandais nommé Jacques Métius, homme sans éducation, et qui, en fabriquant des verres grossissants, rapprocha par hasard, dans la combinaison voulue, un verre convexe et un verre concave, et obtint une ampliation des objets[3]. Mais Montucla, qui a élucidé ce point dans son excellente *Histoire des mathématiques*, attribue le télescope à un opticien de Middelbourg nommé Zacharie Jans[4]. On prétend même que l'idée mère de cette découverte lui fut suscitée par le hasard, après que ses enfants, en se jouant dans sa boutique, eurent tombé sur une combinaison de verres qui grossissait les objets[5]. On ajoute que l'importante découverte que venaient de faire les sciences parvint immédiatement à Galilée[6] et que cet astronome lui fit subir de nombreux perfectionnements en même temps que

1. Wood. *Histoire de l'université d'Oxford*, ann. 1272, livre I.
2. Montucla. *Histoire des mathématiques*. Paris, 1758, t. I, p. 427.
3. Descartes. *Dioptrique*, p. 2.
4. Montucla. *Ibidem*, t. II, p. 167.—Jourdan, dans la biographie de Bacon adopte cette opinion. *Biogr. méd.*, t. I, p. 478.
5. Borel. *De vero telescopii inventore*.
6. Galilée. *Nuncius sidereus*. 1609.

dans ses mains le télescope devenait l'un des éléments de sa grande renommée[1]. Bailly pense aussi que cet instrument fut inventé en Hollande, puis construit et monté presque immédiatement en Italie par l'illustre professeur de Pise[2].

Mais si R. Bacon, dit Montferrier, n'a réellement pas connu le télescope, il n'en est pas moins certain que ses écrits ont pu mettre sur la voie de cette découverte. On peut en dire autant des verres lenticulaires. La théorie qu'il expose à ce sujet prouve qu'il ne l'a jamais mise en pratique; mais il est certain que ce fut peu de temps après Bacon que les lunettes astronomiques furent connues en Europe, et l'on ne peut lui refuser la gloire d'avoir contribué à cette découverte.

Dans le traité de l'optique, publié séparément par un éditeur de Francfort, on trouve en outre un petit opuscule concernant les miroirs concaves. Dans cet écrit, Bacon semble, au xiiie siècle, convoiter la gloire d'Archimède, comme le fera Buffon[3] au xviiie. Le religieux d'Oxford, à n'en pas douter, a construit des miroirs semblables à ceux avec lesquels le physicien de Syracuse incendiait la flotte romaine, et il indique même la dépense à laquelle ils revenaient. Il assure aussi que l'un de ses amis s'occupait depuis trois ans de la construction d'un de ces instruments.

Une autre découverte d'optique est encore attribuée à R. Bacon par quelques-uns de ses biographes, c'est

<hr>

1. Frisi. *Essai sur la vie et les découvertes de Galilée.*
2. Bailly. *Histoire de l'astronomie moderne.* Paris, 1775, t. II, p. 95.
3. Buffon. *Histoire naturelle des minéraux.* Introduction, chap. xi.

celle des conserves. Cependant, à l'égard de cette invention, il n'y a non plus rien de positif[1].

L'auteur de l'article de l'Encyclopédie présume que cette découverte a été faite en Italie, et le *Dictionnaire de la Crusca* en fixe la date vers 1285[2]. On y lit que dans un livre fait en 1305 par le frère Jordanus de Rivalto, celui-ci rapporte que depuis vingt ans on a découvert l'art utile de polir les *verres de lunettes*[3].

Ce qu'il y a de positif, c'est que ce fut durant les vingt dernières années du xiiie siècle que se fit l'importante découverte des lunettes destinées à suppléer à l'affaiblissement de la vue[4]. Le savant naturaliste Rédi rapporte qu'il avait dans sa bibliothèque un autographe de 1298 qui l'établit d'une irrécusable manière ; c'est une lettre d'un vieillard qui se plaint de ne plus pouvoir ni lire ni écrire sans verres qu'on nomme lunettes, *senza occhiali*. Dans des ouvrages qui ont été écrits en 1300, on y parle de l'usage de celles-ci comme si alors il était déjà fort répandu[5].

Le *Miroir des mathématiques*, qui a été édité séparément[6], forme aussi un assez volumineux fragment de l'*Opus majus*. C'est dans cet écrit que Bacon s'exerce à démontrer quelle est l'importance des mathématiques pour l'entente des sciences. L'auteur y emploie la géométrie pour la solution de divers problèmes

1. Les ouvrages de physique laissent beaucoup d'incertitude sur ce sujet.
2. *Encyclopédie de d'Alembert*, t. IV, art. *Lunettes*.
3. *Dictionnaire de la Crusca*, art. *Occhiali*.
4. *Encyclopédie de d'Alembert*. Neufchâtel, 1765, t. IX, p. 743, art. *Lunettes*.
5. BERNARD CORDON. *Lilium medicinæ*.
6. R. BACON. *Speculum mathematica*. Francfort, 1614.

d'astronomie, d'optique et de mécanique. Dans le chapitre intitulé *De l'importance des mathématiques pour le gouvernement des choses religieuses*, on ne peut contester au moine d'Oxford la gloire d'avoir le premier proposé la réforme du calendrier.

R. Bacon s'était beaucoup occupé du mécanisme des cieux, ce qui était rare alors ; aussi le docteur Freind le considère-t-il comme le seul astronome de son temps[1]. Durant ses recherches il s'était aperçu que depuis la réformation du calendrier de César les équinoxes et les solstices anticipaient de neuf jours sur les temps où Ptolémée les avait observés, et il en conclut, dit Bailly, qu'il y avait une anticipation d'un jour en cent vingt-cinq ans. C'était approcher de la vérité[2]. Après avoir découvert cette erreur en 1267, il proposa au pape Clément IV de la corriger ; mais il paraît que ce fut sans résultat, car on ne la fit disparaître que trois cents ans plus tard, sous le pontificat de Grégoire XIII[3].

Si le savant cordelier n'a pas poussé plus loin ses travaux astronomiques, il faut le lui pardonner, car il ne les produisait pas sans entraves. Il raconte lui-même qu'ayant entrepris de dresser de grandes tables de l'état du ciel où tous les mouvements des astres devaient être indiqués, il en fut toujours empêché par la stupidité des personnes qu'il était obligé d'employer, qui ne voyaient que des œuvres dia-

1. FREIND. *The history of physic from the time of Galen to the beginning of the sixth century*, etc. Lond., 1725.
2. BACON. *Opus majus*, p. 171.
3. *Histoire de la philosophie hermétique*. Paris, 1742, t. I, p. 114.

boliques dans toutes les observations qu'il entrepre-
nait [1].

Mais en scrutant les opinions de Bacon concernant
certaines questions de mathématiques, on voit que la
subtilité de son génie l'a parfois égaré en lui faisant
professer, avec une imperturbable assurance, les plus
étranges paradoxes. C'est ainsi que dans plusieurs
passages de ses œuvres il parle de la quadrature du
cercle comme d'un problème d'une démonstration
facile. Il s'étonne même qu'Aristote « avoue qu'il en
ignorait la solution; chose, dit-il, qui est incontestablement connue aujourd'hui [2]. »

Après l'*Opus majus*, le *Traité des œuvres secrètes de
la nature et de l'art, et de la nullité de la magie* est une
des plus célèbres productions de Bacon, et elle mérite
la faveur dont elle jouit [3]. L'auteur y soutient une thèse
magnifique, c'est la démonstration de l'art dominant la
nature par les propres forces qu'il emprunte à celle-
ci, et il complète son tableau en exposant le contraste
qu'offre la puissance réelle des sciences comparativement aux fallacieuses promesses de la sorcellerie.

Presque partout, dans cette œuvre, Bacon se montre philosophe profond et parfois penseur audacieux.
Il part de cette idée que le génie de l'homme peut
agrandir à l'infini le champ des possibilités en em-

---

1. R. Bacon. *Opus tertium.*
2. Nam quadraturam circuli se ignorasse confitetur, quod his diebus
scitur veraciter. *Epist. de secr. operib. art. et nat.,* p. 54. Lyon, 1557.
3. R. Bacon. *Epistola de secretis operibus artis et naturæ, ac de nullitate magiæ,* Hambourg, 1598, qui fut imprimé pour la première fois à
Paris en 1542, sous le titre : *De mirabili potestate artis et naturæ, ubi de
philosophorum lapide libellus.*

ployant les ressources de la nature. Ainsi au XIIIe siècle, c'est de la modeste cellule d'un moine d'Oxford
que s'élance cette idée pleine de témérité : la toute-puissance du génie de l'homme sur la nature, lorsqu'il
appelle à son aide toutes les ressources des sciences
et de ses facultés. Mais Bacon n'a jamais entendu
franchir la sphère du possible puisqu'à côté d'un semblable programme il s'efforce de combattre les folles
prétentions de la magie ; d'une main il trace une route
lumineuse, de l'autre il indique la voie des ténèbres.

Bacon entend tellement rester dans les limites qu'il
a plu à Dieu d'imposer à l'intelligence humaine, qu'il
réprouve tous les prétendus moyens surnaturels tels
que les talismans et les figures astrologiques : « Tout
cela, dit-il, est inutile ou criminel. »

Le *Traité des œuvres secrètes de la nature et de l'art*
présente trois chapitres ayant une destination spéciale :
l'un est consacré à la mécanique, un autre à l'optique
et le troisième embrasse la physique et la chimie.

Ce livre, l'une des plus curieuses productions du
Moyen âge, prouve ou que R. Bacon a connu une
foule d'inventions que nous attribuons avec orgueil à
notre époque, ou que son génie, il y a six cents ans,
en avait déjà deviné la réalisation.

C'est ainsi que dans le chapitre de la mécanique il
parle de voitures qui se meuvent sans chevaux avec
une incroyable vitesse, et qu'on pourrait supposer avoir
été animées par la vapeur[1]. Là il assure que l'homme
peut s'élancer dans les airs et y voler à l'instar des

1. Currus etiam possent fieri ut sine animali moveantur cum impetu inæstimabili.

oiseaux[1]. Il ne dit pas, il est vrai, qu'il ait été témoin de cette expérience, ni même qu'il ait vu les appareils à l'aide desquels elle s'exécute, mais il insiste sur ce sujet en prétendant parfaitement connaître ceux qui les ont inventés. Ailleurs, le physicien d'Oxford indique manifestement la cloche à plongeur[2], et parle de ponts qui semblent analogues à nos ponts suspendus, puisqu'il prétend qu'on les place sur les fleuves sans colonnes ni arches[3].

R. Bacon paraîtrait donc, comme le dit G. Cuvier, avoir entrevu les forces de la vapeur et du gaz, les locomotives et les ballons[4]; mais il semblerait qu'il a aussi deviné l'application que l'on en peut faire à la marine. « On pourrait, à ce qu'il prétend, construire des machines propres à faire marcher les navires plus rapidement que ne le ferait toute une cargaison de rameurs; on n'aurait besoin que d'un pilote pour les diriger. »

Le chapitre consacré à l'optique n'est pas moins curieux. L'auteur y traite de la réfraction des rayons lumineux, et explique par celle-ci le mirage qu'on observe parfois à la surface de la terre. Quelques critiques ont même pensé que la lanterne magique, qu'on attribue généralement au P. Kircher[5], était connue de R. Bacon; ils croient qu'il en a décrit en quelques

1. Possunt etiam fieri instrumenta volandi, ut homo, sedens in medio instrumenti, revolvens aliquod ingenium per quod alæ artificialiter compositæ aerem verberent, ad modum avis volaret.

2. Possunt etiam fieri instrumenta ambulandi in mari et in fluviis ad fundum, sine periculo corporali.

3. Pontes ultra flumina sine columna vel aliquo sustentaculo.

4. Cuvier. *Histoire des sciences naturelles.* Paris, 1841, t. I, p. 417.

5. Kircher. *OEdipus*, t. II, p 323.

lignes les surprenants effets pour attester jusqu'à quel point la science peut se rapprocher de la magie par les merveilleuses illusions qu'elle enfante[1].

La dernière partie du *Traité de la puissance de l'art et de la nature*, n'est qu'une sorte de petit recueil d'alchimie qu'on voudrait ne pas rencontrer dans un livre où abondent tant de vues ingénieuses. L'auteur professe avec candeur qu'il croit à la transmutation des métaux, et qu'à l'aide de celle-ci on peut aspirer à faire de l'or, ce qu'il regarde comme pouvant contribuer à la prospérité publique[2].

Ce fragment consacré à l'alchimie a surtout captivé l'attention des savants à cause des choses curieuses qu'il renferme. C'est dans cet endroit que le cordelier d'Oxford parle de la poudre à canon et qu'il en décrit manifestement les effets[3], et c'est en s'étayant des assertions qu'on y rencontre que beaucoup d'auteurs le considèrent comme l'inventeur de cette composition, ou seulement lui attribuent le mérite d'en avoir donné, pour la première fois, la préparation[4].

Cette question s'est déjà présentée à plusieurs reprises sous notre plume, et nous avons dû reconnaître que la composition et les effets de la poudre

---

1. Possunt etiam sic figurari perspicua ut omnis homo ingrediens domum videret veraciter aurum et argentum et lapides pretiosos et quicquid homo vellet, quicumque festinaret ad visionis locum nihil inveniret. *De secretis operibus artis*, etc.

2. R. Bacon. *De l'admirable pouvoir et puissance de l'art et de la nature, où est traité de la pierre philosophale.* Lyon, 1557, p. 41.

3. Voici la recette qu'il en donne : « Sed tamen salis petræ lu, rac, vo, « po, vir, can, utri, et sulphuris, et sic facies tonitrum et corruscationem, « si scias artificium. » Le charbon et les doses n'y sont désignés que d'une manière énigmatique.

4. Dumas. *Philosophie chimique.* Paris, 1836, p. 18.

pyrique avaient été décrits à une époque antérieure à celle du grand homme qui nous occupe[1].

Divers écrivains, qui ignoraient ce fait, n'en ont pas moins persisté à regarder celui-ci comme l'inventeur de cet agent[2]. L'un d'eux raconte ainsi sa découverte : « A la fin du xiiie siècle un cordelier anglais, nommé Roger Bacon, fameux chimiste, broyait dans un mortier du soufre, du salpêtre et du charbon. Il mit sur son mortier une pierre considérable; une étincelle tomba par hasard sur ce mélange, et Bacon vit tout à coup celui-ci en feu et la pierre lancée en l'air avec un fracas horrible. Telle est l'origine de la poudre à canon[3]. »

Cependant l'œuvre de Bacon révèle un fait important : c'est qu'au xiiie siècle, ce puissant agent était positivement connu, et même d'un usage vulgaire, puisque ce savant rapporte que les enfants de son temps s'amusaient à entasser de la *poudre* dans du parchemin et à y mettre le feu.

Bacon se charge de réfuter ceux qui lui attribuent l'invention de la poudre pyrique, car il la reporte lui-même aux premiers temps historiques. En effet, on voit qu'il pense que c'était peut-être en faisant éclater de la poudre à canon dans des vases de terre, que

1. MARCUS GRÆCUS. *Liber ignium ad comburandos hostes, auctore Marco Græco.* Bibl. roy. Mss. n°s 7156-7158. Voy. école byzantine, p. 133 et école expérimentale, p. 247.

2. SUARD. *Biographie universelle.* Paris, 1811, t. III, p. 180.—L. MIGNE. *Dictionnaire des sciences occultes.* Paris, 1846 t. I, p. 456.. — BÉGIN. *Alchimie. Moy. âge et renaiss.* Paris, 1852, p. 4.—MONTFERRIER. *Dictionnaire des sciences mathématiques.* Paris, 1835, t. I, p. 188.—RENOUARD. *Histoire de la médecine.* Paris, 1846, t. I.

3. PAULIAN. *Dictionnaire de physique.* Avignon, 1781, t. IV, p. 228.

Gédéon répandit l'effroi dans les rangs des Madianites[1]. Il connaît si bien la redoutable puissance de cette composition, qu'il avance que par son moyen on pourrait renverser des villes entières.

L'histoire approfondie de la poudre démontre combien ces assertions sont exactes. Car s'il est évident que c'est au Moyen âge, et à Marcus Græcus[2] et à R. Bacon, que l'on doit les premières descriptions de ce mélange, les traditions écrites indiquent aussi que probablement longtemps avant ces deux hommes, la poudre, ou quelque agent aussi formidable, était en usage chez différentes nations.

Cette opinion, professée par Langlès[3] et E. Salverte[4], peut s'étayer sur une foule de preuves; mais, en l'admettant, il faut convenir aussi que si cette composition pyrique a été connue anciennement, on avait cessé de l'employer et que sa recette perdue ne s'est retrouvée qu'au Moyen âge.

Les écrits des missionnaires constatent que l'usage de la poudre était connu à la Chine depuis un temps immémorial[5]. Là, dans l'impossibilité où l'on était de fixer l'époque à laquelle on a commencé à se servir des

---

1. R. Bacon. *De mirabili potestate artis et naturæ.* — E. Salverte, *Des sciences occultes,* Paris, 1843, p. 437, partage aussi cette opinion.

2. Marcus Græcus. *Liber ignium ad comburandos hostes, auctore Marco Græco.* Bibl. roy. Mss. n⁰ˢ 7156-7158.

3. Langlès. *Dissertation* insérée dans le *Magasin encyclopédique*, t. I, p. 333-338.

4. Salverte. *Des sciences occultes.* Paris, 1843, chap. XXVI.

5. Le P. Amiot. *Supplément à l'art militaire des Chinois.* Mém. t. VIII, p. 336.—Grosier. *De la Chine.* Paris, 1820, t. VII, p. 176.—Langlès. *Dissertation* insérée dans le *Magasin encyclopédique*, t. I, p. 333-338. — E. Salverte. *Des sciences occultes.* Paris, 1843, p. 446.—Pauthier. *Chine.* Paris, 1837, p. 200.

armes à feu et de l'artillerie, la tradition populaire en attribuait l'invention au fondateur de l'empire, prince qui passe pour avoir été très-versé dans les arts magiques[1]. Un orientaliste célèbre prétend même que dès le xe siècle les Chinois possédaient des *chars à foudre* dont les effets étaient semblables à ceux de nos canons[2]. Mais en se fondant sur l'histoire chinoise et le témoignage des plus habiles lettrés, la plupart des missionnaires considèrent l'invention de la poudre comme ayant seulement eu lieu vers le commencement de l'ère chrétienne[3]. Un moindre nombre la reporte à un temps plus reculé[4].

Le P. Amiot, qui a écrit un excellent ouvrage sur l'art militaire des Chinois, rapporte à ce sujet que dès le commencement de l'ère chrétienne un général d'armée nommé Koun-min était renommé pour l'art avec lequel il employait les armes à feu[5]. Tous les historiens attestent aussi que les Chinois se servaient à la guerre de diverses compositions formées de salpêtre, de soufre et de charbon, d'où il résulte qu'ils ont réellement connu la poudre avant nous[6].

L'industrieuse activité des sujets du Céleste Empire

1. Linschott. *Voyage de Linschott à la Chine*, 3e édit., p. 53.

2. Abel Rémusat. *Mémoire sur les relations politiques des rois de France avec les empereurs mogols. Journal asiatique*, t. I, p. 137.

3. Lettre du père de Mailla. *Histoire générale de la Chine*, t. I, p. 178. — Le P. Amiot. *Art militaire des Chinois. Mém. sur les Chinois*, t. VIII, p. 332. — Grosier. *De la Chine.* Paris, 1820.

4. Le P. Gaubil, *Histoire de la dynastie des Moungous*, p. 72, dit qu'il est certain que les Chinois font usage de la poudre à canon depuis plus de seize cents ans.

5. Le P. Amiot. *Art militaire des Chinois. Mémoire sur les Chinois*, t. VIII, p. 332. Koun-min vivait vers l'an 200 de l'ère chrétienne.

6. Idem. *Ibid.*

s'était appliquée à multiplier les usages de la poudre. La nomenclature de quelques-unes des machines de guerre qu'ils employaient se trouve dans les écrits du P. Amiot, du P. de Mailla et de Grosier. Le canon, appelé *ta-chene-tchon*, c'est-à-dire *grand esprit*, en raison de ses effets terribles, occupe la première ligne. Vient ensuite le *tonnerre de terre*, nommé *ty-lei*, dont l'action était comparable à celle de nos mines et qui n'était qu'une sorte de bombe remplie de poudre et de mitraille que l'on plaçait sous le sol[1]. Enfin, il y avait aussi des *tubes à feu* qui pourraient avoir été analogues à nos arquebuses[2].

Sans aucun doute, cependant, après cette époque l'usage de ces machines de guerre se perdit totalement en Chine; car lorsqu'en 1621 les Portugais firent présent de trois pièces de canon à l'empereur Hi-Tson, on regarda celles-ci à Pékin comme des objets tout à fait inconnus alors, et l'on s'empressa de les employer contre les Tartares mantchoux[3].

Dans l'Indostan l'usage de la poudre date également d'une époque fort reculée; et dans certaines régions de ce vaste empire, qui étaient vierges de toutes communications avec les Européens, on a reconnu que très-anciennement l'on se servait de fusées de feu attachées à un dard, que l'action de la poudre lançait sur les bataillons ennemis[4].

1. Comp. LE P. AMIOT. *Art militaire des Chinois* et *Mémoires sur les Chinois.* — LE P. DE MAILLA. *Histoire générale de la Chine*, t. IX. — GROSIER. *De la Chine.* Paris, 1820, t. VII, p. 188.

2. On les nommait *ho-toúng* (tube à feu). — Comp. P. AMIOT. *Supplément à l'art militaire des Chinois.*

3. GROSIER. *De la Chine.* Paris, 1820, t. VII, p. 176.

4. Dans le *Code des Gentous*, qui est d'une si haute antiquité, une loi

On prétend aussi qu'en 690 les Arabes employèrent la poudre à canon lors de l'attaque de la Mecque, et qu'ils s'en servirent contre la flotte des croisés à l'époque de saint Louis. Enfin, certains investigateurs assurent encore qu'un siècle avant que l'Europe employât cet agent à la guerre, en 1254, un petit-fils de Gengis-khan possédait déjà dans son armée un corps d'artilleurs chinois[1].

Il paraît clairement prouvé que cette composition était connue des Sarrasins, et que ce furent eux qui l'introduisirent en Europe[2]. Un auteur arabe de la collection de l'Escurial rapporte même que vers l'an 1249 on l'employait déjà dans les machines de guerre; mais, il est vrai, plutôt pour la confection des pièces d'artifice que pour lancer des projectiles d'artillerie[3].

L'énumération de ces divers faits devait naturellement trouver sa place dans ce lieu, où nous voulions constater, avec exactitude, ce dont nous sommes tributaires du Moyen âge. Tout démontre donc que la

défend les armes à feu. Les lois parlent aussi de *traits qui tuent cent hommes à la fois*, ce qui rappelle nos canons.—E. Salverte. *Des sciences occultes*, p. 443.

1. Comp. Abel Rémusat. *Mémoire sur les relations politiques des rois de France avec les empereurs mogols.—Journal asiatique*, t. I, p. 137 —P. Maffei. *Hist. ind.* —Linschott. *Voyage de Linschott à la Chine.*— E. Salverte. *Des sciences occultes.* Paris, 1843, p. 435 et suiv.

2. Henry Hallam. *L'Europe au moyen âge* (trad. de l'anglais). Paris, 1828, t. III, p. 207.

3. Casiri, *Bibl. arab. hispan,* t. XI, p. 7, traduit ainsi la description des projectiles employés par les Maures. « Serpunt susurrantque scor- « piones circumligati ac pulvere nitrato incensi, unde explosi fulgurant, « ac incendunt. Jam videre erat manganum excussum veluti nubem per « aera extendi ac tonitru instar horrendum edere fragorem, ignemque « undequaque vomens, omnia dirumpere, incendere, in cineres redi- « gere. »—Le passage arabe est au bas de la page 61. *L'Europe au moyen âge*. Hallam. trad. Dudouit, t. III, p. 207.

poudre a été fort anciennement connue et d'un usage assez fréquent en Asie depuis le commencement de l'ère chrétienne ; mais qu'ensuite l'usage et la recette s'en perdirent, et que c'est à l'époque dont nous traçons l'histoire qu'on les retrouva.

Le *Miroir de l'alchimie*[1] n'est qu'un opuscule d'une douzaine de pages, qu'on a reproduit dans les collections de travaux sur l'art hermétique[2]. C'est un petit traité précieux à cause de la simplicité avec laquelle R. Bacon y présente la théorie de cette fausse science qui, après ce grand homme, s'est tellement embrouillée par les abstractions dont les illuminés se sont plu à la hérisser.

L'auteur débute en donnant une définition claire de l'alchimie. Selon lui, en remontant aux livres d'Hermès, celle-ci n'est que l'art de composer une préparation capable de soustraire les métaux aux impuretés dont ils se trouvent souillés.

Après cet exposé, Bacon émet sur la transmutation des métaux des préceptes moins déraisonnables que ceux qu'on voit professer par les fauteurs du grand œuvre. La nature, d'après lui, tend constamment, dans la formation des gîtes métallifères, à produire de l'or ; mais elle en est empêchée par divers accidents qui troublent ses opérations, et alors elle ne crée que des métaux mêlés de matières étrangères au corps fondamental. Bacon concluait de là qu'il était facile

---

1. BACON. *Speculum alchemix.* Nuremberg, 1581. Il a été traduit en français par GIRARD DE TOURNUS, sous le titre de *Miroir d'alchimie.* Lyon, 1557.
2. *Theatrum chemicum.* Francfort, 1603.

d'extraire de l'or de tous les métaux, puisque l'opération ne consistait qu'à dépouiller ceux-ci des impuretés qu'ils contiennent.

Dans la recherche de la pierre philosophale, le moine d'Oxford accorde une action manifeste au calorique; il lui attribue une puissance analogue à celle que la chaleur de la terre exerce sur les opérations minéralogiques qui s'accomplissent dans son sein. Il a même observé un phénomène qui joue un grand rôle dans la géogénie, c'est celui de la température des mines. R. Bacon s'est aperçu qu'il règne dans celles-ci une chaleur constante[1]. Il lui manqua seulement de connaître la loi d'accroissement calculée par les savants travaux de nos géologues modernes.

On ne peut nier que l'œuvre de R. Bacon autorise à le ranger parmi les alchimistes; aussi ceux-ci n'ont-ils pas manqué d'inscrire ce nom illustre sur la liste des philosophes hermétiques. Mais si le religieux d'Oxford a mérité ce périlleux honneur, il faut avouer, à sa louange, que c'est un adepte plein de discernement et de bonne foi. La recherche de la pierre philosophale se réduit pour lui à une simple opération métallurgique. Il la croit possible; il n'en parle qu'avec une froide raison, et il ne se vante pas de l'avoir pratiquée; enfin, c'est en tout un alchimiste sensé et non un fanatique illuminé.

Mais si Bacon ne sut pas se soustraire aux entraînements de son siècle lorsqu'il accepta les errements des adeptes, on doit lui rendre cette justice, c'est

---

1. In mineralium vero locis invenitur caliditas semper constans, chap. v.

qu'il fit réellement faire quelques progrès à l'enfance de la chimie, et que ce fut lui qui le premier introduisit cette science en Angleterre[1]. Il est vrai qu'il n'a sur elle que de fausses idées générales, mais en revanche on trouve de temps à autre dans ses œuvres quelques notions assez exactes, et l'on ne peut lui ravir l'honneur d'avoir été le premier écrivain chimique que nous ayons eu en Europe[2]. Il parle du bismuth ainsi que du manganèse qu'il rapproche des métaux, et mentionne une espèce de feu inextinguible qui, selon M. Jourdan, paraît être le phosphore[3].

Le livre *Des moyens de retarder les infirmités de la vieillesse et de conserver nos sens*, n'est que peu remarquable comparativement aux autres productions de ce grand homme[4]. Bacon le composa durant sa captivité et l'adressa au pape Nicolas IV, pour essayer de le fléchir. Il y émet sur la vie des idées analogues à celles qu'on retrouve dans le *Traité des œuvres secrètes de la nature et de l'art*.

Ce livre est terni par l'excès de crédulité que montre l'auteur lorsqu'il s'y occupe des moyens offerts par l'art pour prolonger extraordinairement l'existence. Il semble ne pas s'éloigner de l'idée que, par le secours de la science, la vie humaine peut se continuer pendant plusieurs centaines d'années. « Nous voyons, dit Bacon, des bœufs épuisés par de longues fatigues

---

1. JOURDAN. *Biographie médicale*. Paris, 1820, t. I, p. 479.

2. DUMAS. *Philosophie chimique*. Paris, 1836, p. 16.

3. JOURDAN. *Ibidem*, p. 479.—SUARD. *Biographie universelle*. Paris, 1811, t. III, p. 180.

4. R. BACON. *De retardandis senectutis accidentibus et sensibus confirmandis*. Oxford, 1590.

mis au vert dans de grasses prairies, sur leurs vieux jours, y reprendre en peu de semaines l'embonpoint, la fraîcheur et presque la vigueur de la jeunesse! N'existerait-il donc pas quelque moyen de porter plus loin ce renouvellement? »

Le savant du Moyen âge raconte que la vie saine que menaient de son temps les habitants des campagnes a suffi pour leur faire acquérir la plus grande vieillesse, et que quelques-uns parvenaient jusqu'à cent soixante ans. Il s'autorise de ce fait pour assurer qu'il est possible de vivre jusqu'à cinq cents ans; et, avec une inexplicable crédulité, il ajoute même foi à la prétention de l'alchimiste Artéfius qui proclamait avoir prolongé son existence plus de mille ans[1].

Ces étranges assertions ne sont-elles pas pardonnables à l'époque où vécut notre humble religieux, alors que tant de superstitions semblaient enchaîner toutes nos facultés, et que tant de fauteurs de l'alchimie exaltaient la puissance de leur art factice? Cette tentative n'était-elle pas excusable quand, au xvie siècle, on voit encore l'audacieux Paracelse colportant l'immortalité dans le pommeau de son épée, et prétendant avec ses poudres avoir régénéré des animaux!

On doit encore à R. Bacon deux autres traités, mais ceux-ci sont restés manuscrits : le Petit OEuvre, *Opus minus*, et le Troisième OEuvre, *Opus tertium*[2].

Outre les ouvrages que nous avons cités et qui pa-

---

1. Bacon cite aussi ce fait, dans son livre, *De la puissance extraordinaire de l'art et de la nature.*

2. Ces deux ouvrages sont, à ce que l'on prétend, dans la bibliothèque de l'université d'Oxford.

raissent les plus authentiques, on attribue encore à Bacon un assez grand nombre de traités, mais plusieurs sont évidemment apocryphes[1] et d'autres ne se composent que de quelques feuillets et n'ont aucune importance[2].

Après cette esquisse de la vie et des travaux de R. Bacon, après les considérations dans lesquelles nous sommes entrés sur la direction intellectuelle de son époque, que devons-nous penser du jugement de Voltaire sur ce grand homme et sur son temps : « Ses livres, dit-il, sont un tissu d'absurdités et de chimères.... Cependant, ajoute-t-il, il faut avouer que ce Bacon était un homme admirable pour son siècle. Quel siècle? me direz-vous, c'était celui du gouvernement féodal et des scolastiques. Figurez-vous les Samoïèdes et les Ostiasques qui auraient lu Aristote et Avicenne. Voilà ce que nous étions... Transportez ce Bacon au temps où nous vivons, il serait sans doute un très-grand homme, etc.[3] »

Bacon a été à la fois et un savant illustre et un grand philosophe. C'est à tort que quelques écrivains ne voient en lui qu'un physicien ou un chimiste. Ayant embrassé l'ensemble des connaissances humaines[4], il eut la gloire de contribuer à l'avancement de toutes, et

1. *De tinctura seu oleo stibii, in Curru triumphali antimonii, cum notis P. Fabri.* Toulouse, 1646.—*Speculum astrologiæ*, qui lui est attribué par J. F. Pic, lib. I *adversus astrol.*

2. R. Bacon. *De arte chimiæ scripta, cum opusculis ejusdem authoris.* Francfort, 1602.—*Thesaurus chimicus.* Francfort, 1603, renfermant sept opuscules : *Liber de utilitate scientiarum.—Alchemia major.—Breviarium de dono Dei. — Verbum abbreviatum de Leone viridi. — Secretum secretorum. — Tractatus trium verborum. — Speculum secretorum.*

3. Voltaire. *Dictionnaire philosophique.*

4. Suard. *Biographie universelle.* Paris, 1811, t. III, p. 182.

de briller en même temps dans les sciences et dans les lettres [1].

Deux hommes illustres ont porté le nom de Bacon. L'un, né dans un siècle rempli de ténèbres, est un simple religieux dont la vie abreuvée d'amertume s'épuise dans les prisons : c'est Roger Bacon dont nous venons d'esquisser l'histoire. L'autre voit le jour à une brillante époque de la civilisation ; il descend d'une famille illustre, et vit à la cour d'Élisabeth et de Jacques Ier, où il occupe les emplois les plus considérables : c'est François Bacon, baron de Vérulam.

En scrutant l'œuvre du physicien d'Oxford, on reconnaît qu'elle représente exactement pour le Moyen âge ce que fut l'*instauratio magna* du chancelier de la Grande-Bretagne pour la renaissance. Même unité dans les vues philosophiques et scientifiques; même hardiesse pour les exprimer ou pour invoquer une réforme radicale. L'écrit du cordelier d'Oxford est une véritable révolte de l'esprit d'investigation contre l'entraînement de l'autorité : c'est le savoir qui s'insurge contre les idées rétrogrades de l'époque; c'est enfin un novateur qui prêche au xiiie siècle la réforme qu'opérera avec empressement le xvie, à la voix de François Bacon et de Galilée.

Se soustraire à la routine de l'école et secouer les superstitions populaires, propager l'étude des langues anciennes et asseoir les sciences sur les mathématiques, enfin poser comme base de toutes nos connaissances

1. Philosophiam ita totam penetravit et circuivit, ut nullum locum jam non excussum reliquerit. LELAND.

HUMBOLDT en fait aussi le plus grand éloge. *Cosmos*, t. II, p. 301.

les traditions vérifiées par l'observation et l'expérience : voilà la route que trace le moine du XIIIe siècle.

Secouer la tyrannie de la scolastique et de ses autorités, recourir aux expériences et rectifier d'après leurs résultats les assertions anciennes : voilà, trois siècles après, quels furent les préceptes du baron de Vérulam.

On le reconnaît, ces deux tentatives sont au fond absolument les mêmes : l'un et l'autre de ces grands hommes veulent à la fois l'examen des traditions et l'introduction des preuves expérimentales, comme moyen de perfectionnement de toutes nos connaissances. La conviction décuple les forces des deux Bacon : leurs écrits semblent consacrés à accroître l'influence de l'homme sur la nature, et, en reculant les bornes de la puissance humaine par l'ascendant du génie, à déposer entre ses mains la souveraineté matérielle[1].

Les deux philosophes anglais ont évidemment entre eux les plus grands rapports, et cependant peu d'auteurs ont entrevu ceux-ci[2]. Tous deux ont développé les mêmes idées et marchent dans la même direction : il existe entre eux unité de but et d'action. Ils veulent changer d'une manière fondamentale la marche de l'esprit humain et lui tracer une route nouvelle, et cependant combien leur destinée ne fut-elle pas différente ? Le cordelier d'Oxford développe ses opinions avec la rudesse de son époque ; trois siècles plus tard le baron de Vérulam émet les siennes à l'aide

___

1. Comp. F. BACON. *Novum organum.* Paris, 1843. — R. BACON. *De secretis operibus artis et naturæ.* Paris, 1542.
2. *Encycl. nouvelle*, art. R. BACON.

de tout le prestige d'un talent entraînant. Le véritable novateur était réellement le modeste moine, et cependant l'éclat qui environne le ministre d'État, et le génie qui perce dans tous ses écrits, firent qu'on oublia le premier pour tout attribuer au second.

Le XIIIe siècle avait tout proposé. C'est lui qui, après la lutte, pose le principe et les conditions du progrès; c'est à lui qu'appartient la gloire d'avoir frayé l'unique route des sciences, et cependant on en reporte l'honneur à une autre époque. En méconnaissant les titres du Moyen âge, on attribue à François Bacon ce qui fut primitivement l'œuvre de Roger Bacon. Ce dernier proclama le précepte, son heureux successeur ne fit que l'étendre; mais on oublia l'homme dont la voix se perdait dans l'obscurité des cachots, pour ne louer que celui qui traçait ses écrits sur les degrés d'un trône. L'immense renommée du conseiller d'Élisabeth accapara l'œuvre de l'humble cordelier d'Oxford!

Pour s'autoriser à ravir à R. Bacon toute la gloire de l'impulsion imprimée aux sciences par son génie novateur, il ne faut pas prétendre qu'il n'émit ses idées que d'une manière timide et vague. Ce grand homme les exposa au contraire avec toute l'indépendance de son caractère; son ardeur à secouer le joug énervant de l'autorité l'entraîne même avec une telle violence, qu'il va jusqu'à s'écrier que si c'était en son pouvoir, il brûlerait les ouvrages des anciens, pour forcer ses contemporains à observer eux-mêmes. Est-il possible de poser plus nettement la question? D'après cela peut-on ne pas convenir, avec Cuvier, que

R. Bacon fut *le véritable fondateur de la physique expérimentale*[1] ?

A une époque où la scolastique régnait despotiquement dans les écoles, le grand effort de R. Bacon ne pouvait être compris, il avait trop devancé son siècle : aussi ce ne fut qu'après que le temps en eut démontré toute la sagesse qu'il finit par triompher. Mais quelles qu'aient été les heureuses mains auxquelles on dut de l'avoir remis en vigueur, pour nous, historien impartial d'une époque illustrée par R. Bacon, tous nos efforts doivent tendre à lui restituer l'honneur de l'innovation. Le chancelier de Jacques Ier a pour lui un assez brillant apanage de philosophie, n'arrachons pas au cordelier persécuté le moindre fleuron de sa couronne ; à lui seul appartient l'idée rénovatrice des sciences, laissons-la-lui vierge de tout larcin !

Quels qu'aient été les résultats remarquables introduits dans les sciences par les savants de la renaissance, on ne pourra jamais refuser au xiiie siècle d'avoir, par la voix de Roger Bacon et par celle d'Albert le Grand qui lui vint en aide, fait ressortir l'importance de l'expérimentation, et d'en avoir créé les lois en même temps que la pratique. L'époque de ces grands hommes ne tira pas de leurs œuvres tout le fruit que l'on pouvait en attendre, nous en convenons ; mais les préceptes n'en étaient pas moins posés avec intelligence par eux, et c'est à eux, et non à d'autres, qu'il en faut rapporter l'invention.

---

1. Cuvier. *Histoire des sciences naturelles.* Paris, 1841, t. I, p. 417. — D'Orbigny, *Dict. univ. d'hist. nat.*, émet la même opinion.

Les efforts tentés dans cette direction par l'activité d'Albert n'ont pas échappé à tout le monde. Dans son *Histoire de l'alchimie*, M. Bégin les rappelle en disant qu'il a été l'une des plus grandes personnifications de l'art expérimental au Moyen âge[1]; et M. Renouard, en soutenant la même thèse que nous, ne craint pas d'avancer que par la force de son génie, Albert devança la réforme scientifique qui s'accomplit trois cents ans plus tard, en tentant d'introduire la philosophie expérimentale[2].

Pour Bacon il sentait si profondément l'importance de l'art d'expérimenter, qu'il lui consacre tout un chapitre de l'*Opus majus* : c'est au moyen de cet art, dit-il en terminant cet important ouvrage, que les chimistes ont opéré leurs merveilleuses découvertes sur la métallurgie. Le physicien anglais est animé d'une si profonde et d'une si complète foi dans l'expérience qu'il ne doute pas qu'elle ne puisse conduire aux plus extraordinaires résultats[3]. Ces tendances du novateur du xiiie siècle sont appréciées par M. Dumas lui-même : « N'est-il pas curieux, dit-il, que dans un homme si disposé à accueillir les faits à la légère, on trouve cependant déjà ce qui dans tous les temps a caractérisé la marche de la chimie, *cette foi complète dans l'expérience qui, depuis R. Bacon jusqu'à nos jours, n'a jamais abandonné les vrais chimistes*[4]?

Mais R. Bacon ne se borna pas seulement à la stéri-

1. BÉGIN. *Histoire de l'alchimie au moyen âge*, p. 4.
2. RENOUARD. *Histoire de la médecine*. Paris, 1846, t. I, p. 436.
3. DUMAS. *Philosophie chimique*. Paris, 1836, p. 17.
4. Idem. *Ibid.*

lité des théories, on le vit y adjoindre aussi la pratique[1]. Il fit lui-même, comme nous l'avons vu, de
nombreuses expériences, et son siècle l'imita[2]. Il serait impossible de citer une époque à laquelle celles-
ci furent plus en honneur. Partout alors on s'en
occupe avec ardeur, parfois même avec un zèle qui
touche à la démence. On expérimente dans les châteaux
et dans les chaumières, dans les cryptes des cathédrales et dans les cellules des moines; partout les
fourneaux des alchimistes sont à l'œuvre avec une
persévérance qui s'est évanouie de notre époque avec
la perte des illusions. Les adeptes ne s'avancent qu'en
chancelant, et tombent de déceptions en déceptions
dans l'obscure voie qu'ils parcourent; ils ne possèdent ni nos préceptes sûrs, ni nos instruments de
précision; mais de moment en moment quelques
découvertes utiles, souvent inattendues, viennent
à surgir au milieu des opérations de l'alchimiste :
au lieu de l'or qu'il cherchait, il rencontre certaines substances que les arts utiliseront un jour avec
profit.

Bacon n'a pas seulement le mérite d'avoir frayé la
voie nouvelle à l'aide d'efforts inouïs, il a encore le
droit d'être placé à la tête des expérimentateurs. Il a
droit à la double couronne qui ceint le front du courtisan d'Élisabeth et de l'astronome de Pise. Si je revendique impérieusement pour R. Bacon, la gloire

1. Le D. Jebb dans sa préface indique même un traité de Bacon intitulé : *Ars experientiæ*.

2. D'Orbigny, *Dictionnaire universel d'histoire naturelle*, Paris, 1841,
t. I, p. 77, reconnaît aussi que l'œuvre de R. Bacon, contient des préceptes remarquables sur l'art expérimental.

d'avoir le premier indiqué la voie expérimentale, je sens qu'en le représentant comme ayant aussi le premier pratiqué ses préceptes, il y a entre lui et Galilée une incommensurable distance! mais qui oserait comparer les deux époques où vécurent ces grands hommes? ce serait comparer les ténèbres à la lumière. Loin de nous la prétention de placer R. Bacon au même rang que Galilée. Par le génie il pouvait s'y élever, mais son siècle faisait défaut. Quelle différence, en effet dans la situation qu'occupèrent ces deux hommes! L'auteur de l'*Opus majus* passe sa vie dans l'isolement et les cachots, et s'il construit quelques instruments imparfaits comme le sont toujours de premiers essais, il le doit à la munificence de ses élèves et de ses admirateurs. Quatre siècles plus tard le rédacteur du *Courrier des astres*[1] vit entouré des hommages des princes et des savants, et l'université de Pise lui confie les instruments les plus précis que l'on connût alors.

Bacon subsiste à une époque où, comme expérimentateur, il est presque isolé et ne marche escorté que d'une tourbe d'alchimistes. Galilée brille durant un siècle où les hommes les plus éminents travaillent autour de lui à enrichir les sciences physiques. Il s'inspire de leur souffle, il s'anime de la même vie. Il naît en quelque sorte sur les bords de la tombe de Copernic; il grandit avec les Kepler, les Harvey, et les Torricelli, et lorsqu'il s'envole vers les régions éternelles, le berceau de Newton s'environne d'une auréole lumineuse[2]!

1. *Nuncius sidereus*. Journal publié à Pise, par Galilée.
2. Bayle, Kunkel, Leeuwenhoeck, furent aussi contemporains de Galilée, mais ils étaient fort jeunes au moment où il vivait.

Nous terminons ici l'appréciation des travaux de Bacon, et de l'immense influence qu'ils ont eue sur les sciences naturelles. Nous n'avons que peu de chose à ajouter ici pour compléter le tableau de l'état de la physique au Moyen âge, car, après ce savant, celle-ci se trouve fort négligée, et l'alchimie presque seule jouit du prestige d'attirer tous les esprits.

Nous ne pouvons omettre de citer Albert de Saxe, que nous avons vu déjà figurer au nombre des disciples de son homonyme. Il dut le jour à de pauvres paysans qui habitaient Rickmersdorf; mais ses hautes facultés le conduisirent aux emplois les plus considérables. Après avoir fait ses études à Prague, il vint à Paris, où on lui conféra le titre de docteur, et où l'on assure qu'il professa la philosophie. Il fut pendant un certain temps recteur à Vienne, et ensuite le pape Urbain V lui accorda l'évêché d'Halberstadt, qu'il conserva jusque vers la fin du xive siècle, époque de sa mort [1].

Albert de Saxe doit être rangé au nombre des physiciens du xive siècle, car ce fut particulièrement par ses ouvrages sur la physique qu'il acquit sa grande renommée [2]. Ceux-ci cependant se bornent à des commentaires sur les œuvres d'Aristote concernant les sciences exactes; mais où il est loin de manifester cette supériorité qui règne dans les productions de l'homme près duquel il avait grandi.

---

1. Jourdan. *Biographie médicale.* Paris, 1820, t. I, p. 94. Nous avons suivi M. Jourdan, qui place ce savant au xive siècle; mais c'est sans doute par erreur, puisqu'on le dit élève d'Albert le Grand, qui vivait au xiiie.

2. Albertus de Saxonia. *Super octo libros physicorum.* Paris. 1516. — *Super Aristotelis de cœlo et mundo lib. VI.* Paris. 1516.

On doit aussi à Albert de Saxe un traité de botanique et de minéralogie que l'on a parfois attribué à Albert le Grand avec la plus extrême légèreté, mais dans lequel on ne peut reconnaître le cachet d'un tel maître[1].

Vers la fin du xiiie siècle on vit encore fleurir un physicien nommé Vitellion, originaire de la Pologne, qui a produit un traité d'optique en dix livres. L'auteur de cet écrit, qui ne manque pas de savoir, s'occupe surtout des lois et des effets de la réfraction de la lumière. Cet ouvrage, qui ne paraît être qu'une extension de celui d'Alhazen, a été publié à sa suite par quelques éditeurs[2].

Le xiiie siècle compte aussi parmi ses hommes remarquables Alfred le Philosophe, qui était Anglais. Après avoir accompli divers voyages sur le continent, il revint dans son pays et y mourut en 1268[3]. Ce savant doit sa réputation et son surnom à des commentaires qu'il écrivit sur la physique d'Aristote. On lui doit en outre un ouvrage sur les mouvements du cœur, qui n'a jamais été imprimé, et un traité sur la nature des choses[4].

Enfin, au nombre des conquêtes que fit la physique durant le xiiie siècle, il faut enregistrer les conceptions d'un religieux nommé Théodoric, qui appartenait à l'ordre des frères prêcheurs. Celui-ci émit

---

1. ALBERTUS DE SAXONIA. *De herbis, lapidibus et mineralibus, de virtutibus herbarum, lapidum et animalium.* Bologne, 1478, imprimé aussi sous le titre de *Liber agregationum, seu secretorum.* Naples, 1493.

2. VITELLIONIS *Perspectivæ libri decem.* Nuremberg. 1533.

3. JOURDAN. *Biographie médicale.* Paris, 1820, t. I, p. 145.

4. ALFRED. *De naturis rerum.* Ce traité, qui n'a jamais été imprimé, est attribué à tort à un religieux du même nom, qui vivait au xe siècle. —JOURDAN. *Ibidem.*

une théorie des arcs-en-ciel excessivement remarquable pour son époque [1], et qui en explique les phénomènes avec autant de perfection que le fit, trois cents ans plus tard, Antoine Dominis [2].

Nous voici arrivé au moment où il faut reprendre l'histoire de l'alchimie à cause de la forme nouvelle dont celle-ci va se revêtir dans l'Europe occidentale, vers le XIIIe siècle. Cette science qui n'est que la chimie du Moyen âge, vestige des traditions de l'art sacré et de l'école byzantine, devient alors essentiellement pratique et expérimentale ; et en subissant une succession de perfectionnements qui l'éloignent de plus en plus de son origine, elle se transforme enfin en cette chimie positive et réellement scientifique, l'une des plus belles conquêtes des temps modernes. Cette métamorphose fut, il est vrai, lente et laborieuse, mais nous n'avons pas le droit de nous en plaindre, car, pendant les différentes phases de son enfantement, de temps à autre quelques découvertes utiles signalaient sa marche et étendaient véritablement le domaine de nos connaissances.

L'exactitude de ces assertions va ressortir évidemment à mesure que nous allons tracer les biographies des alchimistes et l'histoire de leur science. Afin de mieux apprécier l'influence des premiers essais de ceux-ci, nous nous occuperons d'abord d'esquisser la vie et les découvertes de chacun d'eux en particulier,

---

1. D'ORBIGNY. *Dictionnaire universel d'histoire naturelle.* Paris, 1841, p. 79.

2. DOMINIS. *De radiis visûs et lucis in vitris perspectivis et iride.* Venise, 1611.

et ensuite nous exposerons quelle a été la direction
générale de leurs travaux.

Par son extraordinaire renommée, autant que par
l'époque à laquelle il remonte, Raymond Lulle doit
occuper la première place dans la série des alchimistes
du Moyen âge, dont il est le type le plus éminemment
accompli[1]. Devenu l'une des plus hautes célébrités
de l'art hermétique au XIIIe siècle, sa réputation fut
telle que plus de vingt écrivains ont successivement
tracé son histoire pour la livrer à l'impatiente curiosité du public[2].

R. Lulle naquit à Palma, capitale de l'île Majorque, en 1235[3]; comme sa famille, dont l'origine
était illustre, le destinait à la carrière des armes, on
ne lui donna aucune éducation littéraire, ainsi que
c'était la coutume parmi la noblesse espagnole de son
temps; et ce ne fut même que dans un âge assez
avancé, qu'il s'adonna aux sciences et à la philosophie.

Tout jeune encore, R. Lulle devint grand sénéchal
de Jacques Ier, roi d'Aragon, à la cour duquel il
vécut pendant un certain temps. Là on le maria de
bonne heure, et il devint père de plusieurs enfants.
Au lieu de goûter dans le sein de son ménage une vie

1. DUMAS. *Philosophie chimique.* Paris, 1836, p. 25.
2. GENCE. *Biographie universelle.* Paris, 1820, t. XXV, p. 420. — *Histoire de la philosophie hermétique.* Paris, 1851, t. I, p. 144.
3. Comp. MARIANA. *De rebus Hispaniæ lib. XV.* — BOUELLES. *Vie de
Lulle.* Amiens, 1511. — MELLINUS. *Concio de vita Lulli.* Maiorque, 1605.
— PERROQUET. *Vie et martyre du bienheureux Raymond Lulle.* Ven-
dôme, 1667. — DE VERNON. *Histoire de R. Lulle.* Paris, 1668. — DELÉCLUSE.
Notice biogr. — MIGNE. *Dict. des sciences occultes.* Paris, 1846, t. I, p. 1054.

tranquille, il continua les déréglements qui avaient signalé sa jeunesse, et dissipa dans les fêtes et les festins une grande partie de sa fortune. Puis tout à coup il se produisit dans les mœurs du courtisan un changement qu'on n'avait jamais espéré : il s'éloigna du monde, et s'éprit d'une extrême ferveur pour l'étude et la religion.

On explique de deux manières cette métamorphose inattendue. La plupart des panégyristes de R. Lulle racontent qu'il ressentit un amour sincère et profond pour une vertueuse dame, la señora Ambrosia de Castello, qu'il avait connue à la cour d'Espagne. L'ardente passion qu'il éprouvait pour elle, poussée jusqu'au délire, lui suggéra les inspirations les plus insensées, les plus extravagantes. A un instant où il savait que cette noble dame se recueillait en priant Dieu dans une église, il poussa la démence jusqu'à y entrer à cheval, afin d'attirer ses regards[1]. Mais la señora Ambrosia, dont il avait célébré les charmes dans ses vers, mue par une religieuse abnégation, et pour mettre un terme à ce fatal amour, révéla à Raymond qu'elle était affectée d'un squirre du sein [2]. La tradition raconte qu'aussitôt après cette triste révélation, R. Lulle, frémissant d'horreur, renonce au monde, se plonge dans un cloître, et là se livre avec une nouvelle passion à la théologie, à l'étude des langues et aux sciences physiques.

D'autres biographes ne parlent nullement de cette

1. DUMAS. *Philosophie chimique*. Paris, 1836, p. 26.
2. DUMAS. *Ibidem.*—HOEFER. *Histoire de la chimie*. Paris, 1842, t. II, p. 397.

aventure romanesque, et prétendent que le gentilhomme fut converti à la suite d'une vision extraordinaire qui le frappa durant le sommeil. Sous l'impression de celle-ci, il s'éloigna de sa femme et de
ses enfants, après avoir donné une partie de ses biens
aux pauvres. Puis ayant accompli un pélerinage à
Saint-Jacques de Compostelle, il se fixa enfin sur le
mont Randa. Là R. Lulle se revêtit du cilice d'un
pénitent, et s'abrita dans une modeste cabane, bâtie
de ses mains, au milieu de toutes ces demeures élé-
gantes, autrefois théâtre de ses plaisirs et de ses dis-
sipations. Ce fut à l'âge de trente ans qu'il se plongea
dans cette retraite[1]. Il y resta neuf ans, pendant lesquels il ne s'occupa que d'études et de pratiques de
piété; et pendant lesquels il mûrit amplement ses
projets d'évangélisation[2].

Après avoir travaillé tout ce temps à réparer les
lacunes de son éducation, et surtout à apprendre le
latin et l'arabe, Lulle quitta sa retraite et revint habiter Palma. Là, afin de perfectionner ses études
en arabe, il prit un domestique mahométan, qui
parlait cette langue. Mais Lulle faillit devenir victime de son zèle, car ce fanatique s'étant figuré qu'il
n'étudiait ainsi que pour prêcher contre le Koran,
essaya de l'assassiner. Il lui avait déjà donné un
coup de poignard, lorsque notre héros l'arrêta en
se saisissant de lui[3]. Rétabli de ses blessures, Lulle

1. RAYMOND LULLE indique lui-même ce chiffre dans ses *Contempla-
tions.*

2. L. MIGNE. *Encyclopédie théologique.* Paris, 1846, t. XLVIII, p. 1055.

3. GENCE, biographie de Raymond Lulle, *Biogr. univ.*, prétend que
dans cette circonstance l'alchimiste espagnol ne fut pas blessé.

retourna dans sa solitude, et fit bientôt fonder un cours d'arabe dans le couvent de Saint-François de Palma.

Ce fut après ces divers événements que le célèbre alchimiste se rendit à Paris, où il espérait trouver plus de sécurité. L'université de cette ville, qui était alors la plus célèbre de toutes celles de l'Europe, offrait un vif aliment à sa curiosité. Ce fut là qu'il entendit pour la première fois Arnaud de Villeneuve, l'un de ses brillants professeurs, et qu'il se lia avec lui d'une assez étroite amitié.

Mais bientôt, entraîné par un grand zèle de prosélytisme chrétien, Lulle se rendit près du Saint-siége pour engager le pape à établir des chaires de langues orientales dans divers monastères, afin de préparer les religieux à la propagation de la foi parmi les infidèles.

Le voyage de R. Lulle en Italie eut lieu en 1263, et devint l'un des événements les plus importants de sa vie scientifique. Ayant visité Naples dans le seul but d'y répandre ses doctrines, il eut le bonheur de rencontrer dans cette ville Arnaud de Villeneuve, qui la traversait en même temps que lui, et là il en reçut de nouvelles leçons de chimie, et resserra les liens de l'amitié qui l'unissaient déjà à lui. Là aussi se prononcèrent plus que jamais ses tendances pour les pratiques de la science d'Hermès. Ce fut après cette rencontre qu'il donna désormais le titre de maître et d'ami au célèbre adepte. Dans un curieux chapitre de ses œuvres, il avoue qu'il avait jusqu'alors témérairement cru qu'il pouvait pénétrer les secrets de l'alchimie par ses propres forces, mais qu'il avait fallu, pour les lui révéler, tous les trésors de l'esprit de son maître Arnaud de Villeneuve [1].

R. Lulle n'ayant point été écouté du saint-père, abandonna Rome pour revenir à Paris. Là il obtint du chancelier de l'université Berthaud, la faveur d'exposer publiquement ses doctrines, et il le fit pendant un certain temps.

Mais cette tendance à la vie aventureuse, qui formait le caractère essentiel de ce savant, ne lui permit pas de rester fort longtemps dans cette situation. Emporté par son ardeur religieuse, et cherchant partout avec un zèle sans égal à propager la foi, il partit de nouveau pour de longs voyages, et parcourut successivement l'Allemagne, l'Italie et l'Angleterre; puis ensuite l'Arménie et la Palestine, où aidé par les secours qu'il obtenait des princes, il ne s'occupa que de la conversion des infidèles, ce qui fut le rêve de la dernière moitié de sa vie.

Partout où Lulle trouvait l'occasion de développer ses principes, il la saisissait. Ceux-ci se réduisaient à trois, et semblaient être basés sur la raison. Ils consistaient : à introduire l'étude des langues orientales dans les couvents; à fondre tous les ordres militaires en un seul, pour agir avec plus d'unité contre les Sarrasins; enfin, à proscrire des universités les œuvres des Arabes, parce qu'elles éloignent les élèves

---

1. R. Lulle. *Codicillus seu cantilena.* — Manget. *Bibl. chim.*

des pensées chrétiennes, en leur substituant les doctrines de l'islamisme.

Un des événements les plus marquants de la vie
d'alchimiste de R. Lulle, est son voyage en Angleterre, quoique celui-ci se trouve encore enveloppé
d'une assez grande obscurité. Il paraît cependant
certain qu'il eut réellement lieu, car le savant espagnol en parle lui-même dans ses œuvres, à l'occasion de quelques coquilles qu'il observa dans ce
pays[1].

Plusieurs biographes racontent que tandis qu'il
se trouvait à Vienne, R. Lulle reçut des lettres de
Robert Bruce, roi d'Écosse, et d'Édouard II, roi
d'Angleterre, qui l'invitaient à se rendre près d'eux[2].
Quoique ce savant fût âgé alors de soixante-dix-sept
ans, il n'hésita pas à entreprendre ce voyage, pensant
qu'il s'agissait des intérêts du prosélytisme en Orient.
Mais Édouard ne l'avait appelé à Londres que dans
l'espoir d'accroître son numéraire. Il le reçut d'abord
avec beaucoup de courtoisie. Jean Cremer, abbé de
Westminster, qui s'occupait lui-même d'alchimie,
raconte ainsi sa réception : « J'introduisis, dit-il,
cet homme unique en présence du roi Édouard, qui
le reçut d'une manière aussi honorable que polie.
R. Lulle se montra extrêmement satisfait de ce que la
Providence l'avait rendu savant dans un art qui lui

---

1. « Vidimus ista omnia dum ad Angliam transiimus propter intercessionem domini regis Edoardi illustrissimi. » — R. Lulle. *Compendium transmutationis animæ.*

2. On ne sait pas exactement sous quel Édouard s'accomplit ce voyage ; mais, s'il eut lieu, il est raisonnable de penser que ce fut sous Édouard II.

permettait d'enrichir le roi. Il promit ensuite au prince de lui donner toutes les richesses qu'il désirerait, sous la condition seulement qu'Édouard irait en personne faire la guerre aux Turcs et que les trésors ne seraient employés que pour cette entreprise [1]. »

A la suite de son entrevue, Cremer fit installer l'alchimiste dans une cellule du cloître de Westminster. Mais quelque temps après, Édouard II lui donna un logement dans la Tour de Londres, où il s'occupa de ses travaux avec la plus grande ardeur.

Les adeptes se plaisent à raconter que durant son séjour dans cette forteresse, R. Lulle transmuta en or cinquante milliers pesant de mercure, d'étain et de plomb, et qu'on en battit monnaie [2]. L'antiquaire Camden va même jusqu'à prétendre que les pièces d'or frappées du temps d'Édouard, et qu'on appelle *nobles à la rose*, et même *nobles de Raymond*, sont le produit des opérations de cet alchimiste [3]. Au xvie et au xviie siècle, certains auteurs assuraient qu'il existait encore quelques-unes de ces pièces dans les collections des numismates [4].

Mais cette opération que l'adepte, dans ses œuvres, se vante lui-même d'avoir exécutée [5], si elle eut lieu, se borna à une simple altération de la monnaie du

---

1. J. CREMER. *Cremeri abbatis Westmonasteriensis testamentum*, ins. dans le *Museum hermeticum*. Francfort, 1677.

2. J. CREMER. *Ibidem.* — LENGLET DUFRESNOY. *Histoire de la philosophie hermétique.* Paris, 1742, t. I, p. 166.

3. CAMDEN. *Monuments ecclésiastiques.* — ROBERT CONSTANTIN. *In nomenclatore scriptorum medicorum*, 1545.

4. HOEFER. *Histoire de la chimie.* Paris, 1842, t. I, p. 398.

5. « Converti in una vice in aurum, ad L millia pondo argenti vivi, plumbi et stanni. » — R. LULLE. *Testamentum.*

temps, qu'il pratiqua sous les auspices d'un prince dépravé et coupable. Bégin n'en doute nullement [1].

Quoi qu'il en soit, R. Lulle en poursuivant ses travaux, s'aperçut enfin que son laboratoire de la Tour de Londres était devenu une véritable prison, et qu'il se trouvait victime de la cupidité du roi d'Angleterre. Alors, malgré son grand âge, il rassembla toutes ses forces et parvint à s'échapper par la Tamise, en se jetant dans une barque qui le transporta sur un bâtiment à l'aide duquel il gagna Messine [2].

Quelque temps après ces événements, on dit que Lulle, dégoûté de n'avoir pu exciter les princes chrétiens à entreprendre une nouvelle croisade, résolut de quitter de nouveau l'Europe pour aller prêcher l'Évangile au milieu des Sarrasins. Ses amis s'opposèrent en vain à cette résolution, redoutant pour un vieillard qui touchait alors à sa quatre-vingtième année, les fatigues et les dangers du voyage. Il partit malgré eux et devint bientôt victime de son zèle. Après avoir visité l'Égypte, et s'être rendu à Jérusalem, il arriva à Tunis pour y visiter quelques anciens disciples, dont il avait opéré la conversion. Bientôt après, le philosophe chrétien partit pour Bougie, où il reçut la couronne du martyre, qu'il avait tant ambitionnée. A son arrivée, R. Lulle ne se borna pas à opérer des conversions secrètes; s'étant mis à prêcher publiquement les doctrines chrétiennes, le peuple se

1. BEGIN. *Histoire de l'alchimie. Moyen âge.* Paris, 1852.
2. DELÉCLUSE. *Notice sur R. Lulle.* — L. MIGNE. *Encyclopédie théologique.* Paris, 1846, t. XLVIII, p. 1060.

précipita sur lui et le lapida. Ayant été abandonné comme mort sur le rivage, dans la nuit, un navire génois l'enleva, et l'équipage s'aperçut qu'il respirait encore; mais deux jours après il mourut en vue de sa patrie. Ce bâtiment déposa son corps dans l'île Majorque, et il y fut enterré en 1315[1], dans le monastère des religieux de Saint-François[2].

Ce grand homme fut par la suite honoré comme un saint[3]. Ovation bien légitime, si l'on en croit la légende, car son corps abandonné sur la grève, n'y attira l'attention des matelots qu'à cause de l'auréole lumineuse qui l'environnait[4].

Certains bibliographes prêtent à R. Lulle une fécondité qui étonne et dont on est surtout stupéfait lorsqu'on se rappelle sa vie agitée, ses longs voyages et combien d'années s'écoulèrent avant qu'il s'occupât de science et de philosophie. Quelques-uns de ses historiens ont porté à plusieurs mille le nombre de ses écrits[5]. Perroquet et Lenglet Dufresnoy ne lui en attribuent pas moins de cinq cents[6]. D'autres en comptent seulement trois cents; et Borel ne mentionne

1. *Histoire de la philosophie hermétique.* Paris, 1742, p. 180.

2. Le corps de R. Lulle avait d'abord été placé dans le tombeau de sa famille; mais, sur la réclamation des religieux de Saint-François, on le leur livra. Ceux-ci lui consacrèrent une chapelle dans leur église où l'on n'a cessé depuis lors de le révérer comme un saint. — GENCE. *Biogr. univ.*, t. XXV, p. 115.

3. BENOÎT GONON, moine célestin, a inséré sa biographie dans les *Vies des Pères d'Occident.* Lyon, 1625.

4. DUMAS. *Philosophie chimique.* Paris, 1806, p. 28.

5. MARIE DE VERNON, *Histoire de la sainteté et de la doctrine de R. Lulle,* Paris, 1668, évalue à environ trois mille les ouvrages de cet auteur.

6. GENCE. *Biographie universelle.* Paris, 1820, t. XXV, p. 417. —PERROQUET. *Vie et martyre du bienheureux Raymond Lulle.* — LENGLET DUFRESNOY. *Histoire de la philosophie hermétique.* Paris, 1742, t. I, p. 181.

de lui qu'environ soixante volumes [1]. Les œuvres de R. Lulle se trouvent dispersées dans les bibliothèques de Majorque, de Rome, de Barcelone et de Paris. Mais beaucoup des ouvrages qui portent son nom dans diverses collections ne lui appartiennent réellement pas et ne sont que des thèses de ses disciples, que des critiques ont inconsidérément cataloguées comme des productions du maître. D'autres ne sont que de simples chapitres des grandes conceptions de l'alchimiste philosophe, que l'on a considérés comme des traités complets.

Le nombre des écrits de R. Lulle et la variété des sujets qui s'y trouvent traités ont fait penser à quelques biographes que sous ce nom il avait existé deux personnes distinctes [2]. Un théologien, dont la vie accidentée et tout à fait dramatique a fait voler l'histoire de bouche en bouche; et un chimiste laborieux, mais d'une existence plus calme, qui ne s'est révélé que par ses importants travaux. M. Dumas ne partage nullement cette opinion [3]. En effet, il n'est pas extraordinaire de voir un individu cultiver avec une égale distinction des connaissances aussi diverses que la théologie et les sciences [4]. En analysant l'œuvre du théologien et celles de l'alchimiste on reconnaît partout le même homme, la même plume.

1. BOREL. *Bibliotheca chimica.* Paris. 1654.

2. GENCE, *Biographie universelle*, t. XXV, p. 419, semble embrasser cette opinion; et dans sa biographie de R. Lulle il ne fait nullement mention ni des épisodes de sa vie d'alchimiste ni de ses écrits sur l'art hermétique.

3. DUMAS. *Philosophie chimique.* Paris, 1836, p. 35.

4. Newton a embrassé la théologie et traduit l'*Apocalypse* : Priestley fut à la fois savant théologien et célèbre chimiste.

L'*Ars magna,* qui est la conception du fervent religieux et du martyr, et le *Testamentum*, qui recèle toutes les pensées de l'alchimiste, dérivent d'un seul cerveau : ce sont les mêmes pensées, le même style figuré et mystique[1].

Il ne semble en effet y avoir eu qu'un seul **R.** Lulle dont l'existence laborieuse a, en quelque sorte, multiplié le nom. Esprit aventureux et chevaleresque, on ne peut suivre ses nombreuses pérégrinations. Intelligent, ardent et curieux, il embrasse toutes les connaissances humaines. Un épisode de sa vie suffit pour le dépeindre. Il assistait, incognito et sous son habit d'ermite, aux conférences de Jean Scot · ayant indiqué par un geste qu'il ne comprenait point une démonstration du docteur subtil, celui-ci l'interpella comme un écolier en lui disant : *Dominus, quæ pars est scientiæ?* A quoi l'audacieux Lulle répondit immédiatement : *Non est pars, sed totum*[2].

Selon Hoefer la haute réputation de **R.** Lulle est loin d'être justifiée par les ouvrages qu'il a laissés. Beaucoup de ceux qui portent son nom sont même d'une authenticité suspecte, et parmi les œuvres provenant réellement de lui, on ne rencontre que peu de choses nouvelles. Tous les écrits de cet alchimiste offrent un style assez incorrect et sont parsemés de tant d'obscurités qu'ils en deviennent souvent inintelligibles[3].

---

1. Dumas. *Philosophie chimique.* Paris, 1836, p. 36.
2. Trait rapporté par Wadding et par Gence. *Biogr. univ.*, t. XXV, p. 413.
3. Hoefer. *Histoire de la chimie.* Paris, 1842, t. I, p. 401.

Les principaux ouvrages attribués à R. Lulle ont été réunis en un seul corps[1]; quelques-uns aussi se trouvent publiés séparément. Parmi ces derniers nous mentionnerons plus particulièrement celui qui porte le nom de *Potestas divitiarum,* parce que l'on y remarque la description et la figure d'un petit instrument chimique que l'auteur appelle *retentorium.* Celui-ci est propre à recevoir les moindres produits de la distillation, et ressemble absolument aux boules de verre inventées à cet effet par M. Liebig[2]. Nous citerons encore le *Testamentum* qui n'est qu'un véritable recueil d'alchimie surchargé de figures cabalistiques et de définitions incompréhensibles[3].

L'*Arbre des sciences* est encore une curieuse production de notre auteur, qui le composa pour faciliter le développement de ses doctrines. Dans cet ouvrage il représente les principes et les facultés comme les racines et le tronc du végétal; les fonctions et les actes se trouvent figurés par ses branches, les rameaux et les feuilles; enfin les effets et les résultats par les fleurs et les fruits dont l'arbre se couvre dans le cours de sa vie[4].

Les autres ouvrages de R. Lulle méritent à peine d'être cités[5]. On doit cependant en excepter deux, ce

---

1. Raymundi Lulli *Opera omnia.* Moguntiæ, 1722, 10 vol. in-f°.
2. R. Lulle. *Potestas divitiarum.*
3. R. Lulle. *Testamentum, duobus libris universam artem chimicam complectens.* Colon., 1568. — Manget. *Bibl. chim.,* t. I. *Theatr. chim.* t. IV.
4. Lulle. *Arbor scientiæ.* Barcelone, 1482.
5. R. Lulle. *Lux mercuriorum.* —Manget. *Bibl. chim.*—*Experimenta.* —Manget. *Ibidem,* t. I.—*Clavicula, quæ et apertorum dicitur.* — Manget.

sont l'*Ars magna* [1] et l'*Ars brevis* [2], qu'on peut ranger parmi ceux dont l'authenticité est la moins douteuse, mais qui sont étrangers à l'histoire des sciences et surtout consacrés à la méthode d'enseignement de leur auteur.

Quelques hommes éminents avaient précédé R. Lulle dans la carrière où il s'est acquis une si haute renommée; d'autres ont été ses contemporains. Au nombre des premiers, on compte le célèbre Alain de l'Isle [3], surnommé le *docteur universel*, que les adeptes disent s'être occupé de la recherche du grand œuvre lors de son séjour au monastère de Citeaux [4]. Et comme il mourut à un âge fort avancé, ayant plus de cent ans, quelques chroniqueurs ont attribué sa longévité à ses connaissances dans les sciences occultes, à une époque où les recherches alchimiques se liaient étroitement avec les idées de panacée universelle. Ce savant, qui a été une des lumières de la philosophie au xiie siècle, a laissé un *Traité de la pierre philosophale* [5].

Au xiiie siècle, l'adepte espagnol se trouve environné d'un cortége imposant. Les historiens de la

---

Ibidem, t. I. — *Lapidarium seu generatio lapidum. Artis auriferæ*, t. III. — *Compendium artis alchimiæ et naturalis philosophiæ. Artis auriferæ quam chemiam vocant*, etc., t. VIII.

1. R. LULLE. *Ars generalis sive magna*. Valence, 1515.

2. R. LULLE. *Ars brevis*. Valence, 1515. Paris, 1578.

3. Tel est le vrai nom de ce philosophe que ses contemporains appelaient *Alanus de Insulis*, parce qu'il était né à Isle dans le département de Vaucluse ou de la Gironde. — BARBIER. *Dict. hist.*

4. LENGLET DUFRESNOY. *Histoire de la philosophie hermétique*. Paris, 1742, t. I, p. 136.

5. ALAIN DE L'ISLE. *De lapide philosophico*. Leyde, 1600. Ce traité est aussi inséré dans le *Théâtre chimique*, t. III.

science rangent au nombre des chimistes d'alors[1], Vincent de Beauvais[2], Arnaud de Villeneuve[3], Albert le Grand[4], Roger Bacon[5], et même saint Thomas d'Aquin[6], à cause de quelques productions qui leur sont attribuées. Déjà nous avons apprécié les travaux des trois derniers et constaté leur importance ou leur authenticité. Ceux des deux autres le seront plus loin, parce qu'ils appartiennent plus essentiellement à d'autres branches des connaissances humaines.

C'est aussi le lieu de citer Daustin, Anglais d'origine, dont les écrits se font remarquer par leur mysticisme[7]; et Jean Cremer, dont nous avons déjà parlé, qui passa trente ans de sa vie à la recherche de la pierre philosophale dans son cloître de Westminster[8].

Mais lorsque R. Lulle fut descendu dans la tombe, il se manifesta une assez longue lacune dans le progrès de la chimie : après lui, dit M. Dumas, on ne rencontre plus de chimistes proprement dits, mais seulement des alchimistes de mauvaise nature, véritables chercheurs de pierre philosophale, dont les écrits sont absolument inintelligibles[9].

Au nombre des successeurs de cet homme célèbre,

1. Hoefer. *Histoire de la chimie.* Paris, 1842, t. I, p. 368.
2. Celui-ci n'a réellement rien publié sur la chimie : il mérite plutôt d'être placé parmi les naturalistes.
3. Arnaud de Villeneuve. *Rosarius philosophorum. Artis auriferæ quam chemiam vocant*, etc. — *Novum lumen.* Manget, *Bibliot. chim.*, t. I, etc.
4. Albert le Grand. *De alchimia. Theatr. chim.*, t. II. *De philosophorum lapide.* — Traités apocryphes, comme nous l'avons vu.
5. R. Bacon. *Speculum alchimiæ.* — *Speculum secretorum*, etc.
6. Saint Thomas d'Aquin. *De esse et essentia mineralium.* Venet., 1488.
7. Daustin. *Rosarius, sive secretum secretorum.*
8. Cremer. *Cremeri abbatis Westmonasteriensis testament. In museum hermeticum.* Francfort, 1677.
9. Dumas. *Philosophie chimique.* Paris, 1836, p. 36.

on compte Duns Scot, surnommé le *docteur subtil*, mort dans les premières années du XIVe siècle et auquel on attribue, mais probablement fort à tort, quelques traités d'alchimie[1]; Guidon de Montanor, qui était Français, et auteur de divers écrits ridicules sur la pierre philosophale et la panacée universelle[2]; Jean de Meun, le poëte favori de la cour de Philippe le Bel, auteur du roman de la Rose, dont les dernières éditions contiennent quelques notions d'alchimie rédigées en vers, et dans lesquelles on remarque déjà de bons principes sur la marche de la science[3].

Dans la première moitié du XIVe siècle, nous devons encore citer Pierre de Tolède, Richard l'Anglais et Pierre le Bon de Lombardie. Les noms des deux premiers méritent à peine d'être inscrits dans les archives de la science, mais Pierre le Bon, qui nous enseigne lui-même qu'il était physicien à Ferrare, a produit un livre intitulé *La perle précieuse, servant d'introduction à la chimie* dans lequel on trouve quelques faits intéressants et entre autres, pour la première fois, la composition du vernis à poterie[4].

Parmi les savants qui eurent quelque retentissement vers le milieu du XIVe siècle, on voit apparaître Jean de Roquetaillade, religieux de l'ordre de Saint-Fran-

---

1. DUNS SCOT. *Tractatus ad album et rubrum. — De veritate et virtute lapidis.*

2. GUIDON DE MONTANOR. *Scala philosophorum.* Manget, *Bibl. chim.,* t. II.

3. JEAN DE MEUN. *Le Roman de la Rose,* par Guillaume de Lorris et Jehan de Meung.

4. PIERRE LE BON DE LOMBARDIE. *Margarita pretiosa novella correctissima, exhibens introductionem in artem chemiæ integram.* Manget, *Bibl. chim.,* t. II.

çois. Dans l'un de ses écrits , on trouve la figure d'une sorte de fourneau à réverbère avec lequel cet alchimiste , plus connu sous le nom de Rupescissa, opérait la coction de l'œuf philosophique , d'où devait sortir la merveilleuse quintessence jouissant de la propriété de changer le mercure en or ou en argent[1]. Ce moine , qui naquit à Aurillac en Auvergne , fut emprisonné en 1357 par l'ordre du pape , parce qu'il se mêlait aussi d'astrologie judiciaire , et répandait de fâcheuses prophéties sur les princes de son temps.

C'était à la même époque qu'existait Ortholain, qui, après avoir étudié dans les écoles d'Espagne, vint enfin se fixer à Paris sous le règne du roi Jean. On lui doit des commentaires sur la fameuse table d'émeraude; puis un traité sur l'art hermétique, dans lequel, si l'on ne trouve pas le secret tant convoité de la pierre philosophale, on est heureux de rencontrer, par compensation, un procédé exact pour la confection de l'acide nitrique[2].

Pendant que cet alchimiste habitait Paris, on y comptait encore le moine Odomar, qui se livra à la même science sous le règne de Philippe de Valois. Il a écrit un livre dans lequel, si ce n'est certains procédés pour préserver les expérimentateurs de l'action des vapeurs délétères, on ne rencontre rien de susceptible d'être noté[3].

---

1. Rupescissa. *Liber lucis* et *Liber de consideratione quintæ essentiæ. Bibl. chim. de Manget*, t. II, iv, 422.

2. Ortholain. *Practica vera alchimica per magistrum Ortholanum*, etc. *Theatr. chim.*, t. IV.

3. Odomar. *Practica ad discipulum. Theatr. chim.*, t. III. Il conseillait

Le xve siècle a été d'une moindre fécondité en
alchimistes que ceux qui l'ont précédé. On y voit
apparaître Eck de Sulzbach, qu'on doit distinguer de
cette tourbe d'illuminés qui s'agitaient de son temps
en Allemagne. Il est l'auteur de quelques découvertes
importantes. C'est dans son livre intitulé : *Clef des
philosophes*, que l'on trouve la première mention de
l'arbre de Diane, dans lequel il aperçoit des choses
merveilleuses, une végétation délectable, des monti-
cules et des arbustes[1]. Eck de Sulzbach est aussi,
selon Hoefer, le premier chimiste qui ait démontré
que les métaux augmentaient de poids par la calcination[2].

Cette avide cupidité qui dirigea tant d'alchimistes,
sortis des rangs inférieurs de la société, se propagea
avec non moins de virulence dans les classes élevées;
aussi au quinzième siècle, plusieurs patriciens s'a-
donnèrent-ils à la recherche du grand œuvre. Dans le
nombre de ceux-ci, le comte Bernard de Trévise,
originaire de Padoue, doit être l'objet d'une attention
particulière, à cause de sa célébrité parmi les adeptes
de l'alchimie.

Né en 1406, il mourut à quatre-vingt-quatre ans,
quoique les initiés prétendent qu'il prolongea son
existence jusqu'à l'âge de quatre cents ans. Sa vie fut
traversée par une foule de tribulations. Il s'éprit d'a-
bord d'une grande admiration pour les ouvrages des

---

aux alchimistes de se boucher les narines avec du coton trempé dans
de l'huile de violettes.

1. ECK DE SULZBACH. *Clavis philosophorum. Theatr. chim.*, t. IV.
2. HOEFER, *Histoire de la Chimie.* Paris, 1842, t. I, p. 446.

alchimistes arabes, et sacrifia plusieurs années à la lecture de chacun d'eux, en exécutant en vain une foule d'expériences, qui ruinaient sa bourse et sa santé. Il raconte lui-même qu'après y avoir consacré ainsi douze ou quinze ans de son existence, il passa une vingtaine d'années à calciner des coquilles d'œufs, ou à dissoudre de l'argent dans de l'acide acétique, et que, parvenu à cinquante-huit ans, ces travaux l'avaient tellement épuisé et tellement défiguré, que tout le monde craignait qu'il ne fût empoisonné.

Consumé par le chagrin, il espéra alors trouver quelque consolation dans les voyages. On le vit successivement parcourir toutes les contrées de l'Europe. Ensuite, il visita tour à tour l'Égypte, la Syrie et la Perse, recherchant partout des alchimistes, et faisant avec eux de nouvelles expériences. Mais au lieu de rencontrer enfin cet art de la transmutation, objet de tous ses désirs, il ne fit que dissiper le reste de sa fortune, et, à son retour, il fut obligé d'aliéner le peu de biens qui lui restait encore[1].

Au terme de son voyage, le comte de Trévise ne trouva que la misère et l'abandon de sa famille. Parvenu alors à l'âge de soixante ans, il se retira dans l'île de Rhodes, pour s'y consacrer à la solitude; mais sans être corrigé, car après quelques années de séjour dans ce lieu, il changea de direction, et s'adonna à l'observation de la nature et à la lecture des anciens. Ce moyen, disent les adeptes, fut enfin couronné de succès. Alors

1. LENGLET DUFRESNOY. *Histoire de la philosophie hermétique*. **Paris,** 1742, t. I, p. 240.

seulement, il découvrit la pierre philosophale, qu'il cherchait si laborieusement depuis tant d'années dans les œuvres des premiers sectateurs de l'art sacré.

Bernard de Trévise a écrit un assez grand nombre d'ouvrages sur ce sujet. Le principal est l'*Opuscule très-excellent de la vraie philosophie naturelle*, où il raconte ses aventures[1]. Les autres, quoique très-recherchés des adeptes, sont moins importants.

Quelques historiens des sciences comptent encore Trithème parmi les alchimistes du XVe siècle. C'était un religieux bénédictin, né aux environs de Trèves en 1462, et mort en 1516[2]. Cet homme, fort érudit, devint abbé de Saint-Jacques de Wurtzbourg, et, malgré les nombreuses occupations du temporel de son monastère, n'en donna pas moins naissance à de volumineux écrits[3].

Trithème vécut longtemps à la cour de Maximilien. Là il se plut, ainsi que le faisaient les adeptes de son temps, à se faire passer pour magicien. On dit même que comme une preuve de sa puissance, il évoqua l'ombre de l'impératrice Marie de Bourgogne devant l'empereur, encore inconsolable de sa perte, et que celui-ci la reconnut parfaitement. Les ouvrages de ce savant bénédictin sur l'alchimie sont peu nombreux,

---

1. BERNARD DE TRÉVISE. *Opuscule très-excellent de la vraye philosophie naturelle des métaulx.* Anvers, 1567. — *Traité de la nature de l'œuf des philosophes.* Paris, 1659. — *De chimico miraculo quod lapidem philosophorum appellant. Theatr. chim.,* t. I.

2. *Dictionnaire historique et critique.* Paris, 1823, t. XXVI, p. 182.

3. Il est auteur d'un *Catalogue des écrivains ecclésiastiques;* d'une *Histoire des hommes illustres d'Allemagne;* des *Annales hirsaugienses;* d'une *Histoire de l'ordre de Saint-Benoît,* etc.

fort obscurs, et même d'une authenticité douteuse[1].

Au premier rang de cette série de chimistes, qui se succédèrent à la fin du Moyen âge, on doit incontestablement placer Basile Valentin, la plus grande gloire scientifique du xve siècle[2]. Presque tous les biographes prétendent que celui-ci était un moine bénédictin, qui vécut dans l'un des couvents d'Erfurth, en Prusse[3], et que sa naissance remonte aux dernières années du xive siècle[4].

Cependant de plus scrupuleuses recherches semblent indiquer que le nom de B. Valentin, si célèbre dans les fastes de l'alchimie, n'est peut-être qu'un pseudonyme sous lequel se cacha quelque ardent adepte du grand œuvre. Le docte Vincent Placcius prétend même que celui-ci s'appelait en réalité Tholden[5]. Boerhaave pousse plus loin encore son investigation, en assurant que ce nom rappelle allégoriquement la puissance de l'art hermétique[6]!

Tout ce qui concerne Basile Valentin est enveloppé du plus profond mystère. Toutefois on doit nécessairement reconnaître qu'il a réellement existé un alchimiste qui a donné lieu aux importantes pro-

1. Trithème. *La Curiosité royale — Le Lis des Roses.*

2. Comp. Jourdan. *Biographie médicale.* Paris, 1820, t. II, p. 15. — Hoefer. *Histoire de la chimie.* Paris, 1842, t. I, p. 453.

3. Maurice Gudenus. *Historia Erfordiensi.* Erfurti, 1675.

4. Barbier dit qu'il est né en 1394. *Dictionnaire historique*, p. 193.

5. Placcius. *Theatrum anonymorum et pseudonymorum.* Hamburgi, 1708.

6. Des critiques prétendent que ce nom formé de deux mots, l'un grec, l'autre latin, signifiant *Roi puissant* est un simple voile sous lequel l'adepte s'est caché.

ductions publiées sous ce nom. Tout ce que l'on sait de positif à cet égard, c'est lui qui nous le révèle dans l'un de ses ouvrages : c'est qu'il naquit en Alsace, sur les bords du Rhin, et que sa jeunesse fut employée à divers longs voyages en Angleterre, en Hollande, et en Espagne où il fit un pèlerinage à Saint-Jacques de Compostelle ; mais on ignore l'époque exacte de sa vie, et le lieu où celle-ci s'écoula.

Si, d'après l'opinion la plus générale, Basile Valentin fut réellement l'un des moines du couvent des bénédictins de Saint-Pierre, à Erfurth[1], il faut avouer que les diverses recherches tentées pour retrouver sa trace dans les monastères de la contrée ont été vaines jusqu'à ce jour. L'empereur Maximilien, qui voulut lui-même éclaircir la vérité, ne put y parvenir[2].

Plusieurs personnes, après de laborieuses investigations, et M. Hoefer lui-même, ont prétendu qu'il n'y avait jamais eu dans le couvent de Saint-Pierre aucun religieux appelé Basile Valentin, et que ce nom manquait absolument soit sur les listes provinciales des bénédictins d'Erfurth, soit sur les listes générales des religieux de cet ordre, qui sont déposées dans les archives de la cour de Rome[3].

Ces assertions qu'on a souvent répétées paraissent

1 Gudenus. *Historia Erfordiensi.* Erfurti, 1675. — Lenglet Dufresnoy. *Histoire de la philosophie hermétique.* Paris, 1742.

2. Jourdan. *Biographie médicale.* Paris, 1820, t. II, p. 16.

3. Motschmann. *Erfordia litterata*, p. 390. — Placcius. *Theatrum anonymorum et pseudonymorum.* Hamburgi, 1708. — Hoefer. *Histoire de la chimie.* Paris, 1842, t. I, p. 454. — Cadet Gassicourt. *Biographie universelle.* Art. *Basile.*

sans fondement, car il n'existe pas de matricule générale des bénédictins près du saint-siége[1]; et d'un
autre côté, le prieur du couvent de Saint-Pierre, tout
en avouant lui-même que ce nom ne se trouve ni sur
les manuscrits du monastère, ni sur les registres de
mortalité, n'en est pas moins convaincu que le célèbre
alchimiste a existé dans son couvent, mais que seulement il a pris le soin de dérober son nom à la postérité, pour éviter qu'il ne fût annexé aux progrès d'un
art que les canons de l'Église réprouvaient[2]. Un écrivain qui paraît bien informé, ajoute même que le
portrait de Valentin exista jusqu'en 1690 dans la salle
des cours de philosophie; et que de son temps on
montrait encore aux curieux, et le laboratoire de l'a-
depte, et les vitraux de l'église du couvent, sur lesquels il existait des figures emblématiques dont l'alchimiste s'était servi pour représenter toutes les
phases de l'opération du grand œuvre.

Plusieurs savants pensent aussi que l'auteur pseudonyme des œuvres de B. Valentin appartient même
à une époque beaucoup plus récente qu'on ne le dit,
puisqu'il est question dans celles-ci de l'alliage des
caractères d'imprimerie, et de l'emploi des sels mercuriels en médecine[3]. A ces assertions, on peut ajouter qu'aucun des écrits du prétendu moine allemand
n'a été imprimé avant le XVIIe siècle[4].

Tout ce qui concerne Basile Valentin s'enveloppe

1. Jourdan. *Biographie médicale*. Art. *Basile Valentin.*
2. *Ne in arte hac, monachis minus competenti et nunc sacris canonibus
prohibita, sectatores nanciscaretur.*
3. Hoefer. *Histoire de la chimie.* Paris, 1840, t. I, p. 454.
4. Hoefer. *Ibidem,* 454.

de mystère, et la découverte de ses œuvres elle-même
a été attribuée par les adeptes à une espèce de miracle, qui semble, au fond, n'être qu'une réminiscence des traditions de l'art sacré. Ils racontent
que la foudre ayant brisé l'une des colonnes de l'église
d'Erfurth, on trouva au milieu de ses débris une
boîte remplie d'une poudre jaune, semblable à de
l'or, et contenant des manuscrits, qui n'étaient que
les ouvrages du célèbre alchimiste bénédictin [1].

Au milieu de cette étrange histoire, où les incertitudes le disputent aux fables ; ce qui, seulement,
nous présente de l'intérêt, c'est que le savant qui s'est
voilé sous le pseudonyme de Basile Valentin, a produit d'importants et nombreux travaux : voilà l'essentiel. Ceux-ci ont un cachet particulier ; il y règne
un extraordinaire mélange de mysticisme et de cabale.
L'auteur semble, en quelque sorte, être le précurseur de Paracelse, car son œuvre contient les premières
applications importantes que l'on ait faites de la chimie à l'art de guérir. Le style lui-même, par son
âpreté et sa rudesse, tient parfois de celui de l'effronté
novateur qui ne trouvait ni Galien ni Hippocrate
dignes de dénouer ses chaussures !

Les travaux de Basile Valentin ont un cachet pratique, qui ne s'était alors jamais observé dans ceux
de ses devanciers. Après avoir tracé la préparation
des substances, presque toujours il en indique l'usage
médical ; aussi passe-t-il, près des hommes les plus
compétents, comme le fondateur de la chimie-phar-

---

1. Lenglet Dufresnoy. *Histoire de la philosophie hermétique.* Paris.
1742, t. I, p. 230.

maceutique[1]. Certains savants prétendent même que Lemery et Van Helmont n'ont pas été sans lui faire quelques emprunts[2].

Parmi les ouvrages de Basile Valentin, le *Currus triomphalis antimonii* est un de ceux qui ont eu le plus de retentissement[3]. Il est consacré à l'histoire de l'antimoine, et l'auteur y parle de son sujet avec un enthousiasme sans bornes. Pour lui, ce minéral à peine indiqué par ses devanciers est l'une des merveilles du monde. Il proclame que son administration déverse sur notre espèce la richesse et la santé, et que rien n'est plus propre à purifier le corps humain[4]. Ce traité renferme aussi des indices sur la préparation de l'émétique, qu'on prête à tort à d'autres savants; et il se termine par une violente diatribe contre tous les médecins et les apothicaires du temps, qui ne reconnaissent pas les extraordinaires vertus du médicament de prédilection de l'alchimiste d'Erfuth.

Celle-ci, qui est une véhémente apostrophe s'il en fut, semble sortir des lèvres brûlantes de Paracelse lui-même : « Ah ! vous autres, pauvres et misérables gens, dit-il, médecins sans expérience, et prétendus docteurs qui écrivez de longues ordonnances sur de

---

1. Cadet Gassicourt. *Biographie universelle*. Paris, t. III, p. 463.
2. Cadet Gassicourt. *Ibidem*.
3. B. Valentin. *Currus triumphalis antimonii*. Amstelod. 1671.
4. Cependant d'après des biographes ses premiers essais furent fort malheureux. Le résidu de ses opérations ayant été jeté hors de son laboratoire, on prétend qu'il observa que son usage engraissait des animaux qui s'en repaissaient. Il voulut profiter de cette propriété pour redonner de l'embonpoint à quelques religieux exténués par les mortifications; mais ils moururent. De là, dit-on, provient le nom d'*antimoine* donné au métal. — Cadet Gassicourt. *Biogr. univ.*, t. III, p. 483.

grands morceaux de papier; vous, messieurs les apothicaires, qui faites bouillir des marmites aussi vastes que celles qu'on met au feu chez les grands seigneurs pour préparer à manger à plusieurs centaines de personnes; vous tous, qui avez été pendant si longtemps aveugles, laissez-vous donc frotter les yeux et rafraîchir la vue, afin que vous guérissiez de votre aveuglement, et que vous puissiez enfin apercevoir les objets dans un miroir fidèle. »

Le *Char triomphal de l'antimoine* n'est pas seulement consacré à la louange de cette substance, on y rencontre aussi quelques faits dignes d'être inscrits dans le domaine de la science. Parmi ceux-ci, on doit remarquer certaines observations physiologiques exactes sur la respiration des animaux. Basile Valentin proclame avec raison que l'air atmosphérique est nécessaire à tous, même aux poissons; et que si ceux-ci périssent lorsque les étangs ont leur superficie totalement couverte de glace, c'est qu'ils manquent de l'air indispensable pour l'entretien de la vie [1].

Dans un autre traité de Basile Valentin, intitulé : *Haliographie*, on trouve des indices intéressants sur un assez grand nombre de sujets. On y rencontre la préparation de l'or fulminant, dont l'auteur signale déjà les dangers : « Gardez-vous bien, dit-il, de faire dessécher cette substance au feu ou seulement à la chaleur du soleil, car elle disparaîtrait aussitôt avec une violente détonation [2]. »

1. B. VALENTIN. *Currus triumphalis antimonii*. Amstelodami, 1671, p. 148.

2. B. VALENTIN. *Haliographia, seu de præparatione, usu ac virtutibus omnium salium mineralium, animalium ac vegetabilium*. Bologne, 1644.

On doit aussi à Basile Valentin beaucoup d'autres ouvrages qui ont tous été fort recherchés par les derniers alchimistes; quelques-uns existent encore à l'état de manuscrits dans les bibliothèques des crédules partisans de la science hermétique, qui les conservent comme de précieux trésors ou d'inestimables reliques. Les œuvres du bénédictin d'Erfurth ont été éditées par un Allemand, sous le titre pompeux de *Basile Valentin* ou *l'Astre resplendissant des alchymistes ressuscité*[1]. Les principaux ouvrages de ce savant, publiés séparément ou qui se trouvent compris dans la bibliothèque de Manget et le théâtre chimique, sont les suivants : *les OEuvres chimiques*[2]; *la Philosophie occulte*[3]; *les Douze clefs de la Philosophie*[4]; *le Dernier Testament*[5]; *l'Apocalypse chimique*[6] : on peut encore citer le *Traité chimico-philosophique des choses naturelles et surnaturelles des minéraux*[7]; *le Microcosme du grand mystère du monde et de la médecine de l'homme*[8]; et *l'Azoth*[9].

En résumé, l'exploration des ouvrages publiés sous le pseudonyme de Basile Valentin, nous démontre que leur auteur fut réellement un chimiste supérieur

---

1. G. De Knoer. *Basilius Valentinus redivivus, sive astrum rutilans alchymicum*. Leipsick, 1716.

2. B. Valentin. *Scripta chymica*. Hambourg, 1700.

3. B. Valentin. *Philosophia occulta*. Leipsick, 1608.

4. B. Valentin. *Claves duodecim philosophiæ*. *Bibl. des philos. chim.*

5. B. Valentin. *Letztes testamen*. Iena, 1626.

6. B. Valentin. *Apocalypsis chimica*. Erfurth, 1624.

7. B. Valentin. *Tractatus chymico-philosophicus de rebus naturalibus et præternaturalibus metallorum et mineralium*. Francfort, 1676.

8. B. Valentin. *De microcosmo deque magno mundi mysterio et medicina hominis*. Marpurg., 1609.

9. B. Valentin. *Azoth philosophorum, seu Aureliæ occultæ de materia lapidis philosophorum*. Francfort, 1613.

et qu'on lui doit un assez bon nombre de découvertes
que se sont parfois attribuées les divers savants qui
l'ont suivi[1].

Ainsi, par exemple, outre les longues notions
qu'il nous a laissées sur l'antimoine, on trouve encore dans ses écrits la description du bismuth, de
l'arsenic, du zinc, du sublimé corrosif, et de
quelques autres sels mercuriels. Selon M. Hoefer, il
est aussi le premier qui ait signalé les dangers auxquels
s'exposent les ouvriers qui s'occupent de la préparation de l'acide arsénieux[2].

Maintenant, parlons d'un homme non moins renommé que le précédent dans les annales de l'alchimie du xive siècle, de Nicolas Flamel, écrivain
public, natif de Pontoise, qui résidait avec sa femme,
nommée Pernelle, dans une échoppe de Paris, située
près l'église de Saint-Jacques la Boucherie.

L'histoire, ou plutôt la légende de N. Flamel qui
joue un si grand rôle dans la philosophie hermétique,
dérive de deux sources : des traditions orales et des
traditions écrites[3].

La tradition orale rapporte qu'au temps de Charles VI, un certain N. Flamel, obscur écrivain public,
devint possesseur d'un livre mystérieux dans lequel il
découvrit le secret de faire de l'or, et qu'à l'aide de ce-

1. CADET GASSICOURT. *Biographie universelle.* Paris, 1811, t. III, p. 483.
— HOEFER. *Histoire de la chimie.* Paris, 1842, t. I, p. 455.

2. HOEFER. *Ibidem,* t. I, p. 466.

3. Comp. Les curieuses recherches de M. Auguste Vallet de l'École
des Chartes; elles résument tout ce que l'on a écrit sur Flamel. — Comp.
aussi L. MIGNE. *Dictionnaire des sciences occultes.* Paris, 1846, t. I,
p. 640. — L. VILAIN. *Essai d'une histoire de la paroisse Saint-Jacques
la Boucherie.* Paris, 1758.

lui-ci il acquit bientôt une fortune d'un million cinq cent mille écus, à l'aide de laquelle il érigea quatorze hôpitaux, fonda les deux charniers des Innocents, le portail de Saint-Jacques la Boucherie, celui de Sainte-Geneviève des Ardents et fit d'immenses aumônes aux pauvres et à divers lieux saints [1].

On racontait aussi que l'alchimiste de Paris avait produit différents ouvrages dans lesquels il s'était complu à déposer les secrets d'un art dont il devint l'adepte si fortuné. On citait particulièrement les suivants : *le Sommaire philosophique*, *le Désir desiré ou le livre des six paroles*, et *la Vraie pratique de l'alchimie* ou *les Lavures de Flamel*.

Enfin les légendaires prétendaient encore qu'après s'être enrichi par le grand œuvre, Flamel découvrit un élixir propre à prolonger indéfiniment la vie; et qu'ayant employé ce breuvage il disparut subitement pour aller rejoindre Pernelle qui avait feint de trépasser et que l'on croyait enterrée au cimetière des Innocents, mais qui réellement n'avait fait que se diriger vers des contrées lointaines. Là, après s'être rencontrés, les deux époux continuèrent à couler des jours heureux au sein de l'immortalité....

Ces traditions puériles ne contribuèrent pas seules à alimenter la curiosité publique à l'égard de N. Flamel ; on trouve aussi le fabuleux récit de sa vie dans un assez grand nombre de livres dont les adeptes seuls acceptent la véracité ; tels sont surtout les suivants :

---

1. Cette appréciation de la fortune et des dons de N. Flamel, se trouve aussi dans *Les trois traités de la philosophie naturelle*, livre qui lui est attribué.

Le livre de la fontaine périlleuse[1]; *Le démostérion*[2]; *Le livre des figures hiéroglyphiques*[3].

Ce qu'il y a de positif dans tout cela, c'est que Nicolas Flamel, de pauvre qu'il était, parvint à acquérir quelque fortune. Les monuments de l'époque sont encore debout pour le constater; mais le moyen qu'il employa à cet effet est assez peu connu, et peut-être lui-même avait-il quelque raison pour donner le change à l'opinion.

Les adeptes prétendent que les richesses de l'échoppier de Saint-Jacques la Boucherie eurent leur source dans la pratique de l'alchimie, dont les secrets lui furent révélés par un livre extraordinaire qui tomba inopinément dans ses mains.

Les légendaires rapportent qu'une étrange vision précéda la découverte de ce document miraculeux et en donna les premiers indices à N. Flamel. On dit que pendant une nuit un ange lui apparut tenant un livre couvert d'une reliure en cuivre brillante et bien ouvragée, et sur le frontispice duquel on lisait une dédicace en lettres d'or. Celle-ci était faite par Abraham et adressée au peuple juif. L'ange s'avança vers l'écrivain et lui dit : « Flamel, vois ce livre; il est inintelligible pour le vulgaire, mais toi, qui n'y comprends rien en ce moment, tu y verras un jour ce qu'aucun mortel n'y pourrait voir. » En entendant ces paroles

1. J. Goherry. *Le livre de la fontaine périlleuse ou le songe du verger.* Paris, 1572.

2. R. Le Baillif. *Le démostérion.* Rennes, 1578.

3. P. Arnauld. *Livre des figures hiéroglyphiques,* 1612. — Borel, *Trésor des recherches et antiquités gauloises et françaises,* Paris, 1655, à l'article *Ensement,* parle aussi de Flamel avec la plus puérile crédulité.

Flamel tendit les mains. Mais la vision disparut en ne laissant après elle qu'une lumineuse pluie d'or[1].

Depuis un certain temps les souvenirs de cette vision s'étaient un peu effacés de son esprit, lorsque Flamel reconnut un jour parmi des livres qu'il venait d'acheter un manuscrit dont le titre ressemblait parfaitement à celui que lui avait montré l'ange durant son songe prophétique[2].

Voici comment l'écrivain public de Saint-Jacques la Boucherie raconte cette découverte dans un des ouvrages qui lui sont attribués[3] : « Donc moy, Nicolas Flamel, escrivain, ainsi qu'après le déceds de mes parents je gagnois ma vie en nostre art d'escriture, faisant des inventaires, dressant des comptes et arrestant les dépenses des tuteurs et mineurs, il me tomba dans les mains pour la somme de deux florins, un liure doré fort vieux et beaucoup large, dont la couverture estoit de cuivre bien délié, gravé de lettres ou figures estranges. »

N. Flamel donne ensuite une interminable description de ce livre extraordinaire. Il dit qu'il contenait vingt et un feuillets, qui n'étaient ni en papier, ni en parchemin, comme le sont les ouvrages ordinaires, mais composés d'écorces déliées de tendres arbrisseaux[4]. Il ajoute que de sept en sept, l'un de ces feuillets était sans écriture et présentait quelques figures.

<hr>

1. L. Migne. *Encyclopédie théologique.* — *Sciences occultes*, t. XLVIII, p. 620.

2. L. Migne. *Ibidem*, t. XLVIII, p. 620.

3. N. Flamel. *Trois traités de la philosophie naturelle.* Paris, 1612.

4. Au moyen âge on décrivait ainsi les manuscrits en papyrus.

Sur le premier de ceux-ci on voyait une verge et des serpents s'engloutissant ; sur le second une croix sur laquelle gisait un serpent crucifié ; enfin sur le dernier on observait d'arides déserts au milieu desquels coulaient plusieurs belles fontaines d'où sortaient des serpents qui se répandaient de tous côtés. Sur le frontispice de cet œuvre on lisait en gros caractère : *Abraham le juif, prince, prestre, lévite, astrologue et philosophe, à la gent des Juifs, par l'ire de Dieu dispersée aux Gaules, salut D. I*[1].

Mais ce livre extraordinaire, N. Flamel n'en connaissait pas plus l'inestimable prix que celui qui le lui avait vendu. Bientôt cependant il découvrit que le troisième feuillet contenait, en beaux caractères latins, la description de la transmutation des métaux ; malheureusement l'auteur avait omis d'y nommer le premier corps qu'il fallait employer pour cette importante opération !

Cette découverte troubla la raison du pauvre écrivain public ; le beau livre ne sortait plus de ses mains : « Je ne faisais nuist et jour qu'y estudier, dit-il, entendant très bien toutes les opérations, mais ne sachant point avec quelle matière il fallait commencer. » Ne pouvant plus garder le secret qui l'oppressait, N. Flamel le confia enfin à sa jeune femme Pernelle, et il ajoute : « Aussitôt que celle-ci eut vu cet ouvrage, elle en fust autant amoureuse que moy-même, prenant un extrême plaisir de contempler ses belles couvertures, gravures, images et pourtraits. »

---

1. N. FLAMEL. *Trois traités de la philosophie naturelle.* Paris, 1612.

La figure énigmatique qui désolait N. Flamel, n'ayant pu être expliquée par les clercs les plus experts de Paris, l'écrivain public fit un vœu à saint Jacques de Galice, et, du consentement de dame Pernelle, après s'être muni de l'habit et du bourdon de pélerin, il partit pour l'Espagne dans l'espérance d'y obtenir l'interprétation de son livre, de quelque rabbin juif.

N. Flamel raconte dans son récit, que nous abrégeons beaucoup, qu'après avoir accompli son vœu avec une grande dévotion, il eut la satisfaction de faire connaissance d'un médecin juif de Léon, qui parvint à satisfaire son désir en interprétant toutes les obscurités du livre fameux. Aussitôt après, il s'achemina vers Paris et y retrouva sa *fidelle et dévotieuse* compagne, comme il la nomme lui-même, avec laquelle il se mit à la pratique du grand œuvre. Le bonheur qu'il éprouva dans cette circonstance fut tel qu'il employa l'art pour le rappeler à la postérité en se faisant représenter à genoux en prière, ainsi que sa femme, sur un monument connu des antiquaires et qui a existé longtemps dans l'ancien cimetière des Innocents [1]. « Qui voudra voir l'estat de mon arrivée et la joye de Pernelle, dit-il, qu'il nous contemple tous deux en cette ville de Paris, sur la porte de la chapelle Saint-Jacques de la Boucherie du costé et tout auprès de ma maison, où nous sommes peints, moy rendant grâce aux pieds de monsieur Saint-Jacques de Galice, et Pernelle à ceux de monsieur saint Jean qu'elle avait si souvent invoqué. »

---

1. Comp. Bégin. *Alchimie du moyen âge*, où il est représenté.

Après avoir raconté toutes ces choses, N. Flamel confesse qu'il accomplit l'opération du grand œuvre à plusieurs reprises et en obtint un or d'une plus grande pureté qu'il n'est communément. « Je l'ay parfaicte trois fois, dit-il, avec l'aide de Pernelle qui l'entendait aussi bien que moy, » et il ajoute qu'il en aurait bien assez retiré d'or en une seule, mais qu'il n'a recommencé qu'à cause de la grande *délectation* qu'il éprouvait en contemplant dans les vaisseaux l'œuvre admirable de la nature.

Le récit de l'alchimiste du xive siècle est rédigé dans un genre tout nouveau, et au lieu de cette forfanterie qu'on observe dans les moindres écrits de ses contemporains, il est fait avec une naïveté qu'on serait tenté de prendre pour l'expression de la vérité, si la vérité était admissible.

L'histoire de N. Flamel a longtemps été pour les fauteurs de l'alchimie un argument irrésistible. Tout y porte un tel cachet de précision et de véracité qu'ils ne voulaient pas permettre que l'on pût en douter, surtout en présence de ces immenses richesses acquises si subitement par un pauvre écrivain public. Mais notre époque explique ce fait sans l'intervention de l'art hermétique. On pense que la source de la fortune du prétendu alchimiste se trouva dans les capitaux que lui confièrent en s'exilant un certain nombre de juifs que l'on persécutait alors, et qui, en mourant à l'étranger, enrichirent le dépositaire d'un or qu'il n'eut pas besoin d'extraire des creusets de son laboratoire[1].

---

1. HOEFER. *Histoire de la chimie*. Paris, 1842, t. I, p. 433.

Cependant cette version n'est peut-être pas fondée, car on a remarqué que ce ne fut qu'en 1406 que l'on chassa les juifs de notre pays, tandis que les diverses donations de N. Flamel portent une date antérieure à cette époque[1].

Mais quelle que soit la surabondance d'écrits qui attestent l'extraordinaire et soudaine richesse de Nicolas Flamel et le magnifique emploi qu'il en fit, dans un ouvrage publié dans le but d'éclaircir ce qui concerne cet homme auquel on a fabriqué une si singulière célébrité[2], on lit au contraire qu'à sa mort il ne possédait qu'une fortune médiocre. Dans ce livre on le représente simplement comme un écrivain public assez vaniteux et qui prêtait à la petite semaine.

Le testament authentique de N. Flamel, conservé longtemps dans les archives de la paroisse de Saint-Jacques la Boucherie, vient lui-même démontrer que celui-ci est mort en ne laissant nullement cet immense héritage dont on a tant parlé[3]. Dans ce document d'une interminable longueur, le testateur lègue tous ses biens à la fabrique de cette église, en lui prescrivant d'en distraire une foule de petites sommes qu'il consacre à des œuvres de charité ou à des prières.

Le testament de N. Flamel constitue même un précieux document pour débrouiller quelques points de

---

1. Gilbert. *Dictionnaire de physique et de chimie.* Paris, 1845, t. I. p. 127.

2. L'abbé Vilain. *Histoire critique de N. Flamel et de Perre nelle sa femme.* Paris, 1782.

3. L'abbé Vilain. *Essai d'une histoire de la paroisse de Saint-Jacque de la Boucherie, où l'on traite de l'origine de cette église ; de ses antiquités ; de Nicolas Flamel et de Perrenelle sa femme,* etc. Paris, 1758. p. 276.

sa biographie. Cette pièce, qui n'a pas moins de trente pages d'impression, atteste que si l'écrivain de Saint-Jacques la Boucherie s'occupa jamais de la science hermétique, ce fut au moins un bien orthodoxe, un bien saint alchimiste : on y lit qu'il appartenait à neuf confréries, et ses dernières volontés ne semblent dictées que dans l'intérêt de son salut éternel. Celles-ci consistent en une foule de petits legs, que le testateur fait à des églises ou aux pauvres, auxquels il prescrit des messes et des prières pour le repos de son âme. Mais chaque paragraphe est loin de rappeler la généreuse largesse de l'opulence ou la jactance des faiseurs d'or de son siècle; c'est au contraire l'œuvre de la plus extrême parcimonie.

Ce codicile remarquable par la surcharge de conditions qu'il impose à chaque legs, ne contient rien à l'égard de toutes les grandes fondations que la renommée a cependant attribuées à N. Flamel. Son extrême volume s'explique simplement par le soin qu'a le testateur de discuter denier à denier les obligations qu'il impose pour chaque legs. Il fixe avec la plus rigoureuse ponctualité le prix et la forme de chaque messe; le costume des prêtres et des clercs qui doivent y figurer; et même la valeur des cierges de l'autel[1], et celle de chaque aune de drap qui devra être distribuée aux pauvres[2]. C'est là la partie capitale de cet interminable testament.

---

1. Dans un des paragraphes, il ordonne qu'à chaque messe on fasse hommage à l'autel d'un petit cierge du prix de quatre deniers parisis. Dans un autre cas, que l'autel soit orné de quatre cierges suffisamment ardents. — L'ABBÉ VILAIN. *Essai d'une histoire*, etc., p. 288.

2. Ordonne qu'il soit acheté 300 aulnes de bon drap d'un prix de cha-

Quelques biographes pour rehausser N. Flamel ont prétendu qu'il avait été notaire, mais cela n'est pas. Dans son testament, il s'intitule simplement écrivain[1]. Ce fut là son véritable métier, mais il l'exerça avec une distinction qui sans doute devint en partie la source de sa fortune. On possède encore dans diverses collections de manuscrits des fragments de ce calligraphe, qui est surtout cité pour la netteté de son écriture cursive[2].

Si l'alchimie avait fait pleuvoir ses trésors chez N. Flamel, comme le prétendent les adeptes, il ne se fût sans doute pas contenté d'habiter avec sa chère Pernelle le misérable réduit accolé à Saint-Jacques la Boucherie. Bien misérable en effet puisqu'un acte de 1419 porte qu'il ne consistait qu'en deux petites échoppes d'écrivain, appliquées aux murs de l'église, acquises par les deux époux, et surchargées de quelques redevances extrêmement minimes[3]. Ces deux échoppes n'offraient qu'environ cinq pieds de longueur sur deux de large et pouvaient à peine contenir chacune un écrivain; aussi après la mort de Flamel fut-on longtemps sans pouvoir les louer tant elles étaient exiguës[4].

Au xviiie siècle une tradition populaire insinuait

cune aulne de 12 sols parisis, lesquelles seront données à cent pauvres ménages.—L'abbé Vilain. *Essai d'une histoire de la paroisse*, etc., p. 278.

1. *Testament de N. Flamel*, p. 1. — L'abbé Vilain. *Essai d'une histoire de la paroisse de Saint-Jacques de la Boucherie*, etc. Paris, 1758, p. 276.

2. Champollion. *Manuscrits; moyen âge et renaissance.*

3. L'acte de 1419 porte : « Chacun d'iceux ouvroirs chargés en quatre sols parisis pour toute charge, c'est à savoir deux sols parisis pour fond de terre au roy, et deux sols parisis à l'œuvre de Saint-Jacques. »

4. L'abbé Vilain. *Loc. cit.*, p. 40.

que N. Flamel avait contribué à l'érection de toute la partie de l'église Saint-Jacques qui eut lieu de son temps. Mais il se pourrait bien qu'ainsi que le prétendent les hommes qui se sont particulièrement occupés de ce sujet, la même renommée qui a exagéré la fortune de l'écrivain public, lui ait aussi attribué beaucoup plus qu'il n'a fait réellement[1].

Dépouillée du ridicule prestige dont tant d'alchimistes ont contribué à l'envelopper, l'histoire de N. Flamel s'explique facilement. Le biographe qui a fait les plus profondes recherches sur cet homme, et qui les a accompagnées d'une plus savante critique[2], prouve que N. Flamel ne fut simplement qu'un bon et laborieux bourgeois qui, grâce à son économie et à son habileté dans son métier d'écrivain[3], amassa une fortune aisée mais qui n'avait rien d'exorbitant. Il est aussi démontré que le goût des deux époux pour les constructions, les porta à faire exécuter diverses choses, parmi lesquelles on remarquait le portail de plusieurs églises, deux charniers au cimetière des Innocents et un hospice rue de Montmorency.

Les fabuleuses traditions sur l'immortalité du fidèle couple et sur ses diverses pérégrinations à la surface du globe, reposent principalement sur ce qu'on lit

1. L'abbé Vilain. *Essai d'une histoire de la paroisse de Saint-Jacques de la Boucherie, où l'on traite de l'origine de cette église; de ses antiquités; de Nicolas Flamel et de Perrenelle sa femme*, etc. Paris, 1758, p. 38.

2. L'abbé Vilain. *Histoire critique de N. Flamel et de Perrenelle, sa femme*. Paris, 1782. — *Essai d'une histoire de Saint-Jacques de la Boucherie*, etc. Paris, 1758.

3. Les manuscrits en écriture cursive, qu'on lui doit, sont remarquables par leur netteté et la beauté de leur exécution.

dans les voyages de Paul Lucas en Asie. On y trouve qu'un dervis qui ajoutait foi en la puissance de la panacée universelle, raconta à celui-ci que Flamel et son épouse n'étaient pas morts, et qu'ils avaient seulement feint de l'être pour se soustraire à l'envie; mais qu'ils voyageaient de côté et d'autre : il assura en outre à Paul Lucas qu'il les comptait au nombre de ses amis, et qu'il n'y avait pas trois ans, il les avait rencontrés dans l'Inde. Le voyageur, malgré sa robuste crédulité, avoue que ce récit lui parut fort singulier[1]!

Quant aux prétendus travaux d'alchimie de N. Flamel, son inflexible historien, l'abbé Vilain, les retranche absolument, et il le fait avec une telle autorité qu'aucun esprit sensé semble ne pouvoir le combattre[2]. Ainsi donc, l'une des plus hautes célébrités de l'art hermétique doit disparaître du domaine de l'histoire des sciences. M. Dumas embrasse cette opinion, et dit, avec raison, que d'après l'histoire de la vie de l'écrivain public de Saint-Jacques la Boucherie, on voit qu'il n'a jamais été chimiste[3].

Malgré les impérieuses révélations des critiques, M. Hoefer n'en continue pas moins à ranger N. Flamel au nombre des alchimistes[4]. Il rapporte que l'histoire de celui-ci parvint aux oreilles de Charles VI, et que ce malheureux prince, dans un moment de lucidité, chargea Cramoisi, maître des requêtes du parle-

---

1. PAUL LUCAS. *Voyage dans la Grèce, l'Asie Mineure, la Macédoine et l'Afrique.* Paris, 1712, t. I, p. 98-112.

2. L'ABBÉ VILAIN. *Histoire critique de N. Flamel et de Perrenelle, sa femme.* Paris, 1782.

3. DUMAS. *Philosophie chimique.* Paris, 1836, p. 37.

4. HOEFER. *Histoire de la chimie.* Paris, 1842, t. I, p. 433.

ment, de s'informer du fait. Mais cette assertion n'a pas été puisée à une source bien authentique[1].

Nous ne pensons pas qu'à l'égard de N. Flamel, il puisse aujourd'hui exister aucune incertitude. Mais si l'écrivain public enrichi ne s'est point occupé d'alchimie, ce qu'il y a de certain, c'est que sa réputation a été immense dans cet art; que de nombreux écrits portent son nom, et que son extraordinaire histoire est devenue un argument irrésistible pour tous ceux qui aspiraient à démontrer la réalité de la science d'Hermès : la richesse et la ponctualité des détails qui y abondent, la primitive pauvreté du héros et sa somptueuse fin, leur paraissaient autant de preuves irréfragables.

Aujourd'hui qu'il est bien prouvé que N. Flamel ne s'est nullement occupé de la pratique de l'alchimie, il serait curieux de rechercher si les ouvrages qu'on lui attribue ont été composés par lui, ou si l'écrivain habile s'est borné à les copier pour en tirer quelque bénéfice à une époque où les adeptes recherchaient infiniment ces sortes de livres. Cette dernière supposition semble tout à fait fondée, à en juger par ce qu'on lit dans un manuscrit que M. Hoefer a exploré[2]. Celui-ci commence ainsi : « Le présent livre est le livre de N. Flamel, de sa façon et pratique, lequel a été tiré et coppié sur l'original, escrit en parchemin de sa propre main, touchant la vraie science d'alchimie et médecine philosophique[3]. »

1. Lenglet Dufresnoy. *Histoire de la philosophie hermétique*, raconte cette même anecdote, t. I, p. 217.

2. Hoefer. *Histoire de la chimie*. Paris, 1842, t. I, p. 435.

3. Manuscrit n° 1942 du fonds de Saint-Germain, ayant appartenu au duc de Coislin, évêque de Metz.

Quoi qu'il en soit, voici les principaux écrits qu'on attribue à N. Flamel. Ils ont été imprimés séparément et on les a reproduits dans les collections d'ouvrages d'alchimie[1]; ce sont : les *Trois traités de la philosophie naturelle*[2], le *Désir désiré*[3], le *Sommaire philosophique*[4], le *Grand éclaircissement de la pierre philosophale*[5], et la *Musique chimique*[6].

Avec l'histoire de N. Flamel, nous terminons l'esquisse biographique des hommes qui, au Moyen âge, se sont occupés des sciences chimiques. Cette connaissance préliminaire nous permettra de mieux apprécier la marche générale de celles-ci, et quelle a été leur influence sur les travaux de l'époque, sujet auquel nous allons actuellement nous livrer[7].

Jusqu'au XIIIe siècle, la chimie se trouva presque entièrement confinée en Orient, surtout chez les Égyp-

1. On les trouve dans Manget. *Bibliothèque des philosophes chimiques,* nouv. édit. — Le *Museum hermeticum reformatum,* etc., etc.

2. N. Flamel. *Trois traités de la philosophie naturelle.* Paris, 1612.

3. N. Flamel. *Le désir désiré ou trésor de la philosophie de N. Flamel,* appelé aussi *Le livre des six paroles.* Paris, 1629.

4. N. Flamel. *Sommaire philosophique* inséré dans la *Bibl. chimiq. de Manget* et le *Mus. herm.*

5. N. Flamel. *Le grand éclaircissement de la pierre philosophale, pour la transmutation des métaux.* Amsterdam, 1782.

6. Mentionné dans l'*Histoire de la philosophie hermétique.*

7. Comp. pour l'Histoire de l'alchimie : — Olaii Borrichii *Dissertatio de ortu et progressu chemiæ.* Hafniæ, 1668. — Alex. de la Tourrète. *Apologie de la très-utile science d'alchimie.* Lyon, 1578.—Jos. Quercetani *Apologia pro chimicis.* Lugd., 1575.— Agrippa. *In artem Lulliam commentaria.* Salingiaci, 1538. — Lenglet Dufresnoy. *Histoire de la philosophie hermétique.* Paris, 1742.—J. B. Porta. *Magiæ naturalis lib. XX.* Neap., 1589.—Manget. *Bibliotheca chimica curiosa seu rerum ad alchemium pertinentium.* Genevæ, 1702. — Borel. *Bibliotheca chimica seu catalogus librorum philosophorum hermeticorum.* Parisiis, 1654. — Gmelin. *Geschichte der chemie.*—F. Barrett. *Lives of the alchemystical philosophers, with a catalogue of the most celebrated treatises on the hermetic art.* London, 1815.—Hoefer. *Histoire de la chimie.* Paris, 1842.

tiens, les Arabes et les Grecs. Mais vers le milieu de
ce siècle elle commença à se propager en Occident et
y fit de nombreux prosélytes[1]. On peut considérer les
croisades comme ayant alors contribué à la répandre
en France[2].

Immédiatement après son introduction, cette science
fit de grands progrès dans toute l'Europe occidentale,
en même temps qu'elle devenait de moins en moins
en vogue dans les contrées qui en avaient été le berceau
et qu'elle s'y perdait même successivement et sans retour[3]. Ce fut alors en Europe un engouement général ;
les savants du premier ordre donnèrent l'exemple en se
rangeant parmi ses adeptes ; et bientôt les médecins, les
moines, les abbés, et même quelques princes et quelques évêques s'en occupèrent pour en pénétrer les
vérités ou en signaler les erreurs[4]. Partout alors, dans
le silence des cloîtres comme dans les plus mystérieuses retraites des palais des rois, les vétérans de
notre chimie moderne se livraient nuit et jour à leurs
secrètes opérations.

Pour tout le Moyen âge les sciences chimiques se
réduisent à l'alchimie[5], et ce n'est que vers la fin
de celui-ci que l'on y ajoute l'art de préparer les
médicaments qui, pendant longtemps ensuite, fut
tout le contenu des ouvrages de chimie[6]. Cette science,

---

1. Lenglet Dufresnoy. *Histoire de la philosophie hermétique.* **Paris,**
1742, t. I, p. 104.
2. Lenglet Dufresnoy. *Ibidem.*
3. Lenglet Dufresnoy. *Ibidem,* p. 106.
4. Lenglet Dufresnoy. *Ibidem,* p. 108.
5. Hoefer. *Histoire de la chimie.* Paris, 1842, t. I, p. 304.
6. Comp. Lemery. *Cours de chimie.* Paris, 1756.

à l'époque qui nous occupe, prenait le nom d'*art hermétique* et de *science noire*[1]. Déjà aussi, on lui appliquait la dénomination de *chimie* ou d'*alchimie*, qui avait été imposée aux opérations de l'art sacré vers le IVe siècle de notre ère.

L'alchimie du Moyen âge dérive évidemment de l'*art sacré*, mystérieusement cultivé dans les temples de l'ancienne Égypte[2]; c'est un reflet de toutes ses théories et de toutes ses pratiques. En effet, les adeptes modernes reproduisent exactement les idées fondamentales professées par les prêtres de Thèbes et de Memphis[3]; seulement, ils les accommodent au goût prédominant de leur époque et leur donnent une couleur tout à fait locale. Les uns, ne s'occupant que de la pierre philosophale, représentent l'enfance de la chimie; d'autres vont plus loin et se lancent dans les abstractions de la magie. Cette disposition des esprits donne aux sciences d'alors un caractère particulier, tout à fait remarquable par la prédominance des formes mystiques. Au XIIIe siècle, cette tendance fut plus manifeste que jamais, aussi celui-ci peut-il être regardé, suivant M. Hoefer, comme l'âge d'or de la chimie des idéalistes ou de l'alchimie[4]. Après lui, l'ardeur des adeptes de l'art hermétique se refroidit, et cet art perd successivement son éclat et son importance.

En passant en revue les diverses théories qui surgirent du cerveau des alchimistes, on voit qu'on peut

---

1. Hoefer. *Histoire de la chimie*. Paris, 1842, t. I, p. 303.
2. Hoefer. *Ibidem*, t. I, p. 234, a ingénieusement et avec raison soutenu cette opinion.
3. Hoefer. *Ibidem*, t. I, p. 234.
4. Hoefer. *Ibidem*, t. I, p. 357.

les ranger en deux catégories. Les unes ne semblent être que d'incompréhensibles rêveries enfantées par la démence; les autres, au contraire, sont parfois, sinon exactes, au moins ingénieuses. Nous négligerons les premières pour ne nous occuper que des autres.

En compulsant les ouvrages des alchimistes, on reconnaît que l'idée dominante de ceux-ci consistait à admettre comme principe fondamental que les métaux ne sont presque jamais à l'état de pureté dans le sein de la terre, et qu'on ne les y découvre ordinairement que combinés à divers corps étrangers, dont ils doivent être préalablement séparés avant d'apparaître sous l'état dans lequel nous les employons[1].

Les adeptes de l'art hermétique avaient aussi généralement établi, comme principe fondamental de leurs recherches, que l'or existe dans tous les métaux, mais qu'il s'y trouve combiné à diverses substances impures. De là ce précepte de s'occuper de soustraire le métal précieux aux corps inertes qui en souillent l'éclat, et de trouver un agent qui ait cette importante propriété. C'est à cet agent susceptible de convertir en or les métaux imparfaits ou altérés, que les adeptes donnèrent le nom de pierre philosophale, *lapis philosophorum*[2]; et c'était à sa recherche qu'ils dissipaient leur patrimoine et leur santé!

D'autres professaient sur l'alchimie des théories plus simples. Ils ne pensaient pas qu'il fût nécessaire de soumettre les particules minérales à une suite de transformations ou de métamorphoses pour atteindre

---

1. Cuvier. *Histoire des sciences naturelles.* Paris, 1842, t. I, p. 374.
2. Thomson. *Système de chimie.* Paris, 1818, t. I, p. 5.

au but désiré. Ils prétendaient simplement que le métal précieux avait ses éléments dans le sein de tous les corps inertes, et qu'il ne fallait, pour en augmenter la masse, que placer ceux-ci dans les circonstances favorables. « Tous les minéraux renferment le germe de l'or, dit un souverain qui fut à la fois alchimiste et astronome, mais ce germe ne se développe que sous l'influence des corps célestes [1]. »

Au milieu de cette confusion qui règne dans les diverses théories hermétiques du Moyen âge, une seule idée frappe l'observateur et lui procure quelque consolation, c'est de voir les adeptes proclamer tous comme un article de foi : *La suprématie de l'esprit sur la matière.* Le véritable alchimiste n'attend la réussite de son œuvre que du concours de la puissance divine. La vertu est pour lui un axiome, et avant d'allumer ses fourneaux il se prosterne en invoquant le saint des saints [2].

Beaucoup des œuvres des alchimistes attestent leur foi profonde et commencent ou se terminent par une invocation à l'Éternel. Les commentaires d'Ortholain sur la table d'émeraude commencent ainsi : « Louange, honneur et gloire soient à toi seigneur Dieu tout-puissant, et à ton très-cher fils notre sauveur Jésus-Christ, etc [3]. » Le livre *Des secrets d'alchimie* [4] de Calid se termine par ces mots : « Louange soit à Dieu seul éternellement. »

1. ALPHONSE DE CASTILLE. *Clavis sapientiæ. Theat. chim.*, t. V.

2. HOEFER. *Histoire de la chimie.* Paris, 1842, t. I, p. 234.

3. ORTHOLAIN. *Petit commentaire de l'Hortulain philosophe, dit des jardins maritimes sur la table d'émeraude d'Hermès trismégiste.* — *Bibl. royale.*

4. CALID. *Le livre des secrets d'alquimie composé par Calid fils de lazic iuif.* — *Tad. bibl. roy.* — Traduit de l'hébreu en arabe, de l'arabe en latin et du latin en français.

On voit dans un dessin de Vriese une magnifique galerie de château transformée en laboratoire : d'un côté s'élèvent des fourneaux, et de l'autre un autel devant lequel brûle l'encens ; l'alchimiste à genoux et les yeux tournés vers le ciel, semble adresser à Dieu une fervente prière[1] !

L'incompréhensible confusion qui règne dans les travaux de ceux qui se livrèrent à l'art transmutatoire, trouve son explication dans l'absence d'une direction rigoureusement définie. En effet les philosophes hermétiques n'avaient qu'une bien étrange et bien vague idée du but de leurs recherches, si l'on en juge par la description suivante de la pierre philosophale, qu'on lit dans un des ouvrages de l'alchimiste Calid. « La pierre philosophale, y est-il dit, réunit en elle toutes les couleurs : elle est blanche, rouge, jaune, bleue, verte. De plus elle renferme les quatre éléments, car elle est liquide, aérienne, ignée et terrestre. La chaleur et la sécheresse constituent les propriétés cachées de cette pierre ; le froid et l'humidité en sont les propriétés manifestes. Les premières sont une huile, les dernières une espèce de ferment qui corrompt les corps[2]. »

Pour les adeptes, cet agent transmutatoire, cette pierre philosophale était donc un véritable protée susceptible de s'offrir sous les plus insidieuses formes ; aussi pour obtenir un si mystérieux agent, fallait-il

---

1. Ce dessin appartient au cabinet des estampes de la Bibliothèque royale de Paris.

2. CALID. *Liber trium verborum Calid regis acutissimi.—Théâtr. chim.,* t. VI. —*Bibl. de Manget,* t. II.

employer toutes les ressources, toutes les combinaisons de l'intelligence humaine. Les opérations de l'alchimie étaient même subordonnées à l'état du ciel,
et pour les amener à bonne fin, certaines connaissances astronomiques devenaient indispensables. « Dans
toute expérience, dit Calid, il faut observer la marche
de la lune et celle du soleil. Il faut savoir l'époque
où ce dernier astre entre dans le signe du Bélier,
dans le signe du Lion ou dans celui du Sagittaire,
car c'est d'après ces signes que s'accomplit le grand
œuvre[1]. »

Mais si toutes les forces vives de l'intelligence des
alchimistes étaient appelées à concourir à la réussite
de leurs opérations; si aux patientes expériences du
laboratoire ils ajoutaient les prières et les supputations
de l'astrologie; si enfin rien ne leur coûtait pour atteindre le but désiré, il faut ajouter que le champ de
leurs espérances était sans bornes. A l'exemple des
initiés des bords du Nil, nos adeptes du Moyen âge
demandent au grand œuvre non–seulement l'art de
faire de l'or et une panacée universelle, la richesse et
la santé, mais encore une puissance surnaturelle susceptible de dominer l'esprit et la matière. Leurs doctrines à cet effet offrent un tel mysticisme et sont
tellement inextricables, que la plus robuste raison
succomberait en cherchant à les débrouiller.

Étonnés des mystérieuses transformations que les
molécules des corps subissent dans leurs creusets, les
souffleurs les expliquent en sacrifiant le progrès phi-

---

1. Calid. *Liber trium verborum Calid regis acutissimi. — Bibl. Mar-
get*, t. II. — *Théâtre chimique*, t. VI.

losophique et religieux de leur siècle, pour en revenir
au panthéisme antique. Les phénomènes qui se manifestaient brusquement au milieu d'opérations mal con-
duites, et dont la science moderne connaît si bien les
causes, n'étaient pour eux que l'expression de la vie
de la matière. En s'autorisant du passage de l'Écriture sainte où il est dit que l'esprit de Dieu régit toutes
les créatures, ils s'efforçaient même de prouver, à l'aide
des plus étranges subtilités, qu'un principe vital anime
chacune des molécules du règne minéral; et selon eux
l'attraction magnétique des métaux, et les propriétés
médicales de ceux-ci n'étaient que le résultat de son
action. Toutes ces utopies, qui le croirait? se continuèrent jusqu'au XVIIe siècle [1].

Les adeptes dont l'esprit doué d'une moindre déli-
catessse n'admettait point ces réminiscences du panthéisme, expliquaient simplement par l'intervention des
puissances occultes toutes les perturbations que leur
inhabileté suscitait dans le cours de leurs expériences.
Habitués aux pratiques mystiques et aux veillés noc-
turnes, en proie aux plus étranges hallucinations,
dans leur délire, quelques alchimistes se croyaient
même subjugués par le démon; et lorsqu'au milieu de
leurs opérations des matras volaient en éclats, ils se
figuraient que leur explosion ne pouvait qu'être l'œuvre
de quelque génie infernal! Extraordinaire, mais bien
véritable aberration, qui souvent leur fut fatale. En
présence des tribunaux redoutables, qui s'élevaient
pour les juger, en présence des échafauds, leurs con-

---

1. Du Soucy. *Le grand or potable des anciens philosophes.* Paris, 1653,
chap. IV : Que les métaux ont vie.

victions ne se démentaient pas ! Dominés l'un et l'autre par les idées de leur temps, inflexibles à la voix de la conscience et de la raison, le magistrat et l'accusé subissaient les terribles conséquences de leur ignorance[1].

Si le but de l'art transmutatoire était parfaitement défini, il n'en était pas ainsi à l'égard des moyens de l'atteindre : pour cela tout était obscurité, et les traditions écrites n'étaient pas elles-mêmes plus claires que les traditions orales.

Les alchimistes affectent généralement dans leurs œuvres un langage figuré et emblématique, dont les adeptes prétendaient avoir seuls la clef, et qui se trouve enveloppé de tant d'obscurités qu'il nous est ordinairement impossible d'y rien comprendre. Les corps et leurs réactions y étaient souvent personnifiés, et on ne les désignait que par les plus poétiques dénominations. Un passage du *Livre des douze portes*, du chanoine G. Ripley, nous donnera mieux une idée de ce style que tous les commentaires possibles. Après avoir décrit à fond une opération hermétique, « Ainsi donc pour me résumer, dit-il, il faut commencer au soleil couchant lorsque le mari rouge et l'épouse blanche s'unissent dans l'esprit de vie pour vivre dans l'amour et dans la tranquillité. De l'occident avance-toi à travers les ténèbres vers le septentrion, altère et dissous le mari et la femme entre l'hiver et le printemps. Change l'eau en une terre noire, et élève-toi à travers les couleurs variées vers l'orient où se montre la pleine lune. Après le purgatoire apparaît le soleil blanc et radieux; c'est

---

1. HOEFER. *Histoire de la chimie*. Paris, 1842, t. I, p. 300.

l'été après l'hiver, le jour après la nuit. La terre et l'eau se sont transformés en air, les ténèbres se sont dispersés et la lumière s'est faite. L'occident est le commencement de la pratique et l'orient le commencement de la théorie : le principe de la destruction est compris entre l'orient et l'occident[1]. »

Arnaud de Villeneuve, l'élite des alchimistes du XIIIe siècle, n'est pas lui-même plus clair que le précédent. Dans son paragraphe sur la préparation du grand œuvre, où il se propose d'en révéler tous les mystères à son disciple, il s'exprime ainsi : « Sache, mon fils, que dans ce chapitre je vais t'apprendre la préparation de la pierre philosophale. Comme le monde a été perdu par la femme, il faut aussi qu'il soit rétabli par elle. Par cette raison, prends la mère, place-la avec ses huit fils dans un lit; surveille-la; qu'elle fasse une stricte pénitence, jusqu'à ce qu'elle soit lavée de tous ses péchés. Alors elle mettra au monde un fils qui péchera. Des signes ont apparu dans le soleil et dans la lune; saisis ce fils et châtie-le, afin que l'orgueil ne le perde pas. Cela fait, replace-le en son lit, et lorsque tu lui verras reprendre ses sens, tu le saisiras de nouveau pour le plonger tout nu dans l'eau froide; puis remets-le encore une fois sur son lit, et lorsqu'il aura repris ses sens, tu le saisiras de nouveau pour le donner à crucifier aux Juifs. Le soleil étant ainsi crucifié on ne verra point la lune; le rideau du temple se déchirera, et il y aura un grand tremblement de terre. Alors il est temps d'employer un grand

---

1. G. Ripley. *Liber duodecim portarum,* Manget. *Théâtr. chim.,* t. II.

feu , et l'on verra s'élever un esprit sur lequel beaucoup de monde s'est trompé. » Cependant après cet étrange exposé, Arnaud de Villeneuve a la naïveté de faire dire à son élève : *Maître , je ne comprends pas !* exclamation qui n'étonne nullement , aussi l'alchimiste lui promet-il d'être plus clair par la suite[1].

Mais on doit aussi faire remarquer que le langage des alchimistes ne se voilait pas toujours d'une si profonde obscurité, et que parfois la science moderne parvient à en pénétrer le sens mystérieux. On peut l'apprécier par la lecture du fragment qui suit. C'est un document plus pratique que les précédents et qui est sinon tout à fait clair, au moins un peu plus intelligible et moins nébuleux. Il appartient cependant à ce même Ripley, dont nous venons d'extraire quelques lignes.

« Pour obtenir la pierre philosophale, dit cet alchimiste, il faut prendre , mon fils , le *mercure des philosophes*, et le calciner jusqu'à ce qu'il soit transformé en *lion vert :* après qu'il aura subi cette transformation, tu le calcineras davantage et il se changera en *lion rouge*. Fais digérer, au bain de sable, ce lion rouge avec l'*esprit aigre du raisin*, évapore ce produit et le mercure se prendra en une espèce de gomme qui se coupe au couteau[2]. Mets cette matière dans une cucurbite lutée et conduis la distillation avec lenteur. Les ombres cimmériennes couvriront la cucurbite de leur voile sombre , et tu trouveras dans l'intérieur

1. ARNAUD DE VILLENEUVE. *Opera omnia*, p. 304.
2. Acétate de plomb.

un véritable dragon, car il mange sa queue.... Prends
ce *dragon noir*, broie-le sur une pierre..., fais qu'il
avale sa queue, et distille de nouveau ce produit.
Enfin, mon fils, rectifie soigneusement, et tu verras
paraître l'*eau ardente* et le *sang humain* [1]. »

Il régnait non-seulement un incompréhensible mysticisme dans le langage des adeptes, mais ceux-ci
employaient en outre une foule de termes ou de formules extraordinaires, étranges, pour rehausser l'importance de leurs secrètes opérations aux yeux du
vulgaire. Les diverses phases des expériences hermétiques, et les matras et les substances qu'on employait pour celles-ci prenaient des noms particuliers.
Quelques citations suffiront pour en donner une idée.

Les alchimistes nomment simplement *dragon* le
feu de leurs fourneaux, parce qu'ils le considèrent
comme destiné à dévorer les éléments de la corruption
des corps. Le *dragon ailé*, c'est le mercure qui se vo-
latilise ; le *dragon qui veille sur la toison d'or*, c'est le
mercure, qu'il est difficile d'endormir : c'est-à-dire,
selon eux, qu'on ne peut rendre stable ; au contraire,
le *dragon endormi par Jason*, c'est le mercure fixé par
les opérations de l'adepte ; le *dragon dévorant sa queue*
n'est autre qu'un corps solide quelconque qui absorbe
l'eau dont on l'imprègne. On désignait sous le nom
de *lion volant*, tout métal ou toute substance qui se
volatilisait.

Les adeptes de la philosophie hermétique ne se bornaient pas à ces qualifications générales ; pour eux,

____

1. Acide pyroacétique brut.

chaque substance avait en outre un nom symbolique. D'après quelques interprètes modernes, le *mercure des philosophes* n'était rien autre chose que le plomb. Mais de vieux commentateurs de l'art transmutatoire lui donnent une autre portée, tout emblématique : c'est pour eux le soleil ou la lune, l'or ou l'argent[1]. Le *lion vert* n'est que le deutoxide de plomb[2]; le *lion rouge*, le minium; l'*esprit aigre des raisins*, le vinaigre; le *sang humain*, l'acide pyroacétique brut; le *loup gris*, l'antimoine; la *lune*, l'argent. Ainsi se trouve expliqué le texte de Ripley, que nous avons cité dans les pages qui précèdent.

Les alchimistes se servent fréquemment dans leurs ouvrages du mot de *magistère*. *Magisterium* signifiait, en basse latinité, l'*œuvre du maître;* aussi cette dénomination était-elle employée en général pour désigner le produit qu'on obtenait par les opérations occultes de l'art hermétique. Certains livres d'alchimie ont pour titre la Somme de perfection du magistère[3]. Dans les anciennes pharmacies, on vendait sous le nom de *magistère* plusieurs médicaments ordinairement minéraux, auxquels on accordait des vertus extraordinaires[4]: sous les noms de *magisterium lunæ*, de *magisterium saturni*, de *magisterium matris perlarum*, on débitait du nitrate d'argent, de l'acétate de plomb ou de la nacre de perles.

Le langage hermétique offrait en outre quelques au-

1. Comp. le *Lexicon chymicum*. Londres, 1652.
2. Appelé vulgairement massicot.
3. GEBER. *Summa perfectionis magisterii.*
4. MÉRAT ET DELENS. *Dictionnaire universel de matière médicale*. Paris, 1832, t. IV, p. 178.

tres dénominations où l'allégorie et la recherche jouaient encore un plus grand rôle que dans les précédentes. Ainsi, par exemple, les alchimistes appelaient les quatre éléments, les *quatre enfants de la nature*. La rosée du printemps recevait d'eux les noms d'*émeraude* ou de *perle des philosophes*, parce qu'ils voyaient en elle la puissance qui anime annuellement la campagne de sa robe de verdure. La *maison de verre des sages* n'était que les matras qui servaient à la recherche du grand œuvre. Les adeptes nommaient *ombres cimmériennes* les vapeurs noires qui s'élevaient dans le cours de leurs opérations.

Enfin, *cueillir les pommes du jardin des Hespérides*, c'était arriver à récolter les fruits de la pierre philosophale[1]. Par une étrange comparaison quelques alchimistes donnaient le nom de *maison du poulet des sages* aux fourneaux dans lesquels ils plaçaient les creusets d'où devait sortir le grand œuvre, qu'on appelait parfois *œuf philosophal*[2].

Les efforts des oracles de l'alchimie, comme on l'a vu, n'avaient pas ajouté plus de clarté à celle-ci qu'elle n'en avait précédemment, et, après leur mort, son langage s'embrouilla encore davantage. Au XIVe et au XVe siècle, le plus profond mysticisme enveloppa tout ce qui concernait cette science. La mort tragique de Raymond Lulle avait agrandi sa renommée en Europe. Ses disciples, qu'on appela d'abord *Lullistins* et ensuite *illuminés*, devinrent d'autant plus

---

1. *Dictionnaire hermétique.* Paris, 1645.
2. N. Flamel s'est servi de cette singulière dénomination. Comp. le *Dictionnaire hermétique.*

fervents que leur maître leur semblait digne d'admiration dans son génie et dans son martyre. Les adeptes de cette nouvelle secte étaient extrêmement nombreux, surtout en Allemagne. Là, ils formèrent de vastes associations secrètes, dont les membres ne se réunissaient que dans les lieux les plus sauvages pour s'y livrer aux mystérieuses pratiques de leur art. Tout ce qui provient d'eux est enveloppé de la plus profonde obscurité.

Ce fut seulement vers sa fin que l'alchimie s'épura de tout son système mystique. Pour la voiler à la pénétration du vulgaire, les adeptes se contentèrent alors de substituer de simples signes à leurs emblèmes métaphoriques. Cela se vit surtout à une époque qui ne nous appartient déjà plus, au xviie siècle. Voici un spécimen tiré de l'œuvre de Rudolphe Glauber, qui peut donner une idée de cette autre phase de l'art hermétique, qui précéda sa totale disparition :

« Le régule de ♂ est l'espèce masculine du ♄, son premier estre estant ☉ impur & non meur; mais le premier estre du ♄ commun est ☽ impur & non meur; car tous iours ♂ purgé & fixe donne ☉; mais ♄ commun donne seulement ☽ ; & d'autant que ♂ qui est meilleur que le ♄ commun, est appelé le ♄ des philosophes [1]. »

D'un autre côté, la pompe qui règne dans les titres des ouvrages d'alchimie répond à l'étrangeté de leur vocabulaire scientifique. Plutôt entraînés, sans doute,

____

[1] **Rudolphe Glauber.** *De l'œuvre minérale où est enseignée la séparation de l'or des pierres à feu.* Paris, 1674, p. 54.

par l'esprit de prosélytisme que par leurs convictions,
les adeptes, à quelque siècle qu'ils appartiennent, de
quelque école qu'ils soient, donnent invariablement
à leurs livres les plus singuliers noms. Ils n'aspirent
qu'à un but, c'est de tenter la curiosité générale.
Beaucoup de ces productions portent même des
titres tellement emphatiques, qu'on se demande parfois si quelques-unes d'entre elles ne seraient pas
le produit de certains esprits sarcastiques qui se sont
complu à railler les travers de leur siècle. On en
jugera par les exemples qui suivent : *Le Livre de la
lumière*[1], *le Vrai trésor de la vie humaine*[2], *le Tombeau
de Sémiramis ouvert aux sages* [3]; on peut encore citer
le Traité du ciel et de la terre[4], *l'Entrée ouverte du palais fermé du roi*[5], *la Philosophie naturelle des métaux*[6], *la Lumière sortant des ténèbres* [7], *la Toison d'or
ou la Fleur des trésors*[8]; d'autres portent les noms de
Teinture physique, de *Teinture du soleil et de la lune*,
et de *Teinture des pierres précieuses* [9].

<hr>

1. JEAN ROQUETAILLADE. *Liber lucis, in secretis alchimiæ.— Thédtr.
chim.*, t. III.

2. DU SOUGY. *Le vrai trésor de la vie humaine.* Paris, 1653.

3. *Le tombeau de Sémiramis nouvellement ouvert aux sages.* Paris, 1689.

4. LAVINIUS. *Traité du ciel et de la terre.—Bibl. des phil. chim.* Paris,
1672, t. I, p. 232.

5. *Philalèthe ou l'Entrée ouverte du palais fermé du roy.—Bibl. des
phil. chim.*, Paris, 1672, t. I, p. 236.

6. LE TRÉVISAN. (Messire Bernard comte de La Marche Trévisane.)
Le livre de la philosophie naturelle des métaux. —Bibl. des phil. chim.,
t. I, p. 160.

7. *La lumière sortant par soi-même des ténèbres.* Paris, 1687.

8. *La Toyson d'Or ou la Fleur des thrésors, en laquelle est succinctement et méthodiquement traicté de la pierre des philosophes.* Paris, 1612,
traduit de l'allemand.

9. CUVIER. *Histoire des sciences naturelles.* Paris, 1842, t. I, p. 373.

Au xive et au xve siècle, les ouvrages sur la science hermétique se multiplièrent à l'infini, et, relégués d'abord en manuscrit dans les bibliothèques, ils en furent souvent extraits plus tard pour alimenter l'imprimerie dans les premiers temps de sa découverte. Tous se font remarquer par leur obscurité, et par ce style mystique et incompréhensible que nous avons précédemment signalé. Souvent aussi ils sont ornés de figures hiéroglyphiques ou cabalistiques auxquelles les adeptes donnaient toujours la plus mystérieuse signification. Ce sont des fioles ou des matras dans lesquels des dragons et des diables diversement colorés, ou des paons, ou des aigles polycéphales indiquent symboliquement les diverses phases des opérations du grand œuvre [1]. Nous avons même rencontré dans les bibliothèques plusieurs manuscrits qui n'étaient uniquement composés que d'images bizarres et de figures grotesques, faisant également allusion aux différents phénomènes de l'art hermétique. C'est ce que l'on peut voir dans le traité des *Fleurs d'or d'Apollonius*, encore manuscrit à la bibliothèque royale de Paris [2].

Mais s'il y a quelque chose de plus extraordinaire que la mystique obscurité de ceux qui écrivirent sur l'art hermétique, c'est leur audacieuse impudence. Les uns, après les plus inextricables descriptions d'opérations tout à fait imaginaires, protestent à leurs

---

1. *La Toyson d'Or ou la Fleur des thrésors, en laquelle est succinctement et méthodiquement traicté de la pierre des philosophes.* Paris, 1612.

2. Apollonius. Ms. n° 7152. *Expositiones quas magister Apollonius Flores aureas*, etc.

bénévoles lecteurs qu'ils leur ont exprimé les choses les plus claires et les plus faciles. « Voilà tout ce que j'avais à t'apprendre, dit Alphidius en terminant son œuvre, je t'ai tout dit clairement, sans voile nuageux. Saisis-le avec la pointe de ton esprit, et tu trouveras, si Dieu le veut [1]. »

Rien n'égalait l'effronterie de cette fausse école du savoir, si ce n'était l'incroyable crédulité de ceux auxquels ses productions s'adressaient. L'un de ses oracles, Artéfius, commence ainsi son livre sur le grand œuvre : « Parvenu à l'âge de plus de mille ans, dit-il, par la grâce de Dieu et de mon admirable quintessence, j'ai résolu en ces derniers jours de ma vie de tout révéler au sujet de la pierre philosophale, sauf une certaine chose qu'il n'est loisible à personne de dire, ni d'écrire, parce qu'elle ne se révèle que par Dieu ou par la bouche d'un maître. Néanmoins, tout peut s'apprendre dans ce livre, pourvu qu'on ait un peu d'expérience et qu'on n'ait pas la tête trop dure [2]. » Est-il possible d'exploiter avec tant d'audace la folie humaine!

Les adeptes ne reculèrent devant aucun moyen pour propager leurs idées. A l'époque où leur art était dans sa plus vive effervescence, afin de triompher des scrupules de quelques âmes profondément religieuses, ils s'efforcèrent même d'enrôler sous leur bannière les hommes qui se firent le plus remarquer par la sainteté de leur vie. Il suffisait que ceux-ci se

---

1. ALPHIDIUS. *Liber metheorum Alphidii philosophi.* Mss., n° 6514. *B. R.*
2. ARTÉFIUS. *De arte occulta, atque lapide philosophorum liber secretus.* Paris, 1612.

fussent le moins du monde occupés de recherches scientifiques pour qu'immédiatement leur nom se trouvât inscrit dans les annales de l'alchimie ou des sciences occultes.

C'est à cet empressement que R. Bacon, Albert le Grand, saint Thomas d'Aquin et Vincent de Beauvais durent eux-mêmes de ne pas échapper à ce dangereux honneur. Et lorsque rien ne pouvait l'autoriser, le zèle des fauteurs de l'alchimie ne se rebutait pas; ceux-ci inventaient frauduleusement des ouvrages ou des chroniques pour accréditer leur science ou dissiper les craintes des âmes timorées. C'est ainsi, par exemple, qu'ils placent Jean XXII dans la série des alchimistes [1], en prétendant qu'après avoir reçu des leçons d'Arnaud de Villeneuve et de Raymond Lulle, il transforma son palais d'Avignon en un laboratoire consacré à la confection de l'or; on lui a même attribué un livre sur la transmutation des métaux [2]. Un seul fait renverse cet échafaudage d'absurdités, c'est que ce pape, renommé par son grand savoir, s'était au contraire signalé par des ordonnances contre les sectaires de la science d'Hermès, qui de son temps parcouraient l'Europe en exploitant la crédulité publique.

Le moindre indice suffisait aux adeptes pour grossir leur phalange. Ils ont été jusqu'à prétendre que saint Jean l'Évangéliste avait possédé la pierre philo-

---

1. LENGLET DUFRESNOY. *Histoire de la philosophie hermétique.* Paris, 1742, t. I, p. 192.

2. *L'art transmutatoire des métaux.* 1557.—FRANCISCUS PAGI. *Breviarium de gestis Romanorum pontificum,* t. IV, *in Joann.* XXII. Inséré aussi dans *le Cosmopolite ou Nouvelle lumière de la physique naturelle.* Paris, 1629.

sophale parce qu'il existe dans l'ancienne liturgie une hymne en l'honneur de ce saint, que l'on chantait dans quelques églises, et où il se trouve une allégorie à l'art de faire de l'or[1]. Charles VI, qui pourrait s'en douter? eut le même sort. L'impudence des alchimistes alla jusqu'à lui attribuer un traité sur l'art hermétique[2].

Dans des temps où le soupçon de magie planait autour de tous ceux qui par leur savoir s'élevaient au-dessus du vulgaire, l'on rangea naturellement parmi les alchimistes tous les hommes qui par leur génie acquéraient de grands biens. Jacques Cœur qui de simple ouvrier monnayeur à Bourges devint l'un des particuliers les plus riches de son époque, et même ministre des finances, n'échappa pas à cette accusation. Les adeptes proclamaient que son immense fortune provenait de ce qu'il connaissait la pierre philosophale. Mais l'inflexible histoire renverse cette fable et démontre que cet homme célèbre, auquel Charles VII donna le titre de Premier argentier du roi, et qui lui prêta de si considérables sommes pour soutenir la guerre, ne dut ses richesses qu'à de nombreuses exactions que la faveur d'Agnès Sorel et du vieux Dunois empêcha longtemps de recevoir leur juste châtiment. Dans le but d'égarer l'opinion et de cacher ses

1. L. MIGNE. *Encyclopédie théologique.* Paris, 1848, t. XLIX. — *Scienc. occult.*, p. 309.

Voici ce fragment dont parle aussi Vincent de Beauvais, dans son *Speculum naturale :*

> Inexhaustum fert thesaurum,
> Qui de virgis fecit aurum,
> Gemmas de lapidibus.

2. *OEuvre royale de Charles VI, roi de France,* ins. dans le *Cosmopolite ou Nouvelle lumière de la physique naturelle.* Paris, 1629.

méfaits, Jacques Cœur avait lui-même laissé croire que la source de son inconcevable prospérité se trouvait dans la transmutation des métaux; et sur le fronton de l'hôtel qu'il construisit à Bourges, il fit représenter les emblèmes de l'alchimie[1]. Mais toute sa science paraît avoir principalement consisté dans l'art avec lequel il altéra les monnaies de la couronne[2].

La science hermétique ne séduisait pas seulement la multitude avide d'or, les grands s'en occupaient aussi et elle pénétra jusque dans les palais des rois. Quelques-uns de ceux-ci se livraient eux-mêmes aux pratiques occultes; tel fut Alphonse X roi de Castille que son amour pour la science fit surnommer le Savant et qui, après s'être beaucoup adonné à l'alchimie, écrivit sur cet art un traité intitulé *La clef de la sagesse*[3].

On est malheureusement forcé d'avouer que les souverains ont parfois amplement secondé l'extension de l'alchimie. Quelques historiens ont même fait remarquer que ce fut aux époques où cette trompeuse science fleurit le plus dans certains États, qu'on y vit apparaître aussi les plus nombreuses fraudes dans la composition du numéraire[4]. Ainsi c'était pendant les règnes des rois Jean, et Philippe le Bel que l'opinion publique dénonce comme ayant altéré les monnaies, que nous voyons fleurir en France les Rupescissa, les Ortholain et les Odomar. En Angleterre la même accusation plane sur Édouard II, auprès duquel Raymond

1. LENGLET DUFRESNOY. *Histoire de la philosophie hermétique.* Paris, 1742, t. l, p. 225.
2. LENGLET DUFRESNOY. *Ibidem.*
3. ALPHONSI REGIS CASTELLÆ *Clavis sapientiæ. Thédtr. chim.*, t. V.
4. HOEFER. *Histoire de la chimie.* Paris, 1842, t. I, p. 417.

Lulle et Cremer se livrent à leurs travaux transmutatoires[1].

L'engouement des souverains pour cet art chimérique, ou plutôt la soif de l'or, les porta parfois à attirer des alchimistes célèbres à leur cour, comme une intarissable source de richesses. En Allemagne les princes se les disputaient, et pour les fixer près d'eux ils leur accordaient de hautes distinctions ou de fortes sommes; quelques-uns leur donnèrent même le titre d'officiers de la couronne[2].

Au nombre des souverains qui ne dédaignèrent pas d'implorer le secours de l'alchimie pour réparer les désastres de leurs finances, Henri VI d'Angleterre ne peut être oublié. Sa foi en la pierre philosophale nous est révélée par d'incontestables témoignages historiques. Les coffres de ce prince ayant été épuisés par les troubles continuels qui signalèrent son règne, il publia une patente royale par laquelle il faisait un appel à tous ceux qui s'occupaient de l'art de fabriquer de l'or. Aussitôt la promulgation de ce document, tant d'adeptes vinrent faire leurs offres au gouvernement, que le trop crédule souverain publia bientôt un autre édit par lequel il annonçait à ses sujets, que l'époque était arrivée où prochainement toutes les dettes de l'État allaient être soldées, à l'aide de la pierre philosophale, en monnaie d'or ou d'argent[3].

---

1. CREMER. *Cremeri abbatis Wesmonasteriensis testamentum.* Francfort, 1677. — R. LULLE. *Testamentum.* Colon., 1568.

2. SPRENGEL. *Histoire de la médecine.* Paris, 1815, t. III, p. 265.

3. EVELYN. *Numismata.* — L. MIGNE. *Dictionnaire des sciences occultes.* Paris, 1848, t. II, p. 413.

Au nombre des princes qui contribuèrent à l'extension de l'alchimie, on peut encore citer l'empereur Rodolphe II et Henri VIII; mais l'un et l'autre n'appartiennent déjà plus à l'époque dont nous faisons l'histoire. Le premier se livrait lui-même aux manipulations hermétiques dans un lieu retiré de son palais[1] et il les pratiquait sur de telles proportions que l'on prétend qu'à sa mort on trouva dix-sept tonnes d'or dans son laboratoire de chimie[2]. Henri VIII ne s'occupa nullement par goût de l'art hermétique, mais il le laissa pratiquer par intérêt. Les succès de Jeanne d'Arc et les guerres intestines de l'Angleterre ayant épuisé le trésor, ce roi, en travaillant à rétablir les finances, concéda, par un édit, à plusieurs alchimistes[3] le droit exclusif de fabriquer de l'or et de l'élixir de longue vie dans ses États[4]!

Cependant, tandis que les coupables encouragements de quelques souverains semblaient favoriser les manœuvres des philosophes hermétiques, d'autres s'efforçaient de bannir ceux-ci de leurs États. Henri IV d'Angleterre, qui était animé de la plus profonde aversion pour l'alchimie, publia des statuts pour l'anéantir dans son royaume. Voici le texte de ce document qui est d'une extrême brièveté : « Nul do-

---

1. On rapporte qu'il s'y enfermait et y travaillait souvent avec Tycho-Brahé. —Bégin. *Alch. du moyen âge*, fol. 11.

2. *Histoire des sciences dans la Marche.*—Sprengel. *Histoire de la médecine.* Paris, 1815, t. III, p. 265.

3. Ceux-ci se nommaient Fauceby, Kirkeby et Ragny. —Sprengel. *Ibidem.* —E. Bégin. *Moyen âge. Alchimie*, p. 6.

4. Henry. *Histoire de la Grande-Bretagne*, t. V, p. 413. — Sprengel. *Ibidem.*

rénavant ne s'avisera de multiplier l'or et l'argent, ou d'employer la supercherie de la multiplication, sous peine d'être traité et puni comme félon [1]. »

La pratique de l'art transmutatoire exigeait toujours d'assez grandes dépenses soit pour l'achat des substances qu'on y employait, soit pour celui des fourneaux ou des matras; il en résultait qu'on ne pouvait s'y adonner que lorsqu'on jouissait d'une certaine aisance. Les alchimistes de bas étage s'alliaient ordinairement à quelque homme riche et puissant et travaillaient sous son égide, car un précepte de la science était qu'on ne pouvait s'y livrer avec fruit que lorsqu'on avait quelque fortune. « La nature s'esjouit de la nature, et nature contient nature, dit le Trévisan, ou en d'autres termes : *Pour faire de l'or il faut de l'or* [2]. »

La science d'Hermès était alors en tel honneur, et un tel objet de mode que les poëtes eux-mêmes s'exerçaient à l'élever à la hauteur de l'épopée. Quelques hommes de finance s'en mêlèrent aussi; parmi eux on comptait jusqu'à des receveurs généraux [3]; d'autres n'étaient que de simples versificateurs [4].

---

1. Ce statut se trouve rapporté dans la patente de Charles II. — L. MIGNE. *Dictionnaire des sciences occultes.* Paris, 1848, t. II, p. 314. — A cette époque les alchimistes étaient aussi appelés *multiplicateurs.* — MIGNE. *Ibidem.*

2. BERNARD DE TRÉVISE. *Opuscule très-excellent de la vraie philosophie naturelle des métaux.* Anvers, 1567.

3. NUISEMENT. *Poëme philosophique de la vérité de la physique minérale.* Paris, 1620.

4. AUGUREL. *La Chrysopée,* c'est-à-dire l'art de faire de l'or. Paris, 1626.

Une patience à toute épreuve, que ne rebutaient ni les déceptions incessantes, ni la ruine de la santé, ni les sacrifices de la fortune, voilà ce que l'on trouvait chez les alchimistes consciencieux. Lorsque la tombe s'ouvrait prématurément pour eux, un rayon d'espoir illuminait encore leur front. Un zèle tellement infatigable animait certains adeptes, qu'ils ne sortaient presque jamais de leur laboratoire : ils y passaient les jours et les nuits à surveiller leurs creusets ou leurs distillations. Certaines opérations se prolongeaient durant plusieurs mois, quelquefois même pendant un an. L'opération préliminaire du grand œuvre, ou la purification du mercure et des autres substances sur lesquelles s'exerçaient les adeptes, demandait surtout de tels soins ; c'était pourquoi ils la nommaient les *travaux d'Hercule*[1].

L'alchimiste du Moyen âge était le vivant emblème de la persévérance poussée jusqu'à ses dernières limites, et parfois même jusqu'au delà du tombeau. « L'opérateur qu'une mort prématurée enlevait à ses travaux, dit M. Hoefer, laissait souvent une expérience commencée en héritage à son fils ; et il n'était pas rare de voir celui-ci léguer dans son testament, le secret de l'expérience inachevée dont il avait hérité de son père. Les expériences d'alchimie étaient transmises de père en fils comme des biens inaliénables[2] ! »

Cette patiente abnégation se remarque dans chacun des actes des adeptes. S'occupent-ils de lectures, ils le

---

1. GILBERT. *Dictionnaire de physique et de chimie*, t. I, p. 131.
2. HOEFER. *Histoire de la chimie*. Paris, 1842, t. I, p. 302.

font avec une religion que nous n'avons plus, et passent plusieurs années à compulser, à méditer chacun des ouvrages où ils croient surprendre quelque secret touchant leur art favori. Leurs confessions nous révèlent ce fait à toutes les pages. « Le premier livre que j'eus, dit Bernard de Trévise, fut Rasez, j'employay quatre ans de mon temps, et me cousta bien huict cents escuz en l'esprouvant; et puys Geber, qui m'en cousta bien deux mille et plus. Je vis le livre d'Archelaüs, par trois ans, etc., etc.[1] »

La fièvre ardente qui dévorait les alchimistes et les conduisait à une ruine certaine, était dépeinte avec une rigoureuse âpreté par quelques critiques de leur temps. « Les domageables charbons, dit l'un d'eux, le soulfre, la fiente, les poisons, les mines et tout dur travail leur sembla plus doux que le miel, jusqu'à ce qu'ayant consommé patrimoine, héritage, meubles qui s'en alloient en cendre et fumée, ces malheureux se trouvassent chargez d'ans, vestus de haillons, affamez toujours, sentant le soulfre, taincts et souillez de suye et de charbon, et par le fréquent maniement de l'argent vif devenus paralytiques, etc.[2] »

Les préceptes destinés à éclairer les jeunes adeptes, et que les maîtres de l'art laissaient parfois transpirer du fond de leurs laboratoires, se ressentaient de l'amertume et des déceptions qui abreuvaient leur vie : ils étaient souvent sombres et sévères.

1. Bernard de Trévise. *Opuscule très-excellent de la vraie philosophie des métaux.* Anvers, 1567.
2. Bégin. *Alchimie.*—*Moyen âge et renaiss.,* fol. 10.

Ils leur imposaient un silence et une discrétion à toute épreuve. On prescrivait à l'alchimiste de rompre tout commerce avec les hommes, et de n'habiter qu'une maison solitaire, uniquement composée d'autant de pièces distinctes qu'il y a d'opérations essentielles dans la pratique de la science d'Hermès[1].

Avant tout, ainsi que nous l'avons dit, les adeptes devaient être possesseurs d'une certaine fortune, afin de pouvoir se procurer, sans hésitation, sans parcimonie, les divers objets indispensables à leurs recherches. Une défense expresse leur était faite d'avoir aucun commerce avec les grands et les rois. « Si tu as le malheur de t'introduire près d'eux, dit l'auteur du traité d'alchimie, ils t'accableront de questions. Eh bien, maître, comment va l'œuvre ? te diront-ils. Quand obtiendrons-nous enfin quelque résultat ? Leur impatience te causera mille désagréments. Et si la réussite ne couronne pas ton œuvre, tu subiras l'effet de leur colère. Si au contraire tu réussis, ils te garderont en captivité pour t'employer à l'accroissement de leurs richesses[2]. »

Vers la fin du Moyen âge, l'alchimie éprouva une véritable recrudescence. Quelques souverains travaillèrent eux-mêmes au grand œuvre, ou par des raisons d'État en favorisèrent les adeptes. L'entraînement de l'exemple, l'appât de l'or et plus rarement la simple curiosité excitèrent une foule de gens à les imiter

---

1. Des pièces pour les solutions, les sublimations, les distillations, etc.

2. *De alchimia.* — *Theatrum chimicum*, t. II. Livre faussement attribué à Albert le Grand, et que Gmelin pense lui être postérieur.

en se livrant à de ruineuses et toujours inutiles recherches.

Au xve siècle, ces recherches alchimiques étaient devenues un engouement général ; aucune profession ne s'y dérobait. Partout, dans les palais comme dans les plus humbles demeures, des laboratoires improvisés fonctionnaient nuit et jour. La grille des monastères devint elle-même inefficace pour préserver de la contagion les ordres religieux. Beaucoup de moines s'adonnèrent aux expériences[1]. Parmi ceux-ci il en était qui, avant de s'y livrer, entreprenaient de longs voyages en Orient pour y consulter les anachorètes du mont Sinaï ou de l'Athos, auxquels les traditions attribuaient une profonde sagesse et de grandes connaissances dans les secrets de la nature[2]. Cet entraînement a tellement frappé quelques écrivains, que l'un d'eux, M. E. Bégin, va même jusqu'à dire que dans la plupart des monastères on trouvait alors quelque fourneau destiné à composer de l'or et de l'argent[3].

L'enthousiasme s'était propagé partout. L'Allemagne, la France, l'Italie et l'Espagne, avaient chacune leurs alchimistes en renom. L'Angleterre, malgré son isolement, n'échappa pas à la propagande du grand œuvre, et l'on peut s'en convaincre par la lecture du *Théâtre chimique britannique* publié au xviie siècle[4].

---

1. REHKORF. *Histoire des écoles,* p. 125.
2. MOEHSEN. *Mémoires pour servir à l'histoire des sciences.* Berlin, 1783. — SPRENGEL. *Histoire de la médecine,* t. III.
3. E. BÉGIN. *Alchimie du moyen âge et de la renaissance.* Paris, 1851, p. 5.
4. ASHMOLE. *Theatrum chimicum britannicum,* 1652.

Cette soif ardente de l'or semblait s'étendre jusqu'à la Chine elle-même, qui alors cultivait aussi la philosophie hermétique[1].

On aurait pensé que l'essor qui se manifesta dans toutes les branches des connaissances humaines à l'époque de la renaissance était de nature à anéantir les illusions des fauteurs de l'alchimie, et cependant il n'en fut rien. Ni les sarcasmes des gens vraiment instruits d'alors, ni même les railleries d'Érasme n'en purent arrêter le cours[2]. Jamais les adeptes ne furent ni plus nombreux ni plus audacieux que durant les xvie et xviie siècles. Alors on vit successivement briller sur la scène Agrippa, Ulsted, Augurelli et surtout Paracelse, le hardi Paracelse, qui fut peut-être le dernier et le plus étonnant de tous[3].

Le xviie siècle se fit surtout remarquer par le nombre d'alchimistes errants qu'on vit pendant sa durée envahir toutes les contrées de l'Allemagne[4]. Beaucoup d'entre eux sous le nom de *Lullistins*, et ensuite sous celui d'*illuminés*, se groupèrent en sectes qui prétendaient suivre les préceptes de R. Lulle dont ils exaltaient le savoir et le martyre. Le mysticisme des uns les portait vers les sciences occultes, les autres vendaient de l'or et des panacées propres à prolonger la vie ou à guérir de tous les maux.

1. Grosier. *De la Chine*. Paris, 1820, t. VI, chap. *Des sciences chimiques des Chinois.*

2. Érasme. *Colloquia familiaria. Alcumistica.* Amstelodami, 1650, p. 266.

3. Ulsted. *Cœlum philosophorum.* Argentorat. 1528. — Augurelli. *Chrysopœa*, lib. III. Basil. 1518. — Lenglet Dufresnoy. *Histoire de la philosophie hermétique.* Paris, 1742, t. I, p. 271.

4. Gmelin. *Geschichte der chimie.*

L'alchimie du Moyen âge avait atteint son apogée aux XIIIe et XIVe siècles : les Raymond Lulle et les Arnaud de Villeneuve concouraient alors à l'illustrer. Au XVe, elle se propagea considérablement et une foule d'adeptes vinrent se mettre à l'œuvre, mais la science d'Hermès perdit de son éclat en même temps qu'elle se vulgarisa. On ne compte plus alors parmi ses sectaires aucun de ces grands hommes qui, quels que soient leurs écarts, attirent encore l'admiration par l'étendue de leurs facultés. Enfin, quoique fort répandues au commencement de la renaissance, depuis cette époque les théories de l'alchimie se trouvèrent attaquées de toutes parts, et elles s'effacèrent enfin pour donner naissance à la chimie actuelle, dont les travaux font aujourd'hui l'admiration du monde savant.

La chimie positive semble prendre naissance au XVe siècle, où le laboratoire de B. Valentin en devint le berceau[1]. Mais tant de prestige, tant d'enthousiasme, tant d'intérêts divers, se réunissaient pour perpétuer l'autorité des fauteurs de l'alchimie, que le triomphe définitif de l'ère nouvelle se fit longtemps attendre.

Lorsqu'elle eut lieu, la transformation de l'alchimie du Moyen âge en chimie moderne ne se fit pas aussi rapidement et aussi facilement qu'on pourrait se le figurer; elle fut lente et graduée, et ce ne fut qu'après une succession de victoires que la science de Lavoisier l'emporta sans retour sur les rêveries de l'art d'Hermès.

---

1. CADET GASSICOURT. Biographie de Basile Valentin. — *Biogr. univ.*, t. III, p. 482.

Si une chose peut étonner, c'est que les siècles qui ont précédé le nôtre ne se soient point encore fourvoyés davantage, lorsque l'on voit les chimères de l'art hermétique se propager durant les premières années d'une époque telle que la renaissance, si riche en intelligences de toute nature; et quand on les voit acceptées par des chimistes tels que R. Glauber et d'autres, qui consacrent leurs écrits à enseigner l'art d'extraire de l'or des pierres à feu, de l'argile ou du sable[1]!

Après l'époque du Moyen âge, aux fauteurs du grand œuvre succèdent des chimistes consciencieux, mais qui, au lieu d'examiner la nature intime des corps et les phénomènes de leur transformation, ne semblent presque uniquement occupés qu'à composer des médicaments. La chimie d'alors n'est qu'une science tout à fait pharmaceutique. C'est ce que l'on peut vérifier dans tous les traités du temps et en particulier dans ceux de Crollius[2] et de Lefebvre[3]; puis encore, mais avec beaucoup plus de perfection, dans l'œuvre du célèbre Lemery[4].

Mais nous sentons que nous devons nous arrêter ici, car au moment où la chimie entre dans son ère nouvelle, elle a cessé d'appartenir au Moyen âge. Et si déjà nous l'avons suivie un peu au delà, c'était pour compléter le tableau de l'une de ses phases qui rentre essentiellement dans notre sujet.

---

1. RUDOLPHE GLAUBER. *De l'œuvre minérale, où est enseignée la séparation de l'or des pierres à feu, sable, argile,* etc. Paris, 1674.

2. CROLLIUS. *La royale chimie de Crollius.* Rouen, 1634.

3. LEFEBVRE. *Traité de la chimie.* Paris, 1660.

4. LEMERY. *Cours de chimie, contenant la manière de faire les opérations qui sont en usage dans la médecine.* Paris, 1756.

Cependant si ces nombreux adeptes du grand œuvre, dont nous venons de tracer l'histoire, si ces bandes d'illuminés qui se répandent dans les provinces, faussent la vraie direction de la science par leurs vaines recherches ou leurs fallacieuses promesses, il existe, pendant l'époque où ils brillent d'un faux éclat, des chimistes praticiens qui, dans l'obscurité de leurs laboratoires, enfantent des merveilles. Aucun livre ne vient nous révéler leurs mystérieuses opérations, mais leurs résultats, respectés par la main du temps, s'offrent encore aujourd'hui à notre admiration dans nos monuments et dans nos musées.

Les connaissances en chimie pratique que posséda le Moyen âge se révèlent plutôt dans ses conceptions artistiques et monumentales que dans ses livres. Les cathédrales gothiques, les mosquées de l'Orient, les collections de Palerme, de l'Escurial et de Paris attestent à chaque pas ce grand fait, et viennent démontrer à l'observateur attentif que dans de nombreuses circonstances, l'habileté des Maures et des Francs rivalisa avec le savoir des artistes modernes[1]. Le mérite des premiers est d'autant plus grand que leurs procédés ne leur étaient transmis que par des traditions orales, car autant les alchimistes ont été prolixes pour divulguer leur art imaginaire, autant les chimistes praticiens ont eu de discrétion relativement à tout ce qui concernait leurs travaux.

Les chefs des grandes exploitations métallurgiques, les ouvriers ingénieux qui fabriquaient les verres co-

1. Bégin. Art. *Alchimie.* — *Moyen âge et renaissance*, p. 3.

lorés ou les émaux, les artistes qui les peignaient, pratiquaient tous leur art avec une discrète réserve. Étant étrangers aux lettres, le fruit de leur expérience s'ensevelissait avec eux, si à leur lit de mort quelque élève favori ou quelque ami n'en devenait pas le religieux dépositaire. Plusieurs hommes laborieux et instruits dont Mœhsen a eu le soin de nous léguer l'histoire et de faire reproduire les œuvres, ont seuls fait exception. Tels furent au xvᵉ siècle Isaac et Jean Hollandus, fabricants d'émaux et de pierres précieuses artificielles; puis Alexandre Sidonius et Michel Sendigovius, son élève, qui, en pratiquant l'alchimie s'occupaient de la confection des couleurs. Artisans vraiment dignes d'éloges, tous quatre viennent, avec une candeur si rare alors, léguer à la postérité leurs utiles et ingénieux procédés[1].

Le Moyen âge vit éclore et se perfectionner un art important, la peinture sur verre, employée pour la décoration des fenêtres ogivales des églises gothiques. Cet art, qui révèle déjà des connaissances chimiques assez avancées, doit trouver sa place dans l'histoire scientifique du temps où il acquit toute sa splendeur, car il est l'expression la plus pratique de ce que réalisèrent les laboratoires de nos aïeux. La peinture sur verre naît au ivᵉ siècle; elle se perfectionne successivement jusqu'au xviᵉ, et tombe ensuite en désuétude jusqu'à notre époque où on la tire enfin de l'oubli pour l'employer de nouveau et avec plus de magnificence que jamais[2].

1. Mœhsen. *Théâtre chimique* (publié en Allemagne).
2. Comp. l'abbé Texier. *Origine de la peinture sur verre.* — P. Le

L'invention du verre et l'art de le colorer diversement remontent à la plus haute antiquité, et cependant il est une foule de gens qui pensent encore que les anciens n'ont point connu cette substance. Cette opinion erronée est presque traditionnelle; les écrits des anciens et le riche butin exhumé des hypogées de l'Égypte, de Pompeï et d'Herculanum sont cependant là pour protester contre elle [1].

Les musées d'antiquités fourmillent d'émaux colorés transformés en statuettes représentant des divinités, des scarabées, des ibis et d'autres animaux sacrés, découverts dans les anciennes villes des bords du Nil. Pauw dit même que les Égyptiens faisaient des statues en verre coloré [2].

Pline parle du verre dans ses œuvres et dit que déjà de son temps la Gaule et l'Espagne étaient renommées pour sa fabrication [3]. Winckelmann, après avoir scruté toutes les merveilles de l'art chez les anciens, prétend même que ceux-ci avaient porté au plus haut point la science de travailler cette substance [4]. Ils en faisaient si profusément usage qu'ils payaient parfois leurs habitations en verre coloré.

VIEIL. *L'art de la peinture sur verre et de la vitrerie.* Paris, 1774.— ALEX. LENOIR. *Histoire de la peinture sur verre et description des vitraux anciens et modernes pour servir à l'histoire de l'art.* Paris, 1804. — F. DE LASTEYRIE. *Histoire de la peinture sur verre d'après les monuments en France.* Paris, 1828.—E. H. LANGLOIS. *Essai historique et descriptif sur la peinture sur verre,* suivi de la *Biographie des plus célèbres peintres verriers.* Rouen, 1832.— L. BATISSIER. *Histoire du verre et des vitraux peints.*

1. Comp. de VALOIS. *De l'origine du verre et de ses différents usages chez les anciens. —Mém. de l'Acad. des inscriptions.*

2 PAUW. *Recherches philosophiques sur les Égyptiens.* Paris, an III, t. I, p. 408.

3. PLINE. *Histoire naturelle,* livre XXXVI, 25 et 26.

4. WINCKELMANN. *Histoire de l'art chez les anciens.* Paris, 1802.

L'invention du verre remonte plus haut qu'on ne le pense généralement. Quelques assertions de Bernard Palissy[1], et certains passages de la Bible où, en vantant la sagesse, Job dit qu'elle est plus précieuse que l'or et le verre[2], tendraient à faire croire que cette substance était même connue des Hébreux. Mais il n'y a rien de positif à ce sujet; tandis que les témoignages historiques semblent établir manifestement que la découverte du verre et celle de l'art de l'œuvrer sont dues aux Phéniciens et aux Égyptiens[3].

Les ouvriers de la Phénicie ont été célèbres dès la plus haute antiquité par le perfectionnement qu'ils donnaient à leurs ouvrages de verrerie. Hérodote et Théophraste parlent d'une colonne admirable, faite d'une seule émeraude, qui ornait l'un des temples de Tyr, et ne pouvait être qu'une masse de verre coloré. Mais ce que l'on sait à l'égard du grand peuple que nous venons de nommer se réduit à quelques citations, et aucune preuve matérielle du fait n'a encore été découverte.

Il n'en est pas ainsi relativement à l'Égypte : les monuments et l'histoire se réunissent pour constater que c'est bien réellement dans son sein que l'industrie du verre a pris naissance, opinion que M. Boudet a rendue évidente[4]. Selon ce savant, ce serait dans les temples de Memphis et de Thèbes qu'on devrait placer

1. B. Palissy. *OEuvres de Bernard Palissy*, 1777.
2. Job. Chap. xxviii, vers. 17. « Aureum et vitrum non æquabitur ei. »
3. Boudet. *Notice historique sur l'art de la verrerie né en Égypte.* Paris, 1800. Extrait de la *Description de l'Égypte.*
4. Boudet. *Ibidem.*

le berceau de cet art, et il aurait été découvert par les prêtres de Vulcain qui y cultivaient alors l'Art sacré ou la chimie avec la plus grande ardeur[1].

Les Égyptiens pratiquaient même déjà cet art sur de larges proportions, car Hérodote assure que dans certaines régions des bords du Nil on savait faire des sarcophages en verre, pour déposer les morts sous leurs parois transparentes[2]. Strabon confirme ce fait en rapportant que lors du voyage d'Auguste en Égypte, cet empereur se fit présenter le corps d'Alexandre encore conservé et contenu dans une châsse de verre[3]. Pauw prétend en outre que l'art était poussé si loin dans ce pays qu'on y coulait même des statues en cette substance[4].

Les collections des antiquaires qui aujourd'hui foisonnent d'objets enlevés aux hypogées des bords du Nil, viennent prouver que l'art de travailler le verre était fort avancé chez les Égyptiens et que ceux-ci savaient même le colorer avec tant de perfection qu'ils imitaient avec lui les pierres précieuses : l'hyacinthe, le rubis, le saphir et l'émeraude[5]. Démocrite paraît même avoir appris cet art des prêtres des bords du Nil[6]. On rapporte que Sésostris portait un sceptre de verre imitant

---

1. BOUDET. *Notice historique sur l'art de la verrerie né en Égypte.* Paris, 1800. Extrait de la *Description de l'Égypte.*

2. HÉRODOTE. *Histoire*, livre II. Euterpe.

3. STRABON. *Géographie*, livre II.

4. PAUW. *Recherches philosophiques sur les Égyptiens.* Paris, an III, t. I, p. 406. — Mais je crois que cet érudit a été égaré par quelque citation, et que dans ce qu'il rapporte il est plutôt question des grandes figures de porphyre noir qui se voient dans nos collections égyptiennes.

5 STRABON. *Ibidem.*

6 LENGLET DUFRESNOY. *Histoire de la philosophie hermétique.* Paris, 1742.

l'émeraude[1]. Athénée dit même que les Égyptiens savaient dorer cette substance[2].

Les Grecs ne paraissent pas s'être beaucoup occupés de l'art de la vitrification et l'on ne possède que peu de documents sur son état chez eux. Mais par compensation tout atteste que les Romains l'ont cultivé avec distinction.

Quoique les procédés pour travailler le verre n'eussent été introduits à Rome qu'assez tard, ils y acquirent rapidement une grande extension. Quelques objets de l'art antique exécutés avec cette substance, ne reconnaissent aujourd'hui aucune rivalité, tant la perfection qu'ils présentent est exquise! Du temps de Pline on savait souffler et colorer le verre avec assez de recherche pour que certains vases fussent payés au poids de l'or[3], et l'art avait même acquis un tel grandiose au moment où le naturaliste ancien écrivait qu'il rapporte avoir vu dans le temple de la Concorde une statue massive d'Auguste sculptée en cette lave vitreuse à laquelle on donne le nom d'*obsidienne*[4].

On peut apprécier toute la perfection de l'art de la verrerie chez les Romains en voyant le vase de Portland conservé aujourd'hui dans une salle secrète du muséum Britannique pour le soustraire au vandalisme

1. BATISSIER. *Histoire de l'art monumental.* Paris, 1845, p. 635.

2. ATHÉNÉE. *Banquet des savants*, livre V, chap. v.

3. Du temps de Néron, on paya deux coupes en verre six mille sesterces (1260 fr.). — PLINE. Lib. XXXVI, 66.

4. PLINE. *Histoire naturelle.* Lib. XXXVI, 67. — Pline parle aussi de quatre éléphants exécutés avec cette substance, et consacrés par Auguste comme des merveilles, dans ce même temple de la Concorde. *Ibidem.*

de quelque nouvel insensé. Ce vase, qui fut trouvé dans la villa Barberini et qu'on estime à plus de soixante mille francs, est en verre d'un bleu foncé sur lequel se trouvent des figures de couleur blanche du travail le plus fin et le plus exquis que l'on connaisse[1].

Quoique divers monuments de l'art attestent que la verrerie eût atteint chez les Romains une incontestable supériorité, les écrivains de cette nation sont fort laconiques à son sujet. Lucrèce est peu-tètre le premier qui en parle[2], et quelques passages de Sénèque nous révèlent que l'usage du verre ne remontait guère à Rome au delà du commencement de l'empire; mais il s'était sans doute rapidement développé puisque cet auteur nous apprend que de son temps, dans les plus humbles habitations, on recouvrait les plafonds de plaques de cette substance[3], et que Pline dit que lors du règne d'Auguste la mode avait substitué les coupes en verre à celles d'or et d'argent[4].

Après avoir tracé succinctement l'histoire de la découverte de l'art de la verrerie et de ses progrès, nous arrivons à une question transitoire qui concerne plus intimement les arts chimiques du Moyen âge : il s'agit de savoir si les Romains se sont servis de vitres, et s'ils possédaient déjà quelques éléments de la peinture sur verre.

C'est à tort qu'on a souvent dit que ceux-ci n'em-

---

1. Ce vase fut brisé en plus de cent morceaux, il y a quelques années, par un homme ivre, lorsqu'il se trouvait dans les salles publiques du muséum de Londres. Aujourd'hui il est parfaitement réparé.
2. LUCRÈCE. Lib. IV, vers 602.
3. SÉNÈQUE. Epist. 40 et 86.
4. PLINE. *Histoire naturelle*, liv. XXXVI, 67.

ployaient point de vitres pour clore les ouvertures de leurs habitations. Depuis longtemps Winckelmann a éclairci ce fait en découvrant un châssis de fenêtre encore vitré dans une maison d'Herculanum[1]. Depuis lui Gell et d'autres en ont recueilli de semblables à Pompeï[2]. Il ne peut donc plus y avoir de doutes, et il est bien évident que c'est aux vitres que Sénèque fait allusion lorsqu'il parle de pièces de verre nommées *specularium* à travers lesquelles arrive une brillante lumière[3].

Ainsi donc l'art de vitrer les châssis des fenêtres appartient bien à l'ancienne Italie. Il en est de même de celui de colorer les vitraux. On trouve déjà quelques traces de ce dernier chez les anciens. Ceux-ci ornaient parfois les *specula* d'arabesques ou de figures d'animaux ; et Suétone nous raconte même qu'Horace avait fait exécuter quelques peintures lascives sur celles de sa chambre à coucher[4].

Ainsi donc, en suivant l'histoire d'un art que l'on peut réellement appeler l'*art du moyen âge*, car ce fut pendant celui-ci qu'on le vit acquérir son plus grand développement comme sa plus exquise perfection, on voit cependant que les peuples de l'antiquité connurent le verre et firent avec lui d'admirables travaux, mais qu'à l'égard de la peinture des vitraux, chez eux, tout se borne à de simples essais.

1. WINCKELMANN. *Monuments inédits*, t. I, p. 267.
2. GELL. *Vues des ruines de Pompeii*. Paris, 1827.—CHAMPOLLION-FIGEAC. *Peinture sur verre*, p. 1. — *Moyen âge*. Paris, 1851.
3. SÉNÈQUE. Epistola 93.
4. RAOUL ROCHETTE. *Peintures antiques*, p. 388. « Speculato cubiculo « secreta dicitur habuisse disposita, ut quocumque respixisset ibi ei imago « coitus referretur. »

L'art ingénieux de procéder en grand à l'éclairage des monuments religieux à l'aide des vitraux colorés, n'a réellement pris naissance qu'à l'époque où les chrétiens construisirent leurs premières basiliques; et ses effets semblèrent si merveilleux alors, que les auteurs contemporains n'en parlent qu'avec enthousiasme.

Cet art commença dès le IVe siècle en Italie et en Grèce, et il se propagea rapidement ensuite dans la Gaule[1]. A cette époque tous les poëtes chrétiens le célébrèrent dans leurs vers. Les vitraux de Saint-Paul de Rome excitaient alors l'admiration de Prudence. Il dit qu'en les traversant la lumière du jour se décore des teintes empourprées de l'aurore, et que les fenêtres en ceintres étalent aux yeux émerveillés de riantes prairies où brillent toutes les fleurs du printemps[2]. Sainte-Sophie de Constantinople, bâtie au VIe siècle par Justinien, reçut une semblable décoration; Paul le Silentiaire parle avec la même emphase de l'éclat des couleurs de ses vitraux au moment du soleil levant[3].

Dès le Ve et le VIe siècle, les récits des écrivains de notre pays nous montrent que dans la Gaule les verrières de couleur étaient déjà employées. Saint Fortunat, évêque de Poitiers, en décrivant Notre-Dame de Paris, admire les brillants reflets colorés que la lumière projette sur les voûtes et la colonnade de cette basilique, après avoir traversé ses vitraux diversico-

1. Champollion Figeac. *Peinture sur verre. Moyen âge.* Paris, 1851.
2. Le P. Chamillard. *Notes sur Prudence.*
3. Du Cange. *De Constantinopoli christiana.* — *Hist. Byzant.*, t. II, p. 39. — Hoefer. *Histoire de la chimie* Paris, 1842, p 354.

lores[1]; mais cependant la véritable *peinture sur verre*
ou l'art d'y tracer des figures colorées, selon M. Éme-
ric David, n'aurait réellement pris naissance qu'au
IXe siècle, sous le règne de Charles le Chauve ou de
Louis le Débonnaire; et ce serait un art que nous
devons revendiquer comme étant d'origine française[2].
Langlois partage la même opinion[3]. Avant cette époque
on ne représentait aucun sujet sur les verrières, et
celles-ci n'étaient formées que de l'assemblage de morceaux de verre de couleurs variées.

L'enthousiasme était tel alors pour cet objet, que
Suger, favori et ministre de Louis le Gros, nous apprend lui-même qu'il fit venir à grands frais les artistes
les plus habiles de l'étranger pour peindre les vitraux
de l'abbaye de Saint-Denis. Il raconte que les ouvriers
pulvérisèrent des saphirs en grande abondance et les
brûlèrent dans le verre pour lui donner la couleur d'a-
zur. Et lorsqu'il faisait exécuter ces vitres, la dévotion
était telle, dit-il, qu'il se trouvait chaque semaine assez d'argent dans les troncs de l'église pour payer les
ouvriers[4].

Nous avons déjà vu que le XIIe siècle se signala par
l'essor que prirent alors la philosophie et les lettres.
Les arts sortirent aussi à ce moment de leur torpeur
et vinrent concourir à l'ornement de nos monuments;
l'architecture romane appela à son secours celui du
verrier pour la décoration des basiliques que la fer-

1. CHAMPOLLION-FIGEAC. *Peinture sur verre*, p. 1. *Moyen âge.* Paris, 1851.
2. Ém. DAVID *Histoire de la peinture.* Paris. 1842, p. 79.
3. LANGLOIS. *Mémoire sur la peinture sur verre.* Rouen, 1823, p. 31.
4 DOUBLET. *Antiquités et recherches de l'abbaye de Saint-Denis.* Paris,
1625, p. 243.

veur des fidèles élevait de toutes parts; et cet art national, qui reposait essentiellement sur les connaissances chimiques, éprouva alors un grand développement. C'est à cette époque que furent exécutés les vitraux de l'abbaye de Saint-Denis, les plus anciens que l'on connaisse en France. Ils représentent l'histoire de Moïse et quelques autres sujets [1].

Les verrières du xiie siècle sont faciles à reconnaître, parce qu'elles se composent de pièces de petite dimension fixées dans des montures de plomb qui suivent les principaux contours du sujet. Les personnages, ordinairement dessinés avec assez d'incorrection, présentent toujours une certaine roideur : leurs draperies lourdes et offrant des plis peu accidentés, semblent les envelopper comme une sorte de gaîne. En général, dans ces vitraux, le sujet paraît avoir été sacrifié à la combinaison des couleurs; aussi on admire moins les figures que le prestige et la richesse des rosaces.

L'architecture ogivale du xiiie siècle, en s'éloignant des formes lourdes de l'art roman, permit aux artistes verriers de disposer leurs œuvres plus favorablement. On remarque encore dans celles-ci la même simplicité d'exécution qu'elles présentèrent dès l'origine. Les verrières du xiiie siècle se composent ordinairement d'un fond réticulé, sur lequel se trouve un certain nombre de petits médaillons représentant quelques scènes de l'Ancien ou du Nouveau Testament ou quelque légende de la vie des saints. Les figures sont exécutées dans le style byzantin et le tout forme un

---

1. F. DE LASTEYRIE. *Histoire de la peinture sur verre.* Paris, 1828.

ensemble lumineux semblable à une mosaïque brillante. Les plus beaux types de ce genre dont on rencontre de nombreux restes dans nos églises, se voient à la cathédrale de Chartres et à la Sainte-Chapelle de Paris.

Au XIIIe siècle l'artiste verrier subordonne ses travaux à la magie de l'éclairage des églises; il n'y laisse pénétrer qu'une faible lumière qui forme une mosaïque lumineuse en passant à travers les multiples fragments de sa composition. Mais au XIVe, le talent du peintre de vitraux se révolte contre les exigences architecturales, et, sans faire attention à l'harmonie de la distribution de la lumière, il ne s'occupe plus que de l'effet de son œuvre.

Au XIVe et au XVe siècle l'art des vitraux arrive à son apogée, soit sous le rapport de la vivacité et de la variété des couleurs, soit sous celui de la composition du dessin.

Déjà au XIVe siècle, la peinture sur verre se perfectionne largement. Le goût byzantin en disparaît et le dessin devient plus correct en se rapprochant davantage de la nature. On y découvre plus d'art et moins de naïveté. Alors on abandonne les médaillons légendaires, et l'on peint sur les panneaux des verrières de grands sujets qui en embrassent toute l'étendue, ou de grandes figures de saints debout et surmontées de clochetons gothiques. Dans ce siècle et celui qui le suivit, l'art de la peinture sur verre devient tellement en vogue et en honneur que les souverains eux-mêmes l'encouragent de tout leur pouvoir et décernent des avantages ou des dignités à ceux qui l'exercent : tels furent Charles V, Charles VI et Charles VII qui déclarèrent que les peintres verriers « seraient francs, quittes et exempts de toutes tailles, garde de porte, guet, arrière-guet et subventions quelconques. » Il fut en outre décrété que les nobles pourraient embrasser cette profession sans déroger, ce qui engagea beaucoup de gentilshommes à l'entreprendre[1]. A cette époque l'art de la peinture sur verre servait non-seulement à la décoration des églises, mais encore à celle des châteaux des princes et des particuliers. Toutes les fenêtres des habitations royales de Charles V possédaient de riches verrières représentant divers saints et des armoiries[2].

Au xve siècle, la peinture sur verre présente le même type que dans le siècle précédent sous le rapport de la conception artistique, seulement l'art et les procédés chimiques s'y montrent avec plus de perfection. Ce sont encore de grandes figures debout ou assises, surmontées de festons ou de dais gothiques, mais le travail est plus parfait et les couleurs plus belles. Alors on apprend à se servir de verres à deux couches, l'une colorée et l'autre blanche ; et en usant à l'émeri et en remplissant le creux d'un émail d'or ou d'argent, puis en repassant les plaques au feu, on obtient de magnifiques bordures et des étoffes d'une incroyable richesse.

1. Comp. BEAUPRÉ. *Les gentilshommes verriers ou recherches sur l'industrie et les priviléges des verriers*, etc. Nancy, 1847. — JAUCOURT. *Encyclopédie méthodique.* — BATISSIER. *Histoire de l'art monumental.* Paris, 1843, p. 655.

2. On est parvenu à retrouver le prix qu'avait coûté chacune de ces fenêtres. C'était vingt-deux sous. Ce qui correspondrait à onze ou douze francs de notre monnaie actuelle. — LANGLOIS. *Mémoire sur la peinture sur verre.* Rouen, 1823, p. 12.

A cette époque aussi, les découvertes des alchimistes procurent de nouvelles couleurs vitrifiables. Ce fut alors que Jacques Lallemand, peintre verrier recommandable, découvrit presque miraculeusement l'art d'appliquer le jaune d'or sur le verre.

Nous arrivons enfin au XVIe siècle, qu'on peut à juste titre signaler comme la plus éclatante période de l'art de la peinture sur verre en France. Les verriers abandonnent tout à fait alors l'ancienne voie, et en s'inspirant sur le progrès de la peinture, ils exposent aux regards émerveillés les plus belles conceptions artistiques. Et au lieu de ces médaillons légendaires ou de ces immobiles et longues figures des siècles précédents, ils produisent parfois de véritables tableaux où la richesse du coloris le dispute à la grâce *raphaélesque* du dessin[1] et que l'on peut comparer aux savantes productions des peintres[2].

Mais l'art de la peinture sur verre avait à peine atteint son apogée qu'il fut frappé de dégénérescence. Déjà il s'affaiblit vers la fin du siècle qui l'avait vu briller de tant d'éclat. Les peintres verriers, qui trouvaient précédemment honneur et profit dans leur art, n'y rencontrant plus que misère et déception, s'exilèrent à l'étranger. « Les uerres, dit B. Palissy, sont deuenuz à vn si uil prix, que la pluspart de ceulx qui les font uiuent plus méchaniquement que ne le font les crocheteurs de Paris. Ils sont venduz et criez par les uillages par ceulx mêmes qui crient les uiels dra-

---

1. Langlois. *Mémoire sur la peinture sur verre.* Rouen, 1823, p. 23.
2. On voit l'une de ces remarquables productions dans l'église Saint-Patrice de Rouen.

paux et férailles [1]. » L'affaiblissement que la peinture sur verre avait éprouvé vers la fin du xvie siècle augmenta successivement et sa décadence devint complète dans le siècle suivant [2].

Dans les premiers et imparfaits essais de l'art qui nous occupe, on n'employa d'abord que des procédés fort simples, que les érudits ont trouvés décrits dans l'ouvrage du moine Théophile, resté longtemps inconnu [3]. Pour dessiner les figures ou les ombres des draperies, les artistes appliquaient simplement au pinceau, sur des verres déjà colorés par les procédés chimiques et qui formaient le fond du tableau, des couleurs épaisses composées avec de la poussière de verre diversement teinté, et ensuite on faisait recuire les plaques pour identifier celles-ci avec les substances déposées à leur surface [4].

Voici, d'après le moine Théophile [5] et Le Vieil [6], les premiers procédés qui furent employés pour confectionner les verrières. L'artiste commençait par dessiner sur une immense table en bois le sujet qu'il voulait représenter, en indiquant par un simple trait le contour des figures et des ornements, ainsi que la délimitation des morceaux de verre dont devait se composer le vitrail. Ensuite, sur ce dessin, on découpait autant de morceaux de carton qu'il y avait de pièces de verre

1. PALISSY. *OEuvres de Palissy.* 1777.
2. BATISSIER. *Histoire de l'art monumental.* Paris, 1843, p. 663.
3. THÉOPHILE. *Diversarum artium Schedula. De colore cum quo vitrum pingitur.*
4. EM. DAVID. *Histoire de la peinture.*
5. THÉOPHILE. *Ibidem.*
6. LE VIEIL. *L'art de la peinture sur verre et de la vitrerie.* Paris, 1774.

dans ce travail, et l'on remettait ceux-ci à l'ouvrier chargé de les tailler. L'art de découper les fragments de verre était alors fort délicat, car on ne savait pas encore se servir du diamant, ce qui n'eut lieu qu'au xvi⁰ siècle. Le Vieil dit que les ouvriers qui exécutèrent les premières peintures qui nous occupent, employaient une pointe d'acier que l'on promenait autour du trait de manière à entamer la superficie de la lame vitrée. Après quoi on humectait légèrement le contour entamé par la pointe, et l'on appliquait du côté opposé une branche de fer rougie au feu. Immédiatement on voyait se produire une fêlure dans toute l'étendue du trait. Enfin, avec un petit maillet de buis, les ouvriers verriers faisaient tomber les parties inutiles, et si après cette opération il restait quelques saillies superflues, on les enlevait avec des pinces ou des griffes[1].

Les peintres verriers n'ayant aucune tradition écrite, et ne s'enseignant mutuellement leurs procédés que dans le sein des corporations qu'ils formaient, il en résulta que ceux-ci se perdirent au moment où l'art découragé vit ses associations se dissoudre. Cet art offrit alors une véritable lacune durant laquelle il se trouva absolument anéanti. Mais, de nos jours, les travaux de la chimie ont permis de le restaurer, et dans nos manufactures, chaque année, il enfante de nouvelles merveilles. Nous employons ce mot à dessein, car aucune peinture n'est d'un plus magique effet qu'un beau vitrail.

La chimie pratique ne s'est pas seulement exercée, au Moyen âge, à seconder le développement de la pein-

----

1. NOLLET. *Leçons de physique expérimentale*, t. IV. p. 349.

ture sur verre, elle a aussi contribué à l'extension de la mosaïque, en apprenant à donner aux émaux des teintes aussi riches que variées [1]. Les Romains avaient poussé cet art fort loin, comme on peut s'en convaincre par les récentes découvertes faites à Pompeii[2]; mais il s'était en partie perdu, comme tant de c n-naissances utiles, à l'époque de la chute de l'empire.

Le Moyen âge commença de bonne heure à en re-chercher les anciennes traditions, et ses premiers efforts furent encouragés par Théodoric, dont la pro-tection semblait assurée à tout ce qui pouvait contri-buer à l'éclat de son règne. Au VIe siècle on exécutait déjà des portraits en mosaïque, et celui de ce prince qui existait alors dans le forum de Naples y était l'objet de la vénération des Goths[3]. Théodoric avait même fait exécuter quelques sujets en mosaïque pour les églises de Ravenne; mais il paraît que cette tentative ne fut pas continuée, car au XIIIe siècle les artistes en mo-saïque étaient fort rares dans l'Europe occidentale; aussi, pour la décoration des basiliques qu'on y élevait alors, on les faisait souvent venir de Constantinople[4].

L'histoire réelle des sciences chimiques au Moyen âge, siége absolument dans les productions des arts

---

1. Comp. ARTAUD. *Histoire abrégée de la peinture en mosaïque.* LYON, 1835.

2. Nous regardons comme le plus beau morceau de l'art antique une mosaïque que nous avons observée à Pompeii, dans la maison du Faune. Elle représente une bataille d'Alexandre. On la trouve décrite dans *l'I-talie,* par DELACHAVANNE et FARJASSE. Paris, 1835. *Pompeii,* p. 139.

3. CHAMPOLLION-FIGEAC. *Peinture sur verre, mosaïque, émaux,* p. 3. *Moyen âge,* 1851.

4. Ce fut de cette ville que l'on tira ceux qui exécutèrent les mosaïques de Saint-Marc à Venise, qui rappellent tant l'art byzantin.

de cette époque, et ceux-ci en retracent les différentes phases avec une exactitude et une précision qu'on ne rencontre pas dans les traditions écrites. C'est pourquoi nous avons traité dans cet ouvrage de la peinture sur verre et de la mosaïque, qui, comme de vivantes images, viennent encore aujourd'hui attester un savoir dont rien, sans elles, ne nous eût révélé les moindres vestiges.

L'étude de la céramique complète cet intéressant tableau[1]. Cet art, qui avait acquis anciennement une grande perfection, comme l'attestent les productions étrusques si abondantes dans les musées de Florence, de Naples, de Paris et de Londres, subit une véritable décadence au Moyen âge; aussi toutes les poteries de cette époque offrent-elles une infériorité marquée. Mais à mesure qu'on s'avance vers la renaissance, la céramique se perfectionne, et tout à coup elle acquiert durant celle-ci une splendeur oubliée, et l'on voit alors surgir des ateliers de B. Palissy des pièces dont l'originalité et le bon goût lui valurent le surnom d'*inventeur des rustiques figulines du roi et de la reine mère*. Mais à ce moment où l'histoire de la céramique ne nous appartient plus, elle recommence à constituer un art scientifique dont les préceptes vont former la matière de volumineux écrits[2].

La chimie pratique, à l'époque dont nous traitons, a aussi été assez avancée pour confectionner les cou-

1. Comp. Millin. *Introduction à la connaissance des vases peints* Paris, 1811.—Alex. Brongniart. *Traité des arts céramiques.* Paris, 1844.— Jules Labarte. *Art céramique.*

2. B. Palissy. *Discours admirables sur la nature des eaux et fontaines.* Paris, 1850.

leurs variées qu'on est déjà surpris de rencontrer dans les primitives conceptions de la peinture à l'huile. Mais dans les premiers siècles de cette époque, il faut reconnaître que les arts industriels s'étaient expatriés de l'Occident, où ils ne reparurent qu'au xiiᵉ siècle. Leurs procédés, entièrement perdus, forçaient les habitants de l'Europe de tirer presque tous leurs objets de luxe de l'Orient où alors on les fabriquait. Cependant il paraît que l'Italie, plus favorisée, avait encore conservé quelques-unes de ses anciennes connaissances industrielles. Muratori cite un manuscrit du viiiᵉ siècle dans lequel se trouvent décrits quelques procédés de teinture[1]; et au xiiiᵉ siècle un marchand de Florence découvrait l'orseille[2].

Au moment où nous achevons cette esquisse de l'état de la physique et de la chimie au Moyen âge, si souvent désignées alors sous les noms de Magie naturelle et d'Alchimie, nous voudrions pouvoir effacer de ce tableau l'influence funeste que les sciences occultes exercèrent sur la marche de celles-ci. Leur action fut trop profonde et trop vivace pour que nous le puissions : elle appartient malheureusement aussi à l'histoire des connaissances positives dont elle ternit l'éclat, dont elle entrava le progrès.

Au Moyen âge il exista une science, si ce n'est pas profaner ce nom, qui domina toutes les autres sciences, c'était la magie[3]. Celle-ci étendit alors sa redoutable

1. MURATORI. *Diss. de textrina et vestibus sæculor. rudium. Antiq. ital.*, vol. II.

2. BERTHOLLET. *L'art de la teinture.* Paris, 1804, t. I, p. 21.

3. F. DENIS. *Sciences occultes.—Moyen âge et renaissance.* Paris, 1851, p. 1.

puissance sur les peuples ignorants et crédules, et elle en augmenta l'abrutissement et les terreurs. Les hommes les plus éminents de l'époque donnèrent souvent le signal de la plus dégradante crédulité; les autres les imitèrent. Comment le peuple, qui croupissait dans l'ignorance, eût-il pu ne pas croire à l'influence des puissances surnaturelles lorsque les grands y croyaient!

Les sciences occultes étaient alors cultivées par deux classes d'hommes. Les uns n'étaient que des savants enthousiastes et consciencieux, mais qui, subjugués par les idées de leur temps, appelaient au secours de la science humaine, l'influence des puissances occultes; les autres n'étaient que des rêveurs passionnés ou criminels, cherchant dans les mystérieuses pratiques de la cabale la satisfaction de leurs coupables désirs [1].

Pour aspirer aux connaissances surnaturelles et dominer les éléments, deux voies s'offraient à ces audacieux explorateurs : les uns s'adressaient aux esprits bienfaisants; les autres évoquaient les divinités infernales : les uns s'humiliaient devant la majesté de Dieu, sans s'apercevoir qu'ils imploraient le renver-

---

1. Comp. BEKKER *Le monde enchanté*. Amsterdam, 1694.—AUG. CALMET. *Traité sur les apparitions des esprit et les vampires*. Paris, 1751.—LENGLET DUFRESNOY. *Traité historique et dogmatique sur les apparitions*. Paris, 1751.—H. GROSIUS. *Magica de spectris et apparitionibus spirituum*. Leydi. 1656.—JUL. GARINET. *Histoire de la magie en France, depuis le commencement de la monarchie*. Paris, 1818.—C. AGRIPPA. *De occulta philosophia*. Colonia-Agrippinæ, 1533. — MART. ANT. DEL RIO. *Disquisitionum magicarum*. Lovanii, 1599. — HIER. MANGI. *Flagellum dæmonum seu exorcismi terribiles*. Bononiæ, 1578.—J. BODIN. *La démonomanie des sorciers*. Paris, 1580.—EUS. SALVERTE. *Des sciences occultes*. Paris, 1843.

sement de son œuvre [1]; les autres n'aspiraient qu'à dominer la nature par l'intervention du démon.

L'existence de la magie était pour le Moyen âge un fait tellement positif qu'on n'eût trouvé alors que peu de personnes qui osassent en douter. Nos crédules aïeux apercevaient partout le doigt des puissances occultes. Les histoires de chevalerie et de sorcellerie qu'on racontait autour du foyer du château ou de la chaumière, passaient pour autant de récits véridiques, et leurs héros jouissaient de la plus extraordinaire célébrité : l'enchanteur Merlin était devenu au XIIe siècle, l'un des personnages les plus populaires[2].

L'entraînement qui existait au sujet des sciences occultes les faisait encore rechercher pour contribuer à distraire ou à amuser les grands et les rois. Quelques érudits[3] prétendent que, durant le règne de Charles VI, qui vit fourmiller une telle quantité de leurs adeptes, les opérations alchimiques et magiques furent employées pour égayer ce malheureux souverain dont la raison s'était égarée. D'autres ont eu l'impudence d'assurer que ce prince, comme nous l'avons déjà vu, s'en était lui-même occupé[4].

---

1. Agrippa, au XVIe siècle, appartenait à cette catégorie. Ce n'était, selon lui, que par son dévouement à Dieu et élevé par les vertus théologales, que l'on commandait aux éléments, que l'on ranimait les morts, etc. *De la philosophie occulte*, t. II, p. 19.

2. VILLEMAIN. *Tableau de la littérature au Moyen âge.* Paris, 1846, t. I, p. 251. — Cet enchanteur, selon Thierry, n'était qu'un barde gallois, nommé Myrdhin, qui vécut au VIIe siècle, et acquit cinq cents ans après sa mort, son extraordinaire renommée. *Histoire de la conquête de l'Angleterre*, t. IV, p. 23.

3. HOEFER. *Histoire de la chimie* Paris, 1842, t. I, p. 435.

4. CHARLES VI. *OEuvre royale de Charles VI, roi de France*, inséré dans *le Cosmopolite*. Paris, 1629.

En disant que les sciences occultes s'étaient mal-heureusement infiltrées dans les travaux qui honorent l'esprit humain, et qu'on les avait même élevées au rang de sciences, nous n'avons proclamé qu'une triste vérité. En effet, en passant en revue les derniers siècles du Moyen âge, nous voyons celles-ci jouer un rôle impor-tant dans les recherches des savants, et alors elles ont leurs préceptes et leurs interprètes ; puis de nombreux livres , et des traditions plus nombreuses encore, en révèlent et en répandent les trompeuses merveilles.

Notre globe lancé dans l'espace par la main de Dieu, avec ses immuables lois, ses ineffables harmonies, n'est plus, pour les sectaires des sciences occultes, qu'une masse de particules incessamment animées par la lutte de leurs éléments, l'esprit et la matière. Des intelligences surnaturelles régissent tout : la terre a ses gnomes ; l'air, ses sylphes ; l'eau, ses ondins ; et le feu, ses salamandres.

Les hommes qui s'égarèrent dans la pratique des sciences occultes, n'aspiraient qu'à dominer les divers génies qui commandent à la matière, et à les asservir. Ils reconnaissaient deux moyens : l'un était la cabale, qui semble avoir pris naissance chez les Arabes, et dans laquelle on n'implorait que les esprits bienfai-sants[1] ; l'autre la magie, dont les sectaires n'évo-quaient que le démon et ses satellites[2].

La science cabalistique, qui en résumé n'était que

---

1. Comp. ARGENS (le marquis d'). *Lettres cabalistiques.* La Haye, 1741. —L'abbé DE VILLARS. *Le Comte de Cabalis ou Entretiens sur les sciences secrètes.* 1742.

2 Comp. HORST. *Bibliothèque magique.*—E. SALVERTE. *Des sciences occultes.* Paris, 1843.

l'art de commercer avec les esprits élémentaires, se divisait elle-même en autant de sections qu'il existait de groupes d'intelligences qu'elle aspirait à commander. La géomancie étendait sa domination sur la terre; l'aréomancie, sur l'air; l'hydromancie, sur l'eau; et la pyromancie sur le feu [1].

En régnant sur les génies élémentaires du globe, le cabaliste comblait tous ses désirs. Les gnomes, gardiens des richesses minérales de la terre, de ses métaux et de ses pierreries, devaient fournir aux enfants des sages tout l'argent qu'ils souhaitaient [2]; dans le commerce des sylphes et des autres intelligences surnaturelles du monde matériel, les adeptes pouvaient s'abreuver de voluptés ineffables inconnues à la plupart des mortels [3].

Cependant quelques fauteurs de la magie l'envisagèrent encore sous un autre point de vue. Il en était qui ne voyaient dans celle-ci qu'une science naturelle pour la pratique de laquelle l'homme appelait simplement à son secours toutes les ressources de l'intelligence. Agrippa, dont on parle si souvent sans l'avoir lu, est absolument dans cette direction. Loin de suivre la trace des ignobles sorciers de son temps, le célèbre conseiller de Charles-Quint élève la magie à la hauteur de la philosophie; il la fait reposer sur le savoir et la vertu, et la définit *la perfection et l'accomplissement de toutes les sciences naturelles* [4].

<hr>

1. Comp. L. MIGNE. *Encyclopédie théologique.* Paris, 1846, t. XLVIII. — *Sciences occultes*, p. 279.
2. VILLARS. *Entretiens sur les sciences occultes*, 2ᵉ entretien, p. 48-49.
3. SALVERTE. *Des sciences occultes.* Paris, 1843, p. 110.
4. AGRIPPA. *La philosophie occulte.* La Haye, 1727, chap. XI, p. 3.

Pour Agrippa, la magie repose absolument sur la physique, les mathématiques et la théologie ; et lorsque l'homme aspire à réaliser ses merveilles, il faut qu'avant tout il soit profondément religieux : aucune créature ne pouvant agir que sous la toute-puissance de Dieu[1].

On voit, d'après cette courte analyse de l'œuvre de l'historiographe impérial, qu'il ne vise qu'à faire de la magie scientifique et théosophique. Et si jamais il s'est occupé de la pratique des sciences occultes, on ne peut le considérer que comme un magicien fort orthodoxe et qui souvent s'appuie sur les plus respectables autorités. Ses préceptes de philosophie occulte sont même si peu contraires à la religion, que lorsqu'il les publie il fait hommage de son livre à l'archevêque de Cologne[2].

Mais si le Moyen âge barbare fut réellement dominé par toutes les terreurs de la plus dégradante superstition, en l'étudiant à fond on se sent de plus en plus disposé à l'absoudre. Si les traditions sur l'existence de la magie et de la sorcellerie ne se fussent répandues que dans les rangs des hommes d'une naissance abjecte, et qui se trouvaient alors privés du bienfait de l'instruction, cela eût été excusable ; mais les savants, et les philosophes eux-mêmes, ont souvent eu à se reprocher de s'être laissé entraîner par le torrent. Beaucoup de leurs livres l'attestent.

1. AGRIPPA. *De occulta philosophia.* Lib. I, cap. VII. Necessariam esse Mago veri Dei cognitionem.

2. AGRIPPA. *Epist.* VI, lib. VII. — BAYLE. *Dictionnaire historique et critique*, Paris, 1820, t. I, p. 290.

Tout ce qui frappait les sens et qui ne pouvait subir une explication immédiate, était attribué aux puissances surnaturelles. Les fauteurs de la cabale ayant disséminé des intelligences occultes dans tous les êtres de la création, le vulgaire croyait reconnaître leur mystérieuse main dans chaque phénomène qui surpassait son intelligence. Le Moyen âge barbare exalte à tel point la puissance des enchanteurs et des sorciers qu'on prête alors à leurs maléfices le pouvoir d'empoisonner l'air et l'eau des contrées[1], ou d'embraser des villages entiers[2]; il n'est pas de fléau qu'ils ne puissent susciter.

La littérature de l'époque vint elle-même en aide à la superstition, soit en produisant de véritables traités didactiques sur la magie et la cabale; soit en répandant les histoires de sortiléges; soit enfin en s'occupant des moyens de conjurer les effets de ceux-ci[3]. Bien plus, les sciences occultes avaient acquis alors un tel degré de certitude qu'on les enseignait à l'instar des connaissances positives; et, qui le croirait? dans les universités du xiiie siècle, il existait même des professeurs et des cours de magie[4]!

Mais ce trop long délire qui devait se couronner de tant de funérailles, ne cessa pas avec l'âge où il se manifesta avec une si vivace intensité; ses hallucina-

1. Le P. Del Rio. *Les controverses et recherches magiques.* Paris, 1611, p. 164.

2. Le P. Del Rio. *Ibidem,* p. 422.

3. Comp. le P. Martin Del Rio. *Les controverses et recherches magiques avec la manière de procéder en justice contre les magiciens et sorciers.* Paris, 1611.

4. Sprengel. *Histoire de la médecine.* Paris, 1815.

tions n'impressionnèrent pas moins les esprits du temps de la renaissance.

Et ne faut-il pas pardonner au Moyen âge barbare cette superstition qui le domine et le subjugue, lorsque durant cette renaissance tant glorifiée, des hommes infiniment instruits tels qu'Agrippa[1] et Del Rio[2] donnent encore naissance à de volumineux ouvrages sur la puissance de l'art occulte et de la magie[3]; lorsque F. Garmanno, plus tard encore, étale, à l'aide d'une immense érudition, une interminable liste d'actes surnaturels[4]? N'est-on pas tenté d'absoudre la première de ces périodes lorsqu'on voit encore Cardan, ce bel esprit du xvie siècle, défendre la magie avec chaleur et prétendre qu'il a des rapports avec un démon familier[5]? Lorsqu'on voit enfin le fougueux Paracelse soumettre chacun des objets de la nature à l'un de ses *esprits olympiques* et considérer la magie comme le point culminant des sciences[6]?

La terreur qu'inspiraient alors les manœuvres des magiciens excite les uns à chercher leur salut dans les exorcismes : *Le Fléau des sorciers*, publié à Venise, peut donner une idée de l'énergie des remèdes proposés

---

1. Agrippa. *De occulta philosophia.* Colonia Agrippinæ, 1533.

2. Le P. Martin Del Rio. *Controverses et recherches magiques, avec la manière de procéder en justice contre les magiciens et les sorciers.* Paris, 1611.

3. On doit dire à la gloire d'Agrippa que vers la fin de ses jours il sentit le néant de l'astrologie et de la cabale. — Agrippa. *De vanitate scientiarum,* cap. xxxi.

4. Frid. Garmanno. *De miraculis mortuorum libri tres.* Lipsiæ, 1709.

5. Cardan. *De vit. propr.* — Sprengel. *Histoire de la médecine.* Paris, 1815, t. III, p. 278.

6. Cap. *Biographie de Paracelse.*

pour tant de maux imaginaires[1]. D'autres pour conjurer le fléau dressent des échafauds. Dans l'Europe occidentale, le nombre des victimes est incalculable[2]. Qu'on en juge en apprenant que dans le seul électorat de Trèves on a compté que six mille cinq cents individus périrent sous l'inculpation de sorcellerie[3].

Ces terribles exécutions n'étaient pour le vulgaire qu'un irrécusable témoignage de l'évidence de la magie, et ne servaient qu'à propager de fausses idées. Les coupables manœuvres de quelques charlatans tendaient vers le même but. A l'époque à laquelle fleurirent les théurgistes, l'ignorance des peuples favorisait singulièrement les prodiges qu'on les voyait accomplir. Toujours doués de plus d'adresse et d'instruction que la multitude dont ils exploitaient la crédulité, ils appelaient, pour arriver à leurs fins, les divers moyens que pouvait leur offrir l'enfance de la physique, de la chimie et de la toxicologie. M. Salverte a développé ingénieusement cette thèse, et soutenu, en s'appuyant sur de nombreuses preuves, qu'une foule de prestiges, de miracles et d'enchantements, s'expliquent facilement par l'intervention des puissances naturelles, et que dans ceux-ci les merveilles de l'optique, de la mécanique, l'action des substances narcotiques, etc., avaient pu jouer un grand rôle[4].

1. H. Mangi. *Flagellum dæmonum seu [exorcismi terribiles*, etc. Venetiis, 1597.

2. F. Denis. *Sciences occultes.— Moyen âge.* Paris, 1851.

3. Hauber. *Biblioth. acta et scripta magica continens.* 1738. cah. 1, p. 1.—Schwager. *Histoire des procès intentés aux sorciers*, p. 421 (en allemand).— Sprengel. *Histoire de la médecine.* Paris, 1815, t. III, p. 232.

4. E. Salverte. *Des sciences occultes*, ou *Essai sur la magie.* Paris, 1843.

Nous terminons ici le tableau de l'état des sciences chimiques au Moyen âge. Si, pour en compléter l'esquisse, nous avons dû y faire entrer l'histoire de quelques arts pratiques, d'un autre côté il nous a fallu aussi parler des sciences occultes, si souvent appelées en aide par les alchimistes. Actuellement l'histoire naturelle va être de nouveau l'objet de notre étude, et nous allons nous occuper des hommes qui se groupent autour d'Albert le Grand pour la faire progresser.

En général, au milieu du Moyen âge, les sciences sont essentiellement chrétiennes. Leur but est tout à fait religieux, et elles semblent beaucoup moins s'inquiéter de l'avancement intellectuel de l'homme que de son salut éternel. La démonstration de la toute-puissance de Dieu, voici évidemment leur domaine, et elles y arrivent par des voies particulières qui semblent dériver des mœurs du temps. Pour cette époque de ferveur et de foi, l'histoire naturelle est souvent moins le tableau de toutes les magnificences de la création que l'ingénieuse exhibition d'une infinité de symboles ou d'allégories destinés à tourner au profit des fidèles : les astres, les animaux, les plantes et les pierres elles-mêmes, n'éveillent que des souvenirs bibliques ou que des pensées morales.

Mais la plus glorieuse des conquêtes intellectuelles du Moyen âge, est d'avoir concilié dans un harmonieux ensemble toutes les sciences divines et humaines, et de les avoir organisées avec une méthode et une sagesse qui ne pouvaient dériver que de ceux qui embrassaient à la fois l'observation des lois de la nature et de Dieu[1].

---

1. ROHRBACHER. *Hist. univ. de l'Église cath.* Paris, 1847, t. XVIII, p. 482.

L'homme qui, après Albert le Grand, marcha dans cette direction d'une manière plus savante, est Vincent de Beauvais que sa vaste érudition a fait surnommer le *Pline du moyen âge*. La biographie de ce savant n'est que fort imparfaitement connue. On suppose généralement qu'il est né à Beauvais ou aux environs de cette ville, à cause du surnom de *Bellovacencis* qu'on lui donne sur le titre des premières éditions de ses ouvrages. Cependant quelques biographes ont pensé qu'il était Bourguignon, parce que saint Antonin lui applique l'épithète de *Burgundus*[1], et que le nom de Vincent de Beauvais indique simplement qu'il a occupé le siége épiscopal de cette ville[2].

M. Parisot s'est élevé contre ces deux opinions et a prétendu que le nom de l'érudit dominicain ne se trouvait nullement sur le catalogue chronologique des évêques de Beauvais[3].

Nonobstant cette assertion ce fait mérite d'être éclairci. MM. Parisot et Dupont-White ont tort de soutenir que *toutes* les éditions portent l'épithète de *Bellovacencis*[4]. On la rencontre, il est vrai, sur celle de 1473[5]; mais l'édition de 1624, dans laquelle j'ai

1. GRAPPIN. *Histoire abrégée du comté de Bourgogne.* — ANT. POSSEVIN la lui applique aussi : « Vincentius Bellovacensis episcopus, natione Bur- « gundus.... »

2. Pour concilier le titre de *Bellovacensis* avec leurs prétentions, quelques écrivains bourguignons font naître Vincent de Beauvais à Bellevoie, village de Franche-Comté.

3. PARISOT. *Biographie universelle.* Paris, 1827, t. XLIX, p. 120.

4. PARISOT. *Ibidem*, p. 120. — DUPONT-WHITE. *Notice sur Vincent de Beauvais.* — *Mélanges historiques, littéraires et archéologiques.* Beauvais, 1847, p. 130.

5. VINCENTIUS BELLOVACENSIS. *Speculum quadruplex, naturale, doctrinale, morale, historiale.* Argentinæ, 1473.

étudié cet auteur lui donne aussi le surnom de *Burgundus* et indique même qu'il était évêque de Beauvais[1]. Ceci pourrait résoudre la difficulté.

Quoi qu'il en soit, la plupart des biographes de Vincent de Beauvais le font naître dans cette ville au commencement du XIIIe siècle. Il fit ses études à l'université de Paris, et prit l'habit de dominicain probablement vers 1228[2].

L'éminent mérite de Vincent de Beauvais ayant été connu de la cour, saint Louis l'appela près de lui et le fit son lecteur, ce qui correspondait alors au titre de prédicateur[3]. Ce monarque lui confia en outre l'éducation de ses enfants et l'honora longtemps de sa royale faveur. Les plus flatteurs encouragements excitaient le zèle du savant religieux, et il nous apprend lui-même que non-seulement le roi, mais encore la reine Marguerite, l'engageaient à écrire ses ouvrages et prenaient plaisir à les lire.

Vincent de Beauvais fut placé par saint Louis dans des circonstances qui favorisèrent énormément ses recherches. Lors de sa première croisade, ce souverain avait eu connaissance que des princes de l'Asie réunissaient dans leurs palais des collections de livres qu'ils livraient libéralement aux lecteurs. De retour en France, le saint roi s'appliqua à y réaliser le même

---

1. *Bibliotheca mundi seu venerabilis viri Vincentii Burgundi ex ordine prædicatorum episcopi Bellovacensis speculum naturale, doctrinale, morale, historiale.* Duaci, 1624.—Cette édition se trouve à la Bibliothèque du Jardin du Roi.

2. JOURDAIN. *Recherches critiques sur l'âge et l'origine des traductions latines d'Aristote.* Paris, 1843, p. 360.

3. ÉCHARD. *Scriptores ordinis prædicatorum recensiti,* 1719, t. I, p. 212.

bienfait. Alors il fit rassembler dans une salle voisine de la Sainte-Chapelle, une foule de manuscrits que l'on exhuma de la poussière des cloîtres, et ainsi fut fondée la première bibliothèque publique de notre royaume. Le monarque ayant mis Vincent de Beauvais à la tête de celle-ci, son infatigable activité contribua beaucoup au succès de l'entreprise.

Si quelques doutes existent touchant les premières années de la vie de Vincent de Beauvais, il n'en est pas de même de sa fin. Il mourut en 1264[1]. Cent cinquante ans après sa mort, un écrivain espagnol a fixé l'époque de celle-ci avec une précision qu'on ne peut contester[2] : « Vincent de Beauvais, de sainte mémoire, dit-il, célèbre par toute la terre par ses vertus et par sa science, mourut l'an de Notre-Seigneur 1264, dix ans avant la mort de saint Thomas d'Aquin et plus de seize ans avant celle du bienheureux Albert. »

Ce fut dans l'église du couvent des Jacobins de Beauvais que l'on déposa la dépouille mortelle du dominicain dont les écrits contribuaient tant à illustrer la France; et ce fait est ainsi raconté dans un ouvrage consacré à l'histoire du Beauvaisis : « Ce couvent est en outre anobli du corps du bienheureux père Vincent de Beauvais, enfant sorti du pays de Beauvais, qui a été transporté des cloîtres par révélation divine, et mis dans le chœur de l'église dudit couvent, vis-à-vis et proche du grand autel[3]. » Les biographes qui prétendent que Vincent est né à Beauvais ou aux

1. ÉCHARD. *Scriptores ordinis prædicatorum recensiti.* 1719.
2. LOUIS DE VALLADOLID, en 1413.
3. LOUVET. *Antiquités du Beauvaisis.*

environs s'autorisent de ce paragraphe pour soutenir leur opinion[1].

C'est surtout comme naturaliste que Vincent de Beauvais occupe une place importante dans l'histoire des sciences. Quelques auteurs ont aussi supposé qu'il s'était livré à l'alchimie; et, en s'immisçant dans la vie intime de ce savant, qui nous est si peu connue, ils prétendent même assigner le lieu qui recélait son laboratoire. C'était, disent-ils, près du parvis de la Sainte-Chapelle qu'il se livrait aux recherches hermétiques qui le firent soupçonner de sorcellerie par le vulgaire. « La piété tendre de la reine Blanche, la haute raison du roi protégeaient Vincent contre les criailleries du bas clergé, dit M. Bégin, mais ni la reine, ni le roi ne pouvaient empêcher les Parisiens curieux de venir la nuit le long de la grève se pencher attentifs sur le fleuve, et voir s'ils n'apercevraient pas le démon familier que Vincent consultait sous les voûtes sombres du palais[2]. »

Ce qu'il y a de certain c'est que le savant dominicain est moins explicite que quelques-uns de ses historiographes, car il ne dit nulle part dans ses écrits qu'il se soit occupé de recherches d'alchimie[3]. Cependant dans l'un de ses livres il parle de cette antique science en la ramenant à des principes moins extravagants que ceux sur lesquels on la faisait errer de son temps[4]. Il lui attribue seulement la puissance de

1. Dufont-White. *Notice sur Vincent de Beauvais* dans *Mélanges historiques, littéraires et archéologiques.* Beauvais, 1847, p. 131.

2. Bégin. *Alchimie. — Moyen âge et renaissance.* Paris, 1851, p. 3.

3. Hoefer. *Histoire de la chimie.* Paris, 1847, p. 380.

4. Vincent de Beauvais. Lib. VII, cap. LXXXI-LXXXVI.

dégager les plus précieux métaux, l'or et l'argent, des substances qui en altèrent la pureté[1].

Vincent de Beauvais doit toute sa renommée à son grand ouvrage intitulé : *Bibliothèque de l'univers* ou *Miroir général*[2] qui peut être considéré comme le complet résumé de toutes les connaissances humaines qui se trouvaient enseignées au XIIIe siècle dans les universités et dans les écoles de théologie. Ce livre paraît avoir été entrepris par les ordres de saint Louis et exécuté sous ses auspices. « On ne saurait croire, dit Jourdain, au nombre immense des livres employés dans ce recueil, si l'on ne savait que la munificence du saint roi de France avait mis à la disposition de Vincent une bibliothèque très-riche pour le temps, et que les bibliothèques de l'université et des maisons religieuses devaient offrir de grands secours pour une semblable composition[3]. » Vincent nous apprend lui-même que saint Louis, qui protégeait ses recherches, lui procurait tous les manuscrits dont il avait besoin pour la confection de son ouvrage.

L'œuvre de Vincent de Beauvais est une grande encyclopédie, un travail réellement gigantesque pour un seul homme, et dans lequel l'auteur embrasse à la fois les sciences, les arts, la littérature et l'histoire. D'après le prologue des plus anciens manuscrits, il est évident que le *Speculum mundi* n'était formé que de trois parties qui portaient chacune un titre parti-

---

1. ROHRBACHER. *Histoire universelle de l'Église catholique*. Paris, 1844.

2. VINCENT DE BEAUVAIS. *Bibliotheca mundi*, etc.

3. JOURDAIN. *Recherches sur l'âge et l'origine des traductions latines d'Aristote*. Paris, 1843, p. 362.

culier, le *Speculum naturale*[1], le *Speculum doctrinale*[2] et le *Speculum historiale*[3]. Les manuscrits les plus modernes et certaines éditions imprimées, contiennent une quatrième partie sous le nom de *Speculum morale*; mais Échard a démontré jusqu'à l'évidence que cette dernière conception était apocryphe et qu'elle a dû être ajoutée à l'ouvrage au XIVe siècle[4].

Le *Miroir naturel* du religieux dominicain, qui est uniquement consacré à l'exposition de toutes les merveilles de la création, est disposé dans un ordre tout à fait original : l'auteur y suit celle-ci pas à pas et traite successivement des différents êtres dans l'ordre où la Genèse les fait apparaître. Il suit l'œuvre de Dieu pour ainsi dire à mesure qu'elle s'échappe de ses mains.

Le Ier livre est consacré aux choses divines et inaccessibles à l'homme; il traite de Dieu et des anges. Les autres embrassent les objets tangibles. Les quatre livres qui suivent exposent les premiers phénomènes de la création.

Le IIe livre comprend l'histoire de tout ce que Dieu créa le premier jour. L'auteur y traite de la lumière et des ténèbres, et de presque tout ce qui dans nos écoles porte aujourd'hui le nom de corps impondérables.

Les IIIe, IVe et Ve livres sont consacrés au firmament et à ce que l'on nommait alors les éléments : le feu, l'air et l'eau.

1. VINCENT DE BEAUVAIS. *Speculum naturale.* Nur., 1483.
2. VINCENT DE BEAUVAIS. *Speculum doctrinale.* Nur., 1486.
3. VINCENT DE BEAUVAIS. *Speculum historiale.* Nur., 1483.
4. ÉCHARD. *Scriptores ordinis prædicatorum recensiti.* 1719.

Les trois livres qui suivent embrassent la description de tous les corps inorganisés du globe, les minéraux, les métaux et les pierres[1].

Les livres qui viennent après recèlent l'histoire des êtres organisés. Les six premiers sont entièrement consacrés à l'exposition de ce qui concerne les plantes[2]. L'auteur y traite de toutes celles que l'on rencontre à l'état sauvage ou qui sont cultivées. Il en fait mention par ordre alphabétique. On découvre aussi dans ces livres quelques notions sur la physiologie des végétaux et les vertus médicales de ceux-ci.

Cependant, dominé par l'ordre qu'il s'est imposé, au XVe livre, en exposant l'œuvre du quatrième jour, Vincent de Beauvais intervertit son exposition des choses terrestres, et embrasse l'histoire du firmament que le Créateur vient de décorer de ses deux grands luminaires et de ses myriades d'étoiles[3]. Ce livre est un véritable traité d'astronomie qui se trouve malheureusement intercalé entre l'histoire des plantes et celle des animaux.

Enfin au XVIe livre, Vincent de Beauvais commence l'histoire de tous les animaux du globe et il lui consacre ceux qui suivent jusqu'au XXIIe.

L'œuvre genésique du cinquième jour, les poissons et les oiseaux, se trouve comprise dans les XVIe et XVIIe livres. Enfin on arrive aux reptiles et aux mammifères, dont la description termine le tableau du

---

1. Livres VIe, VIIe et VIIIe.
2. Les livres IXe, X[e], XIe, XIIe, XIIIe et XIVe.
3. *De natura solis*, p. 1094, etc., édit. de 1624.

règne animal et occupe les cinq dernières divisions de l'ouvrage.

Ainsi que Dieu a couronné son œuvre en créant l'homme, Vincent de Beauvais achève son traité en s'occupant de notre espèce, et en la considérant sous toutes ses faces : sous le rapport physique et moral.

Le *Speculum naturale* n'est en somme qu'un vaste traité d'histoire naturelle où se trouvent coercées toutes les connaissances que l'on possédait sur cette science à l'époque à laquelle il fut écrit. Si nous nous sommes refusé de placer Isidore de Séville au rang des érudits, nous devons dire que ce titre appartient sous tous les rapports à Vincent de Beauvais, car la lecture de son ouvrage démontre rapidement que celui-ci n'a été écrit qu'après d'immenses recherches. Les documents descriptifs qu'on y trouve semblent pour la plupart tirés d'Aristote, qui était parfaitement connu au dominicain du XIIIe siècle[1]. C'est à Pline qu'il emprunte tout ce qui concerne la partie historique. Dioscoride et Avicenne sont mis à contribution à l'égard des propriétés médicales des végétaux; enfin c'est Isidore de Séville qui lui fournit en grande partie ses étymologies.

Lorsque, changeant de sujet, le dominicain français passe de l'histoire naturelle à l'astronomie, il fait également de nombreux emprunts aux hommes spéciaux et surtout à Alpétrage[2]. Cependant la multiplicité des

---

1. Jourdain. *Recherches critiques sur l'âge et l'origine des traductions latines d'Aristote.* Paris, 1843, p. 33. — Il ne connaissait pas les versions arabes-latines.

2. Le *Traité de la sphère* de cet astronome arabe paraît lui avoir surtout servi. — Jourdain. *Ibid.*, p. 132.

citations, qu'on rencontre dans le *Speculum naturale*, s'explique lorsque Vincent de Beauvais nous apprend, lui-même, que plusieurs religieux de son ordre furent longtemps employés à le seconder et à faire des extraits de divers auteurs.

Vincent de Beauvais a imité Albert en traçant des généralités sur l'ensemble des êtres organisés; mais au lieu de les faire précéder l'histoire de ces êtres en particulier, il les met à la fin. Dans celles-ci il emprunte même quelques paragraphes au savant de Cologne. C'est ainsi, par exemple, qu'on y retrouve déjà des vues et des expressions d'Albert, qui, quelques siècles plus tard, seront l'objet d'assez vifs débats entre les naturalistes qui s'occuperont de fixer la limite des propriétés vitales des végétaux [1].

Dans quelques endroits de son ouvrage, Vincent de Beauvais, de l'assentiment des hommes les plus compétents, est peut-être plus correct, plus exact qu'Albert [2]; c'est ce qui a lieu en particulier pour la partie ichthyologique. Il semble avoir eu pour celle-ci de meilleures versions de Pline que son illustre contemporain. On trouve qu'il a fait pour elle de nombreux emprunts à cet auteur et à Isidore de Séville. Albert a mentionné le hareng sous le nom d'*alech ;* Vincent en parle également et ajoute une notion intéressante, c'est de nous apprendre que déjà de son temps on salait ce poisson pour l'envoyer au loin. Ce ne serait donc pas un art aussi récent qu'on le suppose généralement.

---

1. Comp. *De anima vegetabili.* — *De viribus vegetabilibus,* cap. LXIV.
2. CUVIER ET VALENCIENNES.— *Histoire des poissons.* Paris, 1828 , t. I, p.45.

Le *Miroir naturel* contient aussi quelques détails curieux sur les cétacés. Vincent de Beauvais, en parlant de ces mammifères marins, dit que l'on en prit de son temps de fort volumineux et d'un âge si avancé qu'ils avaient le corps tout recouvert de végétaux. Il en tire cette conséquence que ces animaux participent davantage de la nature de la terre que de celle de l'eau. Mais il est probable que les êtres dont il est ici question, n'étaient que de vieilles baleines, dont le dos était rempli de tubicinelles et de balanes, entremêlées de quelques thalassiophytes que l'imagination de l'auteur du Moyen âge a transformées en une véritable forêt d'arbustes portant leurs fleurs et leurs fruits[1].

Ainsi qu'Albert, il a très-bien décrit la pêche de la baleine, et il donne même sur celle-ci quelques détails curieux qu'on ne trouve pas dans l'œuvre de son contemporain. Il paraît qu'au xiiie siècle cette opération se pratiquait avec une certaine pompe. « Les barques destinées à agir de concert étant rassemblées, dit Vincent, on faisait retentir l'air du son des timbales et des autres instruments; on supposait que la baleine avait l'oreille sensible aux accents de la musique. Au moment où le cétacé imprudent y prêtait toute son attention, on lui lançait le harpon auquel était attachée une longue corde et l'on s'éloignait en toute hâte. » Mais cette chasse semblait ne se pratiquer que le long des côtes, car l'auteur ajoute qu'après la mort du cé-

1. VINCENTIUS. Quando enim senescit, radices, frutices et arbusta super se colligit, quæ crescunt super ipsum et multiplicantur. — *Specul. univ.*, t. I, 1275.

tacé « on l'amenait à terre en triomphe au bruit des acclamations [1]. »

Initié aux travaux des anciens naturalistes, Vincent de Beauvais allia à un grand savoir quelques-unes des regrettables superstitions de son époque. Il représente encore la mandragore comme ayant des formes humaines. Dans un passage, cet érudit parle d'un être participant à la fois de la nature des animaux et des plantes, que l'on rencontrait sur les bords du Volga, et qui était appelé agneau de Tartarie, *agnus scythicus*. Cette étrange production avait, à ce qu'il dit, l'aspect d'un mouton à cause de la laine jaunâtre qui la recouvrait, et elle présentait une tige et des racines semblables à celles des plantes. Vincent décrit aussi les arbres d'Écosse dont les fruits produisent de jeunes canards aussitôt qu'ils sont tombés dans les eaux sur les bords desquelles croissent ces végétaux. Ailleurs Vincent représente le pélican comme s'ouvrant la gorge pour nourrir ses jeunes petits.

La renaissance a porté un coup bien autrement funeste à la vérité : elle a centuplé l'erreur en la multipliant de mille manières par son imprimerie, et par sa gravure dans cette quantité d'ouvrages que le XVIe siècle vit se produire. Si quelques erreurs, que le travail seul révèle à l'investigateur des sciences, résident çà et là dans les œuvres du Moyen âge, la renaissance, au contraire, en fait une splendide exhibition. Ces monstres imaginaires, ces phénomènes introuvables, ces arbres qui produisent

---

1. VINCENTIUS *Speculum universale,* t. I, 1272.—NOEL. *Pêches du moyen âge.*

des oiseaux [1], ces pélicans qui se déchirent la gorge, tout cela s'y reproduit jusqu'à satiété. Les œuvres d'Aldrovande [2], de Licétus [3], de Scott [4], d'Ambroise Paré [5], de Sébastien Munster [6] et celles de Gesner lui-même [7], fourmillent de figures et de récits dont on a peine à supporter longtemps l'examen.

Le *Miroir naturel* est tout simplement un vaste traité d'histoire naturelle générale et particulière, dans lequel l'auteur a compris l'astronomie. L'œuvre de Vincent de Beauvais désignée sous le nom de *Miroir doctrinal* ou *scientifique*, n'est que le complément du précédent, présentant en dix-sept livres l'exposition de toutes les autres sciences cultivées à l'époque de saint Louis.

L'auteur du *Miroir scientifique* a successivement traité dans celui-ci : les mathématiques, la physique, la chimie, la médecine, la chirurgie, l'agriculture, et il y comprend, en plus, la jurisprudence, la théologie, la politique et la description des principaux arts et même des procédés de l'économie domestique essentiels à connaître dans la vie de famille.

Dans notre appréciation des naturalistes de l'école expérimentale, nous avons moins suivi l'ordre chronologique que celui de l'importance de leurs travaux. Après Albert le Grand et Vincent de Beauvais viennent

1. ALDROVANDE. *Conchæ anatiferæ ex arboribus dependentes.* Ornithologie, p. 543.
2. ALDROVANDE. *Monstrorum historiæ.* Bononiæ, 1642.
3. LICETUS. *De monstris.* Amsterdam, 1665.
4. SCOTT. *Physica curiosa, sive mirabilia naturæ et artis.* 1662.
5. AMBROISE PARÉ. *OEuvres complètes.* Paris, 1841, livre XIX, t. III. *Des monstres et prodiges.*
6. SÉBASTIEN MUNSTER. *Cosmographie universelle.* Paris, 1575.
7. GESNER. *Historiæ animalium.* Tiguri, 1551.

des gens d'une moindre valeur qui ne se présentent en quelque sorte que comme le complément du tableau, et dont plusieurs ont même existé à une époque antérieure à eux, au xII° siècle.

Tel fut, en Angleterre, un religieux bénédictin nommé Adélard, contemporain d'Henri Ier, et qui donna le jour à quelques productions scientifiques peu estimées. Entraîné par un vif désir de s'instruire, il avait voyagé en Grèce et séjourné à Salerne. Ses courses l'avaient conduit aussi en Espagne, en Arabie et en Égypte. Ses excursions lui ayant donné l'occasion d'acquérir une profonde connaissance des idiomes de l'Orient, après son retour, il traduisit en latin sur le texte arabe, divers ouvrages anciens, et entre autres la géométrie d'Euclide, avant qu'on en eût retrouvé le texte grec. Les bibliothèques d'Oxford possèdent encore quelques manuscrits provenant de ce savant.

Parmi les productions d'Adélard nous devons nous borner à mentionner *les Questions naturelles*, qu'il composa au retour de ses voyages[1]. C'est un ouvrage écrit en forme de dialogue, dans lequel l'auteur traite de sujets fort variés. Il s'y occupe d'abord des plantes, puis des animaux; l'histoire de l'homme et celle de la terre et du ciel couronnent l'œuvre.

Les sujets les plus délicats ne rebutent point le philosophe anglais[2]. Dans un de ses chapitres il traite la question de l'âme des animaux, et, sans ambages, con-

---

1. ADÉLARD. *Quæstiones naturales.* Livre rare, imprimé vers la fin du xIv° siècle, et dont la Bibliothèque royale possède un exemplaire. — Comp. JOURDAIN. *Ibidem,* 273.

2. *Philosophus Anglorum,* comme le nomme Vincent de Beauvais, qui le cite fréquemment.

clut pour l'affirmative! Dans un autre chapitre il met le doigt sur la théorie des tremblements de terre en les expliquant par l'ébranlement des gaz contenus dans l'intérieur du globe.

Ailleurs le savant du XIIe siècle semble préluder aux extraordinaires idées de Kepler, en admettant que les globes disséminés dans les cieux représentent autant d'êtres animés [1]. Adélard épuise même tous les arguments de sa logique en essayant de prouver que les étoiles ne sont en réalité que des créatures vivantes, douées d'une essence supérieure, et ne s'alimentant que des vapeurs éthérées de l'atmosphère [2].

Nous nous garderons bien d'oublier Herrade, femme issue de la noble famille de Landsberg, et abbesse du monastère de Sainte-Odille, qui écrivit, au XIIe siècle, une espèce d'encyclopédie intitulée *le Jardin des délices* [3] dans laquelle on rencontre une foule de faits qui intéressent les sciences naturelles. Cette œuvre, encore restée manuscrite, et dont M. Thénard a fait sentir l'importance en en demandant l'impression au ministre de l'instruction publique, est un résumé de toutes les connaissances de l'époque à laquelle vivait

---

1. KEPLER, *Physica cœlestis de motibus Stellæ Martis*, compare le globe terrestre à un immense être animé, dont les fleuves représentent l'appareil circulatoire ; les montagnes schisteuses celui de la respiration ; et dont les volcans ne sont que les émonctoires.

2. Plusieurs raisons prouvent, à ce qu'il prétend, que les étoiles sont des êtres animés, par exemple le lieu qu'elles occupent, l'influence qu'elles exercent, la beauté de leur course, leur forme, leur composition, etc. Comp. JOURDAIN. *Ibidem*, 277.

3. HERRADE. *Hortus deliciarum*. Manuscrit latin du XIIe siècle, faisant partie de la bibliothèque de Strasbourg, orné d'un grand nombre de miniatures excessivement curieuses. Il a été décrit par M. A. Le Noble, dans la *Bibliothèque de l'École des Chartes*. 1839.

cette religieuse; mais qui est exécuté avec une érudition si profonde, qu'elle serait susceptible, dit M. Hippeau, d'effrayer nos plus laborieux savants [1]

Certains auteurs considèrent comme appartenant
au xiiie siècle le franciscain Barthélemy de Glanvil [2],
que quelques-uns regardent comme ayant vécu un
siècle plus tard [3]. Ce religieux, qu'on nomme parfois
Barthélemy l'Anglais par allusion au pays où il est né,
semble avoir été contemporain d'Albert le Grand. Il a
écrit un livre intitulé : *Des propriétés des choses* [4] pour
lequel il s'est beaucoup servi du traité des animaux
de celui-ci; mais au lieu de la vaste érudition du dominicain de Cologne, on n'y trouve qu'un abrégé destiné à vulgariser les sciences. Dans ce livre, qui a été
savamment analysé par M. Dibdin [5], l'auteur embrasse
l'histoire du ciel et de la terre et de tout ce qu'ils contiennent.

Cet ouvrage est un véritable traité d'histoire naturelle qui, malgré son infériorité, a fait longtemps les délices de nos pères. Il eut surtout un grand succès au xiv[e]
et au xve siècle, époque à laquelle il avait déjà été traduit en français [6]. On apprécie facilement aujourd'hui
la vogue extraordinaire qu'a dû avoir anciennement
ce recueil encyclopédique, soit par le grand nombre de

---

1. HIPPEAU. *Bestiaire divin de Guillaume, clerc de Normandie et trouvère du* xiiie *siècle.* Caen, 1852, p. 33.

2. JOURDAIN. *Recherches sur l'âge et l'origine des traductions d'Aristote.* Paris, 1843, p. 33-398.

3. BARBIER. *Dictionnaire historique.* Paris, 1827, p. 1272.

4. BARTHÉLEMY. *Liber de proprietatibus rerum.* Francofurti, 1609.

5. DIBDIN. *Antiquités typographiques.*

6. Dès 1472, on en dut la traduction au P. Corbichon, augustin dé-
chaussé et chapelain de Charles V.

manuscrits que l'on en retrouve encore dans les bibliothèques, soit par celui de ses éditions imprimées. Ce
fut l'un des premiers ouvrages dont la typographie
s'empara, et sa traduction française dans le cours du
xve siècle seulement, obtint quatre éditions[1]. On trouve
de curieuses remarques sur cette production dans les
Traditions tératologiques de M. Berger de Xivrey[2].

On doit aussi à cet érudit d'avoir mis en lumière
un manuscrit curieux qui semble appartenir aux dernières années du Moyen âge, et est intitulé : *Propriétez
des bestes qui ont magnitude, force et pouoir en leurs bru-
talitez*[3]. Ce livre, qui n'est qu'une sorte de zoologie
populaire entremêlée d'histoires fabuleuses sur les
animaux, a été presque entièrement copié sur l'ouvrage de Barthélemy. Par une singularité qui se retrouve dans quelques autres ouvrages du temps ces
notions sur l'histoire des animaux sont intercalées
dans le IXe livre de l'*Histoire d'Alexandre*.

Pour faire ainsi intervenir des détails de zoologie
dans l'histoire du conquérant de l'Asie, l'auteur ne
semble guidé que par le désir d'instruire ses lecteurs
de ce qu'ils ignorent encore. De place en place il in-
terrompt ou reprend son récit à cet effet, comme si c'é-
tait la chose la plus simple. Ainsi, après avoir parlé
successivement du chameau, du dromadaire et du
caméléon, il reprend la narration des hauts faits de
son héros en disant : *sy se taist l'istoire du tracte des*

1. BERGER DE XIVREY. *Traditions tératologiques.* Paris, 1836. — *Prol.*,
p. 56.
2. BERGER DE XIVREY. *Ibidem*, p. 439 et suiv.
3. Extrait du IXe livre du *Roman d'Alexandre*, ancien manuscrit de
Saint-Germain des Prés, n° 138.

*bestes pour le present et suivons nostre matiere et cro-
nicque*[1]. Quand il commence sa digression sur le crocodile et le scorpion, il se contente de dire : *cy ferons
ung incident*[2].

Les divers détails du traité des *Propriétés des bestes*,
sont souvent de la plus extrême puérilité; mais ils
peuvent servir à donner une idée de la forme que l'on
donnait alors à la zoologie élémentaire. Du reste si
l'auteur fait souvent preuve de peu d'instruction en
tronquant ou en confondant les opinions des naturalistes qui l'ont précédé, il faut avouer que, par compensation, il ne parle d'eux qu'avec de prodigieux témoignages de respect ou d'admiration : il les nomme
monseigneur saint Isidore, le docteur Pline, le souverain et grand Aristote, etc.[3]

Un simple fragment de ce traité nous donnera mieux
que toutes les digressions, des notions précises sur la
forme qui y règne. Voici comment, dans le chapitre intitulé *la Propriété du busgle*, l'auteur trace l'histoire du
buffle : « Le busgle, dit-il, est une beste semblable à ung
beuf, lequel est si sauvaige qu'on ne le puist mettre
en labeur. Il en y a moult es desers d'Affricque, en Ger-
manye et es pays prouchains. Et ont aucuns si grans
cornes et si larges qu'on en fait vaisseaux pour boire[4].

« Monseigneur sainct Ysidore dit que le busgle est
une si forte beste qu'on ne le puist gouverner, s'il n'a
ung anneau de fer par les narynes.

---

1. Fol. 308. — Comp. BERGER DE XIVREY. *Trad. tératol.,* prol., p. 54.
2. Fol. 311. — BERGER DE XIVREY. *Ibidem.*
3. *Propriétés des dragons*, fol. 276, etc.
4. Isidore de Séville ajoute : à la table des rois, *regiis mensis*. Orig.

« Le busgle est une beste noire ou fauve qui ha le poil court, et sy en ha peu, mais cornes très-fortes sur le fronc. La chair en est bonne à mangier et vault contre espydymye en diverses confitures de médecine qu'on fait es pays de par delà[1].

« Le docteur Plynius dit en son XXVIIIe livre, x[e] chapitre, que la chair du busgle rostie garist de morsure de chien enragé[2]. »

Après s'être étendu sur les vertus médicales de quelques autres parties du buffle, l'auteur termine ainsi l'histoire de cet animal : « Les busgles hayssent toutes chouses rouges ou rousses. Ceux qui les chassent se vestent de rouge pour les faire esmouvoir à courir après eulx; et quant le veneur veoist la beste roidement venir et approuchier de luy, il se musse d'arrière ung arbre contre lequel la beste frappe (de sa corne) pour cuidder occire l'homme, et l'atache si fort dedans qu'il ne l'en puist puis après tirer. Adonc vient le veneur par d'arrière, et l'enferre de son espieu et la tue[3]. »

Au nombre des œuvres encyclopédiques du xiiie siècle, on doit mentionner le *Trésor* de Brunetto Latini[4]. Né à Florence vers 1220, celui-ci fut obligé de fuir sa patrie lorsque la faction des gibelins y dominait.

---

1. M. Berger de Xivrey a fait remarquer que ces confitures médicinales tirées du buffle ne se trouvent pas mentionnées par Barthélemy et qu'elles sont une invention de l'auteur.

2. Pline ne parle nullement de cette prétendue propriété du buffle.

3. Comp. BERGER DE XIVREY. *Traditions tératologiques.* Paris, 1836, p. 467.

4. BRUNETTO LATINI. *Trésor.* Manuscrit du xive siècle commençant ainsi : *Ci commence le Trésor, etc. de Brunet Latin.* Mss. de la bibliothèque de Rouen, lettre O.

Brunetto avait été le maître du Dante, et quoique l'inflexibilité de l'historien ait forcé ce dernier à lui infliger les tortures de l'enfer, la sensibilité et la reconnaissance du disciple se révèlent lorsqu'il le rencontre dans l'abîme[1]. Au moment où ils se séparent, l'ombre du savant Florentin recommande même son œuvre à l'immortel poëte, espérant par elle atteindre l'immortalité[2] !

Le *Trésor* de Brunetto est une espèce de cosmographie dans laquelle il décrit les diverses contrées du globe, ainsi que les productions qu'elles fournissent ; c'est assez dire que l'histoire naturelle y occupe une grande place. Cet ouvrage était une véritable innovation pour l'Italie, car dans ce pays on ne rencontrait presque aucune de ces grandes encyclopédies qui étaient assez communes dans les autres contrées de l'Europe[3].

Le premier livre du *Trésor* contient un abrégé des connaissances astronomiques et géographiques du temps où vivait son auteur. Ce livre renferme aussi le germe d'une grande idée. Au XIIIe siècle, Brunetto soutient que la terre est ronde, et il apporte des preuves palpables à l'appui d'une hypothèse[4] que l'on

---

1.
  La cara e buona imagine paterna.
      DANTE. *Inferno*, canto XV, 83.

2.
  Siati raccomandato 'l mio Tesoro
  Nel quale io vivo ancora.
      DANTE, *Inferno*, canto XV, 119.

3. LIBRI. *Histoire des sciences mathématiques en Italie, depuis la renaissance des lettres jusqu'à la fin du* XVIIe *siècle.* Paris, 1838.

4. « Comment li monde est reont et comment li quatre elemens sont establis par la pervéance et par la grace de Dieu. » BRUNETTO. *Trésor*, chap. XCV. Mss. de la bibliothèque de Rouen.

fut bien des années avant d'admettre généralement, et que l'on discutait encore, dans les universités espagnoles, au moment où les navires de Colomb allaient cingler vers l'Amérique.

Brunetto aborde aussi l'explication de quelques-uns des grands phénomènes du globe, et ses opinions sur ceux-ci sont parfois de curieuses traditions des hypothèses de son siècle. C'est ainsi que dans son livre on explique le flux et le reflux de la mer par le mouvement respiratoire de la terre, considérée alors comme un être animé qui soulève l'eau dans ses efforts convulsifs[1]. Mais cette singulière opinion n'est pas celle de Brunetto, il est trop judicieux pour l'accepter; il préfère se ranger de l'avis des *astrenomyens*, qui ne voient dans ce phénomène que l'attraction de notre satellite.

Pour la géographie, tantôt les peintures du docteur de Florence sont l'expression d'une vérité que l'observation moderne n'a fait que confirmer. C'est ce qui a lieu pour cette mer dont la lugubre immobilité rappelle la malédiction, et qui ne recèle dans son sein aucune créature animée. Tantôt les récits du *Trésor* se sentent de la crédulité du siècle où ils furent ébauchés; c'est ce que l'on voit lorsque l'auteur parle d'hommes de couleur verte, qui habitent les bords de l'Indus, etc. En général, le cosmographe s'arrête,

---

1. « Li uns dient que li monde a asme, a chou qu'il est fais de quatre « elemens et pour chou convient qu'il est esperit. Et dient que chil espe- « rit a ses voies au parfond de la mer, où il espire autressi comme on « fait par li narines. Et quand il espire hors et ens, et il fait aller sus « les eaux de la mer, et traire et revenir arrière selon chou que son es- « pirement vait ens et fors. » BRUNETTO LATINI. *Trésor.*

surtout en Europe, sur les pays où la religion fleurit davantage : tous ceux qui sont privés de riches métropoles ou de splendides abbayes, lui semblent indignes d'attirer son attention.

L'histoire des animaux occupe les soixante et treize derniers chapitres du premier livre du *Trésor* : ce n'est qu'une sorte de zoologie élémentaire dans laquelle l'auteur ne fait preuve d'aucune érudition. Chacun de ses chapitres est consacré à ce qui concerne une espèce ; aussi n'en décrit-il qu'un fort petit nombre. Il commence par les poissons [1], puis il passe aux reptiles, aux oiseaux et aux mammifères. Les invertébrés n'ont nullement été l'objet de son attention. Un reproche que l'on pourrait adresser à Brunetto, c'est d'avoir donné à plusieurs de ses descriptions une tournure trop poétique ou trop pittoresque, et parfois de s'être laissé entraîner dans de fabuleuses divagations, qui ne sont réellement que du domaine de la zoologie mystique [2].

Au nombre des livres qui ont le plus contribué à populariser l'histoire naturelle au XIIIe siècle, on compte principalement *l'Image du monde*, dont on ne connaît pas bien l'auteur. C'est un résumé de tout ce que l'on savait sur cette science au temps où le livre fut fait, et qui semble avoir été destiné aux clercs qui aspiraient à prendre des grades dans les écoles [3].

---

1. Livre I, chap. CXXII. *Ci commence de la nature des animaux et premièrement des poissons.* BRUNETTO. Manuscr. de la bibliothèque de Rouen.

2. Chap. CXXIX, *Ci dit de la Seraine,* dont l'histoire est singulièrement enchevêtrée entre celle de l'hippopotame et des serpents.

3. *L'Image du monde* ou le *Livre de Clergie,* a été attribué à Gautier de Metz.

Divers ouvrages d'histoire naturelle générale méritent encore d'être cités quoique moins essentiels que ceux que nous avons fait connaître. Tels sont: *les Secrets naturiens* de Bonnet[1]; puis le *Traité des sciences naturelles* de Conrad d'Halberstadt, qui eut un grand succès au XIIIe siècle[2].

Outre ces traités d'histoire naturelle, qui embrassent plus ou moins complétement l'ensemble de la science, plusieurs savants ont écrit sur les grandes divisions de celle-ci en particulier. Les Pères de l'Église avaient eu une zoologie, une botanique et une minéralogie sacrées. Le Moyen âge chrétien eut ses *bestiaires*, ses *herbiers* et ses *lapidaires* où les symboles de la foi perçaient de toutes parts.

La zoologie, à laquelle les encyclopédies du Moyen âge ont si largement ouvert leurs colonnes, a été le sujet de divers ouvrages spéciaux; cependant les traités didactiques sur les animaux sont moins nombreux que ceux qu'on a écrits sur les plantes, parce que la connaissance de celles-ci offrait plus d'applications; mais par compensation on rencontre un grand nombre de *bestiaires* ou de *volucraires* destinés à populariser la zoologie, et qui ne sont souvent que d'ingénieuses compilations où les fables antiques le disputent au mysticisme de l'époque. Quelques-uns de ces traités ont même été écrits en vers afin de leur rendre l'accès des châteaux plus facile.

1. BONNET (Jehan). *Les Secrets naturiens selon les plus grands philosophes, compilés par Jehan Bonnet.* Mss. de la Bibliothèque roy., n° 6866.

2. Cité par M. d'Orbigny, *Dictionnaire universel d'histoire naturelle*, p. 79, mais dont je ne connais pas les travaux.

Au nombre de ces derniers, on compte *le Bestiaire divin*, poëme que l'on doit à Guillaume, clerc de Normandie et trouvère du xiiie siècle, et qui semble presque entièrement consacré à présenter la zoologie sous le point de vue moral et religieux. C'est un remarquable manuscrit de l'époque, commenté de la plus intéressante manière par M. Hippeau[1].

On trouve en outre de curieux détails zoologiques dans certains manuscrits du Moyen âge entièrement ou partiellement consacrés à l'histoire naturelle des animaux. On peut citer en particulier un manuscrit italien intitulé *le Livre des animaux et des oiseaux*[2]; puis *le Bestiaire de Richard de Furnival*, résumé des plus crédules auteurs de l'antiquité[3], et qui est curieux parce que ayant été produit par le fils d'un médecin, il est à n'en pas douter un exact exposé des études sur l'histoire naturelle au xiiie siècle[4].

Le dernier des ouvrages sur les animaux que l'on peut encore ranger au nombre des productions du Moyen âge est le *Traité des êtres souterrains* d'Agricola[5]. Ce livre, dû à la plume d'un homme de génie que nous ferons bientôt connaître, n'est qu'une sorte de recueil consacré à l'histoire des divers animaux de

---

1. HIPPEAU. *Bestiaire divin de Guillaume, clerc de Normandie*. Caen, 1852.

2. *Libro degli Animali e degli Uccelli*. Manuscr. de la Bibliothèque royale, contemporain de Dante, rempli de figures grises.

3. RICHARD DE FURNIVAL. *Le Bestiaire suivi de la réponse du Bestiaire*. Manuscr. de la Bibliothèque royale, n° 7037.

4. PAULIN PARIS. *Les manuscrits français de la Bibliothèque du roi*. Paris, 1836-43.

5. AGRICOLA. *Georgii Agricolæ de animantibus subterraneis liber*. Bâle, 1561, à la suite *De re metallica*.

quelque classe qu'ils soient, qui peuplent constamment ou accidentellement le sein de la terre. Considéré de cette manière, le cadre devient assez vaste, et l'auteur a pu y faire entrer à la fois les ours, les loups, et les serpents qui se réfugient momentanément dans l'intérieur des cavernes; ainsi que les taupes et les castors qui vivent dans les longs boyaux dont leur industrie sillonne la superficie du sol. Il a pu aussi y comprendre une assez grande quantité d'oiseaux qui s'enfoncent parfois dans les lieux souterrains, et les poissons et les mollusques qui se rencontrent dans les grottes baignées par la mer. En somme, cette zoologie souterraine contient l'histoire d'environ quarante mammifères[1], quarante oiseaux[2], trente reptiles[3], vingt-cinq poissons et mollusques[4] et de quelques insectes et arachnides.

On peut dire aussi que le traité des animaux souterrains renferme le germe d'une grande idée, car on y trouve les premiers essais de la nomenclature zoologique[5]. On sait que Linnée a acquis un immense titre de gloire en substituant aux anciennes phrases caractéristiques, par lesquelles on désignait les animaux et les plantes, de simples noms formés de deux mots: un nom générique et un nom spécifique. Par

---

1. Daim, hérisson, loutre, zibeline martre, blaireau, renard, rats, chèvre, chauve-souris, etc.

2. Cigogne, ibis, hirondelles, coucou, corneille, martins-pêcheurs, pies, etc.

3. Crocodiles, caméléons, lézards, crapauds, grenouilles, serpents, etc.

4. Esturgeons, saumons, raies, pourpre, etc.

5. AGRICOLA. *De animantibus subterraneis.* Basileæ, 1561, p. 195, 486, 486, 188, etc.

ses efforts et par l'élévation de ses conceptions, Linnée est devenu le législateur de la science. Ce titre magnifique ne peut lui être contesté; cependant chaque fois qu'Agricola mentionne plusieurs espèces congénères, il les désigne déjà avec l'ingénieuse méthode et la délicatesse de tact qu'emploiera deux cents ans après lui le naturaliste suédois[1]. Qui oserait dire que celui-ci ne s'est pas un peu inspiré sur les pages du savant allemand? Ce dernier donne même à quelques espèces des noms que Linnée acceptera dans ses œuvres[2] et déjà aussi il se sert de la dénomination de genre[3].

Ce traité, quoique composé par un minéralogiste de profession, n'en contient pas moins quelques observations curieuses sur les mœurs de certains animaux, aussi peut-il être consulté avec intérêt par les zoologistes[4].

On doit seulement regretter qu'Agricola ait laissé se glisser dans son œuvre quelques anciennes traditions dont son esprit élevé aurait dû le préserver. Ainsi il y parle d'animaux *pyrogènes*, dont le feu est l'élément indispensable et qui meurent aussitôt qu'on les en retire. Mais c'est surtout dans les derniers paragraphes de son livre qu'abondent les idées superstitieuses du minéralogiste de la Saxe,

---

1. Agricola désigne sous les noms de : *mus alpinus*, *mus aquatilis*, *mus araneus*, *mus lascicius*, *mus domesticus*, *mus noricus*, *mus pannonicus*, *mus ponticus*, *mus sylvestris*, *mus subterraneus*, *etc.*, diverses espèces qu'il croit congénères.
2. *Mus alpinus* et *mus sylvestris*.
3. *Ranarum diversa genera. De anim. subt.*, p. 495.
4. Hoefer. *Histoire de la chimie.* Paris, 1842, t. I, p. 49.

et c'est là qu'il admet l'existence de diverses catégories d'esprits souterrains[1].

On a remarqué qu'à toutes les époques la botanique a toujours été l'une des sciences naturelles les plus cultivées par l'homme : les végétaux passant pour être doués de vertus médicales efficaces, celui-ci, guidé par le sentiment de sa conservation, s'en est constamment occupé, quelles que soient même les phases de barbarie qu'il ait traversées. Aussi, malgré les agitations du Moyen âge, cette science n'y a jamais été totalement délaissée. Lorsque les doctrines des Arabes régnaient souverainement dans nos écoles, les œuvres de Dioscoride, traduites sur leurs versions, s'y répandirent et y furent suivies de point en point par la généralité des élèves. Cet auteur était devenu la base de toutes nos connaissances botaniques. Mais cependant, de loin en loin, on voyait apparaître quelques essais exécutés par des hommes studieux, et qui se retrouvent le plus souvent aujourd'hui parmi les manuscrits des grandes bibliothèques.

Dès le début de cette fermentation scientifique, dans laquelle nous entrevoyons les premiers et vivaces germes de l'expérimentation, nous avons reconnu que déjà, dans les mains d'Albert, l'anatomie et la physiologie végétales avaient fait quelques progrès. Le XIIIe siècle s'était honorablement inscrit dans les fastes de la science.

La poésie, avide des images qu'elle emprunte aux

1. *Dæmones subterranei, et eorum duplex genus. De animantibus subterraneis.* Basileæ, 1661, p. 501. Voy. *Minéralogie.*

magnificences de la création, avait elle-même profité des conquêtes des botanistes. Dante qui, comme le dit M. Libri [1], observait la nature en véritable philosophe, en avait deviné bien des mystères qu'ont élaborés ceux qui le suivirent. Ainsi, il parle déjà du sommeil des plantes dans quelques-unes de ses immortelles stances. Dans d'autres il s'occupe de l'action de la lumière sur les végétaux, et paraît même avoir quelques notions sur la circulation de ceux-ci. Mais nous ne nous appesantirons pas sur ce sujet, car le poëte florentin a pu puiser ses idées dans les travaux d'Albert le Grand, qui eurent tant de retentissement de son temps [2].

Selon quelques naturalistes, ce fut probablement durant le xiii⁰ siècle, et au moment même où le dominicain de Cologne donnait une si vive impulsion à la botanique, que l'on fit une découverte qui devait avoir la plus heureuse influence sur les progrès de celle-ci : ce fut celle des herbiers, ou l'art de conserver les plantes [3].

La botanique du Moyen âge présente des périodes assez distinctes. Nous avons vu combien Albert avait contribué à l'asseoir sur de solides bases [4]. Après lui sa marche fut assez vacillante. Ce savant paraissait s'être plu à féconder les idées de Théophraste et d'Aristote. L'observation avait été son guide, mais

---

1. LIBRI. *Histoire des sciences mathématiques en Italie depuis la renaissance des lettres jusqu'à la fin du* xvii⁰ *siècle.* Paris, 1838.
2. Voy. École expérimentale. *Botanique.* Albert le Grand, p. 297.
3. DE MIRBEL. *Naissance et progrès de la botanique.* (*Éléments de physiologie végétale.* Paris, 1815, p. 517.)
4. Voy. École expérimentale, p. 297.

après lui cette direction se trouva abandonnée ; aux patientes recherches de l'expérience on préféra le labeur de l'érudition ; on ne généralisa plus, on ne fit que des commentaires et d'imparfaites descriptions.

Les premiers essais du Moyen âge à l'égard de la science des végétaux, furent tout à fait incohérents, parce qu'ils émanaient de gens qui manquaient des connaissances nécessaires pour lire et commenter les auteurs originaux. Dans la suite, les études en devenant plus sévères, produisirent de meilleurs résultats ; c'est ce que l'on observe vers la fin de la période que nous décrivons : aussi M. de Mirbel lui-même dit-il que le xv⁴ siècle peut être appelé l'époque de l'érudition de la botanique[1]. Ce ne fut guère qu'à compter du milieu du Moyen âge que l'on vit apparaître, de loin en loin, quelques traités sur les plantes, mais ceux-ci devinrent plus abondants vers la Renaissance.

Au nombre des hommes qui s'adonnèrent de bonne heure à l'étude des végétaux, se présente d'abord Jean Platearius, qui était d'origine française, mais qui devint l'un des médecins remarquables de l'école de Salerne, au xıı⁴ ou au xııı⁴ siècle. Cet auteur a écrit un des plus curieux traités de botanique médicale que l'on puisse citer, et en même temps l'un des plus anciens des temps modernes. On y trouve de précieux documents sur la nomenclature vulgaire des plantes connues à l'époque à laquelle il vivait[2].

1. De Mirbel. *Éléments de physiologie végétale.* Paris, 1815. *Naissance et progrès de la botanique,* p. 517.

2. *De simplici medicina liber.* Lyon, 1512. *Traité des plantes et des pierres en usage dans la médecine ou les secrets de Salerne.* Mss. de la Bibliothèque royale.

La littérature scientifique ayant pris un assez re-marquable essor en Angleterre, après la domination de Guillaume le Conquérant, la botanique y fut l'objet d'une attention particulière. L'on rencontre divers manuscrits qui la concernent, et qui datent de cette époque, dans la bibliothèque royale de Londres, dans la collection de Sloane et dans les bibliothèques Bodléienne et Ashmoléenne.

L'historien Henri, archidiacre de Huntingdon, a donné le jour à l'une des productions les plus no-tables de ce temps; c'est son *Traité des herbes, des aromates et des pierres précieuses*, en huit livres[1].

L'évêque Tanner[2] mentionne en outre *les Synonymes des noms des herbes*, de Jean Bray, botaniste et méde-cin, contemporain de Richard II, de la munificence duquel il recevait une pension[3].

Deux hommes du même pays, et qui tous deux accomplirent d'assez longs voyages, contribuèrent surtout alors à étendre le domaine de la botanique. L'un était Gilbert l'Anglais, philologue assez érudit, qui, au retour d'excursions durant lesquelles il s'était appliqué à observer les plantes, composa une sorte de codex, consacré principalement à exposer les vertus médicinales de celles-ci[4]; l'autre, nommé Henri Arviel, avait été entraîné par le même penchant vers

---

1. HENRI. *De herbis, de aromatibus et de gemmis.* Mss. bibliothèque Bodléienne, n° 6353.

2. TANNER. *Bibliotheca Britannico-Hibernica.* Londres, 1744.

3. JEAN BRAY. *Synonyma de nominibus herbarum.* Mss. de la collec-tion de Sloane.

4. GILBERT L'ANGLAIS. *De re herbaria liber I. — De viribus et me-dicinis herbarum, arborum, et specierum; et de virtutibus herbarum liber I.*

la fin du XIIIe siècle [1], et, en se délassant de ses courses, il écrivit à Bologne un remarquable ouvrage sur la végétation [2].

La botanique s'enrichit, au XIVe siècle, de quelques traités nouveaux, mais qui n'ont guère contribué à l'étendre [3]. Parmi eux on trouve ceux du chirurgien anglais Jean Ardern, et du dominicain Henri Daniel, qui passe pour avoir été très-versé dans la philosophie naturelle et la médecine. Le premier embrasse l'histoire des végétaux dont l'art médical emprunte les vertus [4], et le second traite plus particulièrement de ceux qui appartiennent à l'économie rurale [5].

La bibliothèque Ashmoléenne contient quelques manuscrits qui démontrent qu'au XVe siècle la botanique occupait vivement l'attention des hommes studieux, mais ils n'ajoutent rien aux connaissances précédemment acquises [6], et leurs auteurs sont inconnus [7]. D'autres existent, mais sans date, soit dans cette collection [8], soit dans la bibliothèque Bodléienne [9].

<hr>

1. Tanner. *Bibliotheca Britannico-Hibernica.* Londres, 1744.

2. Henri Arviel. *De botanica, sive stirpium varia historia.*

3. Pulteney. *Esquisses historiques et biographiques des progrès de la botanique en Angleterre.* Paris, 1809.

4. Ardern. *De re herbaria, physica et chirurgica.* Mss. de la bibliothèque de Sloane.

5. Daniel. *Aaron Danielis.* Mss. du XIVe siècle.

6. Pulteney. *Ibidem,* p. 31.

7. *An herbal alphabeticum,* 1443. Bibl. Ashmoléenne. Mss. n° 7709. — *An herbal* (vieux anglais), 1447. Mss. n° 7713. — *Physical plants,* 1481. Mss. n° 7724.

8. *Alphabeta de diversis nominibus herbarum.* Mss. n° 7762. — *Catalogus plantarum.* Mss. n° 7778. — *De naturis quarumdam (animalium) arborum, etc. cum iconibus pictis.* Mss. n° 7541.—*Livre des plantes, représentées avec leurs couleurs naturelles.* Mss. n° 7537.

9. *De plantis admirandis.* Bibl. Bodléienne. Mss. n° 6206. — *Lexicon medicamentorum simplicium.* Mss. n° 2626. — *Anonymus. De arbo-*

La science des végétaux étant d'un grand secours
à la médecine, les ouvrages qui concernent la première
renferment souvent des notions sur l'autre. L'état de
la botanique médicale au xve siècle est parfaitement exposé dans un précieux manuscrit de la Bibliothèque
royale intitulé *l'Arboriste*, qui est enrichi de dessins
de plantes et d'animaux [1], et aussi dans celui intitulé :
Notice et description de quelques herbes médicinales [2].

Parmi cette foule d'écrivains qu'on vit surgir alors,
mais dont il en est si peu qui méritent l'honneur
d'être cités, il faut cependant faire une exception pour
Simon de Cordo ou Simon de Gènes, qui naquit dans
cette ville et auquel on ne peut refuser une profonde
érudition. Ce médecin, entraîné par son goût pour
l'histoire naturelle, partit pour visiter la Sicile et les
îles de l'archipel de la Grèce où il recueillit un grand
nombre de végétaux. A son retour il publia un dictionnaire de botanique [3] remarquable pour l'époque,
à cause des connaissances étendues qu'on y découvre,
et pour lequel l'auteur semble non-seulement avoir
exploré les œuvres des anciens, mais encore avoir
épuisé tout ce que l'on pouvait glaner dans le contact
ou la lecture des savants du monde entier [4].

ribus, aromatis, et floribus. Mss. n° 2543. — *Glossarium latino-angli-
cum arborum, fructuum, frugum, etc.* Mss. n° 2562. — *Herbarium.*
Mss. n° 1798.

1. *L'Arboriste continué selon l'A, B, C, ou des simples médichines,
avec dessins de plantes et d'animaux, etc.* Mss. de la Bibliothèque royale,
n° 1240 suppl. Ce manuscrit du xve siècle contient une figure fantastique
de l'éléphant qui est probablement l'une des premières qui soient connues.

2. *Notizia e descrizione di alcune erbe medicinali.* Mss. de la bibliothèque de Sainte-Geneviève ; xve siècle, orné de miniatures et contenant
la description de quatre-vingt-une plantes.

3. SIMON DE CORDO. Mss. de la Bibl. royale, n° 6823.

4. Testatur se informationes ex toto mundo per viros doctos cepisse.

L'imprimerie, à peine découverte, donna une nouvelle impulsion aux sciences. Peu d'années s'étaient écoulées depuis sa naissance, que déjà on publiait des livres dans lesquels étaient représentés des animaux et des plantes, à l'aide d'imparfaites gravures en bois. Le premier qui parut dans ce genre[1], fut imprimé à Augsbourg en 1478, aussitôt après l'invention de la gravure. Écrit en allemand, sous le titre de *Livre de la nature*[2], il traite à la fois des animaux et des plantes et contient un assez grand nombre de figures de ces dernières. C'est en somme un extrait de **Pline**, d'Isidore de Séville et de **Platearius**. Ce fut vers la même époque que parut *le Livre des propriétés des choses*[3], écrit par Corbichon, religieux augustin et chapelain de Charles V. Cet ouvrage ne contient que huit mauvaises figures en bois, et est postérieur à celui que nous venons de citer, aussi Adanson a-t-il tort de le présenter comme ouvrant l'ère des livres illustrés[4].

Les derniers ouvrages que le xve siècle vit éclore sur la botanique, et les plus remarquables qu'on eût alors publiés sur cette science furent le fameux *Herbier de Mayence*[5], et l'*Hortus sanitatis*. Ce dernier qu'on attribue généralement à Cuba, médecin d'Augs-

---

1. Séguier. *Bibliotheca botanica.*— Pulteney. *Esquisses historiques et biographiques des progrès de la botanique en Angleterre.* Paris, 1809, p. 161.

2. *The Book of nature.* 1475 à 1478. — Séguier. *Bibl. bot.*

3. Corbichon. *Le propriétaire.* Lyon, 1482, et Mss. de la Bibliothèque du roi, nᵒˢ 1470 et 6869.

4. Adanson. *Familles des plantes.* Paris, 1763, p. 4.

5. Herbarius. Mayence, 1484. On pense qu'on y employa les **figures** du *Livre de la nature.* — Pulteney. *Esquisses historiques et biographiques, etc.,* t. I, p. 161.

bourg, qui au moins en a donné une édition augmentée,
servit pendant beaucoup d'années aux médecins et
aux botanistes de toute l'Europe. Le *Jardin de la
santé* est une sorte de traité d'histoire naturelle médicale, divisé en trois livres, dont chacun comprend
l'un des règnes de la nature, mais dans lequel les végétaux occupent le plus grand espace[1]. L'auteur confesse avoir extrait son texte des œuvres d'Hippocrate,
de Galien, de Pline, de Dioscoride, d'Avicenne, de
Palladius et de quelques autres savants, et chacun
de ses chapitres est précédé d'une gravure en bois on
ne peut plus imparfaite. L'ouvrage lui-même est un
vrai monument de barbarie[2].

Au moment où l'Italie savante, comme un vaste
laboratoire de la pensée, multipliait à l'envi les œuvres
scientifiques et littéraires de l'antiquité, Georges Valla,
médecin d'une remarquable érudition et qui exerçait
son art à Venise durant le xvᵉ siècle, publia un ouvrage sur la botanique, beaucoup plus remarquable
que ceux qui le précédèrent et destiné à faciliter l'interprétation des obscurités de Pline et de quelques
auteurs anciens[3].

Au nombre des hommes les plus instruits du
xvᵉ siècle figure aussi Nicolas Leoniceno, médecin de
Ferrare, fort versé dans la littérature ancienne, et qui
du haut de la chaire qu'il illustrait, eut alors le courage de fronder le respect aveugle de son époque pour

---

1. CUBA. *Hortus sanitatis*, Moguntiæ, 1486, contient cinq cent neuf
mauvaises figures en bois.
2. *Biographie médicale*. Paris, 1820, t. III.
3. GEORGES VALLA. *De simplicium natura liber unus*. Strasbourg,
1528.

les œuvres de l'antiquité. Il s'attacha surtout à démontrer les erreurs de Pline, et de cette série d'auteurs arabes que l'on a si souvent et si infidèlement copiés. « Ces gens-là, dit-il en parlant d'eux, n'ont jamais connu les plantes dont ils parlent ; ils en pillent les descriptions dans ceux qui les précédèrent et qu'ils traduisent souvent fort mal, d'où est venu un vrai chaos de dénominations [1]. » A cette époque où les ouvrages dont Leoniceno osait signaler les erreurs formaient tout le bagage des écoles et toute la substance sur laquelle s'appuyaient les professeurs, l'audacieux novateur ne manqua pas d'antagonistes. Mais il sut à son tour leur répondre avec une sage énergie [2].

Un patricien de Venise, Ermolao Barbaro, doit être compté au nombre de ceux qui répondirent aux critiques de Leoniceno. Quoique Barbaro ne fût pas médecin [3], il se fit connaître aussi par quelques travaux sur l'histoire naturelle qu'il cultivait avec distinction. On lui doit une traduction de Dioscoride [4]; puis des commentaires sur Pline, auteur dont il corrigea, il est vrai, quelques erreurs, mais auquel il en ajouta parfois aussi plusieurs autres [5].

Le médecin italien Jean de Dondis a publié sur la botanique un ouvrage qui a joui d'une grande célébrité dans les écoles du temps. Celui-ci n'est qu'une

---

1. Leoniceno. *De Plinii et aliorum medicorum in medicina erroribus.* Ferrare, 1492.

2. Jourdan. *Biographie médicale.* Paris, 1824, t. VI, p. 12.

3. Le pape Innocent VIII qui l'aimait lui donna le titre de patriarche d'Aquilée et le chapeau de cardinal. Jourdan. *Biogr. méd.*

4. E. Barbaro. *In Dioscoridem corollarium libri V.* Cologne, 1630.

5. E. Barbaro. *Castigationes Plinianæ.* Crémone, 1485.

sorte de botanique médicale[1] désignée ordinairement sous la dénomination d'*herbier vulgaire*, et dans laquelle l'auteur a décrit les végétaux de l'Italie avec plus de soin qu'on ne l'avait fait avant lui[2].

La minéralogie a toujours été moins populaire que la zoologie et la botanique. Dépourvue de l'intérêt que le vulgaire trouve dans les récits animés de la première de ces sciences, et des ressources que l'autre lui offre, on ne l'a généralement cultivée qu'à cause des produits utiles qu'on peut en retirer pour l'accroissement de la richesse publique. Le Moyen âge nous a légué, il est vrai, quelques *lapidaires*, ou espèces de répertoires consacrés à l'exposition des connaissances minéralogiques du temps; mais il ne peut guère revendiquer que deux grands et sérieux ouvrages sur ce sujet[3].

Dans ses développements successifs, la minéralogie du Moyen âge suit les mêmes phases que la zoologie et la botanique. Ses premiers essais ne sont guère que des commentaires ou de simples paraphrases des auteurs de l'antiquité. Puis à mesure que les temps s'avancent et que les besoins des arts se manifestent, la minéralogie devient de plus en plus riche d'observations et elle donne enfin naissance à d'importants travaux pratiques, fruit de la sourde et lente élabo-

---

1. Jean de Dondis. *Herbolario vulgare, etc.*, écrit en 1385.

2. Sprengel. *Histoire de la médecine.* Paris, 1835, t. II, p. 436. — D'Orbigny. *Dictionnaire universel d'histoire naturelle.* Paris, 1841, intr. p. 81.

3. Ce sont les traités *De re metallica* et *De natura fossilium libri decem*, écrits par un savant né dans le xve siècle, et qu'on peut considérer comme inspirés par le Moyen âge.

ration des dernières années d'une période d'incertitude et d'agitation [1].

Presque de tout temps, les observateurs ont été
frappés par ces débris d'animaux que l'on rencontre
fossilisés dans les diverses roches qui forment l'écorce
du globe. Aristote et **Pline** en avaient déjà sommairement fait mention; Avicenne, comme nous l'avons
vu, s'en était lui-même occupé, et plus heureux
qu'on ne le fut de longtemps après lui, son intelligence en conçut positivement l'origine[2]; mais ses
idées trop audacieuses pour son époque, ne furent
point acceptées; aussi, jusqu'à la fin du xve siècle,
n'eut-on sur les fossiles que de bien étranges notions[3].
Incapables de concevoir la série des phénomènes géologiques au milieu desquels se produisirent les corps
fossilisés, les savants se plurent alors à ne les considérer que comme des jeux de la nature, *lusus naturæ*, qui n'offraient qu'une trompeuse ressemblance
avec les êtres auxquels on les comparait. Et il faut
arriver jusqu'au xvie siècle pour trouver leur théorie
exposée pour la première fois avec l'accent d'une profonde conviction[4].

Nous avons vu que plusieurs des représentants de
l'école arabe avaient déjà émis çà et là quelques
phrases indiquant qu'ils soupçonnaient l'action des

---

1. Ce sont les ouvrages d'Agricola dont nous parlerons plus loin.
2. Avicenne. *De congelatione et conglutinatione lapidum*, ins. dans
l'*Ars aurifera*. Bâle, 1610.
3. Pictet. *Traité de paléontologie ou histoire naturelle des animaux
fossiles*. 2e édition. Paris, 1853, t. I, p. 3.
4. B. Palissy. *Traité des pierres*. Paris, 1580.

agents plutoniens[1] : au xve siècle, les mêmes idées se reproduisirent avec plus d'insistance. M. Libri a même découvert un manuscrit de la Bibliothèque royale, dont l'auteur semble concevoir parfaitement toutes les théories modernes sur l'existence du feu central, les soulèvements des montagnes et les eaux thermales[2]. On soupçonne que son auteur était un moine de Lucques nommé Paulus Sanctinus. Voici la curieuse citation extraite de son livre sur les machines de guerre. « Il me semble que le sphéroïde terrestre se tenant suspendu au milieu d'un fluide, une partie sous l'eau et l'autre dessus, doit participer à la fois de la matière aqueuse et de la matière terrestre ; si l'on demande pourquoi une partie du globe est sous l'eau et l'autre au-dessus, je répondrai qu'une partie est sous l'eau à cause de la pesanteur de la terre, et que l'autre se tient au-dessus à cause de l'air qu'elle renferme dans ses cavités et dans ses pores, et du feu qui occupe son centre, d'où, par l'action de ce feu, s'échappent les sources chaudes, et où se forme le soufre qui entretient la combustion, et les autres minéraux. De là, il résulte que la moitié qui est au-dessus des eaux étant entourée d'air, tend à s'élever, et que la flamme tend à monter vers l'éther ; ainsi la terre s'élève vers la région de l'air et du feu, parce que la violence de ces éléments les pousse vers le haut[3]. »

1. FERDOUCY. Le *Châh-Nâméh*. — KASWYNY. *Agiaib almakhlourat*. — AVICENNE. *De congelatione et conglutinatione lapidum*.

2. LIBRI. *Histoire des sciences mathématiques en Italie depuis la renaissance des lettres jusqu'à la fin du xviie siècle.* Paris, 1838.

3. PAULUS SANCTINUS. *De machinis bellicis.* Mss. de la Biblioth. du roi,

En nous occupant de cette revue rétrospective de la géologie, nous ne pouvons omettre de parler de Léonard de Vinci[1], à la fois peintre immortel et savant du plus grand mérite, et qui cultiva avec un égal succès les sciences physiques et mathématiques, l'histoire naturelle et l'anatomie.

Il n'a publié aucun de ses ouvrages scientifiques, mais ses manuscrits, conservés précieusement dans quelques-unes des bibliothèques de sa patrie, prouvent que ses travaux ont été considérables et d'une haute portée. J'en ai trouvé un fort volumineux dans la bibliothèque Ambrosienne de Milan. Il se composait de plusieurs volumes in-folio consacrés aux mathématiques, à la physique, à la chimie, à la mécanique et à l'art militaire. Cet écrit était enrichi par la main du grand maître d'une immense quantité de dessins représentant des appareils chimiques, des mécaniques et des machines de guerre plus ou moins compliquées, et dessinées avec la plus exquise finesse de trait.

Dans l'un de ses manuscrits, Léonard de Vinci a tracé un tableau succinct de l'état ancien du globe; et là, surpris de l'aspect des fossiles qui abondent dans certains terrains, sa profonde raison le porta à s'élever contre les docteurs de son temps qui ne les considéraient que comme des jeux de la nature, ou comme le résultat de l'action des astres : « La mer change l'équi-

---

n° 7239. « Et sic terra elevatur ad aerem ac ignem quia istorum elemen-
« torum violentia sursum ascendit. »

1. Léonard de Vinci est né au château de Vinci, près Florence, en 1452, et mort à Amboise en 1519.

libre de la terre, lit-on dans cet écrit; les coquilles que l'on trouve entassées dans différentes couches ont nécessairement vécu dans le même endroit que la mer occupait. Les grandes rivières charrient des débris qu'elles portent à l'Océan. Les bancs formés par ces dépôts ont été recouverts par d'autres couches de limon de différentes épaisseurs, et ce qui était le fond de la mer est devenu le sommet des montagnes[1]. » Ce sont là des idées vraiment audacieuses pour l'époque à laquelle vivait le grand peintre. Déjà, il est vrai, nous en avons signalé quelques germes précédemment, mais leur reproduction vient confirmer que le travail d'émancipation d'une foule de conceptions a bien eu son point initial au Moyen âge.

Dans le tableau animé qu'il trace de ce grand homme, M. Libri a rendu hommage à l'élévation de son esprit. « Un siècle avant Galilée, dit-il, Léonard a porté le flambeau de la critique dans toutes les parties de la science, et il a donné les préceptes les plus vrais, les plus justes, les plus philosophiques, pour parvenir à reconnaître les causes des phénomènes naturels. Brisant le joug de l'autorité, combattant les qualités occultes, il proclama l'expérience comme le seul guide sûr, et il ne s'en écarta jamais[2]. » Citation qui n'est que le corollaire de la thèse que nous soutenons ; seulement nous faisons remon-

---

1. Comp. VENTORI. *Essai sur les ouvrages physico-mathématiques de Léonard de Vinci.* Paris, 1797. — HUOT. *Suite à Buffon. Géologie.* Paris, 1839, t. II, p. 672.

2. LIBRI. *Histoire des sciences mathématiques en Italie depuis la renaissance des lettres jusqu'à la fin du XVIIe siècle.* Paris, 1838, t. III, p. 55.

ter un peu plus haut la création de l'art expérimental.

En nous entretenant de Léonard de Vinci au point de vue scientifique, nous devons rappeler aussi que très-probablement il fut un des chimistes remarquables de son temps. Ses biographes nous apprennent qu'il préparait lui-même ses couleurs dans le silence de son laboratoire; et dans le manuscrit que j'ai rencontré en Italie, il avait représenté beaucoup de matras et de fourneaux plus ou moins compliqués, qui semblent attester une connaissance profonde de la science qui emploie ces appareils[1].

La minéralogie n'éveillant pas la curiosité humaine à un haut degré comme le fait la géologie, il en résulta qu'elle ne fut guère cultivée que sous le rapport de l'intérêt matériel; aussi au Moyen âge s'occupat-on surtout de métallurgie, et vit-on la science des mines acquérir un grand développement. Ce ne fut cependant que vers le milieu de cette époque, et sous le règne de Frédéric II, qu'elle commença à prendre son essor[2].

Quelques hommes de ces temps-là, ayant industrieusement recueilli dans divers fleuves de l'Europe les parcelles d'or qu'ils roulent avec leurs sables, il n'en fallut pas davantage pour arracher une foule de gens aux paisibles occupations des campagnes et les porter à la recherche de ce métal. Cette tendance parvint

---

1. LÉONARD DE VINCI. Manuscrit de la bibliothèque Ambrosienne de Milan.

2. D'ORBIGNY. *Dictionnaire universel d'histoire naturelle.* Paris, 1841, t. I, p. 80.

alors à un tel point, que l'agriculture abandonnée dans quelques États occasionna la famine, et que les souverains furent obligés de contraindre les orpailleurs à reprendre la vie agricole, en les menaçant des peines les plus sévères[1].

On se porta avec moins d'entraînement vers les excavations des mines : une terreur superstitieuse en défendait l'entrée et en paralysait l'exploitation. Les richesses minérales que recèle le sein de la terre abondent surtout dans les contrées qui furent le théâtre des plus violentes convulsions, et qui, par conséquent, sont plus accidentées, plus abruptes, plus sauvages ; il en résulte que là les populations se trouvent plus isolées, ce qui explique et le sombre aspect de leurs mœurs, et cet effroi que la superstition et l'abrutissement ont si longtemps propagé parmi eux et y propagent encore.

Dans plusieurs contrées de l'Europe où l'on exploitait les mines, la crédulité peuplait celles-ci de génies jaloux de la suprématie de leur domaine. On était persuadé qu'on les rencontrait souvent dans les galeries souterraines sous la figure de petits hommes bruns, mais robustes, animés d'une grande vindication contre tous les mortels qui osaient s'aventurer dans le sein de la terre pour y épier leurs travaux. Comme l'a exprimé avec justesse E. Salverte, cela pourrait s'appliquer parfaitement aux anciens mineurs des contrées métallifères, jaloux de conserver le monopole de leurs exploitations[2].

1. HOEFER. *Histoire de la chimie.* Paris, 1842, t. I, p. 353.
2. E. SALVERTE. *Des sciences occultes.* Paris, 1843, p. 110.

Ces terreurs superstitieuses réagirent énergiquement sur l'exploitation des mines. Le silence et les ténèbres qui règnent éternellement dans leurs galeries inextricables épouvantaient les ouvriers ; et la soif de l'or s'anéantissait sous l'empire de l'effroi causé par ces esprits invisibles et ces démons, dont on disait que les profondeurs de la terre étaient peuplées. Telles furent les raisons qui firent abandonner momentanément la plupart des mines de la France et de l'Allemagne : on les croyait, dit Garrault, en *la possession d'esprits métalliques qui se sont fourrez en icelles*[1].

Ces épouvantements qui poursuivirent nos premiers explorateurs lorsqu'ils se plongeaient dans les mines, furent longtemps partagés par les plus hardis métallurgistes du Moyen âge. Le plus positif d'entre eux, et leur chef vénéré, Agricola, au lieu d'extirper ces erreurs, contribua lui-même à les accréditer. Les accidents, les désastres qui surgissent dans les mines, les vapeurs pestilentielles ou les embrasements qui tuent ceux qui les exploitent, n'étaient pour le savant allemand que les effets de la puissance des esprits répartis sous la terre[2].

Agricola décrit même ces prétendus esprits avec de grands détails. Il affirme qu'ils forment deux catégories distinctes : que les uns sont cruels envers les mineurs et d'un aspect effrayant, et qu'au contraire les autres sont bons et agréables pour les ouvriers.

---

1. GARRAULT. *Des mines d'argent trouvées en France.* Paris, 1579.

2. GOBET. *Anciens minéralogistes de France.* Vol. I. AGRICOLA. *De animantibus subterraneis.* Bâle, 1546. Livre qui se trouve aussi dans l'édition du traité *De re metallica.* Basileæ, 1561, p. 501.

Ce savant rapporte que l'un des premiers apparut sous la forme d'un cheval fougueux dans la mine d'Anneberg, et qu'il y tua de son souffle douze mineurs qui travaillaient dans le puits de la couronne de Ronces. Il ajoute qu'un autre de ces redoutables hôtes, vêtu d'un manteau noir, enleva de terre l'un des ouvriers de la mine de Sneberg, et le lança contre la voûte de la grande galerie autrefois si riche en argent[1].

Agricola dit que les esprits pacifiques que l'on rencontre dans les galeries souterraines portent encore le nom de Cobales que les Grecs leur avaient donné à cause de leur tendance à imiter l'homme[2] : ainsi que lui ils semblent aussi travailler activement dans les mines, mais en réalité ils ne font rien. D'autres les nomment homoncules des montagnes, à cause de leur petitesse. Ils portent constamment le costume des mineurs, et s'il leur arrive parfois d'attaquer ceux-ci à coups de pierres, il est bien rare qu'ils les blessent, etc.[3]

Devons-nous nous étonner de ces terreurs des ouvriers des mines, lorsque Lesson nous révèle que de nos jours encore les bûcherons de quelques régions de notre pays sont en proie à des frayeurs analogues lorsque la nuit les surprend dans les forêts[4]!

Mais si tout ce qui concerne la science des minéraux apparaît d'abord au Moyen âge avec un si triste ca-

---

1. Agricola. *De animantibus subterraneis.* Basileæ, 1561, p. 502.
2. Ut etiam Græci vocant Cobalos, quod hominum sunt imitatores. — Agricola. *De animantibus subterraneis.* Basileæ, 1561, p. 502.
3. Agricola. *Ibidem,* p. 502.
4. Lesson. *Lettres historiques, archéologiques et littéraires sur la Saintonge.* La Rochelle, 1842.

chet d'infériorité, lorsque cette époque expire, par compensation, nous voyons naître un homme qui en est le résumé le plus brillant et le plus complet, et dont le génie incontestable fait faire un immense pas à la minéralogie et à la métallurgie; cet homme est Agricola[1].

Georges Agricola, qui a été nommé à juste titre le *Père de la métallurgie*, naquit, en 1490, à Glaucha, en Misnie[2]. Il étudia d'abord à Zwickau et se rendit ensuite à l'université de Leipzick, qui jouissait de son temps d'une grande renommée. Lorsqu'il eut acquis une suffisante connaissance des langues anciennes, son ardeur pour les sciences le porta à entreprendre un voyage en Italie où plusieurs professeurs d'un grand renom faisaient des cours sur la médecine et les belles-lettres.

Au sein de ses études et de ses voyages, Agricola avait contracté, jeune encore, le goût de la minéralogie; et lorsqu'en 1526 il fut de retour dans sa patrie, afin de mieux se livrer à ses recherches sur cette science, il alla se fixer dans les montagnes des Géants, situées sur les confins de la Bohême, et qui renfermaient d'abondants gîtes métallifères. Aussitôt qu'il se trouva établi dans cette résidence, il s'y adonna avec passion à l'étude des minéraux et des fossiles, et fit sur ceux-ci d'importantes découvertes.

Après avoir séjourné une année dans les gorges de

---

1. Comp. P. BLOUNT. *Censura celebriorum authorum*. Genevæ, 1684. — *Biographie médicale*. Paris, 1820, t. I, p. 67. — CUVIER. *Histoire des sciences naturelles*. Paris, 1842, t. II.

2. D'après la *Biographie médicale*. Bayle place sa naissance en 1494.

ces montagnes, à la sollicitation de ses amis, Agricola vint s'établir à Joachimsthal pour y pratiquer la médecine. Dans cette situation son goût dominant ne se ralentit pas, et on le vit partager son temps entre ses malades, l'étude de la métallurgie et la lecture des auteurs grecs et latins qui s'étaient occupés de cette science.

En 1531, ayant été nommé bourgmestre de Chemnitz, il se rendit avec joie à son poste, parce que cette ville, rapprochée des riches mines de la Saxe, semblait lui promettre d'abondants sujets d'étude. La vocation qu'éprouvait Agricola pour la métallurgie lui fit tout sacrifier pour cette science. Sourd à la voix de ses amis, qui lui reprochèrent souvent d'employer son labeur et son patrimoine à exhumer des produits de la terre que des monarques pouvaient seuls transformer en trésors, le savant n'en abandonnait pas moins ses malades pour s'adonner de plus en plus à la science des métaux. Il ne se plaisait qu'à parcourir les mines, à y examiner les procédés d'exploitation et à converser avec les ouvriers. C'était ainsi qu'il préludait à la rédaction de son grand et immortel ouvrage.

La fortune d'Agricola se dissipait à mesure que ses travaux avançaient. La générosité des ducs de Saxe était plusieurs fois venue à son secours, et après l'avoir exempté des charges publiques, le duc Maurice, qui se complut à l'environner de sa faveur, lui avait accordé une pension ; mais tout était absorbé par des travaux dans lesquels le savant mettait sa seule gloire.

Revendiqué par le Moyen âge parce qu'il vit le jour vers son déclin et que son génie y a puisé toutes ses forces, Agricola fut un des beaux caractères de son temps. Il resta fidèle à ses principes religieux et aux devoirs de la reconnaissance. Aussi, lorsque les ducs de Saxe partirent pour rejoindre, en Bohême, l'armée de Charles-Quint, pour les accompagner, il abandonna tout ce qu'il avait de cher au monde, sa femme, ses jeunes enfants et ses travaux[1].

La mort d'Agricola eut lieu à Chemnitz, en 1555. On dit qu'il succomba à la suite d'une violente dispute théologique qui lui occasionna une fièvre inflammatoire[2].

Possédant une connaissance parfaite des auteurs anciens et y joignant d'immenses observations pratiques, Agricola a su donner à ses travaux une incontestable supériorité sur tout ce qui avait été écrit avant lui sur la même matière, soit par Aristote, soit par Pline[3]. L'accueil que le public fit à ses ouvrages démontra qu'il avait su les apprécier, et l'on alla jusqu'à le surnommer l'Incomparable écrivain de la minéralogie[4]. Du xvie siècle jusqu'au xviiie ceux-ci devinrent l'indispensable guide de tous les minéralogistes[5].

Le *Traité de l'art métallique* est l'ouvrage le plus

1. MELCHIOR ADAM. *Vitæ medic*, p. 79.

2. PAUL FREHER. *Theatrum virorum cruditione clarorum*. Nor., 1688, p. 1238.

3. J. BODIN. *Methodus historica*. Francof., 1595.

4. Subterraneæ rei omnis Scriptor Incomparabilis. H. CONRING. *De antiquiss. stat. Helmst.*, p. 34. — P. BLOUNT. *Censura celebriorum authorum*, p. 586.

5. CUVIER. *Histoire des sciences naturelles.*

capital d'Agricola[1]. Ce recueil est remarquable par les profondes connaissances pratiques qu'y décèle l'auteur. Ayant séjourné longtemps dans des contrées riches en gîtes métallifères, et étant devenu le médecin des officiers des mines et des mineurs ; ayant eu aussi de fréquentes occasions de visiter leurs travaux, personne ne devint plus à même que lui de réaliser un bon livre sur la métallurgie.

Le traité d'Agricola se distingue à la fois par l'élégance du style et par la richesse des détails qu'il contient. Il est divisé en douze chapitres qui embrassent, sous le rapport théorique et pratique, tout ce qui concerne la métallurgie, science à laquelle il est spécialement consacré. Avant de s'aventurer avec ses lecteurs dans le dédale des opérations de cet art, l'auteur résume l'historique des mines anciennes dans une introduction pleine d'intérêt. Le second chapitre est consacré à l'exposition des moyens qu'offre la science pour arriver à découvrir l'existence des mines ou des filons métallifères. Après avoir tracé les connaissances positives auxquelles les mineurs peuvent se fier, la haute raison d'Agricola fait justice des pratiques que la superstition ou la jonglerie préconisaient déjà de son temps, et en particulier de l'épreuve par la baguette divinatoire ou *hydroscope,* que l'on prétendait alors si efficace pour découvrir les minerais ou les sources d'eau que contient la terre. Dans une de ses planches, le grand minéralogiste a fait représenter les diverses phases de l'opération, mais il ajoute qu'il a reconnu que lorsque la baguette magique, *virgula divina,* tourne,

1. AGRICOLA. *Georgii Agricolæ de Re metallica libri XII.* Basileæ, 1561.

son mouvement n'est réellement qu'accidentel et non l'indice d'aucun dépôt métallifère ou aqueux[1].

Après ces détails, l'auteur entre à fond dans son sujet, et l'on peut dire qu'il l'envisage sous toutes les faces et de la plus complète manière. Il expose tour à tour à ses lecteurs, ce qui concerne le percement des mines et les machines compliquées destinées à extraire les produits de celles-ci, à en épuiser l'eau, ou à les ventiler ; et l'on est autant surpris de leur variété que de la richesse d'imagination de leur inventeur. Les derniers chapitres de l'ouvrage se trouvent remplis par l'exposition de toutes les opérations destinées à extraire le métal des masses de minerai dans lesquelles il est contenu. C'est là que sont décrits les nombreux procédés de lavage, de grillage et de bocardage employés alors.

Le *Traité de métallurgie* forme un volume in-folio enrichi d'un nombre considérable de planches, souvent très-pittoresques, sur lesquelles se trouvent représentées toutes les machines et tous les outils employés dans les mines, ainsi que les diverses opérations et les fourneaux destinés à l'extraction des métaux. Ces planches rendent palpables à la moindre intelligence les procédés variés par lesquels on épuisait alors les mines, ainsi que ceux qui servaient au lavage des minerais, à les griller, ou à les briser; et c'est ainsi que ce minéralogiste a produit un traité que le savant parcourt avec autant d'intérêt que l'œil en suit les pages avec charme.

1. AGRICOLA. *De Re metallica.* Basileæ, 1561, p. 27.

Le *Traité de la nature des fossiles* est encore une des principales productions d'Agricola. Le précédent ouvrage était absolument consacré à l'art d'exploiter les mines, tandis que celui-ci est un véritable traité de minéralogie. Ce livre est remarquable en ce qu'il nous offre les premiers essais de classification que l'on ait appliqués aux minéraux. Il est vrai que ceux-ci sont encore bien imparfaits, mais ils n'en sont pas moins restés dans la science jusqu'au moment où la cristallographie et la composition chimique ont servi de base aux minéralogistes modernes[1]. Outre ces deux traités, on doit encore au médecin de Chemnitz plusieurs autres ouvrages qui presque tous ont pour objet sa science favorite[2].

Aucun minéralogiste du Moyen âge ne peut être comparé à Agricola. Un Italien, Camille Leonardi de Pesaro a bien produit, quelques années avant lui, un ouvrage intitulé le *Miroir des pierres*, dédié à César Borgia[3]; mais ce livre, où les minéraux sont encore rangés par ordre alphabétique, et qui n'est souvent qu'une simple compilation, ne peut nullement être rapproché des productions du praticien saxon.

Si après cet examen de l'état de l'histoire naturelle dans la dernière moitié du Moyen âge, nous passons

---

1. Agricola divise les minéraux en cinq classes : les terres, les sucs concrets, les pierres, les minerais ou demi-métaux, et les métaux purs.

2. AGRICOLA. *De veteribus et novis metallis.* Wittemberg, 1612. — *De natura eorum quæ effluunt ex terra.* Wittemberg, 1612. — *De ortu et causis subterraneorum libri quinque.* Bâle, 1546. — *Bergmannus, seu dialogus de re metallica.* Bâle, 1530, etc.

3. C. LEONARDI. *Speculum lapidum.* Venise, 1502.

en revue les sciences médicales, nous reconnaissons aussi qu'elles ne restèrent point en arrière dans le mouvement progressif, qui, en Occident, anima alors toutes les connaissances humaines, et leur imprima une vie nouvelle, après tant de siècles de langueur ou d'anéantissement. Déjà, au xiiie siècle, quelques médecins jouirent d'une grande renommée, et depuis lors, jusqu'à la renaissance, la médecine et la chirurgie se perfectionnèrent d'une manière incessante.

Arnaud de Villeneuve mérite d'occuper la première place dans l'histoire des médecins du Moyen âge, soit par la haute célébrité qu'il avait acquise alors, soit par l'époque à laquelle il appartient, soit enfin par la variété de ses connaissances et par le nombre d'écrits qu'on lui doit. Il règne une grande obscurité à l'égard de sa naissance, dont on ne peut préciser la date, ainsi que sur sa véritable patrie. On suppose seulement qu'il vit le jour vers 1240[1]. Quelques biographes pensent qu'il est originaire de l'Espagne, tandis que d'autres le croient né en France. Pic de la Mirandole adopte la première opinion et donne à Arnaud le surnom de *Catalanus*. Au contraire, Astruc prétend que celui-ci naquit à Villeneuve, près de Montpellier; et le célèbre accoucheur raconte que de son temps on montrait encore dans cette dernière ville la maison qu'il y habita pendant un certain nombre d'années[2].

1. Quelques biographes pensent qu'il est né vers 1300; c'est à tort, sa naissance est selon Freind bien antérieure à cette époque.

2. Astruc. *Mémoires pour servir à l'histoire de la faculté de médecine de Montpellier.* Paris, 1767.

L'une et l'autre de ces versions comptent un nombre à peu près égal de partisans. Il semble cependant probable que le célèbre médecin du XIIIe siècle est né dans le midi de la France. L'idée qu'il est originaire de l'Espagne, et le nom d'*Arnaldus Catalanus* que lui imposent quelques-uns de ses biographes, proviennent de ce que plusieurs de ses ouvrages sont écrits en langue catalane ; ce qui ne signifie absolument rien, puisqu'à l'époque à laquelle Arnaud vivait, le langage du midi de la France différait à peine de celui de la Catalogne. Et d'un autre côté, on ne voit pas pourquoi un des sujets de la couronne d'Espagne n'eût pas étudié dans les écoles de sa patrie, qui alors étaient florissantes, au lieu de venir puiser toute son instruction en France, comme le fit Arnaud.

Beaucoup d'écrivains se sont occupés de la vie de cet homme extraordinaire, qui fut à la fois médecin et alchimiste célèbre, et qui cultiva avec distinction les mathématiques, la physique et la philosophie[1]. Mais, à son sujet, il règne une grande diversité dans l'appréciation des biographes. Quelques-uns, à l'imitation de ses contemporains, s'efforcent de le peindre comme un prodige de science, comme l'homme le plus savant de son siècle[2] ; d'autres, et en particu-

---

1. Comp. Campegius *De medicinæ claris scriptoribus.*—Bzovius. *Annal. eccles. ad ann.* 1310.—Du Boulay. *Histoire de l'université.* Paris, t. IV.—Ol. Borrichius. *De ortu et progressu chemiæ.* — *Arnaldi vita præposita ejus operib.* Basil. 1585.—Fabricius. *Bibliot. medic. et inf. latinit.*, t. I. —Freind. *Histoire de la médecine depuis Galien*, etc.—*Biographie médicale.* Paris, 1820, t. I, p. 352. — *Biographie universelle.* Paris, 1811, t. II, p. 492.

2. *Biographie médicale.* Paris, 1820, t. I. —*Biographie universelle.* Paris, 1811, t. II, p. 492.

lier M. Hoefer, pensent que sa grande réputation ne s'appuie sur aucune base solide[1].

S'il règne quelque incertitude à l'égard de la patrie et de l'époque de la naissance d'Arnaud de Villeneuve, et si l'on a diversement jugé ses titres à l'admiration de la postérité, tous ses biographes s'accordent en lui attribuant une existence fort accidentée, et une persévérance étonnante dans ses studieuses recherches. On dit qu'il consacra un grand nombre d'années de sa vie à étudier la médecine, la chimie, la philosophie et la théologie dans les écoles de Montpellier et de Paris.

Les universités de ces deux villes devinrent tour à tour témoins de ses succès. Il s'y adonna à l'enseignement, et assez longtemps la capitale de notre royaume put le compter parmi les plus ardents propagateurs des sciences. Professeur brillant et doué de connaissances variées, Arnaud de Villeneuve, à cette époque où la curiosité publique était si éveillée et si excitable, ouvrit des cours où se précipita la foule ; et son inépuisable érudition lui permit d'y traiter successivement l'astronomie, la médecine et l'histoire naturelle. Son éloquence facile, dans l'exposition de sujets aussi variés, avait illustré son enseignement ; mais l'ardente imagination du professeur l'ayant malheureusement entraîné dans le domaine de la philosophie, bientôt il fut l'objet de la censure ecclésiastique. Taxé d'hérésie et même de sorcellerie, il se vit contraint de fermer ses cours et de s'expa-

---

1. Hoefer. *Histoire de la chimie.* Paris, 1842, t. I, p. 385.

trier. Cependant, par un étrange effet du destin, le savant que Paris persécute, et que la France accuse de magie, trouve un asile dans les palais des papes, et va vivre sous la protection du saint-siége. L'inquisition de Tarragone condamne et brûle ses livres après avoir flétri sa mémoire, tandis que Clément V les recueille et les loue !

Arnaud de Villeneuve quitta la France en 1289, en même temps que Charles II, roi de Naples, dont il était devenu le médecin. Il se rendit alors dans la capitale de ce monarque avec sa suite ; mais il est probable qu'il n'y fit qu'un court séjour, car ses historiographes prétendent que peu d'années après il se trouvait en Sicile, à la cour de Frédéric d'Aragon, et en possession de toute sa confiance. Ce souverain, qui méditait alors la conquête de la Palestine et ambitionnait le titre de roi de Jérusalem, le chargea à cet effet d'une mission près du roi de Naples. Lorsqu'il se fut acquitté de celle-ci, Arnaud alla visiter Clément V à Avignon, et ses talents lui acquirent rapidement la faveur de ce pontife, dont il devint même le médecin en titre.

Ce grand honneur ne put le fixer près de ce prélat. Lorsque le souverain auquel il s'était consacré le rappela, fidèle à ses engagements, il revint en Sicile. Il y avait peu de temps qu'il était rentré à la cour de Frédéric, lorsqu'en 1313[1] le pape Clément V, étant malade de la pierre à Avignon, le fit appeler : il réclamait immédiatement les soins de son célèbre doc-

---

1. FREIND. *Histoire de la médecine depuis Galien jusqu'au milieu du XVIᵉ siècle.* Paris, 1728.

teur. Arnaud s'embarqua aussitôt, mais la mort le frappa tandis qu'il effectuait son voyage. Il périt, non comme le prétendent quelques-uns de ses historiens, dans le naufrage du vaisseau qui le portait, mais simplement d'une maladie qui se déclara en mer. Il expira en vue de Gènes et fut enterré dans cette ville avec la plus grande pompe.

Arnaud de Villeneuve s'était placé tellement haut dans les bonnes grâces de Clément V, que celui-ci exprima publiquement les regrets que lui causait sa mort inattendue. Ce pape s'efforça de trouver quelques consolations à la perte de son médecin et de son ami, en recueillant religieusement ses œuvres. A cet effet, il adressa à tous les évêques et à toutes les universités une lettre encyclique par laquelle il ordonnait à tous ceux qui se trouvaient sous son obéissance, de chercher et de lui découvrir le traité de médecine qu'Arnaud avait composé à son intention, et qu'il lui apportait [1]; il fut même jusqu'à menacer de l'excommunication ceux qui le lui déroberaient [2].

Quels que soient les travers du médecin qui nous occupe, on ne peut lui refuser une certaine valeur scientifique. Voici comment le représente l'auteur de sa biographie dans le *Dictionnaire des sciences médi-*

1. Lenglet Dufresnoy. *Histoire de la philosophie hermétique.* Paris, 1741, t. I. — Du Boulay. *Hist. universit.* Paris, t. IV, p. 166.

2. Andry. *Biographie d'Arnaud de Villeneuve. Encycl, méth.,* t. Ii, p. 296. *Biographie médicale.* Paris, 1820, t. I, p. 355. — Ce traité était sans doute celui intitulé : *Practica summaria, seu regimen ad instantiam Domini Papæ Clementis,* qui n'est qu'un sommaire du *Breviarium practicæ.* Milan, 1483.

cales : « Arnaud, dit-il, fut l'un des personnages les plus savants de son siècle; il savait l'arabe, le grec et l'hébreu : il brilla parmi les philosophes ses contemporains et rivalisa avantageusement avec les théologiens. On peut, en quelque sorte, le considérer comme le précurseur des réformateurs de la religion chrétienne. La philosophie moderne lui doit de la reconnaissance, puisque dans un siècle où la superstition était toute-puissante, il osa secouer les chaînes dont elle garrottait le genre humain[1]. »

On regrette d'être obligé d'avouer que cet homme célèbre eut le malheur de suivre l'impulsion de son époque, en s'adonnant à l'alchimie et à l'astrologie. Il prétendit même que l'influence des astres se manifestait dans les maladies[2], et que, par certaines pratiques, le médecin peut acquérir un irrésistible ascendant sur ses malades et diriger leurs sensations. Il devint ainsi le précurseur de la science des magnétiseurs de notre époque[3].

Les ouvrages d'Arnaud sont très-nombreux, mais il est vrai que plusieurs ont fort peu d'étendue. Ils se composent d'une soixantaine de traités, qui ont été tous compris dans l'édition générale de ses écrits, imprimée à Lyon en 1509[4]. Beaucoup de ceux-ci ont aussi été publiés séparément[5], et quelques-uns se

---

1. *Biographie médicale.* Paris, 1820, t. I, p. 355.

2. ARNAUD DE VILLENEUVE. *De astronomia ad præsagia et curationem morborum distributa.*

3. *Biographie médicale.* Paris, 1820, t. I, p. 356.

4. ARNOLDI DE VILLANOVA *Medici acutissimi opera, nuperrime revisa,* etc. Lugd., 1509.

5. ARNAUD DE VILLENEUVE. *De regimine sanitatis.* Lausanne, 1482. —

trouvent encore seulement en manuscrit dans les bibliothèques de l'Escurial et de Paris [1].

En scrutant ses volumineux travaux, on reconnaît que ce savant, comme médecin, a mérité une belle place dans l'histoire de l'art et la haute réputation qu'il eut de son vivant. Le célèbre Bordeu a sanctionné cet éloge par son autorité irrécusable [2]. Si le praticien du XIIIe siècle s'est laissé entraîner par les doctrines de Galien, toutes-puissantes alors dans l'école, au moins on lui doit d'excellentes descriptions de maladies et de bonnes observations prises sur la nature.

D'après ce qui précède, on voit que nous ne pouvons partager l'opinion de M. Hoefer, qui, probablement, en récusant la réputation d'Arnaud, n'aura considéré que le chimiste [3]. Sous ce rapport, il a eu raison; mais nous devions ici réhabiliter un médecin qui, pour son époque, avait assurément atteint les limites de l'art, et auquel personne ne conteste d'avoir été le premier praticien de son siècle.

Cependant, quelques historiens de la chimie ont traité ce grand homme avec moins de sévérité; M. Dumas dit même que, comme chimiste, sa renommée s'élève à la hauteur de celle de R. Bacon [4]. Arnaud de Villeneuve a rendu de grands services aux

De conservanda juventute et retardanda senectute. Paris, 1617. — *De aphorismis*. Bâle, 1560. — *Breviarium practicæ*. Milan, 143 . — *De venenis*. Milan, 1475. — *De febribus regulæ generales*. Venise, 1576.

1. ARNAUD DE VILLENEUVE. *De humido radicali*. Bibl. roy. mss. n° 6949. — *De conservanda juventute*. Bibl. de l'Escurial.

2. BORDEU. *OEuvres complètes*. Paris, 1818.

3. HOEFER. *Histoire de la chimie*. Paris, 1842, t. I, p. 385.

4. DUMAS. *Philosophie chimique*. Paris, 1836, p. 23.

arts en propageant les procédés de distillation; et si l'on ne peut lui attribuer la découverte de l'esprit-de-vin, il est au moins certain que c'est à lui qu'on doit la connaissance des principales propriétés de cet important agent[1]. Dans un de ses ouvrages, en traitant de la distillation des médicaments, on trouve cette curieuse indication, qui ne peut se rapporter qu'à l'alcool. Il y est dit que la distillation du vieux vin rouge donne une *eau ardente*, d'un excellent usage contre la paralysie, etc.[2] Cette liqueur, pour laquelle Arnaud de Villeneuve s'est borné au rôle d'historien, semble déjà avoir été vulgairement connue de son temps, puisque dans l'un de ses ouvrages, un des chapitres est intitulé : *Discours sur l'eau de vin, que quelques-uns appellent eau-de-vie*[3]. Dans un autre traité on trouve même sur celle-ci une notion assez curieuse. L'auteur nous apprend que les souverains de l'époque à laquelle il vivait ajoutaient parfois à leurs vins une certaine quantité d'eau-de-vie pour les transformer en qualités diverses[4].

L'activité intellectuelle d'Arnaud de Villeneuve et cette soif ardente de gloire qui semblait le dévorer, l'entraînèrent inévitablement vers l'alchimie. Mais il paraît plutôt avoir écrit sur cette science pour populariser son nom, que s'être adonné à ses chimériques recherches. En effet, quoiqu'il ait produit sur elle

1. Dumas. *Philosophie chimique.* Paris, 1836, p. 23.
2. Arnaud de Villeneuve. *Antidotarium.*
3. Arnaud de Villeneuve. *De conservanda juventute.*
4. Arnaud de Villeneuve. *De vinis*, in-4°, Bibl. royale et *Opera omnia.* Lugd., 1532.

plusieurs traités, un sérieux examen de ceux-ci démontre qu'il appréciait lui-même toute la futilité des travaux de ceux qui s'occupent de la recherche de la pierre philosophale[1].

On rapporte que ce fut surtout lorsqu'il se trouvait à la cour de Clément V à Avignon, en 1308, qu'Arnaud s'appliqua à l'alchimie. Astruc[2] et Andry[3] ont même prétendu que pendant sa résidence il y fit une certaine quantité d'or. Mais ces deux auteurs ont mal interprété ce qu'ont dit à ce sujet leurs devanciers. Les écrivains d'après lesquels ils parlent assurent qu'il s'était borné à présenter des lames de ce métal, d'une grande pureté, qu'on soumit au contrôle des orfévres[4] et qu'il certifiait avoir obtenues par la puissance de son art, ce qui est fort différent! Cependant ses travaux chimiques ne furent pas sans utilité : il connaissait le bismuth et l'émétique, et sut préparer l'eau de la reine de Hongrie ; enfin il soupçonna la cause de l'action des vapeurs du charbon[5].

On a reproché aux ouvrages d'alchimie d'Arnaud de contenir les plus étranges divagations et d'être

---

1. *Falluntur in hoc alchimistæ, dit-il dans l'un d'eux,* nam etsi substantiam et colorem auri faciunt, non tamen virtutes prædictas in illud infundunt. Advertendum igitur est, ut accipiatur de auro Dei, non de eo quod factum manu hominum : nam illud propter res acutas et extraneas a natura humana, quæ sophisticatione illud ingrediuntur, nocet cordi plurimum et vitæ.

2. Astruc. *Mémoires pour servir à l'histoire de la faculté de Montpellier.* Paris, 1767.

3. Andry. *Biographie d'Arnaud de Villeneuve. Encycl.* [méth., t. II, p. 293.

4. André. *In additionibus ad Speculum Durandi, in titulo de falsi crimine.*

5. *Biographie médicale.* Paris, 1830, t. I.

écrits dans un style assez négligé[1]. Lorsque la souplesse de son génie se prêtait aux exigences de son siècle, pouvait-il éviter cet échafaudage d'absurdités sur lequel cette science factice reposait? Aussi, lorsqu'il en trace les préceptes, l'astrologie judiciaire et toutes les sciences occultes sont-elles mises par lui à contribution, ce qui devint une des principales bases des accusations de magie qui furent formulées contre sa personne. On ne s'étonne pas de celles-ci lorsqu'on découvre dans les ouvrages d'Arnaud diverses recettes pour chasser les démons des habitations dont ils ont pris possession : là il conseille d'asperger les maisons avec la bile d'un chien noir[2]; ailleurs de les remplir de millepertuis[3]! etc. En voyant s'élever d'iniques tribunaux pour apprécier de tels faits, on se demande ce qui doit le plus surprendre ou de l'implacable sévérité des juges, ou de la dégradante crédulité des accusés !

Les principaux écrits alchimiques d'Arnaud de Villeneuve sont les suivants. En tête on doit citer le *Miroir d'alchimie*, entièrement consacré à la recherche de la pierre philosophale, et dans lequel on trouve la plus étrange description de cet important et introuvable agent[4]; vient ensuite le *Rosaire des philosophes*, que l'on considère comme l'une des princi-

---

1. Stylus medius inter eloquentiam et barbariem fluit.
2. ARNAUD DE VILLENEUVE. *Practica summaria*, etc., op. om.
3. Ce végétal qui n'est autre que l'*hypericum perforatum*, L., passait au moyen âge comme très-puissant contre les enchantements, aussi le nommait-on vulgairement *fuga dæmonum*.
4. ARNAUD DE VILLENEUVE. *Speculum alchymiæ*. Francfort, 1602, inséré dans l'*Ars aurifera*, 1686, et le *Theatrum chimicum*.

pales productions de l'auteur, et que celui-ci regardait sans doute comme un précieux écrit, puisqu'il
le termine en le recommandant ainsi : « Cache ce livre
dans ton sein ; ne le révèle à personne et ne le mets
point entre les mains des impies, car il renferme le
secret des secrets de tous les philosophes..., » ce qui
n'empêche pas que ce ne soit un chef-d'œuvre de divagations[1]. La *Lumière nouvelle* contient au moins un document curieux ; l'auteur y mentionne l'oxyde rouge
de mercure[2]. Le *Traité des cachets* n'est qu'un véritable traité d'astrologie appliquée à la recherche du
grand œuvre. L'auteur y dévoile la composition d'un
sigillum dont la surnaturelle puissance commande aux
esprits qui règnent sur la terre et la mer[3]. Le *Sommaire
pratique*, quoique fait à l'intention du pape Clément V, et probablement sur sa demande, n'en est
pas moins un livre rempli de formules magiques et
d'absurdes rêveries, hélas ! beaucoup trop communes durant nos siècles de superstition et de barbarie[4].

On prête encore à Arnaud quelques autres écrits
alchimiques moins répandus que les précédents ;
tels sont : *le Trésor des trésors*[5], *le Cadenas d'or des*

1. ARNAUD DE VILLENEUVE. *Rosarius philosophorum*. Lyon, 1572, et oper.
omn.

2. ARNAUD DE VILLENEUVE. *Novum lumen*. Oper. omn., p. 301, et collection des *Alchemiæ autores*, t. I.

3. ARNAUD DE VILLENEUVE. *De sigillis*. Op. omn., p. 361, inséré dans
l'*Alchemiæ autores* et l'*Ars aurifera*.

4. ARNAUD DE VILLENEUVE. *Practica summaria, seu regimen ad instantiam Domini Papæ Clementis*. Ce traité n'est qu'un abrégé du *Breviarium practicæ*. Milan, 1483.

5. ARNAUD DE VILLENEUVE. *Thesaurus thesaurum*. Lyon, 1572.

philosophes[1], *la Fleur des fleurs*[2], *le Testament*[3], etc., etc., qui se trouvent presque tous dans les recueils d'ouvrages sur le grand œuvre, tels que l'*Art auri-fère*, le *Théâtre chimique* et la *Bibliothèque chimique* de Manget.

Pierre d'Apono ou mieux d'Abano, né vers 1250, en la ville d'Abano, dans le Padouan, a été, après Arnaud de Villeneuve, le plus célèbre médecin du XIIIe siècle. Il débuta dans la carrière en faisant, jeune encore, un voyage en Grèce pour en apprendre la langue. De retour de ce pays, Pierre d'Abano se rendit à Paris afin de s'y livrer à l'étude des sciences médicales et des mathématiques ; et après plusieurs années de séjour dans cette capitale, il y reçut le di-plôme de docteur en médecine et en philosophie.

Lorsqu'il eut acquis ce titre, il retourna dans sa patrie et s'installa à Padoue. La haute opinion que l'on avait de son savoir, engagea l'université de cette ville à créer une chaire de médecine et à la lui offrir. Il professa dans celle-ci pendant plusieurs années, mais le vif éclat qu'il jeta sur l'enseignement lui fut fa-tal. Ses connaissances variées parurent à la multitude tenir du prodige, et bientôt on l'accusa de sorcellerie[4].

Malheureusement la carrière de Pierre d'Abano n'offrait que trop de prise à ses délateurs. Dans sa jeunesse, il s'était beaucoup occupé de géomancie,

---

1. ARNAUD DE VILLENEUVE. *Cathena aurea philosophorum*.

2. ARNAUD DE VILLENEUVE. *Flos florum*. Lyon, 1572.

3. ARNAUD DE VILLENEUVE, *Testamentum*, ins. dans l'*Ars aurifera*, le *Theatrum chimicum* et la *Bibliothèque chimique* de Manget.

4. Ab omnibus ferme creditus est magus. — FRANÇOIS PIC. *De prænot.*, lib. VII.

d'astrologie, de physionomie et de magie, et avait même écrit sur ces diverses sciences[1] dont il abandonna ensuite les chimères pour se livrer à la médecine. Mais l'impulsion était donnée, et il n'en passa pas moins aux yeux du vulgaire pour le plus grand magicien de son siècle[2]. L'immense fortune que le professeur de Padoue avait acquise, ne contribua pas peu sans doute à le faire regarder comme nécromancien et alchimiste. La source de ses richesses ne résidait point dans la pierre philosophale, dont on prétendait que les secrets lui étaient révélés par une légion de démons, que sa puissance retenait enfermés dans une fiole de cristal[3]; il la trouva simplement dans l'exercice de son art, car ses contemporains rapportent qu'il exigeait d'énormes sommes de la part de ceux qui l'employaient. Le pape Honorius le payait quatre cents ducats par jour lorsqu'il l'appelait dans ses maladies[4].

En 1306, Pierre d'Abano fut cité au tribunal de l'inquisition. Là, s'étant défendu lui-même avec succès, on l'acquitta et il reprit immédiatement l'exercice de sa profession. Peu d'années après, il se trouva de nouveau appelé à la barre des inquisiteurs; mais il mourut en 1314 pendant que l'on instruisait

---

1. PIERRE D'ABANO. *Geomantia.* Venise, 1549. — *Decisiones physionomicæ.* Venise, 1548. — *Éléments pour opérer dans les sciences magiques avec les façons de faire les cercles magiques, les conjurations des anges,* etc. Biblioth. de l'Arsenal, mss. n° 80.

2. NAUDÉ. *Apologie pour les grands hommes accusés de magie.* Amsterd. 1712, p. 270.

3. NAUDÉ. *Ibid.*

4. HOEFER. *Histoire de la chimie.* Paris, 1842, t. I, p. 395.

son procès, et n'en fut pas moins enterré en grande pompe dans l'une des églises de Padoue. L'aspect de son cercueil n'adoucit nullement ses juges; ils continuèrent leur procédure, et, en l'absence de l'homme célèbre, son corps inanimé fut condamné à être exhumé et brûlé en place publique. Cette sentence ne put cependant s'accomplir; de fidèles amis ayant dérobé le mort dans son tombeau, on fut contraint de ne le brûler qu'en effigie [1]. Ce médecin imbu des doctrines des Arabes, n'a laissé que des ouvrages qu'on ne consulte nullement aujourd'hui [2].

Le xiiie siècle compte peu d'illustrations médicales que l'on puisse ajouter à Arnaud de Villeneuve et à Pierre d'Abano. On doit cependant encore citer Guillaume de Salicet, originaire de Plaisance, qui fut professeur à Bologne et à Vérone, et dont la mort arriva vers 1280. Puis Lanfranc, de Milan, son élève, qui exerçait la chirurgie dans cette cité au moment où les Guelfes et les Gibelins y allumèrent la guerre civile. Le parti qu'il avait embrassé ayant été vaincu, il fut chassé de sa ville natale et vint chercher un asile en France. Là, il habita successivement Lyon et Paris; et ce fut dans notre patrie qu'il publia les deux importants ouvrages de chirurgie qui ont fondé sa réputation [3]. Il mourut vers 1305.

---

1. DUCHASTEL. *Vitæ illustrium medicorum qui toto orbe ad hæc usque tempora floruerunt.* Anvers, 1618.

2. PIERRE D'ABANO. *Conciliator differentiarum philosophorum et præcipue medicorum.* Mantoue, 1472. — *De venenis, eorumque remediis liber.* Mantoue, 1472. — *Quæstiones de febribus.* Venise, 1576.

3. LANFRANC. *Chirurgia magna et parva.* Venise, 1490, traduite en français à Lyon la même année.

Vers la fin du XIIIe siècle, la France comptait comme l'un de ses plus remarquables médecins Bernard de Gordon, professeur à l'école de Montpellier. On ignore précisément l'époque de sa naissance et celle de sa mort; on sait seulement qu'il existait encore en 1318, et qu'il vit probablement le jour à Gordon en Rouergue, dont, suivant l'usage de son temps, il adopta le nom. Ses ouvrages prouvent qu'il possédait des connaissances assez étendues en médecine : on lui reproche seulement d'avoir été un trop ardent partisan des doctrines de l'école arabe et de s'être adonné à l'astrologie judiciaire[1]. Il a écrit un livre intitulé *Le Lis de la médecine*, qui fut fort estimé autrefois; mais dont la lecture ne serait pas supportable aujourd'hui[2]. On y trouve cependant un document assez curieux pour l'histoire des sciences. Parmi une foule de recettes qui y sont entassées, on rencontre celle d'un collyre capable, selon l'auteur, de faire lire à un vieillard les lettres les plus fines sans qu'il ait besoin d'employer de lunettes…; assertion qui ferait supposer que l'invention de ces instruments est antérieure à l'époque qu'on lui assigne ordinairement.

La plus pure réputation médicale de toute la chrétienté est, sans contredit, celle de Guy de Chauliac. Originaire du village de Cauliaco, situé sur la frontière de l'Auvergne, dans le Gévaudan, sa naissance

---

1. BERNARD DE GORDON. *De conservatione vitæ humanæ a die nativitalis usque ultimam horam mortis.* Leipsick, 1570.

2. BERNARD DE GORDON. *Lilium medicinæ de morborum prope omnium curatione.* Naples, 1480.

remonte aux dernières années du XIIIe siècle ou aux premières du XIVe. On croit généralement que Guy de Chauliac, qui tire son nom de la bourgade où il vit le jour, a dû apprendre le latin au collége de la cathédrale de Mende, qui possédait alors une grande célébrité. Ses études médicales eurent principalement lieu à Montpellier, où l'on pense qu'il reçut le bonnet de docteur[1]. Ensuite, il visita l'école de Paris, ainsi que l'atteste le récit qu'il fait de l'extraction d'un cor au pied, qu'il se fit pratiquer par un cordonnier de cette ville. Il se rendit également à l'université de Bologne, où il assista à la dissection de quelques cadavres humains, chose si rare alors.

Guy de Chauliac pratiqua son art dans plusieurs villes ; mais ce fut à Lyon qu'il résida plus longtemps. Avignon eut aussi l'avantage de le posséder pendant un certain nombre d'années, parce qu'il devint successivement le médecin de plusieurs papes qui y avaient leur résidence. Il fut celui de Clément VI, d'Innocent VI et d'Urbain V ; ce dernier pontife lui donna le titre de chapelain ou de lecteur de sa chapelle[2].

Les écrits de Guy de Chauliac se font remarquer par l'érudition qui y abonde. Il avait exploré presque tous les travaux antérieurs à son époque, et ses œuvres en présentent souvent un ingénieux résumé. L'ouvrage le plus capital de cet auteur est sa grande chirurgie, qu'il nomme lui-même *Inventaire*, pour

---

1. ASTRUC. *Mémoires pour servir à l'histoire de la Faculté de Montpellier.* Paris, 1767.

2. RENOUARD. *Histoire de la médecine.* Paris, 1846, t. I, p. 455.

exprimer qu'elle n'est que l'exposition abrégée de tout ce qui a été produit sur l'art auquel ce livre est consacré [1]. Dans l'espèce d'introduction que contient le paragraphe intitulé *Chapitre singulier* [2], on trouve une histoire de la chirurgie, où l'auteur analyse les œuvres de presque tous les médecins grecs, arabes et romains. L'érudition qu'il développe dans cet endroit est telle, qu'il y cite divers savants arabes totalement inconnus aujourd'hui.

L'œuvre de Guy de Chauliac est divisé en sept livres. Le premier de ceux-ci est consacré à l'anatomie; mais ce n'est en grande partie qu'un abrégé des écrits de Galien sur ce sujet. Cependant le chirurgien s'y montre constamment homme progressif. Dans un certain lieu il parle de l'emploi de figures représentant nos divers organes, et destinées à servir aux démonstrations anatomiques. Ces dessins, qui sont peut-être les premiers qu'on ait jamais mentionnés, furent exécutés par les soins de Henri d'Hermondaville ou Mondeville [3].

On doit surtout à Guy de Chauliac d'avoir insisté sur ce que les connaissances anatomiques ont d'important, d'indispensable même, pour tous ceux qui se livrent à la chirurgie. Personne n'avait avant lui fait ressortir cette vérité. Son traité d'anatomie est aussi remarquable par quelques heureuses concep-

---

1. GUY DE CHAULIAC. *Chirurgiæ tractatus septem, cum antidotario.* Bergame, 1498. Haller pense que cette édition est la première. Ce livre eut aussi pour titre : *Inventarium, sive collectorium partis chirurgicalis medicinæ.*

2. *Capitulum singulare.*

3. RENOUARD. *Histoire de la médecine.* Paris, 1846, t. I, p. 456.

tions. Nous avons vu que l'on trouvait déjà au
xiii⁰ siècle, dans les écrits d'Albert, certains aperçus
qui semblaient préluder à la doctrine de Gall ; Guy de
Chauliac émet des idées analogues, et assigne aussi
une place fixe dans le cerveau aux diverses facultés
intellectuelles [1].

La partie chirurgicale de l'œuvre de Guy de Chauliac est une compilation dans laquelle l'auteur résume toutes les opinions de ses devanciers, qu'il analyse et expose avec un remarquable discernement [2].
Ce n'est, il est vrai, qu'un extrait de Galien, d'Ori-
base, de Paul d'Égine, de Rhazès, d'Avicenne, d'Albucasis [3] et de quelques autres ; mais c'est un extrait
exécuté avec soin, ce qui l'a fait beaucoup rechercher
à une époque où les livres étaient rares et d'un prix
élevé. L'ouvrage du chirurgien français avait alors
l'avantage de mettre la science à la portée de toutes
les fortunes, et de cette manière il a pu contribuer à
former un grand nombre d'élèves. L'œuvre de Guy
était devenue l'indispensable guide des étudiants ; et
ceux-ci, par allusion au nom de son auteur, appelaient ce livre classique leur *guidon*.

Personne avant Guy de Chauliac n'avait autant
contribué à ennoblir son art, et c'est à juste titre
qu'on l'a considéré comme le restaurateur de la chirurgie [4]. On le vit remettre en honneur une foule

1. ALBERTUS MAGNUS. Voy. École expérimentale, p. 273.
2. *Biographie médicale*. Paris, 1821, t. IV, p. 554.
3. On s'étonne seulement qu'il semble ne pas connaître Celse, ni
Aëlius. RENOUARD. *Histoire de la médecine*, t. I, p. 455.
4. FREIND. *The history of physic from the times of Galen to the beginning of the sixteenth century*. Londres, 1725.

d'opérations tombées depuis longtemps en désuétude ; tandis que ses efforts tendaient aussi à imposer à la science une marche plus méthodique, plus sûre et plus savante.

Dans son admiration pour ce médecin, Fallope va jusqu'à le comparer à Hippocrate[1]. Haller, lui-même, a rendu hommage à ses grands talents en le représentant comme ayant répandu la plus vive lumière sur la chirurgie, et comme ayant exploré tous les écrits produits jusqu'à lui sur cette science. Cependant quelques auteurs reprochent à Guy de Chauliac de n'avoir pas eu une pratique aussi audacieuse qu'aurait pu le faire espérer son grand savoir. C'était un chirurgien timide : n'osant point encore pratiquer lui-même la taille, il abandonnait cette opération aux chirurgiens ambulants, et se contentait de la décrire d'après les Arabes[2].

Il paraît que Guy de Chauliac fut terriblement éprouvé par la peste qui, au XIVe siècle, désola tout le globe, et y fit tant de victimes, qu'au dire de quelques historiens elle enleva le quart de ses habitants[3]. Ce fléau se manifesta à Avignon pendant que le chirurgien y résidait. Épouvanté par ses ravages, il eût voulu, comme tant d'autres, déserter ce théâtre de mort ; la honte seule le retint à son poste : il craignit

---

1. Comp. CHAUMETON. Biographie de Guy de Chauliac. *Biographie universelle.*

2. RENOUARD. *Histoire de la médecine.* Paris, 1846, t. I. Cependant il ne fut pas aussi timoré à l'égard de la cataracte et de quelques autres opérations fort délicates. RENOUARD. *Ibidem.*

3. CHAUMETON. Biographie de Guy de Chauliac. *Biograp. univ.*, t. III, p. 294.

d'être taxé de lâcheté. L'inutilité des secours de l'art le fit se borner à prodiguer des consolations aux malades ; mais bientôt atteint lui-même par l'épidémie, il en subit toutes les angoisses. On s'éloigna de lui avec effroi, et il fut abandonné comme mort. Dans cette affreuse perplexité, Guy de Chauliac conserva toute sa force d'âme, et analysa tous les phénomènes d'une maladie dont il donna ensuite une description qui est un véritable modèle du genre.

Après la mort de Guy de Chauliac, les sciences médicales parurent subir un temps d'arrêt : elles se préparaient par le repos à l'activité nouvelle dont la renaissance devait les animer. Cependant au xve siècle, un médecin de Venise, Georges Valla, que nous avons déjà cité comme botaniste, se recommande à notre attention. Doué des plus profondes connaissances dans la littérature grecque et latine, celui-ci rendit de véritables services aux sciences médicales en traduisant plusieurs ouvrages des anciens et en contribuant ainsi à la diffusion des connaissances utiles[1].

Vers la même époque, Jean de Vigo, chirurgien célèbre qui naquit à Gènes à la fin du xve siècle, rendit un service analogue à son art. Comblé d'honneurs et de présents par Jules II qui l'avait appelé à Rome en 1503, il écrivit dans cette ville un ouvrage précieux pour l'histoire médicale, parce que l'on y trouve un exposé complet de l'état de la chirurgie

---

1. G VALLA. *Universæ medicinæ, ex Græcis potissimum contractæ libri septem.* Venise, 1501. — *De humani corporis partibus opusculum.* Bâle, 1529. — *De simplicium natura liber unus.* Strasbourg, 1528, etc.

durant les dernières années du Moyen âge, dont il avait compulsé tous les auteurs[1].

Mathieu Silvaticus, médecin de Mantoue, qui vivait au xive siècle à la cour de Robert, roi des Deux-Siciles, quoique auteur de divers ouvrages, mérite à peine d'être cité[2].

Nous avons déjà vu qu'au sein des fluctuations incessantes qui agitèrent les peuples au commencement du Moyen âge, les traditions antiques de l'art médical s'étaient totalement perdues, aussi la médecine n'exista-t-elle, pour ainsi dire, qu'à dater du milieu de cette époque. Ce fut seulement alors que les écoles commencèrent à s'organiser, mais, pendant longtemps, elles ne donnèrent que de bien rares fruits. L'art de guérir ne sortit guère de sa torpeur, et on ne le vit faire de progrès sensibles que dans les siècles les plus rapprochés de la renaissance[3].

Nous avons vu qu'au commencement du Moyen âge la médecine se trouvait exclusivement dans les mains des moines et du clergé. La confiance qu'ils

1. J. DE VIGO. *Practica in arte chirurgica copiosa, continens novem libros.* Romæ, 1514.

2. M. SILVATICUS. *Liber cibalis et medicinalis Pandectarum.* Naples, 1474.

3. Comp. LECLERC. *Histoire de la médecine.* La Haye, 1729. — FREIND. *Histoire de la médecine depuis Galien jusqu'au* xvie *siècle.* Paris, 1728. — CHOMEL. *Essai historique sur la médecine en France.* Paris, 1762. — BORDEU. *Recherches sur quelques points de l'histoire de la médecine.* — ASTRUC. *Mémoires pour servir à l'histoire de la Faculté de médecine de Montpellier.* Paris, 1767. — HAZON. *Éloge historique sur la Faculté de médecine de Paris.* Paris, 1770. — *Notice sur les hommes les plus célèbres de la Faculté de médecine de Paris, depuis 1110 jusqu'en 1750.* Paris, 1778. — DÉZEIMERIS. *Dictionnaire historique de la médecine.* — VERDIER. *Encyclopédie méthodique.* Paris, 1790, t. II. — SPRENGEL. *Histoire de la médecine.* Paris, 1815. — RENOUARD. *Histoire de la médecine.* Paris, 1846.

inspiraient, et l'absence de médecins, prolongèrent encore longtemps cet état de choses. Lorsque le corps médical se trouva organisé, et que ses membres devinrent nombreux, ce ne fut même qu'avec assez de difficulté que ceux-ci parvinrent à faire prévaloir leurs droits et à obtenir que l'exercice de leur art fût interdit aux ecclésiastiques [1].

Dans les premiers siècles du Moyen âge, l'enseignement si imparfait de la médecine eut même son unique foyer dans les couvents. Déja Cassiodore nous l'indique lorsqu'il recommande aux moines de la communauté qu'il a fondée, la lecture des livres touchant l'art de guérir, qu'il leur a laissés dans la bibliothèque de son monastère de la Calabre [2]. Jusqu'au xie siècle il exista aussi un assez grand nombre de couvents où l'on enseignait réellement la médecine, ce qui naturellement mit cette science dans les mains du clergé [3].

Dans l'Europe chrétienne, du ixe au xiiie siècle, les Juifs partagèrent avec le clergé le monopole de la médecine. La connaissance qu'ils avaient contractée de la langue arabe et leurs rapports avec les Maures, passaient, parmi le vulgaire, pour leur avoir permis de s'instruire dans les recueils de médecine écrits par ceux-ci. Aussi, malgré les défenses de l'Église qui

1. SPRENGEL. *Histoire de la médecine.* Paris, 1815.

2. CASSIODORE. *De institut. divin. lit.*, cap. xxxi. — PEYRILHE. *Histoire de la chirurgie depuis son origine jusqu'à nos jours.* Paris, 1774, t. II, p. 720.

3. TIRABOSCHI. *Istoria della letteratura italiana.* — CHOMEL. *Essai historique sur la médecine en France.* Paris, 1762. — MALGAIGNE. *OEuvres d'Ambroise Paré.* Paris, 1848, introd., p. xix.

leur interdisaient de traiter aucun chrétien, les médecins israélites n'en étaient pas moins préférés par les
personnes les plus considérables; et souvent alors
ils se trouvaient appelés chez les princes et auprès
des papes eux-mêmes [1].

La chirurgie militaire du Moyen âge, malgré l'importance qu'elle aurait dû avoir dans les grandes armées qu'on vit surgir alors, n'existait réellement pas.
Les Romains avaient été plus avancés; chacune des
légions de ces vainqueurs du monde possédait son
chirurgien [2], tandis que cette institution se trouva totalement oubliée chez les peuples qui leur succédèrent.
Les barons se faisaient accompagner à la guerre par
leurs chapelains, qui passaient alors pour avoir quelques notions de médecine, et les chevaliers confiaient
le pansement de leurs blessures à leurs écuyers; le
reste de l'armée était abandonné à des médicastres qui
la suivaient pour débiter leurs baumes et leurs onguents. Parfois aussi l'humanité et le dévouement peu-
plaient les camps de femmes de toutes les conditions
qui, après les batailles, pansaient les guerriers et
suçaient leurs blessures, ce qui passait alors pour indispensable : les damoiselles elles-mêmes ne dédaignaient pas de rendre ce service aux preux chevaliers [3].

Nous avons vu que ce ne fut qu'au XIIIe siècle que
l'exercice de la médecine commença à s'organiser en

---

1. Renouard. *Histoire de la médecine.* Paris, 1846.

2. *Medici vulnerarii.* Fournier. Art. *Chirurgie militaire. Dict. sc.
méd.,* t. II.

3. Fournier. *Ibidem.* T. II, p. 74.

Occident[1]. Ce fut aussi vers cette époque que se produisirent les premières tentatives pour enlever au clergé la pratique de cet art. A différentes reprises, de 1131 à 1213, les papes et les conciles intervinrent pour défendre aux ecclésiastiques, sous les menaces les plus sévères, de s'occuper du traitement des malades[2]. Mais malgré les injonctions de l'Église, ceux-ci n'en continuèrent pas moins, pendant plusieurs siècles, à s'y livrer[3]. En pouvait-il être autrement? N'était-ce pas un anachronisme que de défendre au clergé d'exercer la médecine, lorsqu'une longue suite de rois avait tiré de ce corps ses principaux archiâtres, et les en tirait encore[4]; et lorsque l'on recourait aux corporations religieuses pour organiser, sur la route de l'Europe en armes, tous ces hôpitaux encombrés de croisés que la maladie surprenait dans leur périlleux pèlerinage, ou que le fer des Sarrasins mettait hors de combat.

Ce ne fut que vers le milieu du XIIe siècle, et sous le règne de Louis VII, que l'enseignement de la médecine prit naissance dans l'université de Paris[5].

---

1. *École franco-gothique*, p. 90.

2. SPRENGEL. *Histoire de la médecine.* Paris, 1815. — RENOUARD. *Histoire de la médecine.* Paris, 1846, t. 1, p. 448.

3. Le synode de Magdebourg, en 1370, défendit aux moines mendiants d'exercer la médecine. — SEMLER. *Hist. eccles.*, t. III, p. 383.

4. Louis VI eut pour médecin Obison, chanoine de Paris; Louis VII, Lombard, chanoine de Chartres; Jean le Bon, Pierre d'Auvergne, chanoine de Paris, et Jean de Cuisco, chanoine de Nantes; Charles V, Gervais Chrétien, chanoine de Paris; Philippe Auguste, Rigon, moine de Saint-Denis; saint Louis, Robert de Douai, chanoine de Senlis; Charles VI, Jean Tabari, évêque de Térouanne et Charles VII, Jean Avantaigne, évêque d'Amiens.

5. FOURNIER. *Dictionnaire des sciences médicales.* Paris, 1813, t. V, p. 116.

Choisis parmi les hommes lettrés, les premiers membres du professorat appartenaient tous à l'état ecclésiastique, aussi pour se conformer à cette maxime : *Ecclesia abhorret a sanguine*, ceux-ci abandonnèrent-ils aux laïques toutes les opérations manuelles. C'est de cette époque que date la séparation de la médecine et de la chirurgie [1]. Cette scission était tellement dans le principe de l'institution que les médecins, en recevant l'investiture de leur charge, s'engageaient, par serment, à renoncer à la pratique chirurgicale, regardée alors comme incompatible avec la dignité de l'art.

Les médecins, d'après les règlements de l'université, ne pouvaient contracter de mariage, ce qui les porta à embrasser les ordres : ils se firent prêtres afin d'obtenir des cures dans les cathédrales [2]. Les scrupules que dut naturellement faire naître leur situation, donnèrent à l'exercice de la médecine une physionomie toute particulière. L'exploration d'un certain nombre de maladies étant incompatible avec la pureté du sacerdoce, ils en abandonnèrent le traitement aux chirurgiens, de manière que ce fut sur ces derniers que retomba tout le fardeau de la clientèle. D'un autre côté, ne pouvant se multiplier assez, ceux-ci s'accoutumèrent à confier aux barbiers, qu'ils employaient comme de simples serviteurs (*frater*), les pansements et les saignées. Les accouchements et beaucoup de maladies de femmes étaient le partage

1. FOURNIER. *Dictionnaire des sciences médicales.* Paris, 1813, t. V, p. 116.
2. FOURNIER. *Ibidem*, p. 117.

des matrones. Celles-ci faisaient même concurrence aux derniers à l'égard de certaines opérations chirurgicales [1]. Il n'existait point alors d'accoucheurs. La loi qui imposait le célibat aux médecins, resta en vigueur jusqu'au milieu du xve siècle; ce ne fut qu'en 1452 que le cardinal d'Estouteville leur permit de se marier [2].

Les annales de l'art médical au Moyen âge, rappelleront toujours avec reconnaissance le souvenir de Jean Pitard; non pas à cause des découvertes ou des écrits de celui-ci, mais parce qu'il a été, en quelque sorte, le fondateur de la chirurgie française. Né en 1228, il avait à peine trente ans lorsque saint Louis l'attacha à sa personne en qualité de chirurgien. Après avoir entrepris une croisade en Orient avec ce monarque, de retour dans sa patrie, son premier soin fut d'y organiser l'enseignement de son art.

Pitard obtint de saint Louis que désormais la chirurgie eût une existence dans l'État, et qu'elle subît une réelle organisation. Jusqu'alors les chirurgiens n'avaient été astreints à aucune règle; il leur fit donner des professeurs, et depuis lors tout individu de cette corporation n'obtint la permission d'exercer qu'après avoir passé des examens satisfaisants. L'institution nouvelle, à la tête de laquelle Pitard avait été placé, prit le nom de collége ou de société de Saint-Côme, à cause de l'habitude que les chirur-

---

1. LANFRANC. *Chirurgia magna*, 209. — MALGAIGNE. *Histoire de la chirurgie en Occident du* vi[e] *au* xvie *siècle*. Paris, 1840.
2. ET. PASQUIER. *Recherches de la France*. Liv. III, chap. xxix. — FOURNIER. *Dictionnaire des sciences médicales*. Paris, 1813, t. V, p. 117.

giens de Paris avaient de se réunir annuellement, par
un sentiment de piété, dans une chapelle qui était
sous l'invocation de ce saint. L'humanité du mo—
narque ne mit qu'une seule condition à sa libéralité ;
c'était que les chirurgiens donneraient gratuitement
des soins aux pauvres malades incurables qui se réfu-
giaient dans les *charniers* ou espèce d'ossuaires qu'il
venait de faire établir autour de diverses églises de la
capitale[1].

L'institution de Saint-Côme, placée en dehors de
l'université, formait une espèce de faculté laïque,
dont les membres n'en étaient pas moins des hommes
lettrés[2]. M. Malgaigne, qui a jeté une vive lumière
sur l'origine de cette société, la représente comme
n'étant, en 1311, vers l'époque de la mort de Jean
Pitard, qu'une petite confrérie de chirurgiens, dont
le renom s'accrut insensiblement au sein des luttes
qu'ils eurent à soutenir[3].

Au commencement du xiv⁰ siècle, l'art chirurgical
était tellement déchu que la multitude se crut le droit
de s'en emparer ; les plus indignes mains le pratiquaient alors effrontément. Philippe le Bel essaya en
vain, par ses ordonnances, de l'interdire à une foule
de larrons, d'alchimistes et d'usuriers[4], qui, sous
son règne, avaient l'impudence de l'exercer et d'en

---

1. Quesnay. *Histoire de l'origine et des progrès de la chirurgie en
France*. Paris, 1749. — Dujardin et Peyrilhe. *Histoire de la chirurgie
depuis son origine jusqu'à nos jours*. Paris, 1774.

2. Malgaigne. *Histoire de la chirurgie en Occident du vi⁰ au xvi⁰ siècle.
OEuvres d'Ambroise Paré*. Paris, 1840. Introd., p. 121.

3. Malgaigne. *Ibidem*, p. 120.

4. « Meurtriers, larrons, faux-monnayeurs, espions, voleurs, abuseurs,
arquemistes et usuriers, qui se mêlent de pratiquer la chirurgie, met-

prendre les insignes [1]. Il les contraignit de ne traiter aucun malade avant d'avoir fait preuve de capacité devant le chirurgien juré du Châtelet et d'avoir prêté serment entre les mains du prévôt de Paris.

Les exigences des diverses fractions du corps médical tenaient depuis longtemps l'autorité en éveil, et vers la fin du XIVe siècle, celle-ci intervint d'une manière plus directe qu'elle ne l'avait fait jusqu'à ce moment. Depuis lors, en France, il y eut trois classes de praticiens dont les attributions furent exactement définies : les praticiens à robes rouges, que l'on appelait *mires* ou *physiciens* [2]; les *chirurgiens de robe longue* [3], et les barbiers portant épée.

L'ordonnance étend assez amplement la pratique des derniers. Il y est dit que les barbiers remplissant *office de barberie sans conteste* pourront administrer des onguents et des emplâtres, et panser les apostumes et les plaies, à l'exception des cas graves qui pourraient entraîner la mort du malade [4].

tant des bannières à leurs fenêtres comme les vrais chirurgiens, pansant et visitant les blessés dans les églises et les lieux privilégiés, soit afin d'en extorquer de l'argent, soit pour servir de prétexte à leurs mauvais desseins. » Ordonn. de novembre 1301. MALGAIGNE. *Ibidem*, p. 127.

1. Celles-ci consistaient en des bannières représentant saint Côme et saint Damien, avec trois boîtes au-dessous. MALGAIGNE. *Ibidem*, p. 134.

2. Le mot *mire* ou *myre* répond exactement à cette époque au nom de *medicus*. Borel le fait dériver du grec μύρον qui signifie onguent. *Dict. univ. de Trévoux*. M. Fournier appelle Mires, les moines qui exerçaient la médecine; et selon lui les physiciens étaient les ecclésiastiques qui la professaient dans les Facultés. *Dict. des sc. méd.*, t. V, p. 116.

3. SPRENGEL. *Histoire de la médecine*. Paris, 1815, t. II, p. 419.

4. L'ordonnance de 1373 porte qu'il est permis aux barbiers, d'administrer emplastres, onguements et autres médecines convenables, pour boces, apostumes et toutes plaies ouvertes, car les Mires jurés sont gens de grant estat et de grant sallaire, et les poures gens ne sauraient les payer.

Le corps médical à peine organisé comptait déjà
dans son sein plusieurs ferments de discorde. L'enseignement et la pratique chirurgicale se trouvaient
totalement placés sous l'omnipotence des médecins.
Tout chirurgien ou chirurgienne, car des femmes
aspiraient aussi à ce titre, n'avait la permission
d'agir que sur l'ordonnance de ceux-ci, et s'engageait
par serment (*per juramenta sua*) à se borner à l'in-
strumentation manuelle [1].

L'orgueilleuse Faculté tenait les chirurgiens sous
une humiliante sujétion [2]. En vain Lanfranc et Guy
de Chauliac avaient illustré l'enseignement et rehaussé
l'éclat de l'école française; les physiciens, jaloux, n'en
revendiquaient pas moins une absolue suprématie.
Tandis que, d'un côté, les médecins faisaient jurer
aux récipiendaires de dédaigner toute opération manuelle; de l'autre, ils défendaient aux chirurgiens de
jamais s'élever au-dessus de leur *mestier*. C'était une
guerre continuelle entre certains membres du corps

---

1. Les chirurgiens d'alors n'avaient qu'un domaine assez restreint. Les
inciseurs pratiquaient les grandes opérations telles que la pierre et la
hernie, les barbiers les petites; il ne leur restait presque rien à faire.
MALGAIGNE. *Op. cit.*, p. 142-169. A certaines époques, ils dédaignaient
même de traiter les luxations et les fractures. Paracelse conseillait à ses
élèves d'aller apprendre à les réduire auprès des bourreaux. MALGAI-
GNE. *Ibidem*, p 170.

2. Compuls. QUESNAY. *Histoire de l'origine et des progrès de la chi-
rurgie en France.* Paris, 1749. — *Pièces et mémoires pour les maitres
chirurgiens contre la Faculté de médecine.* Paris, 1750. — DUJARDIN et
PEYRILHE. *Histoire de la chirurgie depuis son origine jusqu'à nos jours.*
Paris, 1774. — HALLER. *Bibliotheca chirurgica qua scripta ad artem chi-
rurgicam facientia a rerum initiis recensentur.* Basiliæ, 1774. — KURT
SPRENGEL. *Histoire de la médecine,* Paris, 1820, t. VIII. — G. BERNSTEIN.
Geschichte der chirurgie. Leipzig, 1822. — J. F. MALGAIGNE. *Histoire de
la chirurgie en Occident du* VIe *au* XVIe *siècle. OEuvres d'Ambroise Paré.*
Paris, 1840. Introduction.

médical pénétrés de leur force, de leur dignité, de leur avenir, et les autres qui s'efforçaient d'en arrêter l'essor. Les chirurgiens aspiraient à leur émancipation, en s'étayant sur leur mérite ; les médecins, en se fondant sur des traditions que la rouille du temps avait minées, cherchaient à les assimiler aux apothicaires et aux herbiers [1].

Tandis que les chirurgiens persévéraient dans leurs tentatives d'émancipation, au-dessous d'eux se trouvaient les barbiers, qui, de leur côté, s'efforçaient de se soustraire à leur domination. La lutte était active et incessante dans les deux camps : par dignité pour les sciences, on voudrait pouvoir l'effacer de leurs annales ; mais elle eut trop de persistance, et parfois trop de vivacité, pour que cela soit possible [2].

Les chirurgiens, en s'élevant, étaient devenus de plus en plus intolérants à l'égard des barbiers. Les choses furent poussées à tel point que ceux-ci portèrent leurs réclamations jusqu'à Charles V. Ce monarque crut devoir rendre un édit en leur faveur et même les exempter de quelques corvées qui pouvaient entraver l'exercice de leur profession [3].

---

1. Malgaigne. *Histoire de la chirurgie en Occident du vi^e au xvie siècle.* Paris, 1840. — Bégin. *Chirurgie au Moyen âge et à la Renaissance.* Paris, 1851, p. 5.

2. Comp. Verdier. *Encyclopédie méthodique.* Art. *Chirurgie.* — Malcaigne. *Histoire de la chirurgie en Occident du vi^e au xvie siècle.* Paris, 1840. — Bégin. *Chirurgie du Moyen âge et de la Renaissance.* Paris, 1850.

3. Charles V les exempta du guet « pour ce que il eschiet bien souuent, que lez aucuns d'iceulx exposans lesquelz presque touz s'entremectent du fait de sirurgie, sont envoïez guerre par nuict a grant besoing, en deffault des Mires et Surgiens de la dicte ville dont se iceulx exposans n'estoient trouvez en leurs maisons, plusieurs grans perilz et inconveniens s'en pourraient ensuir. » Édit royal de 1365.

Les barbiers composaient une association forte et bien organisée[1], dont les luttes avaient contribué à resserrer les membres. Ils reconnaissaient comme leur chef le premier barbier ou valet de chambre du roi, qu'ils avaient déclaré *maistre et garde du mestier*. C'était à lui seul qu'appartenait le droit de conférer les grades, et chaque *maître en barberie*, avant de pratiquer, devait obtenir son *diplôme scellé des sceaux du premier barbier*[2].

Il ne faut cependant pas que ce qu'il y a d'anormal dans cette institution nous rende injuste envers ses membres. A une époque, le corps de la barberie rendit des services réels. Ce fut de cette confrérie que la chirurgie militaire tira les hommes qui se vouèrent à ses périls[3].

Mais, pendant cette lutte où leur émancipation était le but si ardemment désiré, deux moyens d'instruction furent offerts aux barbiers : des leçons et des livres. Les Facultés de Paris et de Montpellier conçurent l'idée d'ouvrir des cours d'anatomie et de chirurgie destinés aux barbiers. Comme ceux-ci n'étaient nullement lettrés, malgré la répugnance que les membres du corps enseignant éprouvaient à s'exprimer

---

1. Leur titre leur était délivré après des examens très-superficiels qui roulaient sur l'anatomie, sur la saignée, sur les luxations et les fractures; et dans beaucoup d'endroits il fallait que le récipiendaire subît huit jours de pratique chez chacun des examinateurs et y confectionnât une lancette : dans le cas où on le refusait, les examinateurs cassaient la pointe de celle-ci. MALGAIGNE, p. 159.

2. Ce diplôme de barberie était d'un prix fort modique, il ne coûtait que cinq sols.

3. OLIVIER DE LA MARRHE, dans l'*Estat de la maison du duc Charles de Bourgogne*, raconte que Charles le Téméraire n'avait pour seuls chirurgiens dans son armée de vingt mille hommes environ, que vingt-six barbiers.

dans le langage vulgaire, il fallut bien en prendre l'habitude. Les professeurs se bornèrent d'abord à lire le texte latin des auteurs et à le commenter dans un jargon barbare entremêlé de latin et de français; et ce ne fut que lentement que l'on put obtenir que ces cours, commencés vers 1490, fussent totalement professés en français[1].

Cette déférence pour les barbiers n'était au fond qu'une tactique adroite des Facultés, qui se servaient de cette corporation pour tenir les chirurgiens en échec[2]. Cette concession ne servit qu'à augmenter les prétentions des premiers, et on les vit enfin, oubliant leur modeste condition, tenter de s'élever au niveau de leurs maîtres[3]. A une époque qui n'entre pas dans notre cadre, en 1615, ils eurent même l'adresse de se faire délivrer des lettres patentes qui leur donnaient le titre de chirurgiens[4]; mais les membres du collége de Saint-Côme, indignés de cette audace, plaidèrent chaleureusement leur cause et obtinrent la révocation de ce titre[5].

Malgré toutes ces querelles, et peut-être même à cause de celles-ci, la chirurgie fit de réels progrès

1. CREVIER. *Histoire de l'université de Paris*, t. V, p. 57. — SPRENGEL *Histoire de la médecine*. Paris, 1815, t. II. — BÉGIN. *Chirurgie du Moyen âge et de la Renaissance*, p. 9.

2. MALGAIGNE. *Histoire de la chirurgie en Occident du* VIe *au* XVIe *siècle*. Paris, 1840, p. 48.

3. En Allemagne, jusqu'au XVIIe siècle, la condition des barbiers était plus modeste. Aucun artisan n'admettait un apprenti près de lui avant qu'il eût constaté appartenir à une famille dans laquelle il n'y avait ni barbiers, ni baigneurs, ni bergers, ni écorcheurs. MOEHSEN, p. 292. — SPRENGEL. *Histoire de la médecine*. Paris, 1815, t. II, p. 486.

4. Quelques Facultés de médecine les avaient nommés chirurgiens du Saint-Sépulcre.

5. FOURNIER. *Dictionnaire des sciences médicales*. T. II, p. 118.

dans les dernières années du Moyen âge : ses membres aspiraient après leur émancipation, et, pour l'obtenir, ils employèrent la persévérance et le travail.

On ne peut pas dire que la médecine marcha dans une voie aussi progressive. Arnaud de Villeneuve, observateur audacieux, étonna et éblouit même ses contemporains, mais il vint trop tôt; son siècle manquait de cette indispensable maturité qui accompagne tout grand progrès. Après lui, la médecine proprement dite ne compte aucun homme hors ligne, et elle traverse une série d'années sans changer de face.

Les médecins les plus en renom alors n'avaient eux-mêmes aucun titre pour justifier l'engouement dont ils étaient l'objet. Jean de Gaddesden, qui, au xiiie siècle, devint l'oracle de l'université d'Oxford[1], et le médecin le plus à la mode à la cour de la Grande-Bretagne, n'était point à la hauteur de sa réputation, et semblait même dépourvu de la dignité d'une profession qu'il déshonorait par son charlatanisme, et par les puérilités que renferment ses ouvrages[2]. Il avait écrit un livre intitulé *Rosa Medicinæ*[3], qui n'est qu'un recueil de formules bizarres, jugé avec une sévérité méritée même par ses contemporains[4].

Le xiiie siècle a été assez pauvre en chirurgiens. Celui qui, à cause de son mérite, occupe le premier

---

1. A. Wood. *Histoire de l'université d'Oxford.* — Malgaigne. *Histoire de la chirurgie en Occident du* vie *au* xvie *siècle.* Paris. 1840. p. 53.

2. Freind. *Histoire de la médecine.* — Malgaigne. *Ibidem,* p. 57.

3. Gaddesden. *Rosa medicinæ nuncupata.* Veneliis, 1502.

4. Guy de Chauliac le juge ainsi : « Finalement, dit-il, s'est eslevée une fade rose anglaise qui m'a été envoyée et je l'ai veue. J'avais creu de trouver en elle suavité d'odeur ; j'ai trouvé les fables de l'Espagnol Gilbert et de Théodore. » *Grande chir.* Rouen, 1632, p. 16.

rang est Guillaume de Salicet, dont nous avons déjà parlé. Viennent ensuite Roger, qui pratiqua son art à Salerne, et écrivit une chirurgie que les étudiants désignaient sous le nom de *Rogérine*[1]; puis maître Roland, professeur de Bologne[2]; Brunus, qui résidait à Padoue[3]; et enfin Théodoric, qui, quoique frère prêcheur et par la suite évêque, n'en exerça pas moins la chirurgie à Bologne, et y acquit de grandes richesses[4]. Ces divers auteurs donnèrent une remarquable impulsion à la chirurgie de leur époque; mais celle-ci fut en quelque sorte renfermée alors dans les États italiens[5].

Pendant le XIVe siècle, la médecine proprement dite resta dans un état stationnaire[6]; mais, au contraire, la chirurgie fut cultivée par quelques hommes remarquables : Guy de Chauliac, dont nous avons déjà parlé; Henri de Mondeville, de l'école de Paris, qui composa un traité sur cette science[7], et Pierre d'Argelata, professeur à Bologne[8], l'attestent suffisamment.

On peut encore citer comme appartenant à cette époque Jean Ardern, que l'on considère comme le

1. ROGER. *Rogerina major et Rogerina minor.* Mss. Bibliothèque royale, n° 7056.

2. ROLAND. *Rolandi chirurgia.*

3. BRUNUS. *Magna chirurgia Bruni.*

4. THEODORIC. *Chirurgia secundum medicationem Hugonis de Luca.* Venise, 1490. Théodoric avait été élève de Hugues de Lucques. On lui doit d'avoir banni de la chirurgie les machines compliquées que l'on employait anciennement pour réduire les luxations. — JOURDAN. *Biographie médicale.* Paris, 1825, t. VII, p. 315.

5. MALGAIGNE. *Introduction aux œuvres de Paré. Histoire de la chirurgie en Occident*, p. 42.

6. SPRENGEL. *Histoire de la médecine.* Paris, 1815, t. II, p. 427.

7. HENRI DE MONDEVILLE, que Guy de Chauliac appelle *Hermondaville*, a écrit une chirurgie encore manuscrite à la Bibliothèque royale. Manuscrits du XIVe siècle.

8. ARGELATA. *Chirurgiæ libri sex.* Venise, 1480.

créateur de la chirurgie en Angleterre, et dont les ouvrages sont restés manuscrits [1].

Au xve siècle, la médecine ne fait que quelques lents progrès, et la chirurgie suit timidement sa marche [2]. Cependant on ne peut oublier que certains empiriques de ce siècle ont rendu à cette dernière d'importants services, en pratiquant quelques opérations audacieuses, telles que la taille par le grand appareil, la confection de nez avec la peau du bras [3], etc., etc. Au nombre des principaux médecins de cette époque, figurent Barthélemy de Montagnana, professeur à l'université de Padoue [4]; Jean Arcolani ou Ercolani, qui professa tour à tour à Bologne et à Padoue [5], et Gatinaria, dont l'ouvrage fut longtemps en réputation [6].

En France, l'enseignement médical n'était pas organisé pour venir au secours des études, tant s'en faut. Jusqu'au xive siècle, la Faculté de Montpellier ne s'était guère occupée que de médecine [7]; mais alors cette école cultiva dans son sein la chirurgie avec un tel éclat, « qu'elle éclipsa et rejeta dans l'ombre toutes les autres écoles, comme dit M. Malgaigne, et qu'elle nous apparaît encore aujourd'hui comme un

---

1. Jourdan. *Biographie médicale.* Paris, 1820, t. I, p. 307.

2. Malgaigne. *Histoire de la chirurgie en Occident du vi^e au xvie siècle.* Paris, 1840, p. 86.

3. Cette dernière opération est due à Branca père et fils. On ne connaît pas le chirurgien qui inventa la taille. Malgaigne. *Ibidem*, p. 107.

4. B. Montagnana. *Selectiorum operum, in quibus consilia*, etc. Venise, 1567.

5. Arculanus ou Herculanus. *Practica medica.* Venise, 1453.

6. Gatinaria. *De curis ægritudinum particularium.* Lyon, 1506.

7. Malgaigne. *Histoire de la chirurgie en Occident du vi^e au xvie siècle.* Paris, 1840, p. 58.

phare qui projette sur tout le Moyen âge sa puissante lumière[1]. »

Selon Hazon, l'école de médecine de Paris avait été fondée dès le xiie siècle[2] ; mais cette institution, que son historien dit avoir eu primitivement son siége dans le monastère de Saint-Victor, et que l'on nommait alors *école de physique*, ne fit réellement que végéter inutilement pendant les trois premiers siècles qui suivirent son installation, et on ne la vit commencer à briller que vers les approches de la renaissance des lettres et des sciences[3].

On n'a généralement que d'imparfaites notions sur l'organisation de notre primitive Faculté de médecine, parce que l'on croit que son enseignement y était exécuté d'une manière analogue à ce qui a lieu de notre temps : c'est un grand tort. Cette célèbre institution ne présentait alors aucune direction stable, et elle semblait plutôt avoir pour but la collation des diplômes que la diffusion de la science. Il n'y existait même aucune chaire permanente de médecine ou de chirurgie ; ces sciences n'y étaient enseignées que par des médecins de la capitale, qui se chargeaient chaque année, l'un après l'autre, de faire des cours sur les diverses branches de l'art médical[4].

Les professeurs, qui, d'après les statuts, étaient ainsi nommés annuellement[5], ne trouvaient pas même

1. Malgaigne. *Histoire de la chirurgie en Occident du* vi[e] *au* xvie *siècle*, p. 58.
2. Hazon. *Éloge historique de la Faculté de médecine de Paris*. Paris, 1770.
3. Hazon. *Ibidem.* — Verdier. *Encyclopédie méthodique.* Paris, 1790, t. II, p. 626.
4. Verdier. *Encyclopédie méthodique.* Paris, 1790, t. II, p. 629.
5. Article III des statuts de l'École de médecine, de l'année 1600.

dans leur chaire cette liberté qui, seule, vivifie l'enseignement; d'inflexibles règlements les forçaient de ne lire et de n'expliquer aux élèves que les ouvrages d'Hippocrate, de Galien et d'un petit nombre d'autres auteurs [1].

Il résulta de cette organisation si défectueuse, que l'école ne fut réellement pas dans l'école, et que la haute renommée qu'elle acquit lui vint plutôt des cours continus que certains professeurs habiles faisaient dans leurs amphithéâtres particuliers, que de ceux que ses professeurs éphémères exécutaient dans son propre sein [2].

L'Europe médicale se trouvait absolument sous le joug de l'autorité. Les écrits des anciens et des Arabes avaient pénétré dans nos écoles et y étaient acceptés par les maîtres et les élèves avec trop de respect. En suivant de semblables modèles, et surtout Galien et Avicenne, qu'on regardait comme infaillibles [3], la médecine reposait sur toutes les subtilités de l'humorisme, et la thérapeutique ne trouvait ses ressources qu'en des médicaments composés d'une multitude de végétaux doués de propriétés les plus diverses, souvent même les plus opposées. Les théories médicales étaient ridicules, et la thérapeutique absurde.

L'astrologie jouait alors un grand rôle dans le traitement des maladies [4] L'influence planétaire passant

1. Article IV des statuts de l'École de médecine, de l'année 1600.

2. VERDIER. *Encyclopédie méthodique.* Art. *Chirurgie.* Cet état de choses se continua presque jusqu'à nos jours.

3. SPRENGEL. *Histoire de la médecine.* Paris, 1815, t. II, p. 400.

4. Comp. ARNAUD DE VILLENEUVE. *De Judiciis astrorum. — De Regim. sanit.,* etc.

pour réagir sur nos organes, les médecins prétendaient ne pouvoir employer aucun moyen curatif sans
examiner préalablement l'état du ciel ; on ne saignait,
on ne purgeait un malade qu'après avoir consulté les
astres[1].

La superstition se joignait parfois à l'incohérence
des doctrines pour paralyser l'avancement de la
science. La délicate poésie de la Grèce prêtait à la
colère des dieux quelques-unes des maladies qui affectent l'humanité[2] : l'Europe barbare en attribua un
grand nombre à la puissance du démon.

La terreur du vulgaire ne croyait que trop souvent
apercevoir la griffe de l'esprit malin dans une foule
de maux. L'on est forcé d'avouer que les médecins
eux-mêmes devenaient solidaires de la honteuse crédulité de leurs malades. Beaucoup d'entre eux, ne dou-
tant nullement de la puissance de la magie, attribuaient
au diable certaines affections qui se manifestaient
avec des phénomènes insolites....

Mais grâce, grâce encore pour le Moyen âge, car
cette thaumaturgie médicale qu'on lui reproche ne
s'est pas anéantie avec ses derniers siècles, tant s'en
faut ! Les partisans de la pathologie démoniaque,
peuvent, à la honte de l'art, s'appuyer sur les plus
graves autorités de la Renaissance et même des temps
plus rapprochés de nous. Malgré sa haute intelligence, Paré se trouva sous l'influence de ces préjugés

1. ARNAUD DE VILLENEUVE. *De phlebotom.*, p. 494 et *De regim. sanit.*,
p. 767. — SPRENGEL. *Histoire de la médecine.* Paris, 1815, t. II, p. 401.
2. APOLLODORE, lib. II, cap. II, leur prête la folie des filles de Prétus,
roi d'Argos, etc.

populaires. Dans un de ses traités, il raconte l'histoire d'une affection convulsive qu'il considère comme l'œuvre du démon, et prétend que celui-ci peut prendre la figure de tous les animaux connus[1]. Dans son système médical, F. Plater va même jusqu'à introduire une classe de maladies démoniaques[2]. Camérarius assure avoir observé plusieurs de ces affections[3]. Le célèbre Stœrk rapporte de ridicules contes de revenants[4]. Enfin, F. Hoffmann, il y a peu d'années, écrivait encore au sein de cette Allemagne aujourd'hui si éclairée, que certaines maladies convulsives n'étaient que le résultat du pouvoir du diable[5]!...

Ce ne fut que vers les premières années de la renaissance que les doctrines médicales commencèrent à s'épurer. Il fallut, pour donner le signal de la révolution que les temps devaient accomplir, l'insistance et le savoir du plus hardi novateur. L'ancien édifice médical était déjà ébranlé, lorsqu'au XVIe siècle, l'alchimiste Théophraste Paracelse, plein d'audace et d'enthousiasme, essaya de le faire crouler, en nous débarrassant du galénisme et de l'arabisme, des théories humorales et de la polypharmacie[6].

Pour son époque, c'était un effort inoui, car il avait

<hr>

1. Paré. *OEuvres de Paré.* Liv. XXV, p. 670 et 674. — Sprengel. *Histoire de la médecine.* Paris. 1815.

2 Plater. *Prax. med.,* t. I, p. 9. —Sprengel. *Histoire de la médecine.* Paris, 1815, t. III, p. 256.

3. Camerarius. *Dissertationes Taurinenses epistolicæ.* Tubinge, 1712. — Sprengel. *Ibidem.* T. VI, p. 84.

4. J. Stœrk. *Traité des maladies des femmes.* Gotting., 1751.

5. Hoffmann. *De potentia diaboli in corpora,* p. 103.

6. *Biographie médicale.* Paris, 1824, t. VI, p. 363.

contre lui toutes les écoles ; mais l'adepte effronté ne s'en émeut nullement. Lorsqu'il est appelé à l'université de Bâle, en 1526, pour y professer la médecine et la chirurgie, il commence par faire brûler publiquement les œuvres de Galien et d'Avicenne, en protestant à ses auditeurs que les cordons de ses chausses renferment plus de science qu'eux [1] : impudence qui ne fit qu'accroître sa renommée [2] !

Paracelse consigna ses théories dans ses écrits [3], et sa chaire devint une tribune ardente, du haut de laquelle il les débitait à une tourbe d'étudiants, fascinés par ses promesses et ses pompeuses paroles.... mais sa gloire n'eut qu'une durée éphémère.

Ayant été banni de Bâle, cet homme extraordinaire, qui prétendait posséder tous les trésors de l'alchimie, et avoir découvert une panacée capable de prolonger indéfiniment l'existence.... cet homme meurt à quarante-huit ans, dans un hôpital de Salzbourg, accablé de misères et d'infirmités....

Quelle que soit la juste flétrissure qui s'attachera toujours à une foule d'actes de l'aventureuse vie de Paracelse, on ne peut disconvenir que cet homme, grand par l'audace et le génie, en franchissant une époque de ténèbres, a laissé derrière lui un resplendissant sillon de lumière. En suivant le développement des théories de Paracelse, on s'aperçoit que, par

1. Sprengel. *Histoire de la médecine.* Paris, 1815, t. III, p. 291.

2. Ramus. *Rami orat. de Basil.*, p. 170. — Sprengel. *Histoire de la médecine.* Paris, 1815, t. III, p. 291.

3. Paracelse. *Opera omnia medico-chymico-chirurgica.* Genève, 1658. Les œuvres chirurgicales de Paracelse ont été traduites en français. Lyon, 1593, et Paris, 1623.

rapport à la médecine, il ne fit que substituer à des idées erronées des hypothèses absurdes. Il regarde la magie comme le point culminant des sciences, et c'est sur elle et sur l'astrologie qu'il base son système de pathologie. Il considère le soleil comme agissant sur le cœur et l'abdomen; la lune sur le cerveau; Jupiter sur la tête et le foie; Mercure sur les poumons, etc. [1]. Sa physiologie ne repose pas sur des bases plus rationnelles : il subordonne toutes les fonctions aux puissances cabalistiques [2]. Cette forme nouvelle plut au mysticisme germanique, aussi les doctrines du novateur firent-elles de nombreux prosélytes.

C'est à cet alchimiste que la thérapeutique doit toute l'initiative de sa grande réforme, et le renversement de la polypharmacie arabe. On lui est aussi redevable de nous avoir appris à administrer avec une certaine intelligence, et parfois même avec quelque audace, plusieurs médicaments dont les vertus curatives étaient ou inconnues ou mal définies avant lui. On peut citer le mercure et l'opium. Le fréquent emploi qu'il fit du dernier, et son heureuse témérité en s'en servant, l'avaient même fait surnommer le *doctor opiatus* [3].

Quoique ayant vécu durant la Renaissance, Paracelse ne nous en appartient pas moins, soit parce

<hr>

1. Cap. *Biographie de Paracelse. Dictionnaire des sciences médicales.* Art. *Paracelse*, t. VI, p. 363.

2. Paracelse. *Philosophia magna*, éd. Dorn., p. 176. — Sprengel. *Histoire de la médecine*. Paris, 1815, t. III, p. 305. — *Dictionnaire des sciences médicales*, t. VI, p. 363.

3. Cullen. *A treatise of materia medica*. Édimbourg, 1789. — Mérat et Delens. *Dictionnaire universel de matière médicale*. Paris, 1833, t. V, p. 52.

qu'il naquit sur les confins du Moyen âge[1], soit parce que, sous le rapport médical, il forme la transition entre les deux époques, en renversant les anciennes doctrines et en traçant une voie nouvelle.

Avec l'histoire de cet homme célèbre, véritable trait d'union entre deux âges distincts, devrait se terminer aussi l'histoire médicale de cette époque, si nous n'avions encore à parler d'une maladie qui y occupe une grande place, de la lèpre, ainsi que de l'institution des hôpitaux, l'un des plus notables bienfaits du temps.

La lèpre, observée dès l'origine des sociétés, mais peu commune jusqu'alors en Europe, s'y manifesta avec une effrayante intensité à l'époque des croisades, pour disparaître ensuite successivement vers le xve siècle[2]. L'histoire prouve que cette maladie devint surtout commune à dater du moment où les premiers croisés revinrent de la Palestine, ce qui fit penser à quelques médecins qu'elle nous avait été apportée de l'Orient. Ce qu'il y a de certain, c'est que la lèpre existait en Europe avant ces grandes pérégrinations, car, antérieurement à elles, on y comptait quelques lieux de refuge pour les malheureux qui en étaient atteints; et déjà Charlemagne et Pépin étaient intervenus, par leurs capitulaires, dans la consécration de leurs mariages[3].

Dans le but d'arrêter et de combattre le fléau nou-

---

1. Paracelse vit le jour en 1493, dans un bourg du canton de Schwitz.

2. JOURDAN. *Dictionnaire des sciences médicales.* Paris, 1818, t. XXVII, p. 471.

3. Capitulaires de 757 et 789. Comp. DE LA MARE. *Traité de la police.*

vellement apporté, de toute part, en Europe, on créa des établissements auxquels on imposa le nom de léproseries ou de maladreries : et l'on pourrait apprécier quelle a été l'importance du mal, en apprenant que la France, sous le règne de Louis VIII, en 1225, n'en comptait pas moins de deux mille[1].

La multitude ignorante et fanatique considéra d'abord les lépreux comme se trouvant sous l'influence d'une maladie qui n'était qu'une épreuve de Dieu. Ils furent désignés sous les noms de *morbi beati*, *Lazari languentes ;* et lorsque nos soldats échappés au cimeterre des Sarrasins, revinrent dans leur patrie dévorés par la lèpre, une généreuse compassion les accueillit de toute part. La religion leur tendant une main secourable, comptait comme autant d'actes méritoires chaque service qu'on leur rendait; aussi, prêtres, laïques et princes, s'empressaient-ils de leur prodiguer les plus touchants soins. Robert, roi de France, leur lavait et leur baisait les pieds pour se mettre en odeur de sainteté[2]. Tous les trois mois, saint Louis sortait de son palais pour visiter les maladreries, et, avec un sentiment profond d'humilité, servait des aliments aux lépreux ou baisait leurs membres tout dégoûtants de sanie[3].

Mais cet enthousiasme n'eut qu'un temps. La lèpre,

1. Matthieu Paris. *Historia major Angliæ*, etc. Londres, 1571, et Renouard. *Histoire de la médecine.* Paris, 1848, t. I, p. 460, rapportent qu'à une époque, on en comptait dix-neuf mille, disséminés dans toute la chrétienté.

2. Jourdan. *Dictionnaire des sciences médicales.* Paris, 1818, t. XXVII p. 467.

3. Joinville. *Histoire de sainct Lovys, IXe du nom.* Paris, 1668, p. 121 — Duchesne, t. V.

en se développant avec une effrayante rapidité, épouvanta les populations, qui la considérèrent bientôt comme contagieuse. Les lépreux devinrent alors l'objet de l'animadversion générale, et la société leur déclara une guerre aussi impie que son fanatique engouement avait été ridicule. L'excessive sévérité des ordonnances que les gouvernements lancèrent contre eux, démontre combien leur maladie inspira de terreur. La moindre infraction aux règlements qui régissaient les lépreux était punie avec la plus extrême rigueur, souvent même par la mort[1]. Ils semblaient une secte maudite, repoussée avec horreur par tous ceux que ses membres approchaient.

On pourra juger combien le Moyen âge s'effraya de cette maladie par le tableau de l'existence d'un lépreux d'alors. Lorsque le médecin et le juge avaient attesté qu'un individu se trouvait atteint de la redoutable affection, l'infortuné était séquestré du reste des vivants. On le conduisait à une léproserie. S'il n'en existait pas dans le pays, après avoir subi vivant toutes les formalités d'un véritable enterrement, on le confinait dans une petite cellule, appelée *cucurbita*, isolée en rase campagne[2]. D'abord, un prêtre se rendait près du lépreux, l'aspergeait d'eau bénite et l'exhortait à la patience; après l'avoir dépouillé de ses habits, on lui donnait un vêtement noir; il était ensuite conduit à l'église, où il entendait la messe des morts; puis on le menait processionnellement à sa

1. RENOUARD. *Histoire de la médecine*. Paris, 1848, t. I, p. 460.
2. SPRENGEL. *Histoire de la médecine*. Paris, 1815, t. II, p. 375.

cellule, où le prêtre lui jetait quelques pelletées de terre sur les pieds, et on l'abandonnait.

Les lépreux ne devaient jamais entrer dans les églises, dans les boulangeries, dans les cabarets ou dans toute autre maison. Ils ne pouvaient toucher aux denrées qu'ils marchandaient, autrement qu'avec une baguette. Il leur était défendu de s'engager dans les chemins étroits; puis de parler aux passants, à moins qu'ils ne fussent sous le vent, pour préserver ceux-ci des exhalaisons infectes de leur corps[1]; si un lépreux s'aventurait à marcher la nuit, il était obligé de faire continuellement retentir une espèce de crécelle pour qu'on s'éloignât de lui[2]; s'il se rendait à quelque pèlerinage, il devait porter des mains en laine blanche, afin qu'on puisse l'apercevoir de loin[3]. Enfin, lorsque le lépreux venait à trépasser, on couronnait l'œuvre en brûlant sa cellule et le chétif mobilier qu'elle contenait.

Si un moment, dans cette esquisse de l'histoire de la lèpre, nous voyons l'humanité faire défaut à sa sainte mission, nous en sommes consolés par le tableau que nous offre la création des hôpitaux, s'élevant, comme par enchantement, à la voix de la religion et de la philanthropie : institutions d'autant plus utiles alors que de meurtrières épidémies n'épargnaient aucune contrée du globe.

Aussitôt qu'on eut conçu l'idée d'élever des asiles pour y soigner les malades, ces établissements multi-

---

1. *Histoire de la Bretagne. Dict. des sc. médic.*
2. SPRENGEL. *Histoire de la médecine.* Paris, 1815, t. II, p. 375.
3. ASTRUC. *De morbis venereis.* Paris. 1740, 2 vol. in-4.

plièrent à l'infini. Les sectateurs de l'islamisme riva-
lisèrent à cet effet avec les chrétiens : chaque mosquée,
comme chaque cathédrale, avait ordinairement à côté
d'elle une école et un hôpital, dotés par les califes ou
les rois, les hauts dignitaires de l'église ou de simples
particuliers[1].

Une autre institution venait en aide aux léproseries
pour combattre certaines maladies cutanées qui pullulaient de tous côtés, c'était celle des bains publics. On en construisit alors dans presque toutes les
villes, et chaque couvent avait une salle où l'on faisait baigner et ventouser les indigents[2]. Le nombre
de ces institutions devint fort considérable au xve siècle dans la ville de Paris, où les baigneurs formaient
même une confrérie puissante[3]. On vit alors Jacques
Desparts, médecin de Charles VII, et l'un des professeurs de la Faculté, obligés d'abandonner la capitale
et de se soustraire par la fuite aux persécutions de
celle-ci, parce qu'ils s'étaient élevés inconsidérément
contre l'abus des bains[4].

La science pharmaceutique qui, aujourd'hui,
compte de si savants interprètes, était inconnue au
commencement du Moyen âge[5]. Les traditions anciennes s'étaient perdues en Europe avec le naufrage

1. RENOUARD. *Histoire de la médecine.* Paris, 1848, t. I. p. 459.
2. MOEHSEN. *De medicis equestr. dignit. ornat.*, p. 280.
3. GIRARD. *Recherches sur les établissements de bains publics à Paris
depuis le ive siècle jusqu'à présent. Annales d'hygiène publique.* Paris,
1832, t. VII.
4. RIOLAN. *Recherches des escholes de médecine*, p. 217. — SPRENGEL.
Histoire de la médecine. Paris, 1815, t. II, p. 374.
5. Comp. PIERRE POMET. *Histoire générale des drogues.* Paris, 1694.—
AUG. VOGEL. *Historia materia medicæ.* Francfort, 1760.—H. BRUNSWICH.

de la littérature, et les Arabes ne nous avaient pas encore transmis leur impulsion. Dioscoride et Galien gisaient complétement oubliés sous la poussière des bibliothèques cénobiales ; Mésué et Sérapion n'avaient point revu le jour. Toute la matière médicale ne se composait alors que de simples recettes confiées, comme un dépôt sacré, à la garde des abbesses de certains couvents, ou que se transmettaient traditionnellement les chirurgiens, les barbiers et les matrones.

Dans l'origine les médecins préparaient eux-mêmes leurs médicaments ; mais au XIIIe et au XIVe siècle, ils commencèrent à renoncer à leurs manipulations, en les confiant à des élèves qui les confectionnaient devant eux et allaient ensuite les distribuer aux malades. Telle a été l'origine de la suprématie que le corps médical exerça si longtemps sur la pharmacie[1].

Le patronnage que les médecins exercèrent sur les apothicaires ne se dissipa qu'à la longue. La singulière formule du serment que ces derniers prêtaient lors de leur installation constate que cette espèce de suprématie se continua au delà de l'époque à laquelle ils furent constitués en corps spécial. Voici quelques fragments de ce curieux document. « Je jure, disait le récipiendaire, et promets devant Dieu de vivre et mourir en la foi chrétienne ; *item*, d'honorer, respecter et faire service, non—seulement aux docteurs mé-

---

Apotheca vulgi. Argentorati, 1529. — J. J. MANGET. *Bibliotheca pharmaeutico-medica seu thesaurus refertissimus materiæ medicæ.* Genève, 1703.—CADET DE GASSICOURT. Art. *Pharmacie* du *Dictionnaire des sciences médicales*, t. XLI.

1. CADET DE GASSICOURT. *Ibidem*, p. 212.

decins qui m'auront instruit en la connaissance des préceptes de la pharmacie, mais aussi à mes précepteurs et maîtres pharmaciens sous lesquels j'aurai appris mon métier;... *item*, de rapporter tout ce qui me sera possible, pour l'honneur, la gloire, l'ornement et la *majesté* de la médecine; *item*, de n'enseigner point aux idiots et ingrats les secrets et raretés d'icelle; *item*, de ne faire rien témérairement, sans avis de médecin, ou sous espérance de lucre ;... *item*, de désavouer et fuir, comme la peste, la façon de pratique scandaleuse et totalement pernicieuse de laquelle se servent aujourd'hui les charlatans empiriques et souffleurs d'alchimie, à la grande honte des magistrats qui les tolèrent; *item*, de donner aide et secours indifféremment à tous ceux qui m'emploieront, et finalement de ne tenir aucune mauvaise et vieille drogue dans ma boutique. Le Seigneur me bénira toujours tant que j'observerai ces choses[1]. »

Ce ne fut qu'après les croisades que s'ouvrirent en Europe les premières pharmacies. Les flottes de Venise et de Gènes, habituées désormais à fréquenter les parages de l'Orient[2] et les caravanes qui franchissaient les déserts dans un but commercial, en rapportaient des produits nouveaux qui alimentèrent désormais les officines des apothicaires, des épiciers et des droguistes, qui se créaient simultanément[3].

---

1. Brice-Bauderon. *Pharmacopée.*—Cadet de Gassicourt. *Dictionnaire des sciences médicales*, art. *Pharmacie*, t. XLI.

2. Henry. *Histoire de la Grande-Bretagne*, t. IV, p. 597. — Sprengel. *Histoire de la médecine*. Paris, 1815, t. II, p. 379.

3 On sait qu'il existait un apothicaire à Munster en 1267, et un autre à Augsbourg en 1285.

Mais les officines de nos pères n'avaient rien de ce luxe qu'on rencontre actuellement dans nos pharmacies. C'étaient d'obscures petites boutiques ouvertes sur le devant, et encombrées de réchauds ardents et de mortiers employés à la préparation des médicaments. Ceux-ci étaient contenus dans de simples pots en terre cuite ou dans des boites, et étiquetés d'après la nomenclature de Galien ou de Mésué. Au fond de chaque boutique et dans une niche particulière, on voyait ordinairement une petite statue du Christ ou de la Vierge, ou celle de saint Côme.

Dans l'Occident, ce fut à Frédéric II que l'on dut la première organisation de la pharmacie. Ses ordonnances défendent à tout homme d'ouvrir une officine sans avoir subi auparavant un examen de la part d'un certain nombre de médecins et de maîtres apothicaires jurés. Ce prince ne se borna pas à cette mesure intelligente, il organisa aussi le système d'inspection des officines, et confia celle-ci aux examinateurs. En l'absence de médecins et d'apothicaires, des personnes notables étaient chargées de surveiller les pharmacies et d'assister à la confection des principaux médicaments [1].

Partout où la science arabe avait pénétré, vers le milieu du Moyen âge, la pharmacie s'était développée sur une grande échelle; mais dans la France, la Grande-Bretagne et la Germanie, celle-ci restait dans l'enfance. Tout son bagage ne consistait que dans les rares recettes que les moines et les frères hospitaliers

---

1. Bégin. *Pharmacie du moyen âge.* Paris, 1850, p. 2.

employaient pour les malades qui confiaient leur guérison à leurs prières, à leurs consolations et à leurs
médicaments [1]. La médecine antique avait trouvé les
éléments de sa thérapeutique tracés par la reconnaissance des malades sur les colonnes et les portes des
temples d'Esculape [2]. La pharmacie moderne recueillit
ses premières notions dans les annales des monastères ou de la bouche des moines et des nonnes. Ce furent ces traditions, alors si respectables, qui formèrent le noyau de nos premiers ouvrages de matière
médicale, et que la science progressive a eu tant de
peine à bannir de la pratique.

Nos pharmacies ne furent dans l'origine que de
simples entrepôts de médicaments. C'était Venise,
Gènes ou Lyon qui, en recevant ceux-ci de première
main, se chargeaient de les préparer et d'en appro-
visionner le reste de l'Europe. Pendant longtemps
aussi, les officines n'eurent que de bien imparfaites
notions à l'égard de leurs manipulations. Elles se
guidèrent d'abord sur l'*Antidotaire* de Salerne; plus
tard sur les ouvrages de Mésué et de Sérapion ; ce ne
fut que vers le milieu du xve siècle que Saladin d'Asculo, médecin de Naples, écrivit le premier traité de
pharmacologie qui ait paru en Europe [3].

---

1. *Conjurationibus, potionibus, verbis, herbis et lapidibus.* Bégin.
Pharmacie du moyen âge. Paris, 1850, p. 1.

2. Galien. *De antidotis, lib. II,* p. 432. — Pline. *Histoire naturelle,*
liv. XX, chap. xxiv. — Pausanias. *Voyage en Grèce,* liv. XX, chap. ii. —
Sprengel. *Histoire de la médecine.* Paris, 1815, t. II, p. 163-165, etc.

3. Saladin d'Asculo. *Compendium aromatariorum.* Curieux livre qui
révèle qu'à l'époque à laquelle il fut écrit, la parfumerie était confondue
avec la pharmacie.

Cet exemple eut bientôt des imitateurs, et cette science s'enrichit successivement des écrits de Barthélemy Montagnana[1]; de G. Valla[2], et de Bassavola[3], qui honorèrent les dernières années du xve siècle ou le commencement du xvie.

Les œuvres consacrées à l'histoire ou à la préparation des médicaments, se ressentaient, par leurs titres, de l'époque qui les produisit. Tels furent *la Lumière des apothicaires*[4], *le Trésor des aromates*[5], et *le Grand luminaire*[6].

La toxicologie, qui n'a pris son rang dans les sciences que par les brillants travaux d'un des plus illustres chimistes de notre époque[7], comptait déjà, au Moyen âge, quelques importants essais. Les agents vénéneux avaient été étudiés par Arduino de Pesaro[8], qui, au xve siècle, pratiqua la médecine avec quelque éclat à Venise.

En traçant le tableau des premiers temps de la médecine moderne, nous avons eu à regretter les luttes énervantes et indignes d'elle, qui surgirent autour de son berceau. Si la Providence eût alors départi plus de sagesse et d'intelligence à ceux qui occupè—

1. Montagnana. *Antidotarium.* Paduæ, 1487.

2. G. Valla. *De simplicium natura liber unus.* Strasbourg, 1528.

3. Bassavola. *Examen simplicium medicamentorum quorum usus est in publicis officinis.* Romæ, 1530.

4. Quiricus de Augustis de Terthona. *Lumen apothecariorum.* Lugd., 1504.

5. Pauli Suardi *Thesaurus aromatariorum, sive antidotarium.* Parisiis, 1624.

6. De Manliis de Bosco. *Luminare majus, medicis et aromatariis necessarium.* Lugd., 1528.

7. Orfila, *Toxicologie générale.* Paris, 1843.

8. Arduino. *De venenis.* Venise, 1492.

rent les sommités du pouvoir, la plus noble des sciences eût évité ces déchirements et ces affronts. Si actuellement, pour compléter cette esquisse, nous fixons nos regards sur l'anatomie, nous la voyons aussi, mais par d'autres causes, ne s'avancer qu'au milieu des obstacles, hésiter longtemps, et ne prendre enfin son essor que vers les dernières années de l'époque à l'étude de laquelle cet ouvrage est consacré.

L'histoire de l'anatomie au Moyen âge est malheureusement fort stérile; aussi quelques lignes suffiront pour l'esquisser [1].

Dans l'antiquité, Aristote avait fait faire de grands progrès à l'anatomie comparée, mais le respect dont la religion environnait les morts, empêcha l'anatomie humaine d'avancer dans la même proportion. Hérophile put cependant, à l'aide de la protection de Ptolémée Lagus, disséquer plusieurs hommes [2]; et il paraît qu'Érasistrate posséda aussi quelques notions sur notre organisme; mais le temps ayant anéanti les travaux de ces deux observateurs, nous ne les connaissons que par les extraits qu'en donne Galien.

Le génie de Galien, enchaîné par les mêmes pré-

---

1. Comp. OTT. GOELICK. *Introductio in historiam litterariam anatomes.* Francofurti, 1738. — PORTAL. *Histoire de l'anatomie et de la chirurgie.* Paris, 1770. — LASSUS. *Discours historique sur les découvertes faites en anatomie par les anciens et les modernes.* Paris, 1783. — VERDIER. *Encyclopédie méthodique.* Paris, 1790, t. II, p. 613. — T. LAUTH. *Histoire de l'anatomie.* Strasbourg, 1815. — P. RAYER. *Sommaire d'une histoire abrégée de l'anatomie pathologique.* Paris, 1818. — CARUS. *Traité d'anatomie comparée.* Paris, 1835. Introduction

2. GEOFFROY SAINT-HILAIRE ET SAVARY. *Dictionnaire des sciences médicales.* Paris, 1812, t. II, p. 38.

jugés, ne fit pas avancer notre anatomie autant qu'on aurait pu s'y attendre. Ne pouvant se livrer à la dissection de l'homme, le médecin de Pergame n'ouvrit que des singes, et ce fut d'après ces animaux qu'il écrivit son célèbre ouvrage d'anatomie humaine[1].

Après ce grand homme, et durant toute la première moitié du Moyen âge, on abandonna absolument l'étude de l'anatomie. La religion nouvelle avait sanctifié les sépultures, l'anathème éloignait le scalpel de tout cadavre humain, et les tombes elles-mêmes se trouvaient placées sous la sauvegarde de la loi[2].

L'empereur Frédéric II, qui semblait aspirer au titre de restaurateur des sciences et des arts, donna une salutaire impulsion aux études anatomiques. A la prière de son archiâtre Martianus, il institua une chaire dans laquelle l'anatomie humaine devait être exposée tous les cinq ans[3]. L'empressement que montrèrent les médecins et les chirurgiens en suivant les cours nouvellement crées, engagea l'université de Bologne à imiter cette institution.

Nonobstant ce succès, à compter du règne de Frédéric II jusqu'au milieu du xve siècle, les monarques n'accordèrent guère aux plus célèbres universités qu'un ou deux cadavres chaque année[4]. Et, dans

1. De Blainville, *Histoire des sciences de l'organisation.* Paris, 1845, t. I, p. 362, a démontré que ce fut du magot, *simia inuus*, L., dont il se servit à cet effet, comme étant l'espèce la plus rapprochée de l'homme qu'il pût alors se procurer.

2. Cassiodore rapporte que des comtes étaient chargés de pourvoir à la sûreté des sépultures et de punir sévèrement ceux que la cupidité ou la simple curiosité poussaient à violer ces asiles sacrés. Comp *Encyc. méth*, t. II, p 624.

3. *Encyclopédie méthodique.*

4. Verdier. *Encyclopédie méthodique.* Paris, 1790, t. II, p. 627.

certains États, l'obtention de ceux-ci n'avait lieu qu'après les plus solennelles sollicitations : il fallait une bulle du saint-siége pour chaque homme que l'on disséquait[1]. De semblables entraves paralysèrent souvent le zèle et les travaux des nouveaux investigateurs.

Les historiens qui parlent de l'école de Montpellier avec le plus d'enthousiasme, sont forcés de convenir que celle-ci ne suivit l'exemple de Bologne qu'après un assez grand nombre d'années, quoique les étudiants laïques s'y trouvassent en plus grand nombre que dans les autres écoles. Ce ne fut qu'au xive siècle que l'on commença à y étudier l'organisation de l'homme[2].

La brillante impulsion que Guy de Chauliac donnait alors à la chirurgie, fit sentir quelles étaient les ressources que celle-ci devait attendre de la dissection de nos organes. Aussi, en 1376, les médecins de Montpellier sollicitèrent-ils de Louis d'Anjou, qu'il leur accordât chaque année la permission d'anatomiser le cadavre de l'un des criminels que l'on exécutait. Ce prince exauça leur vœu; et, plus tard, plusieurs rois de France leur procurèrent le même avantage. Astruc revendique à ce sujet, pour Montpellier, l'honneur d'avoir devancé, presque de deux cents ans, par ses démonstrations publiques d'anatomie, la ville de Paris, où Sylvius ne les entreprit, pour la première fois seulement, que vers 1535[3].

1. SPRENGEL. *Histoire de la médecine.*

2. ASTRUC. *Mémoire pour servir à l'histoire de la Faculté de médecine de Montpellier.* Paris, 1767.

3. ASTRUC. *Ibidem.* — VERDIER. *Encyclopédie méthodique.* Paris, 1790, t. II.

L'ère de l'anatomie humaine ne date réellement que du milieu du xve siècle. Mondino l'inaugura si glorieusement en Italie par ses écrits et ses leçons, que, de toutes parts, on l'honora du titre de restaurateur de l'anatomie[1]. Ses ouvrages sur ce sujet passaient alors pour avoir une telle supériorité, qu'une loi de l'université de Padoue les imposait à tous les étudiants[2].

Cependant l'enseignement de l'anatomie suivait alors une marche étrange et vraiment paralysante. Jusqu'au milieu du xvie siècle, cette science n'avait point de professeur en titre, même à la Faculté de Paris. Les docteurs de la ville se chargeaient, l'un après l'autre, comme d'une corvée, des démonstrations annuelles sur ce sujet[3].

Mais les leçons, dans ce temps-là, n'avaient rien de cette scrupuleuse exactitude qu'on y met de nos jours; les cours n'étaient ordinairement que des lectures de l'anatomie de Galien ou de Mondino, que le professeur commentait d'une manière plus ou moins prolixe. Celui-ci, placé dans une chaire élevée et éloignée du cadavre eût craint de déroger en y touchant. C'était un barbier qui, pendant qu'il parlait, disséquait les organes à l'aide d'un rasoir, et les montrait aux élèves[4]. Les statuts de la Faculté l'exi-

1. Haller. *Biblioth. anatom.* — Portal. *Histoire de l'anatomie*, vol. I, p. 209.

2. *Ut Anatomici Paduani explicationem textualem ipsius Mundinus sequantur. Encycl. méth.*, t. II, p. 626.

3. Verdier. *Encyclopédie méthodique.* Paris, 1790, t. II, p. 626.

4. Sprengel. *Histoire de la médecine.* Paris, 1815, t. II, p. 432.

geaient ainsi[1]. Et en même temps qu'ils déléguaient cette fonction au barbier, ils lui imposaient aussi de se renfermer dans un rôle absolument passif[2].

Cet état de choses dura jusqu'au commencement du xvie siècle, époque à laquelle Gontier d'Andernach, médecin de François Ier, ouvrit réellement la carrière du professorat, en continuant chaque année les cours, et en montrant lui-même les organes à ses élèves, à mesure qu'il les découvrait : méthode nouvelle qui le fit suivre par une foule d'auditeurs, et lui permit de donner à la science une impulsion qui le fit nommer par Winslow, le Restaurateur de l'anatomie dans l'université de Paris[3]. Dubois ou Sylvius, contemporain et ami de Gontier, suivit avec éclat la même direction; aussi, l'un et l'autre méritent-ils d'être cités comme ayant déterminé cette grande impulsion.

Sous le rapport de l'enseignement de l'anatomie, la Faculté de médecine de Paris faillit même à la haute mission qui lui était confiée. Jusqu'à nos jours, le foyer principal de cette science se trouva ailleurs que dans son sein. A compter de la création du Jardin royal des plantes[4], ce fut dans ses amphithéâtres que brillèrent tour à tour les plus célèbres

---

1. ART. IX. Les barbiers-chirurgiens fourniront un dissecteur habile pour les démonstrations publiques d'anatomie. Statuts de 1600 et arrêt du parlement de 1607.

2. ART. VIII. Le docteur ne souffrira point que le dissecteur divague dans sa démonstration, mais il le retiendra dans sa fonction de disséquer, etc. Statuts de 1598 et 1600.

3. *Primus anatomes in Academia Parisiensi restaurator Quinterius Andernacus.*

4. Il fut institué par Louis XIII, en 1626, d'après les plans de Guy de La Brosse, son médecin.

anatomistes, tels que Dionis, Duverney, Winslow, Ferrein, A. Petit et Vicq-d'Azyr.

Pendant une longue suite d'années, la direction des dissections n'était pas plus propice que les cours à l'avancement de la science. On n'étudiait nullement l'organisme dans le but d'étendre nos connaissances, mais seulement afin de suivre pas à pas les descriptions de Galien et de Mondino. Et les arrêts de ces deux grands maîtres étaient acceptés avec un si religieux respect, que, lorsque l'examen de la nature les démentait, on ne voulait voir là qu'une inexplicable anomalie. Ce ne fut que vers la fin du Moyen âge que les anatomistes s'occupèrent réellement de perfectionner leur science par de scrupuleuses recherches.

Ces obstacles divers apportés à l'enseignement de l'anatomie eurent une grande influence sur ses progrès, et ils la laissèrent croupir pendant une succession d'années. Lorsque le Moyen âge commença à cultiver cette science, on la vit suivre deux directions bien distinctes : l'une de simple érudition, l'autre de pure observation [1].

La période d'érudition est représentée par Mondino, Zerbi et Achillini, qui se contentent de commenter les anciens anatomistes et ne s'occupent que fort peu d'ouvrir des cadavres [2].

La seconde période, au contraire, offre une série d'anatomistes qui ouvrent un grand nombre de corps humains, et qui, par cette raison, inscrivent dans

1. CARUS. *Traité d'anatomie comparée.* **Paris, 1835, t. I, p. 14.**
2. CARUS. *Ibidem.*

les archives scientifiques de nombreuses découvertes.
Cette période, nommée avec raison l'*Age d'or de l'anatomie*[1], commence par Bérenger de Carpi[2], qui l'inau-
gure dignement; et auquel succèdent Fallope[3], et, le
plus grand de tous, Vésale, qui emprunte les pinceaux du Titien pour orner les magnifiques pages
de son anatomie, l'un des plus beaux monuments
scientifiques de la renaissance[4].

Parmi les premiers anatomistes que nous venons
de mentionner, celui qui s'est acquis la plus grande
gloire est assurément Mondino; son mérite a été tellement apprécié que cinq villes, parmi lesquelles on
compte Florence, Milan et Bologne, se disputent
l'honneur de lui avoir donné le jour. Né dans la dernière moitié du xiiie siècle, il devint, dans un âge
encore peu avancé, professeur à l'université de Bologne où il mourut en 1326.

On doit le citer comme ayant eu le premier recours
à l'examen des cadavres humains pour décrire l'anatomie de l'homme. Il est vrai qu'il n'en disséqua jamais que deux dans son amphithéâtre, mais c'était
alors une chose inouïe[5].

1. CARUS. *Traité d'anatomie comparée.* Paris, 1835, t. I, p. 14.
2. BÉRENGER DE CARPI. Voy. p. 572.
3. FALLOPE, né en 1523, appartient à la Renaissance.
4. VÉSALE passe pour avoir fait dessiner par le Titien les planches de
son traité *De humani corporis fabrica.* Basileæ, 1555. En examinant
cette édition que j'ai possédée, on reconnaît en effet que celles-ci éma-
nent d'un grand maître. On grave beaucoup mieux aujourd'hui sur le
bois, on dessine l'anatomie avec plus de perfection, mais pour le mouvement, la vie, selon moi, ces planches n'ont point encore été surpas-
sées.
5. Ces deux cadavres étaient des femmes : l'un fut disséqué en 1306
et l'autre en 1315.

Cependant, ce fut après cet examen superficiel que Mondino écrivit un traité d'anatomie[1] qui devint, pendant plusieurs siècles, le seul guide des étudiants de toutes les écoles de l'Europe[2]. Ce traité, tout imparfait qu'il était, régnait avec un tel despotisme dans certaines universités qu'il n'était pas permis aux professeurs d'en suivre d'autres.

Bientôt après ce célèbre professeur, on sentit dans les universités quelle importance pouvait avoir pour l'art médical l'étude de l'anatomie pratique, et on prit l'habitude d'y ouvrir publiquement chaque année plusieurs cadavres d'homme. On en disséquait alors deux tous les ans à l'école de Montpellier vers la fin du xive siècle[3].

Après Mondino, le xive siècle n'offre plus d'anatomistes qui aient eu une grande réputation[4], et c'est à peine si l'on peut citer Nicolas Bertuccio, H. de Mondeville[5], et Pierre d'Argelata[6]; car ils n'ajoutèrent rien à l'œuvre de leurs maîtres, dont ils ne furent que les imitateurs[7].

Au xve siècle, on n'a guère à citer que Barthélemy Montagnana, célèbre alors pour avoir ouvert quatorze cadavres, et Jean de Ketham, qui, pour la première

1. MONDINO. *Anathomia.* Paris, 1778.
2. HALLER. *Biblioth. anatomica,* t. I, p. 146.—PORTAL. *Histoire de l'anatomie,* vol. 1, p. 209.
3. ASTRUC. *Morb. mulier. lib. IV,* p. 173.
4. SPRENGEL. *Histoire de la médecine.* Paris, 1815, t. II, p. 432.
5. H. DE MONDEVILLE fut médecin de Philippe Auguste et maître de Guy de Chauliac qui le cite souvent. Ses ouvrages sont perdus.
6. ARGELATA, professeur de médecine à Bologne. xve siècle.
7. *Biographie médicale.* Paris, 1820, t. I, p. 188.

fois, joignit à son œuvre quelques imparfaites planches anatomiques[1].

La fin du xve siècle vit apparaître l'homme qui devait réellement imprimer une direction nouvelle à la science de l'organisation, c'était Berengario, vulgairement nommé Bérenger de Carpi, que Fallope appelait *le premier des restaurateurs de l'anatomie moderne*. C'était justice, car, au lieu de se borner à discuter sur les œuvres de Galien et de ses commentateurs, comme l'avaient fait Mondino et ceux qui le suivirent, ce savant, pour la première fois, ouvrait plus de cent cadavres humains, nombre alors prodigieux, pour y puiser les éléments nécessaires à ses travaux[2].

Cet anatomiste était né à Carpi, ville des environs de Modène, dont le seigneur Albert Pio se plaisait à encourager les sciences. On prétend qu'il dut sa vocation à l'influence de ce grand personnage; et que celui-ci, dans le but d'encourager les études anatomiques, ayant conçu l'idée de faire disséquer publiquement des porcs, confia cette mission au jeune Berengario, qui, comme fils d'un chirurgien distingué, lui inspirait une certaine confiance. Cet essai accrut le zèle de l'élève[3].

Un certain temps après, Bérenger recevait le bonnet de docteur à l'université de Bologne, où il devint ensuite professeur de 1502 à 1527. On ne sait

1. DE KETHAM. *Fasciculis medicinæ Joannis Ketham*. Venise, 1491.

2. TIRABOSCHI. *Istoria della letteratura italiana*, t. VII, p. 30. — SPRENGEL. *Histoire de la médecine*. Paris, 1815, t. IV, p. 4. — VERDIER. *Encyclopédie méthodique*, art. *Anatomie*.

3. TIRABOSCHI. *Ibidem*.

trop pour quelle raison, après avoir contribué à illustrer cette école par sa grande réputation, il s'en exila pour se rendre à Ferrare, où il mourut.

Bérenger de Carpi a droit à notre reconnaissance, parce que ce fut réellement lui qui commença le grand progrès que la renaissance vit se développer. Outre plusieurs erreurs de Galien qu'il eut le mérite de relever, il enseigna le premier que l'utérus, dans l'espèce humaine, n'offre qu'une cavité unique, tandis que, trompés par ce qui s'observe chez les animaux, ses devanciers prétendaient que celui-ci était double. Il reconnut aussi l'admirable réseau artériel de la base du cerveau des mammifères, qui semble avoir pour but de garantir ce viscère du choc du sang, et qui ne se rencontre pas chez l'homme, où l'attitude verticale le rendrait inutile[1]. Enfin ce savant a réellement fait faire un grand progrès en introduisant l'usage des figures anatomiques dans les ouvrages consacrés à cette science, ce qui était ignoré avant lui[2].

L'importance des découvertes de Bérenger de Carpi ayant étonné son époque, on prétendit que, pour y arriver, il avait été jusqu'à ouvrir des hommes vivants. Cette accusation paraît simplement s'étayer sur un passage de ses œuvres, dans lequel l'anatomiste italien semble défendre les expériences de vivisection qu'on disait avoir été entreprises anciennement par Hérophile[3].

1. JOURDAN. *Biographie médicale.*

2. BERENGARIUS. *Isagogæ breves perlucidæ et uberrimæ in anatomiam corporis humani ad suorum scholasticorum preces in lucem editæ, cum aliquot figuris anatomicis.* Bologne, 1514.

3. BÉRENGER. *Comment. in Mondin.*, p. 5-6. — SPRENGEL. *Histoire de la médecine.* Paris, 1815, t. IV, p. 4.

Après cet anatomiste d'une incontestable valeur, nous n'avons plus à citer que deux hommes, d'un mérite bien moins élevé; ce sont Achillini et Zerbi.

Achillini est né à Bologne en 1463. Après avoir étudié dans cette ville, il vint se perfectionner à Paris durant plusieurs années. Ensuite il fut rappelé dans sa ville natale, où il professa la philosophie et, dit-on, la médecine depuis 1485 jusqu'en 1506.

On est incertain à l'égard de la vraie partie dans laquelle il a excellé : les uns le peignent comme un philosophe d'un haut mérite et d'une invincible argumentation, ce qui fait dire à ses contemporains *aut diabolus, aut magnus Achillinus;* d'autres en font un anatomiste. Mais on ne doit le considérer que comme un érudit, car, quoiqu'il prétende avoir disséqué quelques cadavres humains, il ne fit réellement que peu de découvertes. On dit cependant que c'est à lui qu'on est redevable de celle des conduits de Wharton, et qu'on lui doit aussi la première mention de l'enclume et du marteau; mais, relativement à ces deux os, Morgagni a prouvé que c'est une erreur. On a de lui deux ouvrages dont un seul, selon Tiraboschi, est peut-être bien authentique[1].

Zerbi mériterait à peine d'être cité s'il n'avait publié un livre sur l'anatomie[2]. C'était un médecin de Vérone, qui fut successivement professeur de philo-

---

1. ACHILLINI. *In Mundini Anatomiam annotationes.* Bologne, 1524. *Corporis humani anatomia.* Venise, 1516. — TIRABOSCHI. *Istoria della letteratura italiana.*

2 ZERBI. *Anatomiæ corporis humani et singulorum illius membranorum liber.* Venise, 1502. *Anatomia infantis et porci ex traditione Cophronis.* Marbourg, 1507.

sophie et de médecine à Rome et à l'université de Padoue. Il mourut d'une façon fort malheureuse dans les premières années du xvi⁰ siècle[1] : le pacha de Bulgarie ayant succombé à la dyssenterie tandis qu'il le traitait, ses fils le firent impitoyablement scier entre deux planches. Ses ouvrages peu nombreux sont écrits dans un style fort incorrect et diffus.

En terminant, nous ne pouvons oublier que, vers la fin du xv⁰ siècle, Benedetti, médecin de Padoue et de Venise[2], et Hundt le grand, médecin de Leipsick[3], s'occupèrent, à l'exemple de Mondino, de propager le goût de l'anatomie par leurs leçons publiques ; mais dans leurs mains celle-ci fit peu de progrès[4]. On ne peut omettre non plus Antoine Benivieni, médecin de Florence, auquel on doit les premiers essais d'anatomie pathologique qui furent tentés dans les temps modernes[5].

L'activité que le Moyen âge sut imprimer à presque toutes les sciences se répartit aussi sur la géographie. Quelques hardis explorateurs, qu'on vit apparaître alors, ajoutèrent considérablement à celle-ci, soit en décrivant de nouvelles contrées tout à fait inconnues avant eux, soit en rectifiant les erreurs propagées par leurs devanciers.

---

1. Il mourut en 1505.

2. BENEDETTI. *Anatomiæ sive historiæ corporis humani libri quinque.* Venise, 1493.

3. HUNDT LE GRAND. *Anthropologia. De elementis, partibus et membris corporis humani.* Leipzick, 1501.

4. VERDIER. *Encyclopédie méthodique.* Paris, 1790, t. II, p. 627.

5. BENIVIENI. *De additis nonnullis ac mirandis morborum et sanatiorum causis.* Florence, 1506.

On ne peut contester aux voyageurs de cette époque d'avoir obtenu ces résultats. Il est vrai que le défaut d'instruction suffisante les empêcha de tirer de leurs dangereuses courses tous les bénéfices qu'on aurait pu en espérer; cependant les récits qu'ils écrivirent à leur retour eurent l'avantage de charmer leurs contemporains, dont ils piquaient l'avide curiosité. Il en est encore, tels que ceux de Marco Polo[1], de Mandeville[2], de Rubruquis[3], de Hans Schiltbergen[4] et de Bernard de Breydenbach[5], dont la lecture nous offre, même aujourd'hui, un certain intérêt, quoique notre siècle éclairé leur ait fait perdre beaucoup de leur prestige.

Les récits des voyageurs du Moyen âge possédaient à un haut degré tout ce qui était susceptible de passionner nos ancêtres. Ils ne se composaient que de narrations faites avec une naïveté charmante, à laquelle on peut seulement reprocher une trop coupable crédulité. De Humboldt, dont l'autorité a tant d'ascendant en semblable matière, en résume toute l'histoire dans les lignes qui suivent : « L'intérêt qui s'attachait alors aux relations de voyages, dit-il, était presque tout dramatique. Le mélange facile et nécessaire du merveilleux leur donnait presque une couleur épique. Les mœurs des peuples, dans ces récits, ne sont pas

---

1. Marco Polo, *Venetiano, Delle meraviglie del mondo per lui redute.* Trévise, 1592.

2. Mandeville. Dans Puchas *Pilgrims.*

3. Rubruquis. Van Der Aa. *Recueil de royages faits principalement en Tartarie.*

4. Hans Schiltbergen de Munich, 1425, cité par Humboldt, *Cosmos,* p. 76.

5. Bernard de Breydenbach. *Voyage à Jérusalem.* Mayence, 1486.

exposées sous forme de description, elles sont mises en relief par le contact des voyageurs avec les indigènes. Les végétaux n'ont pas encore de nom et passent inaperçus, si ce n'est que de temps à autre on signale un fruit d'une saveur agréable ou d'une forme étrange, ou bien un arbre qui frappe les regards par les dimensions extraordinaires de son tronc et de ses feuilles. Parmi les animaux, on dépeint de préférence ceux qui se rapprochent le plus de la forme humaine, ceux qui sont le plus attrayants ou le plus dangereux. Les contemporains croyaient encore à tous les périls dont on les effrayait et que peu d'entre eux avaient été affronter. La longueur des traversées faisait paraître les pays de l'Inde (on nommait ainsi toute la zone des tropiques) comme reculés dans un lointain incalculable. Colomb n'était pas encore en droit d'écrire à la reine Isabelle : « La terre n'est pas immense; elle est beau-« coup moins grande que le vulgaire ne se l'imagine[1]. »

Une extrême simplicité dans la narration de leurs courses aventureuses est ce qui caractérise généralement les voyageurs chrétiens des trois derniers siècles du Moyen âge. Leurs récits n'offrent aucune réminiscence des notions qu'ils auraient pu rencontrer, soit dans les œuvres des géographes de l'antiquité[2], soit dans celles des voyageurs arabes[3]; ils semblent même n'en

---

1. Humboldt. *Cosmos* ou *Essai d'une description physique du monde.* Paris, 1848, t. II, p. 77.

2. Comp. Strabonis *Geographia*, Romæ, 1473; — Pomponius Mela, *De situ orbis libri tres*, Ven., 1478; — Ptolémée. *Geographia.* Vienne, 1475.

3. Ceux-ci allaient déjà à la Chine au viiie siècle, comp. Malte-Brun, *Géographie universelle*, Paris, 1852, t. I, p. 190 et École arabe, p. 197.

avoir eu aucune connaissance, et subordonner absolument leur narration aux événements de leur voyage[1].

Les voyageurs de la Renaissance et des temps qui
la suivirent se bornèrent au même rôle; mais comme
alors il existait déjà moins de crédulité et moins
d'enthousiasme, leurs narrations n'eurent pas le même
succès que celles de leurs devanciers[2].

Ce n'est que récemment que les voyageurs ont appris à tirer tout le fruit possible de leurs courses
lointaines. Les épisodes de la route, ou l'élément dramatique du voyage, se trouvent relégués sur le second plan; les observations utiles en forment le premier. L'inauguration de cette ère nouvelle ne date que
du xviiie siècle, et c'est à deux Français qu'en revient
l'honneur. Tournefort débuta brillamment dans cette
direction en traçant son excursion dans le Levant[3], et
La Pérouse l'imita en recueillant, partout où il passait,
d'amples documents scientifiques[4]. Après eux Forster,
entraîné par son ardent amour pour la nature, mit le
sceau à cette savante manière en traçant de magnifiques tableaux d'ensemble des divers climats qu'il
parcourut en accompagnant Cook[5]. Darwin, à une

1. Humboldt. *Cosmos.* Paris, 1848, t. II.

2. Les voyages du P. Avril, *Voyage en divers États d'Europe et d'Asie*,
Paris, 1691; de Thévenot, *Relation de l'Indostan, des nouveaux mogols*, etc., Paris, 1684; ceux de J. Struys, *Voyages en Moscovie, en Tartarie et en Perse*, Amsterdam, 1728, et de Bruyn, *Voyages dans l'Asie
Mineure*, etc., Rouen, 1725, sont assurément moins lus aujourd'hui et
offrent moins d'intérêt que ceux de Marco Polo et de Mandeville.

3. Tournefort. *Relation d'un voyage du Levant fait par ordre du roy.*
Lyon, 1717.

4. La Pérouse. *Voyage de La Pérouse autour du monde.* Paris, 1797.

5. Forster. *Voyage dans l'hémisphère austral et autour du monde.*
Paris, 1793.

époque plus récente , également doué d'un sentiment exquis du beau, s'efforça de l'imiter[1]. Enfin de nos jours des navigateurs, tels que d'Urville[2] et Gaymard[3], nous montrent, dans leurs admirables voyages, tout ce que l'on peut espérer des efforts du génie et de la persévérance.

En voyant que la science des voyages ne prit naissance qu'à une époque peu éloignée de nous, nous ne serons pas étonnés de la stérilité des résultats qu'offrirent comparativement les excursions presque incroyables qu'on accomplit au Moyen âge.

On ne peut disconvenir que les récits de ses voyageurs offrent beaucoup d'obscurités et souvent peu d'intérêt. Les pays que ceux-ci exploraient n'ayant ordinairement ni villes , ni édifices, et ne consistant qu'en déserts habités par des peuples nomades, qu'ils étaient obligés de suivre dans leur vie errante, souvent les plus rudes privations leur étaient imposées, et toute observation positive devenait impossible. Leurs cartes elles-mêmes sont d'une remarquable inexactitude. Les géographes n'ayant pu déterminer la situation des lieux par des observations bien faites, il en résulta qu'ils donnèrent souvent à la terre la plus étrange configuration[4].

1. DARWIN. *Narrative of the voyages of the Adventurer and Beagle.*— HUMBOLDT. *Cosmos* ou *Essai d'une description physique du monde.* Paris, 1846, t. II, p. 465.

2. D'URVILLE. *Voyage de découvertes de l'Astrolabe exécuté durant les années 1826 à 1829.* Paris, 1832.

3. GAYMARD. *Voyage en Islande et au Groenland pendant les années 1835 et 1836. Zoologie, médecine, statistique et histoire du voyage.*

4. Comp. HOMMAIRE DE HELL. *Les steppes de la mer Caspienne.* Paris, 1844. Atlas, où l'on voit plusieurs cartes de cette époque.

Les premières croisades donnèrent lieu à quelques grands voyages. Les papes ayant pensé que les Tartares, qui étaient alors en guerre avec les possesseurs de la terre sainte, devraient être naturellement les alliés des chrétiens, ils leur expédièrent plusieurs ambassades, et ce furent des religieux qu'on chargea de cette pénible et périlleuse mission. Saint Louis fit ensuite les mêmes tentatives. Voilà l'origine de nos premières explorations modernes au centre de l'Asie. C'était la voix de la religion éplorée qui ordonnait à ces pieux ambassadeurs de franchir tant d'affreuses solitudes, pour aller parmi des hordes sauvages, plus redoutables encore, porter des paroles de paix à des despotes dont le trône nageait dans le sang.

Les divers voyages des missionnaires furent précédés de la relation écrite par Benjamin de Tudèle. Ce juif espagnol, né en 1173, décrivit tout ce qui lui parut curieux dans le midi de l'Europe, l'Égypte, la Palestine, la Perse, et même l'Éthiopie et l'Inde. Mais rien n'atteste qu'il ait visité toutes ces contrées; et souvent il ne semble en parler que par ouï-dire, surtout lorsqu'il s'agit de pays autres que l'Europe. Dans les notions d'histoire naturelle qu'on rencontre dans sa narration, il est déjà question de l'animal qui fournit le musc [1]; il le cite en décrivant le Tibet. Ailleurs il mentionne l'origine des perles et la culture du poivre [2].

Jean de Plano Carpini, ayant reçu du pape Inno-

1. *Moschus moschiferus*, L., de l'ordre des ruminants.
2. BENJAMIN. *Voyages de Benjamin de Tudela*, traduits de l'hébreu par J. **Baratier**. Amsterdam, 1734.

cent IV la mission de se rendre près du Kan de Tartarie, partit en 1246, accompagné d'un religieux polonais nommé Benoît. Ils traversèrent l'Europe en s'arrêtant à la cour de divers souverains ; et, à la suite de nombreuses haltes, ils arrivèrent enfin près d'un prince auquel ils décernent le titre d'empereur, et qu'ils trouvèrent siégeant sur un trône d'ivoire et de pierreries. Leur voyage, qui a été publié dans une collection générale, n'eut aucun résultat. Il n'est remarquable que par les fatigues et les privations qu'eurent à endurer les deux religieux. Le manque de nourriture énerva plusieurs fois leur courage ; et pendant tout un hiver, en revenant à travers les régions glacées de la Tartarie, ceux-ci ne dormirent souvent que sur la neige, heureux si pendant leur sommeil le vent n'en recouvrait pas en entier leur corps.

Le récit de Carpini est nul pour les sciences et ne se fait remarquer que par une extrême crédulité. Dans un endroit l'auteur raconte que les montagnes des environs de la Caspienne sont de diamant, et que leurs habitants vivent constamment sous la terre [1].

Peu d'années après le voyage de Carpini, le pape tenta de nouveau d'entrer en relation avec les peuples de la Tartarie en envoyant une nouvelle ambassade vers leur souverain. Celle-ci, dont le chef était un dominicain nommé Nicolas Ascelin, se composait simplement de quatre religieux [2]. Les voyageurs tra—

---

1. *Voyages faits principalement en Asie dans les* XIIe, XIIIe, XIVe *et* XVe *siècles.* La Haye, 1735.

2. La relation de cette ambassade est insérée dans les Mémoires de Simon de Saint-Quentin et dans l'*OEuvre* de Vincent de Beauvais.

versèrent une partie de l'Asie et se rendirent d'abord
à l'armée du Kan, qui se trouvait alors en Perse. Là,
ils subirent de mauvais traitements, et ce ne fut
qu'après trois ans et demi qu'Ascelin rentra à Rome.
Ce voyage, dont on ne connaît que des extraits recueillis par Vincent de Beauvais, ne contient rien
d'intéressant pour les sciences [1].

Animé des mêmes intentions que la cour de Rome,
saint Louis faisait tous ses efforts pour nouer des relations avec les souverains du cœur de l'Asie. Plusieurs
religieux, en qualité d'ambassadeurs, furent envoyés
par lui en Tartarie. Le zèle du roi ne se borna pas à
cette entreprise; peu de temps après, il donna l'ordre
à un cordelier français, Guillaume de Rubruquis, de
suivre la même direction. Celui-ci, accompagné d'un
moine de son ordre, partit de Constantinople en 1253,
traversa une partie de la Russie et parvint en Tartarie
jusqu'à la cour du Kan. Après y avoir fait un assez
long séjour, il revint par la Syrie, où il espérait retrouver le roi de France.

A son retour Rubruquis adressa à saint Louis une
relation de son excursion, qui a été reproduite en entier [2] ou en extraits dans divers recueils de voyages [3].
La narration de ce religieux est généralement considérée comme assez exacte et écrite de bonne foi; aussi
a-t-elle été longtemps, avec Marco Polo, le seul guide
employé par ceux qui se proposaient de parcourir

<hr>

1. Vincent de Beauvais. *Speculum historiale.* Venet., 1494, livre XXI.
—Comp. Sprengel. *Histoire des découvertes,* § 25.
2. Van Der Aa. *Recueil de voyages faits principalement en Tartarie.*
3. L'Abbé Prévost. *Histoire des voyages.* Paris, 1749, t. VII, p. 263.

les mêmes contrées que ces deux voyageurs[1]. On y découvre de curieux détails sur les mœurs des Mongols.

L'histoire naturelle peut déjà trouver quelque chose à glaner dans la narration de Rubruquis. On lui doit une assez bonne description du bœuf grognant, qu'il eut l'occasion de rencontrer dans le pays de Tangout. Il parle de ses longues cornes, qu'on était obligé de scier; de la double crinière qu'il porte sur le cou et sous le ventre; puis de sa queue semblable à celle du cheval, et dont on se servait déjà dans l'Inde et à la Chine comme d'un ornement, ou pour chasser les mouches[2]. Il est le premier qui mentionne ces chevaux rapides, décrits par Pallas, et qui habitent par troupes les déserts de l'Asie[3]. Enfin, depuis Ammien Marcellin[4] c'est aussi le premier Européen qui fasse mention de la rhubarbe et de ses propriétés.

Les relations des voyageurs dont nous venons de nous occuper, et surtout celles d'Ascelin, de Carpini et de Rubruquis, avaient préparé les voies au célèbre Marc Paul, qui vint après eux, et entreprit des pérégrinations surpassant tout ce que l'on peut s'imaginer.

Ce voyageur, qu'on doit plutôt appeler Marco Polo, descendait de l'une des plus nobles et des plus riches familles de Venise; ses parents, ainsi que tant de

---

1. MALTE-BRUN. *Géogr. univers.*, *Histoire de la géographie*, t. I, p. 233.

2. *Bos grunniens* de Linnée, de l'ordre des Ruminants.

3. PALLAS. *Voyages en Russie*. Paris, 1793, t. V, p. 306.

4. AMMIEN. *Ammiani Marcellini historiarum libri qui extant XIII.* Rome, 1474.

patriciens le faisaient alors, exerçaient le commerce.

Marco Polo commença ses courses dans un âge fort tendre. Il n'avait encore que onze ans lorsque son père et son oncle le prirent avec eux pour exécuter un voyage dans l'Asie centrale ; mais les événements politiques le ramenèrent bientôt en Italie avec ses compagnons.

Après un court séjour dans leur patrie, où ils reçurent des instructions du pape, les trois voyageurs repartirent en 1271, pour suivre leur itinéraire, l'un des actes les plus merveilleux de leur époque. Dans l'intérêt de la religion, le pape avait adjoint deux moines à nos hardis voyageurs ; mais ceux-ci les abandonnèrent en Syrie, à cause des troubles qui y existaient. La famille des Polo n'en continua pas moins à suivre sa route, et, après des fatigues inouïes, elle arriva enfin en Chine, où elle fut parfaitement accueillie par le grand Kan[1]. L'empereur mongol ayant conçu quelque affection pour le jeune Marco Polo, il le chargea de différentes missions dans les provinces les plus éloignées de son vaste empire[2].

Étant devenus indispensables à l'empereur, lorsque les Polo voulurent reprendre la route de l'Europe, celui-ci s'y opposa. Mais un certain temps après, des ambassadeurs persans, venus pour demander la main de sa fille, le sollicitèrent de leur permettre de conduire par mer la jeune princesse à leur sou-

---

1 WALCKENAER. *Biographie universelle*. Paris, 1823, t. XXXV, p. 212.
2. WALCKENAER. *Ibidem*, id.

verain, et qu'ils fussent guidés par Marco Polo, qui, ayant parcouru les îles de l'Inde durant les missions dont l'empereur l'avait chargé, prétendait que la navigation était facile.

L'empereur ayant approuvé ce projet, les Polo s'embarquèrent pour la Perse sur la flotte qui y conduisait la jeune princesse. Cette flotte se composait de quatorze vaisseaux à quatre mâts, approvisionnés pour deux ans, et dont plusieurs avaient jusqu'à deux cent cinquante hommes d'équipage.

Dans son voyage Marco Polo longea les côtes de la Chine et traversa le détroit de Malacca ; après il aborda à Sumatra et à Ceylan. Ensuite les vaisseaux doublèrent le cap Comorin et longèrent les côtes du Malabar ; puis, après avoir traversé l'océan Indien, ils abordèrent enfin à Ormus dans le golfe Persique ; non sans avoir éprouvé de nombreux accidents, car dans le cours de leur pénible navigation ils avaient perdu six cents hommes [1].

Les Polo, après avoir accompli leur mission en plaçant la princesse sous la sauvegarde du souverain persan, prirent enfin le chemin de l'Europe. Ils passèrent par Tauris, Trébisonde, Constantinople, et arrivèrent enfin à Venise en 1295, après une absence de vingt-quatre ans [1].

La famille de ces voyageurs n'ayant reçu aucune nouvelle d'eux durant leur longue absence, avait supposé qu'ils étaient morts ; aussi lorsqu'ils arri-

1. WALCKENAER. *Biographie universelle.* Paris, 1823, t. XXXV, p. 214.
2. WALCKENAER. *Ibidem,* id.

vèrent à Venise, trouvèrent-ils leur palais occupé par plusieurs de leurs parents. Ceux-ci refusèrent d'abord de les reconnaître, tant leur costume tartare les rendait étranges, et tant les années et les fatigues avaient changé leurs traits. Ce ne fut qu'après avoir convoqué une assemblée de tous leurs anciens amis, devant laquelle ils racontèrent leurs aventures, en étalant les immenses richesses en pierreries dont ils avaient doublé leurs vêtements grossiers, que leur famille les embrassa et leur ouvrit les pórtes de leur domaine[1].

Les intéressants récits que Marco Polo brodait sur ses voyages le firent rechercher de toute la jeunesse vénitienne, laquelle le désignait communément par le surnom de *messer Marco Milioni*, pour rappeler ses immenses richesses, et qui semble correspondre à notre mot millionnaire[2]. Ramusio dit que de son temps le palais de ce voyageur existait encore à Venise, où il était connu sous le nom de *Corte del Milioni*[3].

Il y avait à peine quelques mois que Marco Polo était de retour dans sa ville natale, lorsque l'on apprit qu'une flotte génoise s'avançait contre Venise. La république de l'Adriatique équipa alors de nombreuses galères pour aller la combattre, et le commandement de l'une d'elles fut confié à Marco Polo, comme possédant de grandes connaissances nautiques.

Les deux flottes s'étant rencontrées, les Vénitiens

<hr>

1. WALCKENAER. *Biographie universelle*, t. XXXV, p. 215.
2. Quelques biographes ont prétendu que ce sobriquet exprimait l'exagération qu'affectait Marco dans ses narrations, en énumérant tout ce qu'il avait vu d'extraordinaire.
3. RAMUSIO. *Raccolta delle navigationi e viaggi*. Venise, 1550.

furent mis en déroute après un combat sérieux, et
Dandolo, qui les commandait, fut fait prisonnier par
les Génois, ainsi que Marco Polo, blessé dans l'action.

Ce dernier ayant été emmené à Gènes, les habitants
de cette ville, où ses voyages extraordinaires lui
avaient acquis quelque célébrité, s'appliquèrent à
adoucir sa captivité. Mais celle-ci fut longue et ne
cessa que sur l'intercession des personnages les plus
illustres de la république. Il retourna à Venise, où il
mourut après 1323[1].

Il paraît certain que c'est durant sa captivité à
Gènes, et pendant qu'il se trouvait dans les prisons, que Marco Polo composa le récit de ses aventures. Il l'exécuta, dit-on, de concert avec un gentilhomme de cette ville, devenu l'un de ses amis, et qui
lui faisait de fréquentes visites. Suivant quelques
biographes le texte en fut d'abord écrit en latin[2], et
bientôt après traduit en italien[3]; mais d'autres admettent avec plus de raison qu'il fut écrit dans l'ancien dialecte vénitien[4].

La narration de Marco Polo eut un piquant intérêt
pour son époque; aussi en exécuta-t-on immédiatement un grand nombre de copies manuscrites, qui
circulèrent de tous côtés et firent les délices des veil-

---

1. WALCKENAER place sa naissance en 1250. On ne connaît pas au juste
l'époque de sa mort.

2. L'ABBÉ PRÉVOST. *Histoire générale des voyages*. Paris, 1749, t. VII,
p. 315. — MARCI PAULI *Veneti de regionibus orientalibus libri tres*. Paris, 1532.

3. MARCO POLO *Venetiano, Delle meraviglie del mondo per lui vedute*.
Trévise, 1592.

4. SPRENGEL. *Histoire des découvertes*, § 28.

lécs des châtelaines et des bourgeois [1]. Cependant, les aventures extraordinaires du célèbre voyageur paraissaient parfois tellement dépasser les bornes de toute crédulité, qu'on lui donna rapidement le surnom du *plus grand des menteurs*. Fâcheuse épithète s'il en fut, mais qu'il n'avait que trop méritée par certains passages de ses écrits, qu'on regrette d'y trouver. Qui pourrait s'élever contre cette sévérité de nos pères, lorsque l'on voit le voyageur vénitien raconter que pour honorer les mânes de Mangu-Kan, on tua vingt mille hommes à ses funérailles [2]; lorsqu'il assure que, par la puissance de leur art, les magiciens tartares font voler les plats de leur buffet jusque sur la table du prince [3]; ou qu'une montagne a été changée de place par un pouvoir surnaturel [4], et que, vers la Sibérie, il existe des régions dont les habitants n'ont pas de tête, etc., etc., faits dont il atteste avoir été le témoin oculaire !

Cependant un épisode de la vie du surprenant voyageur semblerait indiquer qu'il ajoutait foi à cet inconcevable tissu de fables qui ornent son récit. Il paraît qu'au moment où il allait rendre l'âme, ses parents et ses amis le supplièrent, dans l'intérêt de son salut, de rétracter toutes les fictions de sa narration ; mais

1. Sinner, catalogue des Mss. de la bibliothèque de Berne, mentionne un curieux manuscrit de Marco Polo, dédié par lui à Charles le Bel, et qui se trouve en la possession de cette bibliothèque. — La Bibliothèque royale de Paris possède deux précieux manuscrits de Marco Polo. L'un d'eux, n° 8392, est écrit sur vélin et orné de belles vignettes ; il est du xv° siècle.
2. Marco Polo, livre I, chap. liv.
3. *Ibidem*, chap. lxiii.
4. *Ibidem*, chap. xviii.

qu'à cet instant suprême, Marco Polo déclara qu'il n'avait dit que la vérité[1].

Les incroyables aventures de Marco Polo passionnèrent le vulgaire, mais ce fut là le moindre des avantages de ses voyages. Ceux-ci eurent d'importants résultats pour le commerce et la géographie, et l'on doit considérer l'homme courageux qui les exécuta comme le promoteur de toutes les découvertes qui s'effectuèrent au xve et au xvie siècle[2]. Quoique sa narration ne soit pas exempte de souillures qui tiennent aux superstitions du temps où il écrivit, Marc Paul n'en est pas moins considéré comme le créateur de la géographie moderne; et ses titres sont si incontestables que Malte-Brun lui-même le salue du surnom de *Humboldt du* xiiie *siècle*[3].

Polo traversa l'Asie de l'ouest à l'est dans toute son étendue, et fut le premier voyageur européen qui pénétra dans la Chine et dans l'Inde au delà du Gange, et qui décrivit ces régions. Après avoir atteint le rivage oriental de l'Asie, il s'y embarqua et, comme nous l'avons vu, fit voile autour de l'Inde, voyage sans exemple dans l'antiquité !

Les documents que l'on rencontre sur le Japon et l'Inde, dans les voyages de Marco Polo, servirent de fanal à la navigation de Vasco de Gama, et nous avons vu qu'ils guidèrent Colomb lui-même lorsqu'il confiait ses frêles caravelles aux orages de l'Océan[4].

---

1. Jacopo d'Acqui. *Chroniques.* — Walckenaer. *Biographie universelle.* Paris, 1823, t. XXXV, p. 217.
2. Comp. Prévost. *Hist. générale des voyages.* Paris, 1749, t. VII, p. 313.
3. Malte-Brun. *Géographie universelle.* Paris, 1812, t. I, p. 241.
4. Voy. École scandinave, p. 86.

Les sciences naturelles n'ont que fort peu à glaner dans le récit du noble Vénitien. A de rares intervalles cependant, on y trouve quelques remarques qui les concernent. Dans un des chapitres, il est question d'une région de l'Asie où l'on rencontre, dans le sein de la terre, des fils textiles dont on fabrique de véritables étoffes incombustibles, et que l'on nettoie, lorsqu'elles sont sales, en les jetant dans le feu. L'auteur donne à cette substance le nom pittoresque de *salamandre*, pour rappeler son incombustibilité. Cette assertion, qu'il faut ajouter à celles qui ont mis en suspicion le voyageur du XIIIe siècle, est cependant l'une des plus véridiques de sa narration. Il ne s'agit là que de l'*asbeste* dont, à l'époque de **Pline**, on fabriquait déjà des linceuls royaux pour séparer les cendres du corps de celles du bûcher[1].

Dans son itinéraire à travers l'Asie, Marco Polo raconte avoir rencontré des peuplades qui nourrissaient des bœufs dont le dos était surmonté d'une énorme bosse, et des moutons de la taille d'un âne, dont la queue, développée monstrueusement, pesait jusqu'à trente livres. Il est évidemment question là du zébu et de la race des moutons à grosse queue dont parlent tous les voyageurs[2], et qu'on élève encore aujourd'hui dans l'Asie Mineure, la Tartarie, la Perse et la Barbarie[3].

---

1. **Pline.** *Regum inde funebres tunicæ, corporis favillam ab reliquo separant cinere.* Lib. XIX, 4.

2. **Chardin.** *Voyage en Perse et autres lieux de l'Orient.* Amsterdam, 1771. — **Pallas.** *Voyages de Pallas en différentes parties de l'empire russe.* Paris, 1778, t. I, p. 521.

3. D. **Law.** *Histoire naturelle agricole des animaux domestiques de*

En décrivant le Tibet, le voyageur vénitien parle de l'animal qui produit le musc[1], qu'on y rencontre fréquemment. Et lorsqu'il s'occupe de la Chine, il rapporte qu'on y emploie, comme combustible, une sorte de pierre noire, qui n'est assurément que de la houille ou de l'anthracite; chose qui devait naturellement étonner un Italien du xiiie siècle !

Marco Polo donne sur la Tartarie quelques détails fort curieux pour son époque. Il doit s'être avancé assez vers le cercle polaire, qu'il nomme *région des ténèbres*, à cause de ses hivers durant lesquels le soleil reste constamment au-dessous de l'horizon. Là, il parle de l'ours blanc[2], auquel il donne vingt palmes de longueur, et de la zibeline[3], animaux qui sont signalés pour la première fois dans les écrits des modernes, par lui et par Albert[4]. Ailleurs, il mentionne les traîneaux conduits sur les glaces par des attelages de chiens.

On trouve dans Marc Paul la révélation d'un curieux fait de zoologie historique. Ce voyageur rapporte que dans l'Asie centrale les princes emploient parfois des tigres ou des léopards dans leurs chasses, et que ceux-ci se précipitent avec ardeur sur les plus vigoureux animaux sauvages.

Les modernes considérèrent généralement comme une fable cette assertion du voyageur vénitien, quoi-

l'Europe. Paris, 1842, *Mouton*, p. 11. — PALLAS. *Ibidem, id.* — CHARDIN. *Ibidem, id.* — LOUDON. *Encyclopædia of agriculture.* London, 1831.
1. *Moschus moschiferus*, L.
2. *Ursus maritimus*, L.
3. *Mustela zibellina*, Pall.
4. ALBERT LE GRAND. *De animalibus.*

qu'elle ait été corroborée par les récits de Tavernier[1],
de Chardin[2] et de Bernier[3]. Celle-ci reposait cependant sur une observation exacte. Il est avéré aujourd'hui que depuis un temps immémorial, les Orientaux se servent à la chasse d'une espèce de chat tacheté, plus grand qu'un léopard, et qui est surtout remarquable par ses mœurs douces et la facilité avec laquelle il s'apprivoise. On en fut convaincu lorsque, après la prise de Seringapatam, on eut trouvé deux de ces tigres chasseurs dans le palais de Tippo-Saïb.

Si l'on se fût le moins du monde occupé de scruter l'histoire des sciences et les monuments, on n'eût pas si injustement récusé les assertions de Polo, car on trouve dans ceux-ci de nombreuses preuves de la domestication de ces tigres chasseurs, qui n'étaient autres que des guépards[4].

Les monuments de l'antiquité égyptienne en fournissent tout aussi bien des indices que ceux de l'art moderne. Sur une peinture des bords du Nil on découvre un nègre conduisant à la main un guépard muni d'un collier[5]. Sur un grand bas-relief colorié qui se voit à l'extérieur d'un temple de la Nubie, et qui représente les conquêtes de Rhamsès II sur les Éthiopiens, l'artiste a représenté une foule d'hommes

1. Tavernier. *Les six voyages de J. B. Tavernier.* Paris, 1682.

2. Chardin. *Voyage en Perse et autres lieux de l'Orient.* Amsterdam, 1771.

3. Bernier. *Voyages de François Bernier contenant la description des États du Grand Mogol, de l'Indostan, du royaume de Cachemyre,* etc. Paris, 1830, t. II, p. 36.

4. *Felis jubata,* Schz.

5. Champollion-Figeac. *Égypte ancienne.* Paris, 1839, planche LIV, fig. 2.

noirs qui apportent leur tribut au vainqueur. Les uns sont chargés de bois précieux, d'autres conduisent des animaux. Au nombre de ces derniers, on observe deux Éthiopiens menant en laisse deux chats tigrés, qui sont évidemment des guépards[1]. Dès l'époque de la Renaissance, les mœurs familières de ces animaux étaient déjà connues en Europe. Gesner, qui a pu facilement vérifier ce fait, rapporte que François Ier avait un tigre qu'il employait à la chasse, et qu'un page portait en croupe jusqu'au lieu du rendez-vous[2]. Sur quelques tableaux de la même époque appartenant aux collections de Venise, j'ai reconnu plusieurs de ces mammifères parfaitement représentés, et en particulier sur une toile de Lazaro Sebastiani, sur laquelle on voit un guépard tenu par un simple ruban bleu au milieu d'une réunion de bourgeois assis[3].

Tous ces faits indiquaient assez et les mœurs domestiques de ce chat tacheté et son emploi à la chasse, pour qu'on pût admettre l'assertion de Marc Paul relativement aux tigres chasseurs !

On ne trouve dans l'œuvre de Marco Polo que d'assez rares assertions concernant l'ornithologie. Cependant la chasse à l'oiseau, qui était fort en honneur à la cour du grand Kan, est l'objet d'une

1. J'ai vu dans l'une des salles du British Museum une copie exacte de cette belle production de l'art égyptien.

2. Gesner. *Historia animalium.* Sur une estampe de Jean Stradan on voit même un veneur du xvie siècle ayant un guépard en croupe sur une espèce de support placé derrière la selle. Comp. Blaze. *Moyen âge. Vénerie,* p. 7.

3. Pouchet. *Zoologie classique* Paris, 1841, t. I, p. 90.

description spéciale de la part du noble Vénitien. Il assure que ce souverain y employait le faucon et l'aigle ; ce dernier était surtout lancé contre les mammifères, tels que le daim, le chevreuil et le renard. Les faucons y servaient bien plus communément et avec une incroyable profusion. Il dit que dans les grandes chasses on comptait dix mille fauconniers portant tous leur faucon au poing, ou des gerfauts, des éperviers, et d'autres oiseaux de proie !

En s'occupant des abords de la côte orientale de l'Afrique et de Madagascar, Marco Polo parle du roc, oiseau fabuleux, si célèbre dans les contes orientaux, et doué d'un vol tellement puissant, qu'il pouvait, disait-on, enlever un éléphaut dans les airs.

Cette fiction a acquis aujourd'hui un certain intérêt. M. I. Geoffroy [1] ayant fait connaître au monde savant les ossements subfossiles et les œufs [2] d'un oiseau gigantesque de Madagascar, qui avait environ six fois la grosseur de l'autruche [3], quelques savants ont pu croire que cette nouvelle espèce, qui a été désignée sous le nom d'*Æpyornis maximus*, pourrait bien avoir donné lieu aux fables débitées sur le roc [4]. Mais ce serait aller trop loin que de considérer ce dernier comme un oiseau de Madagascar, ainsi que l'a fait M. Strickland [5], car le voyageur vénitien ne

---

1. I. GEOFFROY SAINT-HILAIRE. *Note sur des ossements et des œufs trouvés à Madagascar dans les alluvions modernes et provenant d'un oiseau gigantesque.* Institut. *Comptes rendus*, 1851.

2. Le grand diamètre de ces œufs est de 34 centimètres, et le petit de 22 et demi. Leur capacité est de 8 litres trois quarts.

3. I. GEOFFROY SAINT-HILAIRE. *Ibidem*, p. 4.

4. Comp. I. GEOFFROY SAINT-HILAIRE. *Ibidem*, p. 7.

5. STRICKLAND. *The annals and magaz. of natur. history*, 1849. Addi-

dit pas qu'il habite cette île, mais au contraire celles qui l'avoisinent [1]. Et d'un autre côté, l'Épyornis eût été fort embarrassé pour enlever des éléphants dans les airs, comme la fiction orientale le prétend, par la raison toute simple qu'il n'en existe pas dans les lieux qu'il habite; ou, ainsi que le rapportent les traditions malgaches, de terrasser les bœufs et d'en faire sa pâture [2], parce qu'il n'avait, dit notre illustre naturaliste, ni serres, ni ailes propres au vol, et qu'il devait paisiblement se nourrir de substances végétales [3].

En botanique, Marc Paul fait mention de la rhubarbe, déjà indiquée dans les narrations de Rubruquis; mais il a le mérite de la rencontrer lui-même dans les montagnes d'une des provinces de la Chine, appelée alors Sachur [4]. Ailleurs il décrit le sagouyer [5], et la manière dont on en extrait la fécule alimentaire.

Les trois grands mobiles qui suscitent d'une manière incessante l'activité des nations, le commerce, la politique et la religion, avaient ouvert l'Asie centrale aux Européens, et ceux-ci en connaissaient déjà si bien le chemin au xive siècle, que le voyage à la Chine par terre, était alors plus facile qu'il ne l'est de nos jours, et la route plus fréquentée. Beau-

---

tion à son mémoire sur le dronte sous le titre : *Existence supposée d'un oiseau gigantesque à Madagascar.*

1. *Quelques autres isles oultre Madagascar sur la coste du midy.* Édit. française, 1556, p. 115.

2. Lépervanche Mézière. *Lettre au Muséum de Paris.*

3. I. Geoffroy Saint-Hilaire. *Note sur des ossements et des œufs trouvés à Madagascar,* etc., p. 7.

4. Malte-Brun. *Géographie universelle,* t. I, p. 232.

5. *Sagus farinifera,* L.

coup de commerçants s'y rendaient dans l'espoir de réaliser de grands bénéfices. Parmi les hommes d'alors qui ont écrit sur cette partie du monde et l'ont visitée, on peut citer principalement Pegolotti, Hayton, Oderic et Mandeville.

Le voyage de Pegolotti eut lieu vers 1335. A son retour, celui-ci écrivit la relation de ses aventures sous la forme d'une espèce de géographie appliquée au commerce, dans laquelle on trouve un bon itinéraire d'Azof à la Chine [1].

Hayton était un prince de Cilicie, descendant d'une famille illustre, alliée aux anciens rois d'Arménie. On lui doit simplement une espèce de géographie contenant la description des principales contrées de l'Asie. Cet ouvrage est moins le produit de ses propres voyages qu'un résumé de ses lectures et des récits qu'il avait pu recueillir. Il fut écrit sous la dictée de ce prince, lorsqu'il vint en France en 1307, pour y donner quelques renseignements sur l'Orient, au moment où l'on préparait une nouvelle croisade [2].

Ce furent les intérêts de la chrétienté qui portèrent le franciscain Oderic de Portenau à parcourir l'Asie, où il se rendit dans l'intention d'opérer des conversions. Il partit vers 1314, et ne revint que quinze ans après. Son long voyage n'offre guère d'attrait [3]. Peu de temps après son retour, ce religieux mourut et fut canonisé.

1. PEGOLOTTI. *Divisamenti di pezzi, misure e usanze di varie parti del mondo.*

2. HAYTON. *De Tartaris* ou *Historia orientalis*. Bâle, 1555.

3. ODERIC. *Itinerarium fratris Oderici fratrum minorum de mirabilibus orientalium Tartarorum.* Collection de Hakluyt. *Voyages*, II, p. 39.

Mais le plus célèbre des voyageurs du xiv⁰ siècle fut Jean de Mandeville, chevalier anglais, qui, enthousiasmé par le récit des merveilles qu'on disait exister dans les contrées de l'Orient, fut pris d'un irrésistible désir de parcourir le monde. Il quitta sa patrie vers 1330, et employa successivement trente-trois ans à visiter une foule de régions de l'Europe, de l'Asie et de l'Afrique. Durant ses pérégrinations, sa destinée subit les plus étranges transformations; tantôt, au lieu de suivre la bannière de la chrétienté, il enfreint les lois de la chevalerie et combat sous les drapeaux du soudan d'Égypte; tantôt il abandonne l'épée pour le froc d'un religieux, et, dévot ardent, visite les lieux saints et les reliques avec une ferveur qui lui fait négliger toute autre chose [1].

De retour dans ses foyers, Mandeville écrivit le récit de ses aventures pour employer ses loisirs, et il alla ensuite résider à Liége, où il mourut en 1371 [2].

La narration du voyageur anglais se ressent amplement de ce goût pour le merveilleux qui règne dans presque toutes les productions de son siècle. Il faut admettre en lui ou une crédulité sans bornes, ou un inconcevable excès d'audace. Dans un passage, il prétend que certaines peuplades de l'Éthiopie n'ont qu'un pied; dans un autre, il cite des îles habitées par des géants qui ont jusqu'à cinquante pieds de hauteur; ailleurs, il parle de montagnes au sommet desquelles des têtes de diables vomissent des flammes.

---

1. BÉGIN. *Sciences naturelles du moyen âge*, p. 7.
2. PURCHAS, *Pilgrims*, y a inséré en partie le voyage de Mandeville.

Les voyageurs du xve siècle se distinguèrent de leurs devanciers par des récits empreints de plus d'exactitude, et surtout dépouillés de ces incroyables fables qui ternirent ceux de leurs prédécesseurs. On cite parmi les plus véridiques : Ruy Gonzalès Clavijo, qui fut envoyé par Henri III d'Espagne en ambassade près de Tamerlan, en 1403, et revint dans son pays après trois ans d'absence [1]. Puis Josaphat Barbaro, noble vénitien envoyé par la république vers le souverain de la Perse [2].

Tels ont été les travaux divers des voyageurs des derniers temps du Moyen âge. Si maintenant nous passons à ceux des agronomes d'alors, nous voyons qu'ils furent très-peu considérables; cependant l'agriculture comptait à ce moment, au nombre de ses plus ardents et de ses plus éclairés prosélytes, un personnage d'un rang élevé, Pierre de Crescentia, noble et sénateur de Bologne, auquel sa naissance et sa fortune livrèrent les plus amples moyens d'instruction. Celui-ci fut assurément le plus célèbre agronome du xiiie siècle, et sut réunir le savoir à l'observation. Doué d'une grande instruction, il commença par explorer tout ce que les agriculteurs romains ou les Arabes avaient écrit sur l'économie rurale, et ensuite on le vit s'immiscer à tout ce qui se pratiquait sur cet art dans son propre pays. Devenu fort de ses lectures

1. Clavijo. *Historia del gran Tamerlan, é Itinerario y enarracion del viage y relacion de la embajada que Ruy Gonzales de Clavijo le hizo por mandado del rey don Henrique tercero de Castilla.* Madrid, 1784.
2. Barbaro. *Viaggi fatti du Venezia alla Tana, in Persia, India, et in Constantinopoli.* Venezia, 1543.

et de ses observations, le noble Bolonais écrivit une espèce d'encyclopédie rurale, véritable résumé des œuvres de Caton, de Varron, de Columelle et de Palladius, enrichi de notions sur toutes les plantes médicales employées alors, ce qui fait que cet ouvrage est également compté comme appartenant à l'agriculture et à l'histoire naturelle [1]. Cet auteur, comme l'ont remarqué Schneider [2] et E. Meyer [3], a fait de nombreux emprunts à Albert le Grand, et parfois sans le citer.

Après cet aperçu de l'état des sciences naturelles, examinons rapidement quelle a été la marche de l'astronomie, elle qui en rehausse si dignement le tableau. En effet, les écrivains qui ont attaqué le Moyen âge avec le plus d'aigreur, n'en ont pas moins été forcés de reconnaître que durant ce laps de temps, cette science n'a pas cessé d'être cultivée avec quelque succès [4].

Selon Delambre, les théories astronomiques n'auraient fait aucun progrès véritable pendant cette époque; seulement on lui devrait d'avoir mieux déterminé quelques points fondamentaux de la science. Il ajoute cependant que les Arabes ont rendu un vrai service à celle-ci, en donnant une face nouvelle à la trigonométrie, et en facilitant les calculs de l'astronomie sphérique [5].

---

1. Pierre de Crescentia. *Opus ruralium commodorum.* Augsbourg, 1471.

2. Schneider. Préface de Palladius. *Script. rei rust.*, t. IV.

3. E. Meyer. *Documents pour l'histoire de la botanique dans le xiii⁰ siècle.* 1835, en allemand.

4. Saverien. *Histoire des mathématiciens modernes.* Paris, 1765, t. I, p. 3.

5. Delambre. *Hist. de l'astronomie du moyen âge.* Paris, 1819, p. 455.

On ne peut disconvenir que le Moyen âge se fit remarquer par une véritable recrudescence des études
astronomiques, et que l'on s'en occupa alors presque
partout. Selon Bailly, dans sa longue existence, la
monarchie chinoise n'a fourni que bien peu d'astronomes; et si de place en place on en voit quelques-
uns apparaître, leurs travaux et leurs noms passent
inaperçus. Cependant, le xiiie siècle nous présente
déjà à la Chine un astronome digne de quelque réputation; c'est Cocheou-King, qui fit exécuter de beaux
instruments, dont plusieurs étaient de son invention [1].
La vénération publique s'occupa même de conserver
ceux-ci, et il y a peu d'années qu'on les recélait encore
dans une salle soigneusement interdite à toute personne, et où les jésuites, malgré leur influence, ne
purent jamais pénétrer [2].

Le plus ancien astronome européen qui mérite une
mention spéciale, et celui dont l'œuvre remonte à une
plus ancienne date, est un moine anglais appelé
Jean de Sacrobosco, que l'on connaît généralement
sous ce dernier nom. Ce savant religieux, qui vint
faire des cours de philosophie et de mathématiques à
Paris, florissait vers le commencement du xiiie siècle [3]. Étant très-adonné à la philosophie et aux mathématiques, il conçut le projet de ressusciter l'étude

---

1. BAILLY. *Histoire de l'astronomie ancienne.* Paris, 1781. — *Lettres sur
l'origine des sciences.* Paris, 1779, p. 29.

2. SOUCIET. *Recueil des observations faites à la Chine et aux Indes,* t. II,
p. 108 et 115.

3. BAILLY. *Histoire de l'astronomie moderne.* Paris, 1779, t. I,
p. 676.

de l'astronomie tombée de son temps dans le plus profond oubli [1].

A cet effet, Sacrobosco a donné naissance à un abrégé de l'Almageste de Ptolémée, et à des commentaires sur les auteurs arabes [2]. Son ouvrage, qui porte le nom de *Traité de la sphère*, servit longtemps de guide à tous ceux qui étudiaient l'astronomie, malgré sa médiocrité [3]. C'est une sorte de traité élémentaire de cette science, dans lequel se trouve concentré tout ce que l'on en savait à son époque [4].

Ce savant est en outre l'auteur d'un traité d'arithmétique et d'un ouvrage sur les quadrants. Ces deux livres existent en manuscrits à la Bibliothèque du roi, sous la même couverture en bois, et l'on sait qu'ils proviennent de Charles IX, auquel ils ont appartenu [5].

L'Europe voyait au xiiie siècle deux monarques puissants rivaliser de zèle pour propager les sciences dans leurs États, et s'appliquer eux-mêmes à les cultiver avec la plus vive ferveur. C'étaient l'empereur Frédéric II, et Alphonse X, roi de Castille.

Alphonse, qui dut le surnom de *Sage* à l'étendue de ses connaissances, s'occupa ardemment non-seulement d'étudier les œuvres des anciens, mais aussi

1. DELAMBRE. *Histoire de l'astronomie au moyen âge.* Paris, 1815, p. 24.
2. BAILLY. *Histoire de l'astronomie moderne.* Paris, 1779, t. I, p. 298-676.
3. DELAMBRE. *Histoire de l'astronomie au moyen âge.* Paris, 1815, p. 24.
4. BAILLY. *Ibidem*, p. 298.
5. SACROBOSCO. *Algorithmus.* — *De compositione quadrantis simplicis et compositi et utilitatibus utriusque.* Mss. Bibl. roy. n° 7196. — DELAMBRE. *Histoire de l'astronomie au moyen âge.* Paris, 1815, p. 243.

d'en rectifier les erreurs. Avant de monter sur le trône, il conçut le projet de corriger les *Tables* de Ptolémée, et pour y arriver il rassembla à Tolède les savants les plus en renom de son époque parmi les juifs, les chrétiens et les Maures, et présida lui-même leurs travaux. L'ouvrage auquel ceux-ci donnèrent naissance fut naturellement attribué au souverain qui les dirigeait et prit le nom de *Tables alphonsines*; par une remarquable coïncidence, il parut le jour même de son couronnement en 1252[1].

Mais cet entourage de savants, ce contact avec des hommes de croyances si diverses, et la faveur dont le prince espagnol les honorait, portèrent ombrage à la cour de Rome. Aussi, dans une des lettres qu'Innocent III adresse à Alphonse, le chef de la chrétienté se plaint-il des témoignages de distinction que l'on accorde aux juifs et aux Sarrasins qui résident à la cour de Castille[2].

On dit que ce roi ne dépensa pas moins de quarante mille ducats pour la confection de ses *Tables*, et que son principal coopérateur fut le juif Isaac Abensid, surnommé Hazan; aussi y mêla-t-il quelques rêveries cabalistiques, alors en crédit parmi sa nation[3].

La direction que le souverain de la Castille avait donnée à ses études le fit surnommer *l'Astronome*, dénomination qui lui convient mieux que la précédente,

1. ALPHONSI *regis auspiciis Tabulæ astronomicæ*. 1252.

2. *Innocentis III epistolæ*, lib. VIII, 50, ap. *Diplomata, chart. et epist.*, t. II.

3. RICCIUS. *De motu oct. sph.*, p. 25. — DELAMBRE. *Histoire de l'astronomie du moyen âge.* Paris, 1815, p. 218. — BAILLY. *Histoire de l'astronomie.* Paris, 1779, t. I, p. 299.

car il fut évidemment plutôt un homme instruit qu'un roi sage et prudent. Son fils le détrôna ; ayant été élu empereur d'Allemagne, Alphonse mit tant de retard à se rendre aux vœux de ses nouveaux sujets que ceux-ci le remplacèrent par le comte Rodolphe de Habsbourg. A ce sujet Mariana dit avec raison qu'il avait perdu la terre en contemplant le ciel [1].

Enfin, par le penchant qui l'entraîna vers les sciences, Alphonse ne mérita pas toujours le surnom dont on l'honora. Son esprit n'avait pas su s'affranchir des idées superstitieuses de son époque [2], et dans la contemplation des astres il ne chercha pas seulement ces grands enseignements que peut y puiser la vraie philosophie, mais encore de fausses supputations d'astrologie judiciaire [3]. On prétend même que les pratiques de celle-ci lui ayant révélé qu'il perdrait sa couronne, cela accéléra encore sa chute en le faisant devenir défiant et cruel envers ses sujets. Il mourut malheureux à Séville vers la fin du XIIIe siècle.

L'entraînement qu'Alphonse le Sage éprouvait pour les sciences ne lui permit pas d'éviter les séduisantes illusions de l'art hermétique. Il paraît qu'il s'y livra avec emportement, et nous avons déjà vu qu'il écrivit sur celui-ci un ouvrage intitulé *Clef de la sagesse,* dans lequel il expose sa théorie alchimique [4]. Il n'en

1. **Mariana.** Lib. XIV. — **Bailly.** *Histoire de l'astronomie moderne.* Paris, 1779, t. I, p. 301.

2. **Jourdain.** *Recherches critiques sur l'âge et l'origine des traductions latines d'Aristote.* Paris, 1843, p. 150.

3. Au nombre des ouvrages que ce souverain fit traduire, on trouve l'*Astrologie judiciaire d'Ali-Ben-Ragel.*

4. **Alphonse de Castille.** *Clavis sapientiæ. Theatr. chim.,* t. V. Voyez École expérimentale, p. 416 et 432.

a pas fallu davantage pour que quelques historiens des sciences rangeassent ce souverain parmi les chimistes du xiiie siècle [1].

Le cardinal Cusa, qui florissait vers le milieu du xve siècle, doit être compté au nombre des astronomes de cette époque, car non-seulement il a signalé quelques erreurs des *Tables alphonsines*, mais on lui est encore redevable d'avoir le premier, parmi les modernes, renouvelé l'opinion de Philolaé de Crotone et de quelques autres disciples de Pythagore, à savoir : que la terre tourne autour du soleil [2]; idée opposée au système de Ptolémée, généralement admis de son temps, et qui était alors d'une extraordinaire hardiesse [3].

Durant les siècles que nous avons déjà explorés, les travaux astronomiques se bornèrent généralement à des commentaires sur les auteurs anciens, qui n'ajoutèrent presque rien à leurs découvertes. Mais au xve siècle la direction des idées changea l'aspect de la scène : ce fut alors qu'on vit pour la première fois éclore de nouvelles observations [4]. L'Allemagne donna alors le signal de la renaissance de l'astronomie; trois hommes d'un rare mérite, et dont les travaux se lient ensemble, Purbach, Regiomontanus et Waltherus, devaient presque en même temps s'illustrer par leurs découvertes.

Georges Purbach, ainsi nommé d'une petite ville

1. HOEFER. *Histoire de la chimie.* Paris, 1842, t. I, p. 383.
2. CARDINAL CUSA. *De docta ignorantia.* Lib. II et lib. XII.
3. BAILLY. *Histoire de l'astronomie moderne.* Paris, 1779, t. I, p. 682.
— SAVERIEN. *Histoire des mathématiciens modernes.* Paris, 1767, t. I, p. 3.
— MONTFERRIER. *Dictionnaire des sciences mathématiques.* Paris, 1835.
4. BAILLY. *Ibidem*, t. I, p. 308.

d'Autriche où il prit naissance en 1423, après avoir étudié à l'université de Vienne, entreprit un voyage en Italie pour y perfectionner ses connaissances astronomiques, par le contact des savants de Padoue et de Bologne, qu'il visita successivement et qui l'accueillirent avec distinction.

Durant son voyage il eut plusieurs fois l'occasion d'occuper la chaire de divers professeurs qui, par courtoisie, la lui offrirent lors de son passage. A son retour à Vienne, il fut appelé à professer les mathématiques, et la réputation qu'il s'acquit bientôt dans ses fonctions lui fit faire les plus brillantes offres par quelques souverains, mais l'amour de son pays natal l'empêcha toujours de les accepter. S'étant, par la suite, beaucoup occupé d'astronomie, il se fit connaître par quelques découvertes importantes dans cette science.

Ses *Théories des planètes* doivent être considérées comme ses plus importants travaux [1]; ce fut l'inventeur de la division décimale [2], et l'on compte parmi ses ouvrages un *Abrégé de l'Almageste*.

Les sciences perdirent Purbach lorsqu'il était encore fort jeune; la mort l'enleva à ses admirateurs en 1461, à l'âge de vingt-huit ans. Mais alors il avait déjà été assez heureux pour produire un élève dont la gloire allait continuer et surpasser la sienne.

Celui-ci était Jean Muller, né à Konisberg en 1436, et que l'on désigne ordinairement par le surnom de *Regiomontanus*, qui n'est qu'une traduction latine du nom allemand de cette ville. Dès l'âge le plus tendre,

1. PURBACH. *Theoricæ novæ planetarum Georgii Purbachii.* Paris., 1515.
2. BAILLY. *Histoire de l'astronomie moderne.* Paris, 1779, t. I, p. 311.

ce grand homme que Lalande range parmi les vingt plus célèbres astronomes qu'on ait jamais connus [1], avait été placé près de Purbach, car c'était à peine s'il avait quinze ans lorsqu'il en devint le disciple [2].

Après la mort prématurée de ce dernier tous les regards se tournèrent vers son élève, bien jeune encore, et lui seul fut jugé digne de remplacer le maître qui venait d'illustrer la chaire d'astronomie de Vienne. Peu de temps après avoir été élevé à la dignité du professorat, Regiomontanus se mit à voyager pour perfectionner ses connaissances par le contact des savants étrangers. Il visita d'abord l'Italie, et en passant dans l'université de Padoue ce savant y fit un discours sur les progrès de l'astronomie. Quelque temps après, le roi de Hongrie, qui s'occupait de rassembler une importante bibliothèque à Bude, l'appela dans cette ville pour qu'il s'occupât d'y mettre en ordre de nombreux manuscrits recueillis en Grèce; mais ce savant s'éloigna bien vite d'un pays désolé par les troubles civils.

Regiomontanus visita ensuite Nuremberg, où devaient s'accomplir les événements qui ont depuis influé sur sa vie. En 1471, il fit connaissance dans cette ville de Bernard Waltherus, jeune homme jouissant d'une immense fortune et qui s'adonnait avec le plus grand zèle aux travaux astronomiques. Dès lors une intimité qui devait avoir les plus heureux résultats pour l'avancement des sciences, s'établit entre ces deux hommes, et elle ne cessa qu'au moment où la

1. DE LALANDE. *Traité d'astronomie.*
2. BAILLY. *Histoire de l'astronomie moderne.* Paris, 1779, t. I, p. 312.

mort vint les séparer. Ils s'associèrent ensemble : l'un plaça son génie dans la balance et l'autre y jeta libéralement ses richesses. L'or de Waltherus servit à faire construire des instruments d'une précision inconnue jusqu'alors, et la sagacité de Muller lui révéla l'art de les diriger vers les cieux. Le riche amateur subvenait aux dépenses avec la magnificence d'un prince; rien n'était épargné; il avait même fait établir chez lui une imprimerie [1].

Regiomontanus, favorisé par cette union, composa d'assez nombreux travaux; et cependant, ainsi que son maître, la mort l'enleva prématurément à la science. Il était dans l'ardeur de ses recherches lorsque le pape Sixte IV, qui avait jeté les yeux sur lui pour opérer la réforme du calendrier, l'appela à Rome à cet effet. Pour l'y attirer, les plus grandes promesses lui avaient été faites; on l'avait même déjà nommé évêque de Ratisbonne. Cet astronome se rendit près du chef de l'Église en 1475, en laissant son collaborateur à Nuremberg. Mais après un an de séjour à Rome, où le pape lui avait fait la plus brillante réception, il y mourut de la peste, n'étant encore âgé que de trente-neuf ans [2].

Parmi les travaux de Regiomontanus on compte principalement ses *Éphémérides* [3], qui furent les premières qu'on ait jamais composées [4]; son *Abrégé de*

---

1. BAILLY. *Histoire de l'astronomie moderne.* Paris, 1779, t. I, p. 313.

2. BAILLY. *Ibidem*, p. 312.

3. REGIOMONTANUS. *Ephemerides astronomicæ ab anno 1475 ad annum 1506.* Nuremberg., 1474.

4. BAILLY. *Histoire de l'astronomie moderne.* Paris, 1779, t. I, p. 312-689.

l'Almageste de Ptolémée[1], et quelques autres ouvrages moins importants[2].

Quelle que soit la gloire qui rayonne sur le front d'un homme, il n'en subit pas moins les conséquences de son époque. Toute la science de Regiomontanus ne put le soustraire à quelques-unes des rêveries de l'astrologie[3]. D'un autre côté, non satisfait de ce cortége de découvertes brillantes qui le placèrent au rang des hommes illustres, le vulgaire lui prêta encore la réalisation de l'impossible. Gassendi rapporte qu'il avait construit un aigle mécanique qui s'éleva dans les airs au-devant de l'empereur, et le conduisit en planant jusqu'aux portes de la ville; on disait même qu'il était parvenu à exécuter une mouche en fer d'un admirable mécanisme, et qui, à sa table, volait autour des convives et revenait se reposer sur la main de son auteur. On prête ces contes à Ramus[4].

Waltherus hérita de tous les travaux de son ardent collaborateur, et sans doute qu'ils lui servirent; mais jamais il ne permit que personne les vît. Ce savant mourut longtemps après son ami, en 1504. On doit le citer comme ayant le premier employé des horloges pour mesurer le temps durant les observations astronomiques[5]. Il prétend aussi avoir le premier connu

---

1. REGIOMONTANUS. *Epitoma in Almagestum Ptolomæi.* Venise, 1496.

2. JOANNIS DE MONTE REGIO, *mathematici clarissimi, tabulæ directionum, perfectionumque non tam astrologiæ judiciariæ quam Tabulis instrumentisque innumeris fabricandis utiles ac necessariæ.* Vittebergæ, 1584.

3. BAILLY. *Histoire de l'astronomie moderne.* Paris, 1779, t. I, p. 319.

4. BAILLY. *Ibidem*, p. 318.

5. WALTHERUS. *Observations publiées à Nuremberg*, p. 49.

les effets de la réfraction [1]; mais d'autres, comme nous l'avons dit, les avaient déjà observées depuis longtemps [2].

Nicolas Copernic termine dignement la série des astronomes qui entrent dans notre cadre. Ce savant, qui jouit d'une célébrité incontestée, fut dans son siècle le restaurateur de l'astronomie physique, et enfin l'auteur du vrai système du monde [3]. Il vit le jour, en 1473, dans la ville de Thorn, en Prusse [4]. Suivant la plupart de ses biographes, ses parents étaient nobles, et ce fut même dans le sein de sa famille qu'il reçut sa première éducation et qu'on lui enseigna le grec et le latin [5]. D'autres ont pensé qu'il était issu d'un serf du nom de Zopernick [6], ce que ne rendent nullement probables les précoces leçons qu'il reçut sous le toit paternel et le développement qu'il donna ensuite à ses études [7].

Copernic fut envoyé par ses parents à Cracovie pour y faire sa philosophie et ses études médicales ; mais là les penchants naturels de ce grand homme commencèrent à se révéler : il trouva beaucoup plus d'attrait aux leçons des professeurs de mathématiques qu'à celles des docteurs de la faculté de médecine ; puis les brillantes découvertes de Regiomontanus et l'immense gloire qu'il s'était acquise, excitèrent l'enthousiasme

1. BAILLY. *Histoire de l'astronomie moderne.* Paris, 1779, t. I, p. 690.
2. ALHAZEN ET VITELLION. Voy. École arabe.
3. BAILLY. *Ibidem, id.,* p. 338.
4. J. MULLER. *Vie de Copernic.*
5. SAVERIEN. *Histoire des mathématiciens.* Paris, 1765, t. I, p. 4.
6. ZURNECKE. *Chroniques de Thorn.*
7. MONTFERRIER. *Dictionnaire des sciences mathématiques.* Paris, 1835, t. I, p. 390.

du jeune savant, et il s'enflamma du désir de l'égaler[1].

Copernic était encore dans un âge fort tendre lorsqu'il reçut le bonnet de docteur à l'université de Cracovie. Peu de temps après il conçut le projet de voyager pour étendre ses connaissances, et l'Italie, où l'attirait la réputation de Regiomontanus et de Dominique Maria, fut le pays vers lequel il se dirigea d'abord.

Aussitôt son arrivée à Rome notre savant se rangea immédiatement au nombre des disciples de Regiomontanus, et bientôt ses facultés d'élite et l'urbanité de ses mœurs lui attirèrent l'affection et l'estime de cet astronome célèbre. Peu de temps après son arrivée dans cette ville, celui-ci lui fit même obtenir une chaire de mathématiques, dont les leçons eurent le plus grand succès[2].

Lorsque Copernic fut de retour dans son pays l'évêque de Varmie, dont il était le neveu, lui fit avoir un canonicat dans la petite ville de Fruenberg[3], ce qui le rendit alors entièrement libre de suivre son penchant pour l'astronomie et de consacrer tous ses instants à l'étude du ciel.

La vie de cet homme illustre fut tout entière consacrée à l'étude. Indifférent à la gloire, caché et solitaire, si celle-ci vint ceindre son front d'une immortelle couronne, ce fut seulement sur le bord de la tombe. Sa

1. J. MULLER. *Vie de Copernic.* — BAILLY. *Histoire de l'astronomie moderne.* Paris, 1779, t. I, p. 338.
2. MONTFERRIER. *Dictionnaire des sciences mathématiques.* Paris, 1835, t. I, p. 390.
3. MONTFERRIER. *Ibidem.*

tendance à vivre dans les abstractions de l'astronomie et des mathématiques allait même jusqu'à lui rendre pénible l'accomplissement des devoirs que lui imposait sa profession de chanoine, et parfois même à les lui faire négliger totalement. Aussi raconte-t-on qu'il fut accusé par les chevaliers teutoniques, et que malgré la protection de l'évêque son oncle il ne rentra en grâce près de cet ordre qu'à trois conditions : d'abord qu'il serait assidu aux offices divins ; puis qu'il deviendrait le médecin des pauvres de la ville; enfin qu'il n'emploierait à l'étude que le temps où il n'aurait absolument rien à faire[1].

Après avoir commenté les opinions des anciens sur le système du monde et reconnu la fragilité de leurs hypothèses, Copernic, à peine âgé de trente-quatre ans, en 1507, découvrit enfin les lois positives du mouvement planétaire, en reconnaissant qu'au lieu de cette complication qu'on lui prêtait il offre une sublime simplicité. Mais avant de livrer son œuvre à la publicité ce grand homme resta longtemps à le méditer, et ce ne fut que trente ans plus tard qu'il le confia enfin à l'impression.

Ardent à la recherche de la vérité, Copernic s'étonnait de ne pouvoir la découvrir dans les travaux de ses contemporains. Leurs théories sur le mécanisme des cieux lui semblaient indignes du Créateur parce qu'elles amoindrissaient l'immensité de son œuvre[2]. Ce fut là le point de départ des immortelles lois du système de l'univers que le grand homme allait poser

1. SAVERIEN. *Histoire des mathématiciens.* Paris, 1775, t. V, p. 7.
2. BAILLY. *Histoire de l'astronomie moderne.* Paris, 1779, t. I, p. 339.

dans l'unique et impérissable ouvrage où, pour la première fois, l'astronomie traçait la marche réelle des cieux [1].

Le génie de Copernic entrevit la vérité ; mais pour la faire triompher il fallait un athlète gigantesque, capable de renverser les hypothèses d'Hipparque et de Ptolémée, fortifiées par quatorze siècles d'hommages et d'admiration ; et il fallait assez de persévérance pour opérer une révolution dans les convictions du vulgaire. Aussi, si jamais on a émis un système audacieux, c'est bien celui de l'astronome prussien. D'un même coup il secoue le joug de l'autorité et le jugement des sens. En vain pour les masses, le soleil et les étoiles, dans leur course lumineuse, semblent-ils chaque jour s'éloigner de l'orient vers l'occident, en traversant les espaces célestes ; il fallait leur persuader qu'ils étaient immobiles, et que le mouvement ne réside que dans notre globe, où tout nous semble cependant plongé dans la plus profonde stabilité.

Le système de Ptolémée paraissait inadmissible à notre savant, et il s'appliqua dès lors à découvrir si quelque ancien philosophe grec n'aurait point eu une meilleure idée de la mécanique céleste. Il trouva quelques documents qui l'éclairèrent. Les anciens Égyptiens, selon Gassendi, avaient déjà considéré le soleil comme un centre autour duquel tournaient plusieurs planètes, telles que Mercure et Vénus [2]. Copernic dé-

---

1. Copernic. *Astronomia instaurata, sive de revolutionibus orbium cœlestium, epistola ad Paul. III.* Nuremberg., 1543, pet. in-f. de 144 feuillets.

2. Gassendi. In *vita Copernici*, t. V.

couvrit que Pythagore, guidé par ses seules impressions, avait soustrait la terre du point central du système planétaire pour y placer le soleil, qu'il considérait comme étant d'une *essence plus digne*[1] ; de son côté Philolaé, disciple de ce philosophe, soutenait que notre globe se meut annuellement autour de cet astre[2] ; enfin, Nicétas de Syracuse avait même eu l'audace de prétendre que la terre tournait sur son axe, et d'expliquer par ce mouvement le coucher et le lever des astres[3].

Ce fut en combinant les vagues assertions des anciens, et peut-être aussi en se fortifiant de l'opinion du cardinal Cusa[4], que Copernic arriva à tracer les lois qui régissent les astres, et qu'il devint le véritable fondateur de la mécanique céleste[5]. « Tout annonçait dans ce système, dit Laplace, cette belle simplicité qui nous charme dans les moyens de la nature, quand nous sommes assez heureux pour les connaître[6]. »

Copernic, que la crainte de la critique avait peut-être retenu[7] en publiant enfin son livre, semble redouter aussi la censure de l'Église, et pour démontrer au

---

1. BAILLY. *Histoire de l'astronomie moderne.* Paris, 1779, t. I, p. 339.

2. SAVERIEN. *Histoire des mathématiciens.* Paris, 1775, t. V, p. 10.

3. CICÉRON. *Questions académiques.*—BAILLY. *Histoire de l'astronomie moderne.* Paris, 1779, t. I, p. 339. — SAVERIEN. *Histoire des mathématiciens.* Paris, 1775, t. V, p. 9.

4. CUSA. *De docta ignorantia.* Lib. II. — BAILLY. *Histoire de l'astronomie moderne.* Paris, 1779, t. I, p. 340.

5. LAPLACE. *Mécanique céleste.* Paris, 1807. — MONTFERRIER. *Dictionnaire des sciences mathématiques.* Paris, 1835, t. I, p. 391.

6. LAPLACE. *Ibidem.*

7. MONTFERRIER. *Ibidem, id.*

début qu'il ne renferme rien qui ne soit orthodoxe, c'est au pape Paul III qu'il le dédie ; et en le lui adressant, il laisse entrevoir le doute qui agite son âme timorée. « C'est, dit-il à ce pontife, pour que l'on ne m'accuse pas de fuir le jugement des personnes éclairées, et pour que l'autorité de Votre Sainteté, si elle approuve cet ouvrage, me garantisse des morsures de la calomnie. » Puis, soit doute, soit adresse pour se concilier les prosélytes des anciennes opinions ; soit respect aveugle peut-être pour leur génie, l'auteur du nouveau système du monde, plutôt que d'admettre qu'ils ont pu se tromper, aime mieux professer que depuis eux l'état du ciel a changé[1]. C'était là une faiblesse inexplicable.

L'œuvre de Copernic, quoique terminée en 1530, ne vit le jour que treize ans après son achèvement, en 1543. L'astronome eut peut-être raison, car ses idées répandues depuis longtemps en Europe, par le zèle de ses disciples et de ses admirateurs, quoique reçues avec respect par les savants du plus haut mérite, n'en étaient pas moins attaquées avec acharnement par la foule dont elles sapaient quelques préjugés. Celle-ci s'efforçait de représenter le nouveau système comme une absurdité, et un moderne Aristophane se chargea même de livrer Copernic aux huées de la multitude, dans une pièce de théâtre[2].

Ce ne fut qu'à soixante-dix ans, déjà affaibli par les années et les veilles, et en cédant aux instances

<hr>

1. Bailly. *Histoire de l'astronomie moderne.* Paris, 1779, t. I, p. 356.
2. Montferrier. *Dictionnaire des sciences mathématiques.* Paris, 1835, t. I, p. 391.

du cardinal Schonberg, que Copernic commença la publication de son ouvrage. Celui-ci fut imprimé à Nuremberg par les soins de Rhéticus, l'un de ses disciples. Mais au moment où il allait voir enfin le jour, la tombe s'entr'ouvrait pour son immortel auteur. Cependant, quelques heures avant qu'il expirât, le premier exemplaire des *Révolutions des astres* arriva au chevet du lit du mourant; ses yeux le virent, ses mains défaillantes purent encore le toucher; mais Copernic n'en connut jamais le succès : son génie seul y présida.

Avec ce grand homme se termine l'histoire de l'astronomie du Moyen âge.

Avec cette rapide esquisse des travaux des derniers siècles du Moyen âge, nous serions arrivé au terme de notre course, s'il ne nous restait à parler de l'état que présentèrent alors les bibliothèques et l'enseignement.

Nous avons déjà vu qu'à une époque reculée du Moyen âge, les bibliothèques cénobiales furent, dans l'Europe centrale, les premières archives de toutes nos connaissances littéraires. Au xiie siècle, le goût des collections de livres se manifesta avec une intensité jusqu'alors inconnue; et, selon certains auteurs, ce serait même à cette époque qu'il faudrait reporter la formation de quelques bibliothèques de Paris et de Marseille [1]. Au xiiie, cette tendance s'était tellement accrue, que Sprengel dit qu'alors presque tous les

1. MARTÈNE. *Collect. ampl.*, t. I, p. 1018, et l'*Histoire littéraire de la France*, t. IX, p. 60, contiennent leurs règlements. — SPRENGEL. *Histoire de la médecine*. Paris, 1825, t. II, p. 396.

couvents en possédaient une pour l'instruction de leurs moines [1].

Les recherches des antiquaires nous révèlent que certains monastères du Moyen âge étalaient même avec un luxe inouï, le catalogue de leurs richesses littéraires. Afin qu'il ne pût échapper à ceux qui visitaient leurs bibliothèques, les moines l'avaient inscrit sur les vitraux de celles-ci; et au-dessus des versets qui désignaient chaque livre important, on ajoutait parfois le portrait de son auteur [2]. Ainsi, en fixant ses regards sur les verrières, chaque étranger y trouvait l'énumération du trésor intellectuel qu'elles abritaient[3].

Cependant quelques collections monastiques, après avoir rendu une série de services à l'enseignement, par des causes diverses, s'étaient successivement anéanties. Benvenuto d'Imola raconte que lorsque Boccace visita l'ancienne école du Mont-Cassin, il trouva sa bibliothèque dans le plus grand abandon. Le temps avait détruit ses portes, les herbes obstruaient ses fenêtres, et les livres se trouvaient dérobés par une épaisse couche de poussière. Déjà les moines en avaient enlevé quelques manuscrits qu'ils ratissaient pour en confectionner des psautiers, ou tracer des prières qu'ils vendaient aux femmes au plus modique prix [4].

---

1. SPRENGEL. *Histoire de la médecine*. Paris, 1825, t. II, p. 396.
2. Quelques-uns de ces extraordinaires *catalogues-vitraux* ont été retrouvés récemment et se voient dans le *Monasticon anglicanum*.
3. D'ISRAELI. *Amenities of literature*. Paris, 1841, p. 20.
4. DE POTTER. *Histoire du christianisme*, t. IV, p. 445. — MALGAIGNE. *Histoire de la chirurgie en Occident du* VIe *au* XVIe *siècle*. Paris, 1840, p. 48.

Les souverains de l'Europe s'étaient montrés moins empressés que les moines pour amasser des livres. La bibliothèque de quelques-uns de nos rois n'excédait pas dix volumes [1]. A leur mort, il était même d'usage qu'aucun de ceux-ci ne passât à leur successeur, à l'exception des livres d'office et de dévotion [2].

La bibliothèque d'Oxford, à la fin du XIIIe siècle, ne consistait qu'en un très-petit nombre d'écrits renfermés dans des coffres en bois. L'emprunt d'un volume était alors une sérieuse affaire. Le règlement de l'abbaye de Croyland, qui concerne les livres ordinaires ou ornés de miniatures, défend même aux religieux de les prêter à personne, sous peine d'excommunication [3]. Le roi Jean donna un reçu à Simon, son chancelier, pour « le livre appelé Pline, » qui était entre les mains de l'abbé du couvent de Reading [4].

Au XIIIe siècle, les livres étaient d'un prix tellement élevé à cause de la difficulté de se procurer des copistes, qu'ils se trouvaient inaccessibles pour les fortunes médiocres. Ce fut alors que quelques libraires commencèrent à s'établir près des principales universités de l'Europe [5]. Leur fonds de boutique ne se composait que d'un petit nombre de livres qu'ils louaient ou qu'ils vendaient; et, à leur porte, on trouvait ordinairement affiché le mince catalogue des ouvrages qu'ils

---

1. D'Israeli. *Amenities of literature.* Paris, 1841. *Early libraries,* p. 198.
2. D'Israeli. *Ibidem.*
3. D'Israeli. *Ibidem.*
4. D'Israeli. *Ibidem.*
5. Tiraboschi. *Storia della letteratura italiana, antica e moderna.* Modène, 1787, t. III, livre IV, chap. IV.

pouvaient offrir au public, et le prix que ces honnêtes commerçants exigeaient de ceux qui voulaient les copier ou les lire [1].

Les jalouses rivalités des universités venaient encore s'opposer à la diffusion des livres. Au xive siècle, celle de Bologne défendait même à ses élèves, sous la menace des plus graves punitions, d'emporter les livres hors de la ville [2].

Mais les diverses bibliothèques qui existèrent jusqu'au xiiie siècle ne paraissent avoir été que des collections particulières, et l'on regarde généralement saint Louis comme le fondateur de la première bibliothèque publique [3]. On le représente aussi comme s'étant le premier occupé, après Charlemagne, de faire copier des manuscrits pour accroître nos richesses littéraires [4].

Déjà Charles le Sage, en 1373, possédait une bibliothèque de neuf cents volumes, placée dans une des tours du Louvre, qui fut appelée, à cause de cela, la tour de la Bibliothèque. Il en avait confié la garde à son valet de chambre Gilles Mallet. Ce fonctionnaire zélé s'occupa même de faire un curieux catalogue des livres confiés à ses soins. A cette époque où les ou-

---

1. TIRABOSCHI. *Storia della letteratura italiana, antica e moderna.* Modène, 1787, t. III, l. IV, c. iv. Pour copier la Bible on demandait à Bologne quatre-vingts livres, prix exorbitant alors. Les Camaldules payèrent plus de deux cents florins au xiiie siècle, pour faire copier un missel enrichi de majuscules d'or et de miniatures.

2. TIRABOSCHI. *Ibid.* — MALGAIGNE. *Histoire de la chirurgie en Occident du vi[e] au xvie siècle.* Paris, 1840, p. 44.

3. D'ISRAELI. *Amenities of literature.* Paris, 1841, p. 198. Voy. École expérimentale, p. 472.

4. D'ISRAELI. *Ibidem, id.*

vrages n'avaient point encore de titres distincts et se trouvaient plusieurs ensemble sous la même reliure, ils étaient souvent désignés de la plus étrange manière, et simplement d'après leur apparence extérieure, leurs dimensions et leurs fermoirs [1]. L'un des catalogues de ces temps reculés nous initie à tous les singuliers rapprochements que firent nos bibliothécaires primitifs. Là, c'est un des volumes qui renferme en même temps la *Genèse* et les *Commentaires* de César; un autre commence par la *Genèse*, contient une *Histoire romaine*, la *vie des saints Pères hermites*, et celle de l'enchanteur Merlin [2], etc., etc.

Mais on dut au Moyen âge une découverte qui vint donner à ses bibliothèques une extension inespérée, ce fut l'imprimerie. Cependant cet art paraît avoir été connu par quelques nations, bien avant que l'Europe en fît la conquête. Il passait, à la Chine et au Tibet, pour être aussi ancien que les annales de ces deux empires [3]. Quelques savants, en se rapprochant plus de la vérité, avaient seulement prétendu qu'il prit naissance dans le premier de ces États, au vi^e siècle [4].

D'après les travaux récents de M. S. Julien, les Chinois seraient, il est vrai, en possession de la gravure sur bois depuis le vi^e siècle, et ils l'employaient déjà alors pour reproduire les textes et les dessins des

---

1. D'ISRAELI. *Amenities of literature.* Paris, 1841.
3. D'ISRAELI. *Ibidem. Early libraries*, p. 199.
3. E. SALVERTE. *Des sciences occultes.* Paris, 1843, p. 461.
4. GIBBON. *Histoire de la décadence et de la chute de l'empire romain*, t. II, p. 40.

livres ; mais l'invention des caractères mobiles pour l'imprimerie n'aurait eu lieu, chez eux, que beaucoup plus tard, au XIe siècle, époque à laquelle un Chinois nommé Pi-Ching en aurait le premier fait usage [1].

En Europe, la gravure sur bois précéda aussi la découverte de l'imprimerie, et peut-être y conduisit; on l'avait déjà inventée en Hollande dès la fin du XIVe siècle [2].

L'invention de la gravure en taille-douce sur le cuivre, prit naissance dans les ateliers des orfévres du XVe siècle. Ceux-ci avaient alors l'habitude de graver différents sujets sur les vases qu'ils débitaient, et de les faire ressortir en remplissant leurs tailles avec une substance noire. Il paraît que plusieurs conçurent en même temps l'idée de tirer des empreintes de leur travail en le reportant sur le papier ou le parchemin [3].

Quoique les Européens n'aient pas été moins insensés que les Chinois à l'égard de leurs prétentions, puisqu'un historien de l'imprimerie [4] n'a pas dédaigné d'examiner si Saturne n'en fut pas le primitif inventeur [5], il est certain que la connaissance de cet art date seulement, chez nous, du milieu du XVe siècle. Ce fut la création la plus capitale de toute l'époque.

---

1. Stanislas Julien. *Comptes rendus de l'Académie des sciences*, 7 juin 1847. — Lamy. *Marche de la physique*. Lille, 1847.

2. Paul Lacroix. Imprimerie. *Moyen âge*, p. 1.

3. Ce furent ces empreintes que l'on désigna sous le nom de *nielles*.

4. Bernhart de Malinckrot. *De ortu ac progressu artis typographicæ*. Col. Agrip. 1640.

5. *Saturnus an invenerit typographiam.*

La première idée de l'imprimerie paraît devoir être attribuée à Laurent Coster de Harlem, qui, dès 1420, se servit de caractères mobiles en bois avec lesquels il exécuta de petits livres populaires[1]. Mais on regarda généralement Jean Gutemberg, de Mayence, comme l'inventeur de cet art parce que ce fut lui qui, par ses ingénieux essais, lui donna la plus remarquable impulsion, vers 1440. On lit dans un traité passé entre lui et un marchand de Strasbourg, qu'il se propose d'exploiter avec celui-ci une imprimerie à l'aide de caractères mobiles, exécutés en bois. Mais ce ne fut que quelque temps après, en 1443, que Gutemberg s'associa à un riche orfévre de Mayence, Jean Faust, pour ajouter un progrès à son invention, en substituant des caractères métalliques à ceux de bois. Cependant, pour compléter le travail, il fallait encore qu'il subît une nouvelle phase, c'était l'invention des matrices à couler des caractères en métal facilement fusible. On la dut à un nommé Schoiffer, ouvrier de l'opulent orfévre; et celui-ci fut tellement enchanté de son commensal et de sa découverte, qu'il lui accorda sa fille en mariage.

Dans leurs premiers essais, les inventeurs de l'imprimerie s'efforcèrent d'imiter les manuscrits, en copiant fidèlement leurs caractères et leurs ornements. Les Bibles que Jean Faust apporta à Paris en 1462, étaient imprimées sur parchemin, avec des initiales peintes en bleu pourpre et or, et l'illustre faussaire les vendit pour des manuscrits, à raison de soixante

1. **DELABORDE.** *Débuts de l'imprimerie,* etc. **Paris, 1840.**

écus d'or[1] l'exemplaire, jusqu'à ce qu'on s'aperçût de la fraude[2].

Faust et Schoiffer avaient pris toutes les précautions pour tenir leurs procédés secrets. Leurs ateliers, dérobés aux regards des curieux, étaient placés dans d'obscures caves[3]; et chaque ouvrier, avant d'y pénétrer, s'engageait, par un serment inviolable, fait sur la Bible, de ne rien révéler des mystérieuses opérations qu'on y pratiquait[4]. Puis, lorsque les laborieux inventeurs de l'imprimerie ne purent plus en imposer au vulgaire à l'égard de leurs prétendus manuscrits, ils ne craignirent pas de s'attirer la réputation de sorciers en déclarant que leurs livres étaient écrits sans plumes et faits par un procédé magique[5]; et le peuple les crut[6].

Mais malgré ces précautions, aucune invention ne se répandit aussi vite que ne le fit l'imprimerie; à peine élaborée par l'action successive de Gutemberg, de Faust et de Schoiffer, elle se propagea partout, et l'on vit bientôt, par sa magique puissance, apparaître, avec une rare perfection, une foule de livres, laborieux produits de l'austère patience de nos devanciers. Quelques éditions du xve siècle sont déjà exécutées avec une certaine perfection, et au xvie siècle les livres se multiplièrent d'une manière étonnante[7].

1. Ce qui équivalait à environ 550 francs.
2. Peignot. *Parchemins. Moyen âge et renaissance*, p. 3.
3. *In ædibus subterraneis.*
4. Le vieux Faust, qui mourut de la peste à Paris pendant qu'il y trafiquait de ses livres, exigeait ce serment.
5. Philarète Chasles. *Études sur le moyen âge.* Paris, 1847, p. 398.
6. Cuvier. *Histoire des sciences naturelles.* Paris, 1841, t. I, p. 420.
7. Cuvier. *Ibidem.*

L'imprimerie se propagea d'abord de Mayence en Italie, puis ensuite en France et en Angleterre[1]; mais les presses italiennes eurent longtemps le monopole de l'activité. La statistique de la production des livres vient démontrer cette assertion jusqu'à la dernière évidence. De 1467 à 1500, Venise imprima deux mille neuf cent soixante-dix-huit livres; Rome neuf cent soixante-douze; Paris sept cent quatre-vingt-neuf; et Strasbourg deux cent quatre-vingt-dix-huit; en Angleterre, Londres, Oxford et Westminster n'en produisirent que cent trente-sept; et l'Espagne et le Portugal seulement cent vingt-six[2].

Cette statistique démontre que Venise devint le plus vaste entrepôt de la librairie d'alors. Ce ne fut pas que cette ville se préoccupât aucunement de l'avancement des idées : le commerçant du Rialto ou de la Piazza ne songeait qu'à son profit. Il savait qu'il trouverait dans les écoles un abondant débit des ouvrages d'Avicenne, de Mesué et des autres médecins arabes, il se chargea de les éditer et d'en inonder les marchés de l'Europe. La reine de l'Adriatique rabaissait la pensée au niveau de la matière; le lion ailé de Saint-Marc ne représenta jamais que le génie du commerce[3].

Par une heureuse coïncidence, au moment où l'Europe centrale faisait la conquête de l'imprimerie, la prise de Constantinople remplissait l'Italie et la

---

1. Malgaigne. *Histoire de la chirurgie en Occident du VIe au XVIe siècle.* Paris, 1840, p. 110.

2. Malgaigne. *Ibidem.*

3. Au XVe siècle, Venise comptait deux cent cinquante maîtres imprimeurs. E. Bégin. *Moyen âge. Sciences naturelles,* p. 9.

France d'un grand nombre de savants qui avaient emporté dans leur exil une foule de manuscrits dont ils purent alimenter l'invention nouvelle.

Au moment où l'école expérimentale commençait à poindre, on vit se développer une institution, celle des universités, appelée à réagir amplement sur les sciences, et qui ne cessa jamais de les influencer durant tous les siècles qui s'écoulèrent depuis son origine jusqu'à notre époque. Il est donc de notre devoir d'en tracer succinctement l'histoire[1].

On attribue vulgairement à Charlemagne la création des universités, tradition sacramentelle, qui paraît avoir pris naissance dans un passage du moine de Saint-Gall[2], mais qu'une critique impartiale et judicieuse renverse impitoyablement[3].

Les écoles carlovingiennes, considérées par quelques personnes comme offrant le premier simulacre de ces institutions[4], ne les représentaient nullement, car elles n'étaient gouvernées par aucune juridiction spéciale et indépendante, et il ne s'y conférait aucun grade, ce qui constitue cependant l'essence du corps enseignant.

---

1. Comp. C. Buleus (du Boulay). *Historia Universitatis Parisiensis* etc., *cum instrumentis publicis a Carolo Magno ad nostra tempora.* Parisiis, 1665. — Crevier. *Histoire de l'université de Paris, depuis son origine jusqu'en 1600.* — Dubarle. *Histoire de l'université de Paris, depuis son origine jusqu'à nos jours.* Paris 1829.—Hazon. *Éloge historique de l'université de Paris, depuis son origine jusqu'à nos jours.* Paris, 1771.

2. W. Strabon. *De religiosit. carol.*, cap. I. — Du Boulay. *Ibidem.*

3. Pasquier. *Recherches sur la France*, livre III, chap. XXIX. — Loisel. *De l'université de Paris.* Paris, 1587. — Sprengel. *Histoire de la médecine.* Paris, 1815, t. II, p. 394.

4. Du Boulay. *Ibidem.*

Les annales de l'université de Paris, qui est la plus ancienne de toutes, remontent jusqu'à l'époque d'Abélard, à 1107. Mais on considère généralement Philippe Auguste comme son fondateur, parce que ce fut lui qui, par son ordonnance de 1200, lui accorda ses plus importants priviléges[1]. Bientôt après s'organisèrent toutes les autres universités de l'Europe qui devaient acquérir par la suite un si haut renom; ce fut là le travail classique de tout le XIIIᵉ siècle[2], car c'est durant celui-ci qu'on vit successivement se former les universités de Cambridge, d'Oxford, de Padoue, de Rome, etc.

Cependant il ne faut pas s'imaginer que par le nom d'université on doive entendre des institutions scientifiques identiques à celles que nous possédons aujourd'hui : ce mot, dans l'origine, indiquait simplement une *corporation*. Et s'il y avait alors des universités d'hommes instruits, se vouant à l'enseignement, il y en avait également qui ne se composaient que d'artisans : il y avait aussi des universités de cordonniers, de tailleurs, etc.[3]

Primitivement, l'université de Paris ne formait qu'un seul corps enseignant, où affluaient les étudiants de toutes les nations. Mais elle se divisa bientôt en plusieurs facultés.

La première qui s'établit fut la faculté de théologie. Saint Louis, de sa propre autorité, ayant admis dans

<hr>

1. Du Boulay. *Historia universitatis Parisiensis*, etc. Paris, 1665. — Sprengel. *Histoire de la médecine*. Paris, 1815, t. II, p. 292.

2. Sprengel. *Ibidem.*

3. Cuvier. *Histoire des sciences naturelles.* Paris, 1841, t. I.

l'université quelques frères prêcheurs, ceux-ci n'obtinrent point les sympathies de leurs collègues, et conçurent le projet de s'en isoler en formant un corps à part. Ils furent bientôt imités par les médecins, et ensuite par les professeurs de jurisprudence, que l'on appelait alors *décrétistes :* les premiers composèrent la faculté de médecine, les seconds la faculté de droit. Chacune de ces trois corporations nomma son doyen [1].

Le chef de l'université prit le titre de recteur. Il exerçait une juridiction souveraine sur toutes les écoles et jouissait des plus grands priviléges. Souvent, dans le Moyen âge, on le voit appelé au conseil des rois, et dans les cérémonies publiques il marche de front avec l'évêque de Paris!

L'usage des divers grades universitaires s'introduisit dès l'origine des facultés, du XIIe au XIIIe siècle. Dans les anciennes écoles, il n'existait que des maîtres et des écoliers [2].

Au XIIe et au XIIIe siècle les étudiants formaient presque le tiers de la population de la capitale [3]; et lorsque ceux-ci éprouvaient quelque mécontentement, ils menaçaient d'émigrer, en privant ainsi Paris d'une de ses plus importantes ressources. A chaque instant la tranquillité de cette ville était troublée par la turbulence et l'indiscipline de ses hôtes. Le quartier de l'université, encombré de rues étroites et sales, ré-

---

1. Du Boulay. *Historia universitatis Parisiensis*, etc. Paris, 1665.
2. Vallet de Viriville. *Universités. Moyen âge.*
3. Sprengel dit même plus de la moitié, ce qui força Philippe Auguste de reculer l'enceinte de la ville. *Hist. de la méd.*, t. II, p. 394.

pondait par son aspect aux souillures de tout genre dont il était le théâtre. Il regorgeait de filles publiques qui jour et nuit y étalaient leur repoussant trafic[1]; et la population bigarrée de cette espèce d'empire du désordre, semblait n'aspirer qu'à saisir tous les prétextes capables de multiplier les fêtes, les festins, les danses et les déguisements[2].

Tout concourait à donner aux écoliers une puissance et une impunité qui n'étaient pas sans inconvénient pour l'époque. Philippe Auguste, pour se concilier leur affection, les déclara inviolables, sauf le flagrant délit[3]. L'Église prenait elle-même les étudiants sous sa protection; les canons les sauvegardaient en proclamant que tout clerc était inviolable; et que quiconque se rendrait envers l'un d'eux coupable de voies de fait, serait frappé d'excommunication[4]. Mais la jeunesse des écoles n'était guère digne de cette divine intervention. Dominant en quelque sorte la capitale, souvent sa turbulence, enhardie par le bénéfice de son inviolabilité, ensanglantait les rues. Rien n'arrêtait l'audace des écoliers : on les rencontrait parfois de nuit ou de jour marchant en troupe armée, et s'introduisant dans les habitations pour y enlever les femmes et les filles, ou y commettre une foule d'exactions[5].

---

1. SALISBURY. *De miseriis scholasticorum.* — DU BOULAY. *Historia universitatis Parisiensis.* Paris, 1665, t. II, p. 688.

2. DUBARLE. *Histoire de l'université de Paris depuis son origine jusqu'à nos jours.* Paris, 1829.

3. *Recueil des priviléges de l'université.* Paris, 1612.

4. DU BOULAY. *Historia universitatis Parisiensis,* etc., t. III, p. 93.

5. DU BOULAY. *Ibidem.*

L'université de Paris était au Moyen âge la grande
école de l'Europe[1]; on s'y rendait de toutes parts, et
aucune célébrité de l'époque ne manquait à l'appel[2].
Cette conseillère des rois, qui l'honoraient eux-mêmes
du titre de *fille aînée*, présidait aux hautes destinées de l'Église, des sciences et des lettres, en
formant dans son sein tous les hommes éclairés appelés à en augmenter l'éclat. Au XIIe siècle on y
comptait à la fois un pape, vingt cardinaux et cinquante évêques ou archevêques[3]. Florissant état de
l'enseignement qui valut alors à notre capitale le surnom de cité des philosophes (*civitas philosophorum*[4]).

L'omnipotence de l'université se continua jusqu'au
XIVe siècle; après elle commença à décroître; et au XVe
l'imprimerie et la réforme lui arrachèrent son reste
d'autorité : l'une en inondant le sol de ses productions, et l'autre en proclamant le libre arbitre de la
pensée.

C'était au sein de ce personnel si turbulent des
universités que se développait la philosophie scolastique, autre création du Moyen âge qu'il ne nous
est pas permis de passer sous silence, non-seulement
à cause de sa réaction sur la marche des sciences
d'alors, mais encore parce que les savants les plus
éminents de l'époque descendirent aussi dans l'arène

1. COUSIN. *Collection de documents inédits pour l'histoire de France.*
Paris, 1836. *Abélard.*
2. DU BOULAY. *Historia universitatis Pariensis.* Paris, 1665, t. II, p. 255.
— SPRENGEL. *Histoire de la médecine.* Paris, 1815, t. II, p. 396.
3. C'était aux leçons d'Abélard.
4. JOURDAIN. *Recherches sur les traductions d'Aristote*, p. 19, 20.

qu'elle ouvrit aux passions durant un si grand nombre d'années[1].

La philosophie scolastique commence à poindre au milieu d'une époque de ténèbres : la cour de Charlemagne en est en quelque sorte le berceau[2], car c'est dans le sein des écoles carlovingiennes qu'on la voit naître et se développer[3]. A son apparition, elle décèle dans tous ses replis son origine barbare; mais à mesure que les connaissances de l'antiquité s'y allient, cette philosophie devient de plus en plus subtile et élevée. Au xiie siècle, sous la domination de ses habiles dialecticiens, elle acquiert un puissant lustre; et depuis lors, jusqu'à la fin du xve, on la voit, dit M. Cousin, produire une succession de chefs-d'œuvre originaux[4].

Le héros de l'école philosophique du Moyen âge est sans contredit Pierre Abélard, qui jeta un si brillant éclat sur son époque[5]. Abélard, que M. Cousin ne compare qu'à Descartes, et qu'il regarde comme l'un des deux plus grands philosophes qu'ait produits la France[6]!

1. Comp. STANLEY. *The history of philosophy.* London, 1743. — BRUCKERI. *Historia critica philosophiæ.* Leipsiæ, 1742. — DESLANDES. *Histoire critique de la philosophie.* Paris, 1756. — TENNEMANN. *Geschichte der philosophie.* Leipsiæ, 1819. — GUILLON. *Histoire de la philosophie ancienne et moderne jusqu'à nos jours.* Paris, 1835. — ROUSSELOT. *Études sur la philosophie dans le moyen âge.* Paris, 1840. — DE CARAMAN. *Histoire des révolutions de la philosophie en France, pendant le moyen âge, jusqu'au* xvie *siècle.* Paris, 1847. — COUSIN. *Ouvrages inédits pour servir à l'histoire de la philosophie scolastique en France.* Paris, 1836. — DE GÉRANDO. *Histoire comparée des systèmes de philosophie.* Paris, 1822.

2. COUSIN. *Collection de documents inédits sur l'histoire de France.* Paris, 1836. *Abélard,* p. 59.

3. COUSIN. *Ouvrages inédits d'Abélard.* Paris, 1836, p. 5.

4. COUSIN. *Ibidem.*

5. COUSIN. *Ibidem.*

6. COUSIN. *Ibidem.*

Abélard réunit tout ce qui entraîne l'admiration et la popularité. Philosophe austère ou amant passionné, dans le cloître, sa mâle éloquence terrasse ses adversaires; descendu de la chaire, sa muse facile écrit de joyeux refrains qui charment les écoliers et les châtelaines[1]; et un moment après, il s'agenouille devant cette femme dont le brillant style s'éleva parfois à la hauteur de Sénèque[2], et qui, sans être jolie[3], captivait par sa grâce tous les grands hommes de son époque. Saint Bernard lui-même, devenu l'antagoniste de son époux, ne cessa jamais de l'admirer[4].

Le philosophe français exerça sur son siècle un véritable prestige. Jamais on n'avait vu tant de gens se précipiter autour de la chaire d'un professeur; et si ce que l'on raconte à ce sujet n'était attesté par ses contemporains, on le prendrait pour de fabuleuses inventions. Partout où il se rendait, le tumulte et la foule le suivaient; on y manquait de nourriture et d'hôtelleries[5].

Lorsque Abélard parut, le réalisme et le nominalisme étaient en présence : c'était la plus grande querelle du temps[6]. Abélard attaqua d'abord ces deux écoles rivales, et les renversa systématiquement l'une par l'autre en les étreignant dans les plis de son

1. BAYLE. *Dictionnaire historique et critique.* Paris, 1820, t. I.
2. COUSIN. *Ouvrages inédits d'Abélard.* Paris, 1836.
3. ABÉLARD semble l'avouer lui-même. « Cùm per faciem non esset in- « fima, per abundantiam litterarum erat suprema. »
4. *Histoire littéraire de la France*, t. XII, p. 642. COUSIN. *Ibidem.*
5. « Ut nec locus hospitiis, nec terra sufficeret alimentis. » *Histor. Calam.*, p. 19. — COUSIN. *Ibidem.*
6. COUSIN. *Ibidem*, p. 2-3.

inflexible logique. Devenu victorieux, il s'assit sur leurs ruines et leur substitua son *conceptualisme*, qui n'est qu'un véritable système intermédiaire [1]. Puis ensuite il s'efforça d'appliquer la philosophie à la théologie, ce qui n'avait été tenté que fort timidement dans les écoles carlovingiennes. Ce fut ainsi qu'il devint l'un des principaux fondateurs de la scolastique [2], qui, en somme, n'est pas autre chose [3].

Mais les triomphes de l'ardent philosophe s'achetèrent par de rudes combats, car il avait pour antagoniste l'homme le plus éloquent de son siècle. Dans la lutte, Abélard, véritable symbole de l'indépendance, esprit libéral et aventureux, s'élance audacieusement dans le vague des hypothèses. Saint Bernard, au contraire, puise sa force dans l'orthodoxie chrétienne; et lorsque l'invincible dialecticien s'avance avec trop de témérité, le Bossuet du XIIe siècle, impassible et sévère, l'arrête subitement dans sa course [4].

Les dissidences flagrantes qui partageaient alors les écoles théologiques, n'étaient guère propres à nous soustraire aux ténèbres qui nous enveloppaient de toutes parts [5]. Philippe Auguste, effrayé des doctrines philosophiques d'Aristote, qui de son temps s'étaient répandues au sein de la France, pour trancher court, avait ordonné à ses évêques d'excommunier ceux qui

1. Cousin. *Ouvrages inédits d'Abélard.* Paris, 1836, p. 156.
2. Bayle. *Dictionnaire historique et critique.* Paris, 1820, t. VII, p. 556.
3. Cousin. *Ibidem,* p. 3-6.
4. Cousin. *Ibidem,* p. 2 et 197.
5. Ségur. *Histoire de France.* Paris, 1827, t. V, p. 266.

les professaient. Ce prince, de son côté, avait ajouté aux rigueurs de l'Église un châtiment sévère [1].

Tel était l'état des choses lorsque Albert et saint Thomas apparurent sur la scène de l'enseignement, au moment où saint Louis appelait les sciences et les lettres au secours de la civilisation [2]. Animés par leurs convictions, qui les portaient vers la métaphysique aristotélique, ils trouvèrent d'abord une foule d'adversaires dont le front s'inclinait encore sous les foudres de l'anathème lancé durant le siècle précédent; mais leur savoir et leur éloquence en triomphèrent rapidement, et la philosophie péripatéticienne, défendue par d'aussi ardents champions, sortit victorieuse de la lutte, et fut alors inaugurée dans toutes les écoles du pays [3]; bientôt même les professeurs, en recouvrant leur liberté, mais en même temps leur intolérance, allèrent jusqu'à déclarer *Aristote aussi infaillible que le pape* [4].

Pour la première fois on voyait alors, en France, se dérouler complétement le majestueux monument de la philosophie antique; et le XIIIe siècle, émerveillé de la splendeur du tableau qui lui était offert, l'acceptait avec empressement et reconnaissance, et s'inclinait devant lui avec autant de respect qu'en obtenaient alors les doctrines des Pères de l'Église [5].

1. DESLANDES. *Histoire critique de la philosophie.* Amsterdam, 1756, t. III, p. 286.

2. SÉGUR. *Histoire de France.* Paris, 1827, t. V, p. 405.

3. DE GÉRANDO. *Histoire comparée des systèmes de philosophie.* Paris, 1823, t. IV, p. 467. — MICHAUD. *Histoire des croisades.* Paris, 1832, t. IV, p. 306.

4. DE SÉGUR. *Ibidem,* p. 266.

5. STAPFER. *Biographie universelle,* p. 448.

Mais, hélas! ce triomphe fut bien éphémère. La tombe s'était à peine fermée sur ces deux lumières du siècle, que l'arène s'ouvrit de nouveau. On méconnut les trésors de la métaphysique stagirienne et les disputes recommencèrent avec plus d'âpreté que jamais : les écoles se transformèrent en véritables *salles d'escrime*, comme les appelait le cardinal du Perron, où les cris et les injures avaient remplacé le silence de la méditation [1]. Et ce fut au milieu de cette mêlée générale que succombèrent les *albertistes* [2].

Inutiles combats, défaites éphémères, il est vrai, car l'époque, mûre alors pour la philosophie aristotélicienne, y revint bientôt, après tant d'oscillations, pour en conserver à jamais la profonde conception. Et plus tard, Descartes[3] et Bacon[4], qui l'attaquèrent avec toute la puissance de leur génie, en voulant lui imposer le criterium de l'expérimentation, contribuèrent malgré eux à en consolider les bases [5].

Au XIIIe siècle, trois systèmes philosophiques se disputaient la prééminence.

L'un, celui d'Albert, consistait à professer que le principe fondamental de toutes nos connaissances dérive de l'étude de la philosophie naturelle. C'était le premier pas vers l'*expérimentation*.

Le second, qui appartenait à saint Thomas d'Aquin,

1. Deslandes. *Histoire critique de la philosophie*. Amsterdam, 1756, t. III, p. 310. — On lit dans un traité du temps: « Rhetorica, logica sunt « gladii quibus inter se pugnant clerici. » *Spicil. de d'Achery*.
2. Stapfer. *Biographie universelle*.
3. Descartes. *Métaphysique*.
4. Bacon. *Novum organum*.
5. De Blainville. *Histoire des sciences de l'organisation*. Paris, 1842, t. II, p. 64.

consistait, au contraire, à chercher les bases de la science dans les facultés psychologiques; à subordonner tout au domaine de la métaphysique [1].

Enfin, le troisième système était celui de Duns Scot. Lui, dédaignant à la fois et l'observation de la nature et les ressources de la métaphysique, il prétendait que tous les trésors de l'intelligence ne dérivaient que de la logique [2].

Ces diverses thèses étaient tour à tour soutenues avec un zèle qui trop souvent dégénérait en disputes acerbes. Chaque parti avait ses champions et les honorait de l'admiration la plus illimitée; parfois même, ceux-ci en recevaient les plus étranges ou les plus fastueux titres. On se rappelle qu'Alexandre de Hales, était alors surnommé l'*Irréfragable;* saint Bonaventure, le *Séraphique;* Allain de l'Isle, l'*Universel* [3]. Duns Scot, ce maître fameux, était révéré comme le flambeau de l'école, où on le désignait sous le nom d'astre toujours brillant : *semper lucens* [4].

Tel était le tableau agité et confus de cette philosophie scolastique que Fontenelle définissait ingénieusement en l'appelant la *philosophie des mots.* Tandis que pour lui, ainsi que l'a rappelé, dans son style élégant et précis, un de nos savants illustres, M. Flourens, la philosophie moderne était considérée

<hr>

1. SAINT THOMAS. *Opera omnia.* Venetiis, 1694. — HAURÉAU. *Sciences philosophiques.* Paris, 1850. *Moyen âge*, p. 9.

2. HAURÉAU. *Ibidem.*

3. DESLANDES. *Histoire critique de la philosophie.* Amsterdam, 1756, t. III, p. 310.

4. HAURÉAU. *Ibidem*, p. 9.

comme la *philosophie des choses* [1], la philosophie expérimentale [2].

La confusion des doctrines qu'on vit surgir dans l'école philosophique du Moyen âge, s'était nécessairement accrue par l'invasion qu'y fit alors la littérature arabe; invasion qui ne fut pas sans causer quelques alarmes à certains hommes profondément orthodoxes [3]. Au xiiᵉ et au xiiiᵉ siècle, l'arabe s'était tellement propagé dans les écoles, que cet idiome était devenu en quelque sorte la langue savante. Les rabbins les plus célèbres de ce temps n'écrivaient même qu'en arabe [4]. Aussi doit-on regarder les Maures comme les promoteurs de la philosophie dans nos écoles au xiiiᵉ siècle, et comme la voie par laquelle les ouvrages d'Aristote se sont principalement propagés en Occident [5]. Tous ceux qui ont étudié cet objet, ont reconnu leur grande influence [6].

L'essor imprimé aux études philosophiques avait été tel durant le xiiiᵉ siècle, qu'à la fin de celui-ci, les

1. FLOURENS. *Fontenelle.* Paris, p. 52-53.

2. FLOURENS. *Ibidem.* p. 57.

3. ANDRES. *Dell' origine, de progressi, e dello stato attuale d'ogni letteratura.* Parme, 1788, t. I, p. 274. — Dans une de ses lettres, Hugues de Saint-Victor reproche à l'évêque de Séville de se livrer avec trop d'ardeur à l'étude de la philosophie arabe. — JOURDAIN. *Recherches critiques sur l'âge et l'origine des traductions latines d'Aristote.* Paris, 1843.

4. DE ROSSI, *Dizionario degli autori arabi.* Art. *Hai gaon.* — JOURDAIN. *Recherches critiques sur l'âge et l'origine des traductions latines d'Aristote.* Paris, 1843, p. 207-208-212.

5. BUHLE. *Lehrbuch der Geschichte der philosophie. Manuel de l'histoire de la philosophie moderne.* — LOUIS VIVE. *De causis corrupt. artium.* T. I, p. 412. — HERBELOT. *Bibliothèque orientale.* Maestricht, 1776, p. 709. — JOURDAIN. *Ibidem,* p. 221-236.

6. HEUMANN. *Conspectus reipublicæ litterariæ,* cap. IV, p. 38. — ACKERMANN. *Studii medici salernitani historia,* p. 18. — JOURDAIN. *Ibidem,* p. 221-224.

œuvres des philosophes de la Grèce et de Rome étaient aussi bien connues dans nos écoles qu'elles le sont aujourd'hui [1]. On les y commentait sous toutes les formes. Dans les universités, un docteur scolastique n'obtenait même de célébrité, qu'en supputant publiquement les écrits d'Aristote et des autres philosophes anciens. Ainsi que le dit Jourdain, on adopterait une erreur manifeste en se représentant le xiiie siècle comme une époque d'ignorance. Jamais la culture des sciences ne fut plus active, jamais la langue latine ne s'enrichit d'un plus grand nombre d'ouvrages, jamais l'érudition ne fut plus en honneur [2].

Selon M. Cousin, ce fut ce contact de l'antiquité qui façonna le Moyen âge, en réagissant profondément sur lui. Il reste barbare tant qu'il l'ignore absolument et se polisse à mesure qu'il la connaît, « et alors, il porte avec une fécondité admirable les plus belles choses que le monde n'avait pas encore vues [3]. »

Mais ici s'arrête notre laborieuse investigation. D'autres temps s'apprêtent! Les grands événements que le xve siècle a vus s'accomplir, vont faire éclore de nouvelles mœurs et réagir avec une puissance inouïe sur les sciences et les lettres.

Le Bas-Empire, énervé par ses honteux scandales, déchiré par les factions, a succombé sans retour. Mahomet II s'est emparé de Constantinople, et pour échapper au glaive du vainqueur, les savants aban-

---

1. Ce fut au xiiie siècle qu'on y introduisit pour la première fois les grands ouvrages d'Aristote. Avant ils étaient inconnus. — JOURDAIN. *Recherches critiques sur l'âge et l'origine des traductions latines d'Aristote*, p. 93.

2. JOURDAIN. *Ibidem*, p. 2.

3. COUSIN. *Ouvrages inédits d'Abélard*. Paris, 1836, p. 58.

donnent les rives asservies du Bosphore et demandent un asile à l'Europe chrétienne et libre.

Bientôt après commence le xvı^e siècle, et avec lui la Renaissance, à laquelle un concours de circonstances et d'hommes vient donner un éclat inconnu dans les fastes des temps modernes.

La cour des Médicis offre alors aux sciences et aux arts la plus magnifique hospitalité. François Ier et Charles-Quint rehaussent la majesté de leur trône en l'environnant de tous les hommes éminents de leur époque. A ce moment, Gutenberg a déjà centuplé la marche de l'intelligence : désormais la pensée vole à travers le globe sur les ailes de l'imprimerie. Le génie des arts, après tant de siècles de torpeur, se réveille enfin sur sa terre de prédilection ; les pinceaux de Léonard de Vinci et de Raphaël enfantent des chefs-d'œuvre ; et la même main, qui s'immortalise en traçant le *Jugement dernier*, suspend un nouveau Panthéon dans les nuages. Colomb vient de retrouver l'Amérique ; Vasco de Gama plante ses étendards dans les ports de l'Inde, et Magellan ceint le globe dans le sillage de son vaisseau. Enfin, les sciences s'enorgueillissent de compter dans leurs rangs Vésale et Galilée ! Et ceux-ci laissent après eux une longue traînée de lumière qui s'avance en s'élargissant pour illuminer majestueusement le xıx^e siècle, où apparaîtront les Cuvier, les Geoffroy Saint-Hilaire, les de Blainville, les Laplace et les Davy.

FIN.

TABLE

ALPHABÉTIQUE ET ANALYTIQUE DES MATIÈRES.

————

A

ABDALLA-TIF, anatomiste arabe, 170. — Géographie, 198.

ABÉLARD, exhorte les religieuses à se livrer à la chirurgie, 86. — Prince de la philosophie scolastique, 636. — Sa popularité, ses doctrines, 636 .

ABOU-HANIFA , auteur arabe. — Ses écrits sur l'agriculture et l'hippiatrique, 201.

ABOUL-FEDA, prince syrien, 198. — Ses œuvres géographiques, 199.

ACHILLINI, philosophe et anatomiste du xvᵉ siècle, 581.

ADALHARD, élève de l'École du Palais, 55.

ADAM DE BRÊME, géographe, 61.

ADÉLARD, bénédictin anglais. — Ses voyages, son œuvre, 483

AÉTIUS D'AMIDE, son histoire naturelle théologique , 116.

AGRICOLA, minéralogiste saxon, 514. — Sa vie, 514. — Ses ouvrages, 516. — Ses idées superstitieuses, 512. — Son traité des animaux souterrains, 493.

AGRIPPA, son opinion sur la magie, 465.

ALAIN DE L'ISLE, philosophe et alchimiste, 385.

ALBERT DE SAXE, élève d'Albert le Grand, 234. — Physicien, 370.

ALBERT LE GRAND, sa célébrité, 210. — Son œuvre, 213. — Son caractère, 214. — Légende, 216. — Débuts d'Albert, 215. — Il se lie avec saint Thomas, 224. — Vie et enseignement d'Albert, 226. — Ses élèves, 233. — OEuvres qu'on lui attribue, 245. — Albert magicien, 250. — Ses œuvres, 257. — Appréciation, 257. — Métaphysique, 264. — Zoologie, 265. — Botanique, 297. — Minéralogie, 303. — Résumé, 319.

ALBUCASIS, médecin arabe, 163. — Chimiste, 186.

ALCHILD BECHIL, chimiste arabe, a peut-être connu le phosphore, 190.

ALCHIMIE, originaire de Byzance, 129. — Opinion et travaux de Géber, 183. — Alchimie ou chimie du xiiiᵉ au xvᵉ siècle dans l'Europe occidentale, 412. — Dérive de l'art sacré, 414. — Théories des alchimistes, 415. — Description de la pierre philosophale, 417. — Superstition des alchimistes, 418. — Ils admettent dans leurs opérations l'intervention des puissances occultes, 419. — Langage emblématique des alchimistes, 420. — Nomenclature des alchimistes, 423. — Titres emphatiques de leurs livres, 427.—Ruses des adeptes pour propager leur art, 428. — Le soupçon d'alchimie plane sur tous les hommes qui amassent une grande fortune, 431.—Les souverains favorisent eux-mêmes les adeptes , 432. — Ils les attirent à leur cour, 433. — Honneurs que l'on accorde à la science hermétique, 435. — Persévérance des alchimistes, 436 — Apogée de l'alchimie du moyen âge, 441. — Naissance de la chimie positive, 441. — Connaissances chimiques pratiques du moyen âge révélées par la peinture sur verre, 445 ; — la mosaïque, 459 ; — et la céramique, 460.

ALCUIN, savant anglais.—Sa vie, 53.— S'occupe de la reproduction des manuscrits, 98. — Y exhorte ses contemporains, 102.

AL-EDRISI, géographe sicilien, 197.

ALEXANDRE DE TRALLES, médecin grec, 114.

ALFARABI, précepteur d'Avicenne et botaniste, 175.

ALFRAGAN, astronome arabe, 195. — Copié par Kazwyny, 168.

ALFRED LE PHILOSOPHE. Ses écrits sur la physique d'Aristote, 371.

ALHAZEN, physicien arabe, trace les lois de la réfraction, 191. — Son Traité d'optique, 191.

AL-MAMON, calife, protége les sciences, fait traduire Aristote, etc., 147. — Élève un observatoire et fait mesurer un degré du méridien, 148.

ALPÉTRAGE, astronome arabe, détermine la place de Mercure et de Vénus, 195.

ALPHIDIUS, alchimiste arabe, 190.

ALPHONSE X, roi de Castille et astronome, 608. — Tables Alphonsines, 609. — Sa superstition, 610.

ANDROÏDE d'Albert le Grand, 253. — Autres, 254. — Celle de Roger Bacon, 333.

ANGILBERT, élève de l'École du Palais, 54.

APOTHICAIRES. Leurs serments. 566.

ARBORISTE (L'), manuscrit, 501.

ARCOLANI (Jean), médecin, 554.

ARDERN (Jean), botaniste anglais, 500. — Chirurgien, 553.

ARDUINO DE PESARO, toxicologue italien du XVe siècle, 570.

ARNAUD DE VILLENEUVE, élève d'Albert le Grand, 235. — Célèbre alchimiste et médecin français, 520. — Sa vie, 520. — Ses écrits sur la médecine, 525 ; — sur l'alchimie, 528.

ARTÉFIUS, alchimiste arabe, 188.

ART SACRÉ ÉGYPTIEN. Il est l'origine de l'alchimie, 119.—Hermès Trismégiste, son inventeur, 119.—Table Smaragdine, 120.—L'art sacré caché dans les temples, 122.—But de l'art sacré ; pierre philosophale, panacée, âme du monde, 123. — Nombres et symboles, 125.

ARTS CHIMIQUES du moyen âge. Peinture sur verre, 450.—Mosaïque, 459. —Céramique, 450. — Teinture, 460.

ARVIEL (Henri), voyageur et botaniste anglais, 499.

ASSELIN (Nicolas). Son voyage en Tartarie, 588.

AVENZOAR, médecin arabe. — Il s'occupe de pharmacie, 160. — Décrit la gale, 166. — Chimiste, 190.

AVERRHOÈS. Sa vie, 161. — Philosophe, médecin et astronome, 162.— Botaniste, 173.

AVICENNE, médecin arabe. —Sa vie, 154.—Sa philosophie, 156.—Ses écrits sur la médecine, 157 ; — la botanique, 173 ; — la géologie, 177 ; — la chimie et l'alchimie, 187.

B

BACON Roger), élève d'Albert, 234. — Sa vie, 326. — Sa réforme, 337. — Ses œuvres, 338. — Regardé comme un grand astronome, 348. — Propose la réforme du calendrier de César, 348. — Décrit la poudre à canon, 352. — Son miroir d'alchimie, 358. — Ses paradoxes sur la longévité, 360. — Parallèle avec Fr. Bacon, 364; — avec Galilée, 368.

Bains publics, au moyen âge, 565.

BARBARO (Josaphat), envoyé de Venise en Perse, 605.

Barbiers, voy. Chirurgiens.

BARTHÉLEMY MONTAGNANA, médecin, 554. — Anatomiste, 578.

BARTHÉLEMY DE GLANVIL ou l'anglais, auteur *Des propriétés des choses*, 485.

BASILE VALENTIN, chimiste célèbre. — Mystère qui l'entoure, 392. — Fonde la chimie pharmaceutique, 395. — Ses travaux sur l'antimoine, 396.

BASSAVOLA, auteur pharmaceutique, 570.

BÈDE LE VÉNÉRABLE, encyclopédiste anglais, 59.

BEN-BEITHAR, botaniste arabe, 173.

BEN CORRAH. Ses écrits sur l'anatomie des oiseaux et l'astronomie, 172.

BENEDETTI, de Padoue, anatomiste, 582.

BENJAMIN DE TUDELA, écrit en 1160 une relation de voyage, 587.

BÉRENGER DE CARPI, restaurateur de l'anatomie moderne. — Sa vie, 579. — Ses découvertes, 580.

BERNARD DE GORDON, médecin et auteur du xive siècle; il mentionne les lunettes, 534.

BERNARD DE TRÉVISE, alchimiste, ses aventures, 389.

BERTHIER, abbé de Monte Cassino, y professe la médecine, 89.

BERTUCCIO (Nicolas), anatomiste du xive siècle, 578.

Bestiaires du moyen âge, 76. — Celui de Saint-Ambroise, 83. — Les bestiaires de Guillaume de Normandie et de Richard de Furnival, 493.

BIARMOS, offre des défenses de morses au roi Alfred, 18.

Bibliothèques, cénobiales, 94; — des châteaux, 97; — arabes, 149; — de la Sainte-Chapelle, 473.—Elles deviennent plus fréquentes aux xiie et xiiie siècles, 622. — Abandon de quelques bibliothèques monacales, 623. — Celle d'Oxford à la fin du xiiie siècle; prêt et prix des livres à cette époque, 624. — Bibliothèque de Charles le Sage, 625.

BOÈCE, philosophe italien. — Sa vie, 44.—Ses œuvres, 45.—Son horloge, 51.

BONAVENTURE, élève d'Albert, selon Mézeray, 235.

BONNET (Jehan), auteur des *Secrets naturiens*, 492.

Boussole, apportée en Europe au xie siècle, 64. — La boussole dans l'antiquité, tradition chinoise, 316.

BRAY (Jean), anglais, auteur des *Synonymes des noms des herbes*, 499.

BRUNETTO-LATINI, savant italien, 488. — Son *Trésor*, 489.

BRUNUS, médecin italien, 553.

BUBACAR, auteur arabe, son *Livre des secrets*, 190.
BUNGEY (Thomas), aide Roger Bacon à construire son Androïde, 333.

C

CADAVRES. Difficultés de les obtenir pour l'enseignement de l'anatomie, 572.
CALID, alchimiste arabe, 189.
CALLINICUS, a peut-être importé le feu grégeois, 132.
CARPINI. Son voyage en Tartarie, 587.
CARTES GÉOGRAPHIQUES de Charlemagne, 61.
CASSIANUS BASSUS, auteur d'un traité d'économie rurale au xe siècle, 136.
CASSIODORE, 46. — Ses œuvres, 47. — Son horloge, 51. — Il engage les moines à cultiver la médecine, 541.
CHARLEMAGNE, 48. — Fonde l'enseignement, 49. — Ambassade d'Haroun-al-Raschid, 50. — Il s'attache Alcuin, 54. — Ses cartes géographiques, 61. — Capitulaires relatifs à l'agriculture, 62. — On lui attribue la fondation de l'école de Salerne, 89. — Il favorise la reproduction des manuscrits, 98. — Il les révise avec ses filles, 103. — Intervient dans le mariage des lépreux, 561.
CHIMIE, dans l'antiquité, 127. — La distillation, 127. — Passe des Grecs aux Arabes, 128. — Se transforme en alchimie, 129. — Chimie pharmaceutique des Arabes, 181. — Voy. ALCHIMIE.
CHIRURGIENS. Société de Saint-Côme, 545. — Leurs attributs, leur sujétion, 548.
CHIRURGIENS BARBIERS. Leurs attributs, 547. — Leur sujétion, 549. — Leur hiérarchie, leurs cours, 550.
COCHEOU-KING, astronome chinois du XIIIe siècle. — Ses instruments, 607.
COLLECTIONS d'histoire naturelle dans les couvents, 108.
CONRAD D'HALBERSTADT, auteur d'un *Traité des sciences naturelles*, 492.
CONSERVES inventées au XIIIe siècle, 346.
CONSTANTIN L'AFRICAIN, savant de l'école de Salerne, 92. — Jugements divers, 93.
COPERNIC, restaurateur de l'astronomie moderne. — Ses études, 616. — Ses travaux, 617. — Sa réforme, 619. — Son œuvre, 620.
C ORICHON, auteur du livre *Des propriétés des choses*, 502.
COSMAS, moine voyageur et topographe du VIe siècle, 60.
CREMER, alchimiste anglais, 386.
CUBA, médecin d'Augsbourg. — Son *Hortus sanitatis*, 502.
CUSA, cardinal, astronome italien du XVe siècle, rectifie d'anciennes erreurs, 611.
CYRILLE, Grec, ayant écrit sur l'histoire naturelle, 117.

D

DANIEL (Henri), philosophe et médecin, 500.
DANSTIN, alchimiste anglais, 386.
DANTE, parle du sommeil des plantes, 497.

Découverte de l'Amérique par les Scandinaves, 29. — Ancien rapport entre l'Amérique et l'Europe, 33.

Degré du méridien, mesuré sous Al-Mamon, 148.

DESPARTS (Jacques), chassé de Paris par les baigneurs, 565.

Dissections. — Leur rareté au moyen âge, 572. — Introduites dans les écoles de Montpellier et de Paris, 573. — Manière dont elles s'y pratiquent, 574. — Réforme de Gontier d'Andernach, 575.

E

EBN JOUNIS, astronome arabe, 194.

ECK DE SULZBACH, alchimiste, 389.

École arabe, 138. — Son caractère, 139. — Influence des nestoriens, 140; — et des califes, 142. — École de Cordoue, 145. — Al-Mamon, 147. — Bibliothèques, 149. — Chute de l'école arabe, 152. — Médecine, 154. — Histoire naturelle : zoologie, 167. — Anatomie, 171. — Botanique, 172. — Géologie, 177. — Chimie, 181. — Physique, météorologie, 191. — Astronomie, 192. — Géographie, 196. — Agriculture, 201.

École byzantine, 111. — Médecine, 114. — Médecine talismanique, 116. — Histoire naturelle, 116. — Art sacré égyptien, 118. — Chimie, 127. — Agriculture, 135.

École expérimentale, 203. — Ses fondateurs, 203. — Tableau de l'Europe, 204. — Histoire naturelle, 265 et 471. — Anatomie, 269. — Physiologie, 272. — Classification, 277. — Zoologie, 280 et 492. — Botanique, 297 et 496. — Minéralogie, 308 et 505. — Physique et météorologie, 313. — Chimie, 373. — Sciences occultes, 461. — Géologie, 506. — Métallurgie et minéralogie, 510. — Médecine et chirurgie, 519. — Pharmacie, 565. — Toxicologie, 570. — Anatomie, 571. — Géographie, voyages, 582. — Agriculture, 605. — Astronomie, 606. — Bibliothèques, 622. — Imprimerie, 625. — Universités, 631. — Philosophie scolastique, 635.

École franco-gothique, 37. — Encyclopédistes espagnols, 37. — Théodoric, 41. — Encyclopédistes italiens, 43. — Charlemagne, 47. — Encyclopédistes francs, 53. — Gerbert, 57. — Géométrie, astronomie, 59. — Géographie, 60. — Agriculture, 62. — Langage, 64. — Frédéric II, 66. — Zoologie cynégétique, 68. — Zoologie tératologique, 75. — Zoologie mystique, 83. — Médecine, 85. — Bibliothèques cénobiales, 94.

École scandinave, 11. — Histoire naturelle, 14. — Géologie, 22. — Agriculture, médecine, astronomie, 27. — Géographie, 28.

Écoles. — Du Palais, 54. — Du Mont-Cassin, 88. — De Salerne, 89. — De Montpellier, 93. — De médecine de Paris, 555.

EL-BIRUNI, alchimiste et naturaliste arabe, 176.

EL-DCHADIDH, savant arabe, 171.

EL-DEMIRI, naturaliste arabe, 169.

Éléphants, amenés en Europe au moyen âge, 52.

EL-KINDI, médecin et physiologiste arabe, 172.

EL-MADCHRITI, physiologiste arabe. 172.

EL-SCHEBI, complète l'œuvre d'El-Demiri, 153.
EL-SOJUTI, complète l'œuvre d'El-Demiri, 153.
ÉRIC LE ROUGE, découvre le Groenland, 30.
ERMOLAO BARBARO, patricien de Venise, cultive l'histoire naturelle, 504.
ÉTUDIANTS réunis en corporations par Frédéric Barberousse, 631.—Leurs mœurs, 633.

F

FACULTÉS de médecine, 543.—Enseignement médical, 554.—Faculté de médecine de Paris, 555.—Ses doctrines, 556.—Superstitions, 557.—Celles de Paris, 633.
FERDOUCY, écrivain persan, devine les soulèvements, 178.
FESTUS, savant italien, 43.
FEU GRÉGEOIS, 131.—Sa découverte, 132.
FLAMEL. Sa légende, ouvrages qu'on lui attribue, 399.—Son livre miraculeux, 401.—Son histoire, 405.—Son testament, 406.
FRÉDÉRIC BARBEROUSSE établit les corporations d'étudiants, 631.
FRÉDÉRIC II, amène un éléphant en Europe, 52.—Protecteur des sciences, 66.—Fait traduire Aristote; autorise les dissections; ses œuvres, 67.—Organise les premières pharmacies d'Europe, 568.—Fonde l'enseignement de l'anatomie, 572.

G

GABRIEL NAUDÉ, archiatre de Philippe Auguste, auteur d'un ouvrage pharmaceutique, 91.
GASTON PHOEBUS. Sa vie, 73.—Son traité de vénerie, 74.
GATINARIA, médecin, 554.
GÉBER, alchimiste et philosophe, 182.—Ses travaux, son opinion sur l'alchimie, 183.—Ses découvertes, 184.—Ses théories acceptées par Albert le Grand, 309.
GÉOGRAPHE DE RAVENNE (Le), 61.
GERBERT. Sa vie, 57.—Ses œuvres, 58.—Il observe la polaire avec un tube, 343.
GIABER, prince et astronome arabe, 193.
GIABER L'ESPAGNOL, traducteur de l'*Almageste*, 194.
GILBERT L'ANGLAIS, philologue et botaniste, 499.
GONTIER D'ANDERNACH, réforme l'enseignement de l'anatomie, au XVIᵉ siècle, 575.
GRADES.—Dans les écoles carlovingiennes, 50.—Dans l'école de Salerne, 90.—Grades universitaires, 633.
GUIDON DE MONTANOR. Ses écrits sur la pierre philosophale, 387.
GUILLAUME, clerc de Normandie; son *Bestiaire*, 493.
GUILLAUME DE SALICET, médecin italien du XIIIᵉ siècle, 533.—Chirurgien, 553.
GUILLAUME TARDIF, auteur d'un ouvrage de vénerie, 75.

GUY DE CHAULIAC, médecin français, 534. — Sa vie, ses écrits chirur-
gicaux, 535. — Jugement de Fallope et de Haller, 538.
GUYOT DE PROVINS, mentionne la boussole au xiie siècle, 375.

H

HALES (Alex. de), élève d'Albert, selon Mézeray, 235.
HAYTON, prince de Cilicie, auteur de renseignements sur l'Asie, 603.
HENRI DE HUNTINGDON, historien, auteur d'un *Traité des herbes*, etc.,
499.
HENRI DE MONDEVILLE, chirurgien du xive siècle, 553. — Anatomiste,
576.
HENRI II, roi de Bavière, guéri de la pierre à Salerne, 89.
HERBIER DE MAYENCE, ouvrage du xve siècle, 502.
HERRADE, abbesse de Sainte-Odille, auteur du *Jardin des délices*, 484.
HÔPITAUX. Leur origine, 564.
HORLOGE de Charlemagne, etc, 51; — de Gerbert, 58. — Employée pour
la première fois en astronomie par Waltherus, 615.
HUNDT, anatomiste allemand de la fin du xve siècle, 582.

I

IBN-ABUL-ACHATH, zoologiste arabe, 171.
IBN-AL-OUARDI, géographe arabe, 198.
IBN-BATOUTA, voyageur arabe du xive siècle, 200.
IBN-EL-AWWAM, naturaliste du xiie siècle, 202.
IBN-EL-DOREIHIM, de Mossoul, zoologiste, 171.
IBN-HAUKAL, écrivain et voyageur, 200.
IBN-WAHCHIJD, zoologiste arabe, 171.
IMAGE DU MONDE, ouvrage d'histoire naturelle, 491.
IMPRIMERIE. Son origine, 626. — Gutenberg et ses associés, 628. — Elle se
propage avec rapidité, 629. — Son activité, 630.
ISIDORE, évêque de Séville, savant du viie siècle, 37. — Son œuvre, 38.
ISLANDE. On y cultive l'astronomie, 27. — Sa découverte, 29.

J

JACQUES COEUR, argentier de Charles VII, 431. — Considéré comme
alchimiste, 431. — Doit sa fortune à ses exactions, 431.
JEAN DE DONDIS, médecin et botaniste italien, 505.
JEAN DE GADDESDEN, médecin anglais du xiiie siècle, 552.
JEAN DE KETKAM, donne le premier des planches d'anatomie, 578.
JEAN DE MANDEVILLE, voyageur anglais du xive siècle. Sa relation, 604.
JEAN DE MILAN, met en vers les manières de l'école de Salernes, 92.
JEAN DE ROQUETAILLADE, alchimiste, 387.
JEAN DE VIGO, chirurgien et auteur italien, 539.
JEHAN DE FRANCHIÈRE, écrit sur la vénerie, 75.
JEHAN DE MEUNG, alchimiste, 387.

JORNANDÈS, abréviateur de Cassiodore, 47. — Écrit sur la géographie du nord, 60.

K

KAZWYNY. Sa vie, 167. — Kazwyny, géographe, naturaliste, astronome, 167. — Géologue, 179. — Géographe, 198.
KESSAI, enseigne l'astronomie à Al-Mamon, 147.

L

LANFRANC, médecin et auteur italien, 533.
LEIDRADE, élève de l'École du Palais, 48.
LEIF, découvre le Vinland, 31.
LÉONARD DE VINCI. Ses œuvres scientifiques, 508. — Ses opinions sur les révolutions du globe, 508.
LEONARDI (Camille), minéralogiste compilateur, 519.
LEONICENO (Nicolas) de Ferrare, médecin libre penseur, 503.
LÈPRE, antérieure aux croisades. 561. — Léproseries, 562. — Existence d'un lépreux, 563.
LIBRAIRES, au XIII° siècle, 624.
LIVRE DE LA NATURE (Le), premier ouvrage d'histoire naturelle imprimé, 502.
LIVRE DES ANIMAUX (le), ouvrage italien, 493.
LIVRES (Prêt et prix des) au XIII° siècle, 624.
LULLE (Raymond), alchimiste espagnol, auteur d'œuvres attribuées à Avicenne, 188. — Sa vie, ses aventures, 373. — Son séjour en Angleterre, 378. — Ses travaux sur l'alchimie et la philosophie, 382.

M

MAGIE. Voy. SCIENCES OCCULTES.
MAINFROY, fils de Frédéric II, annote le Traité de fauconnerie de son père, 69.
MAKRIZI, géographe et historien, 200.
MALLET (Gilles), bibliothécaire de Charles le Sage, 625.
MANUSCRITS. Introduction du parchemin et du papier, 94. — Concentrés dans les églises, 97. — Charlemagne en protége la reproduction, 98. — Influence des barbares et des croisades, 99. — De la négligence des moines, 100. — Copistes, 102. — Appréciation de l'influence des ordres religieux, 103.
MARCO POLO, voyageur vénitien, 590. — Son itinéraire, 591. — Son retour, 592. — Sa captivité à Gènes, 593. — Sa relation, 594. — Résultats : histoire naturelle, 597 ; — botanique, 602.
MARCUS GRÆCUS, décrit le premier la poudre à canon, 133.
MARTIANUS, archiatre de Frédéric II, l'exhorte à faire enseigner l'anatomie, 572.
MASSOUDI, géographe arabe du X° siècle, 197.
MÉDECINE TALISMANIQUE. Son origine, 116.

MÉDECINS, peu considérés jusqu'au xiie siècle, 88. — Médecins juifs, 541. Médecins des chevaliers, 542. — Médecins religieux, 543. — Physiciens et chirurgiens, 544.

MÉSUÉ L'ANCIEN. Sa vie, 163. — Mésué lettré et médecin, 164.—Anatomiste, 172. — Botaniste, 173.

MÉSUÉ LE JEUNE, médecin arabe du xie siècle, 165.

MINES, esprits qui les habitaient, 512. — Exploitation entravée, 511.

MIRES ou premiers médecins, 547.

MODUS (Livre du roy), traité de vénerie, 73.

MONDINO, anatomiste italien.—Ses ouvrages et ses leçons d'anatomie 574. — Sa renommée, 577.

MONTAGNANA (Barthélemy), auteur pharmaceutique, 570.

MOYSE DE CHORÈNE, géographe arménien, 60.

N

NOTICE ET DESCRIPTION, etc., manuscrit de botanique, 501.

O

OBSERVATOIRE de Bagdad, 148.

ODERIC DE PORTENAU, franciscain, parcourt l'Asie au xive siècle, 603.

ODOMAR, alchimiste, 388.

OMAR CHEYAM, détermine la durée de l'année au xie siècle, 196.

ORDRES RELIGIEUX. Leur influence sur les sciences, 103.

ORIGÈNE, revise les manuscrits, 103.

ORTHOLAIN, alchimiste, 388.

OTHER, parle d'animaux marins, 17.—Son voyage, 28.

P

PACIFICUS, perfectionne les horloges au ixe siècle, 52.

PANACÉE UNIVERSELLE, 124.

PAPIER. Son origine et son introduction en Europe, 95.

PARACELSE, alchimiste et médecin. Sa réforme, 558.—Jugement, 559.

PAUL D'ÉGINE, chirurgien du viie siècle, 114.

PAULUS SANCTINUS, moine de Lucques; sa théorie des soulèvements, 507.

PEGOLETTI, voyageur du xive siècle, 602.

PEINTURE SUR VERRE, art né au moyen âge, 450. —Commence au ixe siècle, 452.—Enthousiasme qu'il excite, 452.—Caractère des vitraux au xiie siècle, 452.—Au xiiie siècle, 453.—Au xive et au xve siècle, 454. — Au xvie siècle, la peinture sur verre atteint son apogée et décroît ensuite, 456.—Confection des verrières, 457.—Les procédés chimiques pour colorer le verre ne se transmettent que par tradition, 444.

PHARMACIE. Son origine, 110.—Pharmacies au moyen âge, 568.—Origine des pharmacies modernes dans l'Europe occidentale, 569.

PHILIPPE AUGUSTE, ordonne d'excommunier ceux qui professaient les
vues d'Aristote, 638. — Créateur de l'université de Paris, 632.
PHOTIUS, patriarche de Constantinople et naturaliste, 117.
PHYLÉE (Manuel), d'Éphèse, naturaliste byzantin du xiii° siècle, 118.
PIERRE (Opération de la), dans les Sagas, 27. — On l'exécute à Sa-
lerne, 89.
PIERRE PHILOSOPHALE, 123. — Sa définition, 417.
PIERRE D'ABANO, médecin italien, 531. — Sa vie, 532. — Accusé de
magie, 532. — Ses ouvrages, 533.
PIERRE D'ARGELATA, chirurgien italien du xiv° siècle, 553. — Anato-
miste, 578.
PIERRE DE CRESCENTIA, agronome du xii° siècle, 605.
PIERRE DE TOLÈDE, alchimiste, 387.
PIERRE LE BON, physicien italien, 387.
PISIDES (Georges), poëte grec du vii° siècle, ayant écrit sur la création,
117.
PITARD (Jean), fondateur de la chirurgie française, 545.
PLATEARIUS (Jean), botaniste et médecin du xii° siècle, 498.
POUDRE A CANON, décrite par Marcus Græcus, 133. — Première mention
en Europe, 247 — Décrite par Bacon, 352. — Employée en Chine de-
puis un temps immémorial, 354. — Employée par les Arabes en
690, 357.
PROPRIÉTÉS DES BESTES, etc., manuscrit, 286.
PSELLUS, alchimiste, etc. — Ses œuvres, 130.
PURBACH (Georges), astronome allemand du xv° siècle, 611. — Ses
œuvres, 612.

R

REGIOMONTANUS, astronome allemand du xv° siècle, 612. — Ses voya-
ges; il se lie avec Bernard Waltherus, 613. — Leurs travaux, 614. —
Il est appelé à Rome pour rectifier le calendrier, 614.
RHAZÈS. Sa vie, 158. — Rhazès médecin, 158. — Chimiste, 185. — Dé-
couverte de l'eau-de-vie, 185. — Décrit peut-être le premier la distilla-
tion, 187.
RICHARD DE FURNIVAL. Son *Bestiaire*, 493.
RICHARD L'ANGLAIS, alchimiste, 387.
RIGORD, moine et médecin de Philippe Auguste, 86.
ROGER, médecin italien, 553.
RUBRUQUIS. Son voyage en Russie et en Tartarie, 589. — Histoire natu-
relle, 590.
RUY GONZALÈS CLAVIJO, envoyé par Henri III vers Tamerlan, 605.

S

SACROBOSCO, astronome anglais, élève d'Albert, 235 — Sa vie, 607. —
Ses œuvres, 608.
SAGAS (L'histoire naturelle dans les), 14. — Morses, baleines, etc., 16. —

Les Sagas ont aidé la géologie, 22. — Négligent l'agriculture et la médecine, 26.

SAID-BEN-NAUFEL, victime d'idées libérales, 153.

SAINT AMBROISE. On lui attribue le *Physiologus* , 83.

SAINT-COME (Société de), association de chirurgiens laïques, 545.

SAINT DIDIER, trésorier et conseiller de Dagobert, 37.

SAINT ÉLOI, monétaire de la couronne sous Dagobert, 37.

SAINT-GALL (Moine de), auteur d'un traité d'horticulture, 63.

SAINT LOUIS, amène un éléphant en Europe, 52. — Protége Vincent de Beauvais et fonde la première bibliothèque, 472. — Cherche à se mettre en relation avec l'Asie centrale, 589. — Fonde la faculté de théologie de Paris, 632.

SAINT THOMAS. Sa jeunesse, 222. — Il devient l'élève et l'ami d'Albert, 224. — Sa mort, 241. — Il brise l'Androïde d'Albert, 253. — Son œuvre, 320.

SAINTE HILDEGARDE, auteur d'un traité d'histoire naturelle médicale, 87.

SALADIN D'ASCULO, auteur du premier traité de pharmacologie en Europe, 569.

SALMANA, auteur arabe d'un traité sur la Grèce, 192.

SCIENCES OCCULTES ou magie. Gerbert en est accusé, 57. — Cultivée par deux classes d'hommes, 461. — Son but, 462. — Ses divisions, 464. — Opinion d'Agrippa, 465. — Extension de la magie au xiiie siècle, 467. — Persécution, 468.

SCOT (Duns), élève d'Albert, selon Mézeray, 235.

SCOT (Michel), selon Mézeray, élève d'Albert, 235.

SÉRAPION, botaniste arabe du xe siècle, 175. — Chimiste, 190.

SILVATICUS (Matthieu), médecin italien du xive siècle, 540.

SIMON DE CORDO ou de Gènes, voyageur et botaniste, 501.

SOIE, mentionnée par Pisides, 117. — Son introduction en Europe, 134.

STÉPHANIE, protégée par Théodoric, 44.

STIORN ODDES, astronome islandais, 27.

SYLVIUS ou Dubois introduit les dissections à la faculté de Paris, 573.— En réforme le mode, 575.

SYMBOLES CHIMIQUES au moyen âge, 125.

SYMMAQUE, 43.

T

TABLE SMARAGDINE, 120.

TÉLESCOPE, attribué à Bacon, 342. — Celui-ci paraît l'avoir deviné, 344. — Invention encore environnée d'obscurité, 345. — Montucla l'attribue à un opticien de Middelbourg, 345.

THÉBITH BEN CHORATH, astronome arabe, 195.

THÉODORIC, évêque médecin, 553.

THÉODORIC, physicien du xiiie siècle.—Sa théorie des arcs-en-ciel, 372.

THÉODORIC, protége les sciences. 43. — Sa loi sur les médecins, 88.

THOMAS DE CANTIPRÉ, élève d'Albert le Grand, 234. — Auteur d'œuvres attribuées à Albert, 249.

THORFINN, crée un établissement au Vinland en 1006, 32.
THORSTEIN et THORVALD ERICSON, explorent l'Amérique, 32.
TRITHÉME, alchimiste. — Sa vie, 301.

U

UNIVERSITÉS. On y enseigne la magie, 467. — Origine de l'enseignement de
la médecine, 543. — Elles tirent leur origine d'un décret de Frédéric
Barberousse et se propagent rapidement, 631. — Celle de Paris se
subdivise en facultés, 632.

V

VALLA (Georges), médecin et botaniste vénitien, 503. — Traduit plusieurs
ouvrages de médecine, 539. — A écrit sur la pharmacie, 570.
VERRE, connu des Égyptiens, 445; — des Romains, 445; — des Phéniciens, 446. — Le moyen âge excelle dans l'art de le colorer, 451.
VERRERIE (Art de la), connu des Grecs, 448. — Très-perfectionné par les
Romains, 448. — Ceux-ci colorent déjà les vitraux, 448. — Mais chez
eux cela se réduit à de simples essais, 450. — L'art d'éclairer les
monuments à l'aide de vitraux coloriés prend naissance au moyen
âge, 451.
VINCENT DE BEAUVAIS, naturaliste du XIIIᵉ siècle. — Son opinion sur
les bernaches, 85. — Peut-être élève d'Albert le Grand, 235. — Sa vie,
471. — Son œuvre, 475.
VITELLION, physicien polonais, 371.
VOYAGEURS. Intérêt qui s'attachait à leurs récits au moyen âge, 583. — Leur
originalité, 584. — Les premiers sont des missionnaires, 587.

W

WALTHERUS (Bernard), astronome de Nuremberg, 613, se lie avec Regiomontanus, 613. — Leurs travaux, 614.

Z

ZADITH, chimiste arabe, 190.
ZENI (Les frères), visitent le Groënland en 1380.
ZERBI, italien, auteur d'anatomie, 581.

FIN DE LA TABLE ALPHABÉTIQUE ET ANALYTIQUE DES MATIÈRES.